天津市仿古建筑及园林工程预算基价

第一册　通用项目

DBD 29-501-2020

天津市住房和城乡建设委员会
天津市建筑市场服务中心　主编

中国计划出版社

图书在版编目（CIP）数据

天津市仿古建筑及园林工程预算基价 ： 共3册 / 天津市建筑市场服务中心主编. -- 北京 ： 中国计划出版社，2020.12
ISBN 978-7-5182-1127-2

Ⅰ. ①天… Ⅱ. ①天… Ⅲ. ①仿古建筑－建筑预算定额－天津②园林建筑－建筑预算定额－天津 Ⅳ. ①TU723.34②TU986.3

中国版本图书馆CIP数据核字(2020)第005143号

天津市仿古建筑及园林工程预算基价
DBD 29-501～503-2020
天津市住房和城乡建设委员会
天津市建筑市场服务中心　主编

中国计划出版社出版发行
网址：www.jhpress.com
地址：北京市西城区木樨地北里甲 11 号国宏大厦 C 座 3 层
邮政编码：100038　电话：(010)63906433(发行部)
三河富华印刷包装有限公司印刷

850mm×1168mm　横 1/16　80.25 印张　2408 千字
2020 年 12 月第 1 版　2020 年 12 月第 1 次印刷
印数 1—1000 册

ISBN 978-7-5182-1127-2
定价：450.00 元(全三册)

天津市住房和城乡建设委员会

津住建建市函〔2020〕30号

市住房城乡建设委关于发布2020《天津市建设工程计价办法》和天津市各专业工程预算基价的通知

各区住建委，各有关单位：

根据《天津市建筑市场管理条例》和《建设工程工程量清单计价规范》，在有关部门的配合和支持下，我委组织编制了2020《天津市建设工程计价办法》和《天津市建筑工程预算基价》、《天津市装饰装修工程预算基价》、《天津市安装工程预算基价》、《天津市市政工程预算基价》、《天津市仿古建筑及园林工程预算基价》、《天津市房屋修缮工程预算基价》、《天津市人防工程预算基价》、《天津市给水及燃气管道工程预算基价》、《天津市地铁及隧道工程预算基价》以及与其配套的各专业工程量清单计价指引和计价软件，现予以发布，自2020年4月1日起施行。2016《天津市建设工程计价办法》和天津市各专业工程预算基价同时废止。

特此通知。

2020年3月10日

主编部门： 天津市建筑市场服务中心
主编单位： 天津市园林建设工程定额管理站
批准部门： 天津市住房和城乡建设委员会

专 家 组： 杨树海　宁培雄　兰明秀　李庆河　陈友林　袁守恒　马培祥　沈　萍　王海娜　潘　昕　程春爱　焦　进
杨连仓　周志良　张宇明　施水明　李春林　邵玉霞　柳向辉　张小红　聂　帆　徐　敏　李文同

综 合 组： 高　迎　赵　斌　袁永生　姜学立　顾雪峰　陈召忠　沙佩泉　张绪明　杨　军　邢玉军　戴全才

编制人员： 陈召忠　张志昆　焉　然　王　莹　沈国强　王丽艳　何彦博　吕成功　陈海萍　王彩霞　张　筠　仝晓莉
刘天赋

费 用 组： 邢玉军　张绪明　关　彬　于会逢　崔文琴　张依琛　许宝林　苗　旺

电 算 组： 张绪明　于　堃　张　桐　苗　旺

审　　定： 杨瑞凡　华晓蕾　翟国利　黄　斌

发　　行： 倪效聃　贾　羽

总 说 明

一、天津市仿古建筑及园林工程预算基价（以下简称“本基价”）是根据国家和本市有关法律、法规、标准、规范等相关依据，按正常的施工工期和生产条件，考虑常规的施工工艺、合理的施工组织设计，结合本市实际编制的。本基价是完成单位合格产品所需人工、材料、机械台班和其相应费用的基本标准，反映了社会平均水平。

二、本基价适用于天津市行政区域内新建与扩建的仿古建筑、园林绿化与园林景观工程。

三、本基价是编制估算指标、概算定额和初步设计概算、施工图预算、竣工结算、招标控制价的基础，是建设项目投标报价的参考。

四、本基价各子目中的预算基价由人工费、材料费和机械费组成。基价中的工作内容为主要施工工序，次要施工工序虽未做说明，但基价中已考虑。

五、本基价适用于采用一般计税方法计取增值税的仿古建筑及园林工程，各子目中材料和机械台班的单价为不含税的基期价格。

六、本基价共分三册：

第一册　通用项目；

第二册　营造则例做法项目；

第三册　园林绿化景观及施工措施费项目。

七、本基价人工费的规定和说明：

1.人工消耗量以现行的《建设工程劳动定额》《仿古建筑工程消耗量定额》《园林绿化工程消耗量定额》为基础，结合本市实际确定，包括施工操作的基本用工、辅助用工、材料在施工现场超运距用工及人工幅度差。人工效率按8小时工作制考虑。

2.人工单价是根据《中华人民共和国劳动法》的有关规定，参照编制期天津市建筑市场劳动力价格水平综合测算的。按技术含量分为三类：一类工每工日153元；二类工每工日135元；三类工每工日113元。

3.人工费是支付给从事仿古建筑及园林工程施工的生产工人和附属生产单位工人的各项费用以及生产工具用具使用费，其中包括按照国家和本市有关规定，职工个人缴纳的养老保险、失业保险、医疗保险及住房公积金。

八、本基价材料费的规定和说明：

1.材料包括主要材料、次要材料和零星材料，主要材料和次要材料为构成工程实体且能够计量的材料、成品、半成品，按品种、规格列出消耗量；零星材料为不构成工程实体且用量较小的材料，以“元”为单位列出。

2.材料费包括主要材料费、次要材料费和零星材料费。

3.材料消耗量均按合格的标准规格产品编制，包括正常施工消耗和材料从工地仓库、现场集中堆放或加工地点运至施工操作、安装地点的堆放和运输损耗及不可避免的施工操作损耗。

4.当设计要求采用的材料、成品或半成品的品种、规格型号与基价中不同时，可按各章规定调整。

5.材料价格按本基价编制期建筑市场材料价格综合取定，包括由材料供应地点运至工地仓库或施工现场堆放地点的费用和材料的采购及保管费。材料采购及保管费包括施工单位在组织采购、供应和保管材料过程中所需各项费用和工地仓库的储存损耗。

6.工程建设中部分材料由建设单位供料,结算时退还建设单位所购材料的材料款(包括材料采购及保管费),材料单价以施工合同中约定的材料价格为准,材料数量按实际领用量确定。

7.周转材料费中的周转材料按摊销量编制,且已包括回库维修等相关费用。

8.本基价部分材料或成品、半成品的消耗量带有括号,并列于无括号材料消耗量之前,表示该材料未计价,基价总价未包括其价值,计价时应以括号中的消耗量乘以其价格,计入本基价的材料费和总价中;列于无括号材料消耗量之后,表示基价总价和材料费中已经包括了该材料的价值,括号内的材料不再计价。

9.材料消耗量带有"×"号的,"×"号前为材料消耗量,"×"号后为该材料的单价。数字后带有"( )"号的,"( )"号内为规格型号。

九、本基价机械费的规定和说明:

1.机械台班消耗量是按照正常的施工程序、合理的机械配置确定的。

2.机械台班单价按照《建设工程施工机械台班费用编制规则》及《天津市施工机械台班参考基价》确定。

3.凡单位价值2000元以内,使用年限在一年以内不构成固定资产的施工机械,不列入机械台班消耗量,作为工具用具在企业管理费中考虑,其消耗的燃料动力等已列入材料内。

4.本基价未考虑使用大型机械,如果使用大型机械,可按《天津市建筑工程预算基价》中对使用大型机械的说明及规定进行计算。

十、本基价除注明者以外,均按建筑物檐高20m以内考虑,当建筑物檐高超过20m时,因施工降效所增加的人工、机械及有关费用按《天津市建筑工程预算基价》超高工程附加费有关规定执行。

十一、凡纳入重大风险源风险范围的分部分项工程均应按专家论证的专项方案另行计算相关费用。

十二、施工用水、电已包括在本基价材料费和机械费中,不另计算。施工现场应由建设单位安装水、电表,交施工单位保管和使用,施工单位按表计量,按相应单价计算后退还建设单位。

十三、本基价凡注明"××以内"或"××以下"者,均包括××本身,注明"××以外"或"××以上"者,均不包括××本身。

十四、本基价材料、机械和构件的规格,用数值表示而未说明单位的,其计量单位为"mm";工程量计算规则中,凡未说明计量单位的,按长度计算的以"m"为计量单位,按面积计算的以"m^2"为计量单位,按体积计算的以"m^3"为计量单位,按质量计算的以"t"为计量单位。

十五、仿古建筑工程基价与一般建筑工程基价使用界限:

1.独立建筑的单位仿古建筑工程应全部执行仿古建筑工程基价。

2.在大型公共建筑的厅堂内建造仿古建筑工程,不需要单独挖土方做基础时,其基础部分与整个建筑的地下部分合并一起,执行一般建筑工程基价,地上部分包括台基在内执行仿古建筑工程基价。若基础与整个建筑不相连,需单独挖土方做基础时,则全部执行仿古建筑工程基价。

3.在大型公共建筑屋顶、平台上建造仿古建筑工程时,则屋顶、平台结构上皮为执行基价的分界线。

4.一般建筑工程的台基、外墙、屋顶、装饰为仿古建筑项目时,执行仿古建筑工程相应基价,其他属现代做法的,执行一般建筑工程基价。

十六、设备安装工程执行《天津市安装工程预算基价》。

仿古建筑面积计算规则

一、计算建筑面积的范围：

1.单层建筑不论其出檐层数及高度如何，均按一层计算建筑面积。其中有台明者按台明外围水平面积计算建筑面积；无台明有围护结构的，以围护结构水平面积计算建筑面积；围护结构外有檐廊柱的，按檐廊柱外边线水平面积计算建筑面积；围护结构外边未及构架柱外边线的，按构架柱外边线计算建筑面积；无围护结构的按构架柱外边线计算建筑面积。

2.有楼层分界的两层或多层建筑，不论其出檐层数如何，按自然结构层的分层水平面积总和计算建筑面积。其首层的建筑面积计算方法分有、无台明两种，按上述单层建筑物的建筑面积计算方法计算；二层及二层以上各层建筑面积计算方法，按上述单层无台明建筑的建筑面积计算方法计算。

3.单层建筑中或多层建筑的两自然结构楼层间局部有楼层者，按其水平投影面积计算建筑面积。

4.碉楼式建筑物的碉台内无楼层分界的，按一层计算建筑面积；碉台内有楼层分界的，按分层累计计算建筑面积；单层碉台及多层碉台的首层有台明的，按台明外围水平面积计算建筑面积；无台明的，按围护结构底面外围水平面积计算建筑面积；多层碉台的二层及二层以上均按各层围护结构底面外围水平面积计算建筑面积。

5.两层或多层建筑构架柱外有围护装饰或围栏的挑台部分，按构架柱外边线至挑台外围线间的水平投影面积的二分之一计算建筑面积。

6.坡地建筑、临水建筑或跨越水面建筑的首层构架柱外有围栏的挑台部分，按构架柱外边线至挑台外围线间的水平投影面积的二分之一计算建筑面积。

二、不计算建筑面积的范围：

1.有台明的单层或多层建筑中的无柱门罩、窗罩、雨篷、挑檐、无围护的挑台、台阶等。

2.无台明建筑或多层建筑的二层或二层以上突出墙面或构架外边线以外的部分，如墀头、垛、窗罩等。

3.牌楼、实心或半实心的砖、石塔。

4.构筑物：月台、环丘台、城台、院墙及随墙门、花架等。

5.碉台的平台。

第一册　目录

册说明…… 1

第一章　土石方及基础垫层工程

说明…… 5
工作内容…… 7
工程量计算规则…… 8
一、人工挖地槽、地坑、土方…… 10
二、人工挖冻土、淤泥、流沙…… 13
三、平整场地、槽底钎探、原土打夯、支挡土板…… 14
四、土方回填…… 15
五、人工凿岩石…… 16
六、人工运土、泥、石…… 18
七、基础垫层…… 19

第二章　砌 筑 工 程

说明…… 23
工作内容…… 24
工程量计算规则…… 25
一、砖基础、砖砌体…… 27
二、砌块砌体…… 30
三、毛石基础、毛石砌体…… 31
四、基础防潮层、墙面勾缝…… 33

第三章　混凝土及钢筋混凝土工程

说明…… 37
工作内容…… 38
工程量计算规则…… 39
一、现浇混凝土…… 41
　1.基础…… 41
　2.柱…… 43
　3.梁…… 44
　4.墙…… 46
　5.板…… 47
　6.其他构件…… 48
　7.水池、花池壁…… 51
二、预制混凝土制作…… 52
　1.预制柱制作…… 52
　2.预制梁制作…… 53
　3.预制檩、椽制作…… 54
　4.预制板制作…… 55
　5.其他预制构件制作…… 56
三、钢筋工程…… 58
　1.现浇混凝土钢筋…… 58
　2.预制构件钢筋…… 59
　3.螺栓、铁件…… 60
四、预制混凝土构件安装…… 61
五、预制混凝土构件运输…… 63

第四章　屋 面 工 程

说明…… 67
工作内容…… 68
工程量计算规则…… 69
一、保温层…… 71
二、找平层…… 74
三、瓦、型材屋面…… 75
四、屋面防水…… 79
五、屋面排水…… 81

第五章　楼地面工程

说明…… 85
工作内容…… 86
工程量计算规则…… 88

一、垫层…………………………………………………………………… 90
二、防潮层………………………………………………………………… 93
三、变形缝………………………………………………………………… 96
四、找平层………………………………………………………………… 98
五、整体面层……………………………………………………………… 99
六、块料面层 …………………………………………………………… 102
七、橡、塑、木面层 …………………………………………………… 110
八、踢脚线 ……………………………………………………………… 115
九、楼梯装饰 …………………………………………………………… 121
十、台阶、明沟、坡道、散水…………………………………………… 126
十一、栏杆、栏板、扶手装饰 ………………………………………… 132

第六章　墙、柱面工程

说明……………………………………………………………………… 143
工作内容………………………………………………………………… 144
工程量计算规则………………………………………………………… 145
一、墙面抹灰 …………………………………………………………… 147
二、柱面抹灰 …………………………………………………………… 160
三、零星抹灰 …………………………………………………………… 162
四、墙面镶贴块料 ……………………………………………………… 166
五、柱面镶贴块料 ……………………………………………………… 181
六、零星镶贴块料 ……………………………………………………… 191
七、水池、花坛壁镶贴块料……………………………………………… 198
八、墙、柱面装饰………………………………………………………… 203

第七章　天 棚 工 程

说明……………………………………………………………………… 217
工作内容………………………………………………………………… 218
工程量计算规则………………………………………………………… 219
一、天棚抹灰 …………………………………………………………… 220
二、天棚龙骨 …………………………………………………………… 223
三、天棚基层 …………………………………………………………… 233
四、天棚面层 …………………………………………………………… 234
五、玻璃采光、木格栅天棚……………………………………………… 239

第八章　油漆、涂料工程

说明……………………………………………………………………… 245
工作内容………………………………………………………………… 246
工程量计算规则………………………………………………………… 247
一、木材面油漆 ………………………………………………………… 248
二、混凝土构件面油漆 ………………………………………………… 258
三、抹灰面油漆 ………………………………………………………… 259
四、喷刷涂料 …………………………………………………………… 264
五、刷浆 ………………………………………………………………… 273

册 说 明

一、本册基价是《天津市仿古建筑及园林工程预算基价》的第一册，与第二册、第三册配套使用。

二、本册基价是以现代建筑工程设计、施工及验收规范，技术操作规程，质量评定标准，安全操作规程为依据编制而成的。

三、本册基价中的材料、成品、半成品，除注明者外，均包括从工地至仓库、堆放地点或现场加工地点到施工地点以内全部水平运输及檐高在20m以内垂直运输。场内水平运输已综合了不同的运输距离，实际距离不论远近，基价不做调整。

四、本册基价中的机械费是按使用中、小型机械综合考虑编制的，不论使用何种机械或不使用机械代之以人工操作，均不调整和换算。

第一章　土石方及基础垫层工程

说　明

一、本章包括人工挖地槽、地坑、土方，人工挖冻土、淤泥、流沙，平整场地、槽底钎探、原土打夯、支挡土板，土方回填，人工凿岩石，人工运土、泥、石，基础垫层7节，共58条基价子目。

二、土壤及岩石类别的鉴别方法见下表：

土壤及岩石类别鉴别表

类　别	土壤、岩石名称及特征	鉴别方法
一般土	1.潮湿的黏性土或黄土； 2.软的盐土和碱土； 3.含有建筑材料碎料或碎石、卵石的堆土和种植土； 4.中等密实的黏性土和黄土； 5.含有碎石、卵石或建筑材料碎料的潮湿的黏性土或黄土	用尖锹并同时用镐开挖
砂砾坚土	1.坚硬的密实黏性土或黄土； 2.含有碎石、卵石(体积占10%～30%，质量在25kg以内的石块)中等密实的黏性土或黄土； 3.硬化的重壤土	全部用镐挖掘，少许用撬棍挖掘
软石	胶结不实的砾石，各种不坚实的页岩，中等坚实的泥灰岩，软质有空隙的节理较多的石灰岩	
次坚石	风化的花岗岩，坚硬的石灰岩、砂岩、水成岩，砂质胶结的砾岩，坚硬的砂质岩、花岗岩与石英胶结的砂岩	
坚石	高强度的石灰岩，中粒和粗粒的花岗岩，最坚硬的石英岩	

三、挖土工程：槽底宽度在3m以内，且长度是宽度3倍以外者为地槽；槽底面积在$20m^2$以内者为地坑；槽底宽度在3m以外，且槽底面积在$20m^2$以外者为土方。

四、垂直方向处理厚度在±30cm以内的就地挖填找平属于平整场地，处理厚度超过30cm的属于挖土或填土工程。

五、湿土与淤泥(或流沙)的区分：地下静止水位以下的土层为湿土，具有流动状态的土(或砂)为淤泥(或流沙)。

六、混凝土基础垫层与混凝土基础的划分：混凝土厚度在12cm以内者为垫层，执行混凝土垫层基价子目；混凝土厚度在12cm以外者为基础，执行第三章混凝土基础基价子目。

七、人工挖冻土指施工时气温在零摄氏度以下，人工开挖已冻结的土。

八、支挡土板基价子目综合考虑了连续支和断续支两种工艺，实际情况不同时不得调整。

九、先打桩后采用人工挖土，并挖桩顶以下部分时，挖土深度在4m以内者，全部工程量（包括桩顶以上工程量）按相应基价乘以系数1.20计算，挖土深度超过5m以内者，按相应项目人工工日乘以系数1.10计算。

十、挖地槽、地坑，土方的回填，不分室内室外，也不分是利用原土还是外购黄土，凡标高在设计室外地坪以下者均执行回填土基价子目，在设计室外地坪以上的室内房心还土执行素土夯实（位于地面以下）基价子目，位于承重结构基础以下的填土应执行素土夯实（位于基础以下）基价子目。

十一、除混凝土垫层基价子目已包括槽底打夯外，其他垫层基价子目均未包括槽底原土打夯，如设计无混凝土基础垫层时，应另列项目计算槽底原土打夯。

工 作 内 容

一、人工挖地槽、地坑、土方项目包括挖土抛于槽、坑边1m以外或装车,修整底边。

二、人工挖冻土项目包括挖、抛冻土,弃土于槽、坑边1m以外,修整底边。

三、人工挖淤泥、流沙项目包括挖、装淤泥、流沙,修整底边。

四、平整场地项目包括标高在±30cm以内的就地挖填找平。

五、槽底钎探项目包括探槽、打钎、拔钎。

六、原土打夯项目包括碎土、平土、找平,夯实两遍。

七、支挡土板项目包括支、拆挡土板。

八、回填土项目包括5m以内取土及分层夯实。

九、场地填土包括松填土和夯填土两项,松填土包括填土、找平;夯填土除填土外还包括分层夯实。

十、素土夯实分为位于基础下和位于地面下两项,其工作内容均包括150m运土,找平并分层夯实。

十一、人工凿岩石项目包括凿石、清理、修边、检底,抛石渣于2m以外,修理工具。

十二、人工运土、泥、石项目包括装、运、卸及堆放。

十三、基础垫层项目包括灰土拌和、粗细骨料拌和、找平、分层压实,调制砂浆及灌浆,混凝土浇筑、振捣、养护,混凝土垫层还包括原土夯实。

工程量计算规则

一、本章人工挖、运土，人工凿、运岩石均按天然密实体积计算；填土按夯实后体积计算。

二、挖地槽：外墙地槽长度按外墙槽底中心线计算，内墙地槽长度按内墙槽底净长计算，槽宽按图示尺寸加工作面的宽度计算，槽深按自然地坪至槽底计算。当需要放坡时，应将放坡的土方量合并于总土方量中。

三、挖冻土按设计图示尺寸开挖面积乘以厚度以体积计算。

四、挖淤泥、流沙按设计图示位置、界限以体积计算。

五、平整场地系指厚度在±30cm以内的就地挖填找平，建（构）筑物的平整场地按建（构）筑物外形每边加宽2m计算面积，围墙的平整场地按每边各加宽1m计算。

六、槽底钎探、原土打夯工程量，以槽底面积计算。

七、支挡土板工程量，以槽的垂直面积计算，支挡土板后，不得再计算放坡。

八、土方回填按设计图示尺寸以体积计算。

1.场地回填：回填面积乘以平均回填厚度。

2.室内回填：主墙间净面积乘以回填厚度。

3.基础回填：挖方体积减去设计室外地坪以下埋设的基础体积（包括基础垫层及其他构筑物）。

4.挖地槽原土回填的工程量，可按地槽挖土工程量乘以系数0.60计算。

九、基础垫层按设计图示尺寸以体积计算；其长度，外墙按中心线计算，内墙按垫层净长计算。

十、与土方工程计算有关的系数表：

土方虚实体积折算系数表

虚土	天然密实土	夯实土	松填土
1.00	0.77	0.67	0.83
1.30	1.00	0.87	1.08
1.50	1.15	1.00	1.25
1.20	0.92	0.80	1.00

放坡系数表

土质	起始深度(m)	人工挖土	机械挖土	
			坑内作业	坑外作业
一般土	1.40	1∶0.43	1∶0.30	1∶0.72
砂砾坚土	2.00	1∶0.25	1∶0.10	1∶0.33

工作面增加宽度表

基础工程施工项目	每边增加工作面（cm）
毛石基础	25
混凝土基础或基础垫层需要支模板	40
使用卷材或防水砂浆做垂直防潮层	100
带挡土板的挖土	10（另加）

一、人工挖地槽、地坑、土方

单位：m^3

编号				1-1	1-2	1-3	1-4	1-5	1-6
项目				人工挖地槽					
				一般土			砂砾坚土		
				深度(m)					
				2以内	3以内	4以内	2以内	3以内	4以内
预算基价	总价(元)			**56.50**	**61.02**	**65.54**	**98.31**	**101.70**	**105.09**
	人工费(元)			56.50	61.02	65.54	98.31	101.70	105.09
组成内容		**单位**	**单价**	**数量**					
人工	综合工 三类	工日	113.00	0.50	0.54	0.58	0.87	0.90	0.93

单位：m^3

编号				1-7	1-8	1-9	1-10	1-11	1-12
项目				人工挖地坑					
				一般土			砂砾坚土		
				深度(m)					
				2以内	3以内	4以内	2以内	3以内	4以内
预算基价	总价(元)			**61.02**	**66.67**	**72.32**	**109.61**	**113.00**	**117.52**
	人工费(元)			61.02	66.67	72.32	109.61	113.00	117.52
组成内容		单位	单价	数量					
人工	综合工 三类	工日	113.00	0.54	0.59	0.64	0.97	1.00	1.04

单位：m^3

编号				1-13	1-14	1-15	1-16	1-17	1-18
项目				人工挖土方					
				一般土			砂砾坚土		
				深度(m)					
				2以内	3以内	4以内	2以内	3以内	4以内
预算基价	总价(元)			**42.94**	**48.59**	**54.24**	**68.93**	**74.58**	**80.23**
	人工费(元)			42.94	48.59	54.24	68.93	74.58	80.23
组成内容		**单位**	**单价**	**数量**					
人工	综合工 三类	工日	113.00	0.38	0.43	0.48	0.61	0.66	0.71

二、人工挖冻土、淤泥、流沙

单位：m^3

编号				1-19	1-20	1-21	1-22
项目				人工挖冻土			人工挖淤泥、流沙
				冻土厚度(m)			
				0.50以内	1.00以内	1.50以内	
预算基价	总价(元)			**146.90**	**209.05**	**220.35**	**131.08**
	人工费(元)			146.90	209.05	220.35	131.08
组成内容		**单位**	**单价**	**数量**			
人工	综合工 三类	工日	113.00	1.30	1.85	1.95	1.16

三、平整场地、槽底钎探、原土打夯、支挡土板

单位：$10m^2$

编号				1-23	1-24	1-25	1-26	1-27
项目				平整场地	槽底钎探	原土打夯	支挡土板	
							单面	双面
预算基价	总价(元)			**63.28**	**72.32**	**21.84**	**465.60**	**399.58**
	人工费(元)			63.28	72.32	19.21	151.42	128.82
	材料费(元)						293.86	253.67
	机械费(元)					2.63	20.32	17.09
组成内容		**单位**	**单价**	**数量**				
人工	综合工 三类	工日	113.00	0.56	0.64	0.17	1.34	1.14
材料	木模板	m^3	1982.88				0.145	0.125
	铁钉	kg	6.68				0.95	0.87
机械	电动夯实机 20～62N•m	台班	27.11			0.097		
	载货汽车 6t	台班	461.82				0.044	0.037

四、土 方 回 填

单位：m³

编号				1-28	1-29	1-30	1-31	1-32
项目				回填土	场地填土		素土夯实(包括150m运土)	
					松填	夯填	用于基础下	用于地面下
预算基价	总价(元)			**30.01**	**103.35**	**146.49**	**188.39**	**178.91**
	人工费(元)			28.25	10.17	28.25	68.93	56.50
	材料费(元)				93.18	116.48	118.00	120.95
	机械费(元)			1.76		1.76	1.46	1.46
组成内容		**单位**	**单价**	**数量**				
人工	综合工 三类	工日	113.00	0.25	0.09	0.25	0.61	0.50
材料	黄土	m³	77.65		1.200	1.500	1.500	1.538
	水	m³	7.62				0.200	0.200
机械	电动夯实机 20～62N•m	台班	27.11	0.065		0.065	0.054	0.054

五、人工凿岩石

单位：m^3

编号				1-33	1-34	1-35	1-36	1-37	1-38
项目				地面开凿			地槽开凿		
				软石	次坚石	坚石	软石	次坚石	坚石
预算基价	总价(元)			**133.99**	**220.90**	**379.09**	**188.23**	**313.56**	**922.62**
	人工费(元)			116.39	192.10	331.09	170.63	284.76	874.62
	材料费(元)			17.60	28.80	48.00	17.60	28.80	48.00
组成内容		**单位**	**单价**	**数量**					
人工	综合工 三类	工日	113.00	1.03	1.70	2.93	1.51	2.52	7.74
材料	钢钎	kg	16.00	0.50	1.00	2.00	0.50	1.00	2.00
	零星材料费	元		9.60	12.80	16.00	9.60	12.80	16.00

单位：m^3

编号				1-39	1-40	1-41
项目				地坑开凿		
				软石	次坚石	坚石
预算基价	总价(元)			**222.13**	**370.06**	**1096.64**
	人工费(元)			204.53	341.26	1048.64
	材料费(元)			17.60	28.80	48.00
组成内容		**单位**	**单价**	**数量**		
人工	综合工 三类	工日	113.00	1.81	3.02	9.28
材料	钢钎	kg	16.00	0.50	1.00	2.00
	零星材料费	元		9.60	12.80	16.00

六、人工运土、泥、石

单位：m^3

编号				1-42	1-43	1-44	1-45	1-46	1-47
项目				运土	运淤泥、流沙	运石	运土	运淤泥、流沙	运石
				运距50m以内			每增加50m		
预算基价	总价(元)			**33.90**	**56.50**	**40.68**	**3.39**	**4.52**	**4.52**
	人工费(元)			33.90	56.50	40.68	3.39	4.52	4.52
组成内容		**单位**	**单价**	**数量**					
人工	综合工 三类	工日	113.00	0.30	0.50	0.36	0.03	0.04	0.04

七、基础垫层

单位：m^3

编号				1-48	1-49	1-50	1-51	1-52	1-53
项目				灰土		砂垫层	干铺		
				2∶8	3∶7		石屑	碎石	毛石
预算基价	总价(元)			**281.28**	**287.90**	**229.44**	**223.49**	**254.79**	**308.47**
	人工费(元)			123.17	117.52	57.63	64.41	80.23	87.01
	材料费(元)			156.65	168.92	171.56	158.80	174.16	219.83
	机械费(元)			1.46	1.46	0.25	0.28	0.40	1.63
组成内容		**单位**	**单价**	**数量**					
人工	综合工 三类	工日	113.00	1.09	1.04	0.51	0.57	0.71	0.77
材料	黄土	m^3	77.65	1.338	1.176				
	白灰	kg	0.30	165.64	248.46				
	砂子	t	87.03			1.945		0.411	0.400
	石屑	t	82.88				1.916		
	碴石 19～25	t	87.81					1.576	
	毛石	t	89.21						2.074
	水	m^3	7.62	0.402	0.402	0.300			
	灰土 2∶8	m^3		(1.010)					
	灰土 3∶7	m^3			(1.010)				
机械	电动夯实机 20～62N•m	台班	27.11	0.054	0.054				0.060
	小型机具	元				0.25	0.28	0.40	

单位：m^3

编号				1-54	1-55	1-56	1-57	1-58
项目				干铺混碴		灌浆		混凝土
				带粗砂	不带粗砂	碎石	毛石	
预算基价	总价(元)			**248.67**	**241.44**	**338.65**	**401.48**	**639.48**
	人工费(元)			80.23	80.23	135.60	153.68	169.50
	材料费(元)			168.04	160.81	202.65	246.17	444.64
	机械费(元)			0.40	0.40	0.40	1.63	25.34
组成内容		**单位**	**单价**	**数量**				
人工	综合工 三类	工日	113.00	0.71	0.71	1.20	1.36	1.50
材料	预拌混凝土 AC10	m^3	430.17					1.015
	水泥	kg	0.39			60.49	57.51	
	砂子	t	87.03	0.411		0.453	0.431	
	混碴 2～80	t	83.93	1.576	1.916			
	碴石 19～25	t	87.81			1.576		
	毛石	t	89.21				2.074	
	水	m^3	7.62			0.163	0.159	1.052
	水泥砂浆 M5	m^3				(0.284)	(0.270)	
机械	电动夯实机 20～62N•m	台班	27.11				0.060	0.057
	机动翻斗车 1t	台班	207.17					0.113
	小型机具	元		0.40	0.40	0.40		0.38

第二章　砌 筑 工 程

说　明

一、本章包括砖基础、砖砌体，砌块砌体，毛石基础、毛石砌体，基础防潮层、墙面勾缝4节，共34条基价子目。

二、基础与墙（柱）身的划分：

1.基础与墙（柱）身使用同一种材料时，以首层设计室内地坪为界，设计室内地坪以下为基础，以上为墙（柱）身。

2.基础与墙（柱）身使用品种不同材料时，以不同材料的变化处为分界线。

3.砖、石围墙，以设计室外地坪为界线，设计室外地坪以下为基础，以上为墙身。

三、本章砖墙基价中综合考虑了除单砖墙以外不同的墙厚、内墙与外墙、清水墙和混水墙的因素，单砖墙应单独计算，套相应基价子目。

四、本章基价中的砌体砂浆强度等级（在材料栏中砂浆注明标号的除外）为综合强度等级，编制预算时不得换算。

五、砌墙基价中不含墙体加固钢筋，砌体内采用钢筋加固者，按设计规定计算质量，执行第三章中的墙体加固钢筋基价子目。

六、贴砖墙系指墙体外表面的砌贴砖墙。

七、空心砖墙基价中的空心砖规格为240×240×115，设计规格与基价不同时，允许调整。

八、砖砌地垄墙按砖地沟基价子目执行，支持地楞的砖墩按方形砖柱基价子目执行。

九、零星砌体系指砖砌花台、花池、毛石墙门窗口立边、窗台虎头砖等。

十、砌块墙基价中加气块耗用量中不包括改锯损耗。设计厚度与基价不同时，允许调整。

十一、加气混凝土墙基价中未考虑砌砖。执行此基价时，如有砖砌筑，单独计算并套用砌砖墙基价子目。

十二、砌毛石围墙按毛石墙的石墙到顶基价子目执行，砌毛石地沟、水池、零星砌体按毛石墙的窗台下石墙基价子目执行。

十三、砌毛石护坡高度超过3.6m者，人工费乘以系数1.15。

工 作 内 容

一、砖基础项目包括调制、运砂浆,运、砌砖。

二、砖砌体、砌块砌体项目包括调制、运砂浆,运、砌砖、砌块; 砌窗台虎头砖、腰线、门窗套,安放木砖、铁件。

三、毛石基础项目包括调制、运砂浆,选、修、运、砌毛石。

四、毛石砌体项目包括调制、运砂浆,选、修、运、砌毛石; 墙角、窗台、门窗洞口的石料加工。

五、基础砂浆防潮层项目包括调制、运、抹砂浆。

六、墙面勾缝项目包括清扫基层、刻瞎缝(不包括弹线、满刻缝)、堵脚手眼、缺角补修、墙面浇水、筛砂、调运砂浆、勾缝等。

工程量计算规则

一、砖基础、毛石基础按设计图示尺寸以体积计算，包括附墙垛基础宽出部分体积，扣除混凝土地梁（圈梁）所占体积，不扣除基础大放脚T形接头的重叠部分及嵌入基础的钢筋、铁件、管道、基础砂浆防潮层和单个面积$0.3m^2$以内的孔洞所占体积，靠墙暖气沟的挑檐不增加。基础长度：外墙按中心线长度计算，内墙按净长计算。砌基础大放脚增加断面面积按下表计算：

砌基础大放脚增加断面面积计算表

单位：m^2

放脚层数	增加断面面积		放脚层数	增加断面面积	
	等高	不等高		等高	不等高
一	0.01575	0.01575	四	0.15750	0.12600
二	0.04725	0.03938	五	0.23625	0.18900
三	0.09450	0.07875	六	0.33075	0.25988

二、实心砖墙、空心砖墙、砌块墙、毛石墙均按设计图示尺寸以体积计算。扣除门窗洞口、过人洞、空圈、嵌入墙内的钢筋混凝土柱、梁、圈梁、挑梁、过梁及凹进墙内的壁龛、管槽、暖气槽、消火栓箱所占体积。不扣除梁头、板头、檩头、垫木、木楞头、檐椽木、木砖、门窗走头、砖墙内砖平碹、砖拱碹、砖过梁、加固钢筋、木筋、铁件、钢管及单个面积$0.3m^2$以内的孔洞所占体积。凸出墙面的腰线、挑檐、压顶、窗台线、虎头砖、门窗套的体积亦不增加，凸出墙面的砖垛并入墙体体积内。

1.墙长度：外墙按中心线长度计算，内墙按净长计算。

2.墙高度：

(1)外墙：斜（坡）屋面无檐口天棚者算至屋面板底；有屋架且室内外均有天棚者，算至屋架下弦底另加200mm；无天棚者算至屋架下弦底另加300mm，出檐宽度超过600mm时，按实砌高度计算；平屋面算至屋面板底。

(2)内墙：位于屋架下弦者算至屋架下弦底；无屋架者算至天棚底另加100mm；有钢筋混凝土楼板隔层者算至楼板顶；有框架梁时算至梁底。

(3)女儿墙：从屋面板上表面算至女儿墙顶面（如有混凝土压顶时算至压顶下表面）。

(4)内、外山墙：按其平均高度计算。

(5)围墙：高度从基础顶面起算至压顶上表面（如有混凝土压顶时算至压顶下表面），与墙体为一体的砖围墙柱并入围墙体积内计算。

3.页岩标砖墙厚度按下表计算：

页岩标砖墙厚度表

墙厚（砖）	$\frac{1}{4}$	$\frac{1}{2}$	$\frac{3}{4}$	1	$1\frac{1}{2}$	2	$2\frac{1}{2}$	3
计算厚度（mm）	53	115	180	240	365	490	615	740

三、空花墙按设计图示尺寸以空花部分外形体积计算。不扣除空洞部分体积。

四、砖地沟按设计图示尺寸以实砌体积计算。

五、实心砖柱、零星砌体按设计图示尺寸以体积计算。扣除混凝土及钢筋混凝土梁垫、梁头、板头所占体积。砖柱不分柱基和柱身,其工程量合并计算,按砖柱基价子目计算。

六、其他砌体均按设计图示尺寸以实砌体积计算。

七、基础砂浆防潮层按设计图示尺寸以面积计算。

八、墙面勾缝按墙面垂直投影面积计算,应扣除墙面和墙裙抹灰面积,不扣除门窗套和腰线等零星抹灰及门窗洞口所占面积,但垛、门窗洞口侧壁和顶面的勾缝亦不增加。

九、独立柱勾缝按设计图示外形尺寸以面积计算。

一、砖基础、砖砌体

单位：m^3

编号				2-1	2-2	2-3	2-4	2-5	2-6
项目				砌砖基础	砌$\frac{1}{2}$砖墙	砌砖墙	砌圆弧砖墙	砌砖挡土墙	砌空花砖墙
预算基价	总价(元)			**518.31**	**660.67**	**594.48**	**624.36**	**516.93**	**514.79**
	人工费(元)			180.90	303.75	244.35	264.60	178.20	263.25
	材料费(元)			325.79	335.84	333.78	341.48	327.11	234.12
	机械费(元)			11.62	21.08	16.35	18.28	11.62	17.42
组成内容		**单位**	**单价**	**数量**					
人工	综合工 二类	工日	135.00	1.34	2.25	1.81	1.96	1.32	1.95
材料	页岩标砖 240×115×53	100块	51.36	5.27	5.60	5.37	5.52	5.28	4.07
	水泥	kg	0.39	51.76	38.15	46.38	46.38	46.38	20.57
	白灰	kg	0.30		13.00	15.80	15.80	15.80	7.01
	砂子	t	87.03	0.388	0.298	0.362	0.362	0.362	0.161
	木模板	m^3	1982.88		0.001	0.001	0.001		
	铁钉	kg	6.68		0.01	0.01	0.01		
	水	m^3	7.62	0.153	0.192	0.209	0.209	0.209	0.124
	白灰膏	m^3			(0.019)	(0.023)	(0.023)	(0.023)	(0.010)
	水泥砂浆 M5	m^3		(0.243)					
	混合砂浆 M5	m^3			(0.204)	(0.248)	(0.248)	(0.248)	(0.110)
机械	灰浆搅拌机 400L	台班	215.11	0.054	0.098	0.076	0.085	0.054	0.081

单位：m^3

编号				2-7	2-8	2-9	2-10	2-11	2-12
项目				砌贴砖墙		空心砖墙		砌多孔砖墙	砌砖地沟
				$\frac{1}{4}$砖	$\frac{1}{2}$砖	斗砌	卧砌		
预算基价	总价(元)			**774.90**	**607.05**	**444.69**	**406.36**	**608.13**	**523.94**
	人工费(元)			349.65	240.30	233.55	202.50	305.10	182.25
	材料费(元)			386.32	350.62	194.58	189.88	286.90	328.78
	机械费(元)			38.93	16.13	16.56	13.98	16.13	12.91
组成内容		单位	单价	数量					
人工	综合工 二类	工日	135.00	2.59	1.78	1.73	1.50	2.26	1.35
材料	页岩标砖 240×115×53	100块	51.36	6.12	5.59	0.75	0.24		5.39
	页岩空心砖 240×240×115	100块	109.34			1.21	1.29		
	页岩多孔砖 240×115×90	100块	68.25					3.37	
	水泥	kg	0.39	59.47	52.36	20.01	28.99	44.88	43.01
	白灰	kg	0.30	20.26	17.84	6.82	9.88	15.29	14.65
	砂子	t	87.03	0.464	0.409	0.156	0.226	0.350	0.336
	木模板	m^3	1982.88				0.001	0.001	
	铁钉	kg	6.68				0.01		
	水	m^3	7.62	0.307	0.282	0.043	0.068	0.310	0.202
	白灰膏	m^3		(0.029)	(0.025)	(0.010)	(0.014)	(0.022)	(0.021)
	混合砂浆 M5	m^3		(0.318)	(0.280)	(0.107)	(0.155)	(0.240)	(0.230)
机械	灰浆搅拌机 400L	台班	215.11	0.181	0.075	0.077	0.065	0.075	0.060

单位：m^3

编号				2-13	2-14	2-15	2-16
项目				砌砖柱		砌砖零星砌体	砖砌半圆碹
				方形	圆形、半圆形、多边形		
预算基价	总价(元)			**693.81**	**801.67**	**721.82**	**921.29**
	人工费(元)			340.20	361.80	365.85	483.30
	材料费(元)			331.02	415.56	331.66	402.28
	机械费(元)			22.59	24.31	24.31	35.71
组成内容		**单位**	**单价**	**数量**			
人工	综合工 二类	工日	135.00	2.52	2.68	2.71	3.58
材料	页岩标砖 240×115×53	100块	51.36	5.43	6.94	5.52	5.50
	水泥	kg	0.39	43.20	48.81	39.83	46.75
	白灰	kg	0.30	14.72	16.63	13.57	15.93
	砂子	t	87.03	0.337	0.381	0.311	0.365
	木模板	m^3	1982.88				0.030
	铁钉	kg	6.68				0.60
	水	m^3	7.62	0.202	0.254	0.195	0.200
	白灰膏	m^3		(0.021)	(0.024)	(0.190)	(0.023)
	混合砂浆 M5	m^3		(0.231)	(0.261)	(0.213)	(0.250)
机械	灰浆搅拌机 400L	台班	215.11	0.105	0.113	0.113	0.166

二、砌 块 砌 体

单位：m^3

编号				2-17	2-18	2-19	2-20
项目				砌加气砌块墙	砌炉渣空心砌块墙	砌混凝土空心砌块墙	
						墙厚14cm	墙厚19cm
预算基价	总价(元)			**573.08**	**473.31**	**563.82**	**492.09**
	人工费(元)			216.00	168.75	229.50	168.75
	材料费(元)			342.24	289.07	313.45	307.85
	机械费(元)			14.84	15.49	20.87	15.49
组成内容		**单位**	**单价**	**数量**			
人工	综合工 二类	工日	135.00	1.60	1.25	1.70	1.25
材料	加气混凝土块 300×600×(125～300)	m^3	318.48	1.022			
	炉渣砌块 400×200×200	m^3	259.20		0.912		
	混凝土空心砌块 390×140×190	100块	276.46			0.911	0.895
	页岩标砖 240×115×53	100块	51.36		0.273		
	水泥	kg	0.39	13.47	32.54	51.80	50.87
	白灰	kg	0.30	4.59	11.09	17.65	17.33
	砂子	t	87.03	0.105	0.254	0.405	0.397
	水	m^3	7.62	0.129	0.070	0.111	0.109
	白灰膏	m^3		(0.007)	(0.016)	(0.025)	(0.025)
	混合砂浆 M5	m^3		(0.072)	(0.174)	(0.277)	(0.272)
机械	灰浆搅拌机 400L	台班	215.11	0.069	0.072	0.097	0.072

三、毛石基础、毛石砌体

单位：m^3

编号				2-21	2-22	2-23	2-24	2-25
项目				砌毛石基础（包括独立基础）	砌毛石墙			砌毛石独立柱
					窗台下石墙	石墙到顶	挡土墙	
预算基价	总价(元)			**464.01**	**589.75**	**623.50**	**486.96**	**874.60**
	人工费(元)			187.65	284.85	318.60	210.60	569.70
	材料费(元)			262.59	285.32	285.32	262.59	285.32
	机械费(元)			13.77	19.58	19.58	13.77	19.58
组成内容		**单位**	**单价**	**数量**				
人工	综合工 二类	工日	135.00	1.39	2.11	2.36	1.56	4.22
材料	毛石	t	89.21	1.889	2.125	2.125	1.889	2.125
	水泥	kg	0.39	103.36	105.20	105.20	103.36	105.20
	砂子	t	87.03	0.603	0.614	0.614	0.603	0.614
	水	m^3	7.62	0.169	0.169	0.169	0.169	0.169
	水泥砂浆 M7.5	m^3		(0.393)	(0.400)	(0.400)	(0.393)	(0.400)
机械	灰浆搅拌机 400L	台班	215.11	0.064	0.091	0.091	0.064	0.091

单位：m^3

编号				2-26	2-27	2-28	2-29	2-30
项目				毛石护坡		景石墙（墙厚）		蘑菇石墙
				浆砌	干砌	30cm以内	40cm以内	
预算基价	总价（元）			**517.97**	**359.67**	**2105.80**	**1845.25**	**474.07**
	人工费（元）			228.15	135.00	1800.90	1540.35	418.50
	材料费（元）			273.26	224.67	285.32	285.32	47.18
	机械费（元）			16.56		19.58	19.58	8.39
组成内容		**单位**	**单价**	**数量**				
人工	综合工 二类	工日	135.00	1.69	1.00	13.34	11.41	3.10
材料	蘑菇石 成品	m^3						(1.020)
	毛石	t	89.21	1.976	1.976	2.125	2.125	
	水泥	kg	0.39	91.80		105.20	105.20	44.73
	砂子	t	87.03	0.688	0.556	0.614	0.614	0.335
	水	m^3	7.62	0.171		0.169	0.169	0.076
	水泥砂浆 M5	m^3		(0.431)				(0.210)
	水泥砂浆 M7.5	m^3				(0.400)	(0.400)	
机械	灰浆搅拌机 400L	台班	215.11	0.077		0.091	0.091	0.039

四、基础防潮层、墙面勾缝

单位：10m²

编号				2-31	2-32	2-33	2-34
项目				砖基础上抹水泥砂浆防潮层	砖墙面勾缝		石墙面勾缝
					加浆1∶1水泥砂浆	原浆M5	加浆1∶1.5水泥砂浆
预算基价	总价(元)			**229.74**	**148.54**	**66.35**	**125.60**
	人工费(元)			126.90	139.05	60.75	112.05
	材料费(元)			91.44	8.41	5.17	12.69
	机械费(元)			11.40	1.08	0.43	0.86
组成内容		**单位**	**单价**	**数量**			
人工	综合工 二类	工日	135.00	0.94	1.03	0.45	0.83
材料	水泥	kg	0.39	124.26	17.07	4.90	23.21
	砂子	t	87.03	0.306		0.037	
	细砂	t	87.33		0.019		0.040
	防水粉	kg	4.21	3.74			
	水	m³	7.62	0.079	0.012	0.005	0.019
	水泥砂浆 1∶2	m³		(0.220)			
	水泥细砂浆 1∶1	m³			(0.023)		
	水泥砂浆 M5	m³				(0.023)	
	水泥细砂浆 1∶1.5	m³					(0.039)
机械	灰浆搅拌机 400L	台班	215.11	0.053	0.005	0.002	0.004

第三章　混凝土及钢筋混凝土工程

说　明

一、本章包括现浇混凝土、预制混凝土制作、钢筋工程、预制混凝土构件安装、预制混凝土构件运输5节,共97条基价子目。

二、各项混凝土预算基价中混凝土均采用AC30预拌混凝土价格,如设计要求或施工组织设计中的要求与基价中不同时,采用现场搅拌者按附录二"现场搅拌混凝土基价"所列相应混凝土品种换算;采用预拌混凝土者按预拌混凝土相应强度等级的实际价格列入。采用混凝土输送泵者在措施项目中考虑。

三、混凝土的养护是按一般养护方法考虑的,如采用蒸汽养护或其他特殊养护方法者,应在措施项目中另行计算,本章各混凝土基价子目中包括的养护内容不扣除。

四、施工单位自行制作混凝土构件时,按本章基价中相应子目执行。

五、毛石混凝土,系按毛石占混凝土体积20%计算的;如设计要求不同时,可以换算。

六、预制混凝土构件制作基价中未包括从预制地点或堆放地点至安装地点的运输,发生运输时,执行相应的运输基价子目。

七、零星构件,系指每件体积在0.10m^3以内,且在本章中未列项目的构件。

八、古式零星构件,系指梁垫、蒲鞋头、云头水浪机、插角、宝顶、莲花头子、花饰块等以及每件体积在0.05m^3以内,且本章中未列项目的构件。

九、基价中钢筋是以手工绑扎、部分焊接和点焊编制的,设计采用气压焊、螺纹套筒、电渣压力焊、钢筋冷挤压等焊(连)接方法者,可以另行计算,其钢筋制作应按特种接头钢筋相应基价子目计算。

十、非预应力钢筋不包括冷拉,如设计规定冷拉者,加工费和加工损耗另行计算。施工单位自行采用冷拉钢筋者,不另计算加工费,钢筋量仍按原设计直径计算。

十一、设计图纸未注明的钢筋接头和施工损耗的,已综合在基价项目内。

十二、预制混凝土构件安装基价子目中已综合了预制构件的灌缝找平,实际与基价不同时,不得换算。

十三、预制混凝土构件拆(剔)模,清理用工已包括在模板基价子目中,不得重复计算。

十四、预制混凝土构件汽车运输基价不分构件名称、类别,均按本章基价计算。

工 作 内 容

一、现浇混凝土项目包括混凝土浇筑、振捣、养护等全部操作过程。

二、预制混凝土制作项目包括混凝土浇筑、振捣、养护及构件的成品堆放。

三、钢筋项目包括制作、绑扎、安装。

四、螺栓、铁件项目包括制作、安装、运输,埋设、焊接固定。

五、预制混凝土构件安装项目包括构件翻身、就位、加固、吊装、校正、垫实节点、焊接或紧固螺栓、灌缝找平、构件场内运输等操作过程。

六、预制混凝土构件运输项目包括设置一般支架(垫方木)、装车绑扎,运往规定地点卸车堆放,支垫稳固。

工程量计算规则

一、现浇混凝土基础按设计图示尺寸以体积计算。不扣除构件内钢筋、预埋铁件所占体积。

1.带形基础：外墙基础长度按外墙带形基础中心线长度计算，内墙带形基础长度按内墙基础净长计算，截面按设计图示尺寸计算。

2.独立基础：包括各种形式的独立柱基和柱墩，独立基础的高度按设计图示尺寸计算，柱与柱基以柱基的扩大顶面为分界。

二、现浇混凝土柱按设计图示尺寸以体积计算。不扣除构件内钢筋、预埋铁件所占体积。其柱高：

有梁板的柱高，应按柱基上表面（或楼板上表面）至上一层楼板上表面之间的高度计算。

无梁板的柱高，应按柱基上表面（或楼板上表面）至柱帽下表面之间的高度计算。

1.构造柱断面尺寸按每面马牙碴增加3cm计算。柱高按全高扣除与其相交的钢筋混凝土梁、板的高度计算。

2.依附柱上的牛腿并入柱身体积计算。

3.依附柱上的古式云头、梁垫、蒲鞋头的体积，按相应基价子目计算。

三、现浇混凝土梁按设计图示尺寸以体积计算。不扣除构件内钢筋、预埋铁件所占体积，伸入墙内的梁头、梁垫并入梁体积内。梁与柱连接时，梁长算至柱侧面；主梁与次梁连接时，次梁长算至主梁侧面。

1.凡加固墙身的梁均按圈梁计算。

2.圈梁与梁连接时，圈梁体积应扣除伸入圈梁内的梁的体积。

3.在圈梁部位挑出的混凝土檐，其挑出部分在12cm以内时，并入圈梁体积内计算；挑出部分在12cm以外时，以圈梁外皮为界限，挑出部分套用挑檐天沟基价子目。

四、现浇混凝土墙按设计图示尺寸以体积计算。不扣除构件内钢筋、预埋铁件所占体积；扣除门窗洞口及单个面积0.3m^2以外的孔洞所占体积，墙垛及凸出墙面部分并入墙体体积内计算。

五、现浇混凝土板按设计图示尺寸以体积计算。不扣除构件内钢筋、预埋铁件及单个面积0.3m^2以内的孔洞所占体积。各类板伸入墙内的板头并入板体积内计算。

1.凡不同类型的楼板交接时，均以墙的中心线为分界。

2.有梁板（包括主、次梁与板）按梁、板体积之和计算。

3.现浇钢筋混凝土板，坡度在10°以内时，按相应基价子目执行；坡度在10°以外30°以内时，相应基价子目中人工工日乘以系数1.10；坡度在30°以外60°以内时，相应基价子目中人工工日乘以系数1.20；坡度在60°以外时，按现浇混凝土墙相应基价子目执行。

4.无椽望板系指古典建筑中形状为曲形的屋面板。

5.椽望板系指古典建筑中在飞檐部位，并连有飞椽和檐椽的重叠之板，其工程量按飞椽、檐椽、板体积之和计算。

6.翼角板系指古典建筑中在翘角部位，并连有翘飞椽和翼角椽的重叠之板，其工程量按翘飞椽、翼角椽、板体积之和计算。

六、现浇混凝土其他构件，不扣除构件内钢筋、预埋铁件所占体积。

1.现浇混凝土楼梯按设计图示尺寸以水平投影面积计算。不扣除宽度小于50cm的楼梯井，伸入墙内部分不计算。

(1)楼梯的水平投影面积包括踏步、斜梁、休息平台、平台梁以及楼梯与楼板连接的梁（楼梯与楼板的划分以楼梯梁的外侧为分界）。

(2)当整体楼梯与现浇板无楼梯梁连接时，以楼梯的最后一个踏步边缘加30cm为界。

2.现浇混凝土栏板按设计图示尺寸以体积计算（包括伸入墙内的部分），楼梯斜长部分的栏板长度，可按其水平长度乘以系数1.15计算。

3.现浇混凝土挑檐、天沟按设计图示尺寸以体积计算。挑檐、天沟与现浇屋面板连接时，以外墙皮为分界线；与圈梁连接时，以圈梁外皮为分界线。

4.现浇混凝土古式栏板、古式栏杆、鹅颈靠背按设计图示尺寸以长度计算。

5.现浇混凝土压顶、零星构件、桁檩垫板、斗拱、古式零件、预留部位浇捣、水池、花坛壁按设计图示尺寸以体积计算。

七、预制混凝土构件制作，不扣除构件内钢筋、预埋铁件所占体积。

1.预制混凝土柱、梁、檩、椽、斗拱、古式零件、零星构件，按设计图示尺寸以体积计算。

2.预制混凝土板按设计图示尺寸以体积计算。不扣除单个面积0.3m^2以内的孔洞所占体积。

3.预制混凝土花窗、门窗框、栏杆件、鹅颈靠背按设计图示尺寸以面积计算。

八、现浇混凝土钢筋、预制构件钢筋，按设计图示钢筋长度乘以单位理论质量以质量计算。

九、螺栓、铁件按设计图示尺寸以质量计算。

十、预制混凝土构件安装按设计图示尺寸以体积计算；预制混凝土花窗安装执行小型构件基价子目，其计算方法按设计外形面积乘以厚度，以体积计算，不扣除空花体积。

十一、预制混凝土漏空花格砌筑按其外围面积计算。

十二、预制混凝土构件运输按设计图示尺寸以体积计算。

一、现浇混凝土

1.基　　础

单位：m^3

编号					3-1	3-2	3-3	3-4	3-5
项目					带形基础			独立基础	
					毛石混凝土	有梁式混凝土	无梁式混凝土	毛石混凝土	钢筋混凝土
预算基价	总价(元)				**540.52**	**584.91**	**585.09**	**523.30**	**600.27**
	人工费(元)				85.05	95.85	95.85	91.80	110.70
	材料费(元)				454.90	488.49	488.67	430.93	489.00
	机械费(元)				0.57	0.57	0.57	0.57	0.57
组成内容		**单位**	**单价**		**数量**				
人工	综合工 二类	工日	135.00		0.63	0.71	0.71	0.68	0.82
材料	预拌混凝土 AC30	m^3	472.89		0.863	1.020	1.020	0.812	1.020
	毛石	t	89.21		0.463			0.463	
	草袋 840×760	m^2	3.34		0.24	0.25	0.25	0.32	0.33
	水	m^3	7.62		0.616	0.696	0.720	0.600	0.728
机械	小型机具	元			0.57	0.57	0.57	0.57	0.57

单位：m^3

编号				3-6	3-7	3-8
项目				杯形基础	满堂基础	
					有梁式混凝土	无梁式混凝土
预算基价	总价(元)			**591.00**	**609.22**	**579.56**
	人工费(元)			101.25	118.80	89.10
	材料费(元)			489.18	489.85	489.89
	机械费(元)			0.57	0.57	0.57
组成内容		**单位**	**单价**	**数量**		
人工	综合工 二类	工日	135.00	0.75	0.88	0.66
材料	预拌混凝土 AC30	m^3	472.89	1.020	1.020	1.020
	草袋 840×760	m^2	3.34	0.37	0.49	0.51
	水	m^3	7.62	0.735	0.770	0.766
机械	小型机具	元		0.57	0.57	0.57

2.柱

单位：m^3

编号				3-9	3-10	3-11	3-12
项目				矩形柱	异型柱（L形、T形、十字形）	圆形柱、多边形柱	构造柱
预算基价	总价(元)			**776.39**	**838.46**	**788.44**	**874.83**
	人工费(元)			287.55	349.65	299.70	386.10
	材料费(元)			487.91	487.88	487.81	487.80
	机械费(元)			0.93	0.93	0.93	0.93
组成内容		**单位**	**单价**	**数量**			
人工	综合工 二类	工日	135.00	2.13	2.59	2.22	2.86
材料	预拌混凝土 AC30	m^3	472.89	1.020	1.020	1.020	1.020
	草袋 840×760	m^2	3.34	0.10	0.09	0.09	0.09
	水	m^3	7.62	0.686	0.686	0.678	0.676
机械	小型机具	元		0.93	0.93	0.93	0.93

3.梁

单位：m^3

编号				3-13	3-14	3-15	3-16
项目				基础梁、地圈梁、基础加筋带	矩形梁（单梁、连续梁）	异型梁（T形、工字形、十字形）	弧（拱）形梁
预算基价	总价(元)			**657.39**	**700.67**	**703.14**	**833.50**
	人工费(元)			166.05	209.25	211.95	340.20
	材料费(元)			490.41	490.49	490.26	492.37
	机械费(元)			0.93	0.93	0.93	0.93
组成内容		**单位**	**单价**	**数量**			
人工	综合工 二类	工日	135.00	1.23	1.55	1.57	2.52
材料	预拌混凝土 AC30	m^3	472.89	1.020	1.020	1.020	1.020
	草袋 840×760	m^2	3.34	0.61	0.60	0.73	1.00
	水	m^3	7.62	0.791	0.806	0.719	0.877
机械	小型机具	元		0.93	0.93	0.93	0.93

单位：m^3

编号				3-17	3-18	3-19
项目				圈梁	过梁	老角梁、仔角梁
预算基价	总价(元)			**832.05**	**870.43**	**915.77**
	人工费(元)			340.20	372.60	419.85
	材料费(元)			490.92	496.90	494.99
	机械费(元)			0.93	0.93	0.93
组成内容		**单位**	**单价**	**数量**		
人工	综合工 二类	工日	135.00	2.52	2.76	3.11
材料	预拌混凝土 AC30	m^3	472.89	1.020	1.020	1.020
	草袋 840×760	m^2	3.34	0.83	1.86	0.75
	水	m^3	7.62	0.761	1.094	1.330
机械	小型机具	元		0.93	0.93	0.93

4.墙

单位：m^3

编号				3-20	3-21	3-22
项目				直形墙	弧形墙	挡土墙
预算基价	总价(元)			**763.26**	**763.36**	**647.72**
	人工费(元)			270.00	274.05	153.90
	材料费(元)			491.77	487.82	492.89
	机械费(元)			1.49	1.49	0.93
组成内容		**单位**	**单价**	**数量**		
人工	综合工 二类	工日	135.00	2.00	2.03	1.14
材料	预拌混凝土 AC30	m^3	472.89	1.020	1.020	1.020
	草袋 840×760	m^2	3.34	0.26	0.10	0.09
	水	m^3	7.62	1.123	0.674	1.344
机械	小型机具	元		1.49	1.49	0.93

5.板

单位：m^3

编号				3-23	3-24	3-25	3-26	3-27	3-28
项目				有梁板	平板	拱板	无椽望板	椽望板	翼角板
预算基价	总价(元)			**648.40**	**656.85**	**745.90**	**964.12**	**997.93**	**1041.13**
	人工费(元)			153.90	160.65	255.15	456.30	490.05	533.25
	材料费(元)			493.57	495.27	489.84	506.87	506.87	506.87
	机械费(元)			0.93	0.93	0.91	0.95	1.01	1.01
组成内容		**单位**	**单价**	**数量**					
人工	综合工 二类	工日	135.00	1.14	1.19	1.89	3.38	3.63	3.95
材料	预拌混凝土 AC30	m^3	472.89	1.020	1.020	1.020	1.020	1.020	1.020
	草袋 840×760	m^2	3.34	1.10	1.42	0.45	1.50	1.50	1.50
	水	m^3	7.62	0.991	1.073	0.786	2.560	2.560	2.560
机械	小型机具	元		0.93	0.93	0.91	0.95	1.01	1.01

6.其 他 构 件

编　　号				3-29	3-30	3-31	3-32	3-33	3-34
项　　目				整体楼梯		压顶 (m^3)	零星构件 (m^3)	栏板 (m^3)	挑檐、天沟 (m^3)
				直形 ($10m^2$)	弧形 ($10m^2$)				
预算基价	总　　价(元)			**1286.21**	**1408.24**	**873.75**	**945.42**	**919.42**	**836.17**
	人　工　费(元)			774.90	901.80	363.15	419.85	427.95	337.50
	材　料　费(元)			507.69	501.26	509.11	524.08	489.98	497.18
	机　械　费(元)			3.62	5.18	1.49	1.49	1.49	1.49
组 成 内 容		**单位**	**单价**	**数　　量**					
人工	综合工 二类	工日	135.00	5.74	6.68	2.69	3.11	3.17	2.50
材料	预拌混凝土 AC30	m^3	472.89	1.020	1.020	1.020	1.020	1.020	1.020
	草袋 840×760	m^2	3.34	2.18	2.31	3.84	6.74	0.24	1.71
	水	m^3	7.62	2.370	1.470	1.829	2.522	0.896	1.197
机械	小型机具	元		3.62	5.18	1.49	1.49	1.49	1.49

单位：10m

编号				3-35	3-36	3-37	3-38
项目				古式栏板	古式栏杆	鹅颈靠背	
						简式	繁式
预算基价	总价(元)			**629.29**	**596.16**	**248.31**	**284.76**
	人工费(元)			302.40	406.35	180.90	217.35
	材料费(元)			325.90	189.21	67.20	67.20
	机械费(元)			0.99	0.60	0.21	0.21
组成内容		**单位**	**单价**	**数量**			
人工	综合工 二类	工日	135.00	2.24	3.01	1.34	1.61
材料	预拌混凝土 AC30	m^3	472.89	0.670	0.385	0.127	0.127
	草袋 840×760	m^2	3.34	0.18	0.52	0.52	0.52
	水	m^3	7.62	1.110	0.710	0.710	0.710
机械	小型机具	元		0.99	0.60	0.21	0.21

单位：m^3

编号				3-39	3-40	3-41	3-42
项目				桁、檩垫板	斗拱	古式零件	预留部位浇捣
预算基价	总价(元)			**788.95**	**1220.59**	**1151.74**	**969.11**
	人工费(元)			292.95	672.30	603.45	484.65
	材料费(元)			494.99	546.74	546.74	482.97
	机械费(元)			1.01	1.55	1.55	1.49
组成内容		**单位**	**单价**	**数量**			
人工	综合工 二类	工日	135.00	2.17	4.98	4.47	3.59
材料	预拌混凝土 AC30	m^3	472.89	1.020	1.020	1.020	1.020
	草袋 840×760	m^2	3.34	0.75	5.82	5.82	0.05
	水	m^3	7.62	1.330	5.900	5.900	0.060
机械	小型机具	元		1.01	1.55	1.55	1.49

7.水池、花池壁

单位：m^3

编号				3-43	3-44	3-45
项目				水池、喷泉池		花池、花坛壁
				池底	池壁	
预算基价	总价(元)			**668.99**	**759.23**	**772.73**
	人工费(元)			170.10	264.60	278.10
	材料费(元)			498.31	493.12	493.12
	机械费(元)			0.58	1.51	1.51
组成内容		**单位**	**单价**	**数量**		
人工	综合工 二类	工日	135.00	1.26	1.96	2.06
材料	预拌混凝土 AC30	m^3	472.89	1.020	1.020	1.020
	草袋 840×760	m^2	3.34	1.47	0.10	0.10
	水	m^3	7.62	1.450	1.370	1.370
机械	小型机具	元		0.58	1.51	1.51

二、预制混凝土制作

1.预制柱制作

单位：m^3

编号				3-46	3-47
项目				矩形柱	圆形柱、多边形柱
预算基价	总价(元)			**622.62**	**719.74**
	人工费(元)			126.90	222.75
	材料费(元)			495.14	496.37
	机械费(元)			0.58	0.62
组成内容		单位	单价	数量	
人工	综合工 二类	工日	135.00	0.94	1.65
材料	预拌混凝土 AC30	m^3	472.89	1.020	1.020
	黄花松锯材 二类	m^3	2778.72		0.001
	草袋 840×760	m^2	3.34	0.50	0.40
	水	m^3	7.62	1.460	1.300
机械	小型机具	元		0.58	0.62

2.预制梁制作

单位：m^3

编号				3-48	3-49	3-50	3-51
项目				矩形梁	拱形梁	过梁	老角梁、仔角梁
预算基价	总价(元)			**662.05**	**710.25**	**676.71**	**765.60**
	人工费(元)			167.40	213.30	175.50	268.65
	材料费(元)			494.23	496.37	500.79	496.37
	机械费(元)			0.42	0.58	0.42	0.58
组成内容		**单位**	**单价**	**数量**			
人工	综合工 二类	工日	135.00	1.24	1.58	1.30	1.99
材料	预拌混凝土 AC30	m^3	472.89	1.020	1.020	1.020	1.020
	黄花松锯材 二类	m^3	2778.72	0.001	0.001	0.001	0.001
	草袋 840×760	m^2	3.34	0.42	0.40	0.81	0.40
	水	m^3	7.62	1.010	1.300	1.700	1.300
机械	小型机具	元		0.42	0.58	0.42	0.58

3.预制檩、椽制作

单位：m^3

编号					3-52	3-53	3-54	3-55	3-56
项目					矩形檩	圆形檩	方形直椽	圆形直椽	弯形椽
预算基价	总价(元)				**735.69**	**738.43**	**766.78**	**787.03**	**905.83**
	人工费(元)				230.85	233.55	261.90	282.15	400.95
	材料费(元)				504.42	504.42	504.42	504.42	504.42
	机械费(元)				0.42	0.46	0.46	0.46	0.46
组成内容		**单位**	**单价**		**数量**				
人工	综合工 二类	工日	135.00		1.71	1.73	1.94	2.09	2.97
材料	预拌混凝土 AC30	m^3	472.89		1.020	1.020	1.020	1.020	1.020
	黄花松锯材 二类	m^3	2778.72		0.001	0.001	0.001	0.001	0.001
	草袋 840×760	m^2	3.34		1.35	1.35	1.35	1.35	1.35
	水	m^3	7.62		1.940	1.940	1.940	1.940	1.940
机械	小型机具	元			0.42	0.46	0.46	0.46	0.46

4.预制板制作

单位：m^3

编号				3-57	3-58
项目				屋面板	椽望板、翼角板
预算基价	总价(元)			**763.07**	**851.05**
	人工费(元)			249.75	344.25
	材料费(元)			512.90	506.34
	机械费(元)			0.42	0.46
组成内容		单位	单价	数量	
人工	综合工 二类	工日	135.00	1.85	2.55
材料	预拌混凝土 AC30	m^3	472.89	1.020	1.020
	草袋 840×760	m^2	3.34	1.80	1.80
	水	m^3	7.62	3.220	2.360
机械	小型机具	元		0.42	0.46

5.其他预制构件制作

单位：$10m^2$

编号				3-59	3-60	3-61	3-62	3-63	3-64
项目				花窗		门框	窗框	栏杆件	鹅颈靠背
				简单	复杂				
预算基价	总价(元)			**237.27**	**462.39**	**251.00**	**224.60**	**674.23**	**458.63**
	人工费(元)			141.75	276.75	108.00	103.95	464.40	372.60
	材料费(元)			95.29	185.14	142.64	120.35	209.26	85.83
	机械费(元)			0.23	0.50	0.36	0.30	0.57	0.20
组成内容		单位	单价	数量					
人工	综合工 二类	工日	135.00	1.05	2.05	0.80	0.77	3.44	2.76
材料	预拌混凝土 AC30	m^3	472.89	0.160	0.350	0.250	0.210	0.401	0.140
	黄花松锯材 二类	m^3	2778.72	0.003	0.003	0.004	0.004	0.003	0.003
	草袋 840×760	m^2	3.34	1.10	1.10	2.25	1.65	1.10	1.10
	水	m^3	7.62	1.000	1.000	0.760	0.580	1.000	1.000
机械	小型机具	元		0.23	0.50	0.36	0.30	0.57	0.20

单位：m^3

编号				3-65	3-66	3-67
项目				斗拱	古式零件	零星构件
预算基价	总价(元)			**1310.53**	**1229.53**	**985.16**
	人工费(元)			799.20	718.20	473.85
	材料费(元)			510.89	510.89	510.89
	机械费(元)			0.44	0.44	0.42
组成内容		**单位**	**单价**	**数量**		
人工	综合工 二类	工日	135.00	5.92	5.32	3.51
材料	预拌混凝土 AC30	m^3	472.89	1.020	1.020	1.020
	黄花松锯材 二类	m^3	2778.72	0.004	0.004	0.004
	草袋 840×760	m^2	3.34	0.77	0.77	0.77
	水	m^3	7.62	1.950	1.950	1.950
机械	小型机具	元		0.44	0.44	0.42

三、钢 筋 工 程

1.现浇混凝土钢筋

单位：t

编号				3-68	3-69	3-70	3-71	3-72	3-73
项目				圆钢筋		螺纹钢筋		特种接头钢筋	
				D10以内	D10以外	D20以内	D20以外	D20以内	D20以外
预算基价	总价(元)			**5788.56**	**5338.72**	**5323.63**	**4821.10**	**4809.87**	**4399.41**
	人工费(元)			1678.05	1231.20	1263.60	793.80	986.85	603.45
	材料费(元)			4082.94	4046.09	3979.05	3963.16	3810.94	3786.87
	机械费(元)			27.57	61.43	80.98	64.14	12.08	9.09
组成内容		**单位**	**单价**	**数量**					
人工	综合工 二类	工日	135.00	12.43	9.12	9.36	5.88	7.31	4.47
材料	钢筋 D10以内	t	3970.73	1.020					
	钢筋 D10以外	t	3799.94		1.045				
	螺纹钢筋 D20以内	t	3741.46			1.045		1.015	
	螺纹钢筋 D20以外	t	3725.86				1.045		1.015
	镀锌钢丝 D0.7	kg	7.42	4.42	2.63	1.80	0.69	1.80	0.69
	电焊条（综合）	kg	7.59		7.20	7.20	8.40		
	水	m^3	7.62		0.130	0.160	0.100		
机械	钢筋切断机 D40	台班	42.81	0.143	0.088	0.110	0.088	0.110	0.088
	钢筋调直机 D14	台班	37.25	0.297	0.220	0.198	0.143	0.198	0.143
	钢筋弯曲机 D40	台班	26.22	0.396	0.242	0.308	0.154		
	交流弧焊机 32kV•A	台班	87.97		0.363	0.550	0.495		
	对焊机 75kV•A	台班	113.07		0.099	0.110	0.066		

2.预制构件钢筋

单位：t

编号				3-74	3-75	3-76	3-77	3-78	3-79
项目				圆钢筋		螺纹钢筋		冷拔低碳钢丝	墙体加固钢筋
				*D*10以内	*D*10以外	*D*20以内	*D*20以外	*D*5以内	
预算基价	总价(元)			**5678.17**	**5236.35**	**5219.26**	**4743.11**	**7858.50**	**4781.83**
	人工费(元)			1588.95	1169.10	1198.80	754.65	3527.55	727.65
	材料费(元)			4063.09	4008.09	3941.63	3925.90	4292.46	4017.19
	机械费(元)			26.13	59.16	78.83	62.56	38.49	36.99
组成内容		**单位**	**单价**	**数量**					
人工	综合工 二类	工日	135.00	11.77	8.66	8.88	5.59	26.13	5.39
材料	钢筋 *D*10以内	t	3970.73	1.015					1.010
	钢筋 *D*10以外	t	3799.94		1.035				
	螺纹钢筋 *D*20以内	t	3741.46			1.035			
	螺纹钢筋 *D*20以外	t	3725.86				1.035		
	冷拔钢丝 *D*4.0	t	3907.95					1.090	
	镀锌钢丝 *D*0.7	kg	7.42	4.42	2.63	1.80	0.69	4.42	0.91
	电焊条（综合）	kg	7.59		7.20	7.20	8.40		
	水	m^3	7.62		0.130	0.160	0.100		
机械	钢筋调直机 *D*14	台班	37.25	0.264	0.187	0.176	0.121	0.616	0.462
	钢筋切断机 *D*40	台班	42.81	0.165	0.077	0.099	0.077	0.363	0.462
	钢筋弯曲机 *D*40	台班	26.22	0.352	0.220	0.275	0.143		
	交流弧焊机 32kV•A	台班	87.97		0.363	0.550	0.495		
	对焊机 75kV•A	台班	113.07		0.099	0.110	0.066		

3.螺栓、铁件

单位：t

编号				3-80	3-81
项目				螺栓	铁件
预算基价	总价(元)			**11095.87**	**13407.42**
	人工费(元)			3252.15	3252.15
	材料费(元)			7843.72	9812.60
	机械费(元)				342.67
组成内容		单位	单价	数量	
人工	综合工 二类	工日	135.00	24.09	24.09
材料	预埋螺栓	t	7766.06	1.010	
	铁件	kg	9.49		1010.00
	电焊条（综合）	kg	7.59		30.00
机械	电焊机（综合）	台班	74.17		4.620

四、预制混凝土构件安装

单位：m^3

编号				3-82	3-83	3-84	3-85	3-86
项目				柱	梁枋		过梁	老角梁、仔角梁
					有电焊	无电焊		
预算基价	总价(元)			**314.59**	**311.94**	**214.47**	**445.07**	**697.65**
	人工费(元)			156.60	168.75	122.85	294.30	413.10
	材料费(元)			37.08	26.04	2.94		60.29
	机械费(元)			120.91	117.15	88.68	150.77	224.26
组成内容		单位	单价	数量				
人工	综合工 二类	工日	135.00	1.16	1.25	0.91	2.18	3.06
材料	水泥	kg	0.39	25.13				7.48
	砂子	t	87.03	0.056				0.018
	碴石 6～13	t	85.25	0.080				0.023
	木模板	m^3	1982.88	0.001				0.001
	硬杂木锯材 二类	m^3	4015.45					0.005
	铁件	kg	9.49	0.89	1.92			0.12
	电焊条（综合）	kg	7.59		0.40			0.86
	草袋 840×760	m^2	3.34	0.09				0.03
	水	m^3	7.62	0.127				0.035
	架子费	元		1.87	2.94	2.94		17.36
	零星材料费	元		2.02	1.84			6.39
	细石混凝土 C20	m^3		(0.070)				(0.020)
	水泥砂浆 M10	m^3						(0.001)
机械	汽车式起重机 8t	台班	767.15	0.051	0.067	0.056	0.096	0.106
	载货汽车 6t	台班	461.82	0.090	0.117	0.099	0.167	0.184
	电焊机（综合）	台班	74.17		0.158			0.158
	灰浆搅拌机 400L	台班	215.11	0.187				0.215

编号					3-87	3-88	3-89	3-90	3-91
项目					桁、檩、椽子 (m³)	屋面板、椽望板、翼角板 (m³)	斗拱、小型构件		漏空花格砌筑 (10m²)
							有电焊 (m³)	无电焊 (m³)	
预算基价	总价(元)				**289.26**	**724.36**	**799.41**	**687.45**	**861.86**
	人工费(元)				144.45	423.90	607.50	565.65	839.70
	材料费(元)				39.61	47.81	46.67	8.60	22.16
	机械费(元)				105.20	252.65	145.24	113.20	
组成内容			**单位**	**单价**	**数量**				
人工	综合工 二类		工日	135.00	1.07	3.14	4.50	4.19	6.22
材料	水泥		kg	0.39		12.12	6.06	6.06	33.89
	砂子		t	87.03		0.060	0.030	0.030	0.084
	木模板		m³	1982.88		0.003	0.001	0.001	
	电焊条（综合）		kg	7.59	1.53	0.78	1.53		
	铁件		kg	9.49	2.64	2.02	2.64		
	铁钉		kg	6.68		0.01	0.01	0.01	
	镀锌钢丝 $D4.0$		kg	7.08		0.04	0.06	0.06	
	草袋 840×760		m²	3.34			0.12	0.12	0.10
	水		m³	7.62		0.069	0.075	0.075	0.170
	架子费		元		2.94	4.20			
	零星材料费		元			1.75	1.58	0.18	
	水泥砂浆 M10		m³			(0.040)	(0.020)	(0.020)	
	水泥砂浆 1:2		m³						(0.060)
机械	汽车式起重机 8t		台班	767.15	0.060	0.101	0.064	0.050	
	载货汽车 6t		台班	461.82	0.105	0.176	0.111	0.088	
	电焊机（综合）		台班	74.17	0.144	0.158	0.144		
	灰浆搅拌机 400L		台班	215.11		0.382	0.159	0.159	

五、预制混凝土构件运输

单位：m^3

编号				3-92	3-93	3-94	3-95	3-96	3-97
项目				预制混凝土构件汽车运输(km)					
				1以内	5以内	10以内	15以内	20以内	30以内
预算基价	总价(元)			**131.37**	**184.96**	**222.91**	**265.43**	**298.62**	**386.25**
	人工费(元)			32.40	47.25	66.15	89.10	102.60	129.60
	材料费(元)			14.12	14.12	14.12	14.12	14.12	14.12
	机械费(元)			84.85	123.59	142.64	162.21	181.90	242.53
组成内容		**单位**	**单价**	**数量**					
人工	综合工 二类	工日	135.00	0.24	0.35	0.49	0.66	0.76	0.96
材料	方木	m^3	3266.74	0.004	0.004	0.004	0.004	0.004	0.004
	热轧型钢	kg	3.70	0.21	0.21	0.21	0.21	0.21	0.21
	零星材料费	元		0.28	0.28	0.28	0.28	0.28	0.28
机械	载货汽车 8t	台班	521.59	0.100	0.146	0.169	0.193	0.216	0.288
	装卸吊车	台班	641.08	0.051	0.074	0.085	0.096	0.108	0.144

第四章　屋 面 工 程

说　明

一、本章包括保温层，找平层，瓦、型材屋面，屋面防水，屋面排水5节，共56条基价子目。

二、保温层的保温材料配合比与基价不同时，允许换算，但人工费不变。

三、找平层的砂浆厚度允许按比例换算，人工费、机械费不得调整。

四、水泥瓦、黏土瓦的规格与基价不同时，除瓦的数量可以换算外，其他工、料均不调整。

五、薄钢板屋面及屋面排水项目，薄钢板咬口和搭接的工、料，已包括在基价内，不另计算。预算基价是以厚度为0.56mm的镀锌薄钢板编制的，薄钢板厚度规格不同时，允许换算，其他工、料不变。

六、卷材屋面不分屋面形式，如平屋面、锯齿形屋面、弧形屋面等，均执行同一基价子目，刷冷底油一遍已综合在预算基价内，不另计算。

七、局部增加层数时，另计增加部分，套用每增减一毡一油预算基价子目。

八、卷材屋面的接缝、收头、找平层的嵌缝、冷底子油已计入基价内，不另计算。

九、卷材屋面基价子目中对弯起部分的圆角增加的混凝土及砂浆，用量中已考虑，不另计算。

十、屋面伸缩缝做法均参照12J系列标准设计图集的做法，当设计要求与基价不同时，可按设计要求进行换算。

十一、钢板焊接的雨水口按铁件单价计算，安装用的人工、材料已包括在雨水管的预算基价内，不另计算。

十二、如设计要求刷油与预算基价不同时，允许换算。

工 作 内 容

一、保温层项目包括清理基层，拍实平整，铺砌保温层。

二、找平层项目包括调制砂浆，抹水泥砂浆找平层。

三、瓦屋面项目包括铺水泥瓦、黏土瓦、牛舌瓦，屋脊抹灰；调制砂浆，安脊瓦及抹脊背；檩上铺钉石棉瓦、玻璃钢瓦、安脊瓦、石棉瓦、玻璃钢瓦裁角、钻眼等。

四、薄钢板、瓦楞铁皮屋面项目包括薄钢板的截料、制作，固定薄钢板带和折合缝、铺设咬口、刷油漆；瓦楞铁皮钻孔、稳固、上螺钉、刷油漆等。

五、彩色压型钢板屋面、屋脊、内外天沟项目包括铺彩钢屋面板、檐口堵头、防水；彩色压型钢板上铺屋脊盖板；铺彩钢板内、外天沟。

六、玻璃纤维油毡防水项目包括清扫底层、刷冷底油一道；熬制沥青、铺卷材、撒豆粒石；刷冷玛瑞脂、铺卷材、撒云母粉，扫匀；屋面浇水试验。

七、三元乙丙橡胶卷材冷贴防水项目包括清理基层、找平层分隔缝嵌油膏、防水薄弱处刷涂膜附加层；刷底胶、铺贴卷材、接缝嵌油膏、做收头；涂刷着色剂保护层二遍。

八、SBS改性沥青防水卷材项目包括清理基层、刷冷底子油一道、粘贴卷材。

九、聚氨酯涂膜防水屋面项目包括涂刷聚氨酯底胶、刷聚氨酯防水层二至三遍、防水薄弱处增刷一遍聚氨酯涂膜、撒细砂做保护层。

十、屋面排水项目包括薄钢板排水的制作、安装、油漆及漏斗安装；UPVC雨水管、弯头、短管的安装、油漆。

工程量计算规则

一、保温层均按图示尺寸的面积乘以平均厚度以体积计算。不扣除烟囱、风帽及水斗、斜沟所占面积。

二、屋面抹水泥砂浆找平层的工程量与卷材屋面相同。

三、瓦屋面、型材屋面(包括挑檐部分)均按设计图示尺寸的水平投影面积乘以屋面坡度系数(见屋面坡度系数表)以斜面积计算。不扣除房上烟囱、风帽底座、风道、屋面小气窗和斜沟等所占体积。而屋面小气窗出檐与屋面重叠部分的面积亦不增加,但天窗出檐部分重叠的面积计入相应的屋面工程量内。瓦屋面的出线、披水、梢头抹灰、脊瓦加腮等工、料均已综合在基价内,不另计算。

四、彩色压型钢板屋脊盖板、内天沟、外天沟按设计图示尺寸以长度计算。

五、卷材屋面:

1.斜屋顶(不包括平顶找坡)的屋面按设计图示尺寸的水平投影面积乘以屋面坡度延尺系数按斜面积计算。

2.平屋顶按水平投影面积计算,由于屋面泛水引起的坡度延长在基价内综合考虑。

3.计算卷材屋面的工程量时,不扣除房上烟囱、风帽底座、风道、屋面小气窗和斜沟所占面积,其根部弯起部分不另计算。屋面的女儿墙、伸缩缝和天窗等处的弯起部分,并入屋面工程量内。天窗出檐部分重叠的面积应按设计图示尺寸,以面积计算,并入卷材屋面工程量内。如设计图纸未注明尺寸,伸缩缝、女儿墙可按250mm计算,天窗处可按500mm计算。

六、屋面伸缩缝按设计图示尺寸以长度计算。

七、涂膜屋面的工程量计算同卷材屋面。

八、屋面排水管按设计图示尺寸以展开长度计算。如设计未标注尺寸,以檐口下皮算至设计室外地平以上150mm为止,下端与铸铁弯头连接者,算至接头处。

九、屋面天沟、檐沟按设计图示尺寸以面积计算。薄钢板和卷材天沟按展开面积计算。

十、屋面排水相应项目中,薄钢板、UPVC雨水斗、铸铁落水口、铸铁、UPVC弯头、短管、铅丝网球按设计图示数量计算。

屋面坡度系数表

坡度			延尺系数	隅延尺系数	坡度			延尺系数	隅延尺系数
$\frac{B}{A}$	$\frac{B}{2A}$	角度 θ	$K_C=\frac{C}{A}$	$K_D=\frac{D}{A}$ $(A=S)$	$\frac{B}{A}$	$\frac{B}{2A}$	角度 θ	$K_C=\frac{C}{A}$	$K_D=\frac{D}{A}$ $(A=S)$
1.000	1/2	45°00′	1.4142	1.7321	0.400	1/5	21°48′	1.0770	1.4697
0.750		36°52′	1.2500	1.6008	0.350		19°17′	1.0595	1.4569
0.700		35°00′	1.2207	1.5780	0.300		16°42′	1.0440	1.4457
0.667	1/3	33°41′	1.2019	1.5635	0.250	1/8	14°02′	1.0308	1.4361
0.650		33°01′	1.1927	1.5564	0.200	1/10	11°19′	1.0198	1.4283
0.600		30°58′	1.1662	1.5362	0.167	1/12	9°28′	1.0138	1.4240
0.577		30°00′	1.1547	1.5275	0.150		8°32′	1.0112	1.4221
0.550		28°49′	1.1413	1.5174	0.125	1/16	7°08′	1.0078	1.4197
0.500	1/4	26°34′	1.1180	1.5000	0.100	1/20	5°43′	1.0050	1.4177
0.450		24°14′	1.0966	1.4841	0.083	1/24	4°46′	1.0035	1.4167
0.414		22°30′	1.0824	1.4736	0.067	1/30	3°49′	1.0022	1.4158

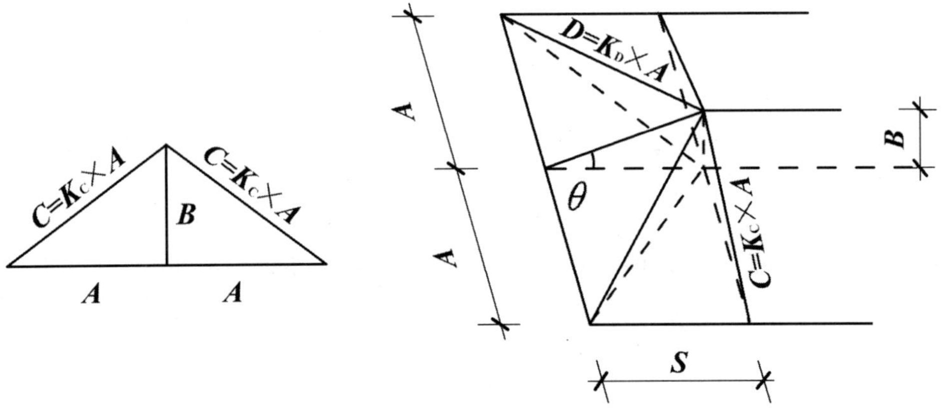

坡屋面示意图

注：1.两坡水及四坡水屋面的斜面积均为屋面水平投影面积乘以延尺系数 K_C。
2.四坡水屋面斜脊长度 $D=K_D\times A$（当 $S=A$ 时）。
3.沿山墙泛水长度 $C=K_C\times A$。

一、保 温 层

单位：m^3

编号				4-1	4-2	4-3	4-4	4-5
项目				泡沫混凝土块	加气混凝土块	水泥蛭石块	沥青珍珠岩板	聚苯乙烯泡沫塑料板
预算基价	总价(元)			**312.97**	**410.97**	**543.54**	**414.87**	**1049.27**
	人工费(元)			72.90	70.20	83.70	83.70	657.45
	材料费(元)			240.07	340.77	459.84	331.17	391.82
组成内容		**单位**	**单价**	**数量**				
人工	综合工 二类	工日	135.00	0.54	0.52	0.62	0.62	4.87
材料	泡沫混凝土块	m^3	224.36	1.070				
	加气混凝土块 300×600×(125～300)	m^3	318.48		1.070			
	水泥蛭石块	m^3	442.15			1.040		
	沥青珍珠岩板 1000×500×50	m^3	318.43				1.040	
	聚苯乙烯泡沫塑料板	m^3	387.94					1.010

单位：m³

编号				4-6	4-7	4-8	4-9	4-10	4-11
项目				现浇水泥珍珠岩		现浇水泥蛭石		干铺珍珠岩	干铺蛭石
				1∶10	1∶12	1∶10	1∶12		
预算基价	总价(元)			**380.41**	**373.06**	**412.78**	**405.05**	**177.09**	**203.27**
	人工费(元)			155.25	155.25	155.25	155.25	54.00	54.00
	材料费(元)			225.16	217.81	257.53	249.80	123.09	149.27
组成内容		**单位**	**单价**	**数量**					
人工	综合工 二类	工日	135.00	1.15	1.15	1.15	1.15	0.40	0.40
材料	水泥	kg	0.39	179.30	152.10	179.30	152.10		
	珍珠岩	m³	98.63	1.543	1.576			1.248	
	蛭石	m³	119.61			1.543	1.567		1.248
	水	m³	7.62	0.400	0.400	0.400	0.400		
	水泥珍珠岩 1∶10	m³		(1.088)					
	水泥珍珠岩 1∶12	m³			(1.030)				
	水泥蛭石 1∶10	m³				(1.088)			
	水泥蛭石 1∶12	m³					(1.030)		

单位：m^3

编号				4-12	4-13	4-14	4-15
项目				1∶1∶12水泥白灰炉渣	1∶10白灰炉渣	1∶6水泥焦渣泛水	干铺炉渣
预算基价	总价(元)			**381.08**	**312.91**	**366.95**	**173.76**
	人工费(元)			174.15	172.80	170.10	41.85
	材料费(元)			206.93	140.11	196.85	131.91
组成内容		**单位**	**单价**	**数量**			
人工	综合工 二类	工日	135.00	1.29	1.28	1.26	0.31
材料	水泥	kg	0.39	127.30		210.10	
	白灰	kg	0.30	53.50	55.80		
	炉渣	m^3	108.30	1.283	1.118	1.061	1.218
	水	m^3	7.62	0.300	0.300		
	水泥白灰炉渣 1∶1∶12	m^3		(1.010)			
	白灰炉渣 1∶10	m^3			(1.010)		

二、找　平　层

单位：10m²

编号				4-16	4-17	4-18
项目				1∶3水泥砂浆抹找平层		
				在填充材料上厚2cm	在混凝土或硬基层上厚2cm	每增减0.5cm厚
预算基价	总价(元)			**186.88**	**168.78**	**38.65**
	人工费(元)			95.85	95.85	20.25
	材料费(元)			83.29	66.69	16.68
	机械费(元)			7.74	6.24	1.72
组成内容		**单位**	**单价**	**数量**		
人工	综合工 二类	工日	135.00	0.71	0.71	0.15
材料	水泥	kg	0.39	116.08	92.86	23.22
	砂子	t	87.03	0.429	0.344	0.086
	水	m^3	7.62	0.089	0.071	0.018
	水泥砂浆 1∶3	m^3		(0.270)	(0.216)	(0.054)
机械	灰浆搅拌机 400L	台班	215.11	0.036	0.029	0.008

三、瓦、型材屋面

单位：$10m^2$

编号				4-19	4-20	4-21	4-22	4-23	4-24
项目				在屋面板上铺设			小波石棉瓦		
				水泥瓦	黏土瓦	牛舌瓦	木檩上	钢檩上	混凝土檩上
预算基价	总价(元)			**310.77**	**268.57**	**161.74**	**352.81**	**414.31**	**426.79**
	人工费(元)			70.20	70.20	85.05	71.55	110.70	110.70
	材料费(元)			240.57	198.37	76.69	281.26	303.61	316.09
组成内容		**单位**	**单价**	**数量**					
人工	综合工 二类	工日	135.00	0.52	0.52	0.63	0.53	0.82	0.82
材料	牛舌瓦	块				(680.00)			
	水泥平瓦 一级(385×235)	块	1.38	169.10					
	水泥脊瓦 455×195	块	1.46	2.82					
	黏土平瓦 385×235	块	1.16		165.10				
	黏土脊瓦 一级(455×195)	块	1.33		2.82				
	小波石棉瓦 1800×720×6	块	20.21				9.90	9.90	9.90
	石棉脊瓦小波 700×180×5	块	22.36				1.49	1.49	1.49
	松木锯材 三类	m^3	1661.90			0.022			
	板条 1200×38×6	100根	58.69			0.20			
	镀锌螺钉 M7.5带垫	套	1.10				40.20		
	镀锌螺栓钩 M4.6×600	个	1.46					20.60	

续前

单位：10m²

编号				4-19	4-20	4-21	4-22	4-23	4-24
项目				在屋面板上铺设			小波石棉瓦		
				水泥瓦	黏土瓦	牛舌瓦	木檩上	钢檩上	混凝土檩上
组成内容		单位	单价	数量					
材料	镀锌扁钢钩 3×12×300	个	1.85					19.60	
	镀锌螺栓钩 M4.6×800	个	1.86						20.60
	镀锌扁钢钩 3×12×400	个	2.06						19.60
	镀锌钢丝 *D*0.9	kg	7.31	0.02	0.02	0.11			
	铁钉	kg	6.68			0.89			
	水泥	kg	0.39	4.39	4.39				
	白灰	kg	0.30			36.64	2.06	2.06	2.06
	砂子	t	87.03	0.014	0.014	0.083			
	麻刀	kg	3.92			0.68	0.06	0.06	0.06
	水	m³	7.62	0.003	0.003	0.100	0.002	0.002	0.002
	零星材料费	元					2.78	3.01	3.13
	白灰膏	m³				(0.052)	(0.003)	(0.003)	(0.003)
	水泥砂浆 1:2.5	m³		(0.009)	(0.009)				
	白灰砂浆 1:3	m³				(0.050)			
	白灰麻刀浆	m³				(0.034)	(0.003)	(0.003)	(0.003)

单位：10m²

编号				4-25	4-26	4-27	4-28	4-29	4-30
项目				玻璃钢瓦		薄钢板屋面		瓦楞铁皮屋面	
				木檩上	钢檩上	单咬口	双咬口	木檩上	钢檩上
预算基价	总价(元)			**126.54**	**128.62**	**494.92**	**518.57**	**655.67**	**662.42**
	人工费(元)			81.00	60.75	213.30	218.70	210.60	217.35
	材料费(元)			45.54	67.87	281.62	299.87	445.07	445.07
组成内容		**单位**	**单价**	**数量**					
人工	综合工 二类	工日	135.00	0.60	0.45	1.58	1.62	1.56	1.61
材料	玻璃钢瓦	m^2		(13.46)	(13.46)				
	玻璃钢脊瓦	m		(1.30)	(1.30)				
	镀锌薄钢板 0.56	m^2	20.08			11.60	12.50	0.44	0.44
	镀锌瓦楞铁 0.56	m^2	28.51					12.60	12.60
	镀锌螺钉 M7.5带垫	套	1.10	40.20					
	镀锌螺栓钩 M4.6×600	个	1.46		20.60				
	镀锌扁钢钩 3×12×300	个	1.85		19.60				
	镀锌瓦钉带垫 60	套	0.45					40.40	40.40
	铁钉	kg	6.68			0.06	0.06	0.02	0.02
	防锈漆	kg	15.51			1.22	1.22	1.46	1.46
	调和漆	kg	14.11			1.66	1.66	1.98	1.98
	稀料	kg	10.88			0.29	0.29	0.34	0.34
	白灰	kg	0.30	2.06	2.06				
	麻刀	kg	3.92	0.06	0.06				
	水	m^3	7.62	0.002	0.002				
	零星材料费	元		0.45	0.67	2.79	2.97	4.41	4.41
	白灰膏	m^3		(0.003)	(0.003)				
	白灰麻刀浆	m^3		(0.003)	(0.003)				

编　　号				4-31	4-32	4-33	4-34
项　　目				彩色压型屋面板铺在钢檩条上（$10m^2$）	彩色压型钢板		
					屋脊盖板（10m）	外天沟（10m）	内天沟（10m）
预算基价	总　　价(元)			**3196.84**	**780.38**	**1229.07**	**924.62**
	人　工　费(元)			349.65	101.25	349.65	101.25
	材　料　费(元)			2847.19	679.13	879.42	823.37
组成内容		**单位**	**单价**	**数　　量**			
人工	综合工 二类	工日	135.00	2.59	0.75	2.59	0.75
材料	彩色压型钢板 YX35×115×677	m^2	271.43	10.40			
	彩钢板檐口塑料堵头 WD-1	m	13.04	1.08	20.40		
	彩钢屋脊板 厚2mm	m	32.01		10.80		
	彩钢板外天沟 B600	m	63.37			10.80	
	彩钢板天沟专用挡板	块	5.37			0.25	0.49
	彩钢板内天沟 B600	m	64.89				10.80
	热轧等边角钢 40×4	t	3752.49			0.045	
	胶泥带	m	1.53	1.16	22.00		
	自攻螺钉	个	0.06	140.00	73.40	168.93	220.00
	玻璃胶 350g	支	24.44		1.20	0.60	1.67
	塑料压条	m	3.23				20.40
	零星材料费	元		0.06	0.01	0.02	0.02

四、屋 面 防 水

编号				4-35	4-36	4-37	4-38	4-39	4-40
项目				玻璃纤维油毡				伸缩缝	
				热做法		冷做法		靠墙 (10m)	不靠墙 (10m)
				二毡三油带豆石 ($10m^2$)	每增减一毡一油 ($10m^2$)	二毡三油带云母粉 ($10m^2$)	每增减一毡一油 ($10m^2$)		
预算基价	总价(元)			**674.18**	**207.31**	**563.87**	**178.52**	**1213.43**	**1707.66**
	人工费(元)			206.55	64.80	116.10	35.10	529.20	540.00
	材料费(元)			467.63	142.51	447.77	143.42	684.23	1167.66
组成内容		**单位**	**单价**	**数量**					
人工	综合工 二类	工日	135.00	1.53	0.48	0.86	0.26	3.92	4.00
材料	玻璃纤维油毡 80g	m^2	6.37	22.80	11.40	22.80	11.40		
	油毡	m^2	3.83					4.61	4.61
	石油沥青 10#	kg	4.04	72.80	17.30			32.92	65.84
	豆粒石	t	139.19	0.079					
	云母粉	kg	0.97			4.50			
	沥青冷胶	kg	7.08			38.60	10.00		
	麻丝	kg	14.54					9.70	19.50
	松木锯材 三类	m^3	1661.90					0.082	0.119
	镀锌薄钢板 0.56	m^2	20.08					5.73	6.25
	铁钉	kg	6.68					0.28	0.28
	页岩标砖 240×115×53	100块	51.36					1.63	3.25
	水泥	kg	0.39					15.98	31.95
	砂子	t	87.03					0.120	0.240
	调和漆	kg	14.11					1.20	1.30
	稀料	kg	10.88					0.12	0.13
	水	m^3	7.62	0.250		0.250		0.017	0.033
	零星材料费	元		15.38		22.98		20.57	55.07
	水泥砂浆 M5	m^3						(0.075)	(0.150)

单位：$10m^2$

编号				4-41	4-42	4-43	4-44
项目				SBS改性沥青防水卷材	聚氨酯涂膜防水屋面		
					二遍		三遍
					厚1mm	厚1.5mm	厚2mm
预算基价	总价(元)			**420.07**	**358.11**	**491.74**	**645.62**
	人工费(元)			51.30	79.65	79.65	99.90
	材料费(元)			368.77	278.46	412.09	545.72
组成内容		单位	单价	数量			
人工	综合工 二类	工日	135.00	0.38	0.59	0.59	0.74
材料	C-NK-M-3卷材	m^2	28.74	11.34			
	石油沥青 10#	kg	4.04	1.50			
	聚氨酯甲料	kg	15.28		7.00	10.50	14.00
	聚氨酯乙料	kg	14.85		10.50	15.75	21.00
	二甲苯	kg	5.21		0.84	1.26	1.68
	丙酮	kg	9.89		1.00	1.00	1.00
	汽油	kg	7.16	4.63			
	细砂	t	87.33		0.015	0.015	0.015
	零星材料费	元		3.65			

五、屋 面 排 水

编号				4-45	4-46	4-47	4-48	4-49
项目				薄铁板雨水管(周长 mm)			UPVC雨水管直径160mm（10m）	薄钢板天沟泛水（$10m^2$）
				270～330（10m）	＞330～420（10m）	＞420～570（10m）		
预算基价	总价(元)			**253.41**	**298.32**	**369.80**	**1116.19**	**487.72**
	人工费(元)			143.10	157.95	182.25	476.55	203.85
	材料费(元)			110.31	140.37	187.55	639.64	283.87
组成内容		**单位**	**单价**	**数量**				
人工	综合工 二类	工日	135.00	1.06	1.17	1.35	3.53	1.51
材料	镀锌薄钢板 0.56	m^2	20.08	3.82	4.77	6.36		10.74
	UPVC雨水管 *D*160	m	46.73				10.61	
	卡箍膨胀螺栓 160	套	2.60				7.14	
	排水管检查口 160	个	58.10				1.11	
	排水管伸缩节 160	个	47.90				1.01	
	铁件	kg	9.49	1.50	1.97	2.67		
	铁钉	kg	6.68					0.30
	焊锡	kg	59.85	0.04	0.06	0.07		0.21
	密封胶	kg	31.90				0.20	
	防锈漆	kg	15.51	0.41	0.54	0.74		1.29
	调和漆	kg	14.11	0.56	0.74	1.00		1.75
	稀料	kg	10.88	0.10	0.13	0.18		0.31
	零星材料费	元		1.63	2.07	2.77	6.02	5.57

单位：10个

编号				4-50	4-51	4-52	4-53	4-54	4-55	4-56
项目				薄钢板雨水斗	UPVC雨水斗	铸铁落水口	铸铁弯头	UPVC弯头	UPVC短管	铅丝网球D100
预算基价	总价(元)			**629.24**	**1202.09**	**1285.72**	**1293.95**	**608.94**	**572.58**	**159.70**
	人工费(元)			453.60	445.50	615.60	785.70	186.30	186.30	78.30
	材料费(元)			175.64	756.59	670.12	508.25	422.64	386.28	81.40
组成内容		单位	单价	数量						
人工	综合工 二类	工日	135.00	3.36	3.30	4.56	5.82	1.38	1.38	0.58
材料	预拌混凝土 AC20	m^3	450.56		0.050					
	镀锌薄钢板 0.56	m^2	20.08	4.24						
	UPVC雨水斗 160带罩	个	71.10		10.10					
	铸铁落水口 $D100\times300$	套	49.08			10.10				
	铸铁弯头 336×200	个	41.42				10.10			
	UPVC弯头 90°	个	41.53					10.10		
	UPVC短管	个	37.93						10.10	
	铅丝网球出气罩 D100	个	8.14							10.00
	铁件	kg	9.49			16.92				
	铁钉	kg	6.68	0.10						
	焊锡	kg	59.85	0.72						
	密封胶	kg	31.90		0.50			0.10	0.10	
	石油沥青 10#	kg	4.04			0.59	4.06			
	防锈漆	kg	15.51	0.55						
	调和漆	kg	14.11	0.74						
	清油	kg	15.06			0.07	0.45			
	稀料	kg	10.88	0.13		0.65	4.51			
	零星材料费	元		26.35		3.33	17.66			

第五章　楼地面工程

说　明

一、本章包括垫层，防潮层，变形缝，找平层，整体面层，块料面层，橡、塑、木面层，踢脚线，楼梯装饰，台阶、明沟、坡道、散水，栏杆、栏板、扶手装饰11节，共254条基价子目。

二、变形缝项目适用于楼地面、墙面及天棚部位。

三、砂浆配合比如设计要求与基价不同时，允许调整，但人工费、砂浆消耗量、机械费不变。设计要求水泥砂浆地面的砂浆厚度与基价不同时，砂浆厚度每增减1mm，每10m^2水泥砂浆地面砂浆消耗量增减0.0102m^3，人工费、机械费不得调整。

四、随打随抹地面适用于设计无厚度要求的随打随抹面层，基价中所列水泥砂浆，系作为混凝土表面嵌补平整使用，不增加制成量厚度。如设计有厚度要求时，应按水泥砂浆抹地面基价执行，其中1∶2.5水泥砂浆的用量可根据设计厚度按比例调整。

五、楼地面面层除特殊标明外，均不包括抹踢脚线。如设计做踢脚线者，按相应基价子目执行。

六、现浇水磨石基价已包括酸洗打蜡。块料面层不包括酸洗打蜡，如设计要求酸洗打蜡者，可套用相应基价子目计算。

七、大理石、花岗岩楼地面拼花是按成品考虑的。

八、踢脚线高度超过300mm时，按墙、柱面工程章节相应基价子目执行。

九、水泥砂浆抹楼梯基价内已包括踢脚线及底面抹灰、侧面抹灰刷浆工料。

十、楼梯面层除水泥砂浆抹楼梯以外均不包括踢脚线及底面抹灰、侧面抹灰刷浆工料，楼梯底面的单独抹灰、刷浆，其工程量按第七章相应基价子目执行，楼梯侧面抹灰应按第六章零星抹灰项目计算。

十一、螺旋形楼梯的装饰，按相应项目人工费、机械费乘以系数1.20，材料用量乘以系数1.10；整体面层，栏杆扶手材料用量乘以系数1.05。

十二、楼梯、台阶面层除水泥砂浆抹楼梯带防滑条外，均不包括防滑条，设计需要做防滑条时，按相应基价子目计算。

十三、零星项目面层适用于楼梯侧面，小便池，蹲台、池槽，以及面积在1m^2以内少量分散的楼地面装饰项目。

十四、本章中的砌砖台阶、砌砖明沟、平墁砖散水按第二章规定执行，现浇混凝土台阶，明沟、坡道、散水按第三章规定执行。

十五、栏杆、栏板，扶手适用于楼梯、走廊、回廊及其他装饰性栏杆、栏板，其材料用量及材料规格设计与预算基价取定不同时，允许换算。扶手不包括弯头制作、安装，其弯头制作、安装另按弯头基价子目计算。

工 作 内 容

一、地面垫层项目包括灰土拌和、粗细骨料拌和、找平、分层夯实，调运砂浆及灌浆，钢筋制作、绑扎，模板制作、安装、拆除、运至堆放地点，混凝土浇筑、振捣、养护，混凝土垫层还包括原土夯实。

二、卷材、涂膜防潮层项目包括清理基层、涂刷基层处理剂、配料刷胶铺贴卷材等。

三、刚性防水防潮层项目包括清理基层、调运砂浆、抹灰、养护。

四、石灰麻刀填缝项目包括调制石灰麻刀、石灰麻刀嵌缝、缝上贴二毡二油一层。

五、聚氯乙烯胶泥填缝项目包括清缝、水泥砂浆勾缝、垫牛皮纸、熬灌聚氯乙烯胶泥。

六、氯丁橡胶片止水带项目包括用乙酸乙酯洗缝、隔纸、用氯丁胶粘剂贴氯丁橡胶片，涂胶铺砂。

七、预埋式止水带项目包括止水带制作、接头并安装。

八、木板盖缝项目包括平面板材加工、板缝一侧涂胶粘合，立面埋木砖、钉木盖板。

九、薄钢板盖缝项目包括平面埋木砖、钉木条、木条上钉薄钢板，立面埋木砖、木砖上钉薄钢板。

十、橡胶板平面盖缝项目包括清理，铁件制作、安装，镀锌薄钢板、钢板、橡胶板铺设。

十一、找平层项目包括清理基层、调制砂浆、铺设砂浆、找平、压实，钢筋制作、绑扎，混凝土浇筑、振捣、养护。

十二、水泥砂浆楼地面项目包括清理基层、调运砂浆、抹面、压光、养护、抹踢脚线。

十三、水泥豆石浆楼地面项目包括清理基层、调运砂浆、抹面、压光、养护。

十四、细石混凝土楼地面项目包括清理基层，调运砂浆，混凝土浇筑、振捣、养护。

十五、水磨石楼地面项目包括清理基层、调运砂浆、刷素水泥浆打底、嵌条、抹面、补砂眼、磨光、清洗、打蜡、养护。

十六、石材、块料面层楼地面项目包括清理基层、试排弹线、锯板修边、铺贴饰面、清理净面。

十七、石材底面刷养护液、石材表面刷保护液项目包括清理基层、刷养护液、保护液。

十八、块料地面铜分隔条项目包括清理、切割、镶嵌、固定。

十九、橡胶板、塑料板、塑料卷材楼地面项目包括清理基层、刮腻子、涂刷胶粘剂、贴面层、净面。

二十、木地板项目包括清理基层、刷胶、铺设、净面，木龙骨制作、安装，毛地板铺设，刷防腐油、打磨、净面。

二十一、水泥砂浆踢脚线项目包括清理基层、调运砂浆、抹灰、压光。

二十二、现浇水磨石踢脚线项目包括清理基层、调制砂浆、调运石子浆、刷素水泥浆打底、抹面、补砂眼、磨光、抛光、清洗打蜡。

二十三、石材、块料踢脚线项目包括清理基层、试排弹线、锯板修边、铺贴饰面、清理净面。

二十四、塑料板踢脚线项目包括清理基层、制作及预埋木砖、安装踢脚线。

二十五、木质踢脚线项目包括清理基层、预埋木楔、刷防腐油，制作、安装踢脚线。

二十六、水泥砂浆抹楼梯项目包括清理基层、楼梯抹面层、踢脚线、底面抹灰，刷浆及做防滑条。

二十七、水泥豆石浆楼梯面项目包括清理基层、调运砂浆、刷素水泥浆、抹面。

二十八、现浇水磨石楼梯面项目包括清理基层、刷素水泥浆打底、嵌条、抹面、补砂眼、磨光、抛光、清洗、打蜡。

二十九、石材、块料楼梯面项目包括清理基层、试排弹线、锯板修边、铺贴饰面、清理净面。

三十、酸洗、打蜡项目包括清理表面、上草酸打蜡、磨光。

三十一、楼梯、台阶踏步防滑条项目包括清理基层,切割、镶嵌、固定。

三十二、砖台阶、砖明沟项目包括调运砂浆,运、砌页岩标砖。

三十三、砖散水项目包括调运砂浆,运、铺砌页岩标砖,灌缝。

三十四、现浇混凝土台阶、明沟、坡道、散水项目包括混凝土浇筑、振捣、养护。

三十五、水泥砂浆抹台阶、明沟、坡道,散水项目包括清理基层、调运砂浆、抹面、压光、养护。

三十六、剁假石台阶面项目包括清理基层、调运砂浆、抹面、剁假石。

三十七、石材、块料台阶面项目包括清理基层、试排弹线、锯板修边、铺贴饰面、清理净面。

三十八、沥青砂浆嵌缝项目包括熬制沥青、调制砂浆、变形缝填塞。

三十九、栏杆项目包括放样、下料、焊接、安装、清理。

四十、扶手项目包括制作、安装。

四十一、靠墙扶手项目包括制作、安装,支托摵弯,打洞堵混凝土。

四十二、弯头项目包括制作、安装。

工程量计算规则

一、地面垫层按主墙间净面积扣除沟、道所占面积乘以垫层厚度以体积计算。

二、地面防潮层按主墙间净面积计算，墙面防潮层按设计图示尺寸以面积计算，不扣除0.3m^2以内的孔洞所占面积。墙面防潮层高度在300mm以内者，并入地面防潮层基价；高度在300mm以外者，按墙面防潮层基价执行。

三、变形缝按设计图示尺寸以长度计算。

四、地面找平层面积按地面防潮层面积计算。

五、整体面层按主墙间净面积计算。应扣除凸出地面的构筑物、设备基础等不做面层的部分。不扣除柱、垛、间壁墙及0.3m^2以内的孔洞所占的面积。门洞、空圈、暖气包槽、壁龛的开口部分不增加面积。

六、石材、块料面层按设计图示尺寸以实铺面积计算。应扣除地面上各种建筑配件所占面层面积的工程量。门洞、空圈、暖气包槽、壁龛的开口部分的工程量并入相应的面层内计算。

七、楼地面嵌金属分隔条按设计图示尺寸以长度计算。

八、石材底面刷养护液、表面刷保护液，分别按底面、表面面积计算。

九、橡、塑、木面层按设计图示尺寸以实铺面积计算。应扣除地面上各种建筑配件所占面层面积的工程量。门洞、空圈、暖气包槽、壁龛的开口部分的工程量并入相应的面层内计算。

十、水泥砂浆踢脚线以长度计算，不扣除门洞及空圈长度，但门洞，空圈和垛的侧壁亦不增加。

十一、水磨石踢脚线、块料踢脚线、石材踢脚线、塑料踢脚线、木质踢脚线按长度乘以高度以面积计算，扣除门洞长度，增加门洞侧壁面积。其中成品踢脚线以长度计算，扣除门洞长度，增加门洞侧壁长度。

十二、楼梯踢脚线的长度按其水平投影长度乘以系数1.15计算。

十三、楼梯面层以水平投影面积（包括踏步、休息平台及500mm以内的楼梯井）计算。楼梯与楼地面相连时，算至梯口梁内侧边沿；无梯口梁者，算至最上一层踏步边沿加300mm。

十四、楼地面、楼梯、台阶面酸洗打蜡按设计图示的水平投影面积计算。

十五、楼梯、台阶踏步防滑条按踏步两端距离减300mm，以长度计算。

十六、砖台阶、砖明沟按设计图示尺寸以实砌体积计算。

十七、砖散水按设计图示尺寸以面积计算。

十八、现浇混凝土台阶、明沟、坡道按设计图示尺寸以体积计算。

十九、现浇混凝土散水按设计图示尺寸以面积计算，不扣除0.3m^2以内的孔洞所占面积。

二十、台阶面层按设计图示尺寸以台阶（包括最上层踏步边沿加300mm）水平投影面积计算，不包括翼墙，花池等。

二十一、水泥砂浆抹明沟、坡道礓礤按设计图示尺寸以面积计算。

二十二、沥青砂浆嵌缝按设计图示尺寸以长度计算。

二十三、栏杆、栏板、扶手装饰按设计图示尺寸以扶手中心线长度(包括弯头长度)计算,斜长部分的长度可按其水平长度乘以系数1.15计算。

二十四、弯头按数量计算。

一、垫　层

单位： m^3

编号				5-1	5-2	5-3	5-4	5-5	5-6
项目				素土夯实（包括150m运土）	灰土		砂垫层	干铺	
					2∶8	3∶7		石屑	混碴
预算基价	总　价(元)			**178.91**	**260.94**	**268.69**	**218.23**	**212.27**	**235.03**
	人工费(元)			56.50	102.83	98.31	46.33	53.11	66.67
	材料费(元)			120.95	156.65	168.92	171.65	158.88	167.96
	机械费(元)			1.46	1.46	1.46	0.25	0.28	0.40
组成内容		**单位**	**单价**	**数　量**					
人工	综合工　三类	工日	113.00	0.50	0.91	0.87	0.41	0.47	0.59
材料	黄土	m^3	77.65	1.538	1.338	1.176			
	白灰	kg	0.30		165.64	248.46			
	砂子	t	87.03				1.946		0.411
	石屑	t	82.88					1.917	
	混碴　2～80	t	83.93						1.575
	水	m^3	7.62	0.200	0.402	0.402	0.300		
	灰土　2∶8	m^3			(1.010)				
	灰土　3∶7	m^3				(1.010)			
机械	电动夯实机　20～62N•m	台班	27.11	0.054	0.054	0.054			
	小型机具	元					0.25	0.28	0.40

单位：m^3

编号				5-7	5-8	5-9	5-10
项目				碎(砾)石		1∶3白灰焦渣	1∶6水泥焦渣
				干铺	灌浆		
预算基价	总价(元)			**241.14**	**324.60**	**279.30**	**365.67**
	人工费(元)			66.67	113.00	98.31	123.17
	材料费(元)			174.07	202.60	180.99	242.50
	机械费(元)			0.40	9.00		
组成内容		**单位**	**单价**	**数量**			
人工	综合工 三类	工日	113.00	0.59	1.00	0.87	1.09
材料	水泥	kg	0.39		60.49		254.52
	白灰	kg	0.30			185.84	
	砂子	t	87.03	0.411	0.453		
	碴石 19～25	t	87.81	1.575	1.575		
	炉渣	m^3	108.30			1.121	1.279
	水	m^3	7.62		0.169	0.503	0.620
	水泥砂浆 M5	m^3			(0.284)		
机械	灰浆搅拌机 400L	台班	215.11		0.040		
	小型机具	元		0.40	0.40		

单位：m^3

编号				5-11	5-12	5-13	5-14
项目				无筋混凝土			有筋混凝土
				厚10cm以内	厚10cm以外	分格	
预算基价	总价(元)			**615.91**	**597.27**	**629.89**	**629.18**
	人工费(元)			175.50	157.95	180.90	182.25
	材料费(元)			438.28	438.28	446.35	444.34
	机械费(元)			2.13	1.04	2.64	2.59
组成内容		**单位**	**单价**	**数量**			
人工	综合工 二类	工日	135.00	1.30	1.17	1.34	1.35
材料	预拌混凝土 AC10	m^3	430.17	1.010	1.010	1.010	1.010
	木模板	m^3	1982.88			0.004	
	钢筋 *D*10以内	kg	3.97				0.045
	铁钉	kg	6.68			0.02	
	镀锌钢丝 *D*0.7	kg	7.42				0.20
	水	m^3	7.62	0.500	0.500	0.500	0.500
	钢筋场外运费	元					4.40
机械	电动夯实机 20～62N•m	台班	27.11	0.067	0.028	0.028	0.041
	木工圆锯机 *D*500	台班	26.53			0.008	
	载货汽车 6t	台班	461.82			0.003	
	钢筋调直机 *D*14	台班	37.25				0.015
	钢筋切断机 *D*40	台班	42.81				0.015
	小型机具	元		0.31	0.28	0.28	0.28

二、防 潮 层

单位：10m²

编号				5-15	5-16	5-17	5-18	5-19	5-20
项目				苯乙烯涂料二遍		乳化沥青		三元乙丙橡胶卷材冷贴满铺	
				平面	立面	厚度6mm	每增减1mm	平面	立面
预算基价	总价(元)			**83.56**	**90.04**	**367.69**	**67.37**	**891.14**	**977.54**
	人工费(元)			45.90	51.30	45.90	13.50	301.05	387.45
	材料费(元)			37.66	38.74	321.79	53.87	590.09	590.09
组成内容		**单位**	**单价**	**数量**					
人工	综合工 二类	工日	135.00	0.34	0.38	0.34	0.10	2.23	2.87
材料	苯乙烯涂料	kg	10.76	3.50	3.60				
	乳化沥青	kg	4.81			66.90	11.20		
	三元乙丙橡胶卷材 1.0	m²	41.22					12.42	12.42
	CSPE嵌缝油膏（330mL）	支	8.52					2.94	2.94
	二甲苯	kg	5.21					2.70	2.70
	乙酸乙酯	kg	17.26					0.51	0.51
	铁钉	kg	6.68					0.02	0.02
	钢筋 *D*10以内	t	3970.73					0.001	0.001
	丁基胶粘剂	kg	14.45					1.76	1.76
	108胶	kg	4.45					0.02	0.02
	水泥	kg	0.39					1.50	1.50
	水	m³	7.62					0.001	0.001
	素水泥浆	m³						(0.001)	(0.001)

单位：10m²

编号				5-21	5-22	5-23	5-24	5-25	5-26
项目				聚氨酯防水涂膜				SBS改性沥青防水卷材	
				刷涂膜二遍厚1mm		每增减0.1mm		厚3mm	
				平面	立面	平面	立面	平面	立面
预算基价	总价(元)			**713.33**	**848.75**	**59.01**	**66.36**	**934.69**	**985.99**
	人工费(元)			422.55	549.45	37.80	44.55	135.00	186.30
	材料费(元)			290.78	299.30	21.21	21.81	799.69	799.69
组成内容		**单位**	**单价**	**数量**					
人工	综合工 二类	工日	135.00	3.13	4.07	0.28	0.33	1.00	1.38
材料	聚氨酯甲料	kg	15.28	6.16	6.34	0.45	0.47		
	聚氨酯乙料	kg	14.85	9.24	9.52	0.68	0.70		
	聚氨酯固化剂	kg	45.86	0.77	0.79	0.06	0.06		
	丙酮	kg	9.89	2.44	2.51	0.15	0.15		
	SBS改性沥青防水卷材 3mm	m²	34.20					14.00	14.00
	JG-1防水涂料	kg	22.41					5.70	5.70
	SBS弹性沥青防水胶	kg	30.29					5.00	5.00
	汽油	kg	7.16					4.50	4.50
	零星材料费	元						9.48	9.48

单位：$10m^2$

编号				5-27	5-28	5-29	5-30	5-31	5-32
项目				刚性防水					
				五层做法			七层做法		
				混凝土地面	混凝土墙面	砖墙面	混凝土地面	混凝土墙面	砖墙面
预算基价	总价(元)			**358.77**	**438.42**	**442.42**	**467.73**	**699.93**	**703.93**
	人工费(元)			255.15	334.80	336.15	328.05	560.25	561.60
	材料费(元)			98.46	98.46	100.89	132.58	132.58	135.02
	机械费(元)			5.16	5.16	5.38	7.10	7.10	7.31
组成内容		**单位**	**单价**	**数量**					
人工	综合工 二类	工日	135.00	1.89	2.48	2.49	2.43	4.15	4.16
材料	水泥	kg	0.39	189.34	189.34	193.29	256.09	256.09	260.04
	砂子	t	87.03	0.241	0.241	0.251	0.331	0.331	0.341
	水	m^3	7.62	0.478	0.478	0.480	0.512	0.512	0.515
	素水泥浆	m^3		(0.061)	(0.061)	(0.061)	(0.081)	(0.081)	(0.081)
	水泥砂浆 1:2	m^3		(0.173)	(0.173)	(0.180)	(0.238)	(0.238)	(0.245)
机械	灰浆搅拌机 400L	台班	215.11	0.024	0.024	0.025	0.033	0.033	0.034

三、变 形 缝

单位：10m

编号				5-33	5-34	5-35	5-36	5-37	5-38
项目				石灰麻刀填缝		聚氨乙烯胶泥填缝	氯丁橡胶片止水带	预埋式止水带	
				平面	立面			橡胶	塑料
预算基价	总价(元)			**190.98**	**205.83**	**144.60**	**317.91**	**2317.37**	**840.55**
	人工费(元)			108.00	122.85	117.45	55.35	171.45	171.45
	材料费(元)			82.98	82.98	27.15	262.56	2145.92	669.10
组成内容		**单位**	**单价**	**数量**					
人工	综合工 二类	工日	135.00	0.80	0.91	0.87	0.41	1.27	1.27
材料	油毡	m^2	3.83	1.70	1.70				
	石油沥青 10#	kg	4.04	6.50	6.50				
	白灰	kg	0.30	18.00	18.00				
	麻刀	kg	3.92	10.80	10.80				
	木柴	kg	1.03	2.40	2.40				
	聚氯乙烯胶泥	kg	2.29			8.33			
	氯丁橡胶片 2mm	m^2	24.43				3.18		
	乙酸乙酯	kg	17.26				2.30		
	氯丁橡胶浆	kg	21.90				6.06		
	三异氰酸酯	kg	10.38				0.91		
	牛皮纸	张	1.12			5.32	0.59		
	水泥	kg	0.39			3.39	0.91		
	砂子	t	87.03			0.009	0.023		
	水	m^3	7.62			0.002			
	橡胶止水带 宽400～500mm	m	202.95					10.50	
	塑料止水带 651型	m	62.30						10.50
	环氧树脂 E44	kg	28.33					0.31	0.31
	乙二胺	kg	21.96					0.03	0.03
	丙酮	kg	9.89					0.31	0.31
	甲苯	kg	10.17					0.24	0.24
	水泥砂浆 1∶2	m^3				(0.006)			

单位：10m

编号				5-39	5-40	5-41	5-42	5-43	5-44
项目				木板盖缝		薄钢板盖缝		橡胶板平面盖缝（缝宽mm以内）	
				平面	立面	平面	立面	50	100
预算基价	总价(元)			**248.47**	**255.14**	**450.95**	**215.02**	**1092.74**	**1631.41**
	人工费(元)			97.20	103.95	203.85	116.10	253.80	303.75
	材料费(元)			151.27	151.19	247.10	98.92	838.94	1327.66
组成内容		**单位**	**单价**	**数量**					
人工	综合工 二类	工日	135.00	0.72	0.77	1.51	0.86	1.88	2.25
材料	红白松锯材 二类	m^3	3266.74	0.038	0.038			0.019	0.019
	松木锯材 三类	m^3	1661.90	0.016	0.016	0.069	0.025		
	镀锌薄钢板 0.56	m^2	20.08			5.93	2.60		
	花纹硬橡胶板 厚20mm	m^2	69.44					1.67	3.06
	镀锌薄钢板 0.552	m^2	20.08					1.52	3.37
	防腐油	kg	0.52	0.54	0.50	1.11	0.34	0.28	0.28
	砂子	t	87.03					0.003	0.006
	铁钉	kg	6.68	0.04	0.03	0.21	0.03	0.05	0.05
	铁件	kg	9.49					65.90	102.90
	焊锡	kg	59.85			0.19	0.08	0.05	0.11
	零星材料费	元						1.26	1.33

四、找 平 层

单位：10m²

编号				5-45	5-46	5-47	5-48	5-49
项目				1∶3水泥砂浆找平层		细石混凝土硬基层上找平层		
				在混凝土或硬基层上厚2cm	每增减0.5cm	无筋 厚3cm	有筋 厚4cm	每增减0.5cm
预算基价	总价(元)			**168.79**	**38.65**	**237.28**	**379.75**	**33.82**
	人工费(元)			95.85	20.25	93.15	145.80	10.80
	材料费(元)			66.70	16.68	143.91	233.04	22.98
	机械费(元)			6.24	1.72	0.22	0.91	0.04
组成内容		**单位**	**单价**	**数量**				
人工	综合工 二类	工日	135.00	0.71	0.15	0.69	1.08	0.08
材料	预拌混凝土 AC20	m³	450.56			0.303	0.404	0.051
	水泥	kg	0.39	92.86	23.22	15.02	15.02	
	砂子	t	87.03	0.344	0.086			
	冷拔钢丝 *D*4.0	t	3907.95				0.011	
	镀锌钢丝 *D*0.7	kg	7.42				0.04	
	水	m³	7.62	0.072	0.018	0.201	0.246	
	水泥砂浆 1∶3	m³		(0.216)	(0.054)			
	素水泥浆	m³				(0.010)	(0.010)	
机械	灰浆搅拌机 400L	台班	215.11	0.029	0.008			
	钢筋调直机 *D*14	台班	37.25				0.008	
	钢筋切断机 *D*40	台班	42.81				0.008	
	小型机具	元				0.22	0.27	0.04

五、整体面层

单位：10m²

编号				5-50	5-51	5-52	5-53	5-54	5-55
项目				水泥砂浆地面 厚2cm		随打随抹地面		水泥豆石浆地面	
				带踢脚线	不带踢脚线	带踢脚线	不带踢脚线	厚1.5cm	每增减0.5cm
预算基价	总价(元)			**384.45**	**293.92**	**241.37**	**150.91**	**423.59**	**48.38**
	人工费(元)			278.10	201.15	194.40	117.45	278.10	21.60
	材料费(元)			91.08	78.79	43.53	31.31	139.47	24.63
	机械费(元)			15.27	13.98	3.44	2.15	6.02	2.15
组成内容		**单位**	**单价**	**数量**					
人工	综合工 二类	工日	135.00	2.06	1.49	1.44	0.87	2.06	0.16
材料	水泥	kg	0.39	138.83	120.47	60.34	41.98	203.68	39.93
	砂子	t	87.03	0.383	0.325	0.109	0.052	0.258	
	豆粒石	t	139.19					0.190	0.064
	草袋 840×760	m²	3.34			2.20	2.20	2.20	
	水	m³	7.62	0.473	0.462	0.415	0.402	0.497	0.019
	素水泥浆	m³		(0.010)	(0.010)			(0.010)	
	水泥砂浆 1∶1	m³				(0.051)	(0.051)		
	水泥砂浆 1∶2	m³		(0.015)		(0.015)			
	水泥砂浆 1∶2.5	m³		(0.216)	(0.216)				
	水泥砂浆 1∶3	m³		(0.023)		(0.023)		(0.162)	
	小豆浆 1∶1.25	m³						(0.152)	(0.051)
机械	灰浆搅拌机 400L	台班	215.11	0.071	0.065	0.016	0.010	0.028	0.010

编号				5-56	5-57	5-58	5-59	5-60	5-61
项目				细石混凝土地面		水磨石地面厚度1.5cm		水磨石地面嵌铜条	
				厚4cm (10m²)	每增减1cm (10m²)	带嵌条 (10m²)	带艺术型嵌条分色 (10m²)	2×12 (10m)	1.5×12 (10m)
预算基价	总价(元)			**429.23**	**81.07**	**1182.41**	**1341.78**	**508.07**	**508.07**
	人工费(元)			209.25	35.10	991.44	1074.06	13.77	13.77
	材料费(元)			218.01	45.90	159.13	235.88	494.19	494.19
	机械费(元)			1.97	0.07	31.84	31.84	0.11	0.11
组成内容		**单位**	**单价**	**数量**					
人工	综合工 二类	工日	135.00	1.55	0.26				
	综合工 一类	工日	153.00			6.48	7.02	0.09	0.09
材料	预拌混凝土 AC20	m³	450.56	0.404	0.101				
	水泥	kg	0.39	59.47		111.78	17.67		
	白水泥	kg	0.64				94.11		
	砂子	t	87.03	0.055					
	白石子	kg	0.19			314.69			
	彩色石子	kg	0.31				314.69		
	玻璃 3.0	m²	19.91			0.52	0.52		
	铜条	m	46.37					10.60	10.60
	松木锯材 三类	m³	1661.90					0.001	0.001
	色粉	kg	4.47				3.46		
	金刚石 三角形	块	8.31			3.00	3.00		
	金刚石 200×75×50	块	12.54			0.30	0.30		

续前

编号				5-56	5-57	5-58	5-59	5-60	5-61
项目				细石混凝土地面		水磨石地面厚度1.5cm		水磨石地面嵌铜条	
				厚4cm（$10m^2$）	每增减1cm（$10m^2$）	带嵌条（$10m^2$）	带艺术型嵌条分色（$10m^2$）	2×12（10m）	1.5×12（10m）
组成内容		单位	单价	数量					
材料	硬白蜡	kg	18.46			0.27	0.27		
	煤油	kg	7.49			0.40	0.40		
	清油	kg	15.06			0.06	0.06		
	油漆溶剂油 200#	kg	6.90			0.05	0.05		
	草酸	kg	10.93			0.10	0.10		
	棉纱	kg	16.11			0.11	0.11		
	合金钢钻头 *D*10	个	8.21					0.05	0.05
	镀锌钢丝 *D*0.7	kg	7.42					0.08	0.08
	锯末	m^3	61.68	0.060					
	水	m^3	7.62	0.565	0.051	0.604	0.604		
	素水泥浆	m^3		(0.010)		(0.010)	(0.010)		
	水泥砂浆 1:1	m^3		(0.054)					
	水泥白石子浆 1:2.5	m^3				(0.173)			
	白水泥彩色石子浆 1:2.5	m^3					(0.173)		
机械	灰浆搅拌机 200L	台班	208.76	0.008		0.034	0.034		
	平面水磨石机 3kW	台班	20.86			1.186	1.186		
	小型机具	元		0.30	0.07			0.11	0.11

六、块料面层

单位：10m²

编号				5-62	5-63	5-64	5-65	5-66	5-67
项目				大理石地面					
				周长320cm以内		周长320cm以外		拼花	碎拼大理石
				单色	多色	单色	多色		
预算基价	总价(元)			**3581.19**	**3598.02**	**3596.49**	**3611.79**	**7009.22**	**1475.34**
	人工费(元)			400.86	417.69	416.16	431.46	488.07	503.37
	材料费(元)			3167.80	3167.80	3167.80	3167.80	6509.25	961.74
	机械费(元)			12.53	12.53	12.53	12.53	11.90	10.23
组成内容		**单位**	**单价**	**数量**					
人工	综合工 一类	工日	153.00	2.62	2.73	2.72	2.82	3.19	3.29
材料	大理石板 500×500	m²	299.93	10.20	10.20				
	大理石板 1000×1000	m²	299.93			10.20	10.20		
	大理石板拼花 成品	m²	633.85					10.10	
	碎大理石板	m²	86.85						9.60
	白水泥	kg	0.64	1.03	1.03	1.03	1.03	1.03	75.10
	水泥	kg	0.39	145.28	145.28	145.28	145.28	145.28	101.86
	砂子	t	87.03	0.482	0.482	0.482	0.482	0.482	0.321
	石料切割锯片	片	28.55	0.04	0.04	0.04	0.04		
	金刚石 200×75×50	块	12.54						0.50
	棉纱	kg	16.11	0.10	0.10	0.10	0.10	0.10	0.20
	锯末	m³	61.68	0.060	0.060	0.060	0.060	0.060	
	水	m³	7.62	0.366	0.366	0.366	0.366	0.366	0.362
	素水泥浆	m³		(0.010)	(0.010)	(0.010)	(0.010)	(0.010)	(0.010)
	白水泥浆	m³							(0.050)
	水泥砂浆 1:3	m³		(0.303)	(0.303)	(0.303)	(0.303)	(0.303)	(0.202)
机械	灰浆搅拌机 200L	台班	208.76	0.057	0.057	0.057	0.057	0.057	0.049
	小型机具	元		0.63	0.63	0.63	0.63		

单位：10m²

编号				5-68	5-69	5-70	5-71	5-72	5-73
项目				花岗岩地面					
				周长320cm以内		周长320cm以外		拼花	碎拼花岗岩
				单色	多色	单色	多色		
预算基价	总价(元)			**3593.95**	**3607.72**	**3791.94**	**3807.24**	**8733.35**	**1092.10**
	人工费(元)			406.98	420.75	420.75	436.05	514.08	529.38
	材料费(元)			3174.32	3174.32	3358.54	3358.54	8207.37	552.49
	机械费(元)			12.65	12.65	12.65	12.65	11.90	10.23
组成内容		单位	单价	数量					
人工	综合工 一类	工日	153.00	2.66	2.75	2.75	2.85	3.36	3.46
材料	花岗岩板 500×500	m²	300.57	10.20	10.20				
	花岗岩板 1000×1000	m²	318.63			10.20	10.20		
	花岗岩板拼花 成品	m²	801.98					10.10	
	碎花岗岩板	m²	44.22						9.60
	白水泥	kg	0.64	1.03	1.03	1.03	1.03	1.03	75.10
	水泥	kg	0.39	145.28	145.28	145.28	145.28	145.28	101.86
	砂子	t	87.03	0.482	0.482	0.482	0.482	0.482	0.321
	石料切割锯片	片	28.55	0.04	0.04	0.04	0.04		
	金刚石 200×75×50	块	12.54						0.50
	棉纱	kg	16.11	0.10	0.10	0.10	0.10	0.10	0.20
	锯末	m³	61.68	0.060	0.060	0.060	0.060	0.060	
	水	m³	7.62	0.366	0.366	0.366	0.366	0.366	0.362
	素水泥浆	m³		(0.010)	(0.010)	(0.010)	(0.010)	(0.010)	(0.010)
	白水泥浆	m³							(0.050)
	水泥砂浆 1:3	m³		(0.303)	(0.303)	(0.303)	(0.303)	(0.303)	(0.202)
机械	灰浆搅拌机 200L	台班	208.76	0.057	0.057	0.057	0.057	0.057	0.049
	小型机具	元		0.75	0.75	0.75	0.75		

单位：10m²

编号				5-74	5-75	5-76	5-77	5-78	5-79
项目				石材地面零星项目					
				大理石		花岗岩		碎拼大理石	碎拼花岗岩
				水泥砂浆	胶粘剂	水泥砂浆	胶粘剂	水泥砂浆	
预算基价	总价(元)			**4224.06**	**4143.34**	**4840.39**	**4759.67**	**2115.97**	**1690.10**
	人工费(元)			947.07	907.29	968.49	928.71	1087.83	1113.84
	材料费(元)			3266.23	3233.22	3860.58	3827.57	1019.16	567.28
	机械费(元)			10.76	2.83	11.32	3.39	8.98	8.98
组成内容		单位	单价	数量					
人工	综合工 一类	工日	153.00	6.19	5.93	6.33	6.07	7.11	7.28
材料	大理石板（综合）	m²	299.93	10.60	10.60				
	花岗岩板（综合）	m²	355.92			10.60	10.60		
	碎大理石板	m²	86.85					10.60	
	碎花岗岩板	m²	44.22						10.60
	白水泥	kg	0.64	1.13	1.13	1.13	1.13	1.30	1.30
	水泥	kg	0.39	115.14		115.14		132.79	132.79
	砂子	t	87.03	0.304		0.304		0.349	0.349
	903胶	kg	9.73		4.00		4.00		
	石料切割锯片	片	28.55	0.16	0.16	0.19	0.19		
	金刚石 200×75×50	块	12.54					0.69	0.69
	棉纱	kg	16.11	0.20	0.20	0.20	0.20	0.23	0.23
	锯末	m³	61.68	0.07	0.07	0.07	0.07		
	水	m³	7.62	0.365	0.290	0.365	0.290	0.420	0.420
	素水泥浆	m³		(0.011)		(0.011)		(0.013)	(0.013)
	水泥砂浆 1:2.5	m³		(0.202)		(0.202)		(0.232)	(0.232)
机械	灰浆搅拌机 200L	台班	208.76	0.038		0.038		0.043	0.043
	小型机具	元		2.83	2.83	3.39	3.39		

单位：$10m^2$

编号				5-80	5-81	5-82	5-83	5-84	5-85
项目				人造大理石板地面		波打线(嵌边)		水泥花砖地面	凹凸假麻石块地面
				水泥砂浆	胶粘剂	大理石	花岗岩		
预算基价	总价(元)			**2597.71**	**2594.16**	**3680.95**	**4288.01**	**823.82**	**1374.44**
	人工费(元)			400.86	361.08	440.64	465.12	351.90	500.31
	材料费(元)			2188.08	2232.45	3227.78	3810.36	406.99	869.69
	机械费(元)			8.77	0.63	12.53	12.53	64.93	4.44
组成内容		**单位**	**单价**	**数量**					
人工	综合工 一类	工日	153.00	2.62	2.36	2.88	3.04	2.30	3.27
材料	人造大理石板 500×500	m^2	206.88	10.20	10.20				
	大理石板（综合）	m^2	299.93			10.40			
	花岗岩板（综合）	m^2	355.92				10.40		
	水泥花砖 200×200	m^2	32.90					10.20	
	凹凸假麻石块 197×76	m^2	80.41						10.20
	白水泥	kg	0.64	1.03	1.03	1.03	1.03	1.03	1.00
	水泥	kg	0.39	103.37		145.28	145.28	86.84	72.07
	砂子	t	87.03	0.321		0.482	0.482	0.321	0.141
	大理石胶	kg	20.33		3.75				
	903胶	kg	9.73		4.00				
	石料切割锯片	片	28.55	0.04	0.04	0.04	0.05	0.04	0.03
	棉纱	kg	16.11	0.10	0.10	0.10	0.10	0.10	0.10
	锯末	m^3	61.68	0.060	0.060	0.060	0.060	0.060	0.060
	水	m^3	7.62	0.333		0.366	0.366	0.327	0.305
	素水泥浆	m^3		(0.011)		(0.010)	(0.010)		(0.010)
	水泥砂浆 1∶2	m^3							(0.101)
	水泥砂浆 1∶3	m^3		(0.202)		(0.303)	(0.303)	(0.202)	
机械	灰浆搅拌机 200L	台班	208.76	0.039		0.057	0.057	0.308	0.019
	小型机具	元		0.63	0.63	0.63	0.63	0.63	0.47

单位：10m²

编号				5-86	5-87	5-88	5-89	5-90	5-91
项目				陶瓷地砖地面(周长cm)					
				80以内	120以内	160以内	200以内	240以内	320以内
预算基价	总价(元)			**1209.66**	**1185.38**	**1209.45**	**1248.72**	**1383.08**	**1505.59**
	人工费(元)			518.67	459.00	425.34	406.98	448.29	466.65
	材料费(元)			682.29	717.68	775.41	833.04	926.09	1030.24
	机械费(元)			8.70	8.70	8.70	8.70	8.70	8.70
组成内容		**单位**	**单价**	**数量**					
人工	综合工 一类	工日	153.00	3.39	3.00	2.78	2.66	2.93	3.05
材料	陶瓷地面砖 200×200	m^2	59.34	10.20					
	陶瓷地面砖 300×300	m^2	62.81		10.20				
	陶瓷地面砖 400×400	m^2	68.47			10.20			
	陶瓷地面砖 500×500	m^2	74.12				10.20		
	陶瓷地面砖 600×600	m^2	83.25					10.20	
	陶瓷地面砖 800×800	m^2	93.46						10.20
	白水泥	kg	0.64	1.03	1.03	1.03	1.03	1.03	1.03
	水泥	kg	0.39	101.86	101.86	101.86	101.86	101.86	101.86
	砂子	t	87.03	0.321	0.321	0.321	0.321	0.321	0.321
	石料切割锯片	片	28.55	0.03	0.03	0.03	0.03	0.03	0.03
	棉纱	kg	16.11	0.10	0.10	0.10	0.10	0.10	0.10
	锯末	m^3	61.68	0.060	0.060	0.060	0.060	0.060	0.060
	水	m^3	7.62	0.332	0.332	0.332	0.332	0.322	0.322
	素水泥浆	m^3		(0.010)	(0.010)	(0.010)	(0.010)	(0.010)	(0.010)
	水泥砂浆 1:3	m^3		(0.202)	(0.202)	(0.202)	(0.202)	(0.202)	(0.202)
机械	灰浆搅拌机 200L	台班	208.76	0.039	0.039	0.039	0.039	0.039	0.039
	小型机具	元		0.56	0.56	0.56	0.56	0.56	0.56

单位：10m^2

编号				5-92	5-93	5-94	5-95	5-96	5-97
项目				缸砖地面		陶瓷锦砖地面		块料地面零星项目	
				勾缝	不勾缝	不拼花	拼花	缸砖	陶瓷地砖
预算基价	总价(元)			**806.46**	**777.43**	**1223.52**	**1395.63**	**1297.60**	**2073.56**
	人工费(元)			452.88	396.27	737.46	899.64	895.05	1347.93
	材料费(元)			344.88	372.67	477.79	487.72	391.87	717.21
	机械费(元)			8.70	8.49	8.27	8.27	10.68	8.42
组成内容		**单位**	**单价**	**数量**					
人工	综合工 一类	工日	153.00	2.96	2.59	4.82	5.88	5.85	8.81
材料	缸砖 150×150	m^2	29.77	9.15	10.15			10.60	
	陶瓷锦砖	m^2	39.71			10.15	10.40		
	陶瓷地砖（综合）	m^2	59.77						10.60
	白水泥	kg	0.64			2.06	2.06	1.13	1.10
	水泥	kg	0.39	95.07	86.94	101.86	101.86	86.84	103.37
	砂子	t	87.03	0.331	0.321	0.321	0.321	0.321	0.321
	石料切割锯片	片	28.55	0.03	0.03			0.13	0.16
	棉纱	kg	16.11	0.20	0.10	0.20	0.20	0.20	0.20
	锯末	m^3	61.68		0.060			0.067	0.067
	水	m^3	7.62	0.331	0.327	0.332	0.332	0.356	0.363
	素水泥浆	m^3				(0.010)	(0.010)		(0.011)
	水泥砂浆 1:3	m^3		(0.202)	(0.202)	(0.202)	(0.202)	(0.202)	(0.202)
	水泥砂浆 1:1	m^3		(0.010)					
机械	灰浆搅拌机 200L	台班	208.76	0.039	0.038	0.039	0.039	0.039	0.039
	小型机具	元		0.56	0.56	0.13	0.13	2.54	0.28

单位：10m²

编号				5-98	5-99	5-100	5-101	5-102	5-103
项目				石材底面刷养护液					
				光面石材				亚光石材	
				大理石		花岗岩		大理石	花岗岩
				深色	浅色	深色	浅色		
预算基价	总价(元)			**146.87**	**152.72**	**134.32**	**135.99**	**175.31**	**146.87**
	人工费(元)			93.33	93.33	93.33	93.33	93.33	93.33
	材料费(元)			53.54	59.39	40.99	42.66	81.98	53.54
组成内容		**单位**	**单价**	**数量**					
人工	综合工 一类	工日	153.00	0.61	0.61	0.61	0.61	0.61	0.61
材料	石材养护液	kg	83.65	0.64	0.71	0.49	0.51	0.98	0.64

编号				5-104	5-105	5-106	5-107	5-108	5-109
项目				石材底面刷养护液			石材表面刷保护液	块料地面铜分隔条	
				粗面石材			光面石材 （10m²）	3×12 （10m）	T形5×10 （10m）
				剁斧面 （10m²）	火烧板 （10m²）	蘑菇石 （10m²）			
预算基价	总价（元）			**212.11**	**190.36**	**227.17**	**100.40**	**508.39**	**271.06**
	人工费（元）			93.33	93.33	93.33	93.33	15.30	15.30
	材料费（元）			118.78	97.03	133.84	7.07	491.93	254.60
	机械费（元）							1.16	1.16
组成内容		**单位**	**单价**	**数量**					
人工	综合工 一类	工日	153.00	0.61	0.61	0.61	0.61	0.10	0.10
材料	石材养护液	kg	83.65	1.42	1.16	1.60			
	石材保护液	kg	28.27				0.25		
	铜条	m	46.37					10.60	
	铜条 T形5×10	m	23.98						10.60
	合金钢钻头 *D*10	个	8.21					0.05	0.05
机械	小型机具	元						1.16	1.16

七、橡、塑、木面层

单位：10m²

编号				5-110	5-111	5-112	5-113
项目				橡胶板楼地面	塑料板楼地面		塑料卷材楼地面
					平口板	企口装配板	
预算基价	总价(元)			**686.33**	**877.05**	**1395.53**	**1133.39**
	人工费(元)			290.70	495.72	492.66	247.86
	材料费(元)			395.63	381.33	898.57	885.53
	机械费(元)					4.30	
组成内容		单位	单价	数量			
人工	综合工 一类	工日	153.00	1.90	3.24	3.22	1.62
材料	橡胶板 3.0	m²	32.88	10.20			
	塑料板	m²	31.95		10.20		
	塑料地板 企口	m²	31.95			10.20	
	塑料地板卷材 厚1.5mm	m²	75.51				11.00
	杉木锯材	m³	2596.26			0.151	
	铁件	kg	9.49			15.83	
	木螺钉 M3.5×25	个	0.07			340.00	
	塑料胶粘剂	kg	9.73	5.46	4.50		4.50
	聚醋酸乙烯乳液	kg	9.51	0.17	0.17		0.17
	羧甲基纤维素	kg	11.25	0.04	0.04		0.04
	大白粉	kg	0.91	0.15	0.15		0.15
	石膏粉	kg	0.94	0.21	0.21		0.21
	滑石粉	kg	0.59	1.39	1.39		1.39
	上光蜡	kg	20.40		0.23	0.19	0.23
	棉纱	kg	16.11	0.21	0.20	0.17	0.20
	砂纸	张	0.87	0.60	0.60		
机械	木工圆锯机 *D*500	台班	26.53			0.162	

单位：10m²

编号				5-114	5-115	5-116	5-117	5-118	5-119
项目				硬木不拼花地板					
				铺在水泥地面上		铺在木楞上(单层)		铺在毛地板上(双层)	
				平口	企口	平口	企口	平口	企口
预算基价	总价(元)			**3996.22**	**3918.00**	**4262.68**	**4137.02**	**4909.65**	**4784.62**
	人工费(元)			648.72	777.24	662.49	743.58	795.60	876.69
	材料费(元)			3347.50	3140.76	3599.58	3392.83	4109.71	3902.97
	机械费(元)					0.61	0.61	4.34	4.96
组成内容		**单位**	**单价**	**数量**					
人工	综合工 一类	工日	153.00	4.24	5.08	4.33	4.86	5.20	5.73
材料	硬木地板 平口(成品)	m²	299.55	10.50		10.50		10.50	
	硬木地板 企口(成品)	m²	279.86		10.50		10.50		10.50
	杉木锯材	m³	2596.26			0.142	0.142	0.142	0.142
	松木锯材 三类	m³	1661.90					0.263	0.263
	油毡	m²	3.83					10.80	10.80
	水胶粉	kg	18.17	1.60	1.60				
	XY-401胶	kg	23.94	7.00	7.00				
	铁件	kg	9.49			5.00	5.00	5.00	5.00
	铁钉	kg	6.68			1.59	1.59	2.68	2.68
	镀锌钢丝 *D*3.5	kg	6.99			3.02	3.02	3.02	3.02
	煤油	kg	7.49			0.32	0.32	0.56	0.56
	氟化钠	kg	9.23					2.45	2.45
	臭油水	kg	0.86			2.84	2.84	2.84	2.84
	棉纱	kg	16.11	0.10	0.10	0.10	0.10	0.10	0.10
	水	m³	7.62	0.520	0.520				
机械	木工圆锯机 *D*500	台班	26.53			0.023	0.023	0.027	0.027
	小型机具	元						3.62	4.24

单位：10m²

编号				5-120	5-121	5-122	5-123	5-124	5-125
项目				硬木拼花地板					
				铺在水泥地面上		铺在木楞上(单层)		铺在毛地板上(双层)	
				平口	企口	平口	企口	平口	企口
预算基价	总价(元)			**3999.33**	**4436.08**	**4553.65**	**4993.47**	**5202.30**	**5643.37**
	人工费(元)			821.61	983.79	1081.71	1246.95	1213.29	1378.53
	材料费(元)			3177.72	3452.29	3471.33	3745.91	3981.47	4256.04
	机械费(元)					0.61	0.61	7.54	8.80
组成内容		单位	单价	数量					
人工	综合工 一类	工日	153.00	5.37	6.43	7.07	8.15	7.93	9.01
材料	硬木拼花地板 平口(成品)	m²	283.38	10.50		10.50		10.50	
	硬木拼花地板 企口(成品)	m²	309.53		10.50		10.50		10.50
	杉木锯材	m³	2596.26			0.158	0.158	0.158	0.158
	松木锯材 三类	m³	1661.90					0.263	0.263
	油毡	m²	3.83					10.80	10.80
	水胶粉	kg	18.17	1.60	1.60				
	XY-401胶	kg	23.94	7.00	7.00				
	铁件	kg	9.49			5.00	5.00	5.00	5.00
	铁钉	kg	6.68			1.59	1.59	2.68	2.68
	镀锌钢丝 *D*3.5	kg	6.99			3.02	3.02	3.02	3.02
	煤油	kg	7.49			0.32	0.32	0.56	0.56
	氟化钠	kg	9.23					2.45	2.45
	臭油水	kg	0.86			2.84	2.84	2.84	2.84
	棉纱	kg	16.11	0.10	0.10	0.10	0.10	0.10	0.10
	水	m³	7.62	0.520	0.520				
机械	木工圆锯机 *D*500	台班	26.53			0.023	0.023	0.027	0.027
	小型机具	元						6.82	8.08

单位：10m²

编号				5-126	5-127	5-128	5-129	5-130	5-131
项目				硬木地板砖				长条复合地板	
				铺在水泥地面上		铺在毛地板上(双层)		铺在混凝土面上	铺在毛地板上(双层)
				平口	企口	平口	企口		
预算基价	总价(元)			**3608.53**	**3720.22**	**4328.30**	**4453.18**	**2677.17**	**3765.92**
	人工费(元)			566.10	677.79	800.19	924.12	740.52	872.10
	材料费(元)			3042.43	3042.43	3522.66	3522.66	1936.65	2888.86
	机械费(元)					5.45	6.40		4.96
组成内容		单位	单价	数量					
人工	综合工 一类	工日	153.00	3.70	4.43	5.23	6.04	4.84	5.70
材料	硬木地板砖 平口(成品)	m^2	279.86	10.50		10.50			
	硬木地板砖 企口(成品)	m^2	279.86		10.50		10.50		
	复合地板 (成品)	m^2	180.77					10.50	10.50
	杉木锯材	m^3	2596.26						0.142
	松木锯材 三类	m^3	1661.90			0.256	0.256		0.263
	油毡	m^2	3.83			10.80	10.80		10.80
	水胶粉	kg	18.17	0.80	0.80				
	XY-401胶	kg	23.94	3.50	3.50			1.10	1.10
	铁件	kg	9.49			5.00	5.00		5.00
	铁钉	kg	6.68			2.68	2.68	1.59	2.68
	镀锌钢丝 $D3.5$	kg	6.99			3.02	3.02		3.02
	氟化钠	kg	9.23			2.45	2.45		2.45
	煤油	kg	7.49			0.56	0.56		0.56
	臭油水	kg	0.86			2.84	2.84		2.84
	棉纱	kg	16.11	0.10	0.10	0.10	0.10	0.10	0.10
	水	m^3	7.62	0.520	0.520				
机械	木工圆锯机 $D500$	台班	26.53			0.027	0.027		0.027
	小型机具	元				4.73	5.68		4.24

单位：10m^2

编号				5-132	5-133	5-134	5-135	5-136	5-137
项目				长条杉木地板				长条松木地板	
				铺在木龙骨上(单层)		铺在毛地板上(双层)		铺在木龙骨上	
				平口	企口	平口	企口	平口	企口
预算基价	总价(元)			**2328.25**	**2405.32**	**2933.45**	**3119.35**	**2235.48**	**2271.26**
	人工费(元)			380.97	425.34	475.83	628.83	380.97	411.57
	材料费(元)			1945.47	1977.92	2455.61	2488.06	1852.70	1857.63
	机械费(元)			1.81	2.06	2.01	2.46	1.81	2.06
组成内容		单位	单价	数量					
人工	综合工 一类	工日	153.00	2.49	2.78	3.11	4.11	2.49	2.69
材料	杉木地板 平口	m^2	142.17	10.50		10.50			
	杉木地板 企口	m^2	145.26		10.50		10.50		
	松木地板 平口	m^2	145.97					10.50	
	松木地板 企口	m^2	146.44						10.50
	杉木锯材	m^3	2596.26	0.142	0.142	0.142	0.142		
	松木锯材 三类	m^3	1661.90			0.263	0.263	0.142	0.142
	油毡	m^2	3.83			10.80	10.80		
	铁件	kg	9.49	5.00	5.00	5.00	5.00	5.00	5.00
	铁钉	kg	6.68	1.59	1.59	2.68	2.68	1.59	1.59
	镀锌钢丝 *D*3.5	kg	6.99	3.02	3.02	3.02	3.02	3.02	3.02
	煤油	kg	7.49	0.32	0.32	0.56	0.56	0.32	0.32
	氟化钠	kg	9.23			2.45	2.45		
	臭油水	kg	0.86	2.84	2.84	2.84	2.84	2.84	2.84
机械	木工圆锯机 *D*500	台班	26.53	0.023	0.023	0.023	0.023	0.023	0.023
	小型机具	元		1.20	1.45	1.40	1.85	1.20	1.45

八、踢 脚 线

编号				5-138	5-139	5-140	5-141	5-142
项目				水泥砂浆踢脚线	现浇水磨石踢脚线	块料踢脚线		
				(10m)	($10m^2$)	陶瓷地砖 ($10m^2$)	陶瓷锦砖 ($10m^2$)	缸砖 ($10m^2$)
预算基价	总价(元)			**91.46**	**4325.22**	**1356.28**	**1493.69**	**1422.81**
	人工费(元)			76.95	4100.40	688.50	1035.81	1060.29
	材料费(元)			13.22	216.26	662.30	452.87	357.42
	机械费(元)			1.29	8.56	5.48	5.01	5.10
组成内容		**单位**	**单价**	**数量**				
人工	综合工 二类	工日	135.00	0.57				
	综合工 一类	工日	153.00		26.80	4.50	6.77	6.93
材料	陶瓷地砖（综合）	m^2	59.77			10.20		
	陶瓷锦砖	m^2	39.71				10.15	
	缸砖 150×150	m^2	29.77					10.50
	白水泥	kg	0.64		66.37	1.40	2.06	
	水泥	kg	0.39	19.79	73.09	67.04	67.04	67.24
	砂子	t	87.03	0.062	0.270	0.193	0.193	0.193
	彩色石子	kg	0.31		221.92			
	色粉	kg	4.47		2.44			
	硬白蜡	kg	18.46		0.27			

续前

编号				5-138	5-139	5-140	5-141	5-142
项目				水泥砂浆踢脚线 (10m)	现浇水磨石踢脚线 ($10m^2$)	块料踢脚线		
						陶瓷地砖 ($10m^2$)	陶瓷锦砖 ($10m^2$)	缸砖 ($10m^2$)
组成内容		单位	单价	数量				
材料	煤油	kg	7.49		0.40			
	清油	kg	15.06		0.05			
	油漆溶剂油 200#	kg	6.90		0.05			
	草酸	kg	10.93		0.10			
	金刚石 200×75×50	块	12.54		2.00			
	石料切割锯片	片	28.55			0.03		0.01
	棉纱	kg	16.11		0.11	0.10	0.20	0.02
	锯末	m^3	61.68			0.060		0.009
	水	m^3	7.62	0.014	0.664	0.346	0.306	0.086
	素水泥浆	m^3				(0.010)	(0.010)	(0.010)
	水泥砂浆 1:2	m^3		(0.016)				
	水泥砂浆 1:3	m^3		(0.025)	(0.170)	(0.121)	(0.121)	(0.121)
	白水泥彩色石子浆 1:2.5	m^3			(0.122)			
机械	灰浆搅拌机 400L	台班	215.11	0.006				
	灰浆搅拌机 200L	台班	208.76		0.041	0.024	0.024	0.024
	小型机具	元				0.47		0.09

编号				5-143	5-144	5-145	5-146	5-147	5-148
项目				石材踢脚线(水泥砂浆)					
				直形		弧形		成品大理石(10m)	成品花岗岩(10m)
				大理石(10m²)	花岗岩(10m²)	大理石(10m²)	花岗岩(10m²)		
预算基价	总价(元)			**3833.60**	**3928.18**	**3844.62**	**1799.54**	**437.68**	**555.49**
	人工费(元)			711.45	740.52	818.55	852.21	130.05	136.17
	材料费(元)			3116.51	3181.90	3020.43	941.57	306.59	418.28
	机械费(元)			5.64	5.76	5.64	5.76	1.04	1.04
组成内容		**单位**	**单价**	**数量**					
人工	综合工 一类	工日	153.00	4.65	4.84	5.35	5.57	0.85	0.89
材料	大理石板 400×150	m²	299.93	10.20					
	花岗岩板 400×150	m²	306.34		10.20				
	大理石弧形踢脚线	m²	290.51			10.20			
	花岗岩弧形踢脚线	m²	86.70				10.20		
	大理石踢脚线 宽15cm	m	28.96					10.20	
	花岗岩踢脚线 宽15cm	m	39.91						10.20
	白水泥	kg	0.64	1.40	1.40	1.40	1.40	0.13	0.13
	水泥	kg	0.39	83.36	83.36	83.36	83.36	22.08	22.08
	砂子	t	87.03	0.169	0.169	0.169	0.169	0.025	0.025
	石料切割锯片	片	28.55	0.04	0.04	0.04	0.04		
	棉纱	kg	16.11	0.10	0.10	0.10	0.10		
	锯末	m³	61.68	0.060	0.060	0.060	0.060		
	水	m³	7.62	0.349	0.349	0.349	0.349	0.043	0.043
	素水泥浆	m³		(0.010)	(0.010)	(0.010)	(0.010)	(0.001)	(0.001)
	水泥砂浆 1∶1	m³						(0.025)	(0.025)
	水泥砂浆 1∶2	m³		(0.121)	(0.121)	(0.121)	(0.121)		
机械	灰浆搅拌机 200L	台班	208.76	0.024	0.024	0.024	0.024	0.005	0.005
	小型机具	元		0.63	0.75	0.63	0.75		

编号				5-149	5-150	5-151	5-152	5-153	5-154
项目				石材踢脚线(胶粘剂)					
				直形		弧形		成品大理石 (10m)	成品花岗岩 (10m)
				大理石 (10m²)	花岗岩 (10m²)	大理石 (10m²)	花岗岩 (10m²)		
预算基价	总价(元)			**3857.91**	**3952.48**	**3862.81**	**1817.72**	**433.42**	**549.70**
	人工费(元)			673.20	702.27	774.18	807.84	123.93	128.52
	材料费(元)			3184.08	3249.46	3088.00	1009.13	309.49	421.18
	机械费(元)			0.63	0.75	0.63	0.75		
组成内容		**单位**	**单价**	**数量**					
人工	综合工 一类	工日	153.00	4.40	4.59	5.06	5.28	0.81	0.84
材料	大理石板 400×150	m²	299.93	10.20					
	花岗岩板 400×150	m²	306.34		10.20				
	大理石弧形踢脚线	m²	290.51			10.20			
	花岗岩弧形踢脚线	m²	86.70				10.20		
	大理石踢脚线 宽15cm	m	28.96					10.20	
	花岗岩踢脚线 宽15cm	m	39.91						10.20
	白水泥	kg	0.64	1.40	1.40	1.40	1.40		
	大理石胶	kg	20.33	3.75	3.75	3.75	3.75	0.45	0.45
	903胶	kg	9.73	4.00	4.00	4.00	4.00	0.48	0.48
	石料切割锯片	片	28.55	0.04	0.04	0.04	0.04		
	棉纱	kg	16.11	0.10	0.10	0.10	0.10		
	锯末	m³	61.68	0.060	0.060	0.060	0.060		
	水	m³	7.62	0.300	0.300	0.300	0.300	0.036	0.036
机械	小型机具	元		0.63	0.75	0.63	0.75		

单位：10m²

编号				5-155	5-156	5-157
项目				直线形木踢脚线		
				杉板	榉木夹板	橡木夹板
预算基价	总价(元)			**3298.91**	**2017.49**	**2232.32**
	人工费(元)			576.81	576.81	576.81
	材料费(元)			2720.51	1439.09	1653.92
	机械费(元)			1.59	1.59	1.59
组成内容		**单位**	**单价**	**数量**		
人工	综合工 一类	工日	153.00	3.77	3.77	3.77
材料	杉木踢脚线 直形	m²	150.74	10.50		
	榉木夹板 3.0	m²	28.70		10.50	
	橡木夹板 3.0	m²	49.16			10.50
	杉木锯材	m³	2596.26	0.208	0.208	0.208
	胶合板 厚9mm	m²	55.18	10.50	10.50	10.50
	铁钉	kg	6.68	0.86	0.86	0.86
	胶粘剂	kg	3.12	1.70	1.70	1.70
	煤油	kg	7.49	0.26	0.26	0.26
	臭油水	kg	0.86	2.45	2.45	2.45
	棉纱	kg	16.11	0.20	0.20	0.20
机械	木工圆锯机 *D*500	台班	26.53	0.060	0.060	0.060

编号				5-158	5-159	5-160	5-161
项目				直线形榉木实木踢脚线（$10m^2$）	弧线形木踢脚线		成品木踢脚线（10m）
					榉木夹板（$10m^2$）	橡木夹板（$10m^2$）	
预算基价	总价(元)			**4006.76**	**2069.51**	**2284.34**	**901.67**
	人工费(元)			576.81	628.83	628.83	58.14
	材料费(元)			3428.36	1439.09	1653.92	843.37
	机械费(元)			1.59	1.59	1.59	0.16
组成内容		**单位**	**单价**	**数量**			
人工	综合工 一类	工日	153.00	3.77	4.11	4.11	0.38
材料	榉木实木踢脚线 直形	m^2	273.84	10.50			
	榉木夹板 3.0	m^2	28.70		10.50		
	橡木夹板 3.0	m^2	49.16			10.50	
	木踢脚线（成品）	m	19.64				10.50
	杉木锯材	m^3	2596.26	0.208	0.208	0.208	0.208
	胶合板 厚9mm	m^2	55.18		10.50	10.50	1.56
	胶粘剂	kg	3.12		1.70	1.70	1.70
	铁钉	kg	6.68	0.86	0.86	0.86	0.86
	煤油	kg	7.49	0.26	0.26	0.26	
	棉纱	kg	16.11	0.20	0.20	0.20	
	臭油水	kg	0.86	2.45	2.45	2.45	
机械	木工圆锯机 *D*500	台班	26.53	0.060	0.060	0.060	0.006

九、楼梯装饰

单位：10m²

编号				5-162	5-163	5-164	5-165
项目				水泥砂浆抹楼梯（带防滑条）	水泥豆石浆楼梯面厚1.5cm	现浇水磨石楼梯面	
						不分色	分色
预算基价	总价(元)			**2029.06**	**1279.54**	**3955.17**	**4291.50**
	人工费(元)			1753.65	1039.50	3632.22	3854.07
	材料费(元)			259.06	222.09	306.67	421.15
	机械费(元)			16.35	17.95	16.28	16.28
组成内容		单位	单价	数量			
人工	综合工 二类	工日	135.00	12.99	7.70		
	综合工 一类	工日	153.00			23.74	25.19
材料	白水泥	kg	0.64				142.87
	水泥	kg	0.39	308.48	331.74	319.67	176.80
	砂子	t	87.03	0.807	0.484	0.415	0.415
	豆粒石	t	139.19		0.251		
	白石子	kg	0.19			465.67	
	彩色石子	kg	0.31				465.67
	金刚砂	kg	2.53	12.30			
	白灰	kg	0.30	45.14			
	大白粉	kg	0.91	3.00			
	纸筋	kg	3.70	1.37			
	羧甲基纤维素	kg	11.25	0.07			
	骨胶	kg	4.93	0.01			
	黑烟子	kg	14.19	0.26			
	金刚石 200×75×50	块	12.54			1.90	1.90
	草酸	kg	10.93			0.14	0.14

续前

单位：10m²

编号				5-162	5-163	5-164	5-165
项目				水泥砂浆抹楼梯（带防滑条）	水泥豆石浆楼梯面厚1.5cm	现浇水磨石楼梯面	
						不分色	分色
组成内容		单位	单价	数量			
材料	硬白蜡	kg	18.46			0.36	0.36
	煤油	kg	7.49			0.55	0.55
	清油	kg	15.06			0.07	0.07
	油漆溶剂油 200#	kg	6.90			0.07	0.07
	草袋 840×760	m²	3.34		2.93	3.00	3.00
	棉纱	kg	16.11			0.15	0.15
	锯末	m³	61.68	0.093			
	色粉	kg	4.47				5.12
	水	m³	7.62	0.761	0.770	0.959	0.959
	白灰膏	m³		(0.065)			
	素水泥浆	m³		(0.041)	(0.013)	(0.028)	(0.028)
	水泥砂浆 1∶2	m³		(0.343)			
	水泥砂浆 1∶2.5	m³			(0.296)	(0.276)	(0.276)
	水泥砂浆 1∶3	m³		(0.040)	(0.024)		
	小豆浆 1∶1.25	m³			(0.201)		
	水泥白石子浆 1∶2.5	m³				(0.256)	
	白水泥彩色石子浆 1∶2.5	m³					(0.256)
	混合砂浆 1∶1∶6	m³		(0.173)			
	纸筋灰浆	m³		(0.036)			
机械	灰浆搅拌机 200L	台班	208.76		0.086	0.078	0.078
	灰浆搅拌机 400L	台班	215.11	0.076			

单位： $10m^2$

编号				5-166	5-167	5-168	5-169	5-170
项目				石材楼梯面层				
				大理石		花岗岩		大理石
				水泥砂浆	胶粘剂	水泥砂浆	胶粘剂	弧形楼梯
预算基价	总价(元)			**5497.59**	**5501.76**	**6331.81**	**6329.86**	**6603.71**
	人工费(元)			1035.81	986.85	1058.76	1003.68	1243.89
	材料费(元)			4448.54	4512.32	5259.29	5323.07	5340.06
	机械费(元)			13.24	2.59	13.76	3.11	19.76
组成内容		**单位**	**单价**	**数量**				
人工	综合工 一类	工日	153.00	6.77	6.45	6.92	6.56	8.13
材料	大理石板（综合）	m^2	299.93	14.47	14.47			17.37
	花岗岩板（综合）	m^2	355.92			14.47	14.47	
	白水泥	kg	0.64	1.41	1.41	1.41	1.41	1.69
	水泥	kg	0.39	139.68		139.68		167.84
	砂子	t	87.03	0.439		0.439		0.526
	大理石胶	kg	20.33		5.12		5.12	
	903胶	kg	9.73		5.46		5.46	
	石料切割锯片	片	28.55	0.15	0.15	0.17	0.17	0.17
	棉纱	kg	16.11	0.14	0.14	0.14	0.14	0.17
	锯末	m^3	61.68	0.080	0.080	0.080	0.080	0.100
	水	m^3	7.62	0.459	0.360	0.459	0.360	0.551
	素水泥浆	m^3		(0.014)		(0.014)		(0.017)
	水泥砂浆 1∶3	m^3		(0.276)		(0.276)		(0.331)
机械	灰浆搅拌机 200L	台班	208.76	0.051		0.051		0.076
	小型机具	元		2.59	2.59	3.11	3.11	3.89

单位：10m²

编号				5-171	5-172	5-173	5-174	5-175
项目				块料楼梯面层			酸洗打蜡	
				陶瓷地砖	缸砖	凹凸假麻石块	楼地面	楼梯台阶
预算基价	总价(元)			**1941.08**	**1621.83**	**2554.66**	**83.89**	**120.22**
	人工费(元)			956.25	1078.65	1311.21	73.44	105.57
	材料费(元)			973.14	530.19	1236.32	10.45	14.65
	机械费(元)			11.69	12.99	7.13		
组成内容		**单位**	**单价**	**数量**				
人工	综合工 一类	工日	153.00	6.25	7.05	8.57	0.48	0.69
材料	陶瓷地砖（综合）	m^2	59.77	14.47				
	缸砖 150×150	m^2	29.77		14.47			
	凹凸假麻石块 197×76	m^2	80.41			14.50		
	白水泥	kg	0.64	1.41		1.40		
	水泥	kg	0.39	139.68	120.07	98.97		
	砂子	t	87.03	0.439	0.439	0.192		
	石料切割锯片	片	28.55	0.14	0.13	0.13		
	棉纱	kg	16.11	0.14	0.14	0.14		
	锯末	m^3	61.68	0.080	0.082	0.082		
	清油	kg	15.06				0.06	0.08
	煤油	kg	7.49				0.40	0.57
	松节油	kg	7.93				0.06	0.08
	草酸	kg	10.93				0.10	0.14
	硬白蜡	kg	18.46				0.27	0.38
	水	m^3	7.62	0.459	0.441	0.413		
	素水泥浆	m^3		(0.014)		(0.014)		
	水泥砂浆 1:2	m^3				(0.138)		
	水泥砂浆 1:3	m^3		(0.276)	(0.276)			
机械	灰浆搅拌机 200L	台班	208.76	0.053	0.051	0.025		
	小型机具	元		0.63	2.34	1.91		

单位：10m

编号				5-176	5-177	5-178	5-179	5-180	5-181
项目				楼梯、台阶踏步防滑条					
				铜嵌条		青铜板(直角)		铸铜条板	金刚砂
				4×6	4×10	5×50	4×50	6×110	
预算基价	总价(元)			**582.39**	**678.25**	**1225.95**	**1225.95**	**2594.80**	**48.39**
	人工费(元)			93.33	119.34	119.34	119.34	90.27	36.72
	材料费(元)			489.06	558.91	1105.45	1105.45	2503.37	11.67
	机械费(元)					1.16	1.16	1.16	
组成内容		单位	单价	数量					
人工	综合工 一类	工日	153.00	0.61	0.78	0.78	0.78	0.59	0.24
材料	铜条 4×6	m	45.86	10.60					
	铜条 4×10	m	52.45		10.60				
	青铜板	m	104.01			10.60	10.60		
	铸铜条板 6×110	m	235.89					10.60	
	木螺钉 M3.5×25	个	0.07	42.00	42.00	42.00	42.00	42.00	
	水泥	kg	0.39						1.45
	金刚砂	kg	2.53						4.30
	水	m^3	7.62						0.030
机械	小型机具	元				1.16	1.16	1.16	

十、台阶、明沟、坡道、散水

编号				5-182	5-183	5-184	5-185
项目				砌砖台阶 (m^3)	现浇混凝土台阶 ($10m^2$)	水泥砂浆台阶面 厚2cm ($10m^2$)	剁斧石台阶面 厚1cm ($10m^2$)
预算基价	总价(元)			**560.95**	**1562.64**	**693.07**	**2273.66**
	人工费(元)			205.20	935.55	541.35	2074.68
	材料费(元)			331.66	627.09	142.04	182.85
	机械费(元)			24.09		9.68	16.13
组成内容		单位	单价	数量			
人工	综合工 二类	工日	135.00	1.52	6.93	4.01	
	综合工 一类	工日	153.00				13.56
材料	预拌混凝土 AC20	m^3	450.56		1.341		
	页岩标砖 240×115×53	100块	51.36	5.52			
	水泥	kg	0.39	39.83		206.66	285.05
	白灰	kg	0.30	13.57			
	砂子	t	87.03	0.311		0.454	0.327
	石屑	t	82.88				0.295
	108胶	kg	4.45				1.46
	木脚手板	m^3	1930.95				0.001
	草袋 840×760	m^2	3.34		2.31	3.26	
	锯末	m^3	61.68			0.094	0.096
	水	m^3	7.62	0.195	1.338	0.688	0.581
	零星材料费	元			4.98		
	白灰膏	m^3		(0.019)			
	混合砂浆 M5	m^3		(0.213)			
	素水泥浆	m^3				(0.015)	(0.050)
	水泥砂浆 1:2	m^3				(0.326)	
	水泥砂浆 1:3	m^3					(0.206)
	水泥石屑浆(剁斧石用) 1:2	m^3					(0.199)
机械	灰浆搅拌机 400L	台班	215.11	0.112		0.045	0.075

单位：10m²

编号				5-186	5-187	5-188	5-189	5-190	5-191
项目				石材台阶面					
				大理石		花岗岩		弧形	
				水泥砂浆	胶粘剂	水泥砂浆	胶粘剂	大理石	花岗岩
预算基价	总价(元)			**5659.01**	**5658.04**	**6617.48**	**6584.38**	**7922.80**	**9265.76**
	人工费(元)			821.61	763.47	899.64	809.37	1149.03	1259.19
	材料费(元)			4823.00	4892.07	5702.34	5771.41	6753.57	7984.82
	机械费(元)			14.40	2.50	15.50	3.60	20.20	21.75
组成内容		单位	单价	数量					
人工	综合工 一类	工日	153.00	5.37	4.99	5.88	5.29	7.51	8.23
材料	大理石板（综合）	m^2	299.93	15.69	15.69			21.97	
	花岗岩板（综合）	m^2	355.92			15.69	15.69		21.97
	白水泥	kg	0.64	1.55	1.55	1.55	1.55	2.17	2.17
	水泥	kg	0.39	151.07		151.07		211.68	211.68
	砂子	t	87.03	0.476		0.476		0.666	0.666
	大理石胶	kg	20.33		5.55		5.55		
	903胶	kg	9.73		5.90		5.90		
	石料切割锯片	片	28.55	0.14	0.14	0.17	0.17	0.20	0.24
	棉纱	kg	16.11	0.15	0.15	0.15	0.15	0.21	0.21
	锯末	m^3	61.68	0.090	0.090	0.090	0.090	0.126	0.126
	水	m^3	7.62	0.498	0.390	0.498	0.390	0.701	0.701
	素水泥浆	m^3		(0.015)		(0.015)		(0.021)	(0.021)
	水泥砂浆 1:3	m^3		(0.299)		(0.299)		(0.419)	(0.419)
机械	灰浆搅拌机 200L	台班	208.76	0.057		0.057		0.080	0.080
	小型机具	元		2.50	2.50	3.60	3.60	3.50	5.05

单位：10m²

编号				5-192	5-193	5-194	5-195	5-196	5-197
项目				块料台阶面					
				预制水磨石	陶瓷地砖	缸砖	陶瓷锦砖	水泥花砖	凹凸假麻石块
预算基价	总价(元)			**2008.48**	**1809.51**	**1365.45**	**2308.32**	**1403.38**	**2279.38**
	人工费(元)			731.34	742.05	777.24	1574.37	765.00	933.30
	材料费(元)			1263.58	1054.85	574.48	722.05	624.40	1338.35
	机械费(元)			13.56	12.61	13.73	11.90	13.98	7.73
组成内容		**单位**	**单价**	**数量**					
人工	综合工 一类	工日	153.00	4.78	4.85	5.08	10.29	5.00	6.10
材料	预制水磨石踏步板	m²	73.48	15.69					
	陶瓷地砖（综合）	m²	59.77		15.69				
	缸砖 150×150	m²	29.77			15.69			
	陶瓷锦砖	m²	39.71				15.39		
	水泥花砖 200×200	m²	32.90					15.69	
	凹凸假麻石块 197×76	m²	80.41						15.70
	白水泥	kg	0.64	1.50	1.55		3.09	1.55	1.50
	水泥	kg	0.39	145.98	151.07	130.06	151.07	128.54	106.69
	砂子	t	87.03	0.450	0.476	0.476	0.476	0.476	0.208
	石料切割锯片	片	28.55	0.06	0.14	0.13		0.14	0.13
	棉纱	kg	16.11	0.15	0.15	0.15	0.30	0.15	0.15
	锯末	m³	61.68	0.089	0.090	0.088		0.090	0.090
	水	m³	7.62	0.526	0.493	0.484	0.493	0.484	0.467
	素水泥浆	m³			(0.015)		(0.015)		(0.015)
	水泥砂浆 1:2	m³							(0.149)
	水泥砂浆 1:2.5	m³		(0.299)					
	水泥砂浆 1:3	m³			(0.299)	(0.299)	(0.299)	(0.299)	
机械	灰浆搅拌机 200L	台班	208.76	0.055	0.057	0.055	0.057	0.055	0.028
	小型机具	元		2.08	0.71	2.25		2.50	1.88

编号				5-198	5-199	5-200	5-201	5-202	5-203
项目				砌砖明沟 (m³)	现浇混凝土明沟 (m³)	现浇混凝土坡道 (m³)	水泥砂浆抹明沟		水泥砂浆抹坡道礓礤 (10m²)
							砖面 (10m²)	混凝土面 (10m²)	
预算基价	总价(元)			**548.24**	**951.05**	**807.79**	**373.00**	**369.44**	**867.19**
	人工费(元)			206.55	474.30	316.71	276.93	275.40	743.58
	材料费(元)			328.78	475.26	488.27	75.20	71.02	114.79
	机械费(元)			12.91	1.49	2.81	20.87	23.02	8.82
组成内容		**单位**	**单价**	**数量**					
人工	综合工 一类	工日	153.00	1.35	3.10	2.07	1.81	1.80	4.86
材料	预拌混凝土 AC20	m³	450.56		1.020	1.015			
	页岩标砖 240×115×53	100块	51.36	5.39					
	水泥	kg	0.39	43.01			107.24	115.56	182.58
	白灰	kg	0.30	14.65					
	砂子	t	87.03	0.336			0.373	0.290	0.409
	木模板	m³	1982.88			0.010			
	铁钉	kg	6.68			0.20			
	草袋 840×760	m²	3.34		1.68	2.20			
	锯末	m³	61.68						0.065
	水	m³	7.62	0.202	1.323	0.320	0.120	0.094	0.522
	白灰膏	m³		(0.021)					
	混合砂浆 M5	m³		(0.230)					
	素水泥浆	m³						(0.020)	(0.011)
	水泥砂浆 1:2	m³							(0.294)
	水泥砂浆 1:2.5	m³					(0.077)	(0.088)	
	水泥砂浆 1:3	m³					(0.162)	(0.099)	
机械	灰浆搅拌机 400L	台班	215.11	0.060			0.097	0.107	0.041
	载货汽车 6t	台班	461.82			0.005			
	木工圆锯机 *D*500	台班	26.53			0.019			
	小型机具	元			1.49				

编号				5-204	5-205	5-206	5-207	5-208	5-209
项目				散水					
				平墁砖（水泥砂浆灌缝）（$10m^2$）	水泥砂浆面层（厚2cm）		随打随抹面层		沥青砂浆嵌缝（10m）
					1:2:3豆石混凝土（厚5cm）（$10m^2$）	混凝土（厚5cm）（$10m^2$）	1:2:3豆石混凝土（厚6cm）（$10m^2$）	混凝土（厚6cm）（$10m^2$）	
预算基价	总价（元）			**328.49**	**680.65**	**702.54**	**567.92**	**600.46**	**103.28**
	人工费（元）			117.45	400.95	376.65	311.85	286.20	94.50
	材料费（元）			208.89	256.56	316.97	232.93	305.34	8.78
	机械费（元）			2.15	23.14	8.92	23.14	8.92	
组成内容		**单位**	**单价**	**数量**					
人工	综合工 二类	工日	135.00	0.87	2.97	2.79	2.31	2.12	0.70
材料	预拌混凝土 AC20	m^3	450.56			0.470		0.564	
	页岩标砖 240×115×53	100块	51.36	3.71					
	水泥	kg	0.39	14.49	256.77	127.05	196.82	41.16	
	砂子	t	87.03	0.109	0.594	0.280	0.428	0.051	0.011
	豆粒石	t	139.19		0.521		0.625		
	石油沥青 10#	kg	4.04						1.44
	木模板	m^3	1982.88		0.008	0.008	0.008	0.008	
	铁钉	kg	6.68		0.16	0.16	0.16	0.16	
	滑石粉	kg	0.59						2.75

续前

编号				5-204	5-205	5-206	5-207	5-208	5-209
项目				散水					
				平墁砖（水泥砂浆灌缝）（$10m^2$）	水泥砂浆面层（厚2cm）		随打随抹面层		沥青砂浆嵌缝（10m）
					1:2:3豆石混凝土（厚5cm）（$10m^2$）	混凝土（厚5cm）（$10m^2$）	1:2:3豆石混凝土（厚6cm）（$10m^2$）	混凝土（厚6cm）（$10m^2$）	
组成内容		单位	单价	数量					
材料	草袋 840×760	m^2	3.34		1.72	1.72	1.72	1.72	
	水	m^3	7.62	0.015	0.819	0.677	0.791	0.622	
	零星材料费	元		3.09	3.29	3.45	3.22	3.32	0.38
	水泥砂浆 M5	m^3		(0.068)					
	素水泥浆	m^3			(0.009)	(0.009)			
	水泥砂浆 1:1	m^3					(0.050)	(0.050)	
	水泥砂浆 1:2	m^3			(0.201)	(0.201)			
	豆粒石混凝土 1:2:3	m^3			(0.470)		(0.564)		
	石油沥青砂浆 1:2:7	m^3							(0.006)
机械	灰浆搅拌机 400L	台班	215.11	0.010	0.028	0.028	0.028	0.028	
	滚筒式混凝土搅拌机 500L	台班	273.53		0.052		0.052		
	载货汽车 6t	台班	461.82		0.004	0.004	0.004	0.004	
	木工圆锯机 *D*500	台班	26.53		0.032	0.032	0.032	0.032	
	小型机具	元			0.20	0.20	0.20	0.20	

十一、栏杆、栏板、扶手装饰

单位：10m

编号				5-210	5-211	5-212	5-213	5-214
项目				铝合金栏杆				铝合金栏杆
				有机玻璃栏板		钢化玻璃栏板		
				半玻	全玻	半玻	全玻	
预算基价	总价(元)			**2757.15**	**3365.88**	**2945.15**	**3263.09**	**2043.28**
	人工费(元)			1653.93	1996.65	2007.36	2106.81	818.55
	材料费(元)			1077.06	1343.07	911.63	1130.12	1211.74
	机械费(元)			26.16	26.16	26.16	26.16	12.99
组成内容		**单位**	**单价**	**数量**				
人工	综合工 一类	工日	153.00	10.81	13.05	13.12	13.77	5.35
材料	铝合金型材 L形30×12×1	m	11.05	0.50	0.50	0.50	0.50	
	铝合金型材 U形80×13×1.2	m	20.00	1.17	1.17	1.17	1.17	
	铝合金方管 25×25×1.2	m	13.31	8.17	9.26	8.17	9.26	1.41
	铝合金方管 20×20	m	12.04					70.67
	方钢 20×20	t	3901.87	0.016	0.016	0.016	0.016	
	有机玻璃 10.0	m^2	136.63	6.37	8.20			
	钢化玻璃 10.0	m^2	110.66			6.37	8.20	
	铝拉铆钉 4×10	个	0.03	50.00	50.00	50.00	50.00	100.00
	玻璃胶 350g	支	24.44	0.21	0.27	0.21	0.27	
	膨胀螺栓	套	0.82					40.00
	自攻螺钉 M4×25	100个	6.00					50.00
	钢钉	kg	10.51					0.60
机械	管子切断机 *DN*60	台班	16.87					0.770
	管子切断机 *DN*150	台班	33.97	0.770	0.770	0.770	0.770	

单位：10m

编号				5-215	5-216	5-217	5-218	5-219	5-220
项目				不锈钢栏杆有机玻璃栏板				不锈钢管栏杆	
				半玻		全玻		直线形	
				37×37方钢	*D*50圆管	37×37方钢	*D*50圆管	竖条式	其他
预算基价	总价(元)			**5000.73**	**3973.58**	**5344.03**	**4313.82**	**5832.37**	**7234.76**
	人工费(元)			1855.89	1762.56	1947.69	1851.30	781.83	844.56
	材料费(元)			3077.51	2143.69	3329.01	2395.19	5017.82	6340.52
	机械费(元)			67.33	67.33	67.33	67.33	32.72	49.68
组成内容		**单位**	**单价**	**数量**					
人工	综合工 一类	工日	153.00	12.13	11.52	12.73	12.10	5.11	5.52
材料	不锈钢方管 37×37	m	143.01	10.29		10.29			
	不锈钢钢管 *DN*50	m	52.26		10.29		10.29		
	不锈钢钢管 *D*32×1.5	m	42.12					56.93	85.50
	不锈钢法兰盘 *DN*60	个	41.72	11.54	11.54	11.54	11.54	57.71	57.71
	有机玻璃 10.0	m^2	136.63	6.37	6.37	8.20	8.20		
	不锈钢管U形卡 3mm	只	1.74	34.98	34.98	34.98	34.98		
	不锈钢带帽螺栓 M6×25	个	3.98	34.98	34.98	34.98	34.98		
	不锈钢焊丝	kg	67.28	0.37	0.37	0.37	0.37	1.27	2.00
	钨棒	kg	31.44	0.02	0.02	0.02	0.02	0.57	1.00
	环氧树脂 6101	kg	28.33	0.03	0.03	0.03	0.03	1.50	2.30
	氩气	m^3	18.60	1.040	1.040	1.040	1.040	3.570	5.400
	玻璃胶 350g	支	24.44	0.21	0.21	0.27	0.27		
	棉纱	kg	16.11	0.20	0.20	0.20	0.20		
机械	管子切断机 *DN*60	台班	16.87	0.770	0.770	0.770	0.770	1.045	1.573
	交流弧焊机 32kV•A	台班	87.97	0.594	0.594	0.594	0.594	0.165	0.253
	抛光机	台班	3.51	0.594	0.594	0.594	0.594	0.165	0.253

单位：10m

编号				5-221	5-222	5-223	5-224	5-225	5-226
项目				不锈钢栏杆钢化玻璃栏板				不锈钢管栏杆	
				半玻		全玻		圆弧形	
				37×37方钢	*D*50圆管	37×37方钢	*D*50圆管	竖条式	其他
预算基价	总价(元)			**4944.61**	**3912.87**	**5246.51**	**4210.18**	**6049.63**	**7488.74**
	人工费(元)			1958.40	1860.48	2056.32	1953.81	999.09	1098.54
	材料费(元)			2918.88	1985.06	3122.86	2189.04	5017.82	6340.52
	机械费(元)			67.33	67.33	67.33	67.33	32.72	49.68
组成内容		**单位**	**单价**	**数量**					
人工	综合工 一类	工日	153.00	12.80	12.16	13.44	12.77	6.53	7.18
材料	不锈钢方管 37×37	m	143.01	10.29		10.29			
	不锈钢钢管 *DN*50	m	52.26		10.29		10.29		
	不锈钢钢管 *D*32×1.5	m	42.12					56.93	85.50
	不锈钢法兰盘 *DN*60	个	41.72	11.54	11.54	11.54	11.54	57.71	57.71
	钢化玻璃 10.0	m^2	110.66	6.37	6.37	8.20	8.20		
	不锈钢管U形卡 3mm	只	1.74	34.98	34.98	34.98	34.98		
	不锈钢带帽螺栓 M6×25	个	3.98	34.98	34.98	34.98	34.98		
	不锈钢焊丝	kg	67.28	0.37	0.37	0.37	0.37	1.27	2.00
	钨棒	kg	31.44	0.02	0.02	0.02	0.02	0.57	1.00
	环氧树脂 6101	kg	28.33	0.27	0.27	0.27	0.27	1.50	2.30
	氩气	m^3	18.60	1.040	1.040	1.040	1.040	3.570	5.400
	玻璃胶 350g	支	24.44	0.21	0.21	0.27	0.27		
	棉纱	kg	16.11	0.20	0.20	0.20	0.20		
机械	管子切断机 *DN*60	台班	16.87	0.770	0.770	0.770	0.770	1.045	1.573
	交流弧焊机 32kV•A	台班	87.97	0.594	0.594	0.594	0.594	0.165	0.253
	抛光机	台班	3.51	0.594	0.594	0.594	0.594	0.165	0.253

单位：10m

编号				5-227	5-228	5-229	5-230	5-231	5-232
项目				铁花栏杆		木栏杆		钢管扶手	
				圆钢	铸铁	车花	不车花	*DN*50圆管	100×60方管
预算基价	总价(元)			**1313.30**	**4028.77**	**1585.67**	**1325.30**	**379.71**	**328.79**
	人工费(元)			613.53	691.56	768.06	729.81	166.77	175.95
	材料费(元)			699.77	3337.21	817.61	595.49	194.38	137.29
	机械费(元)							18.56	15.55
组成内容		**单位**	**单价**	**数量**					
人工	综合工 一类	工日	153.00	4.01	4.52	5.02	4.77	1.09	1.15
材料	圆钢 *D*18	kg	3.91	54.39					
	圆钢 *D*20	kg	3.89	118.00					
	铁花带铁框	m^2	327.78		10.00				
	车花木栏杆 *D*40	m	22.56			36.00			
	不车花木栏杆 *D*40	m	16.39				36.00		
	焊接钢管 *DN*50	m	18.68					9.39	
	方钢管 100×60	m	12.60						9.39
	铁件	kg	9.49		4.78				
	电焊条（综合）	kg	7.59	2.50	1.25			2.50	2.50
	乙炔气 5.5～6.5kg	m^3	16.13	0.565	0.283				
	铁钉	kg	6.68			0.57	0.57		
	乳胶	kg	8.22			0.20	0.20		
机械	管子切断机 *DN*60	台班	16.87						0.176
	管子切断机 *DN*150	台班	33.97					0.176	
	交流弧焊机 32kV•A	台班	87.97					0.143	0.143

单位：10m

编号			5-233	5-234	5-235	5-236	5-237
项目			铝合金扶手 100×44	不锈钢扶手			
				直形		弧形	
				*D*60	*D*75	*D*60	*D*75
预算基价	总价(元)		**531.57**	**534.20**	**604.33**	**674.76**	**779.40**
	人工费(元)		166.77	166.77	175.95	249.39	261.63
	材料费(元)		358.82	351.88	409.82	409.82	499.21
	机械费(元)		5.98	15.55	18.56	15.55	18.56
组成内容	**单位**	**单价**	**数量**				
人工 综合工 一类	工日	153.00	1.09	1.09	1.15	1.63	1.71
材料 铝合金扁管 100×44×1.8	m	33.36	10.60				
铝合金型材 U形80×13×1.2	m	20.00	0.20				
不锈钢扶手	m			9.39×35.31	9.39×41.48	9.39×41.48	9.39×51.00
铝拉铆钉 4×10	个	0.03	40.00				
不锈钢焊丝	kg	67.28		0.20	0.20	0.20	0.20
钨棒	kg	31.44		0.10	0.10	0.10	0.10
氩气	m^3	18.60		0.20	0.20	0.20	0.20
机械 管子切断机 *DN*60	台班	16.87		0.176		0.176	
管子切断机 *DN*150	台班	33.97	0.176		0.176		0.176
交流弧焊机 32kV·A	台班	87.97		0.143	0.143	0.143	0.143

单位：10m

编号				5-238	5-239	5-240	5-241	5-242	5-243
项目				硬木扶手					
				直形			弧形		
				60×60	100×60	150×60	60×60	100×60	150×60
预算基价	总价(元)			**899.54**	**1350.25**	**2006.28**	**2618.41**	**4005.84**	**6694.68**
	人工费(元)			289.17	304.47	275.40	353.43	434.52	336.60
	材料费(元)			610.37	1045.78	1730.88	2264.98	3571.32	6358.08
组成内容		**单位**	**单价**	**数量**					
人工	综合工 一类	工日	153.00	1.89	1.99	1.80	2.31	2.84	2.20
材料	硬木扶手	m		9.39×64.92	9.39×111.29	9.39×184.25	9.39×241.13	9.39×380.25	9.39×677.03
	木螺钉 M3.5×25	个	0.07	11.00	11.00	11.00	11.00	11.00	11.00

编号				5-244	5-245	5-246	5-247	5-248	5-249
项目				靠墙扶手				不锈钢弯头	
				铝合金（10m）	钢管（10m）	硬木（10m）	不锈钢管（10m）	*DN*60（10个）	*DN*75（10个）
预算基价	总价(元)			**1537.46**	**1410.60**	**1332.38**	**2598.18**	**621.62**	**652.32**
	人工费(元)			616.59	616.59	723.69	1006.74	309.06	322.83
	材料费(元)			914.89	788.03	608.69	1585.42	160.01	160.01
	机械费(元)			5.98	5.98		6.02	152.55	169.48
组成内容		**单位**	**单价**	**数量**					
人工	综合工 一类	工日	153.00	4.03	4.03	4.73	6.58	2.02	2.11
材料	预拌混凝土 AC20	m^3	450.56	0.010	0.010	0.010	0.010		
	铝合金扁管 100×44×1.8	m	33.36	10.60					
	铝合金方管 25×25×1.2	m	13.31	3.03					
	焊接钢管 *DN*50	m	18.68		10.60				
	硬木锯材	m^3	6977.77			0.075			
	不锈钢管扶手 直形*DN*50	m	35.31				3.03		
	不锈钢管扶手 直形*DN*75	m	41.48				10.60		
	不锈钢弯头 *DN*60	个	11.09					10.10	
	不锈钢弯头 *DN*75	个	11.09						10.10
	镀锌法兰盘 *DN*50	个	45.88	11.10	11.10				
	不锈钢法兰盘 *DN*75	个	91.09				11.10		

续前

编号				5-244	5-245	5-246	5-247	5-248	5-249
项目				靠墙扶手				不锈钢弯头	
				铝合金（10m）	钢管（10m）	硬木（10m）	不锈钢管（10m）	*DN*60（10个）	*DN*75（10个）
组成内容		**单位**	**单价**	**数量**					
材料	铁件	kg	9.49		7.48	7.08			
	木螺钉 M4×40	个	0.07			120.00			
	膨胀螺栓 M6×22	套	0.50				11.20		
	铝焊条	kg	37.42	0.04					
	电焊条（综合）	kg	7.59		0.11	0.11			
	不锈钢焊丝	kg	67.28				0.12	0.40	0.40
	铝焊粉	kg	41.32	0.04					
	钨棒	kg	31.44				0.10	0.02	0.02
	乙炔气 5.5～6.5kg	m^3	16.13	0.21	0.23	0.23			
	氧气 $6m^3$	m^3	2.88	0.22	0.25	0.25			
	氩气	m^3	18.60				0.34	1.10	1.10
机械	管子切断机 *DN*60	台班	16.87					0.990	
	管子切断机 *DN*150	台班	33.97	0.176	0.176		0.176		0.990
	交流弧焊机 32kV·A	台班	87.97					1.485	1.485
	抛光机	台班	3.51				0.011	1.485	1.485

单位：10个

编号				5-250	5-251	5-252	5-253	5-254
项目				钢管弯头		硬木弯头		
				DN50圆管	100×60方管	60×65	100×60	150×60
预算基价	总价(元)			**593.87**	**1375.06**	**1053.66**	**1583.80**	**2169.57**
	人工费(元)			309.06	339.66	353.43	384.03	370.26
	材料费(元)			137.47	871.13	700.23	1199.77	1799.31
	机械费(元)			147.34	164.27			
组成内容		**单位**	**单价**	**数量**				
人工	综合工 一类	工日	153.00	2.02	2.22	2.31	2.51	2.42
材料	钢管弯头 *DN*50	个	12.64	10.10				
	方钢弯头 100×60	个	85.28		10.10			
	硬木弯头 60×65	个	69.25			10.10		
	硬木弯头 100×60	个	118.71				10.10	
	硬木弯头 150×60	个	178.07					10.10
	电焊条（综合）	kg	7.59	0.42	0.42			
	乙炔气 5.5～6.5kg	m^3	16.13	0.410	0.410			
	铁钉	kg	6.68			0.12	0.12	0.12
机械	管子切断机 *DN*60	台班	16.87	0.990				
	管子切断机 *DN*150	台班	33.97		0.990			
	交流弧焊机 32kV•A	台班	87.97	1.485	1.485			

第六章　墙、柱面工程

说　明

一、本章包括墙面抹灰，柱面抹灰，零星抹灰，墙面镶贴块料，柱面镶贴块料，零星镶贴块料，水池、花坛壁镶贴块料，墙、柱面装饰8节，共265条基价子目。

二、本章基价子目中砂浆配合比如与设计要求不同时，允许调整，但人工费、砂浆消耗量、机械费不变。

三、本章基价子目中主料品种不同时，可按设计要求对主要材料进行补充、换算，但人工费、机械费不变。

四、当设计要求在水泥砂浆中掺防水粉时，可按设计比例增加防水粉，其他工料不变。

五、护角线的工、料已包括在基价内，不另行计算。

六、凡室内净高3.6m以外的内檐装饰，其所需脚手架应按施工技术措施费中的相应子目计算。

七、当设计要求抹灰厚度与预算基价不同时，砂浆消耗量按下表计算，人工费、机械费不变。

一般抹灰砂浆厚度调整表

项　　　　目	100 m^2 抹灰面积每增减 1 mm 厚度增减砂浆消耗量
水泥砂浆	0.12m^3
混合砂浆	0.12m^3
TG胶水泥砂浆	0.12m^3
干拌砂浆	0.22t
湿拌砂浆	0.12m^3

八、内檐墙面抹灰不包括抹水泥窗台板，如设计要求应另行计算，套用相应基价。

九、室外腰线、栏杆、扶手、门窗套、窗台板、压顶等一般抹灰项目按外檐装饰线子目执行。

十、本章基价中抹水泥砂浆及混合砂浆，均系中级抹灰水平。当设计要求抹灰不压光时，其人工费乘以系数0.87。

十一、圆弧形、锯齿形等不规则墙面抹灰，镶贴块料，按相应项目人工费乘以系数1.15，材料费乘以系数1.05。

十二、离缝镶贴面砖子目，面砖消耗量分别按缝宽5mm、10mm和20mm考虑，如灰缝不同或灰缝超过20mm者，其块料及灰缝材料用量允许调整，但人工费、机械费不变。

十三、零星装饰抹灰和零星镶贴块料适用于挑檐、天沟、腰线、窗台线、门窗套、压顶、扶手等。

十四、墙裙高度在150cm以外者，按墙面基价子目执行。

十五、本章基价的木材种类除注明者外，均以一、二类木种为准，如采用三、四类木种，其人工费、机械费乘以系数1.30。

十六、墙、柱面装饰基价内木龙骨基层是按双向计算的，如设计为单向时，人工费、材料费、机械费均乘以系数0.55。

十七、面层，隔断基价内，除注明者外均未包括压条、收边、装饰线（板），如设计要求时，按相应子目执行。

工 作 内 容

一、墙面、柱面及零星一般抹灰项目包括清理、修补基层、堵墙眼、调运砂浆、清扫落地灰、抹灰、找平、罩面、压光等。

1.内墙面项目还包括做护角、阴阳条、贴木条。

2.外墙面项目还包括贴木条。

3.柱面项目还包括做护角、贴木条。

二、墙面、柱面及零星装饰抹灰项目包括清理、修补、湿润墙面、堵墙眼、调运砂浆、清扫落地灰、翻移脚手板、分层抹灰、刷浆、找平等。

1.水刷石、干粘石项目还包括起线、拍平、刷面。

2.剁斧石项目还包括起线、拍平、压实、斩面。

3.拉条、甩毛项目还包括罩面、分格、拉条、甩毛。

三、装饰抹灰分格嵌缝项目包括玻璃条制作、安装,画线分格。

四、墙面、柱面及零星挂贴石材块料项目包括清理基层,打底刷浆,预埋铁件,制作、安装钢筋网,电焊固定;选料湿水、钻孔成槽、镶贴面层、穿丝固定;调运砂浆、磨光打蜡、擦缝、养护。

五、墙面、柱面及零星粘贴石材块料项目包括清理基层、调运砂浆、打底刷浆;镶贴块料面层、刷胶粘剂、切割面料;磨光、擦缝、打蜡养护。

六、墙面、柱面干挂石材块料项目包括清理基层、清洗石材、钻孔成槽、安装铁件(螺栓)、挂石材块料;刷胶、打胶、清洁面层。

七、墙面、柱面钢骨架上干挂石材块料项目包括铁件加工安装、龙骨安装、焊接、石材安装、勾缝打胶等。

八、墙面、柱面及零星粘贴其他块料项目包括清理基层、打底抹灰、砂浆找平;选料、抹结合层砂浆(刷胶粘剂),贴面层、擦缝、清洁面层。

九、墙、柱面装饰龙骨基层项目包括定位下料、打眼、安膨胀螺栓,安装龙骨、刷防腐油。

十、墙、柱面装饰夹板、卷材基层项目包括龙骨上钉隔离层。

十一、墙、柱面装饰玻璃面层项目包括清理基层、安装玻璃面层、钉压条等。

十二、墙、柱面装饰其他面层项目包括清理基层、打胶、粘贴或钉面层、钉压条、清理净面。

十三、木骨架玻璃隔断、花式木隔断项目包括定位弹线、下料、安装龙骨、安装玻璃、嵌缝清理。

十四、塑钢隔断项目包括定位安装、校正、周边塞口、清理。

十五、铝合金玻璃、板条隔断项目包括定位弹线、下料、安装龙骨、安装玻璃或板条、嵌缝清理。

十六、铝板幕墙项目包括骨架制作、安装,面层安装、嵌缝、塞口、清洗。

工程量计算规则

一、墙面抹灰：

1.内墙面抹灰。

（1）内墙面抹灰面积，扣除门窗洞口和空圈所占的面积，不扣除踢脚线、挂镜线、0.3m^2以内的孔洞和墙与构件交接处的面积。洞口侧壁和顶面不增加，但垛的侧面抹灰应与内墙面抹灰工程量合并计算。

内墙面抹灰的长度以主墙间的净长计算，其高度确定如下：

①抹灰高度不扣除踢脚线高度。

②有墙裙者，其高度自墙裙顶点算至天棚底面另增加10cm。

③有吊顶者，其高度算至天棚下皮另增加10cm。

（2）墙中的梁、柱等的抹灰按墙面抹灰基价子目计算；其凸出墙面的梁、柱抹灰工程量按展开面积计算，并入墙面抹灰工程量内。

（3）内墙裙抹灰面积以长度乘以高度计算。扣除门窗洞口和空圈所占面积，并增加门窗洞口和空圈的侧壁面积，垛的侧壁面积并入墙裙内计算。

2.外墙面抹灰。

（1）外墙面抹灰，扣除门窗洞口和空圈所占的面积，不扣除0.3m^2以内的孔洞，门窗洞口及空圈的侧壁（不带线者）、顶的面积，垛的侧面抹灰均并入相应的墙面抹灰中计算。

（2）外墙窗间墙抹灰，以展开面积按外墙抹灰相应基价子目计算。

（3）外墙裙抹灰按展开面积计算，门口和空圈所占面积应予扣除，侧壁并入相应项目计算。

二、柱面抹灰：

柱面抹灰按结构设计断面尺寸以展开面积计算。但柱脚、柱帽抹线角者，另按装饰线子目计算。

三、零星抹灰：

1.零星一般抹灰。

（1）零星项目抹灰按设计图示尺寸以展开面积计算。

（2）挑檐、天沟按结构设计断面尺寸以展开面积计算。

（3）外檐装饰线以展开面积计算。外窗台抹灰长度，如设计图纸无规定时，可按窗外围宽度两边共加20cm计算，窗台展开宽度按36cm计算，墙厚49cm者，宽度按48cm计算。

（4）栏板抹灰以展开面积计算。

2.零星装饰抹灰按设计图示尺寸以展开面积计算。

3.装饰抹灰厚度增减及分格、嵌缝按装饰抹灰面面积计算。

四、墙面镶贴块料：

墙面镶贴块料面层按外围饰面净长乘以净高以面积计算，应扣除门窗洞口和单个0.3m^2以外的孔洞所占的面积，增加门窗洞口侧壁面积。

五、柱面镶贴块料：

1.柱面镶贴块料面层按外围饰面周长乘以高度以面积计算。

2.挂贴大理石、花岗岩柱墩、柱帽按最大外径周长以长度计算。

3.除基价已列有柱墩、柱帽的项目外，其他项目的柱墩、柱帽按设计图示尺寸以展开面积计算，并入相应柱面积内，柱墩、柱帽加工按数量计算。

六、零星镶贴块料：

1.零星镶贴块料面层按设计图示尺寸以展开面积计算。

2.柱面粘贴大理石、花岗岩按零星项目执行。

七、墙、柱面装饰：

1.龙骨基层、夹板基层、卷材隔离层按设计图示尺寸以面积计算，扣除门窗洞口和单个 $0.3m^2$ 以外的孔洞所占的面积。

2.墙饰面按外围饰面净长乘以净高以面积计算，扣除门窗洞口和单个 $0.3m^2$ 以外的孔洞所占面积，增加门窗洞口侧壁面积。

3.柱饰面按外围饰面周长乘以高度以面积计算，柱墩、柱帽按设计图示尺寸以展开面积计算，并入相应柱面积内。

4.隔断按设计图示净长乘以净高以面积计算，扣除门窗洞口和单个 $0.3m^2$ 以外的孔洞所占的面积。

5.幕墙按框外围面积计算。

一、墙面抹灰

单位：10m²

编号				6-1	6-2	6-3	6-4
项目				砖内墙面		砖弧形内墙面	
				1∶3水泥砂浆 13mm 1∶2.5水泥砂浆 7mm	1∶1∶6混合砂浆 14mm 1∶1∶4混合砂浆 6mm	1∶3水泥砂浆 13mm 1∶2.5水泥砂浆 7mm	1∶1∶6混合砂浆 14mm 1∶1∶4混合砂浆 6mm
预算基价	总价(元)			**347.75**	**317.42**	**374.46**	**349.38**
	人工费(元)			249.75	232.20	275.40	263.25
	材料费(元)			77.13	64.14	78.19	65.05
	机械费(元)			20.87	21.08	20.87	21.08
组成内容		**单位**	**单价**	**数量**			
人工	综合工 二类	工日	135.00	1.85	1.72	2.04	1.95
材料	水泥	kg	0.39	107.24	55.62	108.59	56.45
	砂子	t	87.03	0.373	0.352	0.379	0.357
	白灰	kg	0.30		29.93		30.42
	木脚手板	m³	1930.95	0.001	0.001	0.001	0.001
	水	m³	7.62	0.120	0.118	0.121	0.119
	白灰膏	m³			(0.043)		(0.043)
	水泥砂浆 1∶3	m³		(0.162)	(0.010)	(0.165)	(0.010)
	水泥砂浆 1∶2.5	m³		(0.077)		(0.077)	
	混合砂浆 1∶1∶6	m³			(0.161)		(0.165)
	混合砂浆 1∶1∶4	m³			(0.066)		(0.066)
机械	灰浆搅拌机 400L	台班	215.11	0.097	0.098	0.097	0.098

单位：10m²

编号				6-5	6-6	6-7	6-8
项目				砖内墙裙	砖弧形内墙裙	空心砖内墙面	空心砖内墙裙
				1∶3水泥砂浆 20mm 1∶2.5水泥砂浆 5mm	1∶3水泥砂浆 20mm 1∶2.5水泥砂浆 5mm	1∶1∶6混合砂浆 7mm 1∶1∶4混合砂浆 13mm	1∶1∶6混合砂浆 13mm 1∶2.5水泥砂浆 12mm
预算基价	总价(元)			**370.00**	**406.45**	**332.67**	**375.92**
	人工费(元)			259.20	295.65	234.90	261.90
	材料费(元)			90.58	90.58	71.31	87.35
	机械费(元)			20.22	20.22	26.46	26.67
组成内容		单位	单价	数量			
人工	综合工 二类	工日	135.00	1.92	2.19	1.74	1.94
材料	水泥	kg	0.39	125.33	125.33	63.77	99.44
	砂子	t	87.03	0.447	0.447	0.360	0.455
	白灰	kg	0.30			34.68	20.13
	108胶	kg	4.45			0.40	
	木脚手板	m³	1930.95	0.001	0.001	0.001	0.001
	水	m³	7.62	0.114	0.114	0.130	0.131
	白灰膏	m³				(0.049)	(0.029)
	水泥砂浆 1∶3	m³		(0.229)	(0.229)	(0.010)	
	水泥砂浆 1∶2.5	m³		(0.055)	(0.055)		(0.133)
	混合砂浆 1∶1∶6	m³				(0.100)	(0.166)
	混合砂浆 1∶1∶4	m³				(0.143)	
机械	灰浆搅拌机 400L	台班	215.11	0.094	0.094	0.123	0.124

单位：10m²

编号				6-9	6-10	6-11	6-12
项目				砌块内墙面	砌块内墙裙	混凝土内墙面	
				涂TG胶浆、TG砂浆 7mm 1∶1∶6混合砂浆 13mm 1∶2.5水泥砂浆 5mm	涂TG胶浆、TG砂浆 7mm 1∶1∶6混合砂浆 14mm 1∶2.5水泥砂浆 5mm	素水泥浆 2mm 1∶3水泥砂浆 8mm 1∶2.5水泥砂浆 8mm	素水泥浆 2mm 1∶1∶6混合砂浆 8mm 1∶1∶4混合砂浆 8mm
预算基价	总价(元)			**391.23**	**393.30**	**342.95**	**316.00**
	人工费(元)			256.50	261.90	248.40	230.85
	材料费(元)			108.06	104.73	71.53	61.92
	机械费(元)			26.67	26.67	23.02	23.23
组成内容		单位	单价	数量			
人工	综合工 二类	工日	135.00	1.90	1.94	1.84	1.71
材料	水泥	kg	0.39	83.30	78.87	117.07	77.93
	砂子	t	87.03	0.466	0.449	0.289	0.268
	白灰	kg	0.30	17.34	18.68		24.55
	108胶	kg	4.45		0.40		
	TG胶	kg	4.41	6.10	5.58		
	木脚手板	m^3	1930.95	0.001	0.001		
	水	m^3	7.62	0.129	0.128	0.094	0.110
	白灰膏	m^3		(0.025)	(0.027)		(0.035)
	素水泥浆	m^3				(0.021)	(0.021)
	水泥砂浆 1∶3	m^3		(0.010)		(0.099)	(0.010)
	水泥砂浆 1∶2.5	m^3		(0.055)	(0.055)	(0.088)	
	混合砂浆 1∶1∶6	m^3		(0.143)	(0.154)		(0.088)
	混合砂浆 1∶1∶4	m^3					(0.088)
	水泥TG胶砂浆	m^3		(0.084)	(0.074)		
	水泥TG胶浆	m^3		(0.010)	(0.010)		
机械	灰浆搅拌机 400L	台班	215.11	0.124	0.124	0.107	0.108

单位：10m²

编号					6-13	6-14	6-15	6-16
项目					混凝土内墙裙		混凝土弧形内墙裙	
					素水泥浆 2mm 1∶3水泥砂浆 12mm 1∶2.5水泥砂浆 11mm	素水泥浆 2mm 1∶3水泥砂浆 14mm 1∶2.5水泥砂浆 9mm	素水泥浆 2mm 1∶3水泥砂浆 12mm 1∶2.5水泥砂浆 11mm	素水泥浆 2mm 1∶3水泥砂浆 14mm 1∶2.5水泥砂浆 9mm
预算基价	总价(元)				**372.19**	**371.88**	**408.64**	**408.33**
	人工费(元)				257.85	257.85	294.30	294.30
	材料费(元)				94.12	93.81	94.12	93.81
	机械费(元)				20.22	20.22	20.22	20.22
组成内容		**单位**	**单价**		**数量**			
人工	综合工 二类	工日	135.00		1.91	1.91	2.18	2.18
材料	水泥	kg	0.39		146.40	145.16	146.40	145.16
	砂子	t	87.03		0.393	0.395	0.393	0.395
	木脚手板	m^3	1930.95		0.001	0.001	0.001	0.001
	水	m^3	7.62		0.117	0.117	0.117	0.117
	素水泥浆	m^3			(0.020)	(0.020)	(0.020)	(0.020)
	水泥砂浆 1∶3	m^3			(0.133)	(0.155)	(0.133)	(0.155)
	水泥砂浆 1∶2.5	m^3			(0.121)	(0.099)	(0.121)	(0.099)
机械	灰浆搅拌机 400L	台班	215.11		0.094	0.094	0.094	0.094

单位：10m²

编号				6-17	6-18	6-19	6-20
项目				砖外墙面		砖弧形外墙面	
				1∶3水泥砂浆 13mm 1∶2.5水泥砂浆 7mm	1∶1∶6混合砂浆 14mm 1∶1∶4混合砂浆 6mm	1∶3水泥砂浆 13mm 1∶2.5水泥砂浆 7mm	1∶1∶6混合砂浆 14mm 1∶1∶4混合砂浆 6mm
预算基价	总价(元)			**354.50**	**345.81**	**385.15**	**381.78**
	人工费(元)			256.50	260.55	286.20	295.65
	材料费(元)			77.13	64.18	78.08	65.05
	机械费(元)			20.87	21.08	20.87	21.08
组成内容		**单位**	**单价**	**数量**			
人工	综合工 二类	工日	135.00	1.90	1.93	2.12	2.19
材料	水泥	kg	0.39	107.24	55.73	108.53	56.45
	砂子	t	87.03	0.373	0.352	0.378	0.357
	白灰	kg	0.30		29.93		30.42
	木脚手板	m³	1930.95	0.001	0.001	0.001	0.001
	水	m³	7.62	0.120	0.118	0.121	0.119
	白灰膏	m³			(0.043)		(0.043)
	水泥砂浆 1∶3	m³		(0.162)	(0.010)	(0.165)	(0.010)
	水泥砂浆 1∶2.5	m³		(0.077)		(0.077)	
	混合砂浆 1∶1∶6	m³			(0.161)		(0.165)
	混合砂浆 1∶1∶4	m³			(0.066)		(0.066)
机械	灰浆搅拌机 400L	台班	215.11	0.097	0.098	0.097	0.098

单位：10m²

编号				6-21	6-22	6-23	6-24
项目				砖外墙裙 1∶3水泥砂浆 20mm 1∶2.5水泥砂浆 5mm	砖弧形外墙裙 1∶3水泥砂浆 20mm 1∶2.5水泥砂浆 5mm	空心砖外墙面 1∶1∶6混合砂浆 7mm 1∶1∶4混合砂浆 13mm	空心砖外墙裙 1∶1∶6混合砂浆 13mm 1∶2.5水泥砂浆 12mm
预算基价	总价(元)			**417.97**	**453.70**	**359.66**	**415.07**
	人工费(元)			298.35	342.90	261.90	301.05
	材料费(元)			90.58	90.58	71.30	87.35
	机械费(元)			29.04	20.22	26.46	26.67
组成内容		**单位**	**单价**	**数量**			
人工	综合工 二类	工日	135.00	2.21	2.54	1.94	2.23
材料	水泥	kg	0.39	125.33	125.33	63.75	99.44
	砂子	t	87.03	0.447	0.447	0.360	0.455
	白灰	kg	0.30			34.68	20.13
	108胶	kg	4.45			0.40	
	木脚手板	m³	1930.95	0.001	0.001	0.001	0.001
	水	m³	7.62	0.114	0.114	0.130	0.131
	白灰膏	m³				(0.049)	(0.029)
	水泥砂浆 1∶3	m³		(0.229)	(0.229)	(0.010)	
	水泥砂浆 1∶2.5	m³		(0.055)	(0.055)		(0.133)
	混合砂浆 1∶1∶6	m³				(0.100)	(0.166)
	混合砂浆 1∶1∶4	m³				(0.143)	
机械	灰浆搅拌机 400L	台班	215.11	0.135	0.094	0.123	0.124

单位：10m²

编号				6-25	6-26	6-27	6-28
项目				砌块外墙面	砌块外墙裙	混凝土外墙面	
				涂TG胶浆、TG砂浆 7mm 1∶1∶6混合砂浆 13mm 1∶2.5水泥砂浆 5mm	涂TG胶浆、TG砂浆 7mm 1∶1∶6混合砂浆 14mm 1∶2.5水泥砂浆 5mm	素水泥浆 2mm 1∶3水泥砂浆 8mm 1∶2.5水泥砂浆 8mm	素水泥浆 2mm 1∶1∶6混合砂浆 8mm 1∶1∶4混合砂浆 8mm
预算基价	总价(元)			**397.98**	**432.47**	**351.19**	**344.46**
	人工费(元)			263.25	301.05	255.15	257.85
	材料费(元)			108.06	104.75	73.02	63.38
	机械费(元)			26.67	26.67	23.02	23.23
组成内容		**单位**	**单价**	**数量**			
人工	综合工 二类	工日	135.00	1.95	2.23	1.89	1.91
材料	水泥	kg	0.39	83.30	78.87	115.72	76.71
	砂子	t	87.03	0.466	0.449	0.290	0.268
	白灰	kg	0.30	17.34	18.68		24.55
	108胶	kg	4.45		0.40		
	TG胶	kg	4.41	6.10	5.58		
	木脚手板	m^3	1930.95	0.001	0.001	0.001	0.001
	水	m^3	7.62	0.129	0.130	0.094	0.110
	白灰膏	m^3		(0.025)	(0.027)		(0.035)
	素水泥浆	m^3				(0.020)	(0.020)
	水泥砂浆 1∶3	m^3		(0.010)		(0.099)	(0.010)
	水泥砂浆 1∶2.5	m^3		(0.055)	(0.055)	(0.088)	
	混合砂浆 1∶1∶6	m^3		(0.143)	(0.154)		(0.088)
	混合砂浆 1∶1∶4	m^3					(0.088)
	水泥TG胶砂浆	m^3		(0.084)	(0.074)		
	水泥TG胶浆	m^3		(0.010)	(0.010)		
机械	灰浆搅拌机 400L	台班	215.11	0.124	0.124	0.107	0.108

单位：$10m^2$

编号				6-29	6-30	6-31	6-32
项目				混凝土外墙裙		混凝土弧形外墙裙	
				素水泥浆 2mm 1∶3水泥砂浆 12mm 1∶2.5水泥砂浆 11mm	素水泥浆 2mm 1∶3水泥砂浆 14mm 1∶2.5水泥砂浆 9mm	素水泥浆 2mm 1∶3水泥砂浆 12mm 1∶2.5水泥砂浆 11mm	素水泥浆 2mm 1∶3水泥砂浆 14mm 1∶2.5水泥砂浆 9mm
预算基价	总价(元)			**411.34**	**411.03**	**455.89**	**455.58**
	人工费(元)			297.00	297.00	341.55	341.55
	材料费(元)			94.12	93.81	94.12	93.81
	机械费(元)			20.22	20.22	20.22	20.22
组成内容		**单位**	**单价**	**数量**			
人工	综合工 二类	工日	135.00	2.20	2.20	2.53	2.53
材料	水泥	kg	0.39	146.40	145.16	146.40	145.16
	砂子	t	87.03	0.393	0.395	0.393	0.395
	木脚手板	m^3	1930.95	0.001	0.001	0.001	0.001
	水	m^3	7.62	0.117	0.117	0.117	0.117
	素水泥浆	m^3		(0.020)	(0.020)	(0.020)	(0.020)
	水泥砂浆 1∶3	m^3		(0.133)	(0.155)	(0.133)	(0.155)
	水泥砂浆 1∶2.5	m^3		(0.121)	(0.099)	(0.121)	(0.099)
机械	灰浆搅拌机 400L	台班	215.11	0.094	0.094	0.094	0.094

单位：10m²

编号				6-33	6-34	6-35	6-36
项目				水刷豆石		水刷白石子	
				砖、混凝土墙面	毛石墙面	砖、混凝土墙面	毛石墙面
				1∶3水泥砂浆 12mm 1∶1.25水泥豆石浆 12mm	1∶3水泥砂浆 18mm 1∶1.25水泥豆石浆 12mm	1∶3水泥砂浆 12mm 1∶1.5水泥白石子浆 10mm	1∶3水泥砂浆 20mm 1∶1.5水泥白石子浆 10mm
预算基价	总价(元)			**723.83**	**773.32**	**716.06**	**773.14**
	人工费(元)			593.64	619.65	589.05	613.53
	材料费(元)			119.33	140.73	117.41	146.25
	机械费(元)			10.86	12.94	9.60	13.36
组成内容		**单位**	**单价**	**数量**			
人工	综合工 一类	工日	153.00	3.88	4.05	3.85	4.01
材料	水泥	kg	0.39	184.09	213.75	159.26	199.25
	砂子	t	87.03	0.221	0.331	0.221	0.369
	豆粒石	t	139.19	0.175	0.175		
	白石子	kg	0.19			169.94	169.94
	108胶	kg	4.45	0.22	0.22	0.22	0.22
	水	m³	7.62	0.389	0.423	0.367	0.415
	水泥砂浆 1∶3	m³		(0.139)	(0.208)	(0.139)	(0.232)
	小豆浆 1∶1.25	m³		(0.140)	(0.140)		
	水泥白石子浆 1∶1.5	m³				(0.116)	(0.116)
	108胶素水泥砂浆	m³		(0.010)	(0.010)	(0.010)	(0.010)
机械	灰浆搅拌机 200L	台班	208.76	0.052	0.062	0.046	0.064

单位：10m²

编　号				6-37	6-38	6-39	6-40
项　目				水刷玻璃碴		剁斧石	
				砖、混凝土墙面	毛石墙面	砖、混凝土墙面	毛石墙面
				1∶3水泥砂浆 12mm 1∶1.25水泥玻璃碴浆 12mm	1∶3水泥砂浆 18mm 1∶1.25水泥玻璃碴浆 12mm	1∶3水泥砂浆 12mm 1∶1.5水泥白石子浆 10mm	1∶3水泥砂浆 18mm 1∶1.5水泥白石子浆 10mm
预算基价	总　价(元)			**985.53**	**1010.96**	**1534.83**	**1559.38**
	人　工　费(元)			757.35	758.88	1409.13	1409.13
	材　料　费(元)			217.32	238.72	115.89	137.31
	机　械　费(元)			10.86	13.36	9.81	12.94
组成内容		**单位**	**单价**	**数　量**			
人工	综合工 一类	工日	153.00	4.95	4.96	9.21	9.21
材料	水泥	kg	0.39	186.33	215.99	159.26	188.93
	砂子	t	87.03	0.221	0.331	0.221	0.331
	玻璃碴	kg	0.65	186.90	186.90		
	白石子	kg	0.19			169.94	169.94
	108胶	kg	4.45	0.22	0.22	0.22	0.22
	水	m³	7.62	0.387	0.422	0.168	0.204
	水泥砂浆 1∶3	m³		(0.139)	(0.208)	(0.139)	(0.208)
	水泥玻璃碴浆 1∶1.25	m³		(0.140)	(0.140)		
	水泥白石子浆 1∶1.5	m³				(0.116)	(0.116)
	108胶素水泥砂浆	m³		(0.010)	(0.010)	(0.010)	(0.010)
机械	灰浆搅拌机 200L	台班	208.76	0.052	0.064	0.047	0.062

单位：10m²

编号				6-41	6-42	6-43	6-44
项目				干粘白石子		干粘玻璃碴	
				砖、混凝土墙面	毛石墙面	砖、混凝土墙面	毛石墙面
				1:3水泥砂浆 18mm	1:3水泥砂浆 30mm	1:3水泥砂浆 18mm	1:3水泥砂浆 30mm
预算基价	总价(元)			**540.79**	**592.14**	**670.73**	**725.14**
	人工费(元)			446.76	449.82	543.15	549.27
	材料费(元)			85.89	128.96	119.44	162.51
	机械费(元)			8.14	13.36	8.14	13.36
组成内容		**单位**	**单价**	**数量**			
人工	综合工 一类	工日	153.00	2.92	2.94	3.55	3.59
材料	水泥	kg	0.39	104.13	163.89	104.13	163.89
	砂子	t	87.03	0.331	0.552	0.331	0.552
	白石子	kg	0.19	75.54	75.53		
	玻璃碴	kg	0.65			73.69	73.69
	108胶	kg	4.45	0.22	0.22	0.22	0.22
	水	m^3	7.62	0.150	0.220	0.150	0.220
	水泥砂浆 1:3	m^3		(0.208)	(0.347)	(0.208)	(0.347)
	108胶素水泥砂浆	m^3		(0.010)	(0.010)	(0.010)	(0.010)
机械	灰浆搅拌机 200L	台班	208.76	0.039	0.064	0.039	0.064

单位：10m²

编号				6-45	6-46	6-47	6-48
项目				墙、柱面拉条		墙、柱面甩毛	
				砖墙面	混凝土墙面	砖墙面	混凝土墙面
				1∶0.5∶2混合砂浆 14mm 1∶0.5∶1混合砂浆 10mm	1∶3水泥砂浆 14mm 1∶0.5∶1混合砂浆 10mm	1∶1∶6混合砂浆 12mm 1∶1∶4混合砂浆 6mm	1∶3水泥砂浆 10mm 1∶2.5水泥砂浆 6mm
预算基价	总价(元)			**447.57**	**471.04**	**426.08**	**450.08**
	人工费(元)			335.07	353.43	335.07	348.84
	材料费(元)			101.85	106.96	81.82	92.89
	机械费(元)			10.65	10.65	9.19	8.35
组成内容		**单位**	**单价**	**数量**			
人工	综合工 一类	工日	153.00	2.19	2.31	2.19	2.28
材料	水泥	kg	0.39	159.89	171.37	88.61	140.36
	砂子	t	87.03	0.271	0.345	0.338	0.319
	白灰	kg	0.30	42.35	20.66	27.74	
	红土粉	kg	5.93			1.20	1.20
	108胶	kg	4.45	0.22	0.45	0.22	0.45
	水	m³	7.62	0.292	0.249	0.187	0.167
	白灰膏	m³		(0.061)	(0.030)	(0.040)	
	水泥砂浆 1∶3	m³			(0.162)		(0.115)
	水泥砂浆 1∶2.5	m³					(0.069)
	水泥砂浆 1∶1	m³				(0.032)	(0.032)
	混合砂浆 1∶1∶6	m³				(0.139)	
	混合砂浆 1∶1∶4	m³				(0.069)	
	混合砂浆 1∶0.5∶2	m³		(0.162)			
	混合砂浆 1∶0.5∶1	m³		(0.115)	(0.115)		
	108胶素水泥砂浆	m³		(0.010)	(0.021)	(0.010)	(0.021)
机械	灰浆搅拌机 200L	台班	208.76	0.051	0.051	0.044	0.040

单位：10m²

编号				6-49	6-50	6-51	6-52	6-53
项目				墙面				
				水泥豆石浆	水泥白石子浆	水泥玻璃碴浆	每增减一道素水泥浆	
				厚度每增减1mm			有108胶	无108胶
预算基价	总价(元)			**13.85**	**14.85**	**20.72**	**25.97**	**24.86**
	人工费(元)			7.65	7.65	6.12	18.36	18.36
	材料费(元)			5.78	6.78	14.18	7.61	6.50
	机械费(元)			0.42	0.42	0.42		
组成内容		**单位**	**单价**	**数量**				
人工	综合工 一类	工日	153.00	0.05	0.05	0.04	0.12	0.12
材料	水泥	kg	0.39	9.40	8.77	9.59	16.52	16.52
	豆粒石	t	139.19	0.015				
	白石子	kg	0.19		17.58			
	玻璃碴	kg	0.65			16.02		
	108胶	kg	4.45				0.25	
	水	m³	7.62	0.004	0.003	0.004	0.007	0.007
	小豆浆 1∶1.25	m³		(0.012)				
	水泥白石子浆 1∶1.5	m³			(0.012)			
	水泥玻璃碴浆 1∶1.25	m³				(0.012)		
	素水泥浆	m³					(0.011)	(0.011)
机械	灰浆搅拌机 200L	台班	208.76	0.002	0.002	0.002		

二、柱面抹灰

单位：10m²

编号				6-54	6-55	6-56	6-57
项目				矩形砖柱	异型砖柱	混凝土矩形柱	混凝土异型柱
				1:3水泥砂浆 13mm 1:2水泥砂浆 7mm	1:3水泥砂浆 13mm 1:2水泥砂浆 7mm	素水泥浆 2mm 1:3水泥砂浆 11mm 1:2水泥砂浆 7mm	素水泥浆 2mm 1:3水泥砂浆 11mm 1:2水泥砂浆 7mm
预算基价	总价(元)			**394.32**	**825.36**	**396.91**	**826.66**
	人工费(元)			291.60	711.45	290.25	710.10
	材料费(元)			79.06	79.06	81.71	81.71
	机械费(元)			23.66	34.85	24.95	34.85
组成内容		**单位**	**单价**	**数量**			
人工	综合工 二类	工日	135.00	2.16	5.27	2.15	5.26
材料	水泥	kg	0.39	114.11	114.11	132.40	132.40
	砂子	t	87.03	0.366	0.366	0.316	0.316
	木脚手板	m³	1930.95	0.001	0.001	0.001	0.001
	水	m³	7.62	0.102	0.102	0.084	0.084
	素水泥浆	m³				(0.021)	(0.021)
	水泥砂浆 1:3	m³		(0.159)	(0.159)	(0.128)	(0.128)
	水泥砂浆 1:2	m³		(0.081)	(0.081)	(0.081)	(0.081)
机械	灰浆搅拌机 400L	台班	215.11	0.110	0.162	0.116	0.162

单位：10m²

编号				6-58	6-59	6-60	6-61	6-62	6-63
项目				柱					
				水刷豆石	水刷白石子	水刷玻璃碴	干粘白石子	干粘玻璃碴	剁斧石
预算基价	总价(元)			**915.79**	**909.15**	**1194.78**	**724.55**	**907.42**	**1922.01**
	人工费(元)			791.01	786.42	976.14	633.42	780.30	1800.81
	材料费(元)			114.55	113.34	208.41	83.61	119.60	111.81
	机械费(元)			10.23	9.39	10.23	7.52	7.52	9.39
组成内容		**单位**	**单价**	**数量**					
人工	综合工 一类	工日	153.00	5.17	5.14	6.38	4.14	5.10	11.77
材料	水泥	kg	0.39	176.81	153.76	178.96	100.69	100.69	153.76
	砂子	t	87.03	0.212	0.212	0.212	0.318	0.318	0.212
	豆粒石	t	139.19	0.167					
	白石子	kg	0.19		164.08		76.67		164.08
	玻璃碴	kg	0.65			178.89		77.78	
	108胶	kg	4.45	0.22	0.22	0.22	0.22	0.22	0.22
	水	m³	7.62	0.383	0.364	0.381	0.147	0.147	0.163
	水泥砂浆 1∶3	m³		(0.133)	(0.133)	(0.133)	(0.200)	(0.200)	(0.133)
	小豆浆 1∶1.25	m³		(0.134)					
	水泥白石子浆 1∶1.5	m³			(0.112)				(0.112)
	水泥玻璃碴浆 1∶1.25	m³				(0.134)			
	108胶素水泥砂浆	m³		(0.010)	(0.010)	(0.010)	(0.010)	(0.010)	(0.010)
机械	灰浆搅拌机 200L	台班	208.76	0.049	0.045	0.049	0.036	0.036	0.045

三、零星抹灰

单位：10m²

编号				6-64	6-65	6-66	6-67
项目				零星项目		挑檐天沟	外檐装饰线
				素水泥浆 2mm 1:3水泥砂浆 12mm 1:2水泥砂浆 8mm	1:1:6混合砂浆 12mm 1:1:4混合砂浆 8mm	素水泥浆 2mm 1:3水泥砂浆 13mm 1:2.5水泥砂浆 10mm	素水泥浆 2mm 1:3水泥砂浆 13mm 1:2.5水泥砂浆 10mm
预算基价	总价(元)			**596.01**	**575.40**	**826.26**	**1682.27**
	人工费(元)			475.83	478.89	702.27	1549.89
	材料费(元)			83.18	59.30	107.00	107.00
	机械费(元)			37.00	37.21	16.99	25.38
组成内容		**单位**	**单价**	**数量**			
人工	综合工 一类	工日	153.00	3.11	3.13	4.59	10.13
材料	水泥	kg	0.39	137.05	52.69	172.24	172.24
	砂子	t	87.03	0.334	0.331	0.424	0.424
	白灰	kg	0.30		30.73		
	木脚手板	m³	1930.95			0.001	0.001
	水	m³	7.62	0.087	0.095	0.130	0.130
	白灰膏	m³			(0.044)		
	素水泥浆	m³		(0.020)		(0.023)	(0.023)
	水泥砂浆 1:3	m³		(0.133)		(0.160)	(0.160)
	水泥砂浆 1:2	m³		(0.088)		(0.122)	(0.122)
	混合砂浆 1:1:6	m³			(0.139)		
	混合砂浆 1:1:4	m³			(0.088)		
机械	灰浆搅拌机 400L	台班	215.11	0.172	0.173	0.079	0.118

单位：10m²

编号				6-68	6-69	6-70	6-71
项目				栏板	池槽	室内窗台	室外单独窗台碹脸
				素水泥浆 2mm 1:3水泥砂浆 12mm 1:2.5水泥砂浆 8mm	素水泥浆 2mm 1:3水泥砂浆 12mm 1:2.5水泥砂浆 8mm	1:3水泥砂浆 12mm 1:2水泥砂浆 8mm	1:3水泥砂浆 14mm 1:2水泥砂浆 11mm
预算基价	总价(元)			**569.97**	**487.09**	**704.88**	**747.27**
	人工费(元)			450.90	372.60	615.60	641.25
	材料费(元)			83.36	81.58	76.59	92.04
	机械费(元)			35.71	32.91	12.69	13.98
组成内容		**单位**	**单价**	**数量**			
人工	综合工 二类	工日	135.00	3.34	2.76	4.56	4.75
材料	水泥	kg	0.39	130.34	130.34	114.30	138.42
	砂子	t	87.03	0.344	0.344	0.359	0.427
	木脚手板	m³	1930.95	0.001			
	水	m³	7.62	0.086	0.106	0.101	0.117
	素水泥浆	m³		(0.020)	(0.020)		
	水泥砂浆 1:3	m³		(0.133)	(0.133)	(0.145)	(0.163)
	水泥砂浆 1:2.5	m³		(0.088)	(0.088)		
	水泥砂浆 1:2	m³				(0.092)	(0.121)
机械	灰浆搅拌机 400L	台班	215.11	0.166	0.153	0.059	0.065

单位：10m²

编号				6-72	6-73	6-74	6-75	6-76	6-77
项目				零星项目					
				水刷豆石	水刷白石子	水刷玻璃碴	干粘白石子	干粘玻璃碴	剁斧石
预算基价	总价(元)			**1582.87**	**1622.48**	**2034.75**	**1326.99**	**1658.64**	**2088.78**
	人工费(元)			1458.09	1453.50	1816.11	1236.24	1533.06	1967.58
	材料费(元)			114.55	159.59	208.41	83.23	118.06	111.81
	机械费(元)			10.23	9.39	10.23	7.52	7.52	9.39
组成内容		**单位**	**单价**	**数量**					
人工	综合工 一类	工日	153.00	9.53	9.50	11.87	8.08	10.02	12.86
材料	水泥	kg	0.39	176.81	218.25	178.96	100.96	100.96	153.76
	砂子	t	87.03	0.212	0.450	0.212	0.318	0.318	0.212
	豆粒石	t	139.19	0.167					
	白石子	kg	0.19		164.08		74.20		164.08
	玻璃碴	kg	0.65			178.89		75.27	
	108胶	kg	4.45	0.22	0.22	0.22	0.22	0.22	0.22
	水	m^3	7.62	0.383	0.414	0.381	0.145	0.145	0.163
	水泥砂浆 1:3	m^3		(0.133)	(0.283)	(0.133)	(0.200)	(0.200)	(0.133)
	小豆浆 1:1.25	m^3		(0.134)					
	水泥白石子浆 1:1.5	m^3			(0.112)				(0.112)
	水泥玻璃碴浆 1:1.25	m^3				(0.134)			
	108胶素水泥砂浆	m^3		(0.010)	(0.010)	(0.010)	(0.010)	(0.010)	(0.010)
机械	灰浆搅拌机 200L	台班	208.76	0.049	0.045	0.049	0.036	0.036	0.045

编号				6-78	6-79	6-80	6-81
项目				其他	装饰抹灰分格嵌缝		做字（600mm以内）
				1∶2.5水泥砂浆 14mm 1∶2.5水泥砂浆 6mm （10m²）	玻璃嵌缝 （10m²）	分格 （10m²）	1∶2水泥砂浆 30mm （10个）
预算基价	总价（元）			**536.96**	**135.03**	**96.39**	**752.25**
	人工费（元）			425.25	130.05	96.39	598.05
	材料费（元）			74.28	4.98		116.99
	机械费（元）			37.43			37.21
组成内容		**单位**	**单价**	**数量**			
人工	综合工 二类	工日	135.00	3.15			4.43
	综合工 一类	工日	153.00		0.85	0.63	
材料	水泥	kg	0.39	111.95			192.04
	砂子	t	87.03	0.345			0.473
	玻璃 3.0	m²	19.91		0.25		
	水	m³	7.62	0.078			0.122
	水泥砂浆 1∶2.5	m³		（0.229）			
	水泥砂浆 1∶2	m³					（0.340）
机械	灰浆搅拌机 400L	台班	215.11	0.174			0.173

四、墙面镶贴块料

单位：10m²

编号				6-82	6-83	6-84	6-85	6-86
项目				挂贴大理石		粘贴大理石		
				砖墙面	混凝土墙面	砖墙面	混凝土墙面	墙面
						水泥砂浆粘贴		干粉型胶粘剂粘贴
预算基价	总价(元)			**4799.71**	**4861.54**	**4147.37**	**4245.75**	**4472.74**
	人工费(元)			1425.96	1451.97	918.00	982.26	948.60
	材料费(元)			3354.81	3388.21	3220.33	3254.87	3515.10
	机械费(元)			18.94	21.36	9.04	8.62	9.04
组成内容		**单位**	**单价**	**数量**				
人工	综合工 一类	工日	153.00	9.32	9.49	6.00	6.42	6.20
材料	大理石板（综合）	m^2	299.93	10.20	10.20	10.20	10.20	10.20
	白水泥	kg	0.64	1.55	1.55	1.55	1.55	1.55
	水泥	kg	0.39	206.89	206.89	90.75	80.86	57.61
	砂子	t	87.03	0.591	0.591	0.316	0.279	0.213
	铁件	kg	9.49	3.49				
	膨胀螺栓	套	0.82		52.40			
	合金钢钻头 *D*20	个	35.69		0.66			
	钢筋 *D*10以内	t	3970.73	0.011	0.011			
	铜丝	kg	73.55	0.78	0.78			
	电焊条（综合）	kg	7.59	0.15	0.15			
	塑料薄膜	m^2	1.90	2.81	2.81			
	石料切割锯片	片	28.55	0.27	0.27	0.27	0.27	0.27

续前

单位：$10m^2$

编号				6-82	6-83	6-84	6-85	6-86
项目				挂贴大理石		粘贴大理石		
				砖墙面	混凝土墙面	砖墙面	混凝土墙面	墙面
						水泥砂浆粘贴		干粉型胶粘剂粘贴
组成内容		单位	单价	数量				
材料	YJ-III胶粘剂	kg	18.17			4.21	4.21	
	YJ-302胶粘剂	kg	26.39				1.58	
	干粉型胶粘剂	kg	5.75					68.42
	清油	kg	15.06	0.05	0.05	0.05	0.05	0.05
	煤油	kg	7.49	0.40	0.40	0.40	0.40	0.40
	松节油	kg	7.93	0.06	0.06	0.06	0.06	0.06
	草酸	kg	10.93	0.10	0.10	0.10	0.10	0.10
	硬白蜡	kg	18.46	0.27	0.27	0.27	0.27	0.27
	棉纱	kg	16.11	0.10	0.10	0.10	0.10	0.10
	水	m^3	7.62	0.281	0.281	0.137	0.126	0.103
	素水泥浆	m^3		(0.010)	(0.010)			
	水泥砂浆 1:3	m^3				(0.135)	(0.112)	(0.134)
	水泥砂浆 1:2.5	m^3		(0.393)	(0.393)	(0.067)	(0.067)	
机械	灰浆搅拌机 200L	台班	208.76	0.074	0.074	0.036	0.034	0.036
	钢筋调直机 *D*14	台班	37.25	0.006	0.006			
	钢筋切断机 *D*40	台班	42.81	0.006	0.006			
	交流弧焊机 32kV·A	台班	87.97	0.017	0.017			
	小型机具	元		1.52	3.94	1.52	1.52	1.52

单位：$10m^2$

编号				6-87	6-88	6-89	6-90
项目				墙面干挂大理石		碎拼大理石	
				密缝	勾缝	砖墙面	混凝土墙面
预算基价	总价(元)			**4676.75**	**5371.45**	**2780.58**	**2776.25**
	人工费(元)			1343.34	1696.77	1721.25	1721.25
	材料费(元)			3328.87	3670.28	1048.47	1045.81
	机械费(元)			4.54	4.40	10.86	9.19
组成内容		**单位**	**单价**	**数量**			
人工	综合工 一类	工日	153.00	8.78	11.09	11.25	11.25
材料	大理石板（综合）	m^2	299.93	10.20	9.90		
	碎大理石板	m^2	86.85			10.20	10.20
	水泥	kg	0.39			156.14	154.49
	砂子	t	87.03			0.375	0.311
	白灰	kg	0.30			7.97	14.12
	不锈钢连接件	个	2.36	66.10	64.20		
	膨胀螺栓	套	0.82	66.10	64.20		
	合金钢钻头 *D*20	个	35.69	0.83	0.81		
	石料切割锯片	片	28.55	0.27	0.26		
	石材(云石)胶	kg	19.69	0.46	0.45		
	密封胶	kg	31.90		13.75		
	108胶	kg	4.45			4.40	4.77

续前

单位： $10m^2$

编号				6-87	6-88	6-89	6-90
项目				墙面干挂大理石		碎拼大理石	
				密缝	勾缝	砖墙面	混凝土墙面
组成内容		**单位**	**单价**	**数量**			
材料	金刚石 三角形	块	8.31			2.10	2.10
	锡纸	kg	61.00			0.03	0.03
	清油	kg	15.06	0.05	0.05		
	煤油	kg	7.49	0.40	0.40		
	松节油	kg	7.93	0.06	0.06	1.50	1.50
	草酸	kg	10.93	0.10	0.10	0.30	0.30
	硬白蜡	kg	18.46	0.27	0.27	0.50	0.50
	棉纱	kg	16.11	0.10	0.10	0.10	0.10
	水	m^3	7.62	0.142	0.142	0.236	0.244
	白灰膏	m^3				(0.012)	(0.020)
	素水泥浆	m^3				(0.010)	(0.020)
	水泥砂浆 1∶3	m^3				(0.090)	
	水泥砂浆 1∶1.5	m^3				(0.051)	(0.051)
	混合砂浆 1∶0.5∶3	m^3					(0.056)
	混合砂浆 1∶0.2∶2	m^3				(0.132)	(0.135)
机械	灰浆搅拌机 200L	台班	208.76			0.052	0.044
	小型机具	元		4.54	4.40		

单位：10m²

编号				6-91	6-92	6-93	6-94	6-95
项目				挂贴花岗岩		粘贴花岗岩		
				砖墙面	混凝土墙面	砖墙面	混凝土墙面	墙面
						水泥砂浆粘贴		干粉型胶粘剂粘贴
预算基价	总价(元)			**5375.47**	**5437.30**	**4718.47**	**4816.64**	**5043.84**
	人工费(元)			1425.96	1451.97	918.00	982.26	948.60
	材料费(元)			3930.19	3963.59	3791.43	3825.97	4086.20
	机械费(元)			19.32	21.74	9.04	8.41	9.04
组成内容		**单位**	**单价**	**数量**				
人工	综合工 一类	工日	153.00	9.32	9.49	6.00	6.42	6.20
材料	花岗岩板（综合）	m²	355.92	10.20	10.20	10.20	10.20	10.20
	白水泥	kg	0.64	1.55	1.55	1.55	1.55	1.55
	水泥	kg	0.39	206.89	206.89	90.75	80.86	57.61
	砂子	t	87.03	0.591	0.591	0.316	0.279	0.213
	铁件	kg	9.49	3.49				
	膨胀螺栓	套	0.82		52.40			
	合金钢钻头 *D*20	个	35.69		0.66			
	钢筋 *D*10以内	t	3970.73	0.011	0.011			
	铜丝	kg	73.55	0.78	0.78			
	电焊条（综合）	kg	7.59	0.15	0.15			
	塑料薄膜	m²	1.90	2.81	2.81			
	石料切割锯片	片	28.55	0.42	0.42	0.27	0.27	0.27
	YJ-III胶粘剂	kg	18.17			4.21	4.21	

续前

单位：$10m^2$

编号				6-91	6-92	6-93	6-94	6-95
项目				挂贴花岗岩		粘贴花岗岩		
				砖墙面	混凝土墙面	砖墙面	混凝土墙面	墙面
						水泥砂浆粘贴		干粉型胶粘剂粘贴
组成内容		单位	单价	数量				
材料	YJ-302胶粘剂	kg	26.39				1.58	
	干粉型胶粘剂	kg	5.75					68.42
	清油	kg	15.06	0.05	0.05	0.05	0.05	0.05
	煤油	kg	7.49	0.40	0.40	0.40	0.40	0.40
	松节油	kg	7.93	0.06	0.06	0.06	0.06	0.06
	草酸	kg	10.93	0.10	0.10	0.10	0.10	0.10
	硬白蜡	kg	18.46	0.27	0.27	0.27	0.27	0.27
	棉纱	kg	16.11	0.10	0.10	0.10	0.10	0.10
	水	m^3	7.62	0.281	0.281	0.137	0.126	0.103
	素水泥浆	m^3		(0.010)	(0.010)			
	水泥砂浆 1∶3	m^3				(0.135)	(0.112)	(0.134)
	水泥砂浆 1∶2.5	m^3		(0.393)	(0.393)	(0.067)	(0.067)	
机械	灰浆搅拌机 200L	台班	208.76	0.074	0.074	0.036	0.033	0.036
	钢筋调直机 *D*14	台班	37.25	0.006	0.006			
	钢筋切断机 *D*40	台班	42.81	0.006	0.006			
	交流弧焊机 32kV·A	台班	87.97	0.017	0.017			
	小型机具	元		1.90	4.32	1.52	1.52	1.52

单位：10m^2

编号				6-96	6-97	6-98	6-99
项目				墙面干挂花岗岩		碎拼花岗岩	
				密缝	勾缝	砖墙面	混凝土墙面
预算基价	总价(元)			**5270.87**	**5946.86**	**2345.34**	**2341.42**
	人工费(元)			1361.70	1713.60	1721.25	1721.25
	材料费(元)			3904.25	4228.86	613.23	610.98
	机械费(元)			4.92	4.40	10.86	9.19
组成内容		**单位**	**单价**	**数量**			
人工	综合工 一类	工日	153.00	8.90	11.20	11.25	11.25
材料	花岗岩板（综合）	m^2	355.92	10.20	9.90		
	碎花岗岩板	m^2	44.22			10.20	10.20
	水泥	kg	0.39			155.62	154.49
	砂子	t	87.03			0.373	0.311
	白灰	kg	0.30			7.90	14.12
	不锈钢连接件	个	2.36	66.10	64.20		
	膨胀螺栓	套	0.82	66.10	64.20		
	合金钢钻头 *D*20	个	35.69	0.83	0.81		
	石料切割锯片	片	28.55	0.42	0.41		
	石材(云石)胶	kg	19.69	0.46	0.45		
	密封胶	kg	31.90		13.75		
	108胶	kg	4.45			4.40	4.77

续前

单位：10m²

编号			6-96	6-97	6-98	6-99
项目			墙面干挂花岗岩		碎拼花岗岩	
			密缝	勾缝	砖墙面	混凝土墙面
组成内容	单位	单价	数量			
材料 金刚石 三角形	块	8.31			2.10	2.10
锡纸	kg	61.00			0.03	0.03
清油	kg	15.06	0.05	0.05		
煤油	kg	7.49	0.40	0.40		
松节油	kg	7.93	0.06	0.06	1.50	1.50
草酸	kg	10.93	0.10	0.10	0.30	0.30
硬白蜡	kg	18.46	0.27	0.27	0.50	0.50
棉纱	kg	16.11	0.10	0.10	0.10	0.10
水	m^3	7.62	0.142	0.142	0.235	0.244
白灰膏	m^3				(0.011)	(0.020)
素水泥浆	m^3				(0.010)	(0.020)
水泥砂浆 1∶3	m^3				(0.090)	
水泥砂浆 1∶1.5	m^3				(0.051)	(0.051)
混合砂浆 1∶0.5∶3	m^3					(0.056)
混合砂浆 1∶0.2∶2	m^3				(0.131)	(0.135)
机械 灰浆搅拌机 200L	台班	208.76			0.052	0.044
小型机具	元		4.92	4.40		

编号				6-100	6-101	6-102	6-103	6-104	6-105
项目				挂贴汉白玉		墙面钢骨架上干挂大理石板（$10m^2$）	墙面钢骨架上干挂花岗岩板（$10m^2$）	钢骨架（t）	不锈钢骨架（t）
				砖墙面	混凝土墙面				
				1∶2.5水泥砂浆 50mm（$10m^2$）					
预算基价	总价(元)			**4478.09**	**4692.53**	**4919.52**	**5490.61**	**15204.07**	**27768.38**
	人工费(元)			1175.04	1211.76	1447.38	1447.38	4040.73	4294.71
	材料费(元)			3278.26	3452.38	3472.14	4043.23	10532.64	22695.40
	机械费(元)			24.79	28.39			630.70	778.27
组成内容		**单位**	**单价**	**数量**					
人工	综合工 一类	工日	153.00	7.68	7.92	9.46	9.46	26.41	28.07
材料	汉白玉 400×400	m^2	286.14	10.20	10.20				
	大理石板（综合）	m^2	299.93			10.20			
	花岗岩板（综合）	m^2	355.92				10.20		
	钢骨架 含制作费	t	7293.05					1.060	
	不锈钢型材骨架	t	16318.46						1.060
	白水泥	kg	0.64	1.50	1.50				
	水泥	kg	0.39	285.98	285.98				
	砂子	t	87.03	0.835	0.835				
	松木锯材 三类	m^3	1661.90	0.001	0.001				
	膨胀螺栓 M8×80	套	1.16		77.80				
	不锈钢干挂件	套	3.74			56.10	56.10		
	穿墙螺栓 M16	套	4.33					400.00	530.00
	钢筋 $D10$以内	t	3970.73	0.013	0.013				
	铜丝	kg	73.55	1.22	1.22				
	不锈钢焊丝	kg	67.28						23.84

续前

编号				6-100	6-101	6-102	6-103	6-104	6-105
项目				挂贴汉白玉		墙面钢骨架上干挂大理石板（$10m^2$）	墙面钢骨架上干挂花岗岩板（$10m^2$）	钢骨架（t）	不锈钢骨架（t）
				砖墙面	混凝土墙面				
				1∶2.5水泥砂浆 50mm（$10m^2$）					
组成内容		单位	单价	数量					
材料	电焊条（综合）	kg	7.59	0.23	0.23			23.42	
	合金钢钻头 *D*20	个	35.69		0.97			25.00	42.00
	石料切割锯片	片	28.55	0.27	0.27	0.27	0.27		
	铁件	kg	9.49		5.19				
	结构胶	kg	43.70			2.00	2.00		
	密封胶	kg	31.90			3.00	3.00		
	塑料薄膜	m^2	1.90	2.81	2.81				
	清油	kg	15.06	0.05	0.05				
	煤油	kg	7.49	0.40	0.40	0.40	0.40		
	松节油	kg	7.93	0.06	0.06	0.06	0.06		
	草酸	kg	10.93	0.10	0.10	0.10	0.10		
	硬白蜡	kg	18.46	0.27	0.27	0.27	0.27		
	棉纱	kg	16.11	0.10	0.10	0.10	0.10		
	水	m^3	7.62	0.623	0.623	0.140	0.140		
	素水泥浆	m^3		(0.010)	(0.010)				
	水泥砂浆 1∶2.5	m^3		(0.555)	(0.555)				
机械	交流弧焊机 32kV•A	台班	87.97	0.017	0.017			6.699	8.184
	灰浆搅拌机 200L	台班	208.76	0.102	0.102				
	钢筋调直机 *D*14	台班	37.25	0.006	0.006				
	钢筋切断机 *D*40	台班	42.81	0.006	0.006				
	小型机具	元		1.52	5.12			41.39	58.32

单位：10m²

编号				6-106	6-107	6-108	6-109	6-110	6-111
项目				凹凸假麻石块	陶瓷锦砖	玻璃陶瓷锦砖	瓷板152×152	文化石	卵石
				水泥砂浆粘贴					
预算基价	总价(元)			**1685.66**	**1564.99**	**1630.33**	**1510.11**	**2252.07**	**2239.71**
	人工费(元)			777.24	1086.30	1067.94	1022.04	970.02	1933.92
	材料费(元)			900.28	472.43	553.00	480.21	1272.02	298.90
	机械费(元)			8.14	6.26	9.39	7.86	10.03	6.89
组成内容		单位	单价	数量					
人工	综合工 一类	工日	153.00	5.08	7.10	6.98	6.68	6.34	12.64
材料	凹凸假麻石墙面砖	m²	80.41	10.20					
	陶瓷锦砖	m²	39.71		10.15				
	玻璃陶瓷锦砖	m²	44.92			10.15			
	瓷板 152×152	m²	38.54				10.35		
	文化石	m²	114.52					10.35	
	卵石 20～40	t	400.00						0.420
	白水泥	kg	0.64	1.55	2.58	15.02	1.55		
	水泥	kg	0.39	125.92	85.04	109.90	130.66	124.39	251.04
	砂子	t	87.03	0.308	0.244	0.354	0.261	0.375	0.309
	白灰	kg	0.30		6.99	4.95			
	108胶	kg	4.45		1.91	2.06	0.22		
	石料切割锯片	片	28.55				0.10	0.08	
	棉纱	kg	16.11	0.10	0.10	0.10	0.10	0.10	0.30
	水	m³	7.62	0.207	0.146	0.199	0.159	0.222	0.166
	白灰膏	m³			(0.010)	(0.007)			
	白水泥浆	m³				(0.010)			
	素水泥浆	m³		(0.020)	(0.010)		(0.010)		
	水泥砂浆 1:3	m³		(0.135)	(0.135)	(0.157)	(0.112)	(0.169)	
	水泥砂浆 1:2	m³		(0.067)				(0.061)	
	水泥砂浆 1:1	m³					(0.082)	(0.021)	(0.305)
	混合砂浆 1:1:2	m³			(0.031)				
	混合砂浆 1:0.2:2	m³				(0.082)			
机械	灰浆搅拌机 200L	台班	208.76	0.039	0.030	0.045	0.035	0.046	0.033
	小型机具	元					0.55	0.43	

单位：10m²

编号				6-112	6-113	6-114	6-115	6-116
项目				凹凸假麻石块	陶瓷锦砖	玻璃陶瓷锦砖	瓷板152×152	文化石
				干粉型胶粘剂粘贴				
预算基价	总价(元)			**2023.39**	**1912.47**	**1948.46**	**1823.63**	**2584.51**
	人工费(元)			873.63	1208.70	1188.81	1130.67	1084.77
	材料费(元)			1142.24	697.51	750.26	688.03	1492.84
	机械费(元)			7.52	6.26	9.39	4.93	6.90
组成内容		单位	单价	数量				
人工	综合工 一类	工日	153.00	5.71	7.90	7.77	7.39	7.09
材料	凹凸假麻石墙面砖	m²	80.41	10.20				
	陶瓷锦砖	m²	39.71		10.15			
	玻璃陶瓷锦砖	m²	44.92			10.15		
	瓷板 152×152	m²	38.54				10.35	
	文化石	m²	114.52					10.35
	白水泥	kg	0.64	1.55	2.58	2.58	1.55	
	水泥	kg	0.39	125.92	73.06	67.50	62.74	89.94
	砂子	t	87.03	0.308	0.215	0.250	0.176	0.290
	108胶	kg	4.45		0.22		0.22	
	干粉型胶粘剂	kg	5.75	42.10	42.10	42.10	42.10	42.10
	石料切割锯片	片	28.55				0.10	0.08
	棉纱	kg	16.11	0.10	0.10	0.10	0.10	0.10
	水	m³	7.62	0.193	0.122	0.118	0.110	0.167
	素水泥浆	m³		(0.020)	(0.010)		(0.010)	
	水泥砂浆 1:3	m³		(0.135)	(0.135)	(0.157)	(0.111)	(0.169)
	水泥砂浆 1:2	m³		(0.067)				
	水泥砂浆 1:1	m³						(0.021)
机械	灰浆搅拌机 200L	台班	208.76	0.036	0.030	0.045	0.021	0.031
	小型机具	元					0.55	0.43

单位：10m²

编号				6-117	6-118	6-119	6-120	6-121	6-122
项目				面砖150×75					
				水泥砂浆粘贴			干粉型胶粘剂粘贴		
				面砖灰缝(mm)					
				5	10以内	20以内	5	10以内	20以内
预算基价	总价(元)			**1439.55**	**1421.81**	**1385.45**	**1771.51**	**1800.73**	**1797.50**
	人工费(元)			986.85	985.32	980.73	1107.72	1106.19	1101.60
	材料费(元)			443.50	426.87	394.48	657.72	688.06	688.79
	机械费(元)			9.20	9.62	10.24	6.07	6.48	7.11
组成内容		**单位**	**单价**	**数量**					
人工	综合工 一类	工日	153.00	6.45	6.44	6.41	7.24	7.23	7.20
材料	墙面砖 150×75	m^2	39.03	9.31	8.81	7.78	9.31	8.81	7.78
	水泥	kg	0.39	113.38	119.14	134.78	70.39	76.15	91.79
	砂子	t	87.03	0.354	0.361	0.380	0.230	0.237	0.256
	干粉型胶粘剂	kg	5.75				42.10	50.27	56.03
	石料切割锯片	片	28.55	0.08	0.08	0.08	0.08	0.08	0.08
	棉纱	kg	16.11	0.10	0.10	0.10	0.10	0.10	0.10
	水	m^3	7.62	0.159	0.162	0.170	0.119	0.122	0.130
	水泥砂浆 1∶3	m^3		(0.168)	(0.168)	(0.168)	(0.135)	(0.135)	(0.135)
	水泥砂浆 1∶2	m^3		(0.051)	(0.051)	(0.051)			
	水泥砂浆 1∶1	m^3		(0.015)	(0.022)	(0.041)	(0.015)	(0.022)	(0.041)
机械	灰浆搅拌机 200L	台班	208.76	0.042	0.044	0.047	0.027	0.029	0.032
	小型机具	元		0.43	0.43	0.43	0.43	0.43	0.43

单位：10m²

编号				6-123	6-124	6-125	6-126	6-127	6-128
项目				面砖194×94					
				水泥砂浆粘贴			干粉型胶粘剂粘贴		
				面砖灰缝(mm)					
				5	10以内	20以内	5	10以内	20以内
预算基价	总价(元)			**1421.71**	**1401.60**	**1358.14**	**1732.30**	**1759.08**	**1748.74**
	人工费(元)			830.79	829.26	826.20	930.24	928.71	925.65
	材料费(元)			581.72	562.72	521.70	795.99	823.89	815.98
	机械费(元)			9.20	9.62	10.24	6.07	6.48	7.11
组成内容		单位	单价	数量					
人工	综合工 一类	工日	153.00	5.43	5.42	5.40	6.08	6.07	6.05
材料	面砖 194×94	m²	52.97	9.50	9.07	8.21	9.50	9.07	8.21
	水泥	kg	0.39	110.09	117.49	126.55	67.09	74.50	83.55
	砂子	t	87.03	0.349	0.359	0.370	0.226	0.235	0.246
	干粉型胶粘剂	kg	5.75				42.10	50.27	56.03
	石料切割锯片	片	28.55	0.08	0.08	0.08	0.08	0.08	0.08
	棉纱	kg	16.11	0.10	0.10	0.10	0.10	0.10	0.10
	水	m³	7.62	0.171	0.174	0.179	0.127	0.131	0.136
	水泥砂浆 1∶3	m³		(0.168)	(0.168)	(0.168)	(0.135)	(0.135)	(0.135)
	水泥砂浆 1∶2	m³		(0.051)	(0.051)	(0.051)			
	水泥砂浆 1∶1	m³		(0.011)	(0.020)	(0.031)	(0.011)	(0.020)	(0.031)
机械	灰浆搅拌机 200L	台班	208.76	0.042	0.044	0.047	0.027	0.029	0.032
	小型机具	元		0.43	0.43	0.43	0.43	0.43	0.43

单位：10m²

编号				6-129	6-130	6-131	6-132	6-133	6-134
项目				面砖240×60					
				水泥砂浆粘贴			干粉型胶粘剂粘贴		
				面砖灰缝(mm)					
				5	10以内	20以内	5	10以内	20以内
预算基价	总价(元)			**1369.99**	**1352.85**	**1300.47**	**1680.52**	**1712.94**	**1691.10**
	人工费(元)			830.79	829.26	824.67	930.24	928.71	924.12
	材料费(元)			530.00	513.97	465.56	744.21	777.75	759.87
	机械费(元)			9.20	9.62	10.24	6.07	6.48	7.11
组成内容		**单位**	**单价**	**数量**					
人工	综合工 一类	工日	153.00	5.43	5.42	5.39	6.08	6.07	6.04
材料	面砖 240×60	m^2	48.47	9.28	8.89	7.73	9.28	8.89	7.73
	水泥	kg	0.39	113.38	119.14	134.78	70.39	76.15	91.79
	砂子	t	87.03	0.354	0.361	0.380	0.230	0.237	0.256
	干粉型胶粘剂	kg	5.75				42.10	50.72	56.03
	石料切割锯片	片	28.55	0.08	0.08	0.08	0.08	0.08	0.08
	棉纱	kg	16.11	0.10	0.10	0.10	0.10	0.10	0.10
	水	m^3	7.62	0.167	0.170	0.178	0.127	0.130	0.138
	水泥砂浆 1∶3	m^3		(0.168)	(0.168)	(0.168)	(0.135)	(0.135)	(0.135)
	水泥砂浆 1∶2	m^3		(0.051)	(0.051)	(0.051)			
	水泥砂浆 1∶1	m^3		(0.015)	(0.022)	(0.041)	(0.015)	(0.022)	(0.041)
机械	灰浆搅拌机 200L	台班	208.76	0.042	0.044	0.047	0.027	0.029	0.032
	小型机具	元		0.43	0.43	0.43	0.43	0.43	0.43

五、柱面镶贴块料

单位：10m²

编号				6-135	6-136	6-137	6-138	6-139
项目				挂贴大理石		柱面干挂大理石	碎拼大理石	
				砖柱面	混凝土柱面		砖柱面	混凝土柱面
预算基价	总价(元)			**5082.75**	**5386.53**	**5425.27**	**3141.83**	**3137.88**
	人工费(元)			1577.43	1787.04	1826.82	2047.14	2047.14
	材料费(元)			3486.48	3575.08	3592.86	1083.83	1081.35
	机械费(元)			18.84	24.41	5.59	10.86	9.39
组成内容		**单位**	**单价**	**数量**				
人工	综合工 一类	工日	153.00	10.31	11.68	11.94	13.38	13.38
材料	大理石板（综合）	m²	299.93	10.60	10.60	10.60		
	碎大理石板	m²	86.85				10.60	10.60
	白水泥	kg	0.64	1.55	1.55			
	水泥	kg	0.39	206.89	206.89		157.17	155.38
	砂子	t	87.03	0.591	0.591		0.377	0.314
	白灰	kg	0.30				8.09	14.29
	铁件	kg	9.49	3.06				
	不锈钢连接件	个	2.36			79.32		
	膨胀螺栓	套	0.82		92.00			
	膨胀螺栓 M8×75	套	1.51			79.32		
	合金钢钻头 *D*20	个	35.69		1.15	2.09		
	钢筋 *D*10以内	t	3970.73	0.015	0.015			
	铜丝	kg	73.55	0.78	0.78			
	电焊条（综合）	kg	7.59	0.14	0.28			
	塑料薄膜	m²	1.90	2.81	2.81			
	石料切割锯片	片	28.55	0.27	0.27	0.35		

续前

单位：$10m^2$

编号				6-135	6-136	6-137	6-138	6-139
项目				挂贴大理石		柱面干挂大理石	碎拼大理石	
				砖柱面	混凝土柱面		砖柱面	混凝土柱面
组成内容		单位	单价	数量				
材料	石材(云石)胶	kg	19.69			0.46		
	108胶	kg	4.45				4.40	4.80
	金刚石 三角形	块	8.31				2.10	2.10
	锡纸	kg	61.00				0.03	0.03
	清油	kg	15.06	0.05	0.05	0.05		
	煤油	kg	7.49	0.40	0.40	0.40		
	松节油	kg	7.93	0.06	0.06	0.06	1.50	1.50
	草酸	kg	10.93	0.10	0.10	0.10	0.30	0.30
	硬白蜡	kg	18.46	0.27	0.27	0.27	0.50	0.50
	棉纱	kg	16.11	0.10	0.10	0.10	0.10	0.10
	水	m^3	7.62	0.277	0.290	0.142	0.238	0.245
	白灰膏	m^3					(0.012)	(0.021)
	素水泥浆	m^3		(0.010)	(0.010)		(0.010)	(0.020)
	水泥砂浆 1∶3	m^3					(0.090)	
	水泥砂浆 1∶2.5	m^3		(0.393)	(0.393)			
	水泥砂浆 1∶1.5	m^3					(0.051)	(0.051)
	混合砂浆 1∶0.5∶3	m^3						(0.057)
	混合砂浆 1∶0.2∶2	m^3					(0.134)	(0.136)
机械	灰浆搅拌机 200L	台班	208.76	0.074	0.074		0.052	0.045
	钢筋调直机 *D*14	台班	37.25	0.008	0.008			
	钢筋切断机 *D*40	台班	42.81	0.008	0.008			
	交流弧焊机 32kV•A	台班	87.97	0.014	0.029			
	小型机具	元		1.52	5.77	5.59		

单位：10m²

编号				6-140	6-141	6-142	6-143	6-144
项目				挂贴花岗岩		柱面干挂花岗岩	碎拼花岗岩	
				砖柱面	混凝土柱面		砖柱面	混凝土柱面
预算基价	总价(元)			**5680.90**	**5984.69**	**6053.52**	**2689.96**	**2686.00**
	人工费(元)			1577.43	1787.04	1851.30	2047.14	2047.14
	材料费(元)			4084.25	4172.86	4192.07	631.96	629.47
	机械费(元)			19.22	24.79	10.15	10.86	9.39
组成内容		**单位**	**单价**	**数量**				
人工	综合工 一类	工日	153.00	10.31	11.68	12.10	13.38	13.38
材料	花岗岩板（综合）	m²	355.92	10.60	10.60	10.60		
	碎花岗岩板	m²	44.22				10.60	10.60
	白水泥	kg	0.64	1.55	1.55			
	水泥	kg	0.39	206.89	206.89		157.17	155.38
	砂子	t	87.03	0.591	0.591		0.377	0.314
	白灰	kg	0.30				8.09	14.29
	铁件	kg	9.49	3.06				
	不锈钢连接件	个	2.36			79.32		
	膨胀螺栓	套	0.82		92.00			
	膨胀螺栓 M8×75	套	1.51			79.32		
	合金钢钻头 *D*20	个	35.69		1.15	2.09		
	钢筋 *D*10以内	t	3970.73	0.015	0.015			
	铜丝	kg	73.55	0.78	0.78			
	电焊条（综合）	kg	7.59	0.14	0.28			
	塑料薄膜	m²	1.90	2.81	2.81			
	石料切割锯片	片	28.55	0.42	0.42	0.55		
	石材(云石)胶	kg	19.69			0.46		

续前

单位：10m²

编号				6-140	6-141	6-142	6-143	6-144
项目				挂贴花岗岩		柱面干挂花岗岩	碎拼花岗岩	
				砖柱面	混凝土柱面		砖柱面	混凝土柱面
组成内容		单位	单价	数量				
材料	108胶	kg	4.45				4.40	4.80
	金刚石 三角形	块	8.31				2.10	2.10
	锡纸	kg	61.00				0.03	0.03
	清油	kg	15.06	0.05	0.05	0.05		
	煤油	kg	7.49	0.40	0.40	0.40		
	松节油	kg	7.93	0.06	0.06	0.06	1.50	1.50
	草酸	kg	10.93	0.10	0.10	0.10	0.30	0.30
	硬白蜡	kg	18.46	0.27	0.27	0.27	0.50	0.50
	棉纱	kg	16.11	0.10	0.10	0.10	0.10	0.10
	水	m^3	7.62	0.277	0.290	0.142	0.238	0.245
	白灰膏	m^3					(0.012)	(0.021)
	素水泥浆	m^3		(0.010)	(0.010)		(0.010)	(0.020)
	水泥砂浆 1∶3	m^3					(0.090)	
	水泥砂浆 1∶2.5	m^3		(0.393)	(0.393)			
	水泥砂浆 1∶1.5	m^3					(0.051)	(0.051)
	混合砂浆 1∶0.5∶3	m^3						(0.057)
	混合砂浆 1∶0.2∶2	m^3					(0.134)	(0.136)
机械	灰浆搅拌机 200L	台班	208.76	0.074	0.074		0.052	0.045
	钢筋调直机 *D*14	台班	37.25	0.008	0.008			
	钢筋切断机 *D*40	台班	42.81	0.008	0.008			
	交流弧焊机 32kV·A	台班	87.97	0.014	0.029			
	小型机具	元		1.90	6.15	10.15		

单位：10m²

编号				6-145	6-146	6-147	6-148	6-149	6-150
项目				大理石		花岗岩		挂贴汉白玉	
				包圆柱	方柱包圆柱	包圆柱	方柱包圆柱	砖柱面	混凝土柱面
								1∶2.5水泥砂浆 50mm	
预算基价	总价(元)			**9687.28**	**10655.87**	**11086.43**	**12055.02**	**4870.08**	**5474.46**
	人工费(元)			1875.78	2357.73	1875.78	2357.73	1485.63	1843.65
	材料费(元)			7791.91	8272.66	9191.06	9671.81	3359.82	3597.76
	机械费(元)			19.59	25.48	19.59	25.48	24.63	33.05
组成内容		**单位**	**单价**	**数量**					
人工	综合工 一类	工日	153.00	12.26	15.41	12.26	15.41	9.71	12.05
材料	大理石板弧形 成品	m²	728.48	10.10	10.10				
	花岗岩板弧形 成品	m²	867.01			10.10	10.10		
	汉白玉 400×400	m²	286.14					10.20	10.20
	白水泥	kg	0.64	2.99	2.99	2.99	2.99	1.90	1.90
	水泥	kg	0.39	167.72	190.17	167.72	190.17	304.04	312.34
	砂子	t	87.03	0.424	0.493	0.424	0.493	0.891	0.916
	热轧扁钢 20×3	t	3676.67		0.012		0.012		
	热轧等边角钢 45×4	t	3751.83		0.125		0.125		
	铁件	kg	9.49					4.68	
	膨胀螺栓	套	0.82	80.80	80.80	80.80	80.80		
	膨胀螺栓 M8×75	套	1.51						140.30
	合金钢钻头 *D*20	个	35.69	3.20	3.20	3.20	3.20		1.76
	钢筋 *D*10以内	t	3970.73	0.022	0.008	0.022	0.008	0.018	0.018

续前

单位：10m²

编号				6-145	6-146	6-147	6-148	6-149	6-150
项目				大理石		花岗岩		挂贴汉白玉	
				包圆柱	方柱包圆柱	包圆柱	方柱包圆柱	砖柱面	混凝土柱面
								1∶2.5水泥砂浆 50mm	
组成内容		**单位**	**单价**	**数量**					
材料	铜丝	kg	73.55	0.71	0.70	0.71	0.70	1.22	1.22
	电焊条（综合）	kg	7.59	0.30	1.50	0.30	1.50	0.20	0.41
	塑料薄膜	m²	1.90	0.13	0.13	0.13	0.13	2.81	2.81
	石料切割锯片	片	28.55					0.34	0.35
	松木锯材 三类	m³	1661.90					0.001	0.001
	清油	kg	15.06	0.07	0.07	0.07	0.07	0.07	0.07
	煤油	kg	7.49	0.50	0.50	0.50	0.50	0.50	0.52
	松节油	kg	7.93	0.08	0.08	0.08	0.08	0.08	0.08
	草酸	kg	10.93					0.13	0.13
	硬白蜡	kg	18.46					0.33	0.34
	棉纱	kg	16.11					0.13	0.13
	水	m³	7.62	0.267	0.282	0.267	0.282	0.652	0.661
	素水泥浆	m³		(0.020)	(0.020)	(0.020)	(0.020)	(0.010)	(0.010)
	水泥砂浆 1∶2.5	m³		(0.282)	(0.328)	(0.282)	(0.328)	(0.592)	(0.609)
机械	灰浆搅拌机 200L	台班	208.76	0.064	0.075	0.064	0.075	0.109	0.112
	交流弧焊机 32kV•A	台班	87.97	0.017	0.057	0.017	0.057	0.014	0.029
	钢筋调直机 *D*14	台班	37.25	0.008	0.009	0.008	0.009	0.008	0.008
	钢筋切断机 *D*40	台班	42.81	0.008	0.009	0.008	0.009	0.008	0.008
	小型机具	元		4.09	4.09	4.09	4.09		6.48

编号				6-151	6-152	6-153	6-154	6-155	6-156
项目				挂贴大理石				柱面钢骨架上干挂	
				圆柱腰线（10m）	阴角线（10m）	柱墩（10m）	柱帽（10m）	大理石板（$10m^2$）	花岗岩板（$10m^2$）
预算基价	总价(元)			**1808.02**	**2979.82**	**6437.19**	**6870.42**	**5129.49**	**5722.99**
	人工费(元)			324.36	330.48	1906.38	1976.76	1572.84	1572.84
	材料费(元)			1478.47	2643.67	4501.82	4868.86	3555.13	4148.63
	机械费(元)			5.19	5.67	28.99	24.80	1.52	1.52
组成内容		单位	单价	数量					
人工	综合工 一类	工日	153.00	2.12	2.16	12.46	12.92	10.28	10.28
材料	大理石圆弧腰线 80mm	m	130.92	10.10					
	大理石圆弧阴角线 180mm	m	244.39		10.10				
	大理石柱墩 高度400mm	m	381.86			10.10			
	大理石柱帽 高度250mm	m	416.77				10.10		
	大理石板（综合）	m^2	299.93					10.60	
	花岗岩板（综合）	m^2	355.92						10.60
	白水泥	kg	0.64	0.12	0.25	2.32	2.32		
	水泥	kg	0.39	91.78	172.34	325.03	370.65		
	砂子	t	87.03	0.283	0.531	0.955	0.767		
	铁件	kg	9.49	2.55	0.57	4.12	3.57		
	不锈钢干挂件	套	3.74					47.20	47.20
	膨胀螺栓	套	0.82			122.20	122.20		
	钢筋 *D*10以内	t	3970.73	0.002	0.004	0.029	0.027		
	铜丝	kg	73.55	0.62	0.15	1.02	1.40		
	电焊条（综合）	kg	7.59	0.01	0.05	0.32	0.35		

续前

编号				6-151	6-152	6-153	6-154	6-155	6-156
项目				挂贴大理石				柱面钢骨架上干挂	
				圆柱腰线（10m）	阴角线（10m）	柱墩（10m）	柱帽（10m）	大理石板（$10m^2$）	花岗岩板（$10m^2$）
组成内容		**单位**	**单价**	**数量**					
材料	合金钢钻头 *D*20	个	35.69	0.15	0.22	1.52	1.52		
	石料切割锯片	片	28.55	0.22	0.10	0.72	0.65	0.27	0.27
	泡沫塑料密封条	m	0.91					31.00	31.00
	结构胶	kg	43.70					2.00	2.00
	密封胶	kg	31.90					2.00	2.00
	清油	kg	15.06	0.08	0.18	0.18	0.18		
	煤油	kg	7.49					0.40	0.40
	松节油	kg	7.93	0.32	0.72			0.06	0.06
	草酸	kg	10.93	0.01	0.02	0.26	0.26	0.10	0.10
	硬白蜡	kg	18.46	0.02	0.11	0.78	0.78	0.27	0.27
	棉纱	kg	16.11	0.08	0.40	0.26	0.26	0.10	0.10
	水	m^3	7.62	0.094	0.160	0.371	0.371	0.140	0.140
	素水泥浆	m^3				(0.010)	(0.081)		
	水泥砂浆 1∶2.5	m^3		(0.188)	(0.353)	(0.635)	(0.510)		
机械	灰浆搅拌机 200L	台班	208.76	0.013	0.017	0.101	0.083		
	钢筋调直机 *D*14	台班	37.25	0.001	0.001	0.009	0.010		
	钢筋切断机 *D*40	台班	42.81	0.001	0.001	0.009	0.010		
	交流弧焊机 32kV·A	台班	87.97	0.006	0.008	0.030	0.035		
	小型机具	元		1.87	1.34	4.55	3.59	1.52	1.52

单位：10m²

编号				6-157	6-158	6-159	6-160	6-161	6-162
项目				凹凸假麻石块	陶瓷锦砖	玻璃陶瓷锦砖	瓷板152×152	文化石	卵石
				柱面水泥砂浆粘贴					
预算基价	总价(元)			**2189.17**	**1716.45**	**1793.61**	**1672.74**	**2390.92**	**2514.36**
	人工费(元)			1248.48	1237.77	1231.65	1175.04	1066.41	2126.70
	材料费(元)			932.55	472.42	552.57	489.84	1312.97	379.52
	机械费(元)			8.14	6.26	9.39	7.86	11.54	8.14
组成内容		**单位**	**单价**	**数量**					
人工	综合工 一类	工日	153.00	8.16	8.09	8.05	7.68	6.97	13.90
材料	凹凸假麻石墙面砖	m^2	80.41	10.60					
	陶瓷锦砖	m^2	39.71		10.15				
	玻璃陶瓷锦砖	m^2	44.92			10.15			
	瓷板 152×152	m^2	38.54				10.60		
	文化石	m^2	114.52					10.60	
	卵石 20～40	t	400.00						0.530
	白水泥	kg	0.64	1.55	2.58	15.02	1.55		
	水泥	kg	0.39	125.92	85.04	109.90	130.66	144.28	321.00
	砂子	t	87.03	0.308	0.244	0.354	0.261	0.426	0.395
	白灰	kg	0.30		6.99	4.95			
	108胶	kg	4.45		1.92	1.96	0.22		
	石料切割锯片	片	28.55				0.10	0.08	
	棉纱	kg	16.11	0.10	0.10	0.10	0.10	0.10	0.40
	水	m^3	7.62	0.221	0.139	0.201	0.159	0.239	0.198
	白灰膏	m^3			(0.010)	(0.007)			
	白水泥浆	m^3				(0.010)			
	素水泥浆	m^3		(0.020)	(0.010)		(0.010)		
	水泥砂浆 1:3	m^3		(0.135)	(0.135)	(0.157)	(0.112)	(0.180)	
	水泥砂浆 1:2	m^3		(0.067)				(0.082)	
	水泥砂浆 1:1	m^3					(0.082)	(0.025)	(0.390)
	混合砂浆 1:1:2	m^3			(0.031)				
	混合砂浆 1:0.2:2	m^3				(0.082)			
机械	灰浆搅拌机 200L	台班	208.76	0.039	0.030	0.045	0.035	0.053	0.039
	小型机具	元					0.55	0.48	

单位：10m²

编号				6-163	6-164	6-165	6-166	6-167
项目				凹凸假麻石块	陶瓷锦砖	玻璃陶瓷锦砖	瓷砖152×152	文化石
				柱面干粉型胶粘剂粘贴				
预算基价	总价(元)			**2556.10**	**2083.86**	**2132.19**	**2003.18**	**2725.64**
	人工费(元)			1403.01	1380.06	1372.41	1300.50	1193.40
	材料费(元)			1145.57	697.54	750.39	697.75	1524.87
	机械费(元)			7.52	6.26	9.39	4.93	7.37
组成内容		**单位**	**单价**	**数量**				
人工	综合工 一类	工日	153.00	9.17	9.02	8.97	8.50	7.80
材料	凹凸假麻石墙面砖	m²	80.41	10.60				
	陶瓷锦砖	m²	39.71		10.15			
	玻璃陶瓷锦砖	m²	44.92			10.15		
	瓷板 152×152	m²	38.54				10.60	
	文化石	m²	114.52					10.60
	白水泥	kg	0.64	1.55	2.58	2.58	1.55	
	水泥	kg	0.39	73.06	73.06	67.50	62.74	94.67
	砂子	t	87.03	0.215	0.215	0.250	0.177	0.307
	108胶	kg	4.45		0.23		0.22	
	干粉型胶粘剂	kg	5.75	42.10	42.10	42.10	42.10	42.10
	石料切割锯片	片	28.55				0.10	0.08
	棉纱	kg	16.11	0.10	0.10	0.10	0.10	0.10
	水	m³	7.62	0.176	0.121	0.135	0.110	0.177
	素水泥浆	m³		(0.010)	(0.010)		(0.010)	
	水泥砂浆 1∶3	m³		(0.135)	(0.135)	(0.157)	(0.111)	(0.180)
	水泥砂浆 1∶1	m³						(0.021)
机械	灰浆搅拌机 200L	台班	208.76	0.036	0.030	0.045	0.021	0.033
	小型机具	元					0.55	0.48

六、零星镶贴块料

单位：$10m^2$

编号				6-168	6-169	6-170	6-171
项目				石材零星项目			
				挂贴大理石	粘贴大理石		碎拼大理石
					水泥砂浆粘贴	干粉型胶粘剂粘贴	
预算基价	总价(元)			**5499.84**	**4416.58**	**4794.83**	**3444.77**
	人工费(元)			1920.15	1017.45	1051.11	2350.08
	材料费(元)			3554.52	3388.90	3733.49	1083.83
	机械费(元)			25.17	10.23	10.23	10.86
组成内容		单位	单价	数量			
人工	综合工 一类	工日	153.00	12.55	6.65	6.87	15.36
材料	大理石板（综合）	m^2	299.93	10.60	10.60	10.60	
	碎大理石板	m^2	86.85				10.60
	白水泥	kg	0.64	1.55	1.75	1.75	
	水泥	kg	0.39	206.89	100.67	64.06	157.17
	砂子	t	87.03	0.591	0.350	0.237	0.377
	白灰	kg	0.30				8.09
	膨胀螺栓	套	0.82	60.60			
	钢筋 *D*10以内	t	3970.73	0.016			
	铜丝	kg	73.55	0.78			
	电焊条（综合）	kg	7.59	0.27			
	合金钢钻头 *D*20	个	35.69	1.15			
	石料切割锯片	片	28.55	0.35	0.30	0.30	
	YJ-302胶粘剂	kg	26.39		1.17		
	YJ-III胶粘剂	kg	18.17		4.67		
	干粉型胶粘剂	kg	5.75			84.30	

续前

单位：10m²

编号				6-168	6-169	6-170	6-171
项目				石材零星项目			
				挂贴大理石	粘贴大理石		碎拼大理石
					水泥砂浆粘贴	干粉型胶粘剂粘贴	
组成内容		单位	单价	数量			
材料	108胶	kg	4.45				4.40
	金刚石 三角形	块	8.31				2.10
	锡纸	kg	61.00				0.03
	清油	kg	15.06	0.07	0.06	0.06	
	煤油	kg	7.49	0.52	0.45	0.45	
	松节油	kg	7.93	0.08	0.07	0.07	1.50
	草酸	kg	10.93	0.12	0.11	0.11	0.30
	硬白蜡	kg	18.46	0.39	0.30	0.30	0.50
	棉纱	kg	16.11	0.13	0.11	0.11	0.10
	水	m³	7.62	0.299	0.153	0.114	0.238
	白灰膏	m³					(0.012)
	素水泥浆	m³		(0.010)			(0.010)
	水泥砂浆 1:3	m³			(0.149)	(0.149)	(0.090)
	水泥砂浆 1:2.5	m³		(0.393)	(0.075)		
	水泥砂浆 1:1.5	m³					(0.051)
	混合砂浆 1:0.2:2	m³					(0.134)
机械	灰浆搅拌机 200L	台班	208.76	0.079	0.041	0.041	0.052
	钢筋调直机 $D14$	台班	37.25	0.008			
	钢筋切断机 $D40$	台班	42.81	0.008			
	交流弧焊机 32kV·A	台班	87.97	0.024			
	小型机具	元		5.93	1.67	1.67	

单位：10m²

编号				6-172	6-173	6-174	6-175
项目				石材零星项目			
				挂贴花岗岩	粘贴花岗岩		碎拼花岗岩
					水泥砂浆粘贴	干粉型胶粘剂粘贴	
预算基价	总价(元)			**6105.45**	**5002.43**	**5388.32**	**2992.90**
	人工费(元)			1920.15	1009.80	1051.11	2350.08
	材料费(元)			4160.18	3982.40	4326.98	631.96
	机械费(元)			25.12	10.23	10.23	10.86
组成内容		**单位**	**单价**	**数量**			
人工	综合工 一类	工日	153.00	12.55	6.60	6.87	15.36
材料	花岗岩板（综合）	m²	355.92	10.60	10.60	10.60	
	碎花岗岩板	m²	44.22				10.60
	白水泥	kg	0.64	1.55	1.75	1.75	
	水泥	kg	0.39	206.89	100.67	64.06	157.17
	砂子	t	87.03	0.591	0.350	0.237	0.377
	白灰	kg	0.30				8.09
	膨胀螺栓	套	0.82	60.60			
	钢筋 *D*10以内	t	3970.73	0.016			
	铜丝	kg	73.55	0.90			
	电焊条（综合）	kg	7.59	0.27			
	合金钢钻头 *D*20	个	35.69	1.15			
	石料切割锯片	片	28.55	0.45	0.30	0.30	
	YJ-302胶粘剂	kg	26.39		1.17		
	YJ-III胶粘剂	kg	18.17		4.67		
	干粉型胶粘剂	kg	5.75			84.30	

续前

单位：10m²

编号				6-172	6-173	6-174	6-175
项目				石材零星项目			
				挂贴花岗岩	粘贴花岗岩		碎拼花岗岩
					水泥砂浆粘贴	干粉型胶粘剂粘贴	
组成内容		**单位**	**单价**	**数量**			
材料	108胶	kg	4.45				4.40
	金刚石 三角形	块	8.31				2.10
	锡纸	kg	61.00				0.03
	清油	kg	15.06	0.07	0.06	0.06	
	煤油	kg	7.49	0.52	0.45	0.45	
	松节油	kg	7.93	0.08	0.07	0.07	1.50
	草酸	kg	10.93	0.12	0.11	0.11	0.30
	硬白蜡	kg	18.46	0.39	0.30	0.30	0.50
	棉纱	kg	16.11	0.16	0.11	0.11	0.10
	水	m³	7.62	0.299	0.153	0.114	0.238
	白灰膏	m³					(0.012)
	素水泥浆	m³		(0.010)			(0.010)
	水泥砂浆 1∶3	m³			(0.149)	(0.149)	(0.090)
	水泥砂浆 1∶2.5	m³		(0.393)	(0.075)		
	水泥砂浆 1∶1.5	m³					(0.051)
	混合砂浆 1∶0.2∶2	m³					(0.134)
机械	灰浆搅拌机 200L	台班	208.76	0.074	0.041	0.041	0.052
	钢筋调直机 *D*14	台班	37.25	0.008			
	钢筋切断机 *D*40	台班	42.81	0.008			
	交流弧焊机 32kV·A	台班	87.97	0.029			
	小型机具	元		6.48	1.67	1.67	

单位：10m²

编号				6-176	6-177	6-178	6-179	6-180	6-181
项目				块料零星项目					
				凹凸假麻石块	陶瓷锦砖	玻璃陶瓷锦砖	瓷板152×152	文化石	卵石
				水泥砂浆粘贴					
预算基价	总价(元)			**2275.89**	**2266.37**	**2339.70**	**1816.00**	**2395.96**	**2800.31**
	人工费(元)			1318.86	1770.21	1751.85	1308.15	1071.00	2339.37
	材料费(元)			947.84	489.27	577.20	498.89	1313.42	379.52
	机械费(元)			9.19	6.89	10.65	8.96	11.54	81.42
组成内容		**单位**	**单价**	**数量**					
人工	综合工 一类	工日	153.00	8.62	11.57	11.45	8.55	7.00	15.29
材料	凹凸假麻石墙面砖	m²	80.41	10.60					
	陶瓷锦砖	m²	39.71		10.40				
	玻璃陶瓷锦砖	m²	44.92			10.40			
	瓷板 152×152	m²	38.54				10.60		
	文化石	m²	114.52					10.60	
	卵石 20～40	t	400.00						0.530
	白水泥	kg	0.64	1.86	2.89	19.41	1.75		
	水泥	kg	0.39	150.45	94.15	122.29	145.16	144.28	321.00
	砂子	t	87.03	0.368	0.271	0.395	0.291	0.426	0.395

单位：10m²

编号				6-176	6-177	6-178	6-179	6-180	6-181
项目				块料零星项目					
				凹凸假麻石块	陶瓷锦砖	玻璃陶瓷锦砖	瓷板152×152	文化石	卵石
				水泥砂浆粘贴					
组成内容		单位	单价	数量					
材料	白灰	kg	0.30		7.67	5.49			
	108胶	kg	4.45		2.01	2.29	0.25		
	石料切割锯片	片	28.55				0.11	0.09	
	棉纱	kg	16.11	0.11	0.11	0.11	0.11	0.11	0.40
	水	m³	7.62	0.240	0.147	0.253	0.168	0.239	0.198
	白灰膏	m³			(0.011)	(0.008)			
	白水泥浆	m³				(0.011)			
	素水泥浆	m³		(0.024)	(0.011)		(0.011)		
	水泥砂浆 1:3	m³		(0.161)	(0.150)	(0.175)	(0.125)	(0.180)	
	水泥砂浆 1:2	m³		(0.080)				(0.082)	
	水泥砂浆 1:1	m³					(0.091)	(0.025)	(0.390)
	混合砂浆 1:1:2	m³			(0.034)				
	混合砂浆 1:0.2:2	m³				(0.091)			
机械	灰浆搅拌机 200L	台班	208.76	0.044	0.033	0.051	0.040	0.053	0.390
	小型机具	元					0.61	0.48	

单位：10m²

编号			6-182	6-183	6-184	6-185	6-186
项目			块料零星项目				
			凹凸假麻石块	陶瓷锦砖	玻璃陶瓷锦砖	瓷板152×152	文化石
			干粉型胶粘剂粘贴				
预算基价	总价(元)		**2703.07**	**2719.69**	**2758.76**	**2185.14**	**2758.70**
	人工费(元)		1484.10	1973.70	1953.81	1450.44	1199.52
	材料费(元)		1210.41	739.10	794.30	729.29	1551.81
	机械费(元)		8.56	6.89	10.65	5.41	7.37
组成内容	**单位**	**单价**	**数量**				
人工 综合工 一类	工日	153.00	9.70	12.90	12.77	9.48	7.84
材料 凹凸假麻石墙面砖	m^2	80.41	10.60				
陶瓷锦砖	m^2	39.71		10.40			
玻璃陶瓷锦砖	m^2	44.92			10.40		
瓷板 152×152	m^2	38.54				10.60	
文化石	m^2	114.52					10.60
白水泥	kg	0.64	1.86	2.89	2.86	1.75	
水泥	kg	0.39	87.24	80.15	75.24	69.40	94.67
砂子	t	87.03	0.368	0.235	0.278	0.196	0.308
108胶	kg	4.45		0.25		0.25	
干粉型胶粘剂	kg	5.75	50.02	46.74	46.74	46.70	46.70
石料切割锯片	片	28.55				0.11	0.09
棉纱	kg	16.11	0.11	0.11	0.11	0.11	0.11
水	m^3	7.62	0.189	0.120	0.162	0.128	0.171
素水泥浆	m^3		(0.012)	(0.011)		(0.011)	
水泥砂浆 1∶3	m^3		(0.161)	(0.148)	(0.175)	(0.123)	(0.180)
水泥砂浆 1∶1	m^3						(0.021)
机械 灰浆搅拌机 200L	台班	208.76	0.041	0.033	0.051	0.023	0.033
小型机具	元					0.61	0.48

七、水池、花坛壁镶贴块料

单位：10m²

编号				6-187	6-188	6-189	6-190	6-191	6-192
项目				挂贴大理石		粘贴大理石		碎拼大理石	
				砖面	混凝土面	砖面	混凝土面	砖面	混凝土面
预算基价	总价(元)			**5001.98**	**5138.79**	**4345.06**	**4452.61**	**3056.52**	**3052.19**
	人工费(元)			1568.25	1669.23	1055.70	1129.14	1979.82	1979.82
	材料费(元)			3414.79	3448.20	3280.32	3314.85	1065.84	1063.18
	机械费(元)			18.94	21.36	9.04	8.62	10.86	9.19
组成内容		**单位**	**单价**	**数量**					
人工	综合工 一类	工日	153.00	10.25	10.91	6.90	7.38	12.94	12.94
材料	大理石板（综合）	m²	299.93	10.40	10.40	10.40	10.40		
	碎大理石板	m²	86.85					10.40	10.40
	白水泥	kg	0.64	1.55	1.55	1.55	1.55		
	水泥	kg	0.39	206.89	206.89	90.75	80.86	156.14	154.49
	砂子	t	87.03	0.591	0.591	0.316	0.279	0.375	0.311
	白灰	kg	0.30					7.97	14.12
	铁件	kg	9.49	3.49					
	膨胀螺栓	套	0.82		52.40				
	合金钢钻头 *D*20	个	35.69		0.66				
	钢筋 *D*10以内	t	3970.73	0.011	0.011				
	铜丝	kg	73.55	0.78	0.78				
	电焊条（综合）	kg	7.59	0.15	0.15				
	塑料薄膜	m²	1.90	2.81	2.81				
	石料切割锯片	片	28.55	0.27	0.27	0.27	0.27		
	YJ-III胶粘剂	kg	18.17			4.21	4.21		
	YJ-302胶粘剂	kg	26.39				1.58		

单位：10m^2

编号				6-187	6-188	6-189	6-190	6-191	6-192
项目				挂贴大理石		粘贴大理石		碎拼大理石	
				砖面	混凝土面	砖面	混凝土面	砖面	混凝土面
组成内容		单位	单价	数量					
材料	108胶	kg	4.45					4.40	4.77
	金刚石 三角形	块	8.31					2.10	2.10
	锡纸	kg	61.00					0.03	0.03
	清油	kg	15.06	0.05	0.05	0.05	0.05		
	煤油	kg	7.49	0.40	0.40	0.40	0.40		
	松节油	kg	7.93	0.06	0.06	0.06	0.06	1.50	1.50
	草酸	kg	10.93	0.10	0.10	0.10	0.10	0.30	0.30
	硬白蜡	kg	18.46	0.27	0.27	0.27	0.27	0.50	0.50
	棉纱	kg	16.11	0.10	0.10	0.10	0.10	0.10	0.10
	水	m^3	7.62	0.281	0.281	0.137	0.126	0.236	0.244
	白灰膏	m^3						(0.012)	(0.020)
	素水泥浆	m^3		(0.010)	(0.010)			(0.010)	(0.020)
	水泥砂浆 1:3	m^3				(0.135)	(0.112)	(0.090)	
	水泥砂浆 1:2.5	m^3		(0.393)	(0.393)	(0.067)	(0.067)		
	水泥砂浆 1:1.5	m^3						(0.051)	(0.051)
	混合砂浆 1:0.5:3	m^3							(0.056)
	混合砂浆 1:0.2:2	m^3						(0.132)	(0.135)
机械	灰浆搅拌机 200L	台班	208.76	0.074	0.074	0.036	0.034	0.052	0.044
	钢筋调直机 *D*14	台班	37.25	0.006	0.006				
	钢筋切断机 *D*40	台班	42.81	0.006	0.006				
	交流弧焊机 32kV•A	台班	87.97	0.017	0.017				
	小型机具	元		1.52	3.94	1.52	1.52		

单位：10m²

编号				6-193	6-194	6-195	6-196	6-197	6-198
项目				挂贴花岗岩		粘贴花岗岩		碎拼花岗岩	
				砖面	混凝土面	砖面	混凝土面	砖面	混凝土面
预算基价	总价(元)			**5588.94**	**5725.74**	**4927.36**	**5034.70**	**2612.76**	**2608.83**
	人工费(元)			1568.25	1669.23	1055.70	1129.14	1979.82	1979.82
	材料费(元)			4001.37	4034.77	3862.62	3897.15	622.08	619.82
	机械费(元)			19.32	21.74	9.04	8.41	10.86	9.19
组成内容		单位	单价	数量					
人工	综合工 一类	工日	153.00	10.25	10.91	6.90	7.38	12.94	12.94
材料	花岗岩板（综合）	m²	355.92	10.40	10.40	10.40	10.40		
	碎花岗岩板	m²	44.22					10.40	10.40
	白水泥	kg	0.64	1.55	1.55	1.55	1.55		
	水泥	kg	0.39	206.89	206.89	90.75	80.86	155.62	154.49
	砂子	t	87.03	0.591	0.591	0.316	0.279	0.373	0.311
	白灰	kg	0.30					7.90	14.12
	铁件	kg	9.49	3.49					
	膨胀螺栓	套	0.82		52.40				
	合金钢钻头 *D*20	个	35.69		0.66				
	钢筋 *D*10以内	t	3970.73	0.011	0.011				
	铜丝	kg	73.55	0.78	0.78				
	电焊条（综合）	kg	7.59	0.15	0.15				
	塑料薄膜	m²	1.90	2.81	2.81				
	石料切割锯片	片	28.55	0.42	0.42	0.27	0.27		
	YJ-III胶粘剂	kg	18.17			4.21	4.21		
	YJ-302胶粘剂	kg	26.39				1.58		
	108胶	kg	4.45					4.40	4.77

续前

单位：$10m^2$

编号				6-193	6-194	6-195	6-196	6-197	6-198
项目				挂贴花岗岩		粘贴花岗岩		碎拼花岗岩	
				砖面	混凝土面	砖面	混凝土面	砖面	混凝土面
组成内容		单位	单价	数量					
材料	金刚石 三角形	块	8.31					2.10	2.10
	锡纸	kg	61.00					0.03	0.03
	清油	kg	15.06	0.05	0.05	0.05	0.05		
	煤油	kg	7.49	0.40	0.40	0.40	0.40		
	松节油	kg	7.93	0.06	0.06	0.06	0.06	1.50	1.50
	草酸	kg	10.93	0.10	0.10	0.10	0.10	0.30	0.30
	硬白蜡	kg	18.46	0.27	0.27	0.27	0.27	0.50	0.50
	棉纱	kg	16.11	0.10	0.10	0.10	0.10	0.10	0.10
	水	m^3	7.62	0.281	0.281	0.137	0.126	0.235	0.244
	白灰膏	m^3						(0.011)	(0.020)
	素水泥浆	m^3		(0.010)	(0.010)			(0.010)	(0.020)
	水泥砂浆 1:3	m^3				(0.135)	(0.112)	(0.090)	
	水泥砂浆 1:2.5	m^3		(0.393)	(0.393)	(0.067)	(0.067)		
	水泥砂浆 1:1.5	m^3						(0.051)	(0.051)
	混合砂浆 1:0.5:3	m^3							(0.056)
	混合砂浆 1:0.2:2	m^3						(0.131)	(0.135)
机械	灰浆搅拌机 200L	台班	208.76	0.074	0.074	0.036	0.033	0.052	0.044
	钢筋调直机 *D*14	台班	37.25	0.006	0.006				
	钢筋切断机 *D*40	台班	42.81	0.006	0.006				
	交流弧焊机 32kV•A	台班	87.97	0.017	0.017				
	小型机具	元		1.90	4.32	1.52	1.52		

单位：10m²

编号				6-199	6-200	6-201	6-202
项目				水泥砂浆粘贴			
				凹凸假麻石块	面砖150×75		
					灰缝5mm	灰缝10mm以内	灰缝20mm以内
预算基价	总价(元)			**1857.80**	**1636.92**	**1619.18**	**1581.29**
	人工费(元)			933.30	1184.22	1182.69	1176.57
	材料费(元)			916.36	443.50	426.87	394.48
	机械费(元)			8.14	9.20	9.62	10.24
组成内容		**单位**	**单价**	**数量**			
人工	综合工 一类	工日	153.00	6.10	7.74	7.73	7.69
材料	凹凸假麻石墙面砖	m²	80.41	10.40			
	墙面砖 150×75	m²	39.03		9.31	8.81	7.78
	白水泥	kg	0.64	1.55			
	水泥	kg	0.39	125.92	113.38	119.14	134.78
	砂子	t	87.03	0.308	0.354	0.361	0.380
	石料切割锯片	片	28.55		0.08	0.08	0.08
	棉纱	kg	16.11	0.10	0.10	0.10	0.10
	水	m³	7.62	0.207	0.159	0.162	0.170
	素水泥浆	m³		(0.020)			
	水泥砂浆 1∶3	m³		(0.135)	(0.168)	(0.168)	(0.168)
	水泥砂浆 1∶2	m³		(0.067)	(0.051)	(0.051)	(0.051)
	水泥砂浆 1∶1	m³			(0.015)	(0.022)	(0.041)
机械	灰浆搅拌机 200L	台班	208.76	0.039	0.042	0.044	0.047
	小型机具	元			0.43	0.43	0.43

八、墙、柱面装饰

单位：10m²

编号				6-203	6-204	6-205	6-206	6-207
项目				木龙骨断面7.5cm²以内		木龙骨断面13cm²以内		
				平均中距(cm)				
				30以内	40以内	30以内	40以内	45以内
预算基价	总价(元)			**444.38**	**367.54**	**553.42**	**457.82**	**433.83**
	人工费(元)			188.19	160.65	188.19	162.18	162.18
	材料费(元)			253.98	205.05	363.02	293.78	269.87
	机械费(元)			2.21	1.84	2.21	1.86	1.78
组成内容		单位	单价	数量				
人工	综合工 一类	工日	153.00	1.23	1.05	1.23	1.06	1.06
材料	杉木锯材	m³	2596.26	0.079	0.063	0.121	0.097	0.088
	膨胀螺栓	套	0.82	31.59	26.99	31.59	27.23	27.23
	合金钢钻头	个	25.96	0.78	0.67	0.78	0.68	0.68
	铁钉	kg	6.68	0.39	0.28	0.39	0.28	0.20
	防腐油	kg	0.52	0.22	0.18	0.22	0.18	0.16
机械	木工圆锯机 *D*500	台班	26.53	0.029	0.023	0.029	0.023	0.020
	小型机具	元		1.44	1.23	1.44	1.25	1.25

单位：10m²

编号				6-208	6-209	6-210	6-211
项目				木龙骨断面20cm²以内			
				平均中距(cm)			
				30以内	40以内	45以内	50以内
预算基价	总价(元)			**701.90**	**577.47**	**537.68**	**486.35**
	人工费(元)			192.78	166.77	162.18	142.29
	材料费(元)			506.87	408.81	373.72	342.44
	机械费(元)			2.25	1.89	1.78	1.62
组成内容		**单位**	**单价**	**数量**			
人工	综合工 一类	工日	153.00	1.26	1.09	1.06	0.93
材料	杉木锯材	m³	2596.26	0.176	0.141	0.128	0.118
	膨胀螺栓	套	0.82	32.24	27.88	27.23	23.84
	合金钢钻头	个	25.96	0.80	0.69	0.68	0.59
	铁钉	kg	6.68	0.39	0.28	0.20	0.17
	防腐油	kg	0.52	0.22	0.18	0.16	0.16
机械	木工圆锯机 *D*500	台班	26.53	0.029	0.023	0.020	0.020
	小型机具	元		1.48	1.28	1.25	1.09

单位：10m^2

编号				6-212	6-213	6-214	6-215	6-216	6-217	6-218
项目				木龙骨断面30cm^{2}以内				木龙骨断面45cm^{2}以内		
				平均中距(cm)						
				40以内	45以内	50以内	55以内	50以内	60以内	80以内
预算基价	总价(元)			**756.08**	**706.66**	**650.39**	**590.41**	**823.82**	**733.64**	**614.13**
	人工费(元)			168.30	166.77	146.88	146.88	148.41	134.64	99.45
	材料费(元)			585.88	538.08	501.86	441.93	673.74	597.49	513.54
	机械费(元)			1.90	1.81	1.65	1.60	1.67	1.51	1.14
组成内容		**单位**	**单价**	**数量**						
人工	综合工 一类	工日	153.00	1.10	1.09	0.96	0.96	0.97	0.88	0.65
材料	杉木锯材	m^3	2596.26	0.209	0.191	0.179	0.156	0.245	0.217	0.188
	膨胀螺栓	套	0.82	28.20	27.88	24.48	24.48	24.81	22.62	16.73
	合金钢钻头	个	25.96	0.70	0.69	0.61	0.61	0.62	0.56	0.42
	铁钉	kg	6.68	0.28	0.20	0.17	0.14	0.17	0.14	0.11
	防腐油	kg	0.52	0.18	0.16	0.16	0.14	0.16	0.16	0.16
机械	木工圆锯机 *D*500	台班	26.53	0.023	0.020	0.020	0.018	0.020	0.018	0.014
	小型机具	元		1.29	1.28	1.12	1.12	1.14	1.03	0.77

单位：10m²

编号				6-219	6-220	6-221	6-222
项目				轻钢龙骨			
				中距(cm)			石膏龙骨
				竖60.3 横150	单向50以内	单向150以内	
预算基价	总价(元)			**413.92**	**537.58**	**403.82**	**1227.02**
	人工费(元)			140.76	162.18	188.19	140.76
	材料费(元)			271.27	371.93	200.28	1085.27
	机械费(元)			1.89	3.47	15.35	0.99
组成内容		单位	单价	数量			
人工	综合工 一类	工日	153.00	0.92	1.06	1.23	0.92
材料	轻钢龙骨 75×40×0.63	m	5.56	10.64			
	轻钢龙骨 75×50×0.63	m	6.82	19.95			
	铝合金龙骨 60×30	m	11.68		24.82		
	热轧等边角钢 45×4	t	3751.83			0.043	
	石膏龙骨 50×70	m	12.98				46.27
	热轧槽钢 60	t	3689.01				0.009
	膨胀螺栓	套	0.82	22.68	59.52	27.21	21.02
	铆钉	个	0.44	94.00			
	合金钢钻头	个	25.96	0.62	1.28	0.62	0.54
	电焊条（综合）	kg	7.59			0.02	
	铁钉	kg	6.68				51.02
	乙炔气 5.5～6.5kg	m^3	16.13			0.016	
	氧气 $6m^3$	m^3	2.88			0.048	
	石膏粉	kg	0.94				31.30
	791胶粘剂	kg	6.49				7.63
	792胶粘剂	kg	15.79				0.03
机械	交流弧焊机 32kV•A	台班	87.97			0.154	
	小型机具	元		1.89	3.47	1.80	0.99

单位：$10m^2$

编号				6-223	6-224	6-225	6-226	6-227	6-228
项目				胶合板基层		石膏板基层	细木工板基层	玻璃棉毡隔离层	油毡隔离层
				5mm	9mm				
预算基价	总价(元)			**444.56**	**725.54**	**233.13**	**1446.76**	**371.83**	**115.22**
	人工费(元)			97.92	114.75	108.63	133.11	52.02	61.20
	材料费(元)			337.98	597.78	124.50	1300.64	319.81	54.02
	机械费(元)			8.66	13.01		13.01		
组成内容		单位	单价	数量					
人工	综合工 一类	工日	153.00	0.64	0.75	0.71	0.87	0.34	0.40
材料	胶合板 厚5mm	m^2	30.54	10.50					
	胶合板 厚9mm	m^2	55.18		10.50				
	石膏板	m^2	10.58			10.50			
	大芯板（细木工板）	m^2	122.10				10.50		
	玻璃棉毡	m^2	30.42					10.50	
	油毡	m^2	3.83						10.50
	射钉(枪钉)	个	0.36	6.00	9.00		9.00		
	铁钉	kg	6.68	0.26	0.26		0.29	0.06	0.06
	聚醋酸乙烯乳液	kg	9.51	1.41	1.41	1.41	1.41		1.41
机械	电动空气压缩机 排气量$0.3m^3/min$	台班	31.50	0.275	0.413		0.413		

编号				6-229	6-230	6-231	6-232	6-233	6-234
项目				镜面玻璃墙面		镭射玻璃墙面		不锈钢面板墙面（10m²）	不锈钢卡口槽（10m）
				在胶合板上粘贴（10m²）	在砂浆面上粘贴（10m²）	在胶合板上粘贴（10m²）	在砂浆面上粘贴（10m²）		
预算基价	总价(元)			**1629.18**	**2170.56**	**3345.02**	**3880.28**	**4606.51**	**484.54**
	人工费(元)			258.57	361.08	241.74	338.13	630.36	232.56
	材料费(元)			1370.61	1807.26	3103.28	3539.93	3976.15	251.98
	机械费(元)				2.22		2.22		
组成内容		**单位**	**单价**	**数量**					
人工	综合工 一类	工日	153.00	1.69	2.36	1.58	2.21	4.12	1.52
材料	镜面玻璃 6.0	m^2	67.98	12.10	12.10				
	镭射玻璃 成品	m^2	248.08			10.30	10.30		
	镜面不锈钢板 8K成型	m^2	324.10					11.57	
	不锈钢卡口槽	m	19.16						10.60
	杉木锯材	m^3	2596.26		0.008		0.008		
	镀锌螺钉 M7.5带垫	套	1.10	117.90	81.63	117.90	81.63		
	不锈钢钉	kg	30.55	0.25		0.25			
	不锈钢压条 6.5×15	m	11.77	12.47		12.47			
	合金钢钻头	个	25.96		0.60		0.60		
	双面强力弹性胶带 7.0	m	2.08		50.53		50.53		
	铝收口条压条	m	11.00		68.09		68.09		
	玻璃胶 350g	支	24.44	10.80		10.80		9.26	2.00
	XY-518胶	kg	17.89		0.25		0.25		
机械	小型机具	元			2.22		2.22		

单位：10m²

编号				6-235	6-236	6-237	6-238	6-239
项目				胶合板墙面	硬木板条墙面	杉木薄板墙面	柚木皮墙面	木制饰面板拼色、拼花墙面
预算基价	总价(元)			**531.58**	**1902.61**	**1301.44**	**933.31**	**1065.37**
	人工费(元)			240.21	414.63	665.55	370.26	642.60
	材料费(元)			274.04	1469.86	635.89	563.05	403.11
	机械费(元)			17.33	18.12			19.66
组成内容		单位	单价	数量				
人工	综合工 一类	工日	153.00	1.57	2.71	4.35	2.42	4.20
材料	胶合板 厚3mm	m^2	20.88	11.00				
	硬杂木锯材 一类	m^3	5987.71		0.245			
	杉木锯材	m^3	2596.26			0.244		
	柚木皮	m^2	46.03				11.00	
	榉木夹板 3.0	m^2	28.70					12.50
	聚醋酸乙烯乳液	kg	9.51	4.21				4.21
	万能胶	kg	17.95				3.16	
	铁钉	kg	6.68		0.43	0.36		
	射钉(枪钉)	个	0.36	12.00				12.00
机械	电动空气压缩机 排气量$0.3m^3/min$	台班	31.50	0.550				0.624
	木工圆锯机 $D500$	台班	26.53		0.190			
	木工压刨床 双面600	台班	51.28		0.255			

单位：10m²

编号				6-240	6-241	6-242	6-243	6-244
项目				石膏板墙面	电化铝板墙面	铝合金装饰板墙面	铝合金复合板墙面	
							胶合板基层上	木龙骨基层上
预算基价	总价(元)			**274.35**	**1075.39**	**1171.47**	**2412.22**	**2271.94**
	人工费(元)			157.59	335.07	269.28	517.14	517.14
	材料费(元)			116.76	740.32	902.19	1895.08	1754.80
组成内容		单位	单价	数量				
人工	综合工 一类	工日	153.00	1.03	2.19	1.76	3.38	3.38
材料	石膏板	m²	10.58	10.50				
	电化铝装饰板 宽100	m²	51.99		10.60			
	电化角铝 25.4×2	m	10.30		17.77			
	铝合金条板 宽100	m²	70.34			10.60		
	铝收口条压条	m	11.00			10.59		
	铝塑板	m²	143.67				11.49	11.49
	嵌缝膏	kg	1.57	0.20				
	铁钉	kg	6.68	0.51				
	铝拉铆钉 4×10	个	0.03		206.63			
	镀锌螺钉	个	0.16			250.61		
	SY-19粘胶	kg	17.74	0.11				
	玻璃胶 350g	支	24.44				8.61	2.87
	密封胶	支	6.71				5.05	5.05

单位：$10m^2$

编号				6-245	6-246	6-247	6-248	6-249	6-250
项目				镜面玻璃柱(梁)面		镭射玻璃柱(梁)面		不锈钢面板	
				在胶合板上粘贴	在砂浆面上粘贴	在胶合板上粘贴	在砂浆面上粘贴	方形梁、柱面	圆形梁、柱面
预算基价	总价(元)			**1599.88**	**2309.37**	**3320.31**	**4029.79**	**4495.34**	**4421.23**
	人工费(元)			269.28	478.89	257.04	466.65	605.88	604.35
	材料费(元)			1330.60	1828.70	3063.27	3561.36	3889.46	3816.88
	机械费(元)				1.78		1.78		
组成内容		单位	单价	数量					
人工	综合工 一类	工日	153.00	1.76	3.13	1.68	3.05	3.96	3.95
材料	镜面玻璃 6.0	m^2	67.98	12.10	12.10				
	镭射玻璃 成品	m^2	248.08			10.30	10.30		
	镜面不锈钢板 8K成型	m^2	324.10					11.39	11.16
	镀锌螺钉	个	0.16	96.42	65.65	96.42	65.65		
	不锈钢钉	kg	30.55	0.45		0.45			
	不锈钢压条 6.5×15	m	11.77	18.26		18.26			
	合金钢钻头	个	25.96		0.48		0.48		
	双面强力弹性胶带	m	5.52		57.58		57.58		
	杉木锯材	m^3	2596.26		0.008		0.008		
	铝收口条压条	m	11.00		58.19		58.19		
	玻璃胶 350g	支	24.44	10.80		10.80		8.10	8.18
	XY-518胶	kg	17.89		0.25		0.25		
机械	小型机具	元			1.78		1.78		

单位：10m²

编号				6-251	6-252	6-253	6-254	6-255
项目				木龙骨玻璃隔断		花式木隔断		
				半玻	全玻	直栅漏空	井格	
							100×100	200×200
预算基价	总价(元)			**1550.86**	**1542.97**	**1458.87**	**2773.69**	**2109.61**
	人工费(元)			601.29	624.24	719.10	1274.49	933.30
	材料费(元)			942.20	911.56	656.76	1352.49	1068.80
	机械费(元)			7.37	7.17	83.01	146.71	107.51
组成内容		**单位**	**单价**	**数量**				
人工	综合工 一类	工日	153.00	3.93	4.08	4.70	8.33	6.10
材料	杉木锯材	m^3	2596.26	0.232	0.226	0.241	0.489	0.402
	松木锯材 三类	m^3	1661.90	0.018	0.016			
	玻璃 5.0	m^2	28.62	10.55	10.14			
	铁钉	kg	6.68	0.57	0.53			
	射钉(枪钉)	个	0.36			45.30	145.20	38.60
	木螺钉	个	0.16				53.01	
	防腐油	kg	0.52	0.33	0.22			
	聚醋酸乙烯乳液	kg	9.51			1.27	1.75	0.72
	零星材料费	元		4.03	4.35	2.68	5.52	4.36
机械	木工圆锯机 *D*500	台班	26.53	0.025	0.025	0.165	0.289	0.212
	木工压刨床 单面600	台班	32.70	0.205	0.199	0.825	1.449	1.064
	电动空气压缩机 排气量0.3m^3/min	台班	31.50			1.640	2.910	2.130

单位：10m²

编号				6-256	6-257	6-258	6-259	6-260
项目				塑钢隔断			铝合金玻璃隔断	铝合金板条隔断
				全玻	半玻	全塑钢板		
预算基价	总价(元)			**3467.85**	**3864.16**	**4435.80**	**2899.35**	**3792.46**
	人工费(元)			610.47	555.39	481.95	602.82	474.30
	材料费(元)			2853.89	3306.97	3952.26	2261.58	3316.57
	机械费(元)			3.49	1.80	1.59	34.95	1.59
组成内容		单位	单价	数量				
人工	综合工 一类	工日	153.00	3.99	3.63	3.15	3.94	3.10
材料	全玻塑钢隔断	m²	248.21	10.20				
	半玻塑钢隔断	m²	292.55		10.20			
	全塑钢板隔断	m²	355.70			10.20		
	铝合金型材	kg	24.90				41.18	39.38
	铝合金条板 宽100	m²	70.34					9.73
	槽铝	m	19.47					62.82
	电化角铝	m	10.30					27.73
	铁件	kg	9.49					9.56
	膨胀螺栓	套	0.82	21.83	21.83	21.83	34.90	25.98
	自攻螺钉	个	0.06	137.66	137.66	137.66		
	玻璃 5.0	m²	28.62				12.10	
	不锈钢螺钉 4×12	个	3.71				188.85	
	自攻螺钉 20mm	个	0.03					46.30
	自攻螺钉 30mm	个	0.05					469.91
	皮条	m	4.09	62.69	62.69	62.69		
	玻璃胶 350g	支	24.44	1.41	1.41	1.41	6.32	
	水泥	kg	0.39				3.39	
	砂子	t	87.03				0.009	
	水	m³	7.62				0.002	
	零星材料费	元		5.13	5.94	7.10	4.06	5.96
	水泥砂浆 1:2	m³					(0.006)	
机械	小型机具	元		3.49	1.80	1.59	34.95	1.59

单位：10m²

编号				6-261	6-262	6-263	6-264	6-265
项目				铝板幕墙		板条墙上单面钉	砖墙、砌块墙上单面钉	墙面钉铁钉绕钢丝
				铝塑板	铝板	铅丝网		
预算基价	总价(元)			**8511.66**	**12258.08**	**157.99**	**163.92**	**329.52**
	人工费(元)			3326.22	2859.57	75.60	75.60	301.05
	材料费(元)			5106.11	9319.18	82.39	88.32	28.47
	机械费(元)			79.33	79.33			
组成内容		**单位**	**单价**	**数量**				
人工	综合工 一类	工日	153.00	21.74	18.69			
	综合工 二类	工日	135.00			0.56	0.56	2.23
材料	铝塑板	m²	143.67	11.78				
	铝单板	m²	584.06		10.20			
	铝合金型材 104系列	kg	41.76	64.47	63.08			
	铁件	kg	9.49	20.29	20.36			
	镀锌薄钢板 1.2	m²	43.75	2.40	2.40			
	镀锌拧花铅丝网	m²	7.30			10.50	10.50	
	不锈钢带帽螺栓 M12×450	套	10.47	13.29	13.29			
	不锈钢螺栓 M12×110	套	4.33	13.29	13.29			
	自攻螺钉 M4×35	个	0.06	224.98	224.98			
	铁钉	kg	6.68			0.86		3.26
	镀锌钢丝 *D*3.5	kg	6.99				1.67	
	镀锌钢丝 *D*1.2	kg	7.20					0.93
	泡沫条	m	0.50	25.44	25.44			
	岩棉	m²	7.96	0.91	0.91			
	结构胶 DC995	L	63.82	0.82	0.82			
	耐候胶 DC79HN	L	58.84	2.29	2.29			
	零星材料费	元		6.63	12.10			
机械	交流弧焊机 32kV·A	台班	87.97	0.880	0.880			
	小型机具	元		1.92	1.92			

第七章　天 棚 工 程

说　　明

一、本章包括天棚抹灰、天棚龙骨、天棚基层、天棚面层、玻璃采光、木格栅天棚5节,共116条基价子目。

二、本章基价子目中砂浆配合比如与设计要求不同时,允许调整,但人工费、砂浆消耗量、机械费不变。

三、本章基价子目中主料品种不同时,可按设计要求对主要材料进行补充换算,但人工费、机械费不变。

四、如设计要求在水泥砂浆中掺防水粉时,可按设计比例增加防水粉,其他工料不变。

五、天棚抹小圆角因素均已考虑在基价内,不另行计算。

六、当设计要求抹灰厚度与预算基价不同时,砂浆体积按第六章"墙、柱面工程"说明中"一般抹灰砂浆厚度调整表"计算,人工费、机械费不变。

七、本章基价中抹混合砂浆及水泥砂浆均系中级抹灰水平。当设计要求抹灰不压光时,其人工费乘以系数0.87。

八、本章龙骨如实际采用不同时,允许换算。其中木质龙骨损耗率为6%,轻钢龙骨损耗率为6%,铝合金龙骨损耗率为7%。

九、轻钢龙骨,铝合金龙骨基价中为双层结构(即中、小龙骨紧贴大龙骨底面吊挂)。如使用单层结构(大、中龙骨底面在同水平上),平面天棚的轻钢龙骨,铝合金龙骨人工费乘以系数0.83;跌级天棚的轻钢龙骨人工费乘以系数0.87,铝合金龙骨人工费乘以系数0.84。

十、天棚面层在同一标高者为平面天棚,天棚面层不在同一标高者为跌级天棚。跌级天棚面层人工费乘以系数1.10。

十一、天棚检查孔的工料已包括在基价子目中,不另计算。

工 作 内 容

一、天棚抹灰项目包括清理,修补基层、调运砂浆、抹灰、找平、罩面、压光、小圆角抹光、清扫落地灰等。

二、对剖圆木天棚龙骨项目包括定位、弹线、选料、下料、制作及安装、刷防腐油。

三、方木天棚龙骨项目包括制作及安装木楞(包括检查孔)、刷防腐油。

四、轻钢天棚龙骨项目包括吊件加工、安装,定位、弹线、射钉,选料、下料、定位杆控制高度、平整、安装龙骨及吊配附件、孔洞预留等,临时加固、调整、校正,灯箱风口封边,龙骨设置,预留位置,整体调整。

五、铝合金天棚龙骨项目包括定位、弹线、射钉、膨胀螺栓及吊筋安装,选料、下料组装,安装龙骨及吊配附件、临时固定支撑,预留孔洞、安封边龙骨,调整、校正。

六、天棚基层项目包括安装天棚基层。

七、天棚面层项目包括安装天棚面层。

八、玻璃采光天棚项目包括制作及安装骨架、安装天棚面层。

九、木格栅天棚项目包括定位、放线、下料、制作、安装。

工程量计算规则

一、天棚抹灰面积按主墙间净空面积计算,不扣除柱、垛、附墙烟囱、间壁墙检查洞和管道所占的面积。带有钢筋混凝土梁的天棚,梁的两侧抹灰面积应并入天棚抹灰工程量内计算。

二、檐口天棚的抹灰并入相同的天棚抹灰工程量内计算。

三、有坡度及拱顶的天棚抹灰面按展开面积计算。计算方法:按水平投影面积乘以下表的延长系数。

拱顶延长系数表

拱高:跨度	1:2	1:2.5	1:3	1:3.5	1:4	1:4.5	1:5	1:5.5	1:6	1:6.5	1:7	1:8	1:9	1:10
延长系数	1.571	1.383	1.274	1.205	1.159	1.127	1.103	1.086	1.073	1.062	1.054	1.041	1.033	1.026

注:本表即弓形弧长系数表。拱高即矢高,跨度即弦长。弧长等于弦长乘以延长系数。

四、各种吊顶天棚龙骨按主墙间净空面积计算,不扣除间壁墙、检查口、附墙烟囱、柱、垛和管道所占面积,但天棚中的折线、迭落等圆弧形、高低吊灯槽面积也不展开。

五、天棚基层按展开面积计算。

六、天棚面层按主墙间实铺面积计算,不扣除间壁墙、检查口、附墙烟囱、附墙垛和管道所占面积,但应扣除 $0.3m^2$ 以上的孔洞、独立柱、灯槽及与天棚相连的窗帘盒所占的面积。天棚中的折线、迭落等圆弧形、拱形、高低灯槽及其他艺术形式天棚面层均按展开面积计算。

七、龙骨、基层、面层合并列项的子目按主墙间净空面积计算,不扣除间壁墙、检查口、附墙烟囱、柱、垛和管道所占面积,但天棚中的折线、迭落等圆弧形、高低吊灯槽面积也不展开。

一、天棚抹灰

单位：$10m^2$

编号				7-1	7-2	7-3	7-4
项目				混凝土天棚			
				素水泥浆 2mm 1∶1∶6混合砂浆 8mm 1∶1∶4混合砂浆 7.5mm	素水泥浆 2mm 1∶0.3∶3混合砂浆 16mm	素水泥浆 2mm 1∶3∶9混合砂浆 15.5mm	素水泥浆 2mm 1∶3水泥砂浆 8mm 1∶2.5水泥砂浆 7.5mm
预算基价	总价(元)			**337.46**	**350.48**	**380.55**	**353.16**
	人工费(元)			249.75	253.80	278.10	255.15
	材料费(元)			68.13	76.89	82.66	78.22
	机械费(元)			19.58	19.79	19.79	19.79
组成内容		**单位**	**单价**	**数量**			
人工	综合工 二类	工日	135.00	1.85	1.88	2.06	1.89
材料	水泥	kg	0.39	80.96	111.17	68.95	123.09
	砂子	t	87.03	0.274	0.283	0.381	0.296
	白灰	kg	0.30	27.08	13.41	60.20	
	木脚手板	m^3	1930.95	0.002	0.002	0.002	0.002
	水	m^3	7.62	0.095	0.134	0.091	0.078
	白灰膏	m^3		(0.039)	(0.019)	(0.086)	
	素水泥浆	m^3		(0.023)	(0.023)	(0.023)	(0.023)
	混合砂浆 1∶1∶6	m^3		(0.088)			
	混合砂浆 1∶1∶4	m^3		(0.104)			
	混合砂浆 1∶0.3∶3	m^3			(0.197)		
	混合砂浆 1∶3∶9	m^3				(0.279)	
	水泥砂浆 1∶3	m^3					(0.089)
	水泥砂浆 1∶2.5	m^3					(0.103)
机械	灰浆搅拌机 400L	台班	215.11	0.091	0.092	0.092	0.092

单位：10m²

编号				7-5	7-6	7-7	7-8
项目				金属网天棚			楼梯底面抹灰及刷浆
				1∶5水泥白灰麻刀浆 6mm 1∶2.5白灰砂浆 7.5mm 1∶1∶6混合砂浆 6.5mm	1∶1∶2混合砂浆 6mm 1∶0.5∶4混合砂浆 7mm 1∶3∶9混合砂浆 7mm	素水泥浆 2mm 1∶1∶6混合砂浆 8mm	
预算基价	总价(元)			**370.32**	**384.15**	**274.23**	**431.95**
	人工费(元)			270.00	270.00	217.35	372.60
	材料费(元)			80.53	95.65	39.89	59.35
	机械费(元)			19.79	18.50	16.99	
组成内容		单位	单价	数量			
人工	综合工 二类	工日	135.00	2.00	2.00	1.61	2.76
材料	水泥	kg	0.39	43.35	95.39	52.84	36.54
	砂子	t	87.03	0.270	0.397	0.136	0.268
	白灰	kg	0.30	91.67	62.91	10.70	43.13
	麻刀	kg	3.92	1.96			
	纸筋	kg	3.70				1.26
	大白粉	kg	0.91				3.00
	羧甲基纤维素	kg	11.25				0.07
	木脚手板	m³	1930.95	0.002	0.002	0.002	
	水	m³	7.62	0.141	0.153	0.049	0.086
	白灰膏	m³		(0.130)	(0.090)	(0.015)	(0.062)
	素水泥浆	m³				(0.023)	
	水泥白灰麻刀浆 1∶5	m³		(0.098)			
	白灰砂浆 1∶2.5	m³		(0.082)			
	混合砂浆 1∶1∶6	m³		(0.093)		(0.088)	(0.173)
	混合砂浆 1∶1∶2	m³			(0.155)		
	混合砂浆 1∶0.5∶4	m³			(0.077)		
	混合砂浆 1∶3∶9	m³			(0.098)		
	水泥砂浆 1∶2	m³					(0.001)
	纸筋灰浆	m³					(0.033)
机械	灰浆搅拌机 400L	台班	215.11	0.092	0.086	0.079	

单位：$10m^2$

编号				7-9	7-10	7-11	7-12
项目				矩形梁		异型梁	
				素水泥浆 2mm 1:3水泥砂浆 11mm 1:2水泥砂浆 7mm	素水泥浆 2mm 1:1:6混合砂浆 9mm 1:1:4混合砂浆 9mm	素水泥浆 2mm 1:3水泥砂浆 11mm 1:2水泥砂浆 7mm	素水泥浆 2mm 1:1:6混合砂浆 9mm 1:1:4混合砂浆 9mm
预算基价	总价(元)			**505.58**	**497.45**	**694.58**	**685.10**
	人工费(元)			394.20	398.25	583.20	585.90
	材料费(元)			81.69	69.08	81.69	69.08
	机械费(元)			29.69	30.12	29.69	30.12
组成内容		**单位**	**单价**	**数量**			
人工	综合工 二类	工日	135.00	2.92	2.95	4.32	4.34
材料	水泥	kg	0.39	132.35	81.39	132.35	81.39
	砂子	t	87.03	0.316	0.298	0.316	0.298
	白灰	kg	0.30		29.02		29.02
	木脚手板	m^3	1930.95	0.001	0.001	0.001	0.001
	水	m^3	7.62	0.084	0.101	0.084	0.101
	白灰膏	m^3			(0.041)		(0.041)
	素水泥浆	m^3		(0.021)	(0.021)	(0.021)	(0.021)
	水泥砂浆 1:3	m^3		(0.128)		(0.128)	
	水泥砂浆 1:2	m^3		(0.081)		(0.081)	
	混合砂浆 1:1:6	m^3			(0.104)		(0.104)
	混合砂浆 1:1:4	m^3			(0.104)		(0.104)
机械	灰浆搅拌机 400L	台班	215.11	0.138	0.140	0.138	0.140

二、天 棚 龙 骨

单位：$10m^2$

编号				7-13	7-14	7-15	7-16	7-17
项目				对剖圆木天棚龙骨(搁在砖墙上)				
				单层楞	双层楞			
					面层规格(mm)			
					300×300	450×450	600×600	600×600以上
预算基价	总价(元)			**519.15**	**901.23**	**774.45**	**705.21**	**659.51**
	人工费(元)			327.42	391.68	359.55	344.25	327.42
	材料费(元)			191.73	509.55	414.90	360.96	332.09
组成内容		**单位**	**单价**	**数量**				
人工	综合工 一类	工日	153.00	2.14	2.56	2.35	2.25	2.14
材料	杉原木	m^3	1488.59	0.125	0.127	0.127	0.127	0.127
	松木锯材 三类	m^3	1661.90		0.188	0.132	0.100	0.083
	铁钉	kg	6.68	0.82	1.17	0.94	0.83	0.74
	防腐油	kg	0.52	0.34	0.47	0.38	0.34	0.30

单位：10m²

编　号				7-18	7-19	7-20	7-21	7-22
项　目				对剖圆木天棚龙骨(吊在梁下或板下)				
				单层楞	双层楞			
					面层规格(mm)			
					300×300	450×450	600×600	600×600以上
预算基价	总　价(元)			**600.71**	**1127.48**	**977.75**	**896.58**	**842.78**
	人　工　费(元)			321.30	385.56	353.43	338.13	321.30
	材　料　费(元)			278.88	741.39	623.79	557.92	520.95
	机　械　费(元)			0.53	0.53	0.53	0.53	0.53
组 成 内 容		**单位**	**单价**	**数　量**				
人工	综合工 一类	工日	153.00	2.10	2.52	2.31	2.21	2.10
材料	杉原木	m^3	1488.59	0.131	0.186	0.186	0.186	0.186
	松木锯材 三类	m^3	1661.90		0.188	0.132	0.100	0.083
	铁件	kg	9.49	8.26	14.98	12.57	11.32	10.46
	电焊条（综合）	kg	7.59	0.05	0.08	0.07	0.06	0.06
	铁钉	kg	6.68	0.74	1.35	1.12	1.01	0.93
	防腐油	kg	0.52	0.32	0.56	0.46	0.43	0.39
机械	交流弧焊机 32kV•A	台班	87.97	0.006	0.006	0.006	0.006	0.006

单位：10m²

编号				7-23	7-24	7-25	7-26	7-27
项目				方木天棚龙骨(吊在人字架或搁在砖墙上)				
				单层楞	双层楞			
					面层规格(mm)			
					300×300	450×450	600×600	600×600以上
预算基价	总价(元)			**515.07**	**675.73**	**585.44**	**485.51**	**427.04**
	人工费(元)			198.90	263.16	247.86	231.03	215.73
	材料费(元)			316.17	412.57	337.58	254.48	211.31
组成内容		**单位**	**单价**	**数量**				
人工	综合工 一类	工日	153.00	1.30	1.72	1.62	1.51	1.41
材料	松木锯材 三类	m^3	1661.90	0.176	0.230	0.187	0.141	0.118
	铁件	kg	9.49	2.49	3.19	2.82	2.12	1.60
	防腐油	kg	0.52	0.08	0.11	0.09	0.07	0.05

单位：10m²

编号				7-28	7-29	7-30	7-31	7-32
项目				方木天棚龙骨(吊在混凝土板下或梁下)				
				单层楞	双层楞			
					面层规格(mm)			
					300×300	450×450	600×600	600×600以上
预算基价	总价(元)			**627.05**	**815.91**	**709.16**	**582.74**	**501.25**
	人工费(元)			209.61	273.87	257.04	241.74	224.91
	材料费(元)			416.91	541.51	451.59	340.47	275.81
	机械费(元)			0.53	0.53	0.53	0.53	0.53
组成内容		**单位**	**单价**	**数量**				
人工	综合工 一类	工日	153.00	1.37	1.79	1.68	1.58	1.47
材料	松木锯材 三类	m³	1661.90	0.176	0.230	0.187	0.141	0.118
	铁件	kg	9.49	12.07	15.46	13.66	10.29	7.73
	电焊条（综合）	kg	7.59	0.09	0.11	0.10	0.08	0.06
	铁钉	kg	6.68	0.84	1.07	0.95	0.72	0.54
	镀锌钢丝 *D*1.8	kg	7.09	0.50	0.64	0.57	0.43	0.32
	防腐油	kg	0.52	0.06	0.07	0.06	0.05	0.04
机械	交流弧焊机 32kV·A	台班	87.97	0.006	0.006	0.006	0.006	0.006

单位：10m²

编号				7-33	7-34	7-35	7-36	7-37	7-38
项目				装配式U形轻钢天棚龙骨(不上人型)					
				面层规格(mm)					
				300×300		450×450		600×600	
				平面	跌面	平面	跌面	平面	跌面
预算基价	总价(元)			**1348.09**	**1881.06**	**1311.63**	**1504.03**	**1187.12**	**1354.52**
	人工费(元)			370.26	385.56	338.13	370.26	306.00	338.13
	材料费(元)			976.86	1494.53	972.53	1132.80	880.15	1015.42
	机械费(元)			0.97	0.97	0.97	0.97	0.97	0.97
组成内容		单位	单价	数量					
人工	综合工 一类	工日	153.00	2.42	2.52	2.21	2.42	2.00	2.21
材料	轻钢龙骨不上人型(平面) 300×300	m²	65.49	10.15					
	轻钢龙骨不上人型(跌面) 300×300	m²	71.17		10.15				
	轻钢龙骨不上人型(平面) 450×450	m²	61.16			10.15			
	轻钢龙骨不上人型(跌面) 450×450	m²	66.84				10.15		
	轻钢龙骨不上人型(平面) 600×600	m²	49.79					10.15	
	轻钢龙骨不上人型(跌面) 600×600	m²	55.48						10.15
	松木锯材 三类	m³	1661.90		0.007		0.007		0.007
	吊筋	kg	3.84	2.40	3.30	2.80	8.60	2.75	3.57
	高强螺栓	kg	15.92	0.11	0.10	0.12	0.11	0.12	0.11
	螺母	100个	9.00	31.00	78.30	35.20	41.30	35.20	41.30
	射钉(枪钉)	个	0.36	15.30	15.50	15.30	15.50	15.30	15.50
	垫圈	个	0.06	15.50	39.20	17.60	20.70	17.60	20.70
	铁件	kg	9.49		1.14		0.70	4.00	4.07
	电焊条（综合）	kg	7.59	0.13	0.13	0.13	0.13	0.13	0.13
	热轧扁钢	t	3671.86		0.0002		0.0002		0.0002
	普碳钢板	t	3696.76		0.0001		0.0001		0.0001
	热轧等边角钢	t	3685.48	0.004	0.004	0.004	0.004		
	方钢管 25×25×2.5	m	9.79		0.61		0.61		0.61
机械	交流弧焊机 32kV•A	台班	87.97	0.011	0.011	0.011	0.011	0.011	0.011

单位：10m²

编号				7-39	7-40	7-41	7-42	7-43	7-44
项目				装配式U形轻钢天棚龙骨(上人型)					
				面层规格(mm)					
				300×300		450×450		600×600	
				平面	跌面	平面	跌面	平面	跌面
预算基价	总价(元)			**1531.68**	**1637.89**	**1368.39**	**1540.58**	**1314.05**	**1420.36**
	人工费(元)			370.26	402.39	289.17	385.56	321.30	353.43
	材料费(元)			1160.45	1234.53	1078.25	1154.05	991.78	1065.96
	机械费(元)			0.97	0.97	0.97	0.97	0.97	0.97
组成内容		**单位**	**单价**	**数量**					
人工	综合工 一类	工日	153.00	2.42	2.63	1.89	2.52	2.10	2.31
材料	轻钢龙骨上人型(平面) 300×300	m²	93.91	10.15					
	轻钢龙骨上人型(跌面) 300×300	m²	98.40		10.15				
	轻钢龙骨上人型(平面) 450×450	m²	85.25			10.15			
	轻钢龙骨上人型(跌面) 450×450	m²	90.39				10.15		
	轻钢龙骨上人型(平面) 600×600	m²	76.59					10.15	
	轻钢龙骨上人型(跌面) 600×600	m²	81.73						10.15
	松木锯材 三类	m³	1661.90	0.001	0.007	0.001	0.007	0.001	0.007
	吊筋	kg	3.84	8.70	10.00	10.00	10.00	10.00	9.95
	高强螺栓	kg	15.92	0.12	0.10	0.13	0.12	0.14	0.12
	螺母	个	0.09	31.60	31.90	36.10	36.10	36.10	36.10
	垫圈	个	0.06	15.80	16.00	18.10	18.10	18.10	18.10
	铁件	kg	9.49	17.44	18.19	17.44	18.19	17.44	18.19
	电焊条（综合）	kg	7.59	0.13	0.13	0.13	0.13	0.13	0.13
	热轧扁钢	t	3671.86		0.0002		0.0002		0.0002
	方钢管 25×25×2.5	m	9.79		0.61		0.61	0.13	0.61
机械	交流弧焊机 32kV·A	台班	87.97	0.011	0.011	0.011	0.011	0.011	0.011

单位：$10m^2$

编号				7-45	7-46	7-47	7-48	7-49	7-50
项目				装配式U形轻钢天棚龙骨（不上人型）		装配式U形轻钢天棚龙骨（上人型）		轻钢天棚龙骨（弧形）	
				面层规格（mm）				不上人	上人
				600×600以上					
				平面	跌面	平面	跌面		
预算基价	总价（元）			**860.14**	**968.75**	**1292.97**	**1400.11**	**1214.88**	**1367.42**
	人工费（元）			289.17	321.30	306.00	338.13	595.17	627.30
	材料费（元）			570.00	646.48	986.00	1061.01	618.79	739.20
	机械费（元）			0.97	0.97	0.97	0.97	0.92	0.92
组成内容		**单位**	**单价**	**数量**					
人工	综合工 一类	工日	153.00	1.89	2.10	2.00	2.21	3.89	4.10
材料	轻钢龙骨不上人型（平面） 600×600以上	m^2	49.79	10.15					
	轻钢龙骨不上人型（跌面） 600×600以上	m^2	55.48		10.15				
	轻钢龙骨上人型（平面） 600×600以上	m^2	76.59			10.15			
	轻钢龙骨上人型（跌面） 600×600以上	m^2	81.73				10.15		
	轻钢龙骨不上人型 （圆弧形）	m^2	51.15					10.60	
	轻钢龙骨上人型 （圆弧形）	m^2	62.51						10.60
	松木锯材 三类	m^3	1661.90		0.007	0.001	0.007		
	吊筋	kg	3.84	3.63	3.39	8.71	8.84	15.00	15.00
	高强螺栓	kg	15.92	0.11	0.09	0.12	0.10		
	螺母	个	0.09	37.40	41.30	31.90	33.00		
	射钉（枪钉）	个	0.36	15.30	15.50				
	垫圈	个	0.06	18.70	21.50	16.00	16.50		
	膨胀螺栓	套	0.82					20.00	20.00
	合金钢钻头	个	25.96					0.10	0.10
	铁件	kg	9.49	4.00	4.07	17.44	18.19		
	电焊条 （综合）	kg	7.59	0.13	0.13	0.13	0.13		
	热轧扁钢	t	3671.86		0.0002		0.0002		
	普碳钢板	t	3696.76		0.0001				
	方钢管 25×25×2.5	m	9.79		0.61	0.13	0.61		
机械	交流弧焊机 32kV·A	台班	87.97	0.011	0.011	0.011	0.011		
	小型机具	元						0.92	0.92

单位：$10m^2$

编号				7-51	7-52	7-53	7-54	7-55	7-56
项目				装配式T形铝合金天棚龙骨(不上人型)					
				面层规格(mm)					
				300×300		450×450		600×600	
				平面	跌面	平面	跌面	平面	跌面
预算基价	总价(元)			**970.02**	**1154.62**	**1167.27**	**1300.91**	**802.99**	**921.89**
	人工费(元)			273.87	289.17	241.74	273.87	224.91	241.74
	材料费(元)			695.55	864.85	924.93	1026.44	577.48	679.55
	机械费(元)			0.60	0.60	0.60	0.60	0.60	0.60
组成内容		**单位**	**单价**	**数量**					
人工	综合工 一类	工日	153.00	1.79	1.89	1.58	1.79	1.47	1.58
材料	铝合金龙骨不上人型(平面) 300×300	m^2	61.59	10.15					
	铝合金龙骨不上人型(跌面) 300×300	m^2	72.53		10.15				
	铝合金龙骨不上人型(平面) 450×450	m^2	83.89			10.15			
	铝合金龙骨不上人型(跌面) 450×450	m^2	88.22				10.15		
	铝合金龙骨不上人型(平面) 600×600	m^2	49.79					10.15	
	铝合金龙骨不上人型(跌面) 600×600	m^2	54.12						10.15
	松木锯材 三类	m^3	1661.90		0.004		0.004		0.004
	吊筋	kg	3.84	2.37	2.95	3.16	3.56	3.17	3.56
	膨胀螺栓	套	0.82	13.00	13.00	13.00	13.00	13.00	13.00
	高强螺栓	kg	15.92	0.11	0.10	0.11	0.10	0.14	0.14
	螺母	个	0.09	30.40	33.20	30.40	33.20	15.00	21.40
	射钉(枪钉)	个	0.36	15.20	14.80	15.20	14.80	15.20	14.80
	垫圈	个	0.06	15.20	16.60	15.20	16.60	7.50	10.70
	合金钢钻头	个	25.96	0.07	0.07	0.07	0.07	0.07	0.07
	铁件	kg	9.49	4.00	4.54	4.00	4.54	4.00	4.54
	热轧等边角钢	t	3685.48		0.012		0.012		0.012
机械	小型机具	元		0.60	0.60	0.60	0.60	0.60	0.60

单位：10m²

编号				7-57	7-58	7-59	7-60	7-61	7-62
项目				装配式T形铝合金天棚龙骨(上人型)					
				面层规格(mm)					
				300×300		450×450		600×600	
				平面	跌面	平面	跌面	平面	跌面
预算基价	总价(元)			**1379.27**	**1525.03**	**1318.65**	**1435.31**	**1186.52**	**1316.21**
	人工费(元)			273.87	306.00	257.04	273.87	241.74	257.04
	材料费(元)			1103.83	1217.46	1060.04	1159.87	943.21	1057.60
	机械费(元)			1.57	1.57	1.57	1.57	1.57	1.57
组成内容		**单位**	**单价**	**数量**					
人工	综合工 一类	工日	153.00	1.79	2.00	1.68	1.79	1.58	1.68
材料	铝合金龙骨上人型(平面) 300×300	m²	88.22	10.15					
	铝合金龙骨上人型(跌面) 300×300	m²	93.91		10.15				
	铝合金龙骨上人型(平面) 450×450	m²	83.89			10.15			
	铝合金龙骨上人型(跌面) 450×450	m²	88.22				10.15		
	铝合金龙骨上人型(平面) 600×600	m²	72.53					10.15	
	铝合金龙骨上人型(跌面) 600×600	m²	78.21						10.15
	松木锯材 三类	m³	1661.90	0.001	0.005	0.001	0.005	0.001	0.005
	吊筋	kg	3.84	5.77	6.68	5.77	6.68	5.77	6.68
	膨胀螺栓	套	0.82	13.00	13.00	13.00	13.00	13.00	13.00
	高强螺栓	kg	15.92	0.11	0.10	0.12	0.11	0.14	0.14
	螺母	个	0.09	32.10	35.00	32.10	35.00	16.80	23.20
	垫圈	个	0.06	16.10	17.50	16.10	17.50	8.40	16.10
	合金钢钻头	个	25.96	0.07	0.07	0.07	0.07	0.07	0.07
	铁件	kg	9.49	17.44	17.58	17.44	17.58	17.44	17.58
	电焊条（综合）	kg	7.59	0.13	0.13	0.13	0.13	0.13	0.13
	热轧等边角钢	t	3685.48		0.012		0.012		0.012
机械	交流弧焊机 32kV·A	台班	87.97	0.011	0.011	0.011	0.011	0.011	0.011
	小型机具	元		0.60	0.60	0.60	0.60	0.60	0.60

单位：10m²

编号				7-63	7-64	7-65	7-66
项目				装配式T形铝合金天棚龙骨(不上人型)		装配式T形铝合金天棚龙骨(上人型)	
				面层规格(mm)			
				600×600以上			
				平面	跌面	平面	跌面
预算基价	总价(元)			**786.56**	**904.41**	**1229.18**	**1302.05**
	人工费(元)			209.61	224.91	224.91	241.74
	材料费(元)			576.35	678.90	1002.70	1058.74
	机械费(元)			0.60	0.60	1.57	1.57
组成内容		**单位**	**单价**	**数量**			
人工	综合工 一类	工日	153.00	1.37	1.47	1.47	1.58
材料	铝合金龙骨不上人型(平面) 600×600以上	m²	49.79	10.15			
	铝合金龙骨不上人型(跌面) 600×600以上	m²	54.12		10.15		
	铝合金龙骨上人型(平面) 600×600以上	m²	78.21			10.15	
	铝合金龙骨上人型(跌面) 600×600以上	m²	78.21				10.15
	松木锯材 三类	m³	1661.90		0.004	0.001	0.005
	吊筋	kg	3.84	2.37	3.01	5.77	6.68
	膨胀螺栓	套	0.82	13.00	13.00	13.00	13.00
	高强螺栓	kg	15.92	0.14	0.14	0.14	0.14
	螺母	个	0.09	31.40	33.60	32.10	35.00
	射钉(枪钉)	个	0.36	15.20	14.80		
	垫圈	个	0.06	15.20	16.80	16.10	17.50
	合金钢钻头	个	25.96	0.07	0.07	0.07	0.07
	铁件	kg	9.49	4.00	4.54	17.44	17.58
	电焊条（综合）	kg	7.59			0.13	0.13
	热轧等边角钢	t	3685.48		0.012		0.012
机械	交流弧焊机 32kV•A	台班	87.97			0.011	0.011
	小型机具	元		0.60	0.60	0.60	0.60

三、天棚基层

单位：10m²

编号					7-67	7-68	7-69	7-70
项目					胶合板天棚基层			石膏板天棚基层
					3mm	5mm	9mm	
预算基价	总价(元)				**348.96**	**450.39**	**709.11**	**302.37**
	人工费(元)				128.52	128.52	128.52	177.48
	材料费(元)				220.44	321.87	580.59	124.89
组成内容			**单位**	**单价**	**数量**			
人工	综合工 一类		工日	153.00	0.84	0.84	0.84	1.16
材料	胶合板 厚3mm		m^2	20.88	10.50			
	胶合板 厚5mm		m^2	30.54		10.50		
	胶合板 厚9mm		m^2	55.18			10.50	
	石膏板		m^2	10.58				10.50
	铁钉		kg	6.68	0.18	0.18	0.18	
	自攻螺钉		个	0.06				230.000

四、天 棚 面 层

单位：$10m^2$

编号				7-71	7-72	7-73	7-74	7-75	7-76
项目				天棚面层					
				板条	漏风条	胶合板	水泥木丝板	薄板	竹片
预算基价	总价(元)			**1231.20**	**407.41**	**453.29**	**652.90**	**478.80**	**444.12**
	人工费(元)			96.39	224.91	128.52	128.52	160.65	338.13
	材料费(元)			1134.81	182.50	324.77	524.38	318.15	105.99
组成内容		**单位**	**单价**	**数量**					
人工	综合工 一类	工日	153.00	0.63	1.47	0.84	0.84	1.05	2.21
材料	松木锯材 三类	m^3	1661.90	0.002	0.107			0.189	
	板条 1000×30×8	100根	401.68	2.74					
	胶合板 厚5mm	m^2	30.54			10.50			
	水泥压木丝板	m^2	49.42				10.35		
	半圆竹片 *D*24	m^2	9.27						10.50
	镀锌薄钢板 0.552	m^2	20.08				0.04		
	铁钉	kg	6.68	0.56	0.47	0.18	0.42	0.37	0.81
	零星材料费	元		27.14	1.54	2.90	9.27	1.58	3.24

单位：10m²

编号				7-77	7-78	7-79	7-80	7-81	7-82
项目				天棚面层					
				胶压刨花木屑板	埃特板	玻璃纤维板（搁放式）	宝丽板	塑料板	钢板网
预算基价	总价(元)			**438.17**	**546.04**	**613.25**	**723.68**	**561.26**	**1172.36**
	人工费(元)			128.52	192.78	321.30	258.57	192.78	257.04
	材料费(元)			309.65	353.26	291.95	465.11	368.48	915.32
组成内容		单位	单价	数量					
人工	综合工 一类	工日	153.00	0.84	1.26	2.10	1.69	1.26	1.68
材料	胶压刨花木屑板	m²	28.60	10.35					
	埃特板	m²	32.28		10.50				
	玻璃纤维板 600×600×15	m²	27.26			10.50			
	宝丽板	m²	42.84				10.50		
	硬塑料板	m²	31.95					10.50	
	钢板网 0.8	m²	24.95						10.50
	板条 1000×30×8	100根	401.68						1.60
	镀锌薄钢板 0.552	m²	20.08	0.17					
	铁钉	kg	6.68	1.14			0.18		0.13
	自攻螺钉	个	0.06		226.80				
	扣钉	kg	5.24						0.31
	胶粘剂	kg	3.12				3.26		
	塑料胶粘剂	kg	9.73					3.26	
	零星材料费	元		2.61	0.71	5.72	3.92	1.29	8.16

单位：10m²

编号				7-83	7-84	7-85	7-86	7-87	7-88
项目				天棚面层					
				铝板网		铝塑板		矿棉板	
				搁在龙骨上	钉在龙骨上	贴在混凝土板下	贴在龙骨底	贴在混凝土板下	搁放在龙骨上
预算基价	总价(元)			**392.34**	**409.28**	**1796.38**	**1755.86**	**612.64**	**489.37**
	人工费(元)			177.48	192.78	273.87	241.74	273.87	160.65
	材料费(元)			214.86	216.50	1522.51	1514.12	338.77	328.72
组成内容		单位	单价	数量					
人工	综合工 一类	工日	153.00	1.16	1.26	1.79	1.58	1.79	1.05
材料	铝板网	m²	20.27	10.50	10.50				
	铝塑板	m²	143.67			10.50	10.50		
	矿棉板	m²	31.15					10.50	10.50
	扣钉	kg	5.24		0.31				
	胶粘剂	kg	3.12			3.26	0.58	3.26	
	零星材料费	元		2.02	2.04	3.80	3.78	1.52	1.64

单位：10m²

编号				7-89	7-90	7-91	7-92	7-93	7-94
项目				天棚面层					
				钙塑板		石膏板		矿棉吸声板	石膏吸声板
				安在U形轻钢龙骨上	安在T形轻钢龙骨上	安在U形轻钢龙骨上	安在T形轻钢龙骨上		
预算基价	总价(元)			**415.78**	**271.96**	**325.69**	**214.00**	**611.88**	**410.98**
	人工费(元)			224.91	81.09	192.78	81.09	241.74	241.74
	材料费(元)			190.87	190.87	132.91	132.91	370.14	169.24
组成内容		**单位**	**单价**	**数量**					
人工	综合工 一类	工日	153.00	1.47	0.53	1.26	0.53	1.58	1.58
材料	钙塑板 6.0	m^2	16.08	10.50	10.50				
	石膏板	m^2	10.58			10.50	10.50		
	矿棉吸声板	m^2	34.73					10.50	
	石膏吸声板	m^2	15.88						10.50
	自攻螺钉	个	0.06	345.00	345.00	345.00	345.00		
	零星材料费	元		1.33	1.33	1.12	1.12	5.47	2.50

单位：$10m^2$

编号				7-95	7-96	7-97	7-98	7-99	7-100
项目				天棚面层					
				胶合装饰板			防火板（贴在木龙骨上）	不锈钢板	镜面玲珑胶板
				方格式		花式			
				密铺	分缝				
预算基价	总价(元)			**546.94**	**579.07**	**648.95**	**460.29**	**2495.52**	**1985.18**
	人工费(元)			160.65	192.78	192.78	192.78	354.96	691.56
	材料费(元)			386.29	386.29	456.17	267.51	2140.56	1293.62
组成内容		**单位**	**单价**	**数量**					
人工	综合工 一类	工日	153.00	1.05	1.26	1.26	1.26	2.32	4.52
材料	硬木锯材	m^3	6977.77			0.010			
	胶合板 厚5mm	m^2	30.54	11.00	11.00	11.00			
	防火胶板 12.0	m^2	25.23				10.50		
	镜面不锈钢板 0.8	m^2	202.62					10.50	
	镜面玲珑胶板 1mm	m^2	122.04						10.50
	射钉(枪钉)	个	0.36	110.00	110.00	110.00			
	铁钉	kg	6.68					0.11	0.11
	胶粘剂	kg	3.12	3.26	3.26	3.26	0.11	3.26	3.26
	零星材料费	元		0.58	0.58	0.68	2.25	2.14	1.29

五、玻璃采光、木格栅天棚

单位：$10m^2$

编号				7-101	7-102	7-103	7-104
项目				中空玻璃采光天棚		钢化玻璃采光天棚	
				铝骨架	钢骨架	铝骨架	钢骨架
预算基价	总价(元)			**5768.14**	**4651.09**	**4650.99**	**3317.69**
	人工费(元)			1606.50	1993.59	1205.64	1432.08
	材料费(元)			4161.64	2657.50	3445.35	1885.61
组成内容		**单位**	**单价**	**数量**			
人工	综合工 一类	工日	153.00	10.50	13.03	7.88	9.36
材料	中空玻璃 16.0	m^2	125.28	10.00	10.00		
	钢化玻璃 6.0	m^2	106.12			10.00	10.00
	铝骨架	kg	42.02	50.24		37.68	
	热轧型钢	kg	3.70		196.63		112.04
	镀锌螺栓	套	2.27	110.00		110.00	
	螺栓 M12	kg	10.69		0.45		0.33
	铁钉	kg	6.68		0.14		
	铁件	kg	9.49		7.47		
	耐热胶垫	m	17.74	17.00		17.00	
	橡胶垫条	m	3.63		32.00		13.77
	橡胶垫片	m	7.27		16.00		4.59
	镀锌薄钢板 0.552	m^2	20.08		0.10		0.10
	调和漆	kg	14.11		3.80		1.33
	建筑油膏	kg	5.07		9.00		9.00
	玻璃胶 350g	支	24.44	10.00	10.00	10.00	10.00
	零星材料费	元		2.08	22.40	5.16	12.18

单位：10m²

编号				7-105	7-106	7-107	7-108
项目				夹丝玻璃采光天棚		夹层玻璃采光天棚	
				铝骨架	钢骨架	铝骨架	钢骨架
预算基价	总价(元)			**4470.65**	**3136.10**	**4787.38**	**2960.22**
	人工费(元)			1205.64	1432.08	1205.64	787.95
	材料费(元)			3265.01	1704.02	3581.74	2172.27
组成内容		**单位**	**单价**	**数量**			
人工	综合工 一类	工日	153.00	7.88	9.36	7.88	5.15
材料	夹丝玻璃	m²	87.95	10.00	10.00		
	夹层玻璃	m²	119.56			10.00	10.00
	铝骨架	kg	42.02	37.68		37.68	
	热轧型钢	kg	3.70		112.04		112.04
	镀锌螺栓	套	2.27	110.00		110.00	
	螺栓 M12	kg	10.69		0.45		0.45
	耐热胶垫	m	17.74	17.00		17.00	
	橡胶垫条	m	3.63		13.77		32.00
	橡胶垫片	m	7.27		4.59		16.00
	镀锌薄钢板 0.552	m²	20.08		0.10		0.10
	调和漆	kg	14.11		1.33		1.33
	建筑油膏	kg	5.07		9.00		9.00
	玻璃胶 350g	支	24.44	10.00	10.00	10.00	10.00
	零星材料费	元		6.52	11.00	7.15	14.03

单位：$10m^2$

编号				7-109	7-110	7-111	7-112
项目				木格栅天棚（井格规格）			
				100×100×55	150×150×80	200×200×100	250×250×120
预算基价	总价（元）			**2176.40**	**2020.58**	**1852.40**	**1667.02**
	人工费（元）			787.95	706.86	610.47	498.78
	材料费（元）			1387.76	1313.07	1241.28	1167.59
	机械费（元）			0.69	0.65	0.65	0.65
组成内容		**单位**	**单价**	**数量**			
人工	综合工 一类	工日	153.00	5.15	4.62	3.99	3.26
材料	硬木锯材	m^3	6977.77	0.180	0.170	0.160	0.150
	38吊件	件	0.97	12.00	12.00	12.00	12.00
	膨胀螺栓	套	0.82	14.90	14.00	14.00	14.00
	热轧扁钢 20×3	t	3676.67	0.022	0.022	0.022	0.022
	合金钢钻头	个	25.96	0.08	0.07	0.07	0.07
	铁钉	kg	6.68	0.29	0.29	0.29	0.29
	聚醋酸乙烯乳液	kg	9.51	2.20	1.80	1.60	1.20
	零星材料费	元		2.08	1.97	1.86	1.75
机械	小型机具	元		0.69	0.65	0.65	0.65

单位：10m²

编号				7-113	7-114	7-115	7-116
项目				胶合板格栅天棚(井格规格)			
				100×100×55	150×150×80	200×200×100	250×250×120
预算基价	总价(元)			**1568.18**	**1500.04**	**1358.06**	**1268.30**
	人工费(元)			498.78	449.82	370.26	321.30
	材料费(元)			1068.75	1049.57	987.15	946.35
	机械费(元)			0.65	0.65	0.65	0.65
组成内容		**单位**	**单价**	**数量**			
人工	综合工 一类	工日	153.00	3.26	2.94	2.42	2.10
材料	胶合板 厚12mm	m²	71.97	13.00	12.80	12.00	11.50
	38吊件	件	0.97	12.00	12.00	12.00	12.00
	膨胀螺栓	套	0.82	14.00	14.00	14.00	14.00
	热轧扁钢 20×3	t	3676.67	0.022	0.022	0.022	0.022
	合金钢钻头	个	25.96	0.07	0.07	0.07	0.07
	铁钉	kg	6.68	0.29	0.29	0.29	0.29
	聚醋酸乙烯乳液	kg	9.51	2.50	2.00	1.50	1.00
	零星材料费	元		1.60	1.57	1.48	1.42
机械	小型机具	元		0.65	0.65	0.65	0.65

第八章　油漆、涂料工程

说　明

一、本章包括木材面油漆、混凝土构件面油漆、抹灰面油漆、喷刷涂料、刷浆 5 节，共 123 条基价子目。

二、本章基价中刷油漆、刷涂料采用手工操作，喷塑、喷涂、喷油采用机械操作，如采用操作方法不同时，均按基价子目执行。

三、油漆工、料已综合浅、中、深等各种颜色在内，不论采用何种颜色，均按本章基价执行。

四、本章基价已综合考虑了在同一平面上的分色，需做美术图案者，另行计算。

五、预算基价中规定的喷、涂、刷遍数如与设计要求不同时，可按每增加一遍子目进行调整。

六、喷塑（一塑三油）底油、装饰漆、面漆，其规格划分如下：

1. 大压花：喷点压平，点面积在 $1.2cm^2$ 以外。

2. 中压花：喷点压平，点面积为 $1.0\sim1.2cm^2$。

3. 喷中点、幼点：喷点面积在 $1.0cm^2$ 以内。

七、本章基价子目中主料品种不同时，可按设计要求对主要材料进行补充、换算，但人工费、机械费不变。

工 作 内 容

一、木材面油漆项目包括基层清扫、磨砂纸、刷底油、刷润油粉、刮腻子、油色、刷油漆；木地板项目还包括擦蜡。

二、混凝土构件面油漆项目包括基层清扫、刮腻子、磨砂纸、刷底油、刷油漆或乳胶漆。

三、抹灰面刷乳胶漆项目包括基层清扫、配浆、刮腻子、磨砂纸、刷乳胶漆等。

四、油漆画石纹，抹灰面做假木纹、抹灰面过氯乙烯漆项目包括基层清扫、涂熟桐油、刮腻子、磨光、刷底油、做花纹、刷漆等。

五、外墙真石漆项目包括清除墙面杂物、浮灰、油污，刮胶、刮腻子、滚(刷)底涂、放线分格、喷涂真石主骨料一至二遍、液涂配套罩面漆二度。

六、墙、柱、梁面，天棚一塑三油项目包括基层清扫、清铲、执补墙面、门窗框贴粘合带遮盖门窗口、调制、刷底油、喷塑、胶辘、压平、刷面油等。

七、刷涂料项目包括基层清扫、刮腻子磨砂纸、刷涂料等。

八、喷涂料项目包括基层清扫、补小孔洞、调配料、刮腻子、遮盖不应喷处、喷涂料、压平、清理喷污处等。

九、刷浆项目包括基层清扫、配浆、刷浆等；刷可塞银浆项目还包括刮腻子、磨砂纸。

工程量计算规则

一、木柱、梁、檩条油漆按设计图示尺寸以油漆部分展开面积计算。
二、木板类油漆按设计图示尺寸以面积计算。
三、木栅栏、木栏杆(带扶手)油漆按设计图示尺寸以单面外围面积计算。
四、木扶手(不带托板)油漆按设计图示尺寸以长度计算。
五、混凝土柱、梁、檩条油漆按设计图示尺寸以油漆部分展开面积计算。
六、抹灰面油漆按设计图示尺寸以面积计算。
七、混凝土花格窗、栏杆、花饰油漆按设计图示尺寸以单面外围面积计算。
八、抹灰面线条油漆按设计图示尺寸以长度计算。
九、喷、刷涂料按设计图示尺寸以面积计算。
十、抹灰面刷浆按设计图示尺寸以面积计算。
十一、混凝土栏杆、花饰刷浆按设计图示尺寸以单面外围面积计算。
十二、线条刷浆按设计图示尺寸以展开面积计算。

一、木材面油漆

单位：$10m^2$

编号				8-1	8-2	8-3	8-4	8-5
项目				柱、梁、檩条				
				底油、刮腻子调和漆二遍	底油、刮腻子调和漆三遍	润油粉、刮腻子调和漆三遍	底油、油色清漆二遍	润油粉、刮腻子、油色、清漆三遍
预算基价	总价(元)			**361.64**	**440.19**	**738.08**	**358.70**	**724.02**
	人工费(元)			310.59	365.67	656.37	325.89	674.73
	材料费(元)			51.05	74.52	81.71	32.81	49.29
组成内容		**单位**	**单价**	**数量**				
人工	综合工 一类	工日	153.00	2.03	2.39	4.29	2.13	4.41
材料	调和漆	kg	14.11	1.17	1.17	1.17		
	无光调和漆	kg	16.79	1.32	2.65	2.65		
	清油	kg	15.06	0.09	0.09	0.19	0.14	0.15
	熟桐油	kg	14.96	0.23	0.23	0.37	0.23	0.32
	色调和漆	kg	19.26				0.05	0.18
	酚醛清漆	kg	14.12				1.23	1.75
	油漆溶剂油 200#	kg	6.90	0.59	0.66	0.59	0.88	0.90
	石膏粉	kg	0.94	0.27	0.27	0.28	0.27	0.28
	大白粉	kg	0.91			0.99		0.99
	漆片	kg	42.65	0.01	0.01			
	乙醇	kg	9.69	0.02	0.02	0.01	0.01	0.01
	催干剂	kg	12.76	0.05	0.08	0.08	0.04	0.05
	棉纱	kg	16.11			0.19		0.19
	砂纸	张	0.87	2.21	2.52	3.15	2.21	3.15
	豆包布 宽0.9m	m	3.88	0.02	0.02	0.04	0.02	0.04

单位：10m²

编号				8-6	8-7	8-8	8-9
项目				柱、梁、檩条			
				熟桐油二遍	底油、熟桐油二遍	调和漆	清漆
						每增加一遍	
预算基价	总价(元)			**272.49**	**304.76**	**113.38**	**77.11**
	人工费(元)			250.92	275.40	90.27	68.85
	材料费(元)			21.57	29.36	23.11	8.26
组成内容		**单位**	**单价**	**数量**			
人工	综合工 一类	工日	153.00	1.64	1.80	0.59	0.45
材料	熟桐油	kg	14.96	1.19	1.28		
	清油	kg	15.06		0.09		
	无光调和漆	kg	16.79			1.32	
	酚醛清漆	kg	14.12				0.54
	油漆溶剂油 200#	kg	6.90	0.48	0.95	0.06	0.06
	漆片	kg	42.65		0.01		
	乙醇	kg	9.69		0.02		
	催干剂	kg	12.76	0.03	0.04	0.02	0.01
	砂纸	张	0.87		1.26	0.32	0.11
	豆包布 宽0.9m	m	3.88	0.02	0.02		

单位：10m²

编号				8-10	8-11	8-12	8-13	8-14
项目				木板类				
				底油、刮腻子调和漆二遍	底油、刮腻子调和漆三遍	润油粉、刮腻子、调和漆三遍	底油、油色清漆二遍	润油粉、刮腻子、油色、清漆三遍
预算基价	总价(元)			**262.94**	**323.47**	**524.44**	**256.19**	**512.01**
	人工费(元)			214.20	252.45	446.76	224.91	465.12
	材料费(元)			48.74	71.02	77.68	31.28	46.89
组成内容		**单位**	**单价**	**数量**				
人工	综合工 一类	工日	153.00	1.40	1.65	2.92	1.47	3.04
材料	调和漆	kg	14.11	1.11	1.11	1.11		
	无光调和漆	kg	16.79	1.26	2.52	2.52		
	清油	kg	15.06	0.09	0.09	0.18	0.13	0.14
	熟桐油	kg	14.96	0.22	0.22	0.35	0.22	0.30
	色调和漆	kg	19.26				0.05	0.17
	酚醛清漆	kg	14.12				1.17	1.67
	油漆溶剂油 200#	kg	6.90	0.56	0.63	0.56	0.84	0.86
	石膏粉	kg	0.94	0.26	0.26	0.27	0.26	0.27
	大白粉	kg	0.91			0.94		0.94
	漆片	kg	42.65	0.01	0.01			
	乙醇	kg	9.69	0.02	0.02	0.01	0.01	0.01
	催干剂	kg	12.76	0.05	0.08	0.08	0.04	0.05
	棉纱	kg	16.11			0.18		0.18
	砂纸	张	0.87	2.10	2.40	3.00	2.10	3.00
	豆包布 宽0.9m	m	3.88	0.02	0.02	0.04	0.02	0.04

单位：10m²

编号				8-15	8-16	8-17	8-18
项目				木板类			
				熟桐油二遍	底油、熟桐油二遍	调和漆	清漆
						每增加一遍	
预算基价	总价(元)			**193.43**	**217.79**	**84.82**	**55.26**
	人工费(元)			172.89	189.72	62.73	47.43
	材料费(元)			20.54	28.07	22.09	7.83
组成内容		**单位**	**单价**	**数量**			
人工	综合工 一类	工日	153.00	1.13	1.24	0.41	0.31
材料	熟桐油	kg	14.96	1.13	1.22		
	清油	kg	15.06		0.09		
	无光调和漆	kg	16.79			1.26	
	酚醛清漆	kg	14.12				0.51
	油漆溶剂油 200#	kg	6.90	0.46	0.90	0.06	0.06
	漆片	kg	42.65		0.01		
	乙醇	kg	9.69		0.02		
	催干剂	kg	12.76	0.03	0.04	0.02	0.01
	砂纸	张	0.87		1.20	0.30	0.10
	豆包布 宽0.9m	m	3.88	0.02	0.02		

单位：10m²

编号				8-19	8-20	8-21	8-22	8-23
项目				木栅栏、木栏杆(带扶手)				
				底油、刮腻子 调和漆二遍	底油、刮腻子 调和漆三遍	润油粉、刮腻子 调和漆三遍	底油、油色 清漆二遍	润油粉、刮腻子、 油色、清漆三遍
预算基价	总价(元)			**478.84**	**588.45**	**954.04**	**467.01**	**931.51**
	人工费(元)			390.15	459.00	812.43	410.04	846.09
	材料费(元)			88.69	129.45	141.61	56.97	85.42
组成内容		**单位**	**单价**	**数量**				
人工	综合工 一类	工日	153.00	2.55	3.00	5.31	2.68	5.53
材料	调和漆	kg	14.11	2.02	2.02	2.02		
	无光调和漆	kg	16.79	2.29	4.59	4.59		
	清油	kg	15.06	0.16	0.16	0.33	0.24	0.25
	熟桐油	kg	14.96	0.40	0.40	0.64	0.40	0.55
	色调和漆	kg	19.26				0.09	0.31
	酚醛清漆	kg	14.12				2.13	3.04
	油漆溶剂油 200#	kg	6.90	1.02	1.15	1.02	1.53	1.57
	石膏粉	kg	0.94	0.47	0.47	0.49	0.47	0.49
	大白粉	kg	0.91			1.71		1.71
	漆片	kg	42.65	0.02	0.02			
	乙醇	kg	9.69	0.04	0.04	0.02	0.02	0.02
	催干剂	kg	12.76	0.09	0.15	0.15	0.07	0.09
	棉纱	kg	16.11			0.33		0.33
	砂纸	张	0.87	3.82	4.37	5.46	3.82	5.46
	豆包布 宽0.9m	m	3.88	0.04	0.04	0.07	0.04	0.07

单位：10m²

编号				8-24	8-25	8-26	8-27
项目				木栅栏、木栏杆(带扶手)			
				熟桐油二遍	底油、熟桐油二遍	调和漆	清漆
						每增加一遍	
预算基价	总价(元)			**352.59**	**396.90**	**154.95**	**99.98**
	人工费(元)			315.18	345.78	114.75	85.68
	材料费(元)			37.41	51.12	40.20	14.30
组成内容		**单位**	**单价**	**数量**			
人工	综合工 一类	工日	153.00	2.06	2.26	0.75	0.56
材料	熟桐油	kg	14.96	2.06	2.22		
	清油	kg	15.06		0.16		
	无光调和漆	kg	16.79			2.29	
	酚醛清漆	kg	14.12				0.93
	油漆溶剂油 200#	kg	6.90	0.84	1.64	0.11	0.11
	漆片	kg	42.65		0.02		
	乙醇	kg	9.69		0.04		
	催干剂	kg	12.76	0.05	0.07	0.04	0.02
	砂纸	张	0.87		2.18	0.55	0.18
	豆包布 宽0.9m	m	3.88	0.04	0.04		

单位：10m

编号				8-28	8-29	8-30	8-31	8-32
项目				木扶手(不带托板)				
				底油、刮腻子调和漆二遍	底油、刮腻子调和漆三遍	润油粉、刮腻子调和漆三遍	底油、油色清漆二遍	润油粉、刮腻子、油色、清漆三遍
预算基价	总价(元)			**85.79**	**106.94**	**188.04**	**88.64**	**182.10**
	人工费(元)			76.50	93.33	172.89	82.62	172.89
	材料费(元)			9.29	13.61	15.15	6.02	9.21
组成内容		单位	单价	数量				
人工	综合工 一类	工日	153.00	0.50	0.61	1.13	0.54	1.13
材料	调和漆	kg	14.11	0.21	0.21	0.21		
	无光调和漆	kg	16.79	0.24	0.48	0.48		
	清油	kg	15.06	0.02	0.02	0.04	0.03	0.03
	熟桐油	kg	14.96	0.04	0.04	0.07	0.04	0.06
	色调和漆	kg	19.26				0.01	0.03
	酚醛清漆	kg	14.12				0.22	0.32
	油漆溶剂油 200#	kg	6.90	0.11	0.12	0.11	0.16	0.17
	石膏粉	kg	0.94	0.05	0.05	0.05	0.05	0.05
	大白粉	kg	0.91			0.18		0.18
	漆片	kg	42.65	0.001	0.001			
	乙醇	kg	9.69	0.004	0.004	0.001	0.001	0.001
	催干剂	kg	12.76	0.01	0.02	0.02	0.01	0.01
	棉纱	kg	16.11			0.04		0.04
	砂纸	张	0.87	0.40	0.50	0.60	0.40	0.60
	豆包布 宽0.9m	m	3.88	0.01	0.01	0.02	0.01	0.02

单位：10m

编号				8-33	8-34	8-35	8-36
项目				木扶手(不带托板)			
				熟桐油二遍	底油、熟桐油二遍	调和漆	清漆
						每增加一遍	
预算基价	总价(元)			**65.28**	**72.72**	**27.26**	**15.85**
	人工费(元)			61.20	67.32	22.95	13.77
	材料费(元)			4.08	5.40	4.31	2.08
组成内容		**单位**	**单价**	**数量**			
人工	综合工 一类	工日	153.00	0.40	0.44	0.15	0.09
材料	熟桐油	kg	14.96	0.22	0.23		
	清油	kg	15.06		0.02		
	无光调和漆	kg	16.79			0.24	
	酚醛清漆	kg	14.12				0.10
	油漆溶剂油 200#	kg	6.90	0.09	0.18	0.01	0.04
	漆片	kg	42.65		0.001		
	乙醇	kg	9.69		0.003		
	催干剂	kg	12.76	0.01	0.01	0.01	0.01
	砂纸	张	0.87		0.20	0.10	0.30
	豆包布 宽0.9m	m	3.88	0.01	0.01		

单位：10m²

编号				8-37	8-38	8-39	8-40
项目				木地板			
				满刮腻子、地板漆三遍	底油、地板漆三遍	润油粉	本色
						烫硬蜡	
预算基价	总价(元)			**117.33**	**122.11**	**289.88**	**332.71**
	人工费(元)			84.15	84.15	250.92	250.92
	材料费(元)			33.18	37.96	38.96	81.79
组成内容		**单位**	**单价**	**数量**			
人工	综合工 一类	工日	153.00	0.55	0.55	1.64	1.64
材料	地板漆	kg	18.30	1.50	1.50		
	清油	kg	15.06		0.07		
	熟桐油	kg	14.96	0.19	0.26		
	油漆溶剂油 200#	kg	6.90	0.15	0.52	0.03	0.07
	石膏粉	kg	0.94	0.22	0.22		
	大白粉	kg	0.91			1.17	
	色粉	kg	4.47			0.100	0.002
	乙醇	kg	9.69	0.004	0.004		
	硬白蜡	kg	18.46			0.97	2.36
	骨胶	kg	4.93			0.04	
	催干剂	kg	12.76		0.01		
	木炭	kg	4.76			3.08	7.45
	棉纱	kg	16.11			0.17	0.06
	砂纸	张	0.87	1.80	1.80	2.00	1.50
	豆包布 宽0.9m	m	3.88	0.01	0.01		

单位：10m²

编号				8-41	8-42	8-43	8-44
项目				木地板			
				润油粉一遍、漆片二遍、擦腊	润油粉一遍、油色、漆片二遍、擦软蜡	润油粉一遍、油色、清漆二遍	底油、油色、清漆二遍
预算基价	总价(元)			**177.82**	**240.40**	**187.97**	**141.96**
	人工费(元)			146.88	197.37	151.47	116.28
	材料费(元)			30.94	43.03	36.50	25.68
组成内容		单位	单价	数量			
人工	综合工 一类	工日	153.00	0.96	1.29	0.99	0.76
材料	漆片	kg	42.65	0.14	0.14		
	清油	kg	15.06	0.09	0.21	0.12	0.11
	色调和漆	kg	19.26	0.10	0.23	0.14	0.04
	酚醛清漆	kg	14.12			0.96	0.96
	熟桐油	kg	14.96	0.06	0.13	0.26	0.18
	油漆溶剂油 200#	kg	6.90	0.34	0.89	0.64	0.70
	石膏粉	kg	0.94			0.22	0.21
	大白粉	kg	0.91	0.78	1.56	0.78	
	乙醇	kg	9.69	0.85	0.84	0.04	0.04
	地板蜡	kg	20.69	0.25			
	软蜡	kg	9.23		0.25		
	催干剂	kg	12.76	0.010	0.170	0.340	0.002
	棉纱	kg	16.11	0.15	0.30	0.15	
	砂纸	张	0.87	2.00	2.80	2.30	1.80
	豆包布 宽0.9m	m	3.88	0.01	0.02	0.02	

二、混凝土构件面油漆

单位：$10m^2$

编号				8-45	8-46	8-47
项目				混凝土柱、梁、檩条		
				底油、刮腻子、调和漆二遍	底油、刮腻子、调和漆三遍	刮腻子、乳胶漆三遍
预算基价	总价(元)			**509.43**	**553.38**	**547.17**
	人工费(元)			466.65	497.25	504.90
	材料费(元)			42.78	56.13	42.27
组成内容		**单位**	**单价**	**数量**		
人工	综合工 一类	工日	153.00	3.05	3.25	3.30
材料	调和漆	kg	14.11	0.93	0.93	
	无光调和漆	kg	16.79	0.93	1.71	
	乳胶漆	kg	8.85			4.33
	熟桐油	kg	14.96	0.24	0.24	
	清油	kg	15.06	0.16	0.16	
	油漆溶剂油 200#	kg	6.90	0.61	0.61	
	聚醋酸乙烯乳液	kg	9.51	0.16	0.16	0.17
	羧甲基纤维素	kg	11.25	0.03	0.03	0.03
	滑石粉	kg	0.59	1.39	1.39	1.39
	石膏粉	kg	0.94	0.33	0.33	0.23
	大白粉	kg	0.91			0.14
	零星材料费	元		0.84	1.10	0.83

三、抹灰面油漆

单位：$10m^2$

编号				8-48	8-49	8-50	8-51	8-52	8-53
项目				抹灰面		拉毛面	砖墙面	混凝土花格窗、栏杆、花饰	零星项目、小品
				乳胶漆二遍	乳胶漆三遍	乳胶漆二遍			
预算基价	总价(元)			**209.97**	**238.63**	**131.27**	**81.62**	**214.58**	**122.30**
	人工费(元)			171.36	186.66	81.09	48.96	145.35	82.62
	材料费(元)			38.61	51.97	50.18	32.66	69.23	39.68
组成内容		**单位**	**单价**	**数量**					
人工	综合工 一类	工日	153.00	1.12	1.22	0.53	0.32	0.95	0.54
材料	乳胶漆	kg	8.85	2.84	4.33	5.67	3.69	7.74	4.43
	聚醋酸乙烯乳液	kg	9.51	0.60	0.60				
	羧甲基纤维素	kg	11.25	0.12	0.12				
	滑石粉	kg	0.59	1.39	1.39				
	石膏粉	kg	0.94	0.21	0.21				
	大白粉	kg	0.91	5.28	5.28				
	砂纸	张	0.87	0.60	0.80			0.80	0.50
	豆包布 宽0.9m	m	3.88	0.02	0.02			0.01	0.01

单位：10m

编号				8-54	8-55	8-56	8-57
项目				清水墙腰线、檐口线、门窗套、窗台板、乳胶漆二遍	线条乳胶漆		
					8cm以内	12cm以内	18cm以内
预算基价	总价(元)			**69.98**	**43.50**	**51.50**	**58.37**
	人工费(元)			55.08	41.31	48.96	55.08
	材料费(元)			14.90	2.19	2.54	3.29
组成内容		**单位**	**单价**	**数量**			
人工	综合工 一类	工日	153.00	0.36	0.27	0.32	0.36
材料	乳胶漆	kg	8.85	1.66	0.10	0.14	0.20
	清油	kg	15.06		0.01	0.01	0.01
	腻子	kg	2.20		0.50	0.50	0.60
	砂纸	张	0.87	0.20	0.06	0.06	0.06
	豆包布 宽0.9m	m	3.88	0.01			

单位：10m²

编号				8-58	8-59	8-60	8-61	8-62
项目				水性水泥漆二遍	油漆画石纹	抹灰面做假木纹	外墙真石漆	
							胶带条分格	木嵌条分格
预算基价	总价(元)			**133.95**	**289.67**	**408.48**	**1742.01**	**1831.94**
	人工费(元)			64.26	241.74	351.90	130.05	206.55
	材料费(元)			69.69	47.93	56.58	1605.84	1619.27
	机械费(元)						6.12	6.12
组成内容		单位	单价	数量				
人工	综合工 一类	工日	153.00	0.42	1.58	2.30	0.85	1.35
材料	水性水泥漆	kg	17.22	3.94				
	调和漆	kg	14.11		1.75	1.75		
	无光调和漆	kg	16.79		0.43	0.43		
	醇酸清漆	kg	13.59			0.52		
	清油	kg	15.06		0.31	0.31		
	熟桐油	kg	14.96		0.23	0.23		
	H型真石涂料	kg	23.36				50.00	50.00
	透明底漆	kg	53.00				3.50	3.50
	防水漆(配套罩面漆)	kg	54.51				4.00	4.00
	白水泥	kg	0.64				5.00	5.00

续前

单位：$10m^2$

编号				8-58	8-59	8-60	8-61	8-62
项目				水性水泥漆二遍	油漆画石纹	抹灰面做假木纹	外墙真石漆	
							胶带条分格	木嵌条分格
组成内容		**单位**	**单价**	**数量**				
材料	松木锯材 三类	m^3	1661.90					0.008
	色粉	kg	4.47			0.15		
	油漆溶剂油 200#	kg	6.90		0.50	0.50		
	聚醋酸乙烯乳液	kg	9.51		0.02	0.02		
	羧甲基纤维素	kg	11.25		0.01	0.01		
	醇酸漆稀释剂	kg	8.29		0.22	0.33		
	二甲苯稀释剂	kg	10.87				0.58	0.58
	108胶	kg	4.45				2.00	2.00
	石膏粉	kg	0.94	1.36	0.21	0.21		
	大白粉	kg	0.91		2.35	2.35		
	砂纸	张	0.87	0.60				
	豆包布 宽0.9m	m	3.88	0.01				
	零星材料费	元					15.90	16.03
机械	电动空气压缩机 排气量$1m^3$/min	台班	52.31				0.110	0.110
	小型机具	元					0.37	0.37

单位：10m²

编号				8-63	8-64	8-65	8-66
项目				抹灰面过氯乙烯漆			
				五遍成活	每增减一遍		
					底漆	磁漆	清漆
预算基价	总价(元)			**476.63**	**84.48**	**72.80**	**87.48**
	人工费(元)			214.20	30.60	29.07	29.07
	材料费(元)			262.43	53.88	43.73	58.41
组成内容		**单位**	**单价**	**数量**			
人工	综合工 一类	工日	153.00	1.40	0.20	0.19	0.19
材料	过氯乙烯底漆	kg	13.87	2.90	2.90		
	过氯乙烯磁漆	kg	18.22	3.90		1.95	
	过氯乙烯清漆	kg	15.56	5.25			2.63
	过氯乙烯漆稀释剂	kg	13.66	4.75	1.00	0.60	1.28
	过氯乙烯腻子	kg	8.65	0.11			
	聚醋酸乙烯乳液	kg	9.51	0.16			
	羧甲基纤维素	kg	11.25	0.03			
	滑石粉	kg	0.59	1.39			
	砂纸	张	0.87	1.00			
	豆包布 宽0.9m	m	3.88	0.02			

四、喷 刷 涂 料

单位：$10m^2$

编 号				8-67	8-68	8-69	8-70
项 目				墙、柱、梁面一塑三油			
				大压花	中压花	喷中点、幼点	平面
预算基价	总 价(元)			**683.01**	**542.65**	**460.71**	**207.69**
	人 工 费(元)			183.60	165.24	149.94	85.68
	材 料 费(元)			469.41	350.43	286.27	122.01
	机 械 费(元)			30.00	26.98	24.50	
组 成 内 容		**单位**	**单价**	**数 量**			
人工	综合工 一类	工日	153.00	1.20	1.08	0.98	0.56
材料	底层巩固剂	kg	11.38	2.18	1.71	1.51	0.87
	中层涂料	kg	21.49	14.25	9.31	6.56	
	面层高光面油	kg	31.67	4.32	4.09	4.00	3.52
	水	m^3	7.62	0.020	0.020	0.020	0.010
	零星材料费	元		1.40	1.22	1.28	0.55
机械	灰浆输送泵 $3m^3/h$	台班	222.95	0.109	0.098	0.089	
	电动空气压缩机 排气量$1m^3/min$	台班	52.31	0.109	0.098	0.089	

单位：$10m^2$

编号				8-71	8-72	8-73	8-74
项目				天棚一塑三油			
				大压花	中压花	喷中点、幼点	平面
预算基价	总价(元)			**706.45**	**564.56**	**479.19**	**216.93**
	人工费(元)			203.49	183.60	165.24	94.86
	材料费(元)			469.65	350.96	286.70	122.07
	机械费(元)			33.31	30.00	27.25	
组成内容		**单位**	**单价**	**数量**			
人工	综合工 一类	工日	153.00	1.33	1.20	1.08	0.62
材料	底层巩固剂	kg	11.38	2.18	1.71	1.51	0.87
	中层涂料	kg	21.49	14.25	9.31	6.56	
	面层高光面油	kg	31.67	4.32	4.09	4.00	3.52
	水	m^3	7.62	0.020	0.020	0.020	0.010
	零星材料费	元		1.64	1.75	1.71	0.61
机械	灰浆输送泵 $3m^3/h$	台班	222.95	0.121	0.109	0.099	
	电动空气压缩机 排气量$1m^3/min$	台班	52.31	0.121	0.109	0.099	

单位：$10m^2$

编号				8-75	8-76	8-77	8-78	8-79
项目				墙面抗碱封底涂料	墙面钙塑涂料(成品)		内墙	
					内墙及天棚面	外墙面	多彩花纹涂料	彩绒涂料
预算基价	总价(元)			**126.39**	**215.32**	**245.70**	**309.50**	**615.90**
	人工费(元)			47.43	47.43	50.49	94.86	94.86
	材料费(元)			78.96	167.89	195.21	207.90	514.30
	机械费(元)						6.74	6.74
组成内容		**单位**	**单价**	**数量**				
人工	综合工 一类	工日	153.00	0.31	0.31	0.33	0.62	0.62
材料	水泥	kg	0.39	30.00				
	抗碱底涂料	kg	8.18	3.00				
	钙塑涂料	kg	13.63		12.00	14.00		
	多彩花纹涂料	kg	20.94				6.00	
	封闭乳胶底涂料	kg	9.09				2.50	2.00
	罩光乳胶涂料	kg	18.60				2.50	
	水性绒面涂料面漆	kg	33.18					12.00
	水性绒面涂料中涂层	kg	9.09					10.00
	聚醋酸乙烯乳液	kg	9.51				0.60	
	羧甲基纤维素	kg	11.25				0.12	0.12
	108胶	kg	4.45	9.60				
	砂纸	张	0.87				0.90	0.60
	大白粉	kg	0.91				5.28	5.28
	豆包布 宽0.9m	m	3.88				0.10	0.10
	零星材料费	元			4.33	4.39		
机械	电动空气压缩机 排气量$1m^3/min$	台班	52.31				0.121	0.121
	小型机具	元					0.41	0.41

单位：10m²

编号				8-80	8-81	8-82	8-83
项目				外墙多彩花纹涂料		外墙喷硬质复层凹凸花纹涂料(浮雕型)	
				清水墙	抹灰墙	清水墙	抹灰墙
预算基价	总价(元)			**360.01**	**329.21**	**335.24**	**272.79**
	人工费(元)			113.22	94.86	137.70	108.63
	材料费(元)			239.45	228.23	190.20	158.04
	机械费(元)			7.34	6.12	7.34	6.12
组成内容		**单位**	**单价**	**数量**			
人工	综合工 一类	工日	153.00	0.74	0.62	0.90	0.71
材料	白水泥	kg	0.64	28.80	25.00	30.00	25.00
	封闭乳胶底涂料	kg	9.09	2.30	2.00		
	罩光乳胶涂料	kg	18.60	2.50	2.50		
	多彩外墙乳胶涂料	kg	18.17	6.00	6.00		
	抗碱底涂料	kg	8.18			3.00	2.50
	复层罩面涂料	kg	11.25			8.40	7.00
	二甲苯稀释剂	kg	10.87			0.60	0.50
	108胶	kg	4.45	9.20	8.00	9.60	8.00
	零星材料费	元		3.65	2.93	2.72	1.80
机械	电动空气压缩机 排气量1m³/min	台班	52.31	0.132	0.110	0.132	0.110
	小型机具	元		0.44	0.37	0.44	0.37

单位：10m²

编号				8-84	8-85	8-86	8-87
项目				外墙喷银光涂料		外墙喷丙烯酸有光外用乳胶漆	
				清水墙	抹灰墙	清水墙	抹灰墙
预算基价	总价(元)			**277.11**	**214.75**	**342.47**	**280.00**
	人工费(元)			114.75	67.32	114.75	67.32
	材料费(元)			155.02	140.69	220.38	205.94
	机械费(元)			7.34	6.74	7.34	6.74
组成内容		**单位**	**单价**	**数量**			
人工	综合工 一类	工日	153.00	0.75	0.44	0.75	0.44
材料	白水泥	kg	0.64	30.00	25.00	30.00	25.00
	封闭乳胶底涂料	kg	9.09	2.40	2.00	2.40	2.00
	外墙银光涂料	kg	18.17	3.83	3.83		
	丙烯酸有光外墙乳胶漆	kg	16.74			8.00	8.00
	108胶	kg	4.45	9.60	8.00	9.60	8.00
	零星材料费	元		1.69	1.32	2.72	2.24
机械	电动空气压缩机 排气量1m³/min	台班	52.31	0.132	0.121	0.132	0.121
	小型机具	元		0.44	0.41	0.44	0.41

单位：10m²

编号				8-88	8-89	8-90	8-91
项目				外墙喷丙烯酸无光外用乳胶漆		外墙喷丙烯酸凹凸复层装饰涂料	
				清水墙	抹灰墙	清水墙	抹灰墙
预算基价	总价(元)			**306.25**	**243.84**	**308.15**	**250.41**
	人工费(元)			114.75	67.32	137.70	108.63
	材料费(元)			184.16	169.78	163.55	136.03
	机械费(元)			7.34	6.74	6.90	5.75
组成内容		**单位**	**单价**	**数量**			
人工	综合工 一类	工日	153.00	0.75	0.44	0.90	0.71
材料	白水泥	kg	0.64	30.00	25.00	30.00	25.00
	封闭乳胶底涂料	kg	9.09	2.40	2.00		
	丙烯酸无光外墙乳胶漆	kg	17.22	5.70	5.70		
	抗碱底涂料	kg	8.18			3.00	2.50
	凹凸复层涂料	kg	8.18			8.40	7.00
	二甲苯稀释剂	kg	10.87			0.60	0.50
	108胶	kg	4.45	9.60	8.00	9.60	8.00
	零星材料费	元		2.27	1.85	1.86	1.28
机械	电动空气压缩机 排气量1m³/min	台班	52.31	0.132	0.121	0.132	0.110
	小型机具	元		0.44	0.41		

单位：$10m^2$

编号				8-92	8-93	8-94	8-95
项目				彩砂喷涂		砂胶涂料	
				抹灰面	混凝土墙面	墙柱面	天棚
预算基价	总价(元)			**616.29**	**801.12**	**279.12**	**303.60**
	人工费(元)			192.78	212.67	217.26	241.74
	材料费(元)			419.43	582.91	54.96	54.96
	机械费(元)			4.08	5.54	6.90	6.90
组成内容		**单位**	**单价**	**数量**			
人工	综合工 一类	工日	153.00	1.26	1.39	1.42	1.58
材料	水泥	kg	0.39	3.00	19.70		
	丙烯酸彩砂涂料	kg	10.95	38.00	51.00		
	砂胶料	kg	4.82			11.00	11.00
	108胶	kg	4.45		3.28		
	水	m^3	7.62	0.064	0.020		
	零星材料费	元		1.67	2.03	1.94	1.94
机械	电动空气压缩机 排气量$1m^3$/min	台班	52.31	0.078	0.106	0.132	0.132

单位：10m²

编号				8-96	8-97	8-98	8-99	8-100	8-101
项目				外墙AC-97弹性涂料		外墙JH801涂料		仿瓷涂料二遍	花格手工刮仿瓷涂料
				清水墙	抹灰墙	清水墙	抹灰墙		
预算基价	总价(元)			**400.27**	**324.69**	**178.44**	**195.10**	**269.31**	**369.74**
	人工费(元)			114.75	67.32	110.16	110.16	188.19	269.28
	材料费(元)			285.08	257.00	65.09	81.75	81.12	100.46
	机械费(元)			0.44	0.37	3.19	3.19		
组成内容		**单位**	**单价**	**数量**					
人工	综合工 一类	工日	153.00	0.75	0.44	0.72	0.72	1.23	1.76
材料	白水泥	kg	0.64	4.03	3.36				
	封闭乳胶底涂料	kg	9.09	2.10	1.75				
	AC-97弹性外墙涂料	kg	47.33	5.50	5.00				
	JH801涂料	kg	6.36			10.00	10.00		
	117胶	kg	8.44					8.00	9.60
	双(白)灰粉	kg	0.68					20.00	24.00
	色粉	kg	4.47				0.34		
	108胶	kg	4.45				3.46		
	水	m^3	7.62			0.070	0.014		
	零星材料费	元		3.10	2.29	0.96	1.13		3.12
机械	电动空气压缩机 排气量$1m^3/min$	台班	52.31			0.061	0.061		
	小型机具	元		0.44	0.37				

单位：$10m^2$

编号				8-102	8-103	8-104	8-105	8-106	8-107
项目				抹灰面				楼地面	
				106涂料		803涂料		777涂料席纹地面	177涂料乳液罩面
				二遍	三遍	二遍	三遍		
预算基价	总价(元)			**83.11**	**108.30**	**74.95**	**95.75**	**417.84**	**208.68**
	人工费(元)			64.26	81.09	64.26	81.09	267.75	151.47
	材料费(元)			18.85	27.21	10.69	14.66	150.09	57.21
组成内容		**单位**	**单价**	**数量**					
人工	综合工 一类	工日	153.00	0.42	0.53	0.42	0.53	1.75	0.99
材料	白水泥	kg	0.64					21.40	10.60
	106涂料	kg	3.90	3.89	5.99				
	803涂料	kg	1.90			3.69	5.69		
	777乳液涂料	kg	17.30					5.98	
	177乳液涂料	kg	16.82						0.73
	熟桐油	kg	14.96	0.07	0.07	0.07	0.07		
	血料	kg	5.25	0.33	0.33	0.33	0.33		
	色粉	kg	4.47					1.52	0.11
	107氯偏乳液	kg	6.36						1.32
	108胶	kg	4.45					4.45	5.28
	石膏粉	kg	0.94	0.21	0.21	0.21	0.21		
	大白粉	kg	0.91	0.15	0.15	0.15	0.15		
	软蜡	kg	9.23					0.42	0.42
	砂纸	张	0.87	0.60	0.80	0.60	0.80		
	豆包布 宽0.9m	m	3.88	0.01	0.01	0.01	0.01		
	水	m^3	7.62					0.032	0.028
	零星材料费	元						2.22	1.67

五、刷　　浆

单位：$10m^2$

编号				8-108	8-109	8-110	8-111
项目				白水泥浆二遍			
				抹灰面		混凝土栏杆、花饰	窗间墙、隔板、栏板等小面积
				光面	毛面		
预算基价	总价(元)			**39.89**	**50.56**	**141.50**	**56.43**
	人工费(元)			33.66	42.84	128.52	48.96
	材料费(元)			6.23	7.72	12.98	7.47
组成内容		**单位**	**单价**	**数量**			
人工	综合工 一类	工日	153.00	0.22	0.28	0.84	0.32
材料	白水泥	kg	0.64	3.76	4.70	7.90	4.51
	色粉	kg	4.47	0.13	0.16	0.27	0.16
	108胶	kg	4.45	0.72	0.89	1.50	0.86
	豆包布 宽0.9m	m	3.88	0.01	0.01	0.01	0.01

单位：$10m^2$

编号				8-112	8-113	8-114	8-115
项目				石灰油浆二遍			
				抹灰面		混凝土栏杆、花饰	窗间墙、隔板、栏板等小面积
				光面	毛面		
预算基价	总价(元)			**38.25**	**47.70**	**139.93**	**53.93**
	人工费(元)			33.66	42.84	128.52	48.96
	材料费(元)			4.59	4.86	11.41	4.97
组成内容		**单位**	**单价**	**数量**			
人工	综合工 一类	工日	153.00	0.22	0.28	0.84	0.32
材料	白灰	kg	0.30	0.74	0.93	2.18	0.89
	清油	kg	15.06	0.24	0.29	0.70	0.28
	色粉	kg	4.47	0.16	0.04	0.04	0.10
	豆包布 宽0.9m	m	3.88	0.01	0.01	0.01	0.01

单位：10m²

编号				8-116	8-117	8-118	8-119
项目				清水墙腰线、檐口线、门窗套、窗台板			抹灰面
				刷白水泥浆二遍	刷石灰油浆二遍	刷红土子浆二遍	刷石灰浆三遍
预算基价	总价(元)			**54.79**	**53.87**	**32.49**	**32.68**
	人工费(元)			52.02	52.02	27.54	32.13
	材料费(元)			2.77	1.85	4.95	0.55
组成内容		**单位**	**单价**	**数量**			
人工	综合工 一类	工日	153.00	0.34	0.34	0.18	0.21
材料	白水泥	kg	0.64	1.69			
	白灰	kg	0.30		0.34		1.72
	红土粉	kg	5.93			0.72	
	色粉	kg	4.47	0.06	0.02		
	108胶	kg	4.45	0.32			
	清油	kg	15.06		0.11		
	血料	kg	5.25			0.13	
	工业盐	kg	0.91				0.04

单位：10m²

编号				8-120	8-121	8-122	8-123
项目				抹灰面		刮腻子二遍	
				刷普通水泥浆	刮腻子、刷可塞银浆一遍	水泥砂浆、混合砂浆墙面	石灰砂浆、石膏、砂浆墙面
预算基价	总价(元)			**35.33**	**99.20**	**81.02**	**61.54**
	人工费(元)			32.13	90.27	70.38	56.61
	材料费(元)			3.20	8.93	10.64	4.93
组成内容		**单位**	**单价**	**数量**			
人工	综合工 一类	工日	153.00	0.21	0.59	0.46	0.37
材料	水泥	kg	0.39	2.10			
	可赛银	kg	2.51		2.37		
	腻子膏	kg	1.33			8.00	3.71
	白灰	kg	0.30	0.25			
	血料	kg	5.25	0.44			
	大白粉	kg	0.91		1.39		
	聚醋酸乙烯乳液	kg	9.51		0.06		
	羧甲基纤维素	kg	11.25		0.05		
	骨胶	kg	4.93		0.03		
	砂纸	张	0.87		0.50		

天津市仿古建筑及园林工程预算基价

第二册 营造则例做法项目

DBD 29-502-2020

天津市住房和城乡建设委员会
天 津 市 建 筑 市 场 服 务 中 心 主编

中国计划出版社

总 说 明

一、天津市仿古建筑及园林工程预算基价（以下简称“本基价”）是根据国家和本市有关法律、法规、标准、规范等相关依据，按正常的施工工期和生产条件，考虑常规的施工工艺、合理的施工组织设计，结合本市实际编制的。本基价是完成单位合格产品所需人工、材料、机械台班和其相应费用的基本标准，反映了社会平均水平。

二、本基价适用于天津市行政区域内新建与扩建的仿古建筑、园林绿化与园林景观工程。

三、本基价是编制估算指标、概算定额和初步设计概算、施工图预算、竣工结算、招标控制价的基础，是建设项目投标报价的参考。

四、本基价各子目中的预算基价由人工费、材料费和机械费组成。基价中的工作内容为主要施工工序，次要施工工序虽未做说明，但基价中已考虑。

五、本基价适用于采用一般计税方法计取增值税的仿古建筑及园林工程，各子目中材料和机械台班的单价为不含税的基期价格。

六、本基价共分三册：

第一册　通用项目；

第二册　营造则例做法项目；

第三册　园林绿化景观及施工措施费项目。

七、本基价人工费的规定和说明：

1.人工消耗量以现行的《建设工程劳动定额》《仿古建筑工程消耗量定额》《园林绿化工程消耗量定额》为基础，结合本市实际确定，包括施工操作的基本用工、辅助用工、材料在施工现场超运距用工及人工幅度差。人工效率按8小时工作制考虑。

2.人工单价是根据《中华人民共和国劳动法》的有关规定，参照编制期天津市建筑市场劳动力价格水平综合测算的。按技术含量分为三类：一类工每工日153元；二类工每工日135元；三类工每工日113元。

3.人工费是支付给从事仿古建筑及园林工程施工的生产工人和附属生产单位工人的各项费用以及生产工具用具使用费，其中包括按照国家和本市有关规定，职工个人缴纳的养老保险、失业保险、医疗保险及住房公积金。

八、本基价材料费的规定和说明：

1.材料包括主要材料、次要材料和零星材料，主要材料和次要材料为构成工程实体且能够计量的材料、成品、半成品，按品种、规格列出消耗量；零星材料为不构成工程实体且用量较小的材料，以“元”为单位列出。

2.材料费包括主要材料费、次要材料费和零星材料费。

3.材料消耗量均按合格的标准规格产品编制，包括正常施工消耗和材料从工地仓库、现场集中堆放或加工地点运至施工操作、安装地点的堆放和运输损耗及不可避免的施工操作损耗。

4.当设计要求采用的材料、成品或半成品的品种、规格型号与基价中不同时，可按各章规定调整。

5.材料价格按本基价编制期建筑市场材料价格综合取定，包括由材料供应地点运至工地仓库或施工现场堆放地点的费用和材料的采购及保管费。材料采购及保管费包括施工单位在组织采购、供应和保管材料过程中所需各项费用和工地仓库的储存损耗。

6.工程建设中部分材料由建设单位供料,结算时退还建设单位所购材料的材料款(包括材料采购及保管费),材料单价以施工合同中约定的材料价格为准,材料数量按实际领用量确定。

7.周转材料费中的周转材料按摊销量编制,且已包括回库维修等相关费用。

8.本基价部分材料或成品、半成品的消耗量带有括号,并列于无括号材料消耗量之前,表示该材料未计价,基价总价未包括其价值,计价时应以括号中的消耗量乘以其价格,计入本基价的材料费和总价中;列于无括号材料消耗量之后,表示基价总价和材料费中已经包括了该材料的价值,括号内的材料不再计价。

9.材料消耗量带有"×"号的,"×"号前为材料消耗量,"×"号后为该材料的单价。数字后带有"( )"号的,"( )"号内为规格型号。

九、本基价机械费的规定和说明:

1.机械台班消耗量是按照正常的施工程序、合理的机械配置确定的。

2.机械台班单价按照《建设工程施工机械台班费用编制规则》及《天津市施工机械台班参考基价》确定。

3.凡单位价值2000元以内,使用年限在一年以内不构成固定资产的施工机械,不列入机械台班消耗量,作为工具用具在企业管理费中考虑,其消耗的燃料动力等已列入材料内。

4.本基价未考虑使用大型机械,如果使用大型机械,可按《天津市建筑工程预算基价》中对使用大型机械的说明及规定进行计算。

十、本基价除注明者以外,均按建筑物檐高20m以内考虑,当建筑物檐高超过20m时,因施工降效所增加的人工、机械及有关费用按《天津市建筑工程预算基价》超高工程附加费有关规定执行。

十一、凡纳入重大风险源风险范围的分部分项工程均应按专家论证的专项方案另行计算相关费用。

十二、施工用水、电已包括在本基价材料费和机械费中,不另计算。施工现场应由建设单位安装水、电表,交施工单位保管和使用,施工单位按表计量,按相应单价计算后退还建设单位。

十三、本基价凡注明"××以内"或"××以下"者,均包括××本身,注明"××以外"或"××以上"者,均不包括××本身。

十四、本基价材料、机械和构件的规格,用数值表示而未说明单位的,其计量单位为"mm";工程量计算规则中,凡未说明计量单位的,按长度计算的以"m"为计量单位,按面积计算的以"m^2"为计量单位,按体积计算的以"m^3"为计量单位,按质量计算的以"t"为计量单位。

十五、仿古建筑工程基价与一般建筑工程基价使用界限:

1.独立建筑的单位仿古建筑工程应全部执行仿古建筑工程基价。

2.在大型公共建筑的厅堂内建造仿古建筑工程,不需要单独挖土方做基础时,其基础部分与整个建筑的地下部分合并一起,执行一般建筑工程基价,地上部分包括台基在内执行仿古建筑工程基价。若基础与整个建筑不相连,需单独挖土方做基础时,则全部执行仿古建筑工程基价。

3.在大型公共建筑屋顶、平台上建造仿古建筑工程时,则屋顶、平台结构上皮为执行基价的分界线。

4.一般建筑工程的台基、外墙、屋顶、装饰为仿古建筑项目时,执行仿古建筑工程相应基价,其他属现代做法的,执行一般建筑工程基价。

十六、设备安装工程执行《天津市安装工程预算基价》。

仿古建筑面积计算规则

一、计算建筑面积的范围：

1.单层建筑不论其出檐层数及高度如何，均按一层计算建筑面积。其中有台明者按台明外围水平面积计算建筑面积；无台明有围护结构的，以围护结构水平面积计算建筑面积；围护结构外有檐廊柱的，按檐廊柱外边线水平面积计算建筑面积；围护结构外边未及构架柱外边线的，按构架柱外边线计算建筑面积；无围护结构的按构架柱外边线计算建筑面积。

2.有楼层分界的两层或多层建筑，不论其出檐层数如何，按自然结构层的分层水平面积总和计算建筑面积。其首层的建筑面积计算方法分有、无台明两种，按上述单层建筑物的建筑面积计算方法计算；二层及二层以上各层建筑面积计算方法，按上述单层无台明建筑的建筑面积计算方法计算。

3.单层建筑中或多层建筑的两自然结构楼层间局部有楼层者，按其水平投影面积计算建筑面积。

4.碉楼式建筑物的碉台内无楼层分界的，按一层计算建筑面积；碉台内有楼层分界的，按分层累计计算建筑面积；单层碉台及多层碉台的首层有台明的，按台明外围水平面积计算建筑面积；无台明的，按围护结构底面外围水平面积计算建筑面积；多层碉台的二层及二层以上均按各层围护结构底面外围水平面积计算建筑面积。

5.两层或多层建筑构架柱外有围护装饰或围栏的挑台部分，按构架柱外边线至挑台外围线间的水平投影面积的二分之一计算建筑面积。

6.坡地建筑、临水建筑或跨越水面建筑的首层构架柱外有围栏的挑台部分，按构架柱外边线至挑台外围线间的水平投影面积的二分之一计算建筑面积。

二、不计算建筑面积的范围：

1.有台明的单层或多层建筑中的无柱门罩、窗罩、雨篷、挑檐、无围护的挑台、台阶等。

2.无台明建筑或多层建筑的二层或二层以上突出墙面或构架外边线以外的部分，如墀头、垛、窗罩等。

3.牌楼、实心或半实心的砖、石塔。

4.构筑物：月台、环丘台、城台、院墙及随墙门、花架等。

5.碉台的平台。

第二册　目录

册说明……………………………………………………………………………… 277

第九章　砌 筑 工 程

说明……………………………………………………………………………… 281
工作内容………………………………………………………………………… 282
工程量计算规则………………………………………………………………… 283
一、大城样砖、停泥砖、开条砖、方砖、蓝四丁砖、机砖等砌筑…………… 284
1.墙身…………………………………………………………………………… 284
2.砖檐…………………………………………………………………………… 291
3.博缝、挂落 …………………………………………………………………… 300
4.墙帽…………………………………………………………………………… 303
5.梢子…………………………………………………………………………… 309
6.砖碹及门窗套………………………………………………………………… 310
7.其他(影壁、廊心墙、须弥座等)………………………………………… 313
二、琉璃砌筑 …………………………………………………………………… 317
1.墙身…………………………………………………………………………… 317
2.琉璃博缝、挂落、滴珠板…………………………………………………… 319
3.其他…………………………………………………………………………… 321

第十章　石 作 工 程

说明……………………………………………………………………………… 331
工作内容………………………………………………………………………… 332
工程量计算规则………………………………………………………………… 333
一、制作 ………………………………………………………………………… 335
1.台基、台阶、柱顶制作……………………………………………………… 335
2.墙身石活及门石、槛石制作 ………………………………………………… 342
3.须弥座、栏板、望柱制作…………………………………………………… 347
4.地面及其他石活制作………………………………………………………… 355
二、安装 ………………………………………………………………………… 358
1.台基、台阶、柱顶安装……………………………………………………… 358
2.墙身石活及门石、槛石安装 ………………………………………………… 360
3.须弥座、栏板、望柱安装…………………………………………………… 363
4.地面及其他石活安装………………………………………………………… 367

第十一章　木构架及木基层

说明……………………………………………………………………………… 373
工作内容………………………………………………………………………… 374
工程量计算规则………………………………………………………………… 375
一、木构件制作 ………………………………………………………………… 376
1.柱类…………………………………………………………………………… 376
2.枋类…………………………………………………………………………… 382
3.梁类…………………………………………………………………………… 389
4.瓜柱、柁墩、角背、雷公柱 ………………………………………………… 400
5.桁檩、角梁、由戗…………………………………………………………… 409
6.垫板类………………………………………………………………………… 417
7.承重…………………………………………………………………………… 418
二、木构件吊装 ………………………………………………………………… 419
1.柱类…………………………………………………………………………… 419
2.枋类…………………………………………………………………………… 426
3.梁类…………………………………………………………………………… 429
4.瓜柱、柁墩、角背、雷公柱 ………………………………………………… 439
5.桁檩、角梁、由戗…………………………………………………………… 443
6.垫板类………………………………………………………………………… 448
7.承重…………………………………………………………………………… 449
8.铁件安装……………………………………………………………………… 450
三、木基层、板类及其他部件制作与安装…………………………………… 453
1.木基层………………………………………………………………………… 453
2.板类(附梅花钉)…………………………………………………………… 487
3.其他部件……………………………………………………………………… 493
四、垂花门及牌楼特殊构、部件……………………………………………… 498
1.垂花门………………………………………………………………………… 498
2.牌楼…………………………………………………………………………… 503

第十二章　斗　　拱

说明…… 511
工作内容…… 512
工程量计算规则…… 513
一、斗拱及附件制作 …… 514
二、斗拱安装 …… 532

第十三章　木　装　修

说明…… 543
工作内容…… 544
工程量计算规则…… 545
一、槛框类制作与安装 …… 546
二、各种门窗扇、隔扇制作与安装…… 551
三、坐凳及倒挂楣子制作与安装 …… 570
四、栏杆、什锦窗…… 575
五、门窗装饰附件、特殊五金及匾额…… 580
六、木楼梯、墙、天棚 …… 585

第十四章　屋　面　工　程

说明…… 589
工作内容…… 590
工程量计算规则…… 591
一、苫背 …… 592
二、布瓦屋面 …… 594
1.瓦面…… 594
2.正脊…… 600
3.垂脊…… 604
4.戗脊、角脊、围脊、博脊、花瓦脊…… 608
5.吻、宝顶 …… 610
三、琉璃屋面 …… 612
1.瓦面…… 612
2.正脊…… 616
3.垂脊…… 621
4.戗脊、角脊、围脊、博脊 …… 637
5.宝顶…… 645

第十五章　地　面　工　程

说明…… 649
工作内容…… 650
工程量计算规则…… 651
一、细墁地面 …… 652
二、糙墁地面 …… 656
三、细墁散水 …… 662
四、糙墁散水 …… 663
五、墁石子地 …… 664

第十六章　抹　灰　工　程

说明…… 667
工作内容…… 668
工程量计算规则…… 669
抹灰…… 670

第十七章　油漆彩画工程

说明…… 677
工作内容…… 680
工程量计算规则…… 681
一、立闸山花板、博缝板、挂檐(落)板 …… 684
二、连檐、瓦口、椽头 …… 688
三、椽子、望板…… 694
四、上架木件 …… 696
五、斗拱、垫拱板…… 747
六、雀替、花活…… 752
七、天花、天棚…… 755
八、下架木件 …… 779
九、装修 …… 784
1.大门、街门、迎风板、走马板、木板墙…… 784
2.外檐隔墙、槛窗 …… 790
3.风门、支摘窗、各种心屉、内檐隔扇、楣子、花栏杆 …… 793
4.墙面装修…… 797

5.匾……………………………………………………………………………… 799

第十八章 玻璃裱糊工程

说明……………………………………………………………………………… 805
工作内容………………………………………………………………………… 806
工程量计算规则………………………………………………………………… 807
一、玻璃安装 …………………………………………………………………… 808
二、裱糊 ………………………………………………………………………… 811

第十九章 加工后的砖件、石制品、木构件场外运输

说明……………………………………………………………………………… 817
工作内容………………………………………………………………………… 818
工程量计算规则………………………………………………………………… 819
一、加工后的砖件运输 ………………………………………………………… 820
二、石制品运输 ………………………………………………………………… 823
三、木构件运输 ………………………………………………………………… 825

册　说　明

一、本册基价是《天津市仿古建筑及园林工程预算基价》的第二册，适用于以“明清官式做法”为主设计、建造的仿古建筑工程及其他建筑工程的仿古部分。

二、本册基价的编制主要依据明清官式建筑的有关技术文献资料，并结合近年来兴建的仿古建筑工程设计、施工情况，参考了现行的设计、施工及验收规范，技术、安全操作规程，质量评定标准等有关文件。

三、本册基价中的机械费（除第十九章的基价子目外）是指中、小型机械费，采取以系数综合计费的方法计取。其计算方法以预算基价中的人工费合计为基数乘以系数0.10计算；其中电费占机械费的0.15。

四、本基价的制作加工项目，均以施工现场内制作加工为准，如必须在加工场（厂）制作后运到工地安装、砌筑的，其运费按本册基价第十九章的说明规定另行计算。

五、本册基价是以在自然地平以上建造为准编制的，如在月台、高台、城台上建造，按下列规定执行：

1.台高在2.50m以上的台上建筑，预算基价增加0.020。

2.台高在6.00m以上的台上建筑，预算基价增加0.035。

3.月台、高台、城台本身及其附属工程项目，预算基价不得增加。

六、本册基价中的施工用水费（除第十九章的基价子目外）以预算基价中的人工费和材料费合计为基数，乘以系数0.001。

第九章　砌 筑 工 程

说　明

一、本章包括大城样砖、停泥砖、开条砖、方砖、蓝四丁砖、机砖等砌筑，琉璃砌筑2节，共221条基价子目。

二、各种墙所需八字砖、转头砖的砍制已综合在基价内，不得另行计算。梢子、冰盘檐、挂落、方砖心、博缝头等均以不带雕饰的一般做法为准，如带雕饰应另行计算。

三、基价中的各种砖件用量均已包括了砍制及砌筑的损耗在内。

四、本基价综合了砌筑弧形墙、云墙等因素在内，砌筑弧形墙或云墙时基价不得调整。

五、大城样砖、停泥砖、开条砖、方砖、蓝四丁砖、机砖及琉璃砖砌筑的山花、象眼、花坛等零星砌体按相应基价子目人工费、材料费乘以系数1.30。

六、墙身砌筑均不包括砖檐在内，砌砖檐另按相应基价执行。

七、第一节中的干摆梢子如设计要求使用石挑檐者，则应扣减相应的材料费，石挑檐部分另执行相应基价子目。琉璃山墙上摆砌琉璃梢子、圈挑檐及点砌腮帮的工程量与墙身合并计算，其他山墙用琉璃砖圈挑檐、点砌腮帮，按琉璃砖砌筑的相应基价子目人工费、材料费乘以系数1.30。

八、墙帽以双面出檐为准，若遇单面出檐时，按墙帽相应基价子目人工费、材料费乘以系数0.65。

九、本章基价中仅包括了必要的机砖砌筑基价，其他机砖砌筑应执行本基价“第一册《通用项目》”相应基价子目。

工 作 内 容

本章各子目除另有说明外均包括准备工、器具，现场材料运输，调制各种灰浆，清扫场地等全部操作过程。其中：

一、大城样砖、停泥砖、开条砖、方砖、蓝四丁砖、机砖等砌筑项目包括砖件的砍制加工及墙面透空的一般雕刻、摆砌、灌浆、打点等，丝缝、淌白墙砌筑项目还包括勾缝或描缝。墙帽砌筑项目包括衬砌胎砖。博缝摆砌项目包括两层直檐或托山混及衬砌金刚墙。机砖墙砌筑项目包括校正皮数杆，机砖墙勾缝项目还包括刻瞎缝，堵脚手眼。

二、琉璃砌筑项目包括样活、打琉璃珠、摆砌、灌浆、勾缝打点等。摆砌琉璃博缝项目包括两层托山混及衬砌金刚墙，琉璃斗拱摆砌项目包括平板枋至挑檐桁下皮的全部部件。

三、摆砌梢子项目包括荷叶墩、混、炉口、枭、盘头；其中干摆梢子项目包括圈挑檐、点砌腮帮，琉璃梢子项目不包括圈挑檐、点砌腮帮。

工程量计算规则

一、干摆、丝缝、淌白墙身、方砖心及砌琉璃砖、拼砌花心、贴砌琉璃面砖均以图示露明面积计算，砖檐不得并入墙体之内。琉璃花墙以一砖厚为准，按垂直投影面积计量，不扣除孔洞面积。

二、糙砌砖墙按实砌体积计算，砖檐不得并入在内。

三、机砖墙砌筑按实砌体积计算，空花墙不扣除空花部分，按体积计算。混凝土透花墙以垂直投影面积计算。凸出墙面的半圆形砖柱等异型砖柱按实砌体积计算。

四、糙砌墙面勾抹灰缝按墙面展开面积计算，各种檐子、墙帽勾缝按垂直投影面积计算。

五、机砖墙面勾缝按墙面垂直投影面积计算，扣除墙面抹灰面积，不扣除门窗洞口、门窗套等面积，但门、窗、垛的侧壁也不增加。

六、檐子砌筑按长度计算。

七、摆砌博缝按正脊中至最外端的长度计算。

八、摆砌梢子按数量计算。

九、木梳背碹、平碹、圆光碹、异型碹均以露明面积计量。车棚碹按实砌体积计算。

十、干摆门窗套分不同宽度按中线长度计算。

十一、摆砌墙帽按中线长度计算。

十二、须弥座的土衬、上枭、下枭、上混、下混、上枋、下枋等分别按外皮长度计算。

十三、线枋子、琉璃线砖、影壁及看面墙的箍头枋子、廊心墙的上下槛、琉璃梁、板、枋、柱子等均以中线长度计算。

十四、廊心墙的小脊子、穿插档不分长短按“份”计算。

十五、挂檐板、滴珠板按外皮长度计算。

十六、三岔头、霸王拳、耳子、马蹄磉、琉璃方圆柱顶、雀替、琉璃坠山花板按“份”计算。

十七、琉璃斗拱分高度按“攒”计算。

一、大城样砖、停泥砖、开条砖、方砖、蓝四丁砖、机砖等砌筑

1.墙　身

单位：$10m^2$

编号				9-1	9-2	9-3	9-4
项目				干摆墙			
				大城样砖	大停泥砖	小停泥砖	贴砌斧刃陡板
预算基价	总价(元)			**20195.77**	**15264.07**	**15860.53**	**7243.15**
	人工费(元)			10682.46	11247.03	9945.00	4479.84
	材料费(元)			9513.31	4017.04	5915.53	2763.31
组成内容		**单位**	**单价**	**数量**			
人工	综合工 一类	工日	153.00	69.82	73.51	65.00	29.28
材料	大城样砖	块	35.44	265.70			
	大停泥砖	块	8.74		450.67		
	小停泥砖	块	6.85			850.00	
	斧刃砖	块	6.28				429.00
	白灰	kg	0.30	217.600	204.000	183.600	81.600
	水	m^3	7.62	0.416	0.390	0.351	0.156
	零星材料费	元		28.45	14.01	35.28	43.52
	白灰浆	m^3		(0.32)	(0.30)	(0.27)	(0.12)

单位：$10m^2$

编号				9-5	9-6	9-7	9-8	9-9	9-10
项目				丝缝墙			淌白墙		
				大停泥砖	小停泥砖	贴砌斧刃陡板	大城样砖	大停泥砖	小停泥砖
预算基价	总价(元)			**14939.46**	**14765.42**	**6724.12**	**12523.40**	**9543.86**	**9960.27**
	人工费(元)			11012.94	9010.17	4092.75	4375.80	6038.91	5264.73
	材料费(元)			3926.52	5755.25	2631.37	8147.60	3504.95	4695.54
组成内容		**单位**	**单价**	**数量**					
人工	综合工 一类	工日	153.00	71.98	58.89	26.75	28.60	39.47	34.41
材料	大停泥砖	块	8.74	435.82				383.67	
	小停泥砖	块	6.85		820.60				659.75
	斧刃砖	块	6.28			407.00			
	大城样砖	块	35.44				225.00		
	白灰	kg	0.30	286.960	248.200	78.200	163.200	163.200	149.600
	水	m^3	7.62	0.549	0.475	0.150	0.312	0.312	0.286
	青灰	kg	3.30	4.088	5.723	2.453	23.544	23.544	21.582
	零星材料费	元		13.69	37.17	42.71	44.57	22.64	57.97
	白灰浆	m^3		(0.397)	(0.330)	(0.100)			
	月白灰 深	m^3					(0.24)	(0.24)	(0.22)
	老浆灰	m^3		(0.025)	(0.035)	(0.015)			

编号				9-11	9-12	9-13
项目				糙砌砖墙		
				大城样砖 （$10m^3$）	蓝四丁砖 （$10m^3$）	墙面勾抹灰缝 （$10m^2$）
预算基价	总价（元）			**27458.48**	**35912.78**	**576.06**
	人工费（元）			1472.85	2700.00	557.55
	材料费（元）			25985.63	33212.78	18.51
组成内容		**单位**	**单价**	**数量**		
人工	综合工 二类	工日	135.00	10.91	20.00	4.13
材料	大城样砖	块	35.44	715.00		
	蓝四丁砖	块	6.28		5200.00	
	白灰	kg	0.30	720.900	165.620	14.824
	砂子	t	87.03	4.479	3.973	
	水	m^3	7.62	1.836	1.560	0.028
	水泥	kg	0.39		340.600	
	青灰	kg	3.30			3.564
	零星材料费	元		25.96	16.60	2.09
	白灰膏	m^3		（1.029）	（0.237）	
	混合砂浆 M2.5	m^3			（2.60）	
	老浆灰	m^3				（0.0218）
	白灰砂浆 1∶3	m^3		（2.70）		

单位：10m³

编号				9-14	9-15	9-16	9-17
项目				砌筑虎皮石			
				基础	墙身		
					混水	单面清水	双面清水
预算基价	总价(元)			**4670.49**	**4778.49**	**5138.94**	**6109.59**
	人工费(元)			2110.05	2218.05	2578.50	3549.15
	材料费(元)			2560.44	2560.44	2560.44	2560.44
组成内容		**单位**	**单价**	**数量**			
人工	综合工 二类	工日	135.00	15.63	16.43	19.10	26.29
材料	毛石	t	89.21	19.11	19.11	19.11	19.11
	水泥	kg	0.39	537.100	537.100	537.100	537.100
	白灰	kg	0.30	261.170	261.170	261.170	261.170
	砂子	t	87.03	6.265	6.265	6.265	6.265
	水	m^3	7.62	2.460	2.460	2.460	2.460
	零星材料费	元		3.83	3.83	3.83	3.83
	白灰膏	m^3		(0.373)	(0.373)	(0.373)	(0.373)
	混合砂浆 M2.5	m^3		(4.10)	(4.10)	(4.10)	(4.10)

编　　号				9-18	9-19	9-20	9-21
项　　目				虎皮石墙			
				干背山		虎皮石墙勾缝	
				双面 （$10m^3$）	单面 （$10m^3$）	凸缝 （$10m^2$）	平缝 （$10m^2$）
预算基价	总　　价(元)			**5739.83**	**6981.83**	**465.97**	**276.97**
	人　工　费(元)			3267.00	4509.00	378.00	189.00
	材　料　费(元)			2472.83	2472.83	87.97	87.97
组 成 内 容		**单位**	**单价**	**数　　量**			
人工	综合工 二类	工日	135.00	24.20	33.40	2.80	1.40
材料	毛石	t	89.21	19.11	19.11		
	水泥	kg	0.39	1152.176	1152.176		
	砂子	t	87.03	3.549	3.549		
	水	m^3	7.62	0.802	0.802	0.195	0.195
	白灰	kg	0.30			88.400	88.400
	青灰	kg	3.30			12.753	12.753
	麻刀	kg	3.92			3.864	3.864
	零星材料费	元		3.70	3.70	2.73	2.73
	水泥砂浆 1:2.5	m^3		(2.36)	(2.36)		
	深月白麻刀灰 中麻刀	m^3				(0.13)	(0.13)

编号			9-22	9-23	9-24	9-25	9-26	9-27
项目			机砖清水墙（10m³）	里皮衬砌机砖（10m³）	砌机砖异型砖柱（10m³）	机砖围墙 不带透花（10m³）	机砖围墙 带透花（10m³）	砌混凝土透花墙（10m²）
预算基价 总价(元)			**5785.78**	**5542.78**	**7730.45**	**5901.77**	**6041.34**	**1087.00**
预算基价 人工费(元)			2592.00	2349.00	3677.40	2713.50	3002.40	861.30
预算基价 材料费(元)			3193.78	3193.78	4053.05	3188.27	3038.94	225.70
组成内容	**单位**	**单价**	**数量**					
人工 综合工 二类	工日	135.00	19.20	17.40	27.24	20.10	22.24	6.38
材料 预制混凝土透花块	m^2							(10.40)
材料 机砖	块	0.51	5200	5200	7210	5230	5141	
材料 水泥	kg	0.39	340.600	340.600	235.800	327.500	262.000	141.480
材料 白灰	kg	0.30	165.620	165.620	114.660	159.250	127.400	68.796
材料 砂子	t	87.03	3.973	3.973	2.750	3.820	3.056	1.650
材料 水	m^3	7.62	1.560	1.560	1.080	1.500	1.200	0.648
材料 零星材料费	元		1.60	1.60	2.03	1.59	1.52	1.35
材料 白灰膏	m^3		(0.237)	(0.237)	(0.164)	(0.228)	(0.182)	(0.098)
材料 混合砂浆 M2.5	m^3		(2.60)	(2.60)	(1.80)	(2.50)	(2.00)	(1.08)

单位：10m²

编号				9-28
项目				机砖墙勾缝
预算基价	总价(元)			**254.05**
	人工费(元)			243.00
	材料费(元)			11.05
组成内容		单位	单价	数量
人工	综合工 二类	工日	135.00	1.80
材料	水泥	kg	0.39	19.754
	砂子	t	87.03	0.024
	水	m^3	7.62	0.010
	零星材料费	元		1.18
	水泥砂浆 1∶1	m^3		(0.024)

2.砖　　檐

单位：10m

编号				9-29	9-30	9-31	9-32	9-33	9-34
项目				细砌冰盘檐					
				四层无砖椽					
				尺二方砖	尺四方砖	大城样砖	大停泥砖	小停泥砖	蓝四丁砖
预算基价	总价(元)			**14982.91**	**8365.59**	**13420.56**	**6756.55**	**5044.07**	**5601.58**
	人工费(元)			4284.00	4629.78	7764.75	5165.28	3269.61	3667.41
	材料费(元)			10698.91	3735.81	5655.81	1591.27	1774.46	1934.17
组成内容		**单位**	**单价**	**数量**					
人工	综合工 一类	工日	153.00	28.00	30.26	50.75	33.76	21.37	23.97
材料	尺二方砖	块	111.51	94.38					
	尺四方砖	块	46.18		79.09				
	大城样砖	块	35.44			158.07			
	大停泥砖	块	8.74				178.42		
	小停泥砖	块	6.85					251.78	
	蓝四丁砖	块	6.28						295.57
	白灰	kg	0.30	102.000	136.000	81.600	61.200	47.600	54.400
	水	m^3	7.62	0.195	0.260	0.156	0.117	0.091	0.104
	零星材料费	元		142.51	40.65	28.14	12.63	34.79	60.88
	白灰浆	m^3		(0.15)	(0.20)	(0.12)	(0.09)	(0.07)	(0.08)

单位：10m

编　号				9-35	9-36	9-37	9-38
项　目				细砌冰盘檐			
				五层无砖椽			
				尺二方砖	尺四方砖	大城样砖	大停泥砖
预算基价	总　价(元)			**19961.72**	**11721.27**	**16517.62**	**6246.63**
	人　工　费(元)			5758.92	6404.58	10110.24	4476.78
	材　料　费(元)			14202.80	5316.69	6407.38	1769.85
组 成 内 容		**单位**	**单价**	**数　量**			
人工	综合工 一类	工日	153.00	37.64	41.86	66.08	29.26
材料	尺二方砖	块	111.51	125.80			
	尺四方砖	块	46.18		113.30		
	大城样砖	块	35.44			179.08	
	大停泥砖	块	8.74				198.30
	白灰	kg	0.30	108.800	142.800	102.000	74.800
	水	m^3	7.62	0.208	0.273	0.195	0.143
	零星材料费	元		140.62	39.58	28.70	13.18
	白灰浆	m^3		(0.16)	(0.21)	(0.15)	(0.11)

单位：10m

编号				9-39	9-40	9-41	9-42	9-43	9-44
项目				细砌冰盘檐					
				五层无砖椽		五层有砖椽			六层无砖椽
				小停泥砖	蓝四丁砖	尺二方砖	尺四方砖	小停泥砖	尺二方砖
预算基价	总价(元)			**5927.60**	**6980.62**	**21824.52**	**12568.15**	**6428.81**	**23468.61**
	人工费(元)			4152.42	4709.34	5899.68	6530.04	4384.98	7483.23
	材料费(元)			1775.18	2271.28	15924.84	6038.11	2043.83	15985.38
组成内容		**单位**	**单价**	**数量**					
人工	综合工 一类	工日	153.00	27.14	30.78	38.56	42.68	28.66	48.91
材料	小停泥砖	块	6.85	251.57				289.13	
	蓝四丁砖	块	6.28		344.85				
	尺二方砖	块	111.51			141.09			141.57
	尺四方砖	块	46.18				128.87		
	白灰	kg	0.30	54.400	74.800	108.800	142.800	102.000	129.200
	水	m^3	7.62	0.104	0.143	0.208	0.273	0.195	0.247
	零星材料费	元		34.81	82.09	157.67	41.97	31.20	158.27
	白灰浆	m^3		(0.08)	(0.11)	(0.16)	(0.21)	(0.15)	(0.19)

单位：10m

编号				9-45	9-46	9-47	9-48	9-49	9-50
项目				细砌冰盘檐					
				六层无砖椽				六层有砖椽	
				尺四方砖	大停泥砖	小停泥砖	蓝四丁砖	尺二方砖	尺四方砖
预算基价	总价(元)			**14193.44**	**9021.98**	**7361.26**	**8344.84**	**25417.29**	**15021.27**
	人工费(元)			8213.04	6748.83	4732.29	5443.74	7703.55	8581.77
	材料费(元)			5980.40	2273.15	2628.97	2901.10	17713.74	6439.50
组成内容		单位	单价	数量					
人工	综合工 一类	工日	153.00	53.68	44.11	30.93	35.58	50.35	56.09
材料	尺二方砖	块	111.51					157.15	
	尺四方砖	块	46.18	127.49					137.50
	大停泥砖	块	8.74		254.98				
	小停泥砖	块	6.85			375.43			
	蓝四丁砖	块	6.28				443.30		
	白灰	kg	0.30	163.200	95.200	74.800	95.200	129.200	163.200
	水	m^3	7.62	0.312	0.182	0.143	0.182	0.247	0.312
	零星材料费	元		41.57	14.68	33.74	87.23	149.30	38.41
	白灰浆	m^3		(0.24)	(0.14)	(0.11)	(0.14)	(0.19)	(0.24)

单位：10m

编号				9-51	9-52	9-53	9-54	9-55	9-56
项目				细砌冰盘檐					
				六层有砖椽	七层有砖椽				
				小停泥砖	尺二方砖	尺四方砖	大停泥砖	小停泥砖	蓝四丁砖
预算基价	总价(元)			**7725.20**	**28376.11**	**17012.25**	**10271.90**	**8487.28**	**8738.07**
	人工费(元)			4654.26	8877.06	9721.62	7744.86	5552.37	5552.37
	材料费(元)			3070.94	19499.05	7290.63	2527.04	2934.91	3185.70
组成内容		**单位**	**单价**	**数量**					
人工	综合工 一类	工日	153.00	30.42	58.02	63.54	50.62	36.29	36.29
材料	尺二方砖	块	111.51		173.14				
	尺四方砖	块	46.18			155.76			
	大停泥砖	块	8.74				283.25		
	小停泥砖	块	6.85	440.00				419.21	
	蓝四丁砖	块	6.28						487.19
	白灰	kg	0.30	74.800	149.600	183.600	115.600	95.200	115.600
	水	m^3	7.62	0.143	0.286	0.351	0.221	0.182	0.221
	零星材料费	元		33.41	145.15	39.88	15.07	33.37	89.78
	白灰浆	m^3		(0.11)	(0.22)	(0.27)	(0.17)	(0.14)	(0.17)

单位：10m

编号				9-57	9-58	9-59	9-60	9-61	9-62
项目				糙砌四层冰盘檐					
				尺二方砖	尺四方砖	大城样砖	大停泥砖	小停泥砖	蓝四丁砖
预算基价	总价(元)			**12960.27**	**7109.54**	**11058.70**	**5799.18**	**4098.65**	**5006.95**
	人工费(元)			3118.14	3456.27	5881.32	4216.68	2446.47	3107.43
	材料费(元)			9842.13	3653.27	5177.38	1582.50	1652.18	1899.52
组成内容		单位	单价	数量					
人工	综合工 一类	工日	153.00	20.38	22.59	38.44	27.56	15.99	20.31
材料	尺二方砖	块	111.51	86.48					
	尺四方砖	块	46.18		75.67				
	大城样砖	块	35.44			141.25			
	大停泥砖	块	8.74				165.37		
	小停泥砖	块	6.85					223.02	
	蓝四丁砖	块	6.28						282.50
	白灰	kg	0.30	125.120	142.120	159.120	133.280	108.800	82.960
	青灰	kg	3.30	18.050	20.503	22.955	19.228	15.696	11.968
	麻刀	kg	3.92	5.468	6.211	6.954	5.825	4.755	3.626
	水	m^3	7.62	0.276	0.314	0.351	0.294	0.240	0.183
	零星材料费	元		78.11	21.79	18.06	8.66	19.59	45.43
	深月白麻刀灰 中麻刀	m^3		(0.184)	(0.209)	(0.234)	(0.196)	(0.160)	(0.122)

单位：10m

编号				9-63	9-64	9-65	9-66	9-67	9-68
项目				糙砌冰盘檐					
				五层					
				尺二方砖	尺四方砖	大城样砖	大停泥砖	小停泥砖	蓝四丁砖
预算基价	总价(元)			**17023.11**	**9019.22**	**12912.88**	**7520.00**	**4800.54**	**5877.77**
	人工费(元)			3936.69	4167.72	6863.58	5665.59	2867.22	3664.35
	材料费(元)			13086.42	4851.50	6049.30	1854.41	1933.32	2213.42
组成内容		**单位**	**单价**	**数量**					
人工	综合工 一类	工日	153.00	25.73	27.24	44.86	37.03	18.74	23.95
材料	尺二方砖	块	111.51	115.31					
	尺四方砖	块	46.18		100.88				
	大城样砖	块	35.44			164.76			
	大停泥砖	块	8.74				192.92		
	小停泥砖	块	6.85					260.16	
	蓝四丁砖	块	6.28						329.61
	白灰	kg	0.30	155.720	177.480	199.240	165.920	136.000	102.680
	青灰	kg	3.30	22.465	25.604	28.743	23.936	19.620	14.813
	麻刀	kg	3.92	6.806	7.757	8.708	7.252	5.944	4.488
	水	m^3	7.62	0.344	0.392	0.440	0.366	0.300	0.227
	零星材料费	元		78.05	21.73	18.09	8.31	20.09	44.46
	深月白麻刀灰 中麻刀	m^3		(0.229)	(0.261)	(0.293)	(0.244)	(0.200)	(0.151)

单位：10m

编号				9-69	9-70	9-71	9-72	9-73
项目				细砌小停泥直檐		糙砌小停泥直檐		砖瓦檐
				一层	二层	一层	二层	
预算基价	总价(元)			**771.23**	**2192.23**	**386.07**	**927.78**	**1073.36**
	人工费(元)			448.29	1018.98	96.39	172.89	570.69
	材料费(元)			322.94	1173.25	289.68	754.89	502.67
组成内容		**单位**	**单价**	**数量**				
人工	综合工 一类	工日	153.00	2.93	6.66	0.63	1.13	3.73
材料	小停泥砖	块	6.85	42.00	164.82	36.18	98.63	
	蓝四丁砖	块	6.28					44.00
	板瓦 3号	块	2.29					68.75
	白灰	kg	0.30	20.400	40.800	27.880	70.040	54.400
	水	m^3	7.62	0.039	0.078	0.053	0.134	0.104
	青灰	kg	3.30			3.486	8.757	6.802
	零星材料费	元		28.82	31.40	21.58	28.34	29.35
	白灰浆	m^3		(0.03)	(0.06)			
	月白灰 浅	m^3				(0.041)	(0.103)	(0.080)

单位：10m

编号				9-74	9-75	9-76	9-77	9-78
项目				菱角檐		鸡素檐		蓝四丁砖抽屉檐
				蓝四丁砖	大城样砖	小停泥砖	大城样砖	
预算基价	总价(元)			**1338.22**	**3008.49**	**2159.56**	**4841.97**	**1517.72**
	人工费(元)			313.65	298.35	940.95	1530.00	330.48
	材料费(元)			1024.57	2710.14	1218.61	3311.97	1187.24
组成内容		单位	单价	数量				
人工	综合工 一类	工日	153.00	2.05	1.95	6.15	10.00	2.16
材料	蓝四丁砖	块	6.28	149.26				174.96
	大城样砖	块	35.44		74.62		91.64	
	小停泥砖	块	6.85			168.00		
	白灰	kg	0.30	61.200	68.000	61.200	61.200	68.000
	青灰	kg	3.30	7.652	8.502	7.652	7.652	8.502
	水	m^3	7.62	0.117	0.130	0.117	0.117	0.130
	零星材料费	元		42.71	16.16	23.31	19.75	39.04
	月白灰 浅	m^3		(0.09)	(0.10)	(0.09)	(0.09)	(0.10)

3.博缝、挂落

单位：10m

编号				9-79	9-80	9-81	9-82
项目				方砖干摆博缝			
				尺七方砖	尺四方砖	尺二方砖	三才
预算基价	总价(元)			**11117.71**	**8730.53**	**10937.35**	**6165.83**
	人工费(元)			6277.59	5518.71	5457.51	4248.81
	材料费(元)			4840.12	3211.82	5479.84	1917.02
组成内容		**单位**	**单价**	**数量**			
人工	综合工 一类	工日	153.00	41.03	36.07	35.67	27.77
材料	尺七方砖	块	112.95	25.60			
	尺四方砖	块	46.18		34.00		18.60
	尺二方砖	块	111.51			35.20	
	小停泥砖	块	6.85	92.40	92.40	92.40	92.40
	机砖	块	0.51	1872	1404	1248	532
	白灰	kg	0.30	243.223	200.990	161.894	98.799
	青灰	kg	3.30	16.677	14.715	11.772	7.848
	麻刀	kg	3.92	5.052	4.458	3.566	2.378
	水	m^3	7.62	0.947	0.749	0.630	0.334
	水泥	kg	0.39	122.616	91.700	81.220	35.370
	砂子	t	87.03	1.430	1.070	0.947	0.413
	零星材料费	元		33.65	31.80	64.98	36.67
	白灰膏	m^3		(0.085)	(0.064)	(0.056)	(0.025)
	深月白麻刀灰 中麻刀	m^3		(0.17)	(0.15)	(0.12)	(0.08)
	白灰浆	m^3		(0.10)	(0.08)	(0.06)	(0.04)
	混合砂浆 M2.5	m^3		(0.936)	(0.700)	(0.620)	(0.270)

单位：10m

编号				9-83	9-84	9-85
项目				灰砌散装博缝		
				三层	五层	七层
预算基价	总价(元)			**5590.63**	**6961.67**	**9467.64**
	人工费(元)			3003.39	3851.01	5084.19
	材料费(元)			2587.24	3110.66	4383.45
组成内容		**单位**	**单价**	**数量**		
人工	综合工 一类	工日	153.00	19.63	25.17	33.23
材料	尺七方砖	块	112.95			3.00
	尺四方砖	块	46.18		3.00	
	尺二方砖	块	111.51	4.00		
	小停泥砖	块	6.85	230.00	320.00	410.00
	机砖	块	0.51	655.20	942.76	1670.76
	白灰	kg	0.30	191.021	247.539	277.271
	青灰	kg	3.30	24.525	31.392	32.373
	麻刀	kg	3.92	2.675	3.566	4.755
	水	m^3	7.62	0.541	0.722	0.959
	水泥	kg	0.39	43.230	61.570	108.730
	砂子	t	87.03	0.504	0.718	1.268
	零星材料费	元		17.98	15.48	15.29
	白灰膏	m^3		(0.030)	(0.043)	(0.076)
	深月白麻刀灰 中麻刀	m^3		(0.09)	(0.12)	(0.16)
	月白灰 深	m^3		(0.16)	(0.20)	(0.17)
	混合砂浆 M2.5	m^3		(0.33)	(0.47)	(0.83)

单位：10m

编号				9-86	9-87	9-88	9-89
项目				挂落			
				尺七方砖	尺四方砖	尺二方砖	三才
预算基价	总价(元)			**5872.34**	**5170.38**	**7385.96**	**2398.43**
	人工费(元)			2914.65	3517.47	3335.40	1435.14
	材料费(元)			2957.69	1652.91	4050.56	963.29
组成内容		**单位**	**单价**	**数量**			
人工	综合工 一类	工日	153.00	19.05	22.99	21.80	9.38
材料	尺七方砖	块	112.95	25.00			
	尺四方砖	块	46.18		33.00		20.00
	尺二方砖	块	111.51			35.00	
	铁件	kg	9.49	5.00	5.00	4.00	
	白灰	kg	0.30	136.000	136.000	108.800	54.400
	水	m^3	7.62	0.260	0.260	0.208	0.104
	零星材料费	元		43.71	38.74	75.53	22.58
	白灰浆	m^3		(0.20)	(0.20)	(0.16)	(0.08)

4.墙　　帽

单位：10m

编号				9-90	9-91	9-92	9-93	9-94
项目				大城样砖蓑衣顶				
				三层	四层	五层	六层	七层
预算基价	总价(元)			**3580.49**	**5483.44**	**7864.07**	**10798.66**	**13870.60**
	人工费(元)			259.20	307.80	372.60	453.60	534.60
	材料费(元)			3321.29	5175.64	7491.47	10345.06	13336.00
组成内容		单位	单价	数量				
人工	综合工 二类	工日	135.00	1.92	2.28	2.76	3.36	3.96
材料	大城样砖	块	35.44	93.00	145.00	210.00	290.00	374.00
	水泥	kg	0.39	11.790	18.340	26.200	39.300	47.160
	白灰	kg	0.30	5.733	8.918	12.740	19.110	22.932
	砂子	t	87.03	0.138	0.214	0.306	0.458	0.550
	水	m^3	7.62	0.054	0.084	0.120	0.180	0.216
	零星材料费	元		6.63	7.75	7.48	5.17	6.66
	白灰膏	m^3		(0.008)	(0.013)	(0.018)	(0.027)	(0.033)
	混合砂浆 M2.5	m^3		(0.09)	(0.14)	(0.20)	(0.30)	(0.36)

单位：10m

编号				9-95	9-96	9-97	9-98	9-99
项目				蓝四丁砖蓑衣顶				
				三层	四层	五层	六层	七层
预算基价	总价(元)			**1426.64**	**2058.82**	**2849.16**	**3790.90**	**4869.38**
	人工费(元)			324.00	384.75	459.00	553.50	641.25
	材料费(元)			1102.64	1674.07	2390.16	3237.40	4228.13
组成内容		**单位**	**单价**	**数量**				
人工	综合工 二类	工日	135.00	2.40	2.85	3.40	4.10	4.75
材料	蓝四丁砖	块	6.28	170.00	262.00	372.00	505.00	660.00
	水泥	kg	0.39	11.790	17.030	23.580	31.440	41.920
	白灰	kg	0.30	5.733	8.281	11.466	15.288	20.384
	砂子	t	87.03	0.138	0.199	0.275	0.367	0.489
	水	m^3	7.62	0.054	0.078	0.108	0.144	0.192
	零星材料费	元		16.30	1.67	16.61	16.11	16.85
	白灰膏	m^3		(0.008)	(0.012)	(0.016)	(0.022)	(0.029)
	混合砂浆 M2.5	m^3		(0.09)	(0.13)	(0.18)	(0.24)	(0.32)

单位：10m

编号				9-100	9-101	9-102	9-103	9-104	9-105
项目				真硬顶					
				大城样砖		蓝四丁砖			方砖
				一顺出	褥子面	八锦方	一顺出	褥子面	
预算基价	总价(元)			**4398.89**	**6038.02**	**3382.42**	**1846.09**	**2560.42**	**4733.83**
	人工费(元)			324.00	432.00	675.00	405.00	540.00	405.00
	材料费(元)			4074.89	5606.02	2707.42	1441.09	2020.42	4328.83
组成内容		单位	单价	数量					
人工	综合工 二类	工日	135.00	2.40	3.20	5.00	3.00	4.00	3.00
材料	大城样砖	块	35.44	110.00	150.00				
	蓝四丁砖	块	6.28			390.00	215.00	301.00	
	尺四方砖	块	46.18						90.00
	机砖	块	0.51	220	354	310	100	150	240
	水泥	kg	0.39	36.680	65.500	56.330	17.030	26.200	26.200
	白灰	kg	0.30	17.836	31.850	27.391	8.281	12.740	12.740
	砂子	t	87.03	0.428	0.764	0.657	0.199	0.306	0.306
	水	m^3	7.62	0.168	0.300	0.258	0.078	0.120	0.120
	零星材料费	元		6.10	5.60	10.79	12.85	12.05	8.64
	白灰膏	m^3		(0.025)	(0.046)	(0.039)	(0.012)	(0.018)	(0.018)
	混合砂浆 M2.5	m^3		(0.28)	(0.50)	(0.43)	(0.13)	(0.20)	(0.20)

单位：10m

编号				9-106	9-107	9-108	9-109
项目				馒头顶、宝盒顶	假硬顶		鹰不落顶
					宽0.4m以内	宽0.6m以内	
预算基价	总价(元)			**658.58**	**1103.61**	**1787.70**	**1041.24**
	人工费(元)			432.00	540.00	864.00	681.75
	材料费(元)			226.58	563.61	923.70	359.49
组成内容		**单位**	**单价**	**数量**			
人工	综合工 二类	工日	135.00	3.20	4.00	6.40	5.05
材料	机砖	块	0.51	150	190	350	310
	白灰	kg	0.30	141.096	463.244	730.562	180.829
	青灰	kg	3.30	19.620	65.727	103.005	24.525
	麻刀	kg	3.92	5.944	19.912	31.206	7.430
	水	m^3	7.62	0.348	1.077	1.731	0.477
	水泥	kg	0.39	10.480	15.720	34.060	22.270
	砂子	t	87.03	0.122	0.183	0.397	0.260
	零星材料费	元		2.35	2.52	2.76	2.14
	白灰膏	m^3		(0.007)	(0.011)	(0.024)	(0.015)
	深月白麻刀灰 中麻刀	m^3		(0.20)	(0.67)	(1.05)	(0.25)
	混合砂浆 M2.5	m^3		(0.08)	(0.12)	(0.26)	(0.17)

单位：10m²

编号				9-110	9-111	9-112	9-113	9-114	9-115
项目				花瓦墙帽					
				板瓦			筒瓦		
				2号	3号	10号	2号	3号	10号
预算基价	总价(元)			**8003.45**	**9772.39**	**15993.51**	**12882.81**	**16563.52**	**23970.37**
	人工费(元)			5184.00	6531.30	10534.05	7884.00	9702.45	15592.50
	材料费(元)			2819.45	3241.09	5459.46	4998.81	6861.07	8377.87
组成内容		单位	单价	数量					
人工	综合工 二类	工日	135.00	38.40	48.38	78.03	58.40	71.87	115.50
材料	板瓦	块		1029×2.60	1344×2.29	3188×1.63			
	筒瓦	块					1701×2.80	2541×2.58	4354×1.83
	白灰	kg	0.30	61.200	68.000	102.000	88.400	102.000	163.200
	青灰	kg	3.30	8.829	9.810	14.715	12.753	14.715	23.544
	麻刀	kg	3.92	2.675	2.972	4.458	3.864	4.458	7.133
	水	m^3	7.62	0.135	0.150	0.225	0.195	0.225	0.360
	零星材料费	元		85.04	97.76	164.67	150.77	206.94	252.69
	深月白麻刀灰 中麻刀	m^3		(0.09)	(0.10)	(0.15)	(0.13)	(0.15)	(0.24)

单位：10m²

编号				9-116	9-117	9-118
项目				花瓦墙帽		
				筒瓦、板瓦混用		
				2号	3号	10号
预算基价	总价(元)			**10967.34**	**13713.86**	**20674.12**
	人工费(元)			7156.35	8788.50	13930.65
	材料费(元)			3810.99	4925.36	6743.47
组成内容		**单位**	**单价**	**数量**		
人工	综合工 二类	工日	135.00	53.01	65.10	103.19
材料	板瓦	块		515×2.60	672×2.29	1594×1.63
	筒瓦	块		851×2.80	1271×2.58	2177×1.83
	白灰	kg	0.30	74.800	88.400	136.000
	青灰	kg	3.30	10.791	12.753	19.620
	麻刀	kg	3.92	3.269	3.864	5.944
	水	m^3	7.62	0.165	0.195	0.300
	零星材料费	元		17.07	22.06	30.21
	深月白麻刀灰 中麻刀	m^3		(0.11)	(0.13)	(0.20)

5.梢　　子

单位：份

编号				9-119	9-120	9-121	9-122	9-123	9-124	9-125
项目				干摆			灰砌			蓝四丁砖盘头
				尺七方砖	尺四方砖	尺二方砖	尺七方砖	尺四方砖	尺二方砖	
预算基价	总价(元)			**3244.66**	**2718.09**	**2247.84**	**2309.43**	**1727.90**	**1689.71**	**450.13**
	人工费(元)			1754.91	1635.57	1075.59	1055.70	884.34	755.82	96.39
	材料费(元)			1489.75	1082.52	1172.25	1253.73	843.56	933.89	353.74
组成内容		单位	单价	数量						
人工	综合工 一类	工日	153.00	11.47	10.69	7.03	6.90	5.78	4.94	0.63
材料	尺七方砖	块	112.95	6.30	1.65		6.30	1.65		
	尺四方砖	块	46.18	5.20	9.30	6.85		4.10	1.65	
	尺二方砖	块	111.51			4.10			4.10	
	小停泥砖	块	6.85	49.50	44.00	38.50	49.50	44.00	38.50	
	蓝四丁砖	块	6.28	30.00	25.00	20.00	30.00	25.00	20.00	54.50
	白灰	kg	0.30	17.000	10.880	9.520	12.240	6.120	4.760	1.911
	水	m^3	7.62	0.033	0.021	0.018	0.023	0.012	0.009	0.018
	青灰	kg	3.30				1.766	0.883	0.687	
	水泥	kg	0.39							3.930
	砂子	t	87.03							0.046
	零星材料费	元		5.20	4.85	6.41	4.99	4.61	7.41	5.23
	白灰膏	m^3								(0.003)
	混合砂浆 M2.5	m^3								(0.03)
	白灰浆	m^3		(0.025)	(0.016)	(0.014)				
	月白灰 深	m^3					(0.018)	(0.009)	(0.007)	

6.砖碹及门窗套

单位：m^2

编号				9-126	9-127	9-128	9-129
项目				细砌砖碹			
				木梳背碹	平碹	圆光碹	异型碹
预算基价	总价(元)			**2124.29**	**1911.62**	**2620.79**	**2581.01**
	人工费(元)			1571.31	1358.64	1932.39	1892.61
	材料费(元)			552.98	552.98	688.40	688.40
组成内容		**单位**	**单价**	**数量**			
人工	综合工 一类	工日	153.00	10.27	8.88	12.63	12.37
材料	小停泥砖	块	6.85	78.87	78.87	98.56	98.56
	白灰	kg	0.30	17.000	17.000	18.360	18.360
	水	m^3	7.62	0.033	0.033	0.035	0.035
	零星材料费	元		7.37	7.37	7.49	7.49
	白灰浆	m^3		(0.025)	(0.025)	(0.027)	(0.027)

编号				9-130	9-131	9-132	9-133	9-134
项目				糙砌砖碹				车棚碹
				木梳背碹 (m^2)	平碹 (m^2)	圆光碹 (m^2)	异型碹 (m^2)	(m^3)
预算基价	总价(元)			**1261.64**	**1100.99**	**1654.30**	**1623.70**	**3068.93**
	人工费(元)			786.42	625.77	1063.35	1032.75	385.56
	材料费(元)			475.22	475.22	590.95	590.95	2683.37
组成内容		**单位**	**单价**	**数量**				
人工	综合工 一类	工日	153.00	5.14	4.09	6.95	6.75	2.52
材料	小停泥砖	块	6.85	67.04	67.04	83.78	83.78	
	大城样砖	块	35.44					72.00
	白灰	kg	0.30	14.280	14.280	15.640	15.640	156.400
	青灰	kg	3.30	2.060	2.060	2.256	2.256	22.563
	水	m^3	7.62	0.027	0.027	0.030	0.030	0.299
	零星材料费	元		4.71	4.71	4.69	4.69	8.03
	月白灰 深	m^3		(0.021)	(0.021)	(0.023)	(0.023)	(0.230)

单位：m

编号				9-135	9-136	9-137	9-138
项目				干摆什锦门窗套			
				贴脸(宽)		侧壁贴砌(宽)	
				18cm以内	18cm以外	20cm以内	20cm以外
预算基价	总价(元)			**371.01**	**845.94**	**371.01**	**845.94**
	人工费(元)			279.99	371.79	279.99	371.79
	材料费(元)			91.02	474.15	91.02	474.15
组成内容		**单位**	**单价**	**数量**			
人工	综合工 一类	工日	153.00	1.83	2.43	1.83	2.43
材料	尺四方砖	块	46.18	1.80		1.80	
	尺二方砖	块	111.51		4.00		4.00
	白灰	kg	0.30	2.040	2.720	2.040	2.720
	水	m^3	7.62	0.004	0.005	0.004	0.005
	零星材料费	元		7.25	27.26	7.25	27.26
	白灰浆	m^3		(0.003)	(0.004)	(0.003)	(0.004)

7.其他(影壁、廊心墙、须弥座等)

编号				9-139	9-140	9-141	9-142	9-143	9-144
项目				方砖心		影壁、看面墙			
				尺四(m^2)	尺二(m^2)	柱子(m)	箍头枋子(m)	三岔头(对)	马蹄磉(对)
预算基价	总价(元)			**1168.79**	**2104.33**	**326.23**	**214.54**	**205.20**	**385.46**
	人工费(元)			778.77	846.09	232.56	120.87	157.59	348.84
	材料费(元)			390.02	1258.24	93.67	93.67	47.61	36.62
组成内容		**单位**	**单价**	**数量**					
人工	综合工 一类	工日	153.00	5.09	5.53	1.52	0.79	1.03	2.28
材料	尺四方砖	块	46.18	8.25				1.00	
	尺二方砖	块	111.51		11.00				
	大城样砖	块	35.44			2.60	2.60		1.00
	白灰	kg	0.30	6.800	6.800	2.040	2.040	1.360	1.360
	水	m^3	7.62	0.013	0.013	0.004	0.004	0.003	0.003
	零星材料费	元		6.90	29.49	0.88	0.88	1.00	0.75
	白灰浆	m^3		(0.010)	(0.010)	(0.003)	(0.003)	(0.002)	(0.002)

编号				9-145	9-146	9-147	9-148	9-149	9-150
项目				线枋子 (m)	廊心墙、槛墙等		廊心墙		影壁、看画墙耳子 (对)
					上、下槛 (m)	立八字 (m)	小脊子 (份)	穿插档 (份)	
预算基价	总价(元)			**135.87**	**353.13**	**287.34**	**449.50**	**508.98**	**165.74**
	人工费(元)			105.57	322.83	257.04	414.63	416.16	157.59
	材料费(元)			30.30	30.30	30.30	34.87	92.82	8.15
组成内容		**单位**	**单价**	**数量**					
人工	综合工 一类	工日	153.00	0.69	2.11	1.68	2.71	2.72	1.03
材料	小停泥砖	块	6.85	4.25	4.25	4.25	5.00		1.00
	尺四方砖	块	46.18					2.00	
	白灰	kg	0.30	0.680	0.680	0.680	0.680		1.360
	水	m^3	7.62	0.001	0.001	0.001	0.001		0.003
	零星材料费	元		0.98	0.98	0.98	0.41	0.46	0.87
	白灰浆	m^3		(0.001)	(0.001)	(0.001)	(0.001)		(0.002)

单位：m

编号				9-151	9-152	9-153	9-154	9-155	9-156
项目				须弥座					
				土衬	圭角	直檐	混砖	枭	炉口
预算基价	总价(元)			**239.04**	**245.16**	**245.16**	**306.36**	**346.14**	**277.29**
	人工费(元)			102.51	108.63	108.63	169.83	209.61	140.76
	材料费(元)			136.53	136.53	136.53	136.53	136.53	136.53
组成内容		**单位**	**单价**	**数量**					
人工	综合工 一类	工日	153.00	0.67	0.71	0.71	1.11	1.37	0.92
材料	尺四方砖	块	46.18	2.90	2.90	2.90	2.90	2.90	2.90
	白灰	kg	0.30	2.720	2.720	2.720	2.720	2.720	2.720
	水	m^3	7.62	0.005	0.005	0.005	0.005	0.005	0.005
	零星材料费	元		1.75	1.75	1.75	1.75	1.75	1.75
	白灰浆	m^3		(0.004)	(0.004)	(0.004)	(0.004)	(0.004)	(0.004)

单位：m

编　号				9-157	9-158	9-159	9-160
项　目				须弥座			
				连珠混	盖板	束腰(高)	
						25cm以内	25cm以外
预算基价	总　价(元)			**672.43**	**244.96**	**303.10**	**315.66**
	人　工　费(元)			434.52	108.63	166.77	160.65
	材　料　费(元)			237.91	136.33	136.33	155.01
组成内容		**单位**	**单价**	**数　量**			
人工	综合工　一类	工日	153.00	2.84	0.71	1.09	1.05
材料	尺四方砖	块	46.18	5.10	2.90	2.90	3.30
	白灰	kg	0.30	2.720	2.720	2.720	2.720
	水	m^3	7.62	0.005	0.005	0.005	0.005
	零星材料费	元		1.54	1.55	1.55	1.76
	白灰浆	m^3		(0.004)	(0.004)	(0.004)	(0.004)

二、琉璃砌筑

1.墙　　身

编号				9-161	9-162	9-163	9-164	9-165	9-166
项目				平砌琉璃砖（10m²）	陡砌琉璃砖（10m²）	贴砌面砖（10m²）	拼砌花心（10m²）	琉璃花墙（10m²）	琉璃砖墙帽（10m）
预算基价	总价(元)			**1929.48**	**1557.80**	**2585.96**	**3329.54**	**1621.19**	**1858.50**
	人工费(元)			1744.20	1450.44	2478.60	3222.18	1560.60	836.91
	材料费(元)			185.28	107.36	107.36	107.36	60.59	1021.59
组成内容		**单位**	**单价**	**数量**					
人工	综合工 一类	工日	153.00	11.40	9.48	16.20	21.06	10.20	5.47
材料	琉璃砖	件		(378.30)	(189.20)			(546.00)	(72.10)
	琉璃素面砖	m^2				(10.30)			
	琉璃花心	m^2					(10.30)		
	扣脊瓦 六样	件	27.98						35.00
	白灰	kg	0.30	203.320	114.920	114.920	114.920	61.880	35.360
	氧化铁红	kg	9.03	12.710	7.184	7.184	7.184	3.868	2.211
	水	m^3	7.62	0.449	0.254	0.254	0.254	0.137	0.078
	零星材料费	元		6.09	6.08	6.08	6.08	6.05	11.12
	红麻刀灰 素灰	m^3		(0.299)	(0.169)	(0.169)	(0.169)	(0.091)	(0.052)

编号				9-167	9-168	9-169
项目				四层冰盘檐 (10m)	五层冰盘檐 (10m)	梢子 (份)
预算基价	总价(元)			**720.06**	**763.03**	**350.50**
	人工费(元)			662.49	697.68	330.48
	材料费(元)			57.57	65.35	20.02
组成内容		单位	单价	数量		
人工	综合工 一类	工日	153.00	4.33	4.56	2.16
材料	琉璃直檐	件		(55.00)	(55.00)	
	琉璃半混	件		(27.50)	(27.50)	
	琉璃枭	件		(27.50)	(27.50)	
	琉璃炉口	件			(27.50)	
	琉璃梢子	份				(1.00)
	白灰	kg	0.30	61.880	70.720	22.440
	氧化铁红	kg	9.03	3.868	4.421	1.403
	水	m^3	7.62	0.137	0.156	0.050
	零星材料费	元		3.03	3.02	0.24
	红麻刀灰 素灰	m^3		(0.091)	(0.104)	(0.033)

2.琉璃博缝、挂落、滴珠板

单位：10m

编号				9-170	9-171	9-172	9-173	9-174	9-175
项目				琉璃悬山博缝			硬山博缝		
				高					
				30cm以下	30～60cm以下	60cm以上	30cm以下	30～60cm以下	60cm以上
预算基价	总价(元)			**799.09**	**738.37**	**956.42**	**2066.86**	**2705.56**	**4878.85**
	人工费(元)			679.32	670.14	896.58	1300.50	1782.45	3214.53
	材料费(元)			119.77	68.23	59.84	766.36	923.11	1664.32
组成内容		**单位**	**单价**	**数量**					
人工	综合工 一类	工日	153.00	4.44	4.38	5.86	8.50	11.65	21.01
材料	琉璃博缝	件		(27.00)	(22.00)	(20.00)	(28.00)	(23.00)	(20.00)
	托山混	件					(40.00)	(33.00)	(26.00)
	博缝头	件		(6.67)	(3.33)	(2.50)	(6.67)	(3.33)	(2.50)
	机砖	块	0.51				917	1300	2548
	白灰	kg	0.30	126.480	68.000	58.480	250.302	174.005	186.979
	氧化铁红	kg	9.03	7.907	4.251	3.656	13.816	8.289	6.632
	水	m^3	7.62	0.279	0.150	0.129	0.764	0.683	0.996
	水泥	kg	0.39				60.260	85.150	166.370
	砂子	t	87.03				0.703	0.993	1.941
	零星材料费	元		8.30	8.30	8.30	8.34	8.23	7.46
	白灰膏	m^3					(0.042)	(0.059)	(0.116)
	红麻刀灰 素灰	m^3		(0.186)	(0.100)	(0.086)	(0.325)	(0.195)	(0.156)
	混合砂浆 M2.5	m^3					(0.46)	(0.65)	(1.27)

单位：10m

编号				9-176	9-177	9-178	9-179
项目				琉璃挂落		滴珠板	
				高			
				50cm以下	50cm以上	50cm以下	50cm以上
预算基价	总价(元)			**2010.34**	**3249.67**	**1066.52**	**1302.56**
	人工费(元)			1921.68	3105.90	976.14	1153.62
	材料费(元)			88.66	143.77	90.38	148.94
组成内容		**单位**	**单价**	**数量**			
人工	综合工 一类	工日	153.00	12.56	20.30	6.38	7.54
材料	琉璃挂落	m^2		(10.30)	(10.30)		
	滴珠板	m				(10.30)	(10.30)
	铁件	kg	9.49	5.00	10.00	5.00	10.00
	白灰	kg	0.30	44.200	53.040	44.200	53.040
	氧化铁红	kg	9.03	2.763	3.316	2.763	3.316
	水	m^3	7.62	0.098	0.117	0.098	0.117
	零星材料费	元		2.25	2.12	3.97	7.29
	红麻刀灰 素灰	m^3		(0.065)	(0.078)	(0.065)	(0.078)

3.其　　他

单位：m

编　号				9-180	9-181	9-182	9-183	9-184	9-185
项　目				琉璃须弥座					
				土衬	圭角	直檐	上、下枭	上、下混	束腰
预算基价	总　　价(元)			**74.61**	**92.97**	**92.97**	**92.97**	**92.97**	**109.80**
	人　工　费(元)			71.91	90.27	90.27	90.27	90.27	107.10
	材　料　费(元)			2.70	2.70	2.70	2.70	2.70	2.70
组 成 内 容		**单位**	**单价**	**数　　量**					
人工	综合工 一类	工日	153.00	0.47	0.59	0.59	0.59	0.59	0.70
材料	土衬	件		( )					
	圭角	件			( )				
	直檐	件				( )			
	枭	件					( )		
	混	件						( )	
	束腰	件							( )
	白灰	kg	0.30	2.720	2.720	2.720	2.720	2.720	2.720
	氧化铁红	kg	9.03	0.170	0.170	0.170	0.170	0.170	0.170
	水	m^3	7.62	0.006	0.006	0.006	0.006	0.006	0.006
	零星材料费	元		0.30	0.30	0.30	0.30	0.30	0.30
	红麻刀灰 素灰	m^3		(0.004)	(0.004)	(0.004)	(0.004)	(0.004)	(0.004)

单位：m

编号				9-186	9-187	9-188	9-189	9-190	9-191
项目				线砖	琉璃梁枋(高)			琉璃垫板(高)	
					20cm以内	30cm以内	30cm以外	12cm以内	12cm以外
预算基价	总价(元)			**74.61**	**74.61**	**109.80**	**163.35**	**56.93**	**67.64**
	人工费(元)			71.91	71.91	107.10	160.65	42.84	53.55
	材料费(元)			2.70	2.70	2.70	2.70	14.09	14.09
组成内容		**单位**	**单价**	**数量**					
人工	综合工 一类	工日	153.00	0.47	0.47	0.70	1.05	0.28	0.35
材料	线砖	件		( )					
	梁枋	件			( )	( )	( )		
	垫板	件						( )	( )
	白灰	kg	0.30	2.720	2.720	2.720	2.720	15.640	15.640
	氧化铁红	kg	9.03	0.170	0.170	0.170	0.170	0.978	0.978
	水	m^3	7.62	0.006	0.006	0.006	0.006	0.035	0.035
	零星材料费	元		0.30	0.30	0.30	0.30	0.30	0.30
	红麻刀灰 素灰	m^3		(0.004)	(0.004)	(0.004)	(0.004)	(0.023)	(0.023)

编号				9-192	9-193	9-194	9-195	9-196	9-197
项目				琉璃方、圆柱子(高)			方、圆柱顶 (对)	耳子 (对)	雀替 (对)
				20cm以内 (m)	30cm以内 (m)	30cm以外 (m)			
预算基价	总价(元)			**115.07**	**131.90**	**157.91**	**52.39**	**52.39**	**86.05**
	人工费(元)			100.98	117.81	143.82	36.72	36.72	70.38
	材料费(元)			14.09	14.09	14.09	15.67	15.67	15.67
组成内容		**单位**	**单价**	**数量**					
人工	综合工 一类	工日	153.00	0.66	0.77	0.94	0.24	0.24	0.46
材料	方、圆柱子	件		( )	( )	( )			
	方、圆柱顶	块					(2)		
	耳子	块						(2)	
	雀替	块							(2)
	白灰	kg	0.30	15.640	15.640	15.640	17.680	17.680	17.680
	氧化铁红	kg	9.03	0.978	0.978	0.978	1.105	1.105	1.105
	水	m^3	7.62	0.035	0.035	0.035	0.039	0.039	0.039
	零星材料费	元		0.30	0.30	0.30	0.09	0.09	0.09
	红麻刀灰 素灰	m^3		(0.023)	(0.023)	(0.023)	(0.026)	(0.026)	(0.026)

编号				9-198	9-199
项目				霸王拳 （对）	坠山花 （份）
预算基价	总价(元)			**87.47**	**366.58**
	人工费(元)			70.38	358.02
	材料费(元)			17.09	8.56
组成内容		**单位**	**单价**	**数量**	
人工	综合工 一类	工日	153.00	0.46	2.34
材料	霸王拳	块		(2.00)	
	坠山花	份			(1.00)
	白灰	kg	0.30	17.680	8.840
	氧化铁红	kg	9.03	1.105	0.553
	水	m^3	7.62	0.039	0.020
	零星材料费	元		1.51	0.76
	红麻刀灰 素灰	m^3		(0.026)	(0.013)

单位：攒

编号				9-200	9-201	9-202	9-203	9-204	9-205	9-206
项目				平身科斗拱						
				三踩(高)		五踩(高)		七踩(高)		
				30cm以下	30cm以上	50cm以下	50cm以上	50cm以下	70cm以下	70cm以上
预算基价	总价(元)			**132.39**	**148.63**	**152.46**	**199.30**	**156.03**	**202.87**	**263.31**
	人工费(元)			117.81	133.11	133.11	179.01	133.11	179.01	235.62
	材料费(元)			14.58	15.52	19.35	20.29	22.92	23.86	27.69
组成内容		**单位**	**单价**	**数量**						
人工	综合工 一类	工日	153.00	0.77	0.87	0.87	1.17	0.87	1.17	1.54
材料	平身科斗拱 三踩	攒		(1.00)	(1.00)					
	平身科斗拱 五踩	攒				(1.00)	(1.00)			
	平身科斗拱 七踩	攒						(1.00)	(1.00)	(1.00)
	铁件	kg	9.49	0.50	0.60	0.75	0.85	1.00	1.10	1.25
	白灰	kg	0.30	10.880	10.880	13.600	13.600	14.960	14.960	17.680
	氧化铁红	kg	9.03	0.680	0.680	0.850	0.850	0.935	0.935	1.105
	水	m^3	7.62	0.024	0.024	0.030	0.030	0.033	0.033	0.039
	零星材料费	元		0.25	0.24	0.25	0.24	0.25	0.24	0.25
	红麻刀灰 素灰	m^3		(0.016)	(0.016)	(0.020)	(0.020)	(0.022)	(0.022)	(0.026)

单位：攒

编号				9-207	9-208	9-209	9-210
项目				角科斗拱			
				三踩(高)		五踩(高)	
				30cm以下	30cm以上	50cm以下	50cm以上
预算基价	总价(元)			**147.69**	**194.53**	**163.17**	**217.66**
	人工费(元)			133.11	179.01	143.82	197.37
	材料费(元)			14.58	15.52	19.35	20.29
组成内容		**单位**	**单价**	**数量**			
人工	综合工 一类	工日	153.00	0.87	1.17	0.94	1.29
材料	角科斗拱 三踩	攒		(1.00)	(1.00)		
	角科斗拱 五踩	攒				(1.00)	(1.00)
	铁件	kg	9.49	0.50	0.60	0.75	0.85
	白灰	kg	0.30	10.880	10.880	13.600	13.600
	氧化铁红	kg	9.03	0.680	0.680	0.850	0.850
	水	m^3	7.62	0.024	0.024	0.030	0.030
	零星材料费	元		0.25	0.24	0.25	0.24
	红麻刀灰 素灰	m^3		(0.016)	(0.016)	(0.020)	(0.020)

编号				9-211	9-212	9-213	9-214	9-215	9-216
项目				角科斗拱 七踩(高)			枕头木 (件)	宝瓶 (个)	角梁 (根)
				50cm以内 (攒)	70cm以内 (攒)	70cm以外 (攒)			
预算基价	总价(元)			**166.74**	**259.48**	**385.71**	**36.48**	**36.48**	**114.24**
	人工费(元)			143.82	235.62	358.02	35.19	35.19	90.27
	材料费(元)			22.92	23.86	27.69	1.29	1.29	23.97
组成内容		**单位**	**单价**	**数量**					
人工	综合工 一类	工日	153.00	0.94	1.54	2.34	0.23	0.23	0.59
材料	角科斗拱 七踩	攒		(1.00)	(1.00)	(1.00)			
	枕头木	件					(1.00)		
	宝瓶	个						(1.00)	
	角梁	根							(1.00)
	铁件	kg	9.49	1.00	1.10	1.25			2.00
	白灰	kg	0.30	14.960	14.960	17.680	1.360	1.360	5.440
	氧化铁红	kg	9.03	0.935	0.935	1.105	0.085	0.085	0.340
	水	m^3	7.62	0.033	0.033	0.039	0.003	0.003	0.012
	零星材料费	元		0.25	0.24	0.25	0.09	0.09	0.20
	红麻刀灰 素灰	m^3		(0.022)	(0.022)	(0.026)	(0.002)	(0.002)	(0.008)

编号				9-217	9-218	9-219	9-220	9-221
项目				套兽 (个)	挑檐桁(径)		正身椽飞 (m)	翼角椽飞 (m)
					12cm以下 (m)	16cm以下 (m)		
预算基价	总价(元)			**379.96**	**52.18**	**62.89**	**108.91**	**197.65**
	人工费(元)			29.07	45.90	56.61	90.27	179.01
	材料费(元)			350.89	6.28	6.28	18.64	18.64
组成内容		**单位**	**单价**	**数量**				
人工	综合工 一类	工日	153.00	0.19	0.30	0.37	0.59	1.17
材料	挑檐桁	根			( )	( )		
	正身椽飞	件					( )	
	翼角椽飞	件						( )
	套兽 八样	件	349.51	1.00				
	铁件	kg	9.49				1.50	1.50
	白灰	kg	0.30	1.360	5.440	5.440	4.760	4.760
	氧化铁红	kg	9.03	0.085	0.340	0.340	0.298	0.298
	水	m^3	7.62	0.003	0.012	0.012	0.011	0.011
	零星材料费	元		0.18	1.49	1.49	0.20	0.20
	红麻刀灰 素灰	m^3		(0.002)	(0.008)	(0.008)	(0.007)	(0.007)

第十章　石 作 工 程

说　明

一、本章包括制作、安装2节,共175条基价子目。

二、石活制作以使用汉白玉、青白石等普坚石为准,基价中石料耗用量已包括了长、宽、高均在5cm以内的加荒量和5%的损耗率。使用花岗岩的人工费乘以系数1.50。建设单位提供的荒料加荒尺寸超过5cm以上的另行计取荒料加工费。

三、不带雕刻的石活制作基价已综合了剁斧、砸花锤、打道等做法,无论设计要求用上述何种做法及剁几遍斧基价均不调整,但设计要求磨光时另按相应基价子目执行。

四、石活安装以一般安装方法为准,如使用铁锔子、铁银锭另按相应基价子目执行。

五、栏板、望柱制作以常见规格为准,其中包括了必要雕刻,如为斜形或异型者按相应基价子目人工费、材料费乘以系数1.25。

六、柱顶制作已综合了普通和异型等不同规格;阶条制作综合了掏柱顶卡口用工。

七、角柱、埋头制作与安装不分其所处部位和规格形状,基价均不调整。

八、门碹石在腰线石(或压砖板)以下部分执行角柱基价。

九、方形门鼓石(幞头鼓)制作以正面做浅浮雕为准,圆形门鼓石及滚墩石以大鼓中做转角莲为准,其他做法另行计算。

十、安装碹石不包括支搭碹胎。

工 作 内 容

一、制作项目包括准备工具、搭拆烘炉、运料、做样板、制作、剁斧成活(或砸花锤、打道),带雕饰的石活项目还包括画样子、雕凿花饰及扁光。

二、安装项目包括调制灰浆、运料、搭拆烘炉、截一个头、打拼缝头、稳安垫塞、灌浆、净面剁斧、搭拆小型起重架、挂倒链等。

工程量计算规则

一、本章各项基价子目的工程量均以成品净尺寸为准,有图示时按图示尺寸计算,图示尺寸不详时参考下表计算。施工实作尺寸与表中尺寸相差在±3cm以外者,竣工结算时应予调整。

石活工程量计算参考表

项目		厚	宽	埋深
土衬	砖砌陡板	宽的4/10	按细砖宽的2倍	
	石陡板	同阶条石厚	陡板厚加2倍金边宽	
埋头(侧面不露明)		同阶条厚		带埋身的,埋身按露明高
陡板		高的1/3		
柱顶石		宽的1/2		
象眼		高的1/3		
腰线石			高的1.5倍	
槛垫石		宽的1/3		
须弥座	各层		同上枋宽	
	土衬	同圭角厚	同上枋宽	
夹杆石、镶杆石				按露明高

二、砚窝石、踏跺、甬路、牙子石、海墁地面等制作、安装,均以水平投影面积计算。

三、阶条石计算体积时不扣除柱顶石卡口所占体积。

四、柱顶如为异型规格应以最大矩形面积乘以厚度计算体积。

五、垂带、礓礤均以上面的长度乘以宽度按面积计算,垂带的侧面不得计算在内,礓礤不得按展开面积计算。

六、台基须弥座束腰做金刚柱子、碗花结带,按花饰所占长度乘以束腰高度计算面积。

七、夹杆石、镶杆石以截面面积乘以高度计算体积,不扣除柱子所占体积。

八、门窗碹石制作、安装以外弧长乘以图示宽、厚计算体积,碹脸雕刻面以碹脸石面的中线长度乘以宽度计算面积。

九、菱花窗制作、安装计算工程量时不扣除隐蔽部分所占体积,菱花窗雕刻计算工程量时扣除其被遮蔽部分所占面积。

十、墙帽制作、安装均以最大矩形截面积乘以长度计算体积。

一、制　　作

1. 台基、台阶、柱顶制作

单位：m^3

编　号				10-1	10-2	10-3	10-4
项　目				土衬（垂直厚度）			埋头
				15cm以内	20cm以内	20cm以外	
预算基价	总　价(元)			**6580.63**	**5611.08**	**4574.11**	**9084.38**
	人　工　费(元)			4186.08	3346.11	2454.12	6595.83
	材　料　费(元)			2394.55	2264.97	2119.99	2488.55
组成内容		**单位**	**单价**	**数　量**			
人工	综合工 一类	工日	153.00	27.36	21.87	16.04	43.11
材料	青白石（综合）	m^3	1590.00	1.481	1.404	1.318	1.533
	煤	kg	0.53	66.00	53.00	38.00	87.00
	零星材料费	元		4.78	4.52	4.23	4.97

单位：m^3

编号				10-5	10-6	10-7	10-8	10-9
项目				陡板(高)		阶条石(厚)		
				50cm以内	50cm以外	15cm以内	20cm以内	20cm以外
预算基价	总价(元)			**7356.19**	**6365.67**	**10539.89**	**8782.38**	**6883.13**
	人工费(元)			4888.35	4241.16	7614.81	6141.42	4499.73
	材料费(元)			2467.84	2124.51	2925.08	2640.96	2383.40
组成内容		单位	单价	数量				
人工	综合工 一类	工日	153.00	31.95	27.72	49.77	40.14	29.41
材料	青白石（综合）	m^3	1590.00	1.523	1.311	1.795	1.625	1.472
	煤	kg	0.53	78.00	67.50	123.00	98.00	72.00
	零星材料费	元		4.93	4.24	5.84	5.27	4.76

单位：m^2

编号				10-10	10-11	10-12	10-13	10-14	10-15
项目				垂带		踏跺			礓礤石
				踏跺用	礓礤用	砚窝石	垂带踏跺	如意踏跺	
预算基价	总价(元)			**1720.89**	**1097.34**	**1137.45**	**1305.83**	**1527.75**	**1497.90**
	人工费(元)			1398.42	780.30	820.08	986.85	1207.17	1193.40
	材料费(元)			322.47	317.04	317.37	318.98	320.58	304.50
组成内容		**单位**	**单价**	**数量**					
人工	综合工 一类	工日	153.00	9.14	5.10	5.36	6.45	7.89	7.80
材料	青白石（综合）	m^3	1590.00	0.193	0.193	0.193	0.193	0.193	0.183
	煤	kg	0.53	22.50	12.40	13.00	16.00	19.00	19.00
	零星材料费	元		3.67	3.60	3.61	3.63	3.64	3.46

单位：m^3

编号				10-16	10-17	10-18	10-19	10-20	10-21
项目				象眼（高）		柱顶石			
							方鼓径（柱顶宽）		
				50cm以内	50cm以外	无鼓径	40cm以内	50cm以内	60cm以内
预算基价	总价（元）			**8348.30**	**7200.92**	**6321.52**	**9564.62**	**7641.64**	**6403.34**
	人工费（元）			5631.93	4862.34	4268.70	7022.70	5364.18	4254.93
	材料费（元）			2716.37	2338.58	2052.82	2541.92	2277.46	2148.41
组成内容		**单位**	**单价**	**数量**					
人工	综合工 一类	工日	153.00	36.81	31.78	27.90	45.90	35.06	27.81
材料	青白石（综合）	m^3	1590.00	1.675	1.442	1.266	1.558	1.401	1.326
	煤	kg	0.53	90.00	77.60	67.50	112.50	85.50	67.50
	零星材料费	元		5.42	4.67	4.10	5.07	4.55	4.29

单位：m³

编号				10-22	10-23	10-24	10-25	10-26	10-27
项目				柱顶石					
				方鼓径	圆鼓径				
				柱顶宽					
				60cm以外	50cm以内	60cm以内	80cm以内	100cm以内	100cm以外
预算基价	总价(元)			**5617.16**	**7129.90**	**6198.60**	**5228.28**	**4412.90**	**3833.46**
	人工费(元)			3560.31	4854.69	4049.91	3174.75	2478.60	1967.58
	材料费(元)			2056.85	2275.21	2148.69	2053.53	1934.30	1865.88
组成内容		**单位**	**单价**	**数量**					
人工	综合工 一类	工日	153.00	23.27	31.73	26.47	20.75	16.20	12.86
材料	青白石（综合）	m^3	1590.00	1.271	1.401	1.326	1.271	1.200	1.160
	煤	kg	0.53	56.25	77.00	64.00	50.00	38.70	30.00
	零星材料费	元		6.15	6.81	6.43	6.14	5.79	5.58

单位：m^3

编号				10-28	10-29	10-30	10-31
项目				带莲瓣柱顶			
				柱顶宽			
				60cm以内	80cm以内	100cm以内	100cm以外
预算基价	总价(元)			**29643.09**	**23470.53**	**18646.13**	**15256.06**
	人工费(元)			27411.48	21352.68	16661.70	13349.25
	材料费(元)			2231.61	2117.85	1984.43	1906.81
组成内容		**单位**	**单价**	**数量**			
人工	综合工 一类	工日	153.00	179.16	139.56	108.90	87.25
材料	青白石（综合）	m^3	1590.00	1.326	1.271	1.200	1.160
	煤	kg	0.53	220.00	171.00	133.00	107.00
	零星材料费	元		6.67	6.33	5.94	5.70

单位：个

编号				10-32	10-33	10-34
项目				柱顶打套顶榫眼(透榫眼)		
				柱顶宽		
				45cm以内	65cm以内	100cm以内
预算基价	总价(元)			**213.21**	**631.86**	**1052.09**
	人工费(元)			209.61	627.30	1046.52
	材料费(元)			3.60	4.56	5.57
组成内容		**单位**	**单价**	**数量**		
人工	综合工 一类	工日	153.00	1.37	4.10	6.84
材料	煤	kg	0.53	5.00	5.00	5.00
	零星材料费	元		0.95	1.91	2.92

2.墙身石活及门石、槛石制作

单位：m^3

编号				10-35	10-36	10-37	10-38
项目				角柱	压砖板	腰线石	挑檐石
预算基价	总价(元)			**10703.66**	**7174.64**	**11195.48**	**15101.73**
	人工费(元)			8358.39	4761.36	8616.96	12620.97
	材料费(元)			2345.27	2413.28	2578.52	2480.76
组成内容		**单位**	**单价**	**数量**			
人工	综合工 一类	工日	153.00	54.63	31.12	56.32	82.49
材料	青白石（综合）	m^3	1590.00	1.427	1.489	1.572	1.489
	煤	kg	0.53	133.00	75.00	137.00	202.00
	零星材料费	元		5.85	6.02	6.43	6.19

编号				10-39	10-40	10-41	10-42	10-43	10-44
项目				门窗碹石				菱花窗	
				碹石 （m^3）	碹脸石 （m^3）	碹脸雕刻		制作成型 （m^3）	雕刻 （m^2）
						卷草、卷云带子 （m^2）	莲花、龙凤 （m^2）		
预算基价	总价(元)			**11970.87**	**16955.40**	**3997.55**	**5331.15**	**6983.64**	**3590.57**
	人工费(元)			9447.75	14363.64	3945.87	5273.91	4668.03	3538.89
	材料费(元)			2523.12	2591.76	51.68	57.24	2315.61	51.68
组成内容		**单位**	**单价**	**数量**					
人工	综合工 一类	工日	153.00	61.75	93.88	25.79	34.47	30.51	23.13
材料	青白石（综合）	m^3	1590.00	1.533	1.533			1.427	
	煤	kg	0.53	145.00	207.00	50.00	60.00	75.00	50.00
	零星材料费	元		8.80	44.58	25.18	25.44	6.93	25.18

编号				10-45	10-46	10-47	10-48	10-49
项目				墙帽(压顶)		墙帽与角柱联做 (m³)	槛垫石、过门石、分心石 (m³)	月洞门元宝石 长100cm以内 (块)
				不出檐带八子 (m³)	出檐带扣脊瓦 (m³)			
预算基价	总价(元)			**11444.09**	**14179.60**	**12216.75**	**5171.77**	**1506.19**
	人工费(元)			9097.38	11810.07	9860.85	3203.82	1217.88
	材料费(元)			2346.71	2369.53	2355.90	1967.95	288.31
组成内容		**单位**	**单价**	**数量**				
人工	综合工 一类	工日	153.00	59.46	77.19	64.45	20.94	7.96
材料	青白石(综合)	m^3	1590.00	1.427	1.427	1.427	1.220	0.173
	煤	kg	0.53	133.50	172.00	153.00	42.00	16.00
	零星材料费	元		7.02	9.44	5.88	5.89	4.76

单位：块

编号					10-50	10-51	10-52	10-53
项目					门枕石(长)			
					60cm以内	80cm以内	100cm以内	120cm以内
预算基价	总价(元)				**619.72**	**1099.43**	**1598.06**	**2410.75**
	人工费(元)				553.86	970.02	1386.18	2067.03
	材料费(元)				65.86	129.41	211.88	343.72
组成内容			单位	单价	数量			
人工	综合工 一类		工日	153.00	3.62	6.34	9.06	13.51
材料	青白石（综合）		m^3	1590.00	0.0365	0.0748	0.1247	0.2046
	煤		kg	0.53	8.00	13.00	19.00	28.00
	零星材料费		元		3.58	3.59	3.54	3.57

单位：块

编号				10-54	10-55	10-56	10-57	10-58	10-59
项目				门鼓石					
				圆鼓(长)			幞头鼓(长)		
				80cm以内	100cm以内	120cm以内	60cm以内	80cm以内	100cm以内
预算基价	总价(元)			**7129.26**	**10051.00**	**13031.09**	**4263.43**	**6295.31**	**8660.66**
	人工费(元)			6892.65	9652.77	12414.42	4138.65	6066.45	8274.24
	材料费(元)			236.61	398.23	616.67	124.78	228.86	386.42
组成内容		**单位**	**单价**	**数量**					
人工	综合工 一类	工日	153.00	45.05	63.09	81.14	27.05	39.65	54.08
材料	青白石（综合）	m^3	1590.00	0.1114	0.2009	0.3284	0.0541	0.1114	0.2009
	煤	kg	0.53	93.00	130.00	160.00	56.00	81.00	110.00
	零星材料费	元		10.19	9.90	9.71	9.08	8.80	8.69

3.须弥座、栏板、望柱制作

单位：m^3

编号				10-60	10-61	10-62	10-63	10-64
项目				台基无雕饰须弥座(高)				
				50cm以内	100cm以内	120cm以内	150cm以内	150cm以外
预算基价	总价(元)			**18995.10**	**15866.98**	**13368.32**	**11695.73**	**10018.97**
	人工费(元)			13766.94	11478.06	9244.26	7718.85	6196.50
	材料费(元)			5228.16	4388.92	4124.06	3976.88	3822.47
组成内容		**单位**	**单价**	**数量**				
人工	综合工 一类	工日	153.00	89.98	75.02	60.42	50.45	40.50
材料	汉白玉（综合）	m^3	3020.00	1.694	1.422	1.340	1.295	1.249
	煤	kg	0.53	202.00	170.00	138.00	117.00	88.06
	零星材料费	元		5.22	4.38	4.12	3.97	3.82

单位：m^3

编号				10-65	10-66	10-67	10-68	10-69
项目				台基有雕饰须弥座(高)				
				80cm以内	100cm以内	120cm以内	150cm以内	150cm以外
预算基价	总价(元)			**46613.82**	**38849.21**	**31750.47**	**27193.02**	**22550.93**
	人工费(元)			40892.31	34088.40	27338.04	22908.69	18314.10
	材料费(元)			5721.51	4760.81	4412.43	4284.33	4236.83
组成内容		**单位**	**单价**	**数量**				
人工	综合工 一类	工日	153.00	267.27	222.80	178.68	149.73	119.70
材料	汉白玉（综合）	m^3	3020.00	1.797	1.495	1.395	1.363	1.358
	煤	kg	0.53	545.00	455.00	364.00	305.00	244.00
	零星材料费	元		5.72	4.76	6.61	6.42	6.35

编号				10-70	10-71	10-72
项目				束腰做金刚柱子碗花结带 (m^2)	独立须弥座 (带雕饰) (m^3)	地伏 (m^3)
预算基价	总价(元)			**4185.73**	**49221.12**	**15682.02**
	人工费(元)			4131.00	44925.39	10947.15
	材料费(元)			54.73	4295.73	4734.87
组成内容		**单位**	**单价**	**数量**		
人工	综合工 一类	工日	153.00	27.00	293.63	71.55
材料	汉白玉(综合)	m^3	3020.00		1.315	1.541
	煤	kg	0.53	55.00	600.00	144.00
	零星材料费	元		25.58	6.43	4.73

单位：个

编号				10-73	10-74	10-75	10-76	10-77	10-78	10-79
项目				须弥座龙头(明长)			须弥座四角龙头(明长)			须弥座龙头打透眼
				50cm以内	60cm以内	60cm以外	100cm以内	120cm以内	120cm以外	
预算基价	总价(元)			**4909.80**	**6688.52**	**8501.53**	**9905.07**	**14239.76**	**18857.43**	**673.67**
	人工费(元)			4554.81	6084.81	7594.92	7741.80	10368.81	12858.12	673.20
	材料费(元)			354.99	603.71	906.61	2163.27	3870.95	5999.31	0.47
组成内容		**单位**	**单价**	**数量**						
人工	综合工 一类	工日	153.00	29.77	39.77	49.64	50.60	67.77	84.04	4.40
材料	汉白玉（综合）	m^3	3020.00	0.1055	0.1838	0.2801	0.6959	1.2541	1.9526	
	煤	kg	0.53	55.50	74.93	93.43	96.02	128.58	159.47	0.50
	零星材料费	元		6.96	8.92	11.19	10.76	15.42	17.94	0.20

单位：块

编号				10-80	10-81	10-82	10-83	10-84
项目				寻杖栏板(高)				
				50cm以内	55cm以内	65cm以内	75cm以内	85cm以内
预算基价	总价(元)			**4939.10**	**5854.15**	**6747.81**	**7909.41**	**8931.56**
	人工费(元)			4560.93	5391.72	6087.87	6920.19	7614.81
	材料费(元)			378.17	462.43	659.94	989.22	1316.75
组成内容		**单位**	**单价**	**数量**				
人工	综合工 一类	工日	153.00	29.81	35.24	39.79	45.23	49.77
材料	汉白玉（综合）	m^3	3020.00	0.112	0.138	0.202	0.309	0.415
	煤	kg	0.53	61.00	72.00	80.00	90.00	100.00
	零星材料费	元		7.60	7.51	7.50	8.34	10.45

单位：块

编号				10-85	10-86	10-87	10-88	10-89	10-90
项目				罗汉栏板		抱鼓(高)			
				50cm以内	60cm以内	50cm以内	55cm以内	65cm以内	85cm以内
预算基价	总价(元)			**3390.58**	**4008.47**	**4520.73**	**5435.24**	**6471.34**	**7821.30**
	人工费(元)			3183.93	3739.32	4147.83	4978.62	5812.47	6513.21
	材料费(元)			206.65	269.15	372.90	456.62	658.87	1308.09
组成内容		**单位**	**单价**	**数量**					
人工	综合工 一类	工日	153.00	20.81	24.44	27.11	32.54	37.99	42.57
材料	汉白玉（综合）	m^3	3020.00			0.112	0.138	0.202	0.415
	青白石（综合）	m^3	1590.00	0.112	0.148				
	煤	kg	0.53	40.00	50.00	55.00	65.00	78.00	85.00
	零星材料费	元		7.37	7.33	5.51	5.41	7.49	9.74

单位：根

编号				10-91	10-92	10-93	10-94	10-95	10-96
项目				望柱					
				龙凤头(高)			莲花头(高)		
				100cm以内	120cm以内	150cm以内	90cm以内	100cm以内	120cm以内
预算基价	总价(元)			**3490.92**	**5252.55**	**7773.33**	**3183.58**	**3577.26**	**4834.92**
	人工费(元)			3298.68	4974.03	7249.14	3041.64	3388.95	4560.93
	材料费(元)			192.24	278.52	524.19	141.94	188.31	273.99
组成内容		**单位**	**单价**	**数量**					
人工	综合工 一类	工日	153.00	21.56	32.51	47.38	19.88	22.15	29.81
材料	汉白玉（综合）	m^3	3020.00	0.052	0.078	0.154	0.038	0.052	0.078
	煤	kg	0.53	55.00	67.00	95.00	40.00	45.00	56.00
	零星材料费	元		6.05	7.45	8.76	5.98	7.42	8.75

单位：根

编号				10-97	10-98	10-99	10-100	10-101
项目				望柱				
				素方头(高)		狮子头(高)		
				80cm以内	100cm以内	100cm以内	120cm以内	150cm以内
预算基价	总价(元)			**2296.70**	**2764.59**	**5273.37**	**6562.23**	**9493.05**
	人工费(元)			2215.44	2630.07	5081.13	6283.71	8968.86
	材料费(元)			81.26	134.52	192.24	278.52	524.19
组成内容		**单位**	**单价**	**数量**				
人工	综合工 一类	工日	153.00	14.48	17.19	33.21	41.07	58.62
材料	汉白玉（综合）	m^3	3020.00			0.052	0.078	0.154
	青白石（综合）	m^3	1590.00	0.036	0.068			
	煤	kg	0.53	30.00	35.00	55.00	67.00	95.00
	零星材料费	元		8.12	7.85	6.05	7.45	8.76

4.地面及其他石活制作

编号				10-102	10-103	10-104	10-105	10-106	10-107
项目				滚墩石(长)		木牌楼夹杆石、镶杆石		甬路海墁地面	
				120cm以内(个)	150cm以内(个)	制作(m^3)	雕刻(m^2)	厚13cm(m^2)	每增厚2cm(m^2)
预算基价	总价(元)			**11640.93**	**16127.62**	**5893.96**	**6286.58**	**839.81**	**89.95**
	人工费(元)			11029.77	15165.36	3993.30	6224.04	564.57	52.02
	材料费(元)			611.16	962.26	1900.66	62.54	275.24	37.93
组成内容		**单位**	**单价**	**数量**					
人工	综合工 一类	工日	153.00	72.09	99.12	26.10	40.68	3.69	0.34
材料	青白石（综合）	m^3	1590.00	0.325	0.529	1.176		0.170	0.023
	煤	kg	0.53	150.00	200.00	51.00	80.00	7.00	2.00
	零星材料费	元		14.91	15.15	3.79	20.14	1.23	0.30

编号				10-108	10-109	10-110	10-111
项目				牙子石(垂直厚度)		沟门、沟漏	带水槽沟盖厚15cm以内
				13cm以内 (m^2)	每增2cm (m^2)	(块)	(m^2)
预算基价	总价(元)			**1093.81**	**91.53**	**751.18**	**1437.48**
	人工费(元)			781.83	52.02	691.56	1109.25
	材料费(元)			311.98	39.51	59.62	328.23
组成内容		**单位**	**单价**	**数量**			
人工	综合工 一类	工日	153.00	5.11	0.34	4.52	7.25
材料	青白石(综合)	m^3	1590.00	0.193	0.024	0.033	0.200
	煤	kg	0.53	7.00	2.00	10.00	15.00
	零星材料费	元		1.40	0.29	1.85	2.28

编号				10-112	10-113	10-114
项目				石沟嘴子(宽)		石角梁带兽头厚15cm以内 (个)
				40cm以内 (m)	50cm以内 (m)	
预算基价	总价(元)			**1089.54**	**1573.59**	**544.30**
	人工费(元)			847.62	1233.18	462.06
	材料费(元)			241.92	340.41	82.24
组成内容		**单位**	**单价**	**数量**		
人工	综合工 一类	工日	153.00	5.54	8.06	3.02
材料	青白石(综合)	m^3	1590.00	0.142	0.202	0.042
	煤	kg	0.53	24.60	29.30	12.30
	零星材料费	元		3.10	3.70	8.94

二、安　　装

1.台基、台阶、柱顶安装

编　　号				10-115	10-116	10-117	10-118	10-119
项　　目				土衬 (m³)	埋头 (m³)	陡板 (m³)	阶条石 (m³)	垂带 (m²)
预算基价	总　　价(元)			**1738.86**	**1804.13**	**1782.83**	**2017.56**	**329.63**
	人　工　费(元)			1592.73	1681.47	1630.98	1878.84	306.00
	材　料　费(元)			146.13	122.66	151.85	138.72	23.63
组 成 内 容		**单位**	**单价**	**数　　量**				
人工	综合工 一类	工日	153.00	10.41	10.99	10.66	12.28	2.00
材料	煤	kg	0.53	19.80	26.00	23.00	37.00	6.75
	铅板 5.0	kg	21.08		0.35	0.35		
	水泥	kg	0.39	180.562	133.272	176.263	170.874	24.411
	砂子	t	87.03	0.668	0.493	0.652	0.526	0.075
	水	m³	7.62	0.139	0.102	0.135	0.119	0.017
	零星材料费	元		6.02	5.84	5.77	5.78	3.88
	水泥砂浆 1∶3	m³		(0.42)	(0.31)	(0.41)		
	水泥砂浆 1∶2.5	m³					(0.35)	(0.05)

编号				10-120	10-121	10-122	10-123	10-124
项目				踏跺、砚窝 (m²)	礓礤 (m²)	象眼 (m³)	柱顶(见方)	
							50cm以内 (m³)	50cm以外 (m³)
预算基价	总价(元)			**346.46**	**313.46**	**1808.33**	**1981.48**	**1724.83**
	人工费(元)			322.83	289.17	1652.40	1858.95	1624.86
	材料费(元)			23.63	24.29	155.93	122.53	99.97
组成内容		**单位**	**单价**	**数量**				
人工	综合工 一类	工日	153.00	2.11	1.89	10.80	12.15	10.62
材料	煤	kg	0.53	6.75	6.75	30.00	33.00	25.00
	铅板 5.0	kg	21.08			0.35		
	水泥	kg	0.39	24.411	21.496	176.263	151.345	122.053
	砂子	t	87.03	0.075	0.080	0.652	0.466	0.376
	水	m³	7.62	0.017	0.017	0.135	0.105	0.085
	零星材料费	元		3.88	5.24	6.14	4.66	5.75
	水泥砂浆 1∶3	m³			(0.05)	(0.41)		
	水泥砂浆 1∶2.5	m³		(0.05)			(0.31)	(0.25)

2.墙身石活及门石、槛石安装

单位：m^3

编号				10-125	10-126	10-127	10-128	10-129	10-130
项目				角柱	压砖板腰线石	挑檐石	门窗碹石	菱花窗	墙帽（压顶）
预算基价	总价(元)			**2173.21**	**2234.19**	**2421.85**	**3693.63**	**1754.97**	**2056.02**
	人工费(元)			2021.13	2100.69	2244.51	3635.28	1693.71	1990.53
	材料费(元)			152.08	133.50	177.34	58.35	61.26	65.49
组成内容		**单位**	**单价**	**数量**					
人工	综合工 一类	工日	153.00	13.21	13.73	14.67	23.76	11.07	13.01
材料	煤	kg	0.53	40.00	65.00	40.00	72.50	55.70	66.70
	铅板 5.0	kg	21.08	0.35					
	水泥	kg	0.39	163.366	128.973	208.936	13.992	35.151	25.387
	砂子	t	87.03	0.604	0.477	0.773	0.017	0.108	0.078
	水	m^3	7.62	0.125	0.099	0.160	0.007	0.024	0.018
	零星材料费	元		6.27	6.48	6.16	12.94	8.45	13.31
	水泥砂浆 1∶3	m^3		(0.380)	(0.300)	(0.486)			
	水泥砂浆 1∶2.5	m^3						(0.072)	(0.052)
	水泥砂浆 1∶1	m^3					(0.017)		

编号				10-131	10-132	10-133	10-134
项目				槛垫石、过门石、分心石 (m³)	月洞门元宝石(长)	门枕石(长)	
					100cm以内 (块)	80cm以内 (块)	80cm以外 (块)
预算基价	总价(元)			**1405.74**	**272.75**	**159.20**	**255.99**
	人工费(元)			1331.10	258.57	149.94	244.80
	材料费(元)			74.64	14.18	9.26	11.19
组成内容		**单位**	**单价**	**数量**			
人工	综合工 一类	工日	153.00	8.70	1.69	0.98	1.60
材料	煤	kg	0.53	13.00	4.80	5.70	8.40
	水泥	kg	0.39	85.982	8.598	1.953	2.441
	砂子	t	87.03	0.318	0.032	0.006	0.008
	水	m^3	7.62	0.066	0.007	0.001	0.002
	零星材料费	元		6.04	5.44	4.95	5.07
	水泥砂浆 1:3	m^3		(0.20)	(0.02)		
	水泥砂浆 1:2.5	m^3				(0.004)	(0.005)

单位：块

编号				10-135	10-136	10-137	10-138
项目				门鼓			
				圆鼓(长)		幞头鼓(长)	
				100cm以内	100cm以外	80cm以内	80cm以外
预算基价	总价(元)			**206.72**	**365.63**	**125.62**	**205.14**
	人工费(元)			189.72	347.31	110.16	189.72
	材料费(元)			17.00	18.32	15.46	15.42
组成内容		**单位**	**单价**	**数量**			
人工	综合工 一类	工日	153.00	1.24	2.27	0.72	1.24
材料	煤	kg	0.53	5.20	6.60	5.00	5.20
	水泥	kg	0.39	1.953	2.441	1.465	1.953
	砂子	t	87.03	0.006	0.008	0.005	0.006
	水	m^3	7.62	0.001	0.002	0.001	0.001
	零星材料费	元		12.95	13.16	11.80	11.37
	水泥砂浆 1:2.5	m^3		(0.004)	(0.005)	(0.003)	(0.004)

3.须弥座、栏板、望柱安装

单位：m^3

编号				10-139	10-140	10-141	10-142	10-143	10-144
项目				台基须弥座					
				无雕饰(高)			有雕饰(高)		
				100cm以内	150cm以内	150cm以外	100cm以内	150cm以内	150cm以外
预算基价	总价(元)			**2314.82**	**2090.87**	**1761.20**	**2502.12**	**2296.86**	**1968.86**
	人工费(元)			2164.95	1947.69	1646.28	2348.55	2148.12	1849.77
	材料费(元)			149.87	143.18	114.92	153.57	148.74	119.09
组成内容		**单位**	**单价**	**数量**					
人工	综合工 一类	工日	153.00	14.15	12.73	10.76	15.35	14.04	12.09
材料	白水泥	kg	0.64	3.00	3.00	3.00	3.00	3.00	3.00
	煤	kg	0.53	40.40	34.00	23.40	42.00	39.00	26.00
	铅板 5.0	kg	21.08	0.35	0.35	0.35	0.35	0.35	0.35
	水泥	kg	0.39	170.874	165.991	131.817	170.874	165.991	131.817
	砂子	t	87.03	0.526	0.511	0.406	0.526	0.511	0.406
	水	m^3	7.62	0.119	0.116	0.092	0.119	0.116	0.092
	零星材料费	元		5.83	5.77	5.78	8.69	8.68	8.57
	水泥砂浆 1∶2.5	m^3		(0.35)	(0.34)	(0.27)	(0.35)	(0.34)	(0.27)

编号				10-145	10-146	10-147	10-148
项目				独立须弥座 (m^3)	地伏 (m^3)	须弥座龙头(明长)	
						60cm以内 (个)	60cm以外 (个)
预算基价	总价(元)			**1973.65**	**2068.73**	**206.11**	**280.96**
	人工费(元)			1944.63	2016.54	188.19	247.86
	材料费(元)			29.02	52.19	17.92	33.10
组成内容		**单位**	**单价**	**数量**			
人工	综合工 一类	工日	153.00	12.71	13.18	1.23	1.62
材料	白水泥	kg	0.64		4.50	1.00	1.00
	煤	kg	0.53	30.00	37.00	7.50	9.34
	水泥	kg	0.39		60.080	28.538	28.538
	水	m^3	7.62		0.024	0.011	0.011
	零星材料费	元		13.12	6.09	2.09	16.30
	素水泥浆	m^3			(0.040)	(0.019)	(0.019)

编号				10-149	10-150	10-151	10-152	10-153	10-154
项目				须弥座四角龙头(明长)		栏板(高)			
				120cm以内 (个)	120cm以外 (个)	60cm以内 (块)	65cm以内 (块)	75cm以内 (块)	85cm以内 (块)
预算基价	总价(元)			**528.21**	**652.72**	**250.49**	**331.50**	**407.46**	**461.15**
	人工费(元)			462.06	576.81	232.56	312.12	385.56	434.52
	材料费(元)			66.15	75.91	17.93	19.38	21.90	26.63
组成内容		**单位**	**单价**	**数量**					
人工	综合工 一类	工日	153.00	3.02	3.77	1.52	2.04	2.52	2.84
材料	白水泥	kg	0.64	1.50	1.50	0.20	0.20	0.20	0.20
	煤	kg	0.53	12.86	15.94	6.10	8.00	9.00	10.00
	水泥	kg	0.39	96.128	103.638	3.004	3.004	3.004	3.004
	水	m^3	7.62	0.038	0.041	0.001	0.001	0.001	0.001
	零星材料费	元		20.59	25.77	13.39	13.83	15.82	20.02
	素水泥浆	m^3		(0.064)	(0.069)	(0.002)	(0.002)	(0.002)	(0.002)

编　号				10-155	10-156	10-157	10-158	10-159	10-160
项　目				抱鼓(高)			望柱(高)		
				55cm以内 (块)	65cm以内 (块)	85cm以内 (块)	100cm以内 (根)	120cm以内 (根)	150cm以内 (根)
预算基价	总　价(元)			**242.27**	**328.13**	**446.07**	**180.07**	**209.83**	**254.28**
	人　工　费(元)			227.97	309.06	422.28	166.77	192.78	232.56
	材　料　费(元)			14.30	19.07	23.79	13.30	17.05	21.72
组 成 内 容		**单位**	**单价**	**数　量**					
人工	综合工　一类	工日	153.00	1.49	2.02	2.76	1.09	1.26	1.52
材料	白水泥	kg	0.64	0.20	0.20	0.20	1.50	1.50	1.50
	煤	kg	0.53	6.10	7.80	8.50	5.00	6.70	9.50
	水泥	kg	0.39	3.004	3.004	3.004	1.502	1.502	1.502
	水	m^3	7.62	0.001	0.001	0.001			
	零星材料费	元		9.76	13.63	17.98	9.10	11.95	15.14
	素水泥浆	m^3		(0.002)	(0.002)	(0.002)	(0.001)	(0.001)	(0.001)

4.地面及其他石活安装

编号				10-161	10-162	10-163	10-164	10-165
项目				滚墩石(长)		木牌楼夹杆石镶杆石	甬路、海墁地面	
				120cm以内 (个)	150cm以内 (个)	(m^3)	13cm厚 (m^2)	每增厚2cm (m^2)
预算基价	总价(元)			**245.33**	**324.07**	**1880.27**	**189.33**	**24.48**
	人工费(元)			220.32	296.82	1690.65	171.36	24.48
	材料费(元)			25.01	27.25	189.62	17.97	
组成内容		单位	单价	数量				
人工	综合工 一类	工日	153.00	1.44	1.94	11.05	1.12	0.16
材料	煤	kg	0.53	7.50	10.00	5.00	0.70	
	铁件	kg	9.49			11.17		
	水泥	kg	0.39	6.008	9.012	122.053	24.411	
	水	m^3	7.62	0.002	0.004	0.085	0.017	
	砂子	t	87.03			0.376	0.075	
	零星材料费	元		18.68	18.40		1.42	
	水泥砂浆 1:2.5	m^3				(0.25)	(0.05)	
	素水泥浆	m^3		(0.004)	(0.006)			

编号				10-166	10-167	10-168	10-169
项目				牙子石(垂直厚)		沟嘴子(宽)	
				13cm以内 (m^2)	每增厚2cm (m^2)	40cm以内 (m)	50cm以内 (m)
预算基价	总价(元)			**224.33**	**24.48**	**172.82**	**206.15**
	人工费(元)			206.55	24.48	166.77	198.90
	材料费(元)			17.78		6.05	7.25
组成内容		**单位**	**单价**	**数量**			
人工	综合工 一类	工日	153.00	1.35	0.16	1.09	1.30
材料	煤	kg	0.53	1.00		3.60	4.08
	水泥	kg	0.39	24.411		1.953	2.441
	砂子	t	87.03	0.075		0.006	0.008
	水	m^3	7.62	0.017		0.001	0.002
	零星材料费	元		1.07		2.85	3.42
	水泥砂浆 1∶2.5	m^3		(0.050)		(0.004)	(0.005)

编号				10-170	10-171	10-172	10-173	10-174	10-175
项目				沟门、沟漏（块）	带水槽沟盖厚15cm以内（m²）	石角梁带兽头厚15cm以内（个）	凿铜眼下扒锔子（个）	凿银锭槽下铁银锭（个）	单磨光增加工料费（m²）
预算基价	总价(元)			**39.51**	**111.35**	**350.75**	**46.21**	**60.07**	**183.60**
	人工费(元)			33.66	93.33	332.01	42.84	48.96	183.60
	材料费(元)			5.85	18.02	18.74	3.37	11.11	
组成内容		**单位**	**单价**	**数量**					
人工	综合工 一类	工日	153.00	0.22	0.61	2.17	0.28	0.32	1.20
材料	煤	kg	0.53	1.00	1.50	3.60	1.20	1.20	
	铁件	kg	9.49				0.126	0.940	
	水泥	kg	0.39	0.488	24.411	0.488	0.488	0.488	
	砂子	t	87.03	0.002	0.075	0.002	0.002	0.002	
	水	m³	7.62		0.017				
	零星材料费	元		4.96	1.05	16.47	1.17	1.19	
	水泥砂浆 1:2.5	m³		(0.001)	(0.050)	(0.001)	(0.001)	(0.001)	

第十一章　木构架及木基层

说　明

一、本章包括木构件制作，木构件吊装，木基层、板类及其他部件制作与安装，垂花门及牌楼特殊构、部件4节，共658条基价子目。

二、各种柱制作、安装基价已综合考虑了其角柱的不同情况，执行时不做调整。棂星门柱执行擎檐柱、戗柱基价。牌楼明柱与边柱均执行牌楼柱基价，牌楼边柱及高拱柱均包括与其相连的通天斗。

三、下端带有垂头悬挑童柱，执行攒尖雷公柱、交金灯笼柱基价。

四、凡一端或两端榫头交在柱头卯口中的枋及随梁均执行大额枋、单额枋、桁檩枋基价；凡两端榫头均需插入柱身卯眼中的枋及随梁均执行小额枋、跨空枋、穿插枋基价。

五、递角梁、斜抱头梁与各架梁、抱头梁执行同一基价。

六、三至九架梁、月梁、单步梁、双步梁、三步梁、抱头梁均以普通梁头为准，设计要求挖翘拱者执行带麻叶头梁的基价。

七、采步金两端不论做成梁头或檩头，基价均不得调整。

八、扣金、插金仔角梁的翘头以贴做为准。

九、荷叶柁墩及在梁下柱头上单独使用承托梁的通雀替执行角云、捧梁云、麻叶假梁头基价。

十、桁檩垫板与燕尾枋连做者，应分别执行桁檩垫板和燕尾枋基价。

十一、建筑物（不包括牌楼）木构件吊装基价，均以单檐建筑使用人工或抱杆、卷扬机吊装为准；重檐、三层檐及多层檐建筑木构件吊装，按相应基价子目人工费、周转性材料费乘以系数1.10。

十二、翼角翘飞部分的望板、连檐制作、安装，按相应基价子目人工费、材料费乘以系数1.30；屋面同一坡面的望板（连檐）正身部分小于翼角翘飞部分的面积（长度）时，正身部分与翼角翘飞部分的工程量合并计算，其相应基价子目人工费、材料费乘以系数1.20；同一屋顶望板做法不同时应分别套用相应基价子目。

十三、挂檐板和挂落板，凡露明者执行挂檐板基价子目，其外装有砖挂落者执行挂落板基价子目。

十四、木楼板安装后净面磨平基价，只适用于其上无砖铺装直接油饰的做法。

十五、雀替以单翘为准，不包括三幅云拱、麻叶云拱，不带翘者工料不调，重翘者与第十二章“斗拱”第一节中丁头拱基价子目合并执行。三幅云拱、麻叶云拱另按相应基价子目执行，其规格与基价规定不相符时，按第十二章“斗拱”说明中规定的系数换算。

注：8cm厚等于8cm斗口。

十六、除另有注明者外，木构架制作、安装均不包括安铁件。设计要求加铁件者另按铁件制作、安装基价子目执行。

十七、牌楼高拱柱（包括通天斗）、云牌博缝板规格与基价规定不符时，按第十二章“斗拱”说明中规定的系数换算。

工 作 内 容

一、本章中凡未分制作与安装的项目除另有规定的外，均包括制作与安装。

二、木构件、木基层、板类及其他部件制作均包括排制分杖杆、样板、选配料、截料、刨光、画线制作及雕凿成型、弹安装线、标写安装号、试装等；圆形截面的构件还包括砍节子、剥刮树皮、砍圆；板类构、部件还包括企口拼缝、穿带、制作边缝压条。

三、木构件吊装项目包括垂直起重、翻身就位、修整榫卯、入位、栽销、安替木或丁头拱、校正绑戗、钉拉杆、挪移抱杆及总装完成后的拆戗、拆拉杆等。

四、木基层、板类及其他部件安装项目包括挂线、找规矩、找平、栽销、钉牢、钉边缝压条；山花板安装还包括挖桁檩窝；檐椽、飞椽安装包括齐头。

工程量计算规则

一、按体积计算工程量的各种构、部件均按长度乘以最大圆形或矩形截面积计算，其中攒尖雷公柱截面积按其外接圆的面积计算，扶脊木截面积按脊檩截面积计算。长度计算方法如下：

1.柱类按图示长度计算，即由柱顶石（或墩斗）上皮量至梁、平板枋或檩下皮，套顶下埋部分按实长计入，带通天斗的牌楼边柱柱高量至檩（桁）上皮，通天斗包括在内不另行计算。

2.枋、梁、角梁、承重等端头为半榫或银锭榫的量至柱中，透榫或箍头榫的量至榫头外端（无图示者按《营造算例》加榫规则计算），仔角梁套兽榫不计入，承重出挑部分量至挂檐（落）板外皮。

3.瓜柱、太平梁上雷公柱长度及柁墩高度按图示尺寸计算；攒尖雷公柱长度无图示者按其本身直径的7倍计算。

4.桁檩长度按梁架轴线至轴线间距计算，搭角出头部分应计算在内，悬山出挑、歇山收山者山面量至博缝板外皮，硬山建筑量至排山梁架外皮，硬山搁檩者量至山墙中心线。

5.由额垫板、桁檩垫板由柱中量至柱中。

6.楞木、沿边木长度按梁架轴线至轴线间距计算，挑出部分量至挂檐（落）板外皮。

7.踏脚木长度按外皮尺寸计算，两端量至角梁中线。

二、按长度计算工程量的构、部件，长度计量方法如下：

1.直椽按檩中至檩中斜长计算，檐椽出挑量至端头外皮，后尾与承椽枋相交者量至枋中线，翼角椽单根长度按其正身檐椽单根长度计算。

2.大连檐：硬、悬山建筑两端量至博缝外皮，带角梁的建筑按仔角梁端头中点连线分段计算。

3.闸挡板、小连檐：硬山建筑两端量至排山梁架中线，悬山建筑量至博缝外皮，带角梁的建筑按老角梁端头中点连线分段计算；闸挡板不扣除椽子所占长度。

4.椽椀、隔椽板、机枋条长度计算方法与檩长计算方法相同。

三、按面积计算工程量的构、部件计算方法如下：

1.博脊板、棋枋板、镶嵌柁档板、挂檐板、挂落板、牌楼云龙花板、山花板、镶嵌象眼山花板按垂直投影面积计算，其中山花板、镶嵌象眼山花板不扣除檩窝所占面积。

2.滴珠板以长度乘以凸尖处竖直宽度计算面积。

3.木楼板按木构架轴线间面积计算，应扣除楼梯井所占面积，不扣除柱所占面积，挑台部分量至挂檐（落）板外皮。

四、望板按屋面不同几何形状的斜面积计算，飞椽、翘飞椽椽尾重叠部分应计算在内，不扣除连檐、扶脊木、角梁所占面积，屋角冲出部分亦不增加，同一屋顶望板做法不同时应分别计量。

五、翘飞椽制作、安装以每一檐角算一攒。

六、铁件制作、安装工程量按质量计算，铁钉、倒刺钉、螺栓的质量不计算在内。

一、木构件制作

1.柱　类

单位：m^3

编号				11-1	11-2	11-3	11-4	11-5	11-6
项目				檐柱、单檐金柱(柱径)				重檐金柱、通柱、牌楼柱(柱径)	
				20cm以下	25cm以下	30cm以下	30cm以上	25cm以下	30cm以下
预算基价	总价(元)			**7695.38**	**6985.46**	**6108.77**	**5530.43**	**7602.05**	**6518.81**
	人工费(元)			4199.85	3489.93	2613.24	2034.90	4106.52	3023.28
	材料费(元)			3495.53	3495.53	3495.53	3495.53	3495.53	3495.53
组成内容		**单位**	**单价**	**数量**					
人工	综合工 一类	工日	153.00	27.45	22.81	17.08	13.30	26.84	19.76
材料	红白松原木 一类	m^3	2837.00	1.210	1.210	1.210	1.210	1.210	1.210
	样板料（综合）	m^3	3810.00	0.011	0.011	0.011	0.011	0.011	0.011
	零星材料费	元		20.85	20.85	20.85	20.85	20.85	20.85

单位：m^3

编号				11-7	11-8	11-9	11-10	11-11	11-12
项目				重檐金柱、通柱、牌楼柱(柱径)		中柱、山柱(柱径)			
				40cm以下	40cm以上	25cm以下	30cm以下	40cm以下	40cm以上
预算基价	总价(元)			**5642.12**	**5287.16**	**6612.14**	**6202.10**	**5605.40**	**5100.50**
	人工费(元)			2146.59	1791.63	3116.61	2706.57	2109.87	1604.97
	材料费(元)			3495.53	3495.53	3495.53	3495.53	3495.53	3495.53
组成内容		**单位**	**单价**	**数量**					
人工	综合工 一类	工日	153.00	14.03	11.71	20.37	17.69	13.79	10.49
材料	红白松原木 一类	m^3	2837.00	1.210	1.210	1.210	1.210	1.210	1.210
	样板料（综合）	m^3	3810.00	0.011	0.011	0.011	0.011	0.011	0.011
	零星材料费	元		20.85	20.85	20.85	20.85	20.85	20.85

单位：m^3

编号				11-13	11-14	11-15	11-16
项目				童柱(柱径)			
				20cm以下	30cm以下	40cm以下	40cm以上
预算基价	总价(元)			**7192.01**	**6407.12**	**5792.06**	**5250.44**
	人工费(元)			3696.48	2911.59	2296.53	1754.91
	材料费(元)			3495.53	3495.53	3495.53	3495.53
组成内容		**单位**	**单价**	**数量**			
人工	综合工 一类	工日	153.00	24.16	19.03	15.01	11.47
材料	红白松原木 一类	m^3	2837.00	1.210	1.210	1.210	1.210
	样板料（综合）	m^3	3810.00	0.011	0.011	0.011	0.011
	零星材料费	元		20.85	20.85	20.85	20.85

单位：m^3

编号				11-17	11-18	11-19	11-20
项目				圆擎檐柱、牌楼戗柱(柱径)			
				20cm以下	25cm以下	30cm以下	30cm以上
预算基价	总价(元)			**6518.81**	**5437.10**	**4913.84**	**4597.13**
	人工费(元)			3023.28	1941.57	1418.31	1101.60
	材料费(元)			3495.53	3495.53	3495.53	3495.53
组成内容		**单位**	**单价**	**数量**			
人工	综合工 一类	工日	153.00	19.76	12.69	9.27	7.20
材料	红白松原木 一类	m^3	2837.00	1.210	1.210	1.210	1.210
	样板料（综合）	m^3	3810.00	0.011	0.011	0.011	0.011
	零星材料费	元		20.85	20.85	20.85	20.85

单位：m^3

编号				11-21	11-22	11-23	11-24
项目				梅花柱、风廊柱(柱径)			
				20cm以下	25cm以下	30cm以下	30cm以上
预算基价	总价(元)			**7403.37**	**6470.07**	**6003.42**	**5760.15**
	人工费(元)			2576.52	1643.22	1176.57	933.30
	材料费(元)			4826.85	4826.85	4826.85	4826.85
组成内容		**单位**	**单价**	**数量**			
人工	综合工 一类	工日	153.00	16.84	10.74	7.69	6.10
材料	红白松锯材 一类	m^3	4069.17	1.17	1.17	1.17	1.17
	样板料（综合）	m^3	3810.00	0.011	0.011	0.011	0.011
	零星材料费	元		24.01	24.01	24.01	24.01

单位：m^3

编号				11-25	11-26	11-27	11-28
项目				方擎檐柱、抱柱(柱径)			
				20cm以下	25cm以下	30cm以下	30cm以上
预算基价	总价(元)			**6506.79**	**5796.87**	**5610.21**	**5443.44**
	人工费(元)			1679.94	970.02	783.36	616.59
	材料费(元)			4826.85	4826.85	4826.85	4826.85
组成内容		**单位**	**单价**	**数量**			
人工	综合工 一类	工日	153.00	10.98	6.34	5.12	4.03
材料	红白松锯材 一类	m^3	4069.17	1.17	1.17	1.17	1.17
	样板料（综合）	m^3	3810.00	0.011	0.011	0.011	0.011
	零星材料费	元		24.01	24.01	24.01	24.01

2.枋　　类

单位：m^3

编号				11-29	11-30	11-31	11-32
项目				普通大额枋、单额枋、桁檩枋（枋高）			
				20cm以下	25cm以下	30cm以下	30cm以上
预算基价	总价（元）			**6291.33**	**5619.66**	**5358.03**	**5171.37**
	人工费（元）			1791.63	1119.96	858.33	671.67
	材料费（元）			4499.70	4499.70	4499.70	4499.70
组成内容		**单位**	**单价**	**数量**			
人工	综合工 一类	工日	153.00	11.71	7.32	5.61	4.39
材料	红白松锯材 一类	m^3	4069.17	1.090	1.090	1.090	1.090
	样板料（综合）	m^3	3810.00	0.011	0.011	0.011	0.011
	零星材料费	元		22.39	22.39	22.39	22.39

单位：m³

编号				11-33	11-34	11-35	11-36
项目				一端带三岔头箍头的大额枋、单额枋(枋高)			
				20cm以下	25cm以下	30cm以下	30cm以上
预算基价	总价(元)			**7001.25**	**6051.12**	**5836.92**	**5339.67**
	人工费(元)			2501.55	1551.42	1337.22	839.97
	材料费(元)			4499.70	4499.70	4499.70	4499.70
组成内容		**单位**	**单价**	**数量**			
人工	综合工 一类	工日	153.00	16.35	10.14	8.74	5.49
材料	红白松锯材 一类	m^3	4069.17	1.090	1.090	1.090	1.090
	样板料（综合）	m^3	3810.00	0.011	0.011	0.011	0.011
	零星材料费	元		22.39	22.39	22.39	22.39

单位：m^3

编号				11-37	11-38	11-39	11-40
项目				两端带三岔头箍头的大额枋、单额枋(枋高)			
				20cm以下	25cm以下	30cm以下	30cm以上
预算基价	总价(元)			**7691.28**	**6516.24**	**5843.04**	**5601.30**
	人工费(元)			3191.58	2016.54	1343.34	1101.60
	材料费(元)			4499.70	4499.70	4499.70	4499.70
组成内容		**单位**	**单价**	**数量**			
人工	综合工 一类	工日	153.00	20.86	13.18	8.78	7.20
材料	红白松锯材 一类	m^3	4069.17	1.090	1.090	1.090	1.090
	样板料（综合）	m^3	3810.00	0.011	0.011	0.011	0.011
	零星材料费	元		22.39	22.39	22.39	22.39

单位：m³

编号				11-41	11-42	11-43	11-44
项目				一端带霸王拳箍头的大额枋、单额枋(枋高)		两端带霸王拳箍头的大额枋、单额枋(枋高)	
				40cm以下	40cm以上	30cm以下	30cm以上
预算基价	总价(元)			**5582.94**	**5302.95**	**5881.29**	**5582.94**
	人工费(元)			1083.24	803.25	1381.59	1083.24
	材料费(元)			4499.70	4499.70	4499.70	4499.70
组成内容		**单位**	**单价**	**数量**			
人工	综合工 一类	工日	153.00	7.08	5.25	9.03	7.08
材料	红白松锯材 一类	m³	4069.17	1.090	1.090	1.090	1.090
	样板料（综合）	m³	3810.00	0.011	0.011	0.011	0.011
	零星材料费	元		22.39	22.39	22.39	22.39

单位：m^3

编号				11-45	11-46	11-47	11-48
项目				普通小额枋、跨空枋、棋枋、博脊枋、穿插枋、间枋、天花枋（枋高）			
				20cm以下	30cm以下	40cm以下	40cm以上
预算基价	总价(元)			**6683.01**	**5843.04**	**5507.97**	**5264.70**
	人工费(元)			2183.31	1343.34	1008.27	765.00
	材料费(元)			4499.70	4499.70	4499.70	4499.70
组成内容		**单位**	**单价**	**数量**			
人工	综合工 一类	工日	153.00	14.27	8.78	6.59	5.00
材料	红白松锯材 一类	m^3	4069.17	1.090	1.090	1.090	1.090
	样板料（综合）	m^3	3810.00	0.011	0.011	0.011	0.011
	零星材料费	元		22.39	22.39	22.39	22.39

单位：m^3

编号				11-49	11-50	11-51
项目				带麻叶头的小额枋、穿插枋（枋高）		
				20cm以下	30cm以下	30cm以上
预算基价	总价（元）			**7654.56**	**6477.99**	**6011.34**
	人工费（元）			3154.86	1978.29	1511.64
	材料费（元）			4499.70	4499.70	4499.70
组成内容		**单位**	**单价**	**数量**		
人工	综合工 一类	工日	153.00	20.62	12.93	9.88
材料	红白松锯材 一类	m^3	4069.17	1.090	1.090	1.090
	样板料（综合）	m^3	3810.00	0.011	0.011	0.011
	零星材料费	元		22.39	22.39	22.39

单位：m^3

编号				11-52	11-53	11-54	11-55	11-56	11-57
项目				承椽枋(枋高)			平板枋(枋高)		
				30cm以下	40cm以下	40cm以上	10cm以下	15cm以下	15cm以上
预算基价	总价(元)			**6477.99**	**6067.95**	**5676.27**	**7486.26**	**6366.30**	**5843.04**
	人工费(元)			1978.29	1568.25	1176.57	2986.56	1866.60	1343.34
	材料费(元)			4499.70	4499.70	4499.70	4499.70	4499.70	4499.70
组成内容		**单位**	**单价**	**数量**					
人工	综合工 一类	工日	153.00	12.93	10.25	7.69	19.52	12.20	8.78
材料	红白松锯材 一类	m^3	4069.17	1.090	1.090	1.090	1.090	1.090	1.090
	样板料（综合）	m^3	3810.00	0.011	0.011	0.011	0.011	0.011	0.011
	零星材料费	元		22.39	22.39	22.39	22.39	22.39	22.39

3.梁　　类

单位：m^3

编号				11-58	11-59	11-60	11-61	11-62	11-63
项目				带桃尖头的梁(梁宽)				桃尖假梁头(梁宽)	
				25cm以下	30cm以下	40cm以下	40cm以上	25cm以下	30cm以下
预算基价	总价(元)			**7504.62**	**7112.94**	**6309.69**	**5862.93**	**9175.43**	**7737.23**
	人工费(元)			3004.92	2613.24	1809.99	1363.23	4629.78	3191.58
	材料费(元)			4499.70	4499.70	4499.70	4499.70	4545.65	4545.65
组成内容		**单位**	**单价**	**数量**					
人工	综合工 一类	工日	153.00	19.64	17.08	11.83	8.91	30.26	20.86
材料	红白松锯材 一类	m^3	4069.17	1.090	1.090	1.090	1.090	1.090	1.090
	样板料（综合）	m^3	3810.00	0.011	0.011	0.011	0.011	0.023	0.023
	零星材料费	元		22.39	22.39	22.39	22.39	22.62	22.62

单位：m^3

编号				11-64	11-65	11-66	11-67	11-68
项目				桃尖假梁头（梁宽）		一端带麻叶头的梁（梁宽）		
				40cm以下	40cm以上	25cm以下	30cm以下	30cm以上
预算基价	总价（元）			**7140.53**	**6412.25**	**8038.59**	**7146.60**	**6626.40**
	人工费（元）			2594.88	1866.60	3538.89	2646.90	2126.70
	材料费（元）			4545.65	4545.65	4499.70	4499.70	4499.70
组成内容		**单位**	**单价**	**数量**				
人工	综合工 一类	工日	153.00	16.96	12.20	23.13	17.30	13.90
材料	红白松锯材 一类	m^3	4069.17	1.090	1.090	1.090	1.090	1.090
	样板料（综合）	m^3	3810.00	0.023	0.023	0.011	0.011	0.011
	零星材料费	元		22.62	22.62	22.39	22.39	22.39

单位：m^3

编号				11-69	11-70	11-71	11-72	11-73	11-74
项目				两端带麻叶头的梁(梁宽)			角云、捧梁云、麻叶假梁头(宽)		
				25cm以下	30cm以下	30cm以上	25cm以下	30cm以下	30cm以上
预算基价	总价(元)			**7597.95**	**7082.34**	**6546.84**	**10991.54**	**9461.54**	**8217.65**
	人工费(元)			3098.25	2582.64	2047.14	6445.89	4915.89	3672.00
	材料费(元)			4499.70	4499.70	4499.70	4545.65	4545.65	4545.65
组成内容		单位	单价	数量					
人工	综合工 一类	工日	153.00	20.25	16.88	13.38	42.13	32.13	24.00
材料	红白松锯材 一类	m^3	4069.17	1.090	1.090	1.090	1.090	1.090	1.090
	样板料（综合）	m^3	3810.00	0.011	0.011	0.011	0.023	0.023	0.023
	零星材料费	元		22.39	22.39	22.39	22.62	22.62	22.62

单位：m^3

编号				11-75	11-76	11-77	11-78	11-79	11-80	11-81
项目				九架梁（梁宽）		七架梁、卷棚八架梁（梁宽）		五架梁、卷棚六架梁（梁宽）		
				50cm以下	50cm以上	40cm以下	40cm以上	30cm以下	40cm以下	40cm以上
预算基价	总价(元)			**4929.63**	**4836.30**	**5134.65**	**4984.71**	**5507.97**	**5283.06**	**5096.40**
	人工费(元)			429.93	336.60	634.95	485.01	1008.27	783.36	596.70
	材料费(元)			4499.70	4499.70	4499.70	4499.70	4499.70	4499.70	4499.70
组成内容		**单位**	**单价**	**数量**						
人工	综合工 一类	工日	153.00	2.81	2.20	4.15	3.17	6.59	5.12	3.90
材料	红白松锯材 一类	m^3	4069.17	1.090	1.090	1.090	1.090	1.090	1.090	1.090
	样板料（综合）	m^3	3810.00	0.011	0.011	0.011	0.011	0.011	0.011	0.011
	零星材料费	元		22.39	22.39	22.39	22.39	22.39	22.39	22.39

单位：m^3

编号				11-82	11-83	11-84	11-85	11-86	11-87
项目				卷棚四架梁（梁宽）			三架梁（梁宽）		
				25cm以下	30cm以下	30cm以上	25cm以下	30cm以下	30cm以上
预算基价	总价（元）			**6589.68**	**5749.71**	**5469.72**	**6347.94**	**5862.93**	**5582.94**
	人工费（元）			2089.98	1250.01	970.02	1848.24	1363.23	1083.24
	材料费（元）			4499.70	4499.70	4499.70	4499.70	4499.70	4499.70
组成内容		**单位**	**单价**	**数量**					
人工	综合工 一类	工日	153.00	13.66	8.17	6.34	12.08	8.91	7.08
材料	红白松锯材 一类	m^3	4069.17	1.090	1.090	1.090	1.090	1.090	1.090
	样板料（综合）	m^3	3810.00	0.011	0.011	0.011	0.011	0.011	0.011
	零星材料费	元		22.39	22.39	22.39	22.39	22.39	22.39

单位：m^3

编号				11-88	11-89	11-90	11-91	11-92	11-93
项目				月梁(梁宽)			三步梁(梁宽)		
				20cm以下	25cm以下	25cm以上	35cm以下	40cm以下	40cm以上
预算基价	总价(元)			**8232.90**	**7056.33**	**6403.02**	**5358.03**	**5209.62**	**5096.40**
	人工费(元)			3733.20	2556.63	1903.32	858.33	709.92	596.70
	材料费(元)			4499.70	4499.70	4499.70	4499.70	4499.70	4499.70
组成内容		**单位**	**单价**	**数量**					
人工	综合工 一类	工日	153.00	24.40	16.71	12.44	5.61	4.64	3.90
材料	红白松锯材 一类	m^3	4069.17	1.090	1.090	1.090	1.090	1.090	1.090
	样板料（综合）	m^3	3810.00	0.011	0.011	0.011	0.011	0.011	0.011
	零星材料费	元		22.39	22.39	22.39	22.39	22.39	22.39

单位：m^3

编号				11-94	11-95	11-96	11-97
项目				双步梁（梁宽）			
				25cm以下	30cm以下	40cm以下	40cm以上
预算基价	总价（元）			**5899.65**	**5712.99**	**5451.36**	**5227.98**
	人工费（元）			1399.95	1213.29	951.66	728.28
	材料费（元）			4499.70	4499.70	4499.70	4499.70
组成内容		**单位**	**单价**	**数量**			
人工	综合工 一类	工日	153.00	9.15	7.93	6.22	4.76
材料	红白松锯材 一类	m^3	4069.17	1.090	1.090	1.090	1.090
	样板料（综合）	m^3	3810.00	0.011	0.011	0.011	0.011
	零星材料费	元		22.39	22.39	22.39	22.39

单位：m³

编号				11-98	11-99	11-100	11-101
项目				单步梁、抱头梁、斜抱头梁（梁宽）			
				25cm以下	30cm以下	40cm以下	40cm以上
预算基价	总价（元）			**6664.65**	**6104.67**	**5769.60**	**5451.36**
	人工费（元）			2164.95	1604.97	1269.90	951.66
	材料费（元）			4499.70	4499.70	4499.70	4499.70
组成内容		**单位**	**单价**	**数量**			
人工	综合工 一类	工日	153.00	14.15	10.49	8.30	6.22
材料	红白松锯材 一类	m³	4069.17	1.090	1.090	1.090	1.090
	样板料（综合）	m³	3810.00	0.011	0.011	0.011	0.011
	零星材料费	元		22.39	22.39	22.39	22.39

单位：m³

编号				11-102	11-103	11-104	11-105
项目				抱头假梁头(梁宽)			
				25cm以下	30cm以下	40cm以下	40cm以上
预算基价	总价(元)			**7056.33**	**6477.99**	**6086.31**	**5694.63**
	人工费(元)			2556.63	1978.29	1586.61	1194.93
	材料费(元)			4499.70	4499.70	4499.70	4499.70
组成内容		**单位**	**单价**	**数量**			
人工	综合工 一类	工日	153.00	16.71	12.93	10.37	7.81
材料	红白松锯材 一类	m^3	4069.17	1.090	1.090	1.090	1.090
	样板料（综合）	m^3	3810.00	0.011	0.011	0.011	0.011
	零星材料费	元		22.39	22.39	22.39	22.39

单位：m^3

编号				11-106	11-107	11-108	11-109
项目				采步金(宽)			
				25cm以下	30cm以下	40cm以下	40cm以上
预算基价	总价(元)			**6739.62**	**6123.03**	**5769.60**	**5469.72**
	人工费(元)			2239.92	1623.33	1269.90	970.02
	材料费(元)			4499.70	4499.70	4499.70	4499.70
组成内容		**单位**	**单价**	**数量**			
人工	综合工 一类	工日	153.00	14.64	10.61	8.30	6.34
材料	红白松锯材 一类	m^3	4069.17	1.090	1.090	1.090	1.090
	样板料（综合）	m^3	3810.00	0.011	0.011	0.011	0.011
	零星材料费	元		22.39	22.39	22.39	22.39

单位：m^3

编号				11-110	11-111	11-112	11-113
项目				扒梁、抹角梁、太平梁（梁宽）			
				25cm以下	30cm以下	40cm以下	40cm以上
预算基价	总价（元）			**5656.38**	**5339.67**	**5171.37**	**5003.07**
	人工费（元）			1156.68	839.97	671.67	503.37
	材料费（元）			4499.70	4499.70	4499.70	4499.70
组成内容		**单位**	**单价**	**数量**			
人工	综合工 一类	工日	153.00	7.56	5.49	4.39	3.29
材料	红白松锯材 一类	m^3	4069.17	1.090	1.090	1.090	1.090
	样板料（综合）	m^3	3810.00	0.011	0.011	0.011	0.011
	零星材料费	元		22.39	22.39	22.39	22.39

4.瓜柱、柁墩、角背、雷公柱

单位：m^3

编号				11-114	11-115	11-116	11-117
项目				金瓜柱(不带角背口) (柱径)			
				20cm以下	25cm以下	30cm以下	30cm以上
预算基价	总价(元)			**11517.59**	**8811.02**	**7542.65**	**6851.09**
	人工费(元)			6644.79	3938.22	2669.85	1978.29
	材料费(元)			4872.80	4872.80	4872.80	4872.80
组成内容		**单位**	**单价**	**数量**			
人工	综合工 一类	工日	153.00	43.43	25.74	17.45	12.93
材料	红白松锯材 一类	m^3	4069.17	1.17	1.17	1.17	1.17
	样板料（综合）	m^3	3810.00	0.023	0.023	0.023	0.023
	零星材料费	元		24.24	24.24	24.24	24.24

单位：m^3

编号				11-118	11-119	11-120	11-121
项目				金瓜柱(带角背口)(柱径)			
				20cm以下	25cm以下	30cm以下	30cm以上
预算基价	总价(元)			**13495.88**	**10249.22**	**8344.37**	**7449.32**
	人工费(元)			8623.08	5376.42	3471.57	2576.52
	材料费(元)			4872.80	4872.80	4872.80	4872.80
组成内容		**单位**	**单价**	**数量**			
人工	综合工 一类	工日	153.00	56.36	35.14	22.69	16.84
材料	红白松锯材 一类	m^3	4069.17	1.17	1.17	1.17	1.17
	样板料（综合）	m^3	3810.00	0.023	0.023	0.023	0.023
	零星材料费	元		24.24	24.24	24.24	24.24

单位：m^3

编号				11-122	11-123	11-124	11-125
项目				脊瓜柱(不带角背口) (柱径)			
				20cm以下	25cm以下	30cm以下	30cm以上
预算基价	总价(元)			**10957.61**	**8326.01**	**7224.41**	**6646.07**
	人工费(元)			6084.81	3453.21	2351.61	1773.27
	材料费(元)			4872.80	4872.80	4872.80	4872.80
组成内容		**单位**	**单价**	**数量**			
人工	综合工 一类	工日	153.00	39.77	22.57	15.37	11.59
材料	红白松锯材 一类	m^3	4069.17	1.17	1.17	1.17	1.17
	样板料（综合）	m^3	3810.00	0.023	0.023	0.023	0.023
	零星材料费	元		24.24	24.24	24.24	24.24

单位：m^3

编号					11-126	11-127	11-128	11-129
项目					脊瓜柱(带角背口)(柱径)			
					20cm以下	25cm以下	30cm以下	30cm以上
预算基价	总价(元)				**12787.49**	**9371.00**	**7934.33**	**7169.33**
	人工费(元)				7914.69	4498.20	3061.53	2296.53
	材料费(元)				4872.80	4872.80	4872.80	4872.80
组成内容			单位	单价	数量			
人工	综合工 一类		工日	153.00	51.73	29.40	20.01	15.01
材料	红白松锯材 一类		m^3	4069.17	1.17	1.17	1.17	1.17
	样板料（综合）		m^3	3810.00	0.023	0.023	0.023	0.023
	零星材料费		元		24.24	24.24	24.24	24.24

单位：m^3

编号				11-130	11-131	11-132	11-133
项目				交金瓜柱(柱径)			
				20cm以下	25cm以下	30cm以下	30cm以上
预算基价	总价(元)			**16482.44**	**11649.17**	**9482.69**	**8307.65**
	人工费(元)			11609.64	6776.37	4609.89	3434.85
	材料费(元)			4872.80	4872.80	4872.80	4872.80
组成内容		**单位**	**单价**	**数量**			
人工	综合工 一类	工日	153.00	75.88	44.29	30.13	22.45
材料	红白松锯材 一类	m^3	4069.17	1.17	1.17	1.17	1.17
	样板料（综合）	m^3	3810.00	0.023	0.023	0.023	0.023
	零星材料费	元		24.24	24.24	24.24	24.24

单位：m^3

编号				11-134	11-135	11-136	11-137
项目				太平梁上雷公柱(柱径)			
				20cm以下	25cm以下	30cm以下	30cm以上
预算基价	总价(元)			**12594.53**	**8693.03**	**7051.34**	**6154.76**
	人工费(元)			9053.01	5151.51	3509.82	2613.24
	材料费(元)			3541.52	3541.52	3541.52	3541.52
组成内容		**单位**	**单价**	**数量**			
人工	综合工 一类	工日	153.00	59.17	33.67	22.94	17.08
材料	红白松原木 一类	m^3	2837.00	1.210	1.210	1.210	1.210
	样板料（综合）	m^3	3810.00	0.023	0.023	0.023	0.023
	零星材料费	元		21.12	21.12	21.12	21.12

单位：m^3

编号				11-138	11-139	11-140	11-141	11-142	11-143
项目				带风摆柳垂头的攒尖雷公柱、交金灯笼柱(柱径)			带莲瓣芙蓉垂头的攒尖雷公柱、交金灯笼柱(柱径)		
				25cm以下	30cm以下	30cm以上	25cm以下	30cm以下	30cm以上
预算基价	总价(元)			**15688.19**	**14237.75**	**12109.52**	**22351.34**	**17336.00**	**14571.29**
	人工费(元)			12146.67	10696.23	8568.00	18809.82	13794.48	11029.77
	材料费(元)			3541.52	3541.52	3541.52	3541.52	3541.52	3541.52
组成内容		**单位**	**单价**	**数量**					
人工	综合工 一类	工日	153.00	79.39	69.91	56.00	122.94	90.16	72.09
材料	红白松原木 一类	m^3	2837.00	1.210	1.210	1.210	1.210	1.210	1.210
	样板料（综合）	m^3	3810.00	0.023	0.023	0.023	0.023	0.023	0.023
	零星材料费	元		21.12	21.12	21.12	21.12	21.12	21.12

单位：m^3

编号				11-144	11-145	11-146	11-147	11-148	11-149
项目				柁墩(长度)			交金墩(长度)		
				40cm以下	50cm以下	50cm以上	40cm以下	50cm以下	50cm以上
预算基价	总价(元)			**10576.59**	**8111.76**	**6991.80**	**13449.93**	**9791.70**	**8093.40**
	人工费(元)			5749.74	3284.91	2164.95	8623.08	4964.85	3266.55
	材料费(元)			4826.85	4826.85	4826.85	4826.85	4826.85	4826.85
组成内容		**单位**	**单价**	**数量**					
人工	综合工 一类	工日	153.00	37.58	21.47	14.15	56.36	32.45	21.35
材料	红白松锯材 一类	m^3	4069.17	1.17	1.17	1.17	1.17	1.17	1.17
	样板料（综合）	m^3	3810.00	0.011	0.011	0.011	0.011	0.011	0.011
	零星材料费	元		24.01	24.01	24.01	24.01	24.01	24.01

单位：m³

编号				11-150	11-151	11-152	11-153	11-154	11-155
项目				角背（厚）		荷叶角背（厚）		童柱下墩斗（包括铁箍）（见方）	
				15cm以下	15cm以上	15cm以下	15cm以上	40cm以下	40cm以上
预算基价	总价（元）			**12951.37**	**9554.77**	**32995.99**	**21395.53**	**9910.40**	**8542.47**
	人工费（元）			8119.71	4723.11	28118.34	16517.88	3733.20	2613.24
	材料费（元）			4831.66	4831.66	4877.65	4877.65	6177.20	5929.23
组成内容		**单位**	**单价**	**数量**					
人工	综合工 一类	工日	153.00	53.07	30.87	183.78	107.96	24.40	17.08
材料	红白松锯材 一类	m³	4069.17	1.17	1.17	1.17	1.17	1.17	1.17
	样板料（综合）	m³	3810.00	0.011	0.011	0.023	0.023		
	铁件	kg	9.49					146.00	120.00
	零星材料费	元		28.82	28.82	29.09	29.09	30.73	29.50

5. 桁檩、角梁、由戗

单位：m^3

编号				11-156	11-157	11-158	11-159
项目				圆檩（径）			
				20cm以下	25cm以下	30cm以下	30cm以上
预算基价	总价(元)			**6818.69**	**5678.84**	**5100.50**	**4765.43**
	人工费(元)			3323.16	2183.31	1604.97	1269.90
	材料费(元)			3495.53	3495.53	3495.53	3495.53
组成内容		**单位**	**单价**	**数量**			
人工	综合工 一类	工日	153.00	21.72	14.27	10.49	8.30
材料	红白松原木 一类	m^3	2837.00	1.210	1.210	1.210	1.210
	样板料（综合）	m^3	3810.00	0.011	0.011	0.011	0.011
	零星材料费	元		20.85	20.85	20.85	20.85

单位：m^3

编号				11-160	11-161	11-162	11-163
项目				一端带搭交檩头的圆檩(径)			
				20cm以下	25cm以下	30cm以下	30cm以上
预算基价	总价(元)			**7210.37**	**5885.39**	**5250.44**	**4877.12**
	人工费(元)			3714.84	2389.86	1754.91	1381.59
	材料费(元)			3495.53	3495.53	3495.53	3495.53
组成内容		**单位**	**单价**	**数量**			
人工	综合工 一类	工日	153.00	24.28	15.62	11.47	9.03
材料	红白松原木 一类	m^3	2837.00	1.210	1.210	1.210	1.210
	样板料（综合）	m^3	3810.00	0.011	0.011	0.011	0.011
	零星材料费	元		20.85	20.85	20.85	20.85

单位：m^3

编号				11-164	11-165	11-166	11-167
项目				两端带搭交檩头的圆檩(径)			
				20cm以下	25cm以下	30cm以下	30cm以上
预算基价	总价(元)			**7583.69**	**6072.05**	**5380.49**	**4952.09**
	人工费(元)			4088.16	2576.52	1884.96	1456.56
	材料费(元)			3495.53	3495.53	3495.53	3495.53
组成内容		**单位**	**单价**	**数量**			
人工	综合工 一类	工日	153.00	26.72	16.84	12.32	9.52
材料	红白松原木 一类	m^3	2837.00	1.210	1.210	1.210	1.210
	样板料（综合）	m^3	3810.00	0.011	0.011	0.011	0.011
	零星材料费	元		20.85	20.85	20.85	20.85

单位：m^3

编　号				11-168	11-169	11-170	11-171	11-172	11-173
项　目				扶脊木(径)			老角梁(宽)		
				25cm以下	30cm以下	30cm以上	15cm以下	20cm以下	20cm以上
预算基价	总　价(元)			**9300.35**	**7042.07**	**6295.43**	**7980.50**	**6487.22**	**6132.26**
	人　工　费(元)			5804.82	3546.54	2799.90	3434.85	1941.57	1586.61
	材　料　费(元)			3495.53	3495.53	3495.53	4545.65	4545.65	4545.65
组成内容		**单位**	**单价**	**数　量**					
人工	综合工　一类	工日	153.00	37.94	23.18	18.30	22.45	12.69	10.37
材料	红白松原木　一类	m^3	2837.00	1.210	1.210	1.210			
	样板料（综合）	m^3	3810.00	0.011	0.011	0.011	0.023	0.023	0.023
	红白松锯材　一类	m^3	4069.17				1.090	1.090	1.090
	零星材料费	元		20.85	20.85	20.85	22.62	22.62	22.62

单位：m^3

编号				11-174	11-175	11-176
项目				扣金、插金仔角梁(宽)		
				15cm以下	20cm以下	20cm以上
预算基价	总价(元)			**7824.59**	**6424.64**	**6088.04**
	人工费(元)			3266.55	1866.60	1530.00
	材料费(元)			4558.04	4558.04	4558.04
组成内容		**单位**	**单价**	**数量**		
人工	综合工 一类	工日	153.00	21.35	12.20	10.00
材料	红白松锯材 一类	m^3	4069.17	1.090	1.090	1.090
	样板料（综合）	m^3	3810.00	0.023	0.023	0.023
	乳胶	kg	8.22	1.50	1.50	1.50
	零星材料费	元		22.68	22.68	22.68

单位：根

编号				11-177	11-178	11-179	11-180	11-181	11-182	11-183
项目				压金仔角梁(刀把角梁)（宽）						
				12cm以下	15cm以下	18cm以下	21cm以下	24cm以下	27cm以下	30cm以下
预算基价	总价(元)			**331.39**	**559.06**	**873.89**	**1296.02**	**1838.15**	**2519.99**	**3356.32**
	人工费(元)			151.47	211.14	278.46	353.43	436.05	529.38	630.36
	材料费(元)			179.92	347.92	595.43	942.59	1402.10	1990.61	2725.96
组成内容		**单位**	**单价**	**数量**						
人工	综合工 一类	工日	153.00	0.99	1.38	1.82	2.31	2.85	3.46	4.12
材料	红白松锯材 一类	m^3	4069.17	0.0410	0.0802	0.1385	0.2200	0.3283	0.4675	0.6413
	样板料（综合）	m^3	3810.00	0.0015	0.0029	0.0048	0.0078	0.0115	0.0163	0.0224
	乳胶	kg	8.22	0.30	0.45	0.65	0.90	1.20	1.50	1.80
	零星材料费	元		4.90	6.82	8.22	10.26	12.51	13.84	16.26

单位：根

编号				11-184	11-185	11-186	11-187	11-188	11-189	11-190
项目				窝角仔角梁(宽)						
				12cm以下	15cm以下	18cm以下	21cm以下	24cm以下	27cm以下	30cm以下
预算基价	总价(元)			**149.05**	**246.97**	**385.47**	**566.27**	**796.47**	**1087.40**	**1441.51**
	人工费(元)			67.32	93.33	125.46	159.12	194.31	235.62	278.46
	材料费(元)			81.73	153.64	260.01	407.15	602.16	851.78	1163.05
组成内容		**单位**	**单价**	**数量**						
人工	综合工 一类	工日	153.00	0.44	0.61	0.82	1.04	1.27	1.54	1.82
材料	红白松锯材 一类	m^3	4069.17	0.0184	0.0353	0.0604	0.0952	0.1414	0.2004	0.2740
	样板料（综合）	m^3	3810.00	0.0007	0.0013	0.0022	0.0034	0.0050	0.0071	0.0096
	零星材料费	元		4.19	5.05	5.85	6.81	7.73	9.27	11.52

单位：m^3

编号				11-191	11-192	11-193
项目				由戗(宽)		
				15cm以下	20cm以下	20cm以上
预算基价	总价(元)			**7187.91**	**6011.34**	**5712.99**
	人工费(元)			2688.21	1511.64	1213.29
	材料费(元)			4499.70	4499.70	4499.70
组成内容		单位	单价	数量		
人工	综合工 一类	工日	153.00	17.57	9.88	7.93
材料	红白松锯材 一类	m^3	4069.17	1.090	1.090	1.090
	样板料（综合）	m^3	3810.00	0.011	0.011	0.011
	零星材料费	元		22.39	22.39	22.39

6.垫 板 类

单位：m^3

编号				11-194	11-195	11-196	11-197	11-198	11-199
项目				由额垫板(高)		桁檩垫板(高)			
				15cm以下	15cm以上	15cm以下	20cm以下	25cm以下	25cm以上
预算基价	总价(元)			**6091.35**	**5381.43**	**5848.08**	**5438.04**	**5344.71**	**5214.66**
	人工费(元)			1306.62	596.70	1063.35	653.31	559.98	429.93
	材料费(元)			4784.73	4784.73	4784.73	4784.73	4784.73	4784.73
组成内容		**单位**	**单价**	**数量**					
人工	综合工 一类	工日	153.00	8.54	3.90	6.95	4.27	3.66	2.81
材料	红白松锯材 一类	m^3	4069.17	1.17	1.17	1.17	1.17	1.17	1.17
	零星材料费	元		23.80	23.80	23.80	23.80	23.80	23.80

7.承　重

单位：m^3

编号				11-200	11-201	11-202
项目				承重(宽)		
				25cm以下	30cm以下	30cm以上
预算基价	总价(元)			**5843.04**	**5676.27**	**5433.00**
	人工费(元)			1343.34	1176.57	933.30
	材料费(元)			4499.70	4499.70	4499.70
组成内容		**单位**	**单价**	**数量**		
人工	综合工 一类	工日	153.00	8.78	7.69	6.10
材料	红白松锯材 一类	m^3	4069.17	1.090	1.090	1.090
	样板料（综合）	m^3	3810.00	0.011	0.011	0.011
	零星材料费	元		22.39	22.39	22.39

二、木构件吊装

1.柱　　类

单位：m^3

编　　号				11-203	11-204	11-205	11-206
项　　目				檐柱单檐金柱(柱径)			
				20cm以下	25cm以下	30cm以下	30cm以上
预算基价	总　　价(元)			**1152.12**	**1087.09**	**959.96**	**896.87**
	人　工　费(元)			893.52	833.85	711.45	651.78
	材　料　费(元)			258.60	253.24	248.51	245.09
组 成 内 容		**单位**	**单价**	**数　　量**			
人工	综合工　一类	工日	153.00	5.84	5.45	4.65	4.26
材料	红白松锯材　一类	m^3	4069.17	0.04	0.04	0.04	0.04
	周转性材料费	元		70.20	65.37	61.11	58.03
	零星材料费	元		25.63	25.10	24.63	24.29

单位：m³

编号				11-207	11-208	11-209	11-210
项目				重檐金柱、通柱、牌楼柱(柱径)			
				25cm以下	30cm以下	40cm以下	40cm以上
预算基价	总价(元)			**1250.00**	**1122.76**	**998.38**	**964.39**
	人工费(元)			970.02	847.62	726.75	696.15
	材料费(元)			279.98	275.14	271.63	268.24
组成内容		**单位**	**单价**	**数量**			
人工	综合工 一类	工日	153.00	6.34	5.54	4.75	4.55
材料	红白松锯材 一类	m³	4069.17	0.046	0.046	0.046	0.046
	周转性材料费	元		67.35	62.95	59.76	56.67
	零星材料费	元		25.45	25.01	24.69	24.39

单位：m³

编号				11-211	11-212	11-213	11-214
项目				中柱、山柱(柱径)			
				25cm以下	30cm以下	40cm以下	40cm以上
预算基价	总价(元)			**1188.80**	**1122.76**	**1028.98**	**965.92**
	人工费(元)			908.82	847.62	757.35	697.68
	材料费(元)			279.98	275.14	271.63	268.24
组成内容		**单位**	**单价**	**数量**			
人工	综合工 一类	工日	153.00	5.94	5.54	4.95	4.56
材料	红白松锯材 一类	m^3	4069.17	0.046	0.046	0.046	0.046
	周转性材料费	元		67.35	62.95	59.76	56.67
	零星材料费	元		25.45	25.01	24.69	24.39

单位：m^3

编号				11-215	11-216	11-217	11-218
项目				童柱(柱径)			
				25cm以下	30cm以下	40cm以下	40cm以上
预算基价	总价(元)			**1525.92**	**1414.60**	**1335.13**	**1256.53**
	人工费(元)			1242.36	1136.79	1060.29	985.32
	材料费(元)			283.56	277.81	274.84	271.21
组成内容		**单位**	**单价**	**数量**			
人工	综合工 一类	工日	153.00	8.12	7.43	6.93	6.44
材料	红白松锯材 一类	m^3	4069.17	0.046	0.046	0.046	0.046
	周转性材料费	元		70.60	65.37	62.67	59.37
	零星材料费	元		25.78	25.26	24.99	24.66

单位：m^3

编号				11-219	11-220	11-221	11-222
项目				圆擎檐柱、牌楼戗柱(柱径)			
				20cm以下	25cm以下	30cm以下	30cm以上
预算基价	总价(元)			**1048.04**	**878.08**	**784.98**	**721.75**
	人工费(元)			862.92	696.15	605.88	544.68
	材料费(元)			185.12	181.93	179.10	177.07
组成内容		**单位**	**单价**	**数量**			
人工	综合工 一类	工日	153.00	5.64	4.55	3.96	3.56
材料	红白松锯材 一类	m^3	4069.17	0.031	0.031	0.031	0.031
	周转性材料费	元		42.15	39.25	36.68	34.83
	零星材料费	元		16.83	16.54	16.28	16.10

单位：m³

编号				11-223	11-224	11-225	11-226
项目				梅花柱、风廊柱(柱径)			
				20cm以下	25cm以下	30cm以下	30cm以上
预算基价	总价(元)			**1210.96**	**936.50**	**828.97**	**751.15**
	人工费(元)			999.09	726.75	621.18	544.68
	材料费(元)			211.87	209.75	207.79	206.47
组成内容		**单位**	**单价**	**数量**			
人工	综合工 一类	工日	153.00	6.53	4.75	4.06	3.56
材料	红白松锯材 一类	m³	4069.17	0.04	0.04	0.04	0.04
	周转性材料费	元		28.10	26.19	24.43	23.24
	零星材料费	元		21.00	20.79	20.59	20.46

单位：m^3

编号				11-227	11-228	11-229	11-230
项目				方擎檐柱、抱柱(柱径)			
				20cm以下	25cm以下	30cm以下	30cm以上
预算基价	总价(元)			**925.42**	**758.15**	**695.07**	**647.91**
	人工费(元)			696.15	530.91	469.71	423.81
	材料费(元)			229.27	227.24	225.36	224.10
组成内容		**单位**	**单价**	**数量**			
人工	综合工 一类	工日	153.00	4.55	3.47	3.07	2.77
材料	红白松锯材 一类	m^3	4069.17	0.046	0.046	0.046	0.046
	周转性材料费	元		28.10	26.19	24.43	23.24
	零星材料费	元		13.99	13.87	13.75	13.68

2.枋 类

单位：m^3

编号				11-231	11-232	11-233	11-234
项目				大额枋、单额枋、桁檩枋(枋高)			
				20cm以下	30cm以下	40cm以下	40cm以上
预算基价	总价(元)			**547.92**	**435.09**	**401.57**	**383.63**
	人工费(元)			485.01	379.44	348.84	333.54
	材料费(元)			62.91	55.65	52.73	50.09
组成内容		**单位**	**单价**	**数量**			
人工	综合工 一类	工日	153.00	3.17	2.48	2.28	2.18
材料	周转性材料费	元		62.91	55.65	52.73	50.09

单位：m^3

编号				11-235	11-236	11-237	11-238
项目				小额枋、跨空枋、棋枋、博脊枋、穿插枋、间枋、天花枋、承椽枋(枋高)			
				20cm以下	25cm以下	30cm以下	30cm以上
预算基价	总价(元)			**698.92**	**575.52**	**542.07**	**509.38**
	人工费(元)			651.78	530.91	500.31	469.71
	材料费(元)			47.14	44.61	41.76	39.67
组成内容		**单位**	**单价**	**数量**			
人工	综合工 一类	工日	153.00	4.26	3.47	3.27	3.07
材料	周转性材料费	元		47.14	44.61	41.76	39.67

单位：m^3

编号				11-239	11-240	11-241
项目				平板枋(枋高)		
				10cm以下	15cm以下	15cm以上
预算基价	总价(元)			**707.54**	**506.98**	**427.37**
	人工费(元)			682.38	485.01	408.51
	材料费(元)			25.16	21.97	18.86
组成内容		单位	单价	数量		
人工	综合工 一类	工日	153.00	4.46	3.17	2.67
材料	周转性材料费	元		25.16	21.97	18.86

3.梁　　类

单位：m^3

编号				11-242	11-243	11-244	11-245
项目				带桃尖头的梁(梁宽)			
				25cm以下	30cm以下	40cm以下	40cm以上
预算基价	总价(元)			**871.17**	**853.71**	**757.69**	**708.78**
	人工费(元)			696.15	682.38	590.58	544.68
	材料费(元)			175.02	171.33	167.11	164.10
组成内容		**单位**	**单价**	**数量**			
人工	综合工 一类	工日	153.00	4.55	4.46	3.86	3.56
材料	红白松锯材 一类	m^3	4069.17	0.024	0.024	0.024	0.024
	周转性材料费	元		62.91	59.52	55.65	52.89
	零星材料费	元		14.45	14.15	13.80	13.55

单位：m^3

编号				11-246	11-247	11-248	11-249
项目				桃尖假梁头(梁宽)			
				25cm以下	30cm以下	40cm以下	40cm以上
预算基价	总价(元)			**1166.09**	**1135.47**	**1103.97**	**1011.08**
	人工费(元)			878.22	849.15	818.55	726.75
	材料费(元)			287.87	286.32	285.42	284.33
组成内容		**单位**	**单价**	**数量**			
人工	综合工 一类	工日	153.00	5.74	5.55	5.35	4.75
材料	红白松锯材 一类	m^3	4069.17	0.06	0.06	0.06	0.06
	周转性材料费	元		19.95	18.53	17.70	16.70
	零星材料费	元		23.77	23.64	23.57	23.48

单位：m^3

编号				11-250	11-251	11-252
项目				带麻叶头的梁(梁宽)		
				25cm以下	30cm以下	30cm以上
预算基价	总价(元)			**776.25**	**742.55**	**709.67**
	人工费(元)			621.18	590.58	559.98
	材料费(元)			155.07	151.97	149.69
组成内容		单位	单价	数量		
人工	综合工 一类	工日	153.00	4.06	3.86	3.66
材料	红白松锯材 一类	m^3	4069.17	0.024	0.024	0.024
	周转性材料费	元		44.61	41.76	39.67
	零星材料费	元		12.80	12.55	12.36

单位：m^3

编号				11-253	11-254	11-255	11-256	11-257
项目				角云、捧梁云(宽)			九架梁(梁宽)	
				25cm以下	30cm以下	30cm以上	50cm以下	50cm以上
预算基价	总价(元)			**723.73**	**708.03**	**692.30**	**407.17**	**396.20**
	人工费(元)			439.11	423.81	408.51	257.04	250.92
	材料费(元)			284.62	284.22	283.79	150.13	145.28
组成内容		单位	单价	数量				
人工	综合工 一类	工日	153.00	2.87	2.77	2.67	1.68	1.64
材料	红白松锯材 一类	m^3	4069.17	0.060	0.060	0.060	0.024	0.024
	周转性材料费	元		16.97	16.60	16.21	40.07	35.62
	零星材料费	元		23.50	23.47	23.43	12.40	12.00

单位：m³

编号				11-258	11-259	11-260	11-261	11-262
项目				七架梁、卷棚八架梁(梁宽)		五架梁、卷棚六架梁(梁宽)		
				40cm以下	40cm以上	30cm以下	40cm以下	40cm以上
预算基价	总价(元)			**470.79**	**453.07**	**563.49**	**531.99**	**498.97**
	人工费(元)			318.24	302.94	408.51	379.44	348.84
	材料费(元)			152.55	150.13	154.98	152.55	150.13
组成内容		**单位**	**单价**	**数量**				
人工	综合工 一类	工日	153.00	2.08	1.98	2.67	2.48	2.28
材料	红白松锯材 一类	m^3	4069.17	0.024	0.024	0.024	0.024	0.024
	周转性材料费	元		42.29	40.07	44.52	42.29	40.07
	零星材料费	元		12.60	12.40	12.80	12.60	12.40

单位：m^3

编号				11-263	11-264	11-265	11-266	11-267	11-268
项目				卷棚四架梁(梁宽)			三架梁(梁宽)		
				25cm以下	30cm以下	30cm以上	25cm以下	30cm以下	30cm以上
预算基价	总价(元)			**703.33**	**624.69**	**576.36**	**689.56**	**639.99**	**606.96**
	人工费(元)			544.68	469.71	423.81	530.91	485.01	454.41
	材料费(元)			158.65	154.98	152.55	158.65	154.98	152.55
组成内容		**单位**	**单价**	**数量**					
人工	综合工 一类	工日	153.00	3.56	3.07	2.77	3.47	3.17	2.97
材料	红白松锯材 一类	m^3	4069.17	0.024	0.024	0.024	0.024	0.024	0.024
	周转性材料费	元		47.89	44.52	42.29	47.89	44.52	42.29
	零星材料费	元		13.10	12.80	12.60	13.10	12.80	12.60

单位：m³

编号				11-269	11-270	11-271	11-272	11-273	11-274
项目				月梁(梁宽)			三步梁(梁宽)		
				20cm以下	25cm以下	25cm以上	35cm以下	40cm以下	40cm以上
预算基价	总价(元)			**767.17**	**643.66**	**563.49**	**561.12**	**532.05**	**514.27**
	人工费(元)			605.88	485.01	408.51	408.51	379.44	364.14
	材料费(元)			161.29	158.65	154.98	152.61	152.61	150.13
组成内容		**单位**	**单价**	**数量**					
人工	综合工 一类	工日	153.00	3.96	3.17	2.67	2.67	2.48	2.38
材料	红白松锯材 一类	m^3	4069.17	0.024	0.024	0.024	0.024	0.024	0.024
	周转性材料费	元		50.31	47.89	44.52	42.35	42.35	40.07
	零星材料费	元		13.32	13.10	12.80	12.60	12.60	12.40

单位：m^3

编号				11-275	11-276	11-277	11-278	11-279	11-280	11-281
项目				双步梁(梁宽)			单步梁、抱头梁、斜抱头梁(梁宽)			
				30cm以下	40cm以下	40cm以上	25cm以下	30cm以下	40cm以下	40cm以上
预算基价	总价(元)			**701.19**	**637.56**	**604.54**	**825.73**	**760.86**	**712.53**	**681.04**
	人工费(元)			546.21	485.01	454.41	667.08	605.88	559.98	530.91
	材料费(元)			154.98	152.55	150.13	158.65	154.98	152.55	150.13
组成内容		**单位**	**单价**	**数量**						
人工	综合工 一类	工日	153.00	3.57	3.17	2.97	4.36	3.96	3.66	3.47
材料	红白松锯材 一类	m^3	4069.17	0.024	0.024	0.024	0.024	0.024	0.024	0.024
	周转性材料费	元		44.52	42.29	40.07	47.89	44.52	42.29	40.07
	零星材料费	元		12.80	12.60	12.40	13.10	12.80	12.60	12.40

单位：m^3

编号				11-282	11-283	11-284	11-285	11-286	11-287
项目				抱头假梁头(梁宽)		采步金(宽)			
				30cm以下	30cm以上	25cm以下	30cm以下	40cm以下	40cm以上
预算基价	总价(元)			**828.56**	**767.49**	**613.06**	**563.49**	**531.99**	**498.97**
	人工费(元)			711.45	651.78	454.41	408.51	379.44	348.84
	材料费(元)			117.11	115.71	158.65	154.98	152.55	150.13
组成内容		单位	单价	数量					
人工	综合工 一类	工日	153.00	4.65	4.26	2.97	2.67	2.48	2.28
材料	红白松锯材 一类	m^3	4069.17	0.024	0.024	0.024	0.024	0.024	0.024
	周转性材料费	元		9.78	8.50	47.89	44.52	42.29	40.07
	零星材料费	元		9.67	9.55	13.10	12.80	12.60	12.40

单位：m^3

编号				11-288	11-289	11-290	11-291
项目				扒梁、抹角梁、太平梁(梁宽)			
				25cm以下	30cm以下	40cm以下	40cm以上
预算基价	总价(元)			**674.26**	**639.99**	**591.66**	**573.94**
	人工费(元)			515.61	485.01	439.11	423.81
	材料费(元)			158.65	154.98	152.55	150.13
组成内容		**单位**	**单价**	**数量**			
人工	综合工 一类	工日	153.00	3.37	3.17	2.87	2.77
材料	红白松锯材 一类	m^3	4069.17	0.024	0.024	0.024	0.024
	周转性材料费	元		47.89	44.52	42.29	40.07
	零星材料费	元		13.10	12.80	12.60	12.40

4.瓜柱、柁墩、角背、雷公柱

单位：m^3

编号					11-292	11-293	11-294	11-295
项目					瓜柱(柱径)			
					20cm以下	25cm以下	30cm以下	30cm以上
预算基价	总价(元)				**1773.69**	**1197.50**	**909.29**	**757.10**
	人工费(元)				1499.40	924.12	636.48	485.01
	材料费(元)				274.29	273.38	272.81	272.09
组成内容			**单位**	**单价**	**数量**			
人工	综合工 一类		工日	153.00	9.80	6.04	4.16	3.17
材料	红白松锯材 一类		m^3	4069.17	0.06	0.06	0.06	0.06
	周转性材料费		元		7.49	6.66	6.13	5.47
	零星材料费		元		22.65	22.57	22.53	22.47

单位：m^3

编号				11-296	11-297	11-298	11-299
项目				交金瓜柱、太平梁上雷公柱(柱径)			
				20cm以下	25cm以下	30cm以下	30cm以上
预算基价	总价(元)			**2400.68**	**1535.34**	**1124.08**	**911.74**
	人工费(元)			2120.58	1257.66	847.62	636.48
	材料费(元)			280.10	277.68	276.46	275.26
组成内容		单位	单价	数量			
人工	综合工 一类	工日	153.00	13.86	8.22	5.54	4.16
材料	红白松锯材 一类	m^3	4069.17	0.06	0.06	0.06	0.06
	周转性材料费	元		12.82	10.60	9.48	8.38
	零星材料费	元		23.13	22.93	22.83	22.73

单位：m^3

编号					11-300	11-301	11-302	11-303	11-304	11-305
项目					攒尖雷公柱(柱径)			柁墩、交金墩(长度)		
					25cm以下	30cm以下	30cm以上	40cm以下	50cm以下	50cm以上
预算基价	总价(元)				**893.26**	**755.70**	**571.84**	**2350.22**	**1456.08**	**1014.57**
	人工费(元)				878.22	742.05	559.98	2333.25	1439.73	999.09
	材料费(元)				15.04	13.65	11.86	16.97	16.35	15.48
组成内容		**单位**	**单价**		**数量**					
人工	综合工 一类	工日	153.00		5.74	4.85	3.66	15.25	9.41	6.53
材料	周转性材料费	元			15.04	13.65	11.86	16.97	16.35	15.48

单位：m^3

编号				11-306	11-307	11-308	11-309
项目				角背、荷叶角背(厚)		童柱下墩斗(见方)	
				15cm以下	15cm以上	40cm以下	40cm以上
预算基价	总价(元)			**942.79**	**716.35**	**1174.22**	**899.07**
	人工费(元)			908.82	682.38	1150.56	878.22
	材料费(元)			33.97	33.97	23.66	20.85
组成内容		**单位**	**单价**	**数量**			
人工	综合工 一类	工日	153.00	5.94	4.46	7.52	5.74
材料	周转性材料费	元		33.97	33.97	23.66	20.85

5.桁檩、角梁、由戗

单位：m^3

编号				11-310	11-311	11-312	11-313
项目				圆檩、扶脊木(径)			
				20cm以下	25cm以下	30cm以下	30cm以上
预算基价	总价(元)			**548.29**	**467.65**	**417.74**	**394.87**
	人工费(元)			515.61	439.11	393.21	371.79
	材料费(元)			32.68	28.54	24.53	23.08
组成内容		**单位**	**单价**	**数量**			
人工	综合工 一类	工日	153.00	3.37	2.87	2.57	2.43
材料	周转性材料费	元		32.68	28.54	24.53	23.08

单位：m^3

编号				11-314	11-315	11-316	11-317	11-318	11-319
项目				由戗(宽)			老角梁(宽)		
				15cm以下	20cm以下	20cm以上	15cm以下	20cm以下	20cm以上
预算基价	总价(元)			**1370.57**	**777.14**	**622.85**	**1434.29**	**1082.26**	**988.88**
	人工费(元)			1347.93	757.35	605.88	1409.13	1060.29	970.02
	材料费(元)			22.64	19.79	16.97	25.16	21.97	18.86
组成内容		**单位**	**单价**	**数量**					
人工	综合工 一类	工日	153.00	8.81	4.95	3.96	9.21	6.93	6.34
材料	周转性材料费	元		22.64	19.79	16.97	25.16	21.97	18.86

单位：m^3

编号				11-320	11-321	11-322
项目				扣金、插金仔角梁（宽）		
				15cm以下	20cm以下	20cm以上
预算基价	总价（元）			**2127.92**	**1610.99**	**1456.70**
	人工费（元）			2105.28	1591.20	1439.73
	材料费（元）			22.64	19.79	16.97
组成内容		单位	单价	数量		
人工	综合工 一类	工日	153.00	13.76	10.40	9.41
材料	周转性材料费	元		22.64	19.79	16.97

单位：根

编号				11-323	11-324	11-325	11-326	11-327	11-328	11-329
项目				压金仔角梁(刀把角梁)(宽)						
				12cm以下	15cm以下	18cm以下	21cm以下	24cm以下	27cm以下	30cm以下
预算基价	总价(元)			**116.01**	**157.94**	**204.47**	**257.71**	**313.86**	**377.98**	**449.72**
	人工费(元)			102.51	143.82	189.72	241.74	296.82	359.55	429.93
	材料费(元)			13.50	14.12	14.75	15.97	17.04	18.43	19.79
组成内容		单位	单价	数量						
人工	综合工 一类	工日	153.00	0.67	0.94	1.24	1.58	1.94	2.35	2.81
材料	周转性材料费	元		13.50	14.12	14.75	15.97	17.04	18.43	19.79

单位：根

编号				11-330	11-331	11-332	11-333	11-334	11-335	11-336
项目				窝角仔角梁(宽)						
				12cm以下	15cm以下	18cm以下	21cm以下	24cm以下	27cm以下	30cm以下
预算基价	总价(元)			**59.40**	**78.38**	**98.90**	**123.07**	**148.62**	**179.08**	**209.51**
	人工费(元)			45.90	64.26	84.15	107.10	131.58	160.65	189.72
	材料费(元)			13.50	14.12	14.75	15.97	17.04	18.43	19.79
组成内容		**单位**	**单价**	**数量**						
人工	综合工 一类	工日	153.00	0.30	0.42	0.55	0.70	0.86	1.05	1.24
材料	周转性材料费	元		13.50	14.12	14.75	15.97	17.04	18.43	19.79

6.垫 板 类

单位：m^3

编号				11-337	11-338	11-339	11-340	11-341	11-342
项目				由额垫板(高)		桁檩垫板(高)			
				15cm以下	15cm以上	15cm以下	20cm以下	25cm以下	25cm以上
预算基价	总价(元)			**694.62**	**359.49**	**406.98**	**238.62**	**200.85**	**189.03**
	人工费(元)			667.08	333.54	379.44	212.67	177.48	166.77
	材料费(元)			27.54	25.95	27.54	25.95	23.37	22.26
组成内容		**单位**	**单价**	**数量**					
人工	综合工 一类	工日	153.00	4.36	2.18	2.48	1.39	1.16	1.09
材料	周转性材料费	元		27.54	25.95	27.54	25.95	23.37	22.26

7.承　　重

单位：m^3

编号				11-343	11-344	11-345
项目				承重吊装(宽)		
				25cm以下	30cm以下	30cm以上
预算基价	总价(元)			**546.45**	**506.88**	**487.96**
	人工费(元)			501.84	465.12	448.29
	材料费(元)			44.61	41.76	39.67
组成内容		单位	单价	数量		
人工	综合工 一类	工日	153.00	3.28	3.04	2.93
材料	周转性材料费	元		44.61	41.76	39.67

8.铁 件 安 装

单位：kg

编号				11-346	11-347	11-348	11-349	11-350	11-351
项目				圆形构件剔槽加铁箍			圆形构件明加铁箍		
				圆钉紧固	倒刺钉紧固	螺栓紧固	圆钉紧固	倒刺钉紧固	螺栓紧固
预算基价	总价(元)			**40.07**	**45.46**	**31.96**	**25.22**	**27.91**	**21.16**
	人工费(元)			28.35	35.10	21.60	13.50	17.55	10.80
	材料费(元)			11.72	10.36	10.36	11.72	10.36	10.36
组成内容		**单位**	**单价**	**数量**					
人工	综合工 二类	工日	135.00	0.21	0.26	0.16	0.10	0.13	0.08
材料	螺栓	kg				( )			( )
	铁件	kg	9.49	1.03	1.03	1.03	1.03	1.03	1.03
	铁钉	kg	6.68	0.2			0.2		
	零星材料费	元		0.61	0.59	0.59	0.61	0.59	0.59

单位：kg

编号				11-352	11-353	11-354	11-355	11-356	11-357
项目				方形构件剔槽加铁箍			方形构件明加铁箍		
				圆钉紧固	倒刺钉紧固	螺栓紧固	圆钉紧固	倒刺钉紧固	螺栓紧固
预算基价	总价(元)			**30.62**	**35.63**	**37.36**	**22.52**	**26.18**	**27.91**
	人工费(元)			18.90	22.95	27.00	10.80	13.50	17.55
	材料费(元)			11.72	12.68	10.36	11.72	12.68	10.36
组成内容		**单位**	**单价**	**数量**					
人工	综合工 二类	工日	135.00	0.14	0.17	0.20	0.08	0.10	0.13
材料	螺栓	kg				( )			( )
	铁件	kg	9.49	1.03	1.03	1.03	1.03	1.03	1.03
	铁钉	kg	6.68	0.2			0.2		
	自制倒刺钉	kg	7.69		0.3			0.3	
	零星材料费	元		0.61	0.60	0.59	0.61	0.60	0.59

单位：kg

编号			11-358	11-359	11-360	11-361	11-362	11-363	11-364
项目			剔槽加拉接扁铁			明加拉接扁铁			钉铁扒锔
			圆钉紧固	倒刺钉紧固	螺栓紧固	圆钉紧固	倒刺钉紧固	螺栓紧固	
预算基价	总价(元)		**29.27**	**34.28**	**49.70**	**21.17**	**24.83**	**41.60**	**27.91**
	人工费(元)		17.55	21.60	35.10	9.45	12.15	27.00	17.55
	材料费(元)		11.72	12.68	14.60	11.72	12.68	14.60	10.36
组成内容	**单位**	**单价**	**数量**						
人工 综合工 二类	工日	135.00	0.13	0.16	0.26	0.07	0.09	0.20	0.13
材料 螺栓	kg				( )			( )	
铁件	kg	9.49	1.03	1.03	1.03	1.03	1.03	1.03	1.03
铁钉	kg	6.68	0.2			0.2			
自制倒刺钉	kg	7.69		0.3			0.3		
自制螺栓	kg	7.69			0.52			0.52	
零星材料费	元		0.61	0.60	0.83	0.61	0.60	0.83	0.59

三、木基层、板类及其他部件制作与安装

1.木　基　层

单位：10m

编　号				11-365	11-366	11-367	11-368	11-369
项　目				圆直椽制作、安装(径)				
				6cm以内	7cm以内	8cm以内	9cm以内	10cm以内
预算基价	总　价(元)			**306.52**	**374.86**	**453.11**	**540.35**	**636.68**
	人　工　费(元)			122.40	130.05	139.23	148.41	157.59
	材　料　费(元)			184.12	244.81	313.88	391.94	479.09
组成内容		**单位**	**单价**	**数　量**				
人工	综合工 一类	工日	153.00	0.80	0.85	0.91	0.97	1.03
材料	红白松锯材 一类	m^3	4069.17	0.0444	0.0591	0.0759	0.0948	0.1158
	铁钉	kg	6.68	0.42	0.52	0.59	0.72	0.93
	零星材料费	元		0.64	0.85	1.09	1.37	1.67

单位：10m

编号					11-370	11-371	11-372	11-373	11-374
项目					圆直椽制作、安装(径)				
					11cm以内	12cm以内	13cm以内	14cm以内	15cm以内
预算基价	总价(元)				**743.59**	**855.68**	**976.32**	**1104.03**	**1241.84**
	人工费(元)				168.30	177.48	186.66	194.31	203.49
	材料费(元)				575.29	678.20	789.66	909.72	1038.35
组成内容		**单位**	**单价**		**数量**				
人工	综合工 一类	工日	153.00		1.10	1.16	1.22	1.27	1.33
材料	红白松锯材 一类	m^3	4069.17		0.1389	0.1641	0.1914	0.2208	0.2523
	自制铁钉	kg	7.69		1.05	1.05	1.05	1.05	1.05
	零星材料费	元			2.01	2.37	2.75	3.17	3.62

单位：10m

编号				11-375	11-376	11-377	11-378	11-379
项目				圆翼角椽制作、安装(径)				
				6cm以内	7cm以内	8cm以内	9cm以内	10cm以内
预算基价	总价(元)			**481.49**	**559.20**	**646.83**	**741.95**	**847.72**
	人工费(元)			296.82	313.65	332.01	348.84	367.20
	材料费(元)			184.67	245.55	314.82	393.11	480.52
组成内容		**单位**	**单价**	**数量**				
人工	综合工 一类	工日	153.00	1.94	2.05	2.17	2.28	2.40
材料	红白松锯材 一类	m^3	4069.17	0.0444	0.0591	0.0759	0.0948	0.1158
	铁钉	kg	6.68	0.42	0.52	0.59	0.72	0.93
	零星材料费	元		1.19	1.59	2.03	2.54	3.10

单位：10m

编号				11-380	11-381	11-382	11-383	11-384
项目				圆翼角椽制作、安装(径)				
				11cm以内	12cm以内	13cm以内	14cm以内	15cm以内
预算基价	总价(元)			**961.04**	**1082.61**	**1211.24**	**1350.02**	**1498.98**
	人工费(元)			384.03	402.39	419.22	437.58	452.88
	材料费(元)			577.01	680.22	792.02	912.44	1046.10
组成内容		**单位**	**单价**	**数量**				
人工	综合工 一类	工日	153.00	2.51	2.63	2.74	2.86	2.96
材料	红白松锯材 一类	m^3	4069.17	0.1389	0.1641	0.1914	0.2208	0.2523
	自制铁钉	kg	7.69	1.05	1.05	1.05	1.05	1.65
	零星材料费	元		3.73	4.39	5.11	5.89	6.76

单位：10m

编号				11-385	11-386	11-387	11-388	11-389	11-390
项目				方直椽刨光顺接铺钉(径)					
				5cm以内	6cm以内	7cm以内	8cm以内	9cm以内	10cm以内
预算基价	总价(元)			**199.45**	**257.56**	**324.37**	**398.03**	**480.68**	**572.42**
	人工费(元)			67.32	73.44	79.56	84.15	88.74	93.33
	材料费(元)			132.13	184.12	244.81	313.88	391.94	479.09
组成内容		**单位**	**单价**	**数量**					
人工	综合工 一类	工日	153.00	0.44	0.48	0.52	0.55	0.58	0.61
材料	红白松锯材 一类	m^3	4069.17	0.0318	0.0444	0.0591	0.0759	0.0948	0.1158
	铁钉	kg	6.68	0.34	0.42	0.52	0.59	0.72	0.93
	零星材料费	元		0.46	0.64	0.85	1.09	1.37	1.67

单位：10m

编号				11-391	11-392	11-393	11-394	11-395	11-396
项目				方直椽不刨光乱插头花钉(径)					
				5cm以内	6cm以内	7cm以内	8cm以内	9cm以内	10cm以内
预算基价	总价(元)			**154.04**	**201.54**	**258.16**	**322.73**	**396.70**	**479.37**
	人工费(元)			44.37	44.37	44.37	44.37	44.37	44.37
	材料费(元)			109.67	157.17	213.79	278.36	352.33	435.00
组成内容		**单位**	**单价**	**数量**					
人工	综合工 一类	工日	153.00	0.29	0.29	0.29	0.29	0.29	0.29
材料	红白松锯材 一类	m^3	4069.17	0.0263	0.0378	0.0515	0.0672	0.0851	0.1050
	铁钉	kg	6.68	0.34	0.42	0.52	0.59	0.72	0.93
	零星材料费	元		0.38	0.55	0.75	0.97	1.23	1.52

单位：10m

编号				11-397	11-398	11-399	11-400	11-401	11-402
项目				方翼角椽制作、安装(径)					
				5cm以内	6cm以内	7cm以内	8cm以内	9cm以内	10cm以内
预算基价	总价(元)			**416.24**	**502.30**	**596.50**	**705.03**	**823.07**	**954.65**
	人工费(元)			244.80	263.16	278.46	296.82	313.65	332.01
	材料费(元)			171.44	239.14	318.04	408.21	509.42	622.64
组成内容		单位	单价	数量					
人工	综合工 一类	工日	153.00	1.60	1.72	1.82	1.94	2.05	2.17
材料	红白松锯材 一类	m^3	4069.17	0.0413	0.0577	0.0768	0.0987	0.1232	0.1505
	铁钉	kg	6.68	0.34	0.42	0.52	0.59	0.72	0.93
	零星材料费	元		1.11	1.54	2.05	2.64	3.29	4.02

单位：10根

编号				11-403	11-404	11-405	11-406	11-407	11-408
项目				飞椽制作、安装（径）					
				5cm以内	6cm以内	7cm以内	8cm以内	9cm以内	10cm以内
预算基价	总价（元）			**193.99**	**252.22**	**318.27**	**460.84**	**561.14**	**795.68**
	人工费（元）			97.92	119.34	143.82	163.71	189.72	227.97
	材料费（元）			96.07	132.88	174.45	297.13	371.42	567.71
组成内容		**单位**	**单价**	**数量**					
人工	综合工 一类	工日	153.00	0.64	0.78	0.94	1.07	1.24	1.49
材料	红白松锯材 一类	m^3	4069.17	0.023	0.032	0.042	0.072	0.090	0.138
	铁钉	kg	6.68	0.30	0.30	0.40	0.40	0.50	0.50
	零星材料费	元		0.48	0.66	0.87	1.48	1.85	2.82

单位：10根

编号				11-409	11-410	11-411	11-412	11-413
项目				飞椽制作、安装(径)				
				11cm以内	12cm以内	13cm以内	14cm以内	15cm以内
预算基价	总价(元)			**960.25**	**1284.53**	**1484.57**	**1915.15**	**2185.97**
	人工费(元)			272.34	312.12	351.90	393.21	449.82
	材料费(元)			687.91	972.41	1132.67	1521.94	1736.15
组成内容		**单位**	**单价**	**数量**				
人工	综合工 一类	工日	153.00	1.78	2.04	2.30	2.57	2.94
材料	红白松锯材 一类	m^3	4069.17	0.165	0.234	0.273	0.368	0.420
	自制铁钉	kg	7.69	1.70	2.00	2.10	2.20	2.40
	零星材料费	元		3.42	4.84	5.64	7.57	8.64

单位：攒

编号				11-414	11-415	11-416	11-417	11-418	11-419
项目				翘飞椽制作、安装(径5cm以内)					
				五翘	七翘	九翘	十一翘	十三翘	十五翘
预算基价	总价(元)			**521.93**	**730.80**	**948.36**	**1143.46**	**1356.91**	**1570.38**
	人工费(元)			261.63	367.20	477.36	569.16	679.32	789.48
	材料费(元)			260.30	363.60	471.00	574.30	677.59	780.90
组成内容		**单位**	**单价**	**数量**					
人工	综合工 一类	工日	153.00	1.71	2.40	3.12	3.72	4.44	5.16
材料	红白松锯材 一类	m^3	4069.17	0.063	0.088	0.114	0.139	0.164	0.189
	铁钉	kg	6.68	0.30	0.42	0.54	0.66	0.78	0.90
	零星材料费	元		1.94	2.71	3.51	4.28	5.04	5.81

单位：攒

编号				11-420	11-421	11-422	11-423	11-424	11-425
项目				翘飞椽制作、安装(径6cm以内)					
				五翘	七翘	九翘	十一翘	十三翘	十五翘
预算基价	总价(元)			**677.97**	**947.72**	**1220.55**	**1493.36**	**1766.18**	**2038.99**
	人工费(元)			315.18	440.64	569.16	697.68	826.20	954.72
	材料费(元)			362.79	507.08	651.39	795.68	939.98	1084.27
组成内容		**单位**	**单价**	**数量**					
人工	综合工 一类	工日	153.00	2.06	2.88	3.72	4.56	5.40	6.24
材料	红白松锯材 一类	m^3	4069.17	0.088	0.123	0.158	0.193	0.228	0.263
	铁钉	kg	6.68	0.30	0.42	0.54	0.66	0.78	0.90
	零星材料费	元		2.70	3.77	4.85	5.92	7.00	8.07

单位：攒

编号				11-426	11-427	11-428	11-429	11-430	11-431	11-432
项目				翘飞椽制作、安装(径7cm以内)						
				五翘	七翘	九翘	十一翘	十三翘	十五翘	十七翘
预算基价	总价(元)			**863.32**	**1210.08**	**1549.20**	**1908.20**	**2248.84**	**2589.48**	**2948.49**
	人工费(元)			380.97	533.97	679.32	844.56	991.44	1138.32	1303.56
	材料费(元)			482.35	676.11	869.88	1063.64	1257.40	1451.16	1644.93
组成内容		**单位**	**单价**	**数量**						
人工	综合工 一类	工日	153.00	2.49	3.49	4.44	5.52	6.48	7.44	8.52
材料	红白松锯材 一类	m^3	4069.17	0.117	0.164	0.211	0.258	0.305	0.352	0.399
	铁钉	kg	6.68	0.40	0.56	0.72	0.88	1.04	1.20	1.36
	零星材料费	元		3.59	5.03	6.48	7.92	9.36	10.80	12.25

单位：攒

编号				11-433	11-434	11-435	11-436	11-437	11-438
项目				翘飞椽制作、安装(径8cm以内)					
				七翘	九翘	十一翘	十三翘	十五翘	十七翘
预算基价	总价(元)			**1720.55**	**2210.68**	**2706.93**	**3199.09**	**3695.33**	**4191.59**
	人工费(元)			630.36	807.84	991.44	1175.04	1358.64	1542.24
	材料费(元)			1090.19	1402.84	1715.49	2024.05	2336.69	2649.35
组成内容		**单位**	**单价**	**数量**					
人工	综合工 一类	工日	153.00	4.12	5.28	6.48	7.68	8.88	10.08
材料	红白松锯材 一类	m^3	4069.17	0.265	0.341	0.417	0.492	0.568	0.644
	铁钉	kg	6.68	0.56	0.72	0.88	1.04	1.20	1.36
	零星材料费	元		8.12	10.44	12.77	15.07	17.39	19.72

单位：攒

编号				11-439	11-440	11-441	11-442	11-443	11-444
项目				翘飞椽制作、安装（径9cm以内）					
				七翘	九翘	十一翘	十三翘	十五翘	十七翘
预算基价	总价(元)			**2110.43**	**2719.55**	**3312.32**	**3923.46**	**4538.70**	**5131.47**
	人工费(元)			740.52	954.72	1156.68	1377.00	1597.32	1799.28
	材料费(元)			1369.91	1764.83	2155.64	2546.46	2941.38	3332.19
组成内容		**单位**	**单价**	**数量**					
人工	综合工 一类	工日	153.00	4.84	6.24	7.56	9.00	10.44	11.76
材料	红白松锯材 一类	m^3	4069.17	0.333	0.429	0.524	0.619	0.715	0.810
	铁钉	kg	6.68	0.70	0.90	1.10	1.30	1.50	1.70
	零星材料费	元		10.20	13.14	16.05	18.96	21.90	24.81

单位：攒

编号				11-445	11-446	11-447	11-448	11-449
项目				翘飞椽制作、安装(径10cm以内)				
				十一翘	十三翘	十五翘	十七翘	十九翘
预算基价	总价(元)			**4681.34**	**5524.02**	**6366.71**	**7227.74**	**8070.43**
	人工费(元)			1358.64	1597.32	1836.00	2093.04	2331.72
	材料费(元)			3322.70	3926.70	4530.71	5134.70	5738.71
组成内容		**单位**	**单价**	**数量**				
人工	综合工 一类	工日	153.00	8.88	10.44	12.00	13.68	15.24
材料	红白松锯材 一类	m^3	4069.17	0.809	0.956	1.103	1.250	1.397
	铁钉	kg	6.68	0.90	1.10	1.30	1.50	1.70
	零星材料费	元		24.73	29.23	33.73	38.22	42.72

单位：攒

编号				11-450	11-451	11-452	11-453	11-454
项目				翘飞椽制作、安装(径11cm以内)				
				十一翘	十三翘	十五翘	十七翘	十九翘
预算基价	总价(元)			**5689.26**	**6716.08**	**7738.79**	**8783.96**	**9810.77**
	人工费(元)			1560.60	1836.00	2111.40	2405.16	2680.56
	材料费(元)			4128.66	4880.08	5627.39	6378.80	7130.21
组成内容		**单位**	**单价**	**数量**				
人工	综合工 一类	工日	153.00	10.20	12.00	13.80	15.72	17.52
材料	红白松锯材 一类	m^3	4069.17	1.000	1.182	1.363	1.545	1.727
	自制铁钉	kg	7.69	3.74	4.42	5.10	5.78	6.46
	零星材料费	元		30.73	36.33	41.89	47.48	53.08

单位：攒

编号				11-455	11-456	11-457	11-458	11-459
项目				翘飞椽制作、安装(径12cm以内)				
				十一翘	十三翘	十五翘	十七翘	十九翘
预算基价	总价(元)			**7593.61**	**8983.91**	**10374.21**	**11746.15**	**13136.45**
	人工费(元)			1762.56	2093.04	2423.52	2735.64	3066.12
	材料费(元)			5831.05	6890.87	7950.69	9010.51	10070.33
组成内容		**单位**	**单价**	**数量**				
人工	综合工 一类	工日	153.00	11.52	13.68	15.84	17.88	20.04
材料	红白松锯材 一类	m^3	4069.17	1.414	1.671	1.928	2.185	2.442
	自制铁钉	kg	7.69	4.4	5.2	6.0	6.8	7.6
	零星材料费	元		43.41	51.30	59.19	67.08	74.97

单位：攒

编号				11-460	11-461	11-462	11-463	11-464
项目				翘飞椽制作、安装（径13cm以内）				
				十三翘	十五翘	十七翘	十九翘	二十一翘
预算基价	总价(元)			**10253.45**	**11836.56**	**13415.58**	**14998.69**	**16559.35**
	人工费(元)			2368.44	2735.64	3102.84	3470.04	3818.88
	材料费(元)			7885.01	9100.92	10312.74	11528.65	12740.47
组成内容		**单位**	**单价**	**数量**				
人工	综合工 一类	工日	153.00	15.48	17.88	20.28	22.68	24.96
材料	红白松锯材 一类	m^3	4069.17	1.913	2.208	2.502	2.797	3.091
	自制铁钉	kg	7.69	5.46	6.30	7.14	7.98	8.82
	零星材料费	元		58.70	67.75	76.77	85.82	94.84

单位：攒

编号				11-465	11-466	11-467	11-468	11-469
项目				翘飞椽制作、安装(径14cm以内)				
				十三翘	十五翘	十七翘	十九翘	二十一翘
预算基价	总价(元)			**13283.72**	**15317.92**	**17374.60**	**19412.92**	**21451.23**
	人工费(元)			2662.20	3066.12	3488.40	3892.32	4296.24
	材料费(元)			10621.52	12251.80	13886.20	15520.60	17154.99
组成内容		**单位**	**单价**	**数量**				
人工	综合工 一类	工日	153.00	17.40	20.04	22.80	25.44	28.08
材料	红白松锯材 一类	m^3	4069.17	2.580	2.976	3.373	3.770	4.167
	自制铁钉	kg	7.69	5.72	6.60	7.48	8.36	9.24
	零星材料费	元		79.07	91.20	103.37	115.54	127.70

单位：攒

编号				11-470	11-471	11-472	11-473	11-474
项目				翘飞椽制作、安装（径15cm以内）				
				十三翘	十五翘	十七翘	十九翘	二十一翘
预算基价	总价(元)			**15088.05**	**17411.65**	**19731.15**	**22054.74**	**24378.34**
	人工费(元)			2974.32	3433.32	3892.32	4351.32	4810.32
	材料费(元)			12113.73	13978.33	15838.83	17703.42	19568.02
组成内容		**单位**	**单价**	**数量**				
人工	综合工 一类	工日	153.00	19.44	22.44	25.44	28.44	31.44
材料	红白松锯材 一类	m^3	4069.17	2.943	3.396	3.848	4.301	4.754
	自制铁钉	kg	7.69	6.24	7.20	8.16	9.12	10.08
	零星材料费	元		90.18	104.06	117.91	131.79	145.67

单位：10根

编号				11-475	11-476	11-477	11-478	11-479	11-480
项目				罗锅椽制作、安装(径)					
				5cm以内	6cm以内	7cm以内	8cm以内	9cm以内	10cm以内
预算基价	总价(元)			**255.08**	**384.64**	**556.65**	**773.80**	**1050.23**	**1382.60**
	人工费(元)			122.40	157.59	194.31	231.03	286.11	339.66
	材料费(元)			132.68	227.05	362.34	542.77	764.12	1042.94
组成内容		**单位**	**单价**	**数量**					
人工	综合工 一类	工日	153.00	0.80	1.03	1.27	1.51	1.87	2.22
材料	红白松锯材 一类	m^3	4069.17	0.032	0.055	0.088	0.132	0.186	0.254
	铁钉	kg	6.68	0.26	0.30	0.34	0.40	0.46	0.55
	零星材料费	元		0.73	1.24	1.98	2.97	4.18	5.70

单位：10块

编号					11-481	11-482	11-483	11-484	11-485	11-486
项目					枕头木制作、安装（厚）					
					5cm以内	6cm以内	7cm以内	8cm以内	9cm以内	10cm以内
预算基价	总价（元）				**258.47**	**388.24**	**548.50**	**738.10**	**976.11**	**1257.25**
	人工费（元）				157.59	209.61	263.16	313.65	367.20	419.22
	材料费（元）				100.88	178.63	285.34	424.45	608.91	838.03
组成内容		**单位**	**单价**		**数量**					
人工	综合工 一类	工日	153.00		1.03	1.37	1.72	2.05	2.40	2.74
材料	红白松锯材 一类	m^3	4069.17		0.024	0.043	0.069	0.103	0.148	0.204
	铁钉	kg	6.68		0.40	0.40	0.45	0.45	0.50	0.50
	零星材料费	元			0.55	0.98	1.56	2.32	3.33	4.58

单位：10块

编号				11-487	11-488	11-489	11-490	11-491
项目				枕头木制作、安装(厚)				
				11cm以内	12cm以内	13cm以内	14cm以内	15cm以内
预算基价	总价(元)			**1587.84**	**1975.36**	**2430.22**	**2943.06**	**3532.93**
	人工费(元)			471.24	523.26	576.81	627.30	680.85
	材料费(元)			1116.60	1452.10	1853.41	2315.76	2852.08
组成内容		单位	单价	数量				
人工	综合工 一类	工日	153.00	3.08	3.42	3.77	4.10	4.45
材料	红白松锯材 一类	m^3	4069.17	0.272	0.354	0.452	0.565	0.696
	铁钉	kg	6.68	0.55	0.55	0.60	0.60	0.65
	零星材料费	元		6.11	7.94	10.14	12.67	15.60

单位：10m

编号				11-492	11-493	11-494	11-495	11-496	11-497
项目				机枋条制作、安装(椽径)					
				5cm以内	6cm以内	7cm以内	8cm以内	9cm以内	10cm以内
预算基价	总价(元)			**106.24**	**136.31**	**172.03**	**210.68**	**253.47**	**301.84**
	人工费(元)			35.19	38.25	42.84	45.90	48.96	53.55
	材料费(元)			71.05	98.06	129.19	164.78	204.51	248.29
组成内容		**单位**	**单价**	**数量**					
人工	综合工 一类	工日	153.00	0.23	0.25	0.28	0.30	0.32	0.35
材料	红白松锯材 一类	m^3	4069.17	0.0173	0.0239	0.0315	0.0402	0.0499	0.0606
	铁钉	kg	6.68	0.040	0.040	0.045	0.045	0.050	0.050
	零星材料费	元		0.39	0.54	0.71	0.90	1.12	1.36

单位：10m

编号				11-498	11-499	11-500	11-501	11-502	11-503
项目				大连檐制作、安装(高)					
				5cm以内	6cm以内	7cm以内	8cm以内	9cm以内	10cm以内
预算基价	总价(元)			**188.92**	**234.82**	**290.99**	**352.16**	**417.95**	**491.82**
	人工费(元)			85.68	94.86	107.10	117.81	126.99	137.70
	材料费(元)			103.24	139.96	183.89	234.35	290.96	354.12
组成内容		**单位**	**单价**	**数量**					
人工	综合工 一类	工日	153.00	0.56	0.62	0.70	0.77	0.83	0.90
材料	红白松锯材 一类	m^3	4069.17	0.0231	0.0324	0.0433	0.0558	0.0698	0.0854
	铁钉	kg	6.68	1.30	1.10	1.00	0.90	0.80	0.70
	零星材料费	元		0.56	0.77	1.01	1.28	1.59	1.94

单位：10m

编号				11-504	11-505	11-506	11-507	11-508
项目				大连檐制作、安装(高)				
				11cm以内	12cm以内	13cm以内	14cm以内	15cm以内
预算基价	总价(元)			**572.84**	**662.04**	**755.44**	**857.28**	**963.37**
	人工费(元)			148.41	157.59	168.30	180.54	191.25
	材料费(元)			424.43	504.45	587.14	676.74	772.12
组成内容		**单位**	**单价**	**数量**				
人工	综合工 一类	工日	153.00	0.97	1.03	1.10	1.18	1.25
材料	红白松锯材 一类	m^3	4069.17	0.1026	0.1214	0.1418	0.1637	0.1872
	自制铁钉	kg	7.69	0.60	1.00	0.90	0.90	0.80
	零星材料费	元		2.32	2.76	3.21	3.70	4.22

单位：10m

编号				11-509	11-510	11-511	11-512	11-513	11-514
项目				小连檐制作、安装(高)					
				2cm以内	2.5cm以内	3cm以内	3.5cm以内	4cm以内	4.5cm以内
预算基价	总价(元)			**117.86**	**146.48**	**176.30**	**207.88**	**243.02**	**281.05**
	人工费(元)			38.25	44.37	48.96	53.55	58.14	64.26
	材料费(元)			79.61	102.11	127.34	154.33	184.88	216.79
组成内容		**单位**	**单价**	**数量**					
人工	综合工 一类	工日	153.00	0.25	0.29	0.32	0.35	0.38	0.42
材料	红白松锯材 一类	m^3	4069.17	0.0188	0.0243	0.0303	0.0369	0.0442	0.0520
	铁钉	kg	6.68	0.40	0.40	0.50	0.50	0.60	0.60
	零星材料费	元		0.44	0.56	0.70	0.84	1.01	1.19

单位：10m

编号				11-515	11-516	11-517	11-518	11-519
项目				圆椽椽椀制作、安装(椽径)				
				8cm以内	10cm以内	12cm以内	14cm以内	16cm以内
预算基价	总价(元)			**285.69**	**358.25**	**447.94**	**548.71**	**664.54**
	人工费(元)			177.48	198.90	220.32	240.21	263.16
	材料费(元)			108.21	159.35	227.62	308.50	401.38
组成内容		单位	单价	数量				
人工	综合工 一类	工日	153.00	1.16	1.30	1.44	1.57	1.72
材料	红白松锯材 一类	m^3	4069.17	0.0263	0.0388	0.0555	0.0753	0.0980
	铁钉	kg	6.68	0.09	0.09	0.08	0.06	0.06
	零星材料费	元		0.59	0.87	1.25	1.69	2.20

单位：10m

编号				11-520	11-521	11-522	11-523	11-524	11-525
项目				方椽椽椀制作、安装(径)			闸挡板制作、安装(椽径)		
				6cm以内	8cm以内	10cm以内	6cm以内	8cm以内	10cm以内
预算基价	总价(元)			**124.19**	**181.65**	**252.68**	**116.02**	**126.89**	**155.43**
	人工费(元)			53.55	73.44	93.33	82.62	84.15	85.68
	材料费(元)			70.64	108.21	159.35	33.40	42.74	69.75
组成内容		**单位**	**单价**	**数量**					
人工	综合工 一类	工日	153.00	0.35	0.48	0.61	0.54	0.55	0.56
材料	红白松锯材 一类	m^3	4069.17	0.0171	0.0263	0.0388	0.0080	0.0103	0.0169
	铁钉	kg	6.68	0.10	0.09	0.09	0.10	0.09	0.09
	零星材料费	元		0.39	0.59	0.87	0.18	0.23	0.38

单位：10m

编号				11-526	11-527	11-528	11-529	11-530
项目				闸挡板制作、安装(椽径)			隔挡板制作、安装(椽径)	
				12cm以内	14cm以内	16cm以内	8cm以内	12cm以内
预算基价	总价(元)			**171.93**	**185.30**	**227.33**	**106.01**	**167.16**
	人工费(元)			88.74	88.74	90.27	33.66	36.72
	材料费(元)			83.19	96.56	137.06	72.35	130.44
组成内容		**单位**	**单价**	**数量**				
人工	综合工 一类	工日	153.00	0.58	0.58	0.59	0.22	0.24
材料	红白松锯材 一类	m^3	4069.17	0.0202	0.0235	0.0334	0.0176	0.0318
	铁钉	kg	6.68	0.08	0.06	0.06	0.05	0.05
	零星材料费	元		0.46	0.53	0.75	0.40	0.71

单位：10m²

编号				11-531	11-532	11-533	11-534
项目				顺望板制作、安装			
				厚2.1(1.8)cm	厚2.5(2.2)cm	板厚每增0.5cm	刨光
预算基价	总价(元)			**1673.69**	**1969.48**	**374.44**	**88.74**
	人工费(元)			157.59	162.18	6.12	88.74
	材料费(元)			1516.10	1807.30	368.32	
组成内容		**单位**	**单价**	**数量**			
人工	综合工 一类	工日	153.00	1.03	1.06	0.04	0.58
材料	红白松锯材 一类	m^3	4069.17	0.368	0.438	0.087	
	铁钉	kg	6.68	2.00	2.80	1.95	
	零星材料费	元		5.29	6.30	1.28	

单位：10m²

编号				11-535	11-536	11-537	11-538
项目				带柳叶缝望板制作、安装			
				厚2.1(1.8)cm	厚2.5(2.2)cm	板厚每增0.5cm	刨光
预算基价	总价(元)			**1415.38**	**1667.65**	**317.06**	**88.74**
	人工费(元)			122.40	126.99	6.12	88.74
	材料费(元)			1292.98	1540.66	310.94	
组成内容		**单位**	**单价**	**数量**			
人工	综合工 一类	工日	153.00	0.80	0.83	0.04	0.58
材料	红白松锯材 一类	m^3	4069.17	0.315	0.375	0.075	
	铁钉	kg	6.68	1.00	1.40	0.70	
	零星材料费	元		4.51	5.37	1.08	

单位：10m²

编号				11-539	11-540	11-541	11-542
项目				毛望板铺钉			
				厚1.8cm	厚2.1cm	厚2.5cm	板厚每增0.5cm
预算基价	总价(元)			**1006.04**	**1157.13**	**1365.51**	**261.55**
	人工费(元)			88.74	88.74	90.27	4.59
	材料费(元)			917.30	1068.39	1275.24	256.96
组成内容		**单位**	**单价**	**数量**			
人工	综合工 一类	工日	153.00	0.58	0.58	0.59	0.03
材料	红白松锯材 一类	m^3	4069.17	0.223	0.260	0.310	0.062
	铁钉	kg	6.68	1.00	1.00	1.40	0.70
	零星材料费	元		3.20	3.73	4.45	

单位：10m

编号				11-543	11-544	11-545	11-546
项目				瓦口制作			
				6样琉璃瓦	7、8、9样琉璃瓦及1、2、3号筒瓦	10号筒瓦	特1、2、3号板瓦
预算基价	总价(元)			**194.22**	**157.60**	**145.33**	**227.88**
	人工费(元)			70.38	70.38	70.38	104.04
	材料费(元)			123.84	87.22	74.95	123.84
组成内容		**单位**	**单价**	**数量**			
人工	综合工 一类	工日	153.00	0.46	0.46	0.46	0.68
材料	红白松锯材 一类	m^3	4069.17	0.030	0.021	0.018	0.030
	铁钉	kg	6.68	0.20	0.20	0.20	0.20
	零星材料费	元		0.43	0.43	0.37	0.43

2.板类(附梅花钉)

单位：$10m^2$

编号				11-547	11-548	11-549	11-550	11-551	11-552
项目				博脊板、棋枋板、镶嵌柁挡板制作、安装		立闸山花板制作、安装无雕饰		镶嵌象眼山花板制作、安装	
				厚3cm	板厚每增1cm	厚5cm	板厚每增1cm	厚3cm	板厚每增1cm
预算基价	总价(元)			**2724.01**	**617.23**	**4103.88**	**638.46**	**3001.49**	**633.78**
	人工费(元)			751.23	53.55	1011.33	70.38	1029.69	70.38
	材料费(元)			1972.78	563.68	3092.55	568.08	1971.80	563.40
组成内容		**单位**	**单价**	**数量**					
人工	综合工 一类	工日	153.00	4.91	0.35	6.61	0.46	6.73	0.46
材料	红白松锯材 一类	m^3	4069.17	0.476	0.136	0.748	0.136	0.476	0.136
	乳胶	kg	8.22	1.80	0.40	3.00	1.00	1.80	0.40
	铁钉	kg	6.68	1.10	0.50	2.00	0.50	1.10	0.50
	零星材料费	元		13.71	3.64	10.79	3.11	12.73	3.36

单位：$10m^2$

编号				11-553	11-554	11-555	11-556	11-557	11-558
项目				博缝板制作、安装				立闸山花板制作、安装（包括雕刻绶带）	
				悬山		歇山			
				厚5cm	板厚每增1cm	厚5cm	板厚每增1cm	厚5cm	板厚每增1cm
预算基价	总价(元)			**4959.58**	**624.34**	**4619.92**	**624.34**	**35502.56**	**2073.79**
	人工费(元)			1998.18	88.74	1658.52	88.74	32406.93	593.64
	材料费(元)			2961.40	535.60	2961.40	535.60	3095.63	1480.15
组成内容		单位	单价	数量					
人工	综合工 一类	工日	153.00	13.06	0.58	10.84	0.58	211.81	3.88
材料	红白松锯材 一类	m^3	4069.17	0.704	0.128	0.704	0.128	0.748	0.360
	乳胶	kg	8.22	7.00	1.00	7.00	1.00	3.00	1.00
	铁钉	kg	6.68	3.00	0.50	3.00	0.50	2.00	0.50
	零星材料费	元		19.12	3.19	19.12	3.19	13.87	3.69

单位：10个

编号				11-559	11-560	11-561	11-562
项目				梅花钉安装(直径)			
				6cm以内	8cm以内	10cm以内	10cm以外
预算基价	总价(元)			**50.57**	**68.80**	**98.20**	**151.29**
	人工费(元)			35.19	38.25	44.37	53.55
	材料费(元)			15.38	30.55	53.83	97.74
组成内容		**单位**	**单价**	**数量**			
人工	综合工 一类	工日	153.00	0.23	0.25	0.29	0.35
材料	红白松锯材 一类	m^3	4069.17	0.0028	0.0062	0.0116	0.0220
	铁钉	kg	6.68	0.30	0.40	0.50	0.60
	零星材料费	元		1.98	2.65	3.29	4.21

单位：10m²

编号				11-563	11-564	11-565	11-566	11-567	11-568
项目				挂檐板制作、安装					
				无雕饰		带雕饰（板厚5cm）			
				板厚3cm	板厚每增1cm	云盘线纹	落地起万字	贴做博古花卉	板厚每增1cm
预算基价	总价（元）			**2751.44**	**580.98**	**24790.15**	**31766.95**	**39205.86**	**597.81**
	人工费（元）			890.46	53.55	21872.88	28849.68	35826.48	70.38
	材料费（元）			1860.98	527.43	2917.27	2917.27	3379.38	527.43
组成内容		**单位**	**单价**	**数量**					
人工	综合工 一类	工日	153.00	5.82	0.35	142.96	188.56	234.16	0.46
材料	红白松锯材 一类	m^3	4069.17	0.441	0.126	0.695	0.695	0.819	0.126
	铁钉	kg	6.68	2.00	0.50	3.00	3.00	4.00	0.50
	乳胶	kg	8.22	5.00	1.00	7.00	7.00	1.00	1.00
	零星材料费	元		12.02	3.15	11.62	11.62	11.79	3.15

单位：10m²

编号				11-569	11-570	11-571	11-572
项目				挂落板制作、安装		滴珠板制作、安装	
				厚5cm	板厚每增1cm	厚4cm	板厚每增1cm
预算基价	总价(元)			**4092.00**	**580.98**	**24546.60**	**601.89**
	人工费(元)			1168.92	53.55	22134.51	70.38
	材料费(元)			2923.08	527.43	2412.09	531.51
组成内容		单位	单价	数量			
人工	综合工 一类	工日	153.00	7.64	0.35	144.67	0.46
材料	红白松锯材 一类	m^3	4069.17	0.695	0.126	0.572	0.127
	乳胶	kg	8.22	7.00	1.00	6.50	1.00
	铁钉	kg	6.68	3.00	0.50	2.50	0.50
	零星材料费	元		17.43	3.15	14.39	3.17

单位：$10m^2$

编号				11-573	11-574	11-575
项目				木楼板制作、安装		
				厚4cm	板厚每增1cm	安装后净面磨平
预算基价	总价(元)			**3283.12**	**655.50**	**198.90**
	人工费(元)			696.15	122.40	198.90
	材料费(元)			2586.97	533.10	
组成内容		**单位**	**单价**	**数量**		
人工	综合工 一类	工日	153.00	4.55	0.80	1.30
材料	红白松锯材 一类	m^3	4069.17	0.63	0.13	
	铁钉	kg	6.68	1.00	0.10	
	零星材料费	元		16.71	3.44	

3.其 他 部 件

单位：m³

编号				11-576	11-577	11-578	11-579	11-580	11-581	11-582
项目				楞木、沿边木制作、安装(高)			踏脚木制作、安装(高)			草架柱及穿梁制作、安装
				20cm以内	25cm以内	25cm以外	20cm以内	25cm以内	25cm以外	
预算基价	总价(元)			**5434.13**	**5259.22**	**5033.51**	**7420.50**	**6976.80**	**6444.36**	**15792.66**
	人工费(元)			974.61	801.72	576.81	2965.14	2521.44	1989.00	11337.30
	材料费(元)			4459.52	4457.50	4456.70	4455.36	4455.36	4455.36	4455.36
组成内容		单位	单价	数量						
人工	综合工 一类	工日	153.00	6.37	5.24	3.77	19.38	16.48	13.00	74.10
材料	红白松锯材 一类	m³	4069.17	1.09	1.09	1.09	1.09	1.09	1.09	1.09
	铁钉	kg	6.68	0.62	0.32	0.20				
	零星材料费	元		19.98	19.97	19.97	19.96	19.96	19.96	19.96

单位：块

编号				11-583	11-584	11-585	11-586	11-587	11-588
项目				云龙大雀替制作、安装(长)			卷草大雀替制作、安装(长)		
				80cm以内	100cm以内	120cm以内	60cm以内	80cm以内	100cm以内
预算基价	总价(元)			**2105.39**	**3135.53**	**4468.56**	**1169.62**	**1722.89**	**2561.78**
	人工费(元)			1891.08	2717.28	3746.97	1078.65	1508.58	2143.53
	材料费(元)			214.31	418.25	721.59	90.97	214.31	418.25
组成内容		**单位**	**单价**	**数量**					
人工	综合工 一类	工日	153.00	12.36	17.76	24.49	7.05	9.86	14.01
材料	红白松锯材 一类	m^3	4069.17	0.0524	0.1024	0.1769	0.0221	0.0524	0.1024
	乳胶	kg	8.22	0.02	0.03	0.03	0.02	0.02	0.03
	铁钉	kg	6.68	0.01	0.01	0.01	0.01	0.01	0.01
	零星材料费	元		0.85	1.25	1.44	0.81	0.85	1.25

编号				11-589	11-590	11-591	11-592	11-593	11-594
项目				卷草骑马雀替(长)				三幅云拱(厚8cm)(个)	麻叶云拱(厚8cm)(个)
				60cm以内(块)	90cm以内(块)	120cm以内(块)	150cm以内(块)		
预算基价	总价(元)			**1339.90**	**1781.03**	**2615.31**	**3869.69**	**841.12**	**237.18**
	人工费(元)			1298.97	1644.75	2293.47	3242.07	765.00	191.25
	材料费(元)			40.93	136.28	321.84	627.62	76.12	45.93
组成内容		**单位**	**单价**	**数量**					
人工	综合工 一类	工日	153.00	8.49	10.75	14.99	21.19	5.00	1.25
材料	红白松锯材 一类	m^3	4069.17	0.0099	0.0332	0.0787	0.1537	0.0179	0.0105
	乳胶	kg	8.22	0.02	0.02	0.03	0.03		
	铁钉	kg	6.68	0.01	0.01	0.01	0.01		
	零星材料费	元		0.41	0.95	1.28	1.88	3.28	3.20

单位：块

编号				11-595	11-596	11-597	11-598	11-599	11-600
项目				雀替下云墩制作、安装	菱角木制作、安装(厚)				
					6cm以内	7cm以内	8cm以内	9cm以内	10cm以内
预算基价	总价(元)			**2739.60**	**365.71**	**414.23**	**521.28**	**580.11**	**725.09**
	人工费(元)			2195.55	231.03	257.04	283.05	312.12	342.72
	材料费(元)			544.05	134.68	157.19	238.23	267.99	382.37
组成内容		**单位**	**单价**	**数量**					
人工	综合工 一类	工日	153.00	14.35	1.51	1.68	1.85	2.04	2.24
材料	红白松锯材 一类	m^3	4069.17	0.1331	0.0328	0.0382	0.0582	0.0655	0.0936
	乳胶	kg	8.22		0.05	0.06	0.07	0.08	0.09
	零星材料费	元		2.44	0.80	1.25	0.83	0.80	0.76

单位：块

编号				11-601	11-602	11-603	11-604	11-605	11-606
项目				燕尾枋制作、安装(厚)				替木制作、安装(长)	
				3cm以内	4cm以内	5cm以内	6cm以内	100cm以内	150cm以内
预算基价	总价(元)			**39.03**	**53.39**	**73.92**	**104.47**	**139.61**	**250.37**
	人工费(元)			30.60	35.19	39.78	47.43	91.80	146.88
	材料费(元)			8.43	18.20	34.14	57.04	47.81	103.49
组成内容		**单位**	**单价**	**数量**					
人工	综合工 一类	工日	153.00	0.20	0.23	0.26	0.31	0.60	0.96
材料	红白松锯材 一类	m^3	4069.17	0.0020	0.0044	0.0083	0.0139	0.0116	0.0252
	乳胶	kg	8.22	0.01	0.01	0.02	0.03		
	铁钉	kg	6.68					0.06	0.11
	零星材料费	元		0.21	0.21	0.20	0.23	0.21	0.21

四、垂花门及牌楼特殊构、部件

1.垂　花　门

单位：m^3

编　　号				11-607	11-608	11-609	11-610	11-611	11-612
项　　目				垂柱制作、安装			中柱制作、安装(径)		
				风摆柳垂头	莲瓣、芙蓉垂头	四季花草贴脸垂头	20cm以内	25cm以内	25cm以外
预算基价	总　　价(元)			**40831.10**	**50975.00**	**57861.63**	**8838.61**	**7847.21**	**7339.49**
	人　工　费(元)			35843.31	45987.21	52324.47	4063.68	3078.36	2596.41
	材　料　费(元)			4987.79	4987.79	5537.16	4774.93	4768.85	4743.08
组 成 内 容		**单位**	**单价**	**数　　量**					
人工	综合工　一类	工日	153.00	234.27	300.57	341.99	26.56	20.12	16.97
材料	红白松锯材　一类	m^3	4069.17	1.17	1.17	1.17	1.13	1.13	1.13
	样板料（综合）	m^3	3810.00	0.036	0.036	0.036	0.023	0.023	0.023
	红白松锯材　一类烘干	m^3	4650.86			0.12			
	铁钉	kg	6.68	2.60	2.60	2.60	2.10	2.10	2.10
	周转性材料费	元		27.84	27.84	27.84	53.72	47.67	22.01
	零星材料费	元		44.49	44.49	35.76	21.39	21.36	21.25

单位：m³

编号			11-613	11-614	11-615	11-616	11-617	11-618
项目			麻叶穿插枋制作、安装					
			独立柱式(枋高)		廊罩式(枋高)		一殿一卷式(枋高)	
			20cm以内	20cm以外	20cm以内	20cm以外	20cm以内	20cm以外
预算基价	总价(元)		**16155.20**	**11702.84**	**13457.81**	**10090.22**	**11504.00**	**8959.55**
	人工费(元)		11589.75	7140.51	8892.36	5527.89	6938.55	4397.22
	材料费(元)		4565.45	4562.33	4565.45	4562.33	4565.45	4562.33
组成内容	**单位**	**单价**	**数量**					
人工 综合工 一类	工日	153.00	75.75	46.67	58.12	36.13	45.35	28.74
材料 红白松锯材 一类	m^3	4069.17	1.09	1.09	1.09	1.09	1.09	1.09
样板料（综合）	m^3	3810.00	0.023	0.023	0.023	0.023	0.023	0.023
周转性材料费	元		21.97	18.86	21.97	18.86	21.97	18.86
零星材料费	元		20.45	20.44	20.45	20.44	20.45	20.44

编号				11-619	11-620	11-621	11-622	11-623	11-624
项目				帘栊枋制作、安装(枋高)		摺柱制作、安装		花板制作、安装	
				20cm以内 (m^3)	20cm以外 (m^3)	不落海棠池 (根)	落海棠池 (根)	起鼓镘雕 (块)	不起鼓镘雕 (块)
预算基价	总价(元)			**8621.48**	**7193.93**	**61.29**	**96.48**	**313.39**	**277.19**
	人工费(元)			4056.03	2631.60	36.72	71.91	292.23	260.10
	材料费(元)			4565.45	4562.33	24.57	24.57	21.16	17.09
组成内容		单位	单价	数量					
人工	综合工 一类	工日	153.00	26.51	17.20	0.24	0.47	1.91	1.70
材料	红白松锯材 一类	m^3	4069.17	1.0900	1.0900	0.0035	0.0035	0.0050	0.0040
	样板料 (综合)	m^3	3810.00	0.0230	0.0230	0.0025	0.0025		
	周转性材料费	元		21.97	18.86	0.67	0.67	0.67	0.67
	零星材料费	元		20.45	20.44	0.13	0.13	0.14	0.14

单位：m^3

编号				11-625	11-626	11-627	11-628	11-629	11-630
项目				麻叶抱头梁制作、安装					
				独立柱式(梁宽)		廊罩式(梁宽)		一殿一卷式(梁宽)	
				25cm以内	25cm以外	25cm以内	25cm以外	25cm以内	25cm以外
预算基价	总价(元)			**11605.38**	**9370.09**	**9829.30**	**7602.24**	**8530.08**	**7471.36**
	人工费(元)			6973.74	4749.12	5143.86	2939.13	3898.44	2850.39
	材料费(元)			4631.64	4620.97	4685.44	4663.11	4631.64	4620.97
组成内容		**单位**	**单价**	**数量**					
人工	综合工 一类	工日	153.00	45.58	31.04	33.62	19.21	25.48	18.63
材料	红白松锯材 一类	m^3	4069.17	1.09	1.09	1.09	1.09	1.09	1.09
	样板料（综合）	m^3	3810.00	0.023	0.023	0.023	0.023	0.023	0.023
	乳胶	kg	8.22	7.00	6.25	12.50	10.50	7.00	6.25
	铁钉	kg	6.68	1.25	1.05	2.50	2.10	1.25	1.05
	周转性材料费	元		21.97	18.86	21.97	18.86	21.97	18.86
	零星材料费	元		20.75	20.70	20.99	20.89	20.75	20.70

单位：块

编号				11-631	11-632	11-633
项目				荷叶墩制作、安装	独立柱式垂花门	
					通雀替制作、安装	壶瓶抱牙制作、安装
预算基价	总价(元)			**127.13**	**1179.31**	**301.44**
	人工费(元)			117.81	1101.60	198.90
	材料费(元)			9.32	77.71	102.54
组成内容		单位	单价	数量		
人工	综合工 一类	工日	153.00	0.77	7.20	1.30
材料	红白松锯材 一类	m^3	4069.17	0.0020	0.0188	0.0250
	铁钉	kg	6.68	0.01		
	周转性材料费	元		0.67	0.40	0.40
	零星材料费	元		0.44	0.81	0.41

2.牌　楼

单位：根

编号				11-634	11-635	11-636	11-637
项目				摺柱制作(长)		摺柱安装(长)	
				60cm以下	60cm以上	60cm以下	60cm以上
预算基价	总价(元)			**139.17**	**274.36**	**12.64**	**18.76**
	人工费(元)			53.55	81.09	12.24	18.36
	材料费(元)			85.62	193.27	0.40	0.40
组成内容		**单位**	**单价**	**数量**			
人工	综合工 一类	工日	153.00	0.35	0.53	0.08	0.12
材料	红白松锯材 一类	m^3	4069.17	0.0210	0.0474		
	周转性材料费	元				0.40	0.40
	零星材料费	元		0.17	0.39		

单位：根

编号				11-638	11-639	11-640	11-641
项目				高拱柱(包括通天斗) 制作(5cm斗口)			
				五踩	七踩	九踩	十一踩
预算基价	总价(元)			**2011.35**	**2099.68**	**2192.81**	**2284.82**
	人工费(元)			608.94	644.13	680.85	716.04
	材料费(元)			1402.41	1455.55	1511.96	1568.78
组成内容		**单位**	**单价**	**数量**			
人工	综合工 一类	工日	153.00	3.98	4.21	4.45	4.68
材料	红白松锯材 一类	m^3	4069.17	0.3431	0.3561	0.3699	0.3838
	零星材料费	元		6.28	6.52	6.77	7.03

单位：根

编号				11-642	11-643	11-644	11-645
项目				高拱柱(包括通天柱)安装(5cm斗口)			
				五踩	七踩	九踩	十一踩
预算基价	总价(元)			**92.79**	**101.97**	**113.10**	**120.75**
	人工费(元)			81.09	90.27	99.45	107.10
	材料费(元)			11.70	11.70	13.65	13.65
组成内容		**单位**	**单价**	**数量**			
人工	综合工 一类	工日	153.00	0.53	0.59	0.65	0.70
材料	周转性材料费	元		11.70	11.70	13.65	13.65

单位：份

编号				11-646	11-647	11-648	11-649
项目				云牌博缝板制作(5cm斗口)			
				五踩	七踩	九踩	十一踩
预算基价	总价(元)			**946.45**	**1131.55**	**1371.04**	**1631.36**
	人工费(元)			537.03	627.30	716.04	806.31
	材料费(元)			409.42	504.25	655.00	825.05
组成内容		**单位**	**单价**	**数量**			
人工	综合工 一类	工日	153.00	3.51	4.10	4.68	5.27
材料	红白松锯材 一类	m^3	4069.17	0.1000	0.1232	0.1600	0.2016
	铁钉	kg	6.68	0.10	0.10	0.15	0.15
	零星材料费	元		1.83	2.26	2.93	3.70

单位：份

编 号				11-650	11-651	11-652	11-653
项 目				云牌博缝板安装(5cm斗口)			
				五踩	七踩	九踩	十一踩
预算基价	总 价(元)			**144.88**	**154.06**	**161.81**	**172.52**
	人 工 费(元)			143.82	153.00	160.65	171.36
	材 料 费(元)			1.06	1.06	1.16	1.16
组 成 内 容		**单位**	**单价**	**数 量**			
人工	综合工 一类	工日	153.00	0.94	1.00	1.05	1.12
材料	周转性材料费	元		1.06	1.06	1.16	1.16

编号				11-654	11-655	11-656	11-657	11-658
项目				云龙花板制作		云龙花板安装		霸王杠安装
				厚4cm (m²)	每增厚1cm (m²)	厚4cm (m²)	每增厚1cm (m²)	(kg)
预算基价	总价(元)			**7592.44**	**968.87**	**37.98**	**8.56**	**29.21**
	人工费(元)			7374.60	921.06	35.19	7.65	18.36
	材料费(元)			217.84	47.81	2.79	0.91	10.85
组成内容		**单位**	**单价**	**数量**				
人工	综合工 一类	工日	153.00	48.20	6.02	0.23	0.05	0.12
材料	红白松锯材 一类	m³	4069.17	0.0518	0.0115			
	铁钉	kg	6.68			0.33	0.10	
	铁件	kg	9.49					1.03
	周转性材料费	元				0.59	0.24	0.49
	零星材料费	元		7.06	1.01			0.59

第十二章　斗　　拱

说　　明

一、本章包括斗拱及附件制作、斗拱安装2节，共136条基价子目。

二、除牌楼斗拱以5cm斗口为准外，其他斗拱及附件均以8cm斗口为准，斗口尺寸变动按下表调整工料及基价。

一斗三升斗拱、麻叶斗拱、隔架斗拱、昂翘斗拱、平座斗拱、品字斗拱、溜金斗拱、斗拱附件

斗　　口(cm)	5	6	7	8	9	10
综合工调整系数	0.70	0.78	0.88	1.00	1.13	1.28
材料消耗量调整系数	0.25	0.43	0.67	1.00	1.42	1.95

牌 楼 斗 拱

斗　　口(cm)	4	5	6	7
综合工调整系数	0.83	1.00	1.13	1.28
材料消耗量调整系数	0.52	1.00	1.72	2.73

三、昂翘、平座斗拱里拽及品字科两拽不论使用单材拱或麻叶拱、三幅云拱，基价均不调整。

四、垫拱板镂雕金钱眼，牌楼斗拱雕刻如意云昂嘴头按相应基价子目计算。

五、每相邻两攒斗拱的科中至科中以11斗口为准，若超过12斗口或不足10斗口应相应调整附件的材料用量，人工费不变。

六、斗拱安装基价(不包括牌楼斗拱)以头层檐为准，二层檐斗拱安装按相应基价子目人工费、材料费乘以系数1.10，二层檐以上斗拱安装按相应基价子目人工费、材料费乘以系数1.20。

七、各种斗拱角科带枋的分部件，以科中为界，外拽的工料包括在角科斗拱之内。

工 作 内 容

一、斗拱制作包括翘、昂、耍头、撑头、桁椀、正心拱、单才拱及斗、升、销等全部部件制作,挖翘、拱眼,雕刻麻叶云、三幅云及草架摆脸。

二、附件制作所包括范围见各有关基价子目。

三、斗拱安装项目包括斗拱本身各部件及所有附件安装。

四、斗拱保护网包括裁网、用铅丝缝接口、刷油漆、钉牢。

工程量计算规则

一、斗拱制作、安装按攒计算,角科斗拱与平身科斗拱连做者应分别计算;附件制作按“档”计算,角科斗拱与平身科斗拱连做者其档不计算。

二、斗拱保护网按网的面积计算。

一、斗拱及附件制作

单位：攒

编号				12-1	12-2	12-3	12-4	12-5	12-6
项目				一斗三升斗拱制作			一斗二升麻叶斗拱制作		
				平身科	柱头科	角科	平身科	柱头科	角科
预算基价	总价(元)			**398.37**	**473.49**	**2021.09**	**1096.22**	**470.43**	**1933.88**
	人工费(元)			264.69	306.00	1266.84	709.92	302.94	1179.63
	材料费(元)			133.68	167.49	754.25	386.30	167.49	754.25
组成内容		单位	单价	数量					
人工	综合工 一类	工日	153.00	1.73	2.00	8.28	4.64	1.98	7.71
材料	红白松锯材 一类	m^3	4069.17	0.0312	0.0392	0.1784	0.0911	0.0392	0.1784
	样板料（综合）	m^3	3810.00	0.0011	0.0014	0.0062	0.0032	0.0014	0.0062
	乳胶	kg	8.22	0.05	0.05	0.05	0.05	0.05	0.05
	铁钉	kg	6.68	0.01	0.01	0.01	0.01	0.01	0.01
	连绳	kg	15.82	0.10	0.10	0.10	0.10	0.10	0.10
	零星材料费	元		0.47	0.58	2.63	1.35	0.58	2.63

编号				12-7	12-8	12-9	12-10	12-11
项目				单翘云拱麻叶斗拱制作（攒）	一斗二升重拱荷叶雀替隔架斗拱制作（攒）	一斗三升单拱荷叶雀替隔架斗拱制作（攒）	十字隔架斗拱制作（攒）	丁斗拱制作（包括小斗）（份）
预算基价	总价(元)			**2908.83**	**3100.50**	**2813.25**	**3616.02**	**134.14**
	人工费(元)			2492.37	2089.98	1933.92	1067.94	76.50
	材料费(元)			416.46	1010.52	879.33	2548.08	57.64
组成内容		**单位**	**单价**	**数量**				
人工	综合工 一类	工日	153.00	16.29	13.66	12.64	6.98	0.50
材料	红白松锯材 一类	m^3	4069.17	0.0983	0.2391	0.2080	0.6230	0.0135
	样板料（综合）	m^3	3810.00	0.0034	0.0084	0.0073	0.0022	0.0005
	乳胶	kg	8.22	0.05	0.05	0.05	0.05	
	铁钉	kg	6.68	0.01	0.01	0.01	0.01	
	连绳	kg	15.82	0.10	0.10	0.10	0.10	
	零星材料费	元		1.45	3.52	3.07	2.55	0.80

单位：攒

编号				12-12	12-13	12-14	12-15	12-16	12-17
项目				三踩单昂斗拱制作			五踩单翘单昂斗拱制作		
				平身科	柱头科	角科	平身科	柱头科	角科
预算基价	总价(元)			**1803.13**	**1574.01**	**3906.21**	**3030.34**	**3071.26**	**8177.12**
	人工费(元)			1197.99	1014.39	2478.60	1895.67	1707.48	5149.98
	材料费(元)			605.14	559.62	1427.61	1134.67	1363.78	3027.14
组成内容		**单位**	**单价**	**数量**					
人工	综合工 一类	工日	153.00	7.83	6.63	16.20	12.39	11.16	33.66
材料	红白松锯材 一类	m^3	4069.17	0.1424	0.1320	0.3360	0.2677	0.3224	0.7146
	样板料（综合）	m^3	3810.00	0.0050	0.0046	0.0118	0.0094	0.0113	0.0250
	乳胶	kg	8.22	0.15	0.15	0.45	0.27	0.27	0.80
	铁钉	kg	6.68	0.02	0.03	0.06	0.03	0.04	0.09
	连绳	kg	15.82	0.20	0.10	0.40	0.20	0.10	0.40
	零星材料费	元		2.11	1.95	4.98	3.96	4.76	10.56

单位：攒

编号				12-18	12-19	12-20	12-21	12-22	12-23
项目				五踩重昂斗拱制作			七踩单翘重昂斗拱制作		
				平身科	柱头科	角科	平身科	柱头科	角科
预算基价	总价(元)			**3148.82**	**3254.15**	**8277.70**	**4688.29**	**4512.98**	**14764.92**
	人工费(元)			1978.29	1820.70	5175.99	2660.67	2582.64	8168.67
	材料费(元)			1170.53	1433.45	3101.71	2027.62	1930.34	6596.25
组成内容		**单位**	**单价**	**数量**					
人工	综合工 一类	工日	153.00	12.93	11.90	33.83	17.39	16.88	53.39
材料	红白松锯材 一类	m^3	4069.17	0.2762	0.3389	0.7323	0.4788	0.4561	1.5593
	样板料（综合）	m^3	3810.00	0.0097	0.0119	0.0256	0.0168	0.0160	0.0546
	乳胶	kg	8.22	0.27	0.27	0.80	0.39	0.39	1.20
	铁钉	kg	6.68	0.03	0.04	0.09	0.04	0.05	0.12
	连绳	kg	15.82	0.20	0.10	0.40	0.30	0.20	0.60
	零星材料费	元		4.08	5.00	10.82	7.07	6.73	23.01

单位：攒

编号				12-24	12-25	12-26	12-27	12-28	12-29
项目				九踩重翘重昂斗拱制作			三踩平座斗拱制作		
				平身科	柱头科	角科	平身科	柱头科	角科
预算基价	总价(元)			**5692.02**	**6099.69**	**21930.51**	**1654.98**	**1485.15**	**3949.97**
	人工费(元)			3134.97	3289.50	11505.60	1101.60	994.50	2526.03
	材料费(元)			2557.05	2810.19	10424.91	553.38	490.65	1423.94
组成内容		**单位**	**单价**	**数量**					
人工	综合工 一类	工日	153.00	20.49	21.50	75.20	7.20	6.50	16.51
材料	红白松锯材 一类	m^3	4069.17	0.6038	0.6642	2.4658	0.1302	0.1154	0.3360
	样板料（综合）	m^3	3810.00	0.0211	0.0232	0.0863	0.0046	0.0040	0.0112
	乳胶	kg	8.22	0.50	0.50	1.50	0.10	0.10	0.30
	铁钉	kg	6.68	0.05	0.06	0.15	0.02	0.02	0.04
	连绳	kg	15.82	0.40	0.30	0.80	0.20	0.20	0.40
	零星材料费	元		8.92	9.80	36.36	1.93	1.71	4.97

单位：攒

编号				12-30	12-31	12-32	12-33	12-34	12-35
项目				五踩平座斗拱制作			七踩平座斗拱制作		
				平身科	柱头科	角科	平身科	柱头科	角科
预算基价	总价(元)			**2698.10**	**2393.30**	**7370.16**	**4058.46**	**3947.74**	**12584.75**
	人工费(元)			1664.64	1565.19	4406.40	2484.72	2440.35	6663.15
	材料费(元)			1033.46	828.11	2963.76	1573.74	1507.39	5921.60
组成内容		**单位**	**单价**	**数量**					
人工	综合工 一类	工日	153.00	10.88	10.23	28.80	16.24	15.95	43.55
材料	红白松锯材 一类	m^3	4069.17	0.2439	0.1952	0.7000	0.3710	0.3557	1.4000
	样板料（综合）	m^3	3810.00	0.0085	0.0068	0.0245	0.0130	0.0124	0.0490
	乳胶	kg	8.22	0.20	0.20	0.60	0.30	0.30	0.90
	铁钉	kg	6.68	0.03	0.03	0.06	0.04	0.04	0.08
	连绳	kg	15.82	0.20	0.20	0.40	0.40	0.30	0.60
	零星材料费	元		3.60	2.89	10.34	5.49	5.26	20.65

单位：攒

编号				12-36	12-37	12-38	12-39	12-40
项目				九踩平座斗拱制作			三踩品字斗拱制作	
				平身科	柱头科	角科	平身科	柱头科
预算基价	总价(元)			**5252.35**	**5202.76**	**18126.77**	**1632.80**	**1260.71**
	人工费(元)			3128.85	2839.68	9247.32	1110.78	755.82
	材料费(元)			2123.50	2363.08	8879.45	522.02	504.89
组成内容		**单位**	**单价**	**数量**				
人工	综合工 一类	工日	153.00	20.45	18.56	60.44	7.26	4.94
材料	红白松锯材 一类	m^3	4069.17	0.5012	0.5580	2.1000	0.1228	0.1187
	样板料（综合）	m^3	3810.00	0.0175	0.0195	0.0735	0.0043	0.0042
	乳胶	kg	8.22	0.40	0.40	1.20	0.10	0.10
	铁钉	kg	6.68	0.05	0.05	0.10	0.02	0.02
	连绳	kg	15.82	0.40	0.40	0.80	0.20	0.20
	零星材料费	元		7.41	8.24	30.97	1.82	1.76

单位：攒

编号				12-41	12-42	12-43	12-44
项目				五踩品字斗拱制作		七踩品字斗拱制作	
				平身科	柱头科	平身科	柱头科
预算基价	总价(元)			**2869.71**	**3093.30**	**4215.47**	**4583.82**
	人工费(元)			1837.53	1783.98	2633.13	2708.10
	材料费(元)			1032.18	1309.32	1582.34	1875.72
组成内容		**单位**	**单价**	**数量**			
人工	综合工 一类	工日	153.00	12.01	11.66	17.21	17.70
材料	红白松锯材 一类	m^3	4069.17	0.2436	0.3093	0.3734	0.4430
	样板料（综合）	m^3	3810.00	0.0085	0.0108	0.0131	0.0155
	乳胶	kg	8.22	0.20	0.20	0.30	0.30
	铁钉	kg	6.68	0.02	0.03	0.04	0.04
	连绳	kg	15.82	0.20	0.20	0.30	0.30
	零星材料费	元		3.60	4.57	5.52	6.54

单位：攒

编号				12-45	12-46	12-47	12-48	12-49	12-50
项目				九踩品字斗拱制作		三踩单昂溜金斗拱制作		五踩单昂溜金斗拱制作	
				平身科	柱头科	平身科	角科	平身科	角科
预算基价	总价(元)			**5350.14**	**6416.34**	**4151.98**	**8038.02**	**6171.89**	**14504.95**
	人工费(元)			3297.15	3661.29	2819.79	4781.25	3750.03	7483.23
	材料费(元)			2052.99	2755.05	1332.19	3256.77	2421.86	7021.72
组成内容		**单位**	**单价**	**数量**					
人工	综合工 一类	工日	153.00	21.55	23.93	18.43	31.25	24.51	48.91
材料	红白松锯材 一类	m^3	4069.17	0.4844	0.6509	0.3137	0.7672	0.5712	1.6577
	样板料（综合）	m^3	3810.00	0.0170	0.0228	0.0110	0.0269	0.0200	0.0580
	乳胶	kg	8.22	0.40	0.40	0.30	0.90	0.55	1.65
	铁钉	kg	6.68	0.05	0.05	0.05	0.15	0.07	0.21
	连绳	kg	15.82	0.40	0.40	0.40	0.80	0.50	1.00
	零星材料费	元		7.16	9.61	4.65	11.36	8.45	24.49

单位：攒

编号				12-51	12-52	12-53	12-54	12-55	12-56
项目				五踩重昂溜金斗拱制作		七踩单翘重昂溜金斗拱制作		九踩重翘重昂溜金斗拱制作	
				平身科	角科	平身科	角科	平身科	角科
预算基价	总价(元)			**6556.16**	**15407.59**	**9280.80**	**26111.58**	**12059.47**	**34032.63**
	人工费(元)			3924.45	7949.88	5481.99	12034.98	7054.83	15390.27
	材料费(元)			2631.71	7457.71	3798.81	14076.60	5004.64	18642.36
组成内容		**单位**	**单价**	**数量**					
人工	综合工 一类	工日	153.00	25.65	51.96	35.83	78.66	46.11	100.59
材料	红白松锯材 一类	m^3	4069.17	0.6210	1.7611	0.8964	3.3274	1.1812	4.4072
	样板料（综合）	m^3	3810.00	0.0217	0.0616	0.0314	0.1165	0.0413	0.1543
	乳胶	kg	8.22	0.55	1.65	0.80	2.40	1.00	3.00
	铁钉	kg	6.68	0.07	0.21	0.10	0.30	0.13	0.40
	连绳	kg	15.82	0.50	1.00	0.70	1.40	0.90	1.80
	零星材料费	元		9.18	26.01	13.25	49.10	17.46	65.02

单位：攒

编号				12-57	12-58	12-59	12-60	12-61	12-62
项目				五踩单翘单昂牌楼斗拱制作		五踩重昂牌楼斗拱制作		七踩单翘重昂牌楼斗拱制作	
				平身科	角科	平身科	角科	平身科	角科
预算基价	总价(元)			**1728.77**	**5390.72**	**1848.86**	**5589.10**	**2292.60**	**9229.16**
	人工费(元)			1419.84	4343.67	1490.22	4456.89	1790.10	7509.24
	材料费(元)			308.93	1047.05	358.64	1132.21	502.50	1719.92
组成内容		**单位**	**单价**	**数量**					
人工	综合工 一类	工日	153.00	9.28	28.39	9.74	29.13	11.70	49.08
材料	红白松锯材 一类	m^3	4069.17	0.0722	0.2458	0.0840	0.2660	0.1175	0.4040
	样板料（综合）	m^3	3810.00	0.0025	0.0086	0.0029	0.0093	0.0041	0.0141
	乳胶	kg	8.22	0.15	0.45	0.15	0.45	0.25	0.75
	铁钉	kg	6.68	0.02	0.06	0.02	0.06	0.03	0.09
	连绳	kg	15.82	0.20	0.40	0.20	0.40	0.30	0.60
	零星材料费	元		1.08	3.65	1.25	3.95	1.75	6.00

单位：攒

编号				12-63	12-64	12-65	12-66
项目				九踩单翘三昂牌楼斗拱制作		十一踩重翘三昂牌楼斗拱制作	
				平身科	角科	平身科	角科
预算基价	总价(元)			**2890.70**	**14670.53**	**3787.45**	**20646.59**
	人工费(元)			2334.78	11448.99	2804.49	15980.85
	材料费(元)			555.92	3221.54	982.96	4665.74
组成内容		**单位**	**单价**	**数量**			
人工	综合工 一类	工日	153.00	15.26	74.83	18.33	104.45
材料	红白松锯材 一类	m^3	4069.17	0.1296	0.7587	0.2302	1.0997
	样板料（综合）	m^3	3810.00	0.0045	0.0266	0.0081	0.0385
	乳胶	kg	8.22	0.35	1.00	0.45	1.35
	铁钉	kg	6.68	0.04	0.12	0.05	0.15
	连绳	kg	15.82	0.40	0.80	0.50	1.00
	零星材料费	元		1.94	11.24	3.43	16.27

编号				12-67	12-68	12-69	12-70	12-71	12-72
项目				垫拱板(8cm斗口)		昂翘斗拱、平座斗拱、溜金斗拱正心及外拽附件（包括正心枋、外拽枋、挑檐枋及外拽斜盖斗板）(8cm斗口)			
				单拱(10块)	重拱(10块)	三踩(档)	五踩(档)	七踩(档)	九踩(档)
预算基价	总价(元)			**539.91**	**770.44**	**232.70**	**574.05**	**912.34**	**1150.35**
	人工费(元)			134.64	172.89	50.49	119.34	185.13	235.62
	材料费(元)			405.27	597.55	182.21	454.71	727.21	914.73
组成内容		**单位**	**单价**	**数量**					
人工	综合工 一类	工日	153.00	0.88	1.13	0.33	0.78	1.21	1.54
材料	红白松锯材 一类	m^3	4069.17	0.0992	0.1461	0.0446	0.1113	0.1780	0.2239
	铁钉	kg	6.68		0.10				
	零星材料费	元		1.61	2.38	0.73	1.81	2.90	3.64

单位：档

<table>
<tr><td colspan="3">编　　号</td><td>12-73</td><td>12-74</td><td>12-75</td><td>12-76</td><td>12-77</td></tr>
<tr><td colspan="3" rowspan="2">项　　目</td><td rowspan="2">一斗三升及
麻叶斗拱正心枋
（8cm斗口）</td><td colspan="4">昂翘斗拱、平座斗拱里拽附件
（包括里拽枋、井口枋及里拽斜斗板）
（8cm斗口）</td></tr>
<tr><td>三踩</td><td>五踩</td><td>七踩</td><td>九踩</td></tr>
<tr><td rowspan="3">预算基价</td><td colspan="2">总　　价（元）</td><td>104.87</td><td>181.94</td><td>315.09</td><td>452.01</td><td>581.27</td></tr>
<tr><td colspan="2">人　工　费（元）</td><td>19.89</td><td>45.90</td><td>76.50</td><td>111.69</td><td>139.23</td></tr>
<tr><td colspan="2">材　料　费（元）</td><td>84.98</td><td>136.04</td><td>238.59</td><td>340.32</td><td>442.04</td></tr>
<tr><td colspan="2">组 成 内 容</td><td>单位</td><td>单价</td><td colspan="4">数　　量</td></tr>
<tr><td>人工</td><td>综合工　一类</td><td>工日</td><td>153.00</td><td>0.13</td><td>0.30</td><td>0.50</td><td>0.73</td><td>0.91</td></tr>
<tr><td rowspan="2">材料</td><td>红白松锯材　一类</td><td>m^3</td><td>4069.17</td><td>0.0208</td><td>0.0333</td><td>0.0584</td><td>0.0833</td><td>0.1082</td></tr>
<tr><td>零星材料费</td><td>元</td><td></td><td>0.34</td><td>0.54</td><td>0.95</td><td>1.36</td><td>1.76</td></tr>
</table>

单位：档

编号				12-78	12-79	12-80	12-81
项目				品字斗拱正心及两拽附件（包括正心枋、拽枋、井口枋）（8cm斗口）			
				三踩	五踩	七踩	九踩
预算基价	总价(元)			**465.70**	**835.94**	**1206.58**	**1576.81**
	人工费(元)			108.63	191.25	273.87	356.49
	材料费(元)			357.07	644.69	932.71	1220.32
组成内容		**单位**	**单价**	**数量**			
人工	综合工 一类	工日	153.00	0.71	1.25	1.79	2.33
材料	红白松锯材 一类	m^3	4069.17	0.0874	0.1578	0.2283	0.2987
	零星材料费	元		1.42	2.57	3.72	4.86

单位：档

编号				12-82	12-83	12-84	12-85
项目				牌楼斗拱正心及两拽附件（包括正心枋、拽枋、挑檐枋、斜盖斗板）（5cm斗口）			
				五踩	七踩	九踩	十一踩
预算基价	总价(元)			**306.39**	**455.53**	**574.97**	**691.76**
	人工费(元)			96.39	149.94	195.84	238.68
	材料费(元)			210.00	305.59	379.13	453.08
组成内容		单位	单价	数量			
人工	综合工 一类	工日	153.00	0.63	0.98	1.28	1.56
材料	红白松锯材 一类	m^3	4069.17	0.0514	0.0748	0.0928	0.1109
	零星材料费	元		0.84	1.22	1.51	1.81

单位：10块

编号				12-86	12-87	12-88	12-89	12-90	12-91
项目				垫拱板镂雕金钱眼(斗口)					
				5cm	6cm	7cm	8cm	9cm	10cm
预算基价	总价(元)			**21.42**	**24.48**	**27.54**	**30.60**	**33.66**	**38.25**
	人工费(元)			21.42	24.48	27.54	30.60	33.66	38.25
组成内容		单位	单价	数量					
人工	综合工 一类	工日	153.00	0.14	0.16	0.18	0.20	0.22	0.25

单位：个

编号				12-92	12-93	12-94	12-95	12-96	12-97
项目				如意云昂嘴头雕刻(斗口)					
				5cm	6cm	7cm	8cm	9cm	10cm
预算基价	总价(元)			**27.54**	**30.60**	**33.66**	**38.25**	**42.84**	**48.96**
	人工费(元)			27.54	30.60	33.66	38.25	42.84	48.96
组成内容		**单位**	**单价**	**数量**					
人工	综合工 一类	工日	153.00	0.18	0.20	0.22	0.25	0.28	0.32

二、斗拱安装

单位：攒

编号				12-98	12-99	12-100	12-101	12-102	12-103
项目				一斗三升斗拱安装			一斗二升交麻叶斗拱安装		
				平身科	柱头科	角科	平身科	柱头科	角科
预算基价	总价(元)			**23.77**	**31.64**	**54.33**	**32.95**	**30.11**	**54.33**
	人工费(元)			22.95	30.60	39.78	32.13	29.07	39.78
	材料费(元)			0.82	1.04	14.55	0.82	1.04	14.55
组成内容		**单位**	**单价**	**数量**					
人工	综合工 一类	工日	153.00	0.15	0.20	0.26	0.21	0.19	0.26
材料	周转性材料费	元		0.82	1.04	14.55	0.82	1.04	14.55

单位：攒

编号				12-104	12-105	12-106	12-107
项目				单翘云拱交麻叶斗拱安装	一斗二升重拱荷叶雀替隔架斗拱安装	一斗三升单拱荷叶雀替隔架斗拱安装	十字隔架斗拱安装
预算基价	总价(元)			**44.02**	**67.87**	**60.49**	**68.01**
	人工费(元)			42.84	67.32	59.67	67.32
	材料费(元)			1.18	0.55	0.82	0.69
组成内容		**单位**	**单价**	**数量**			
人工	综合工 一类	工日	153.00	0.28	0.44	0.39	0.44
材料	周转性材料费	元		1.18	0.55	0.82	0.69

单位：攒

编号				12-108	12-109	12-110	12-111	12-112	12-113
项目				三踩昂翘、平座、品字斗拱安装			五踩昂翘、平座、品字斗拱安装		
				平身科	柱头科	角科	平身科	柱头科	角科
预算基价	总价(元)			**159.94**	**239.72**	**477.28**	**268.93**	**403.84**	**805.26**
	人工费(元)			159.12	238.68	475.83	267.75	402.39	803.25
	材料费(元)			0.82	1.04	1.45	1.18	1.45	2.01
组成内容		**单位**	**单价**	**数量**					
人工	综合工 一类	工日	153.00	1.04	1.56	3.11	1.75	2.63	5.25
材料	周转性材料费	元		0.82	1.04	1.45	1.18	1.45	2.01

单位：攒

编号				12-114	12-115	12-116	12-117	12-118	12-119
项目				七踩昂翘、平座、品字斗拱安装			九踩昂翘、平座、品字斗拱安装		
				平身科	柱头科	角科	平身科	柱头科	角科
预算基价	总价(元)			**383.95**	**575.76**	**1149.92**	**453.36**	**680.21**	**1356.80**
	人工费(元)			382.50	573.75	1147.50	451.35	677.79	1354.05
	材料费(元)			1.45	2.01	2.42	2.01	2.42	2.75
组成内容		**单位**	**单价**	**数量**					
人工	综合工 一类	工日	153.00	2.50	3.75	7.50	2.95	4.43	8.85
材料	周转性材料费	元		1.45	2.01	2.42	2.01	2.42	2.75

单位：攒

编号				12-120	12-121	12-122	12-123
项目				三踩溜金斗拱安装		五踩溜金斗拱安装	
				平身科	角科	平身科	角科
预算基价	总价(元)			**199.86**	**250.57**	**336.52**	**1005.48**
	人工费(元)			198.90	249.39	335.07	1003.68
	材料费(元)			0.96	1.18	1.45	1.80
组成内容		**单位**	**单价**	**数量**			
人工	综合工 一类	工日	153.00	1.30	1.63	2.19	6.56
材料	周转性材料费	元		0.96	1.18	1.45	1.80

单位：攒

编号				12-124	12-125	12-126	12-127
项目				七踩溜金斗拱安装		九踩溜金斗拱安装	
				平身科	角科	平身科	角科
预算基价	总价(元)			**480.49**	**1437.20**	**566.99**	**1694.93**
	人工费(元)			478.89	1435.14	564.57	1692.18
	材料费(元)			1.60	2.06	2.42	2.75
组成内容		**单位**	**单价**	**数量**			
人工	综合工 一类	工日	153.00	3.13	9.38	3.69	11.06
材料	周转性材料费	元		1.60	2.06	2.42	2.75

单位：攒

编号				12-128	12-129	12-130	12-131	12-132	12-133
项目				牌楼斗拱安装(5cm斗口)					
				五踩		七踩		九踩	
				平身科	角科	平身科	角科	平身科	角科
预算基价	总价(元)			**189.29**	**564.56**	**269.35**	**805.05**	**317.19**	**949.28**
	人工费(元)			188.19	563.04	267.75	803.25	315.18	947.07
	材料费(元)			1.10	1.52	1.60	1.80	2.01	2.21
组成内容		单位	单价	数量					
人工	综合工 一类	工日	153.00	1.23	3.68	1.75	5.25	2.06	6.19
材料	周转性材料费	元		1.10	1.52	1.60	1.80	2.01	2.21

编号				12-134	12-135	12-136
项目				牌楼斗拱安装		斗拱保护网（包括油漆）（m^2）
				十一踩		
				平身科（攒）	角科（攒）	
预算基价	总价(元)			**381.86**	**1139.00**	**728.43**
	人工费(元)			379.44	1136.79	630.36
	材料费(元)			2.42	2.21	98.07
组成内容		**单位**	**单价**	**数量**		
人工	综合工 一类	工日	153.00	2.48	7.43	4.12
材料	镀锌拧花铅丝网	m^2	7.30			11.00
	镀锌钢丝 *D*0.9	kg	7.31			0.30
	铁钉	kg	6.68			0.5
	防锈漆	kg	15.51			0.30
	调和漆	kg	14.11			0.30
	汽油	kg	7.16			0.20
	周转性材料费	元		2.42	2.21	
	零星材料费	元				1.92

第十三章　木　装　修

说　　明

一、本章包括槛框类制作与安装，各种门窗扇、隔扇制作与安装，坐凳及倒挂楣子制作与安装，栏杆、什锦窗，门窗装饰附件、特殊五金及匾额，木楼梯、墙、天棚6节，共216条基价子目。

二、各种槛、框、腰枋、通连楹、门栊制作、安装已综合了隔扇、槛窗、支摘窗、屏门、大门及内檐装修等不同的情况，实际工程中一律按基价执行不得调整。通连楹与门栊，挖弯企边线者执行门栊基价子目，否则执行通连楹基价子目。

三、门簪截面不分六边形、八边形或带企梅花线，基价均不做调整；其端面以素面为准，带雕饰者按门簪端面雕刻的相应基价子目执行。

四、隔扇、槛窗基价已综合了边抹企线、起凸、打凹及裙板、绦环板单面起凸、双面起凸或贴作的不同情况，实际工程中不论遇何种情况，基价均不调整。裙板、绦环板需雕饰者，按隔扇、槛窗裙板、绦环板雕刻的相应基价子目执行。

五、隔扇、槛窗及帘架上的横披窗执行槛窗及心屉基价子目；支摘窗上的横披窗(包括夹门上亮窗)执行支摘窗基价子目。

六、各种心屉不论有无仔边，基价(包括隔扇槛窗等)均不调整。

七、隔扇、槛窗安装采用鹅项碰铁者执行合页铰接基价子目，并按实际换算材料费；支摘窗纱扇安装执行支摘窗扇安装基价子目。

八、大门门钹改用兽面者按实另增材料费。包叶、铁门栓、壶瓶形护口另按附件基价子目执行。

九、木栏杆已综合考虑了楼梯栏杆的情况。

十、什锦窗桶座已综合考虑了墙体不同的厚度；贴脸、仔屉均以单面为准，其中带棂条仔屉已综合考虑了各种花形。其洞口面积以水平长度乘以竖直高度计算。

十一、隔扇、槛窗、风门及帘架余塞腿子、支摘窗及夹门、楣子、花栏杆、什锦窗仔屉所用卡子花、团花、工字、握拳一律执行第五节相应基价子目。

十二、木楼梯基价以其与地面夹角小于45°为准，夹角大于45°且小于60°者，按相应基价子目人工费乘以系数1.40。

十三、天棚木龙骨均按双层考虑，天棚检查孔、通风孔工料已包括在基价内，如用金属通风箅子应另行计算。

十四、不抹灰天棚的面层设计要求厚度与基价不同时，按实际厚度进行换算，人工费不变。

十五、门簪端面雕刻，隔扇、槛窗裙板、绦环板雕刻均以松木单面雕刻为准。松木双面雕刻按相应基价子目人工费乘以系数2.00；硬木单面雕刻按相应基价子目人工费乘以系数1.80，硬木双面雕刻按相应基价子目人工费乘以系数3.60。

十六、帘架风门及余塞腿子，随支摘夹门的裙板，绦环板需雕饰者，按隔扇、槛窗裙板、绦环板雕刻的相应基价子目执行。

工 作 内 容

一、本章中凡未分制作与安装的项目，除另有规定者外均包括制作与安装。

二、各种槛、框、腰枋、通连楹制作均包括企口、起线，安装包括钉护口条。门栊制作包括挖锯成型、企雕边线。

三、窗榻板制作、安装包括刷防腐剂。

四、门头板、余塞板制作与安装包括边缝压条。

五、帘架安装包括安铁卡子。

六、桶子板、包镶桶子口包括铺油毡，不包括钉贴脸；其中桶子板还包括刷防腐剂，包镶桶子板还包括排钉龙骨。

七、隔扇、槛窗、风门及帘架余塞腿子，随支摘窗夹门制作均包括边抹、裙板、绦环板，不包括心屉。

八、隔扇、槛窗各种心屉均包括制作、安装及安装铁（木）销、拉环（叶）、拉手、合页、插销等一般小五金，不包括工字、握拳、卡子花、团花等制雕，其中一玻一纱做法的包括钉铁纱。

九、支摘窗扇制作包括边抹及心屉，不包括工字、握拳、卡子花、团花等制雕。

十、支摘窗纱屉制作包括钉纱。

十一、实踏大门扇、撒带大门扇、屏门扇制作均包括穿带；攒边门制作包括做木插销。

十二、隔扇、槛窗、支摘窗、屏门扇安装转轴铰接的包括转轴、栓杆、楹斗的制作、安装及拉环（叶）安装，合页铰接的包括安装一般小五金。

十三、实踏大门、撒带大门、攒边门安装包括安套筒踩钉、门钹。

十四、各种坐凳及倒挂楣子制作、安装包括边抹、心屉及白菜头、楣子腿等框以外延伸部分，不包括工字、握拳、卡子花、团花及牙子的制雕。

十五、坐凳面制作、安装包括入口处膝盖腿制作、安装，不包括安装拉接铁件。

十六、栏杆制作、安装包括望柱制作、安装及雕饰，还包括望柱脚铁件安装及刷防腐油；鹅颈靠背制作、安装包括在坐凳面上凿卯眼及铁件安装。

十七、匾额制作不包括刻字及安装；匾托包括制、雕、安装。

十八、木楼梯制作、安装包括铁件安装及触地、触墙部分刷防腐油。

十九、栈板墙制作、安装包括引条及边缝压条制作、安装，但不包括圜门、圜窗牙子；其他各种墙及护墙包括剔洞、找补木砖，木龙骨制作、安装、刷防腐剂、裁板、钉面层、钉压条等。

二十、井口天花包括帽儿梁、支条、贴梁、井口板制作与安装及安装铁件，其他天棚包括制作与安装大小龙骨、钉面层、钉压条、贴靠砖墙部位刷防腐油等，其中五合板天棚仿井口天花做法者包括压条的制作。

工程量计算规则

一、各种槛、框、腰枋、通连楹、门栊按长度计算。其中槛两端量至柱中,抱框、间框(柱)、腰枋按槛(框)里口净长计量,通连楹、门栊按实长计算。

二、窗榻板、坐凳面按柱中至柱中长度乘以宽度按面积计算,并扣除出入口处水平长度,但出入口处坐凳的膝盖腿应计算长度。

三、门头板、余塞板按垂直投影面积计算。

四、帘架大框以边框外围面积计算,下边以地面上皮为准。

五、桶子板、包镶桶子口按面积计算。

六、过木按图示尺寸以体积计算,长度无图示时,按洞口宽乘以 1.40 计算。

七、隔扇、槛窗、风门及帘架腿子、支摘窗及夹门、屏门、大门、攒边门、坐凳及倒挂楣子、新式门窗扇均按边抹外围面积计算,门枢、坐凳楣子腿、白菜头等框外延伸部分已包括在基价内,均不得计算面积。

八、各种心屉(不包括什锦窗心屉)有仔边时按仔边外围面积计算,无仔边时按所接触的边抹里口面积计算。

九、栏杆以地面上皮至扶手上皮间高度乘以长度(不扣望柱)按面积计算。

十、鹅颈靠背(美人靠)按上口长度计算。

十一、普通匾额按面积计算。

十二、木楼梯按水平投影面积计算,不扣除宽在 30cm 以内的楼梯井所占面积。

十三、栈板墙按垂直投影面积计算,并扣除门窗洞口所占面积。

十四、井口天花按井口枋里口(贴梁外口)面积计算,应扣除藻井所占面积,不扣除梁枋所占面积。

十五、天棚有斗拱者计量方法与井口天花相同,无斗拱者按主墙间面积计算,不扣除间壁墙、检查孔及梁枋所占面积。

一、槛框类制作与安装

单位：m

编号				13-1	13-2	13-3	13-4	13-5	13-6
项目				上槛、中槛、下槛、风槛、抱框、间框（柱）腰枋、通连楹（厚）					
				7cm以内	8cm以内	9cm以内	10cm以内	11cm以内	12cm以内
预算基价	总价（元）			**97.82**	**114.68**	**138.15**	**163.15**	**190.70**	**223.84**
	人工费（元）			32.13	36.72	39.78	44.37	47.43	52.02
	材料费（元）			65.69	77.96	98.37	118.78	143.27	171.82
组成内容		单位	单价	数量					
人工	综合工 一类	工日	153.00	0.21	0.24	0.26	0.29	0.31	0.34
材料	红白松锯材 一类	m^3	4069.17	0.016	0.019	0.024	0.029	0.035	0.042
	铁钉	kg	6.68	0.01	0.01	0.01	0.01	0.01	0.01
	零星材料费	元		0.52	0.58	0.64	0.71	0.78	0.85

单位：m

编号				13-7	13-8	13-9	13-10	13-11	13-12
项目				门栊(厚)					
				7cm以内	8cm以内	9cm以内	10cm以内	11cm以内	12cm以内
预算基价	总价(元)			**261.80**	**283.28**	**312.87**	**342.47**	**377.64**	**416.87**
	人工费(元)			195.84	205.02	214.20	223.38	234.09	244.80
	材料费(元)			65.96	78.26	98.67	119.09	143.55	172.07
组成内容		**单位**	**单价**	**数量**					
人工	综合工 一类	工日	153.00	1.28	1.34	1.40	1.46	1.53	1.60
材料	红白松锯材 一类	m^3	4069.17	0.016	0.019	0.024	0.029	0.035	0.042
	铁钉	kg	6.68	0.02	0.02	0.02	0.02	0.02	0.02
	零星材料费	元		0.72	0.81	0.88	0.95	1.00	1.03

编号				13-13	13-14	13-15	13-16	13-17	13-18
项目				窗榻板		门头板、余塞板		门簪(径)	
				厚6cm (m^2)	每增厚1cm (m^2)	厚2cm (m^2)	每增厚1cm (m^2)	15cm以内 (个)	15cm以外 (个)
预算基价	总价(元)			**391.19**	**52.57**	**226.54**	**31.36**	**247.23**	**393.71**
	人工费(元)			91.80	7.65	65.79	3.06	191.25	249.39
	材料费(元)			299.39	44.92	160.75	28.30	55.98	144.32
组成内容		**单位**	**单价**	**数量**					
人工	综合工 一类	工日	153.00	0.60	0.05	0.43	0.02	1.25	1.63
材料	红白松锯材 一类	m^3	4069.17	0.073	0.011				
	红白松锯材 一类烘干	m^3	4650.86			0.034	0.006	0.012	0.031
	乳胶	kg	8.22			0.25	0.03		
	铁钉	kg	6.68	0.25		0.06	0.01		
	氯化钠	kg	0.91	0.01					
	红土粉	kg	5.93	0.01					
	零星材料费	元		0.60	0.16	0.16	0.08	0.17	0.14

单位：个

编号				13-19	13-20	13-21	13-22	13-23	13-24
项目				门簪端面雕刻					
				起素边(径)		起边刻字(径)		雕刻四季花卉(径)	
				15cm以内	15cm以外	15cm以内	15cm以外	15cm以内	15cm以外
预算基价	总价(元)			**24.48**	**30.60**	**114.75**	**153.00**	**137.70**	**183.60**
	人工费(元)			24.48	30.60	114.75	153.00	137.70	183.60
组成内容		**单位**	**单价**	**数量**					
人工	综合工 一类	工日	153.00	0.16	0.20	0.75	1.00	0.90	1.20

编号				13-25	13-26	13-27	13-28	13-29	13-30
项目				木门枕 (m^3)	帘架		桶子板		包镶桶子口 (m^2)
					大框 (m^2)	荷叶墩荷花栓斗 (套)	厚4cm (m^2)	每增厚1cm (m^2)	
预算基价	总价(元)			**6956.13**	**109.24**	**460.09**	**431.78**	**81.41**	**174.17**
	人工费(元)			2111.40	35.19	382.50	174.42	27.54	82.62
	材料费(元)			4844.73	74.05	77.59	257.36	53.87	91.55
组成内容		**单位**	**单价**	**数量**					
人工	综合工 一类	工日	153.00	13.80	0.23	2.50	1.14	0.18	0.54
材料	红白松锯材 一类	m^3	4069.17	1.190			0.061	0.013	0.013
	红白松锯材 一类烘干	m^3	4650.86		0.015	0.016			
	胶合板 厚5mm	m^2	30.54						1.07
	油毡	m^2	3.83				1.02		1.01
	乳胶	kg	8.22		0.02		0.50	0.10	0.21
	铁钉	kg	6.68		0.03	0.03	0.10	0.01	0.03
	铁件	kg	9.49		0.34				
	氯化钠	kg	0.91				0.01		
	红土粉	kg	5.93				0.01		
	零星材料费	元		2.42	0.70	2.98	0.39	0.08	0.18

二、各种门窗扇、隔扇制作与安装

单位：m^2

编号				13-31	13-32	13-33	13-34	13-35
项目				外檐隔扇制作（不含心屉）	内檐隔扇制作（不含心屉）	风门及帘架余塞腿子制作（不含心屉）	随支摘窗夹门制作（不含心屉）	槛窗制作（不含心屉）
预算基价	总价(元)			**380.05**	**365.50**	**393.90**	**355.50**	**335.90**
	人工费(元)			182.07	191.25	191.25	162.18	143.82
	材料费(元)			197.98	174.25	202.65	193.32	192.08
组成内容		**单位**	**单价**	**数量**				
人工	综合工 一类	工日	153.00	1.19	1.25	1.25	1.06	0.94
材料	红白松锯材 一类烘干	m^3	4650.86	0.042	0.037	0.043	0.041	0.041
	乳胶	kg	8.22	0.25	0.20	0.25	0.25	0.10
	零星材料费	元		0.59	0.52	0.61	0.58	0.57

单位：m^2

编号				13-36	13-37	13-38	13-39	13-40	13-41
项目				隔扇、槛窗、裙板、绦环板雕刻					
				浮雕龙凤		浮雕博古花卉 浮雕五幅捧寿		浮雕夔龙夔凤	
				隔扇	槛窗	隔扇	槛窗	隔扇	槛窗
预算基价	总价(元)			**2203.20**	**566.10**	**1575.90**	**459.00**	**642.60**	**229.50**
	人工费(元)			2203.20	566.10	1575.90	459.00	642.60	229.50
组成内容		**单位**	**单价**	**数量**					
人工	综合工 一类	工日	153.00	14.40	3.70	10.30	3.00	4.20	1.50

单位：m^2

编号				13-42	13-43	13-44	13-45
项目				隔扇、槛窗、裙板、绦环板雕刻			
				浮雕素线响云 浮雕如意团线		阴纹博古花卉	
				隔扇	槛窗	隔扇	槛窗
预算基价	总价(元)			**550.80**	**137.70**	**275.40**	**114.75**
	人工费(元)			550.80	137.70	275.40	114.75
组成内容		**单位**	**单价**	**数量**			
人工	综合工 一类	工日	153.00	3.60	0.90	1.80	0.75

单位：m²

编号				13-46	13-47	13-48	13-49	13-50	13-51
项目				外檐隔扇、槛窗三交六碗菱花心屉（棂条厚）			外檐隔扇、槛窗双交四碗菱花心屉（棂条厚）		
				2.5cm以内	3cm以内	3cm以外	2.5cm以内	3cm以内	3cm以外
预算基价	总价（元）			**2573.85**	**2510.32**	**2441.65**	**1821.72**	**1747.46**	**1669.47**
	人工费（元）			2386.80	2287.35	2187.90	1690.65	1591.20	1491.75
	材料费（元）			187.05	222.97	253.75	131.07	156.26	177.72
组成内容		单位	单价	数量					
人工	综合工 一类	工日	153.00	15.60	14.95	14.30	11.05	10.40	9.75
材料	菱花扣	个		(130)	(85)	(55)	(90)	(60)	(40)
	红白松锯材 一类烘干	m^3	4650.86	0.0396	0.0473	0.0539	0.0277	0.0331	0.0377
	乳胶	kg	8.22	0.20	0.20	0.20	0.16	0.16	0.16
	铁钉	kg	6.68	0.10	0.10	0.10	0.08	0.08	0.08
	零星材料费	元		0.56	0.67	0.76	0.39	0.47	0.53

单位：m^2

编号				13-52	13-53	13-54	13-55	13-56
项目				外檐隔扇、槛窗方格心屉制作与安装			内檐隔扇方格心屉制作与安装	
				单面	双面夹玻	一玻一纱	单面	双面夹玻(纱)
预算基价	总价(元)			**524.03**	**798.57**	**685.60**	**491.86**	**738.66**
	人工费(元)			397.80	596.70	517.14	377.91	556.92
	材料费(元)			126.23	201.87	168.46	113.95	181.74
组成内容		**单位**	**单价**	**数量**				
人工	综合工 一类	工日	153.00	2.60	3.90	3.38	2.47	3.64
材料	红白松锯材 一类烘干	m^3	4650.86	0.0268	0.0428	0.0327	0.0242	0.0385
	乳胶	kg	8.22	0.06	0.10	0.08	0.06	0.10
	铁钉	kg	6.68	0.07	0.07	0.10	0.06	0.06
	铁窗纱	m^2	7.46			1.2		
	自制小五金	kg	7.69		0.12			0.12
	五金费	元				5.60		
	零星材料费	元		0.63	0.60	0.50	0.51	0.54

单位：m²

编号				13-57	13-58	13-59	13-60	13-61
项目				外檐灯笼锦心屉制作、安装			内檐灯笼锦心屉制作、安装	
				单面	双面夹玻	一玻一纱	单面	双面夹玻(纱)
预算基价	总价(元)			**437.90**	**665.54**	**613.61**	**370.74**	**553.48**
	人工费(元)			358.02	537.03	477.36	298.35	437.58
	材料费(元)			79.88	128.51	136.25	72.39	115.90
组成内容		**单位**	**单价**	**数量**				
人工	综合工 一类	工日	153.00	2.34	3.51	3.12	1.95	2.86
材料	红白松锯材 一类烘干	m³	4650.86	0.0169	0.0271	0.0258	0.0153	0.0244
	乳胶	kg	8.22	0.04	0.07	0.06	0.04	0.07
	铁钉	kg	6.68	0.07	0.07	0.10	0.06	0.06
	铁窗纱	m²	7.46			1.20		
	自制小五金	kg	7.69		0.12			0.12
	五金费	元				5.60		
	零星材料费	元		0.48	0.51	0.54	0.50	0.52

单位：m^2

编号				13-62	13-63	13-64	13-65	13-66
项目				外檐步步紧心屉制作、安装			内檐步步紧心屉制作、安装	
				单面	双面夹玻	一玻一纱	单面	双面夹玻(纱)
预算基价	总价(元)			**534.80**	**812.05**	**705.32**	**505.53**	**756.81**
	人工费(元)			437.58	656.37	556.92	417.69	616.59
	材料费(元)			97.22	155.68	148.40	87.84	140.22
组成内容		**单位**	**单价**	**数量**				
人工	综合工 一类	工日	153.00	2.86	4.29	3.64	2.73	4.03
材料	红白松锯材 一类烘干	m^3	4650.86	0.0206	0.0329	0.0284	0.0186	0.0296
	乳胶	kg	8.22	0.05	0.09	0.07	0.05	0.09
	铁钉	kg	6.68	0.07	0.07	0.10	0.06	0.06
	铁窗纱	m^2	7.46			1.2		
	自制小五金	kg	7.69		0.12			0.12
	五金费	元				5.60		
	零星材料费	元		0.53	0.54	0.52	0.52	0.49

单位：m^2

编号				13-67	13-68	13-69	13-70	13-71
项目				外檐盘肠心屉制作、安装			内檐盘肠心屉制作、安装	
				单面	双面夹玻	一玻一纱	单面	双面夹玻(纱)
预算基价	总价(元)			**605.94**	**918.33**	**779.28**	**577.14**	**864.48**
	人工费(元)			517.14	775.71	636.48	497.25	735.93
	材料费(元)			88.80	142.62	142.80	79.89	128.55
组成内容		**单位**	**单价**	**数量**				
人工	综合工 一类	工日	153.00	3.38	5.07	4.16	3.25	4.81
材料	红白松锯材 一类烘干	m^3	4650.86	0.0188	0.0301	0.0272	0.0169	0.0271
	乳胶	kg	8.22	0.05	0.09	0.07	0.05	0.09
	铁钉	kg	6.68	0.07	0.07	0.10	0.06	0.06
	铁窗纱	m^2	7.46			1.2		
	自制小五金	kg	7.69		0.12			0.12
	五金费	元				5.60		
	零星材料费	元		0.49	0.50	0.50	0.48	0.45

单位：m^2

编号				13-72	13-73	13-74	13-75	13-76
项目				外檐正万字拐子锦心屉制作、安装			内檐正万字拐子锦心屉制作、安装	
				单面	双面夹玻	一玻一纱	单面	双面夹玻(纱)
预算基价	总价(元)			**662.59**	**1004.60**	**830.73**	**612.50**	**928.54**
	人工费(元)			556.92	835.38	676.26	517.14	775.71
	材料费(元)			105.67	169.22	154.47	95.36	152.83
组成内容		单位	单价	数量				
人工	综合工 一类	工日	153.00	3.64	5.46	4.42	3.38	5.07
材料	红白松锯材 一类烘干	m^3	4650.86	0.0224	0.0358	0.0297	0.0202	0.0323
	乳胶	kg	8.22	0.06	0.10	0.08	0.06	0.10
	铁钉	kg	6.68	0.07	0.07	0.10	0.06	0.06
	铁窗纱	m^2	7.46			1.2		
	自制小五金	kg	7.69		0.12			0.12
	五金费	元				5.60		
	零星材料费	元		0.53	0.51	0.46	0.52	0.46

单位：m^2

编号				13-77	13-78	13-79	13-80	13-81
项目				外檐斜万字心屉制作、安装			内檐斜万字心屉制作、安装	
				单面	双面夹玻	一玻一纱	单面	双面夹玻(纱)
预算基价	总价(元)			**823.49**	**1246.47**	**990.70**	**773.36**	**1169.94**
	人工费(元)			716.04	1074.06	835.38	676.26	1014.39
	材料费(元)			107.45	172.41	155.32	97.10	155.55
组成内容		**单位**	**单价**	**数量**				
人工	综合工 一类	工日	153.00	4.68	7.02	5.46	4.42	6.63
材料	红白松锯材 一类烘干	m^3	4650.86	0.0228	0.0365	0.0299	0.0206	0.0329
	乳胶	kg	8.22	0.05	0.09	0.07	0.05	0.09
	铁钉	kg	6.68	0.07	0.07	0.10	0.06	0.06
	铁窗纱	m^2	7.46			1.2		
	自制小五金	kg	7.69		0.12			0.12
	五金费	元				5.60		
	零星材料费	元		0.53	0.52	0.46	0.48	0.47

单位：m^2

编号				13-82	13-83	13-84	13-85	13-86
项目				外檐龟背锦心屉制作、安装			内檐龟背锦心屉制作、安装	
				单面	双面夹玻	一玻一纱	单面	双面夹玻(纱)
预算基价	总价(元)			**723.48**	**1098.02**	**885.06**	**671.48**	**1018.69**
	人工费(元)			596.70	895.05	716.04	556.92	835.38
	材料费(元)			126.78	202.97	169.02	114.56	183.31
组成内容		单位	单价	数量				
人工	综合工 一类	工日	153.00	3.90	5.85	4.68	3.64	5.46
材料	红白松锯材 一类烘干	m^3	4650.86	0.0269	0.0430	0.0328	0.0243	0.0388
	乳胶	kg	8.22	0.07	0.12	0.09	0.07	0.12
	铁钉	kg	6.68	0.07	0.07	0.10	0.06	0.06
	铁窗纱	m^2	7.46			1.2		
	自制小五金	kg	7.69		0.12			0.12
	五金费	元				5.60		
	零星材料费	元		0.63	0.61	0.51	0.57	0.55

单位：m^2

编号				13-87	13-88	13-89	13-90	13-91
项目				外檐冰裂纹心屉制作、安装			内檐冰裂纹心屉制作、安装	
				单面	双面夹玻	一玻一纱	单面	双面夹玻(纱)
预算基价	总价(元)			**965.85**	**1263.26**	**1126.53**	**913.92**	**1382.00**
	人工费(元)			835.38	1054.17	954.72	795.60	1193.40
	材料费(元)			130.47	209.09	171.81	118.32	188.60
组成内容		**单位**	**单价**	**数量**				
人工	综合工 一类	工日	153.00	5.46	6.89	6.24	5.20	7.80
材料	红白松锯材 一类烘干	m^3	4650.86	0.0277	0.0443	0.0334	0.0251	0.0399
	乳胶	kg	8.22	0.08	0.14	0.10	0.08	0.14
	铁钉	kg	6.68	0.07	0.07	0.10	0.06	0.06
	铁窗纱	m^2	7.46			1.2		
	自制小五金	kg	7.69		0.12			0.12
	五金费	元				5.60		
	零星材料费	元		0.52	0.52	0.43	0.53	0.56

单位：m^2

编号				13-92	13-93	13-94	13-95	13-96	13-97
项目				无心屉摘窗扇制作	玻璃心屉摘窗扇制作	方格心屉支摘窗扇制作	灯笼锦心屉支摘窗扇制作	步步紧心屉支摘窗扇制作	盘肠心屉支摘窗扇制作
预算基价	总价(元)			**266.89**	**495.32**	**570.50**	**575.89**	**667.51**	**741.01**
	人工费(元)			159.12	358.02	397.80	437.58	517.14	596.70
	材料费(元)			107.77	137.30	172.70	138.31	150.37	144.31
组成内容		**单位**	**单价**	**数量**					
人工	综合工 一类	工日	153.00	1.04	2.34	2.60	2.86	3.38	3.90
材料	红白松锯材 一类烘干	m^3	4650.86	0.0228	0.0291	0.0367	0.0293	0.0319	0.0306
	乳胶	kg	8.22	0.08	0.09	0.10	0.10	0.10	0.10
	铁钉	kg	6.68	0.08	0.10	0.10	0.10	0.10	0.10
	零星材料费	元		0.54	0.55	0.52	0.55	0.52	0.50

单位：m^2

编号				13-98	13-99	13-100	13-101	13-102
项目				套方、正万字拐子紧心屉支摘窗扇制作	斜万字心屉支摘窗扇制作	冰裂纹心屉支摘窗扇制作	龟背锦心屉支摘窗扇制作	支摘窗纱屉制作
预算基价	总价(元)			**794.24**	**959.98**	**1091.07**	**849.04**	**284.30**
	人工费(元)			636.48	795.60	914.94	676.26	179.01
	材料费(元)			157.76	164.38	176.13	172.78	105.29
组成内容		**单位**	**单价**	**数量**				
人工	综合工 一类	工日	153.00	4.16	5.20	5.98	4.42	1.17
材料	红白松锯材 一类烘干	m^3	4650.86	0.0335	0.0349	0.0374	0.0367	0.0203
	乳胶	kg	8.22	0.10	0.11	0.12	0.11	0.09
	铁钉	kg	6.68	0.10	0.10	0.10	0.10	0.10
	铁窗纱	m^2	7.46					1.20
	零星材料费	元		0.47	0.49	0.53	0.52	0.52

单位：m^2

编号				13-103	13-104	13-105	13-106
项目				实踏大门扇制作(板厚)		撒带大门制作(边厚)	
				8cm	每增厚1cm	8cm	每增厚1cm
预算基价	总价(元)			**1181.19**	**85.37**	**789.07**	**76.08**
	人工费(元)			656.37	19.89	358.02	19.89
	材料费(元)			524.82	65.48	431.05	56.19
组成内容		**单位**	**单价**	**数量**			
人工	综合工 一类	工日	153.00	4.29	0.13	2.34	0.13
材料	红白松锯材 一类烘干	m^3	4650.86	0.112	0.014	0.092	0.012
	乳胶	kg	8.22	0.30	0.02	0.20	0.02
	铁钉	kg	6.68	0.10		0.10	
	零星材料费	元		0.79	0.20	0.86	0.22

单位：m²

编号				13-107	13-108	13-109	13-110
项目				攒边门制作(边厚)		屏门扇制作(板厚)	
				6cm	每增厚1cm	4cm	每增厚1cm
预算基价	总价(元)			**787.54**	**71.33**	**501.83**	**85.37**
	人工费(元)			477.36	19.89	238.68	19.89
	材料费(元)			310.18	51.44	263.15	65.48
组成内容		**单位**	**单价**	**数量**			
人工	综合工 一类	工日	153.00	3.12	0.13	1.56	0.13
材料	红白松锯材 一类烘干	m^3	4650.86	0.066	0.011	0.056	0.014
	乳胶	kg	8.22	0.25	0.01	0.20	0.02
	铁钉	kg	6.68	0.06		0.04	
	零星材料费	元		0.77	0.20	0.79	0.20

单位：m^2

编号				13-111	13-112	13-113	13-114	13-115	13-116
项目				外檐隔扇安装			内檐隔扇安装		
				转轴铰接	合页铰接	铁钉固定	转轴铰接	合页铰接	销子固定
预算基价	总价(元)			**282.27**	**39.03**	**22.33**	**245.50**	**43.62**	**27.57**
	人工费(元)			183.60	29.07	21.42	165.24	33.66	26.01
	材料费(元)			98.67	9.96	0.91	80.26	9.96	1.56
组成内容		单位	单价	数量					
人工	综合工 一类	工日	153.00	1.20	0.19	0.14	1.08	0.22	0.17
材料	红白松锯材 一类烘干	m^3	4650.86	0.020			0.017		
	木螺钉 M5	100个	8.00	0.12			0.08		
	铁钉	kg	6.68	0.03		0.05			
	自制小五金	kg	7.69	0.45					0.16
	乳胶	kg	8.22	0.06					
	五金费	元			9.40			9.40	
	零星材料费	元		0.54	0.56	0.58	0.56	0.56	0.33

单位：m^2

编号				13-117	13-118	13-119	13-120	13-121	13-122
项目				槛窗扇安装			支摘窗扇安装		
				转轴铰接	合页铰接	铁钉固定	合页铰接	销子固定	铁钉固定
预算基价	总价(元)			**298.27**	**46.68**	**25.46**	**53.34**	**29.48**	**27.06**
	人工费(元)			183.60	36.72	24.48	39.78	27.54	26.01
	材料费(元)			114.67	9.96	0.98	13.56	1.94	1.05
组成内容		**单位**	**单价**	**数量**					
人工	综合工 一类	工日	153.00	1.20	0.24	0.16	0.26	0.18	0.17
材料	红白松锯材 一类烘干	m^3	4650.86	0.023					
	木螺钉 M5	100个	8.00	0.18					
	铁钉	kg	6.68	0.03		0.06			0.07
	乳胶	kg	8.22	0.06					
	自制小五金	kg	7.69	0.65			0.48	0.21	
	五金费	元			9.40		9.40		
	零星材料费	元		0.57	0.56	0.58	0.47	0.33	0.58

单位：m^2

编号				13-123	13-124	13-125	13-126	13-127	13-128
项目				屏门安装			实踏大门安装	撒带大门安装	攒边门安装
				转轴	鹅项碰铁	合页			
预算基价	总价(元)			**197.56**	**71.20**	**49.74**	**178.81**	**109.96**	**139.10**
	人工费(元)			139.23	39.78	39.78	159.12	90.27	119.34
	材料费(元)			58.33	31.42	9.96	19.69	19.69	19.76
组成内容		单位	单价	数量					
人工	综合工 一类	工日	153.00	0.91	0.26	0.26	1.04	0.59	0.78
材料	红白松锯材 一类烘干	m^3	4650.86	0.011					
	木螺钉 M5	100个	8.00	0.12					
	铁钉	kg	6.68	0.03	0.05		0.02	0.02	0.03
	乳胶	kg	8.22	0.06					
	自制小五金	kg	7.69	0.65	4.00		2.50	2.50	2.50
	五金费	元				9.40			
	零星材料费	元		0.52	0.33	0.56	0.33	0.33	0.33

三、坐凳及倒挂楣子制作与安装

单位：m^2

编号				13-129	13-130	13-131	13-132	13-133	13-134
项目				步步紧		灯笼锦		盘肠紧	
				软樘	硬樘	软樘	硬樘	软樘	硬樘
预算基价	总价(元)			**810.56**	**871.40**	**672.05**	**733.01**	**454.07**	**489.02**
	人工费(元)			576.81	612.00	451.35	488.07	220.32	231.03
	材料费(元)			233.75	259.40	220.70	244.94	233.75	257.99
组成内容		**单位**	**单价**	**数量**					
人工	综合工 一类	工日	153.00	3.77	4.00	2.95	3.19	1.44	1.51
材料	红白松锯材 一类烘干	m^3	4650.86	0.0498	0.0553	0.0470	0.0522	0.0498	0.0550
	乳胶	kg	8.22	0.10	0.10	0.10	0.10	0.10	0.10
	铁钉	kg	6.68	0.11	0.11	0.11	0.11	0.11	0.11
	零星材料费	元		0.58	0.65	0.55	0.61	0.58	0.64

单位：m^2

编号				13-135	13-136	13-137	13-138	13-139	13-140
项目				金线如意		万字拐子		斜万字	
				软樘	硬樘	软樘	硬樘	软樘	硬樘
预算基价	总价(元)			**1184.48**	**1243.90**	**979.56**	**1040.52**	**1252.66**	**1312.08**
	人工费(元)			934.83	970.02	737.46	774.18	1006.74	1041.93
	材料费(元)			249.65	273.88	242.10	266.34	245.92	270.15
组成内容		单位	单价	数量					
人工	综合工 一类	工日	153.00	6.11	6.34	4.82	5.06	6.58	6.81
材料	红白松锯材 一类烘干	m^3	4650.86	0.0532	0.0584	0.0516	0.0568	0.0524	0.0576
	乳胶	kg	8.22	0.12	0.12	0.11	0.11	0.12	0.12
	铁钉	kg	6.68	0.11	0.11	0.11	0.11	0.11	0.11
	零星材料费	元		0.50	0.55	0.48	0.53	0.49	0.54

单位：m^2

编号				13-141	13-142	13-143	13-144	13-145	13-146
项目				龟背锦		冰裂纹		西洋瓶坐凳楣子	直棂条坐凳楣子
				软樘	硬樘	软樘	硬樘		
预算基价	总价(元)			**1052.30**	**1113.26**	**1379.11**	**1438.54**	**490.73**	**462.08**
	人工费(元)			791.01	827.73	1113.84	1149.03	183.60	218.79
	材料费(元)			261.29	285.53	265.27	289.51	307.13	243.29
组成内容		**单位**	**单价**	**数量**					
人工	综合工 一类	工日	153.00	5.17	5.41	7.28	7.51	1.20	1.43
材料	红白松锯材 一类烘干	m^3	4650.86	0.0557	0.0609	0.0565	0.0617	0.0656	0.0519
	乳胶	kg	8.22	0.12	0.12	0.15	0.15	0.10	0.10
	铁钉	kg	6.68	0.11	0.11	0.11	0.11	0.09	0.09
	零星材料费	元		0.52	0.57	0.53	0.58	0.61	0.49

单位：10块

编号				13-147	13-148	13-149	13-150
项目				花牙子			
				卷草夔龙(长)		四季花草(长)	
				40cm以内	40cm以外	40cm以内	40cm以外
预算基价	总价(元)			**2325.81**	**3292.98**	**2839.89**	**4155.90**
	人工费(元)			2239.92	2955.96	2754.00	3818.88
	材料费(元)			85.89	337.02	85.89	337.02
组成内容		**单位**	**单价**	**数量**			
人工	综合工 一类	工日	153.00	14.64	19.32	18.00	24.96
材料	红白松锯材 一类烘干	m^3	4650.86	0.018	0.072	0.018	0.072
	乳胶	kg	8.22	0.10	0.10	0.10	0.10
	铁钉	kg	6.68	0.10	0.10	0.10	0.10
	零星材料费	元		0.68	0.67	0.68	0.67

编号				13-151	13-152	13-153	13-154	13-155	13-156
项目				骑马牙子				坐凳面	
				卷草夔龙(长)		四季花草(长)		厚5cm (m^2)	每增厚1cm (m^2)
				60cm以内 (10块)	60cm以外 (10块)	60cm以内 (10块)	60cm以外 (10块)		
预算基价	总价(元)			**3649.93**	**4644.87**	**4089.13**	**5828.12**	**377.07**	**60.63**
	人工费(元)			3249.72	4149.36	3947.40	5379.48	111.69	7.65
	材料费(元)			400.21	495.51	141.73	448.64	265.38	52.98
组成内容		**单位**	**单价**	**数量**					
人工	综合工 一类	工日	153.00	21.24	27.12	25.80	35.16	0.73	0.05
材料	红白松锯材 一类烘干	m^3	4650.86	0.030	0.096	0.030	0.096		
	红白松锯材 一类	m^3	4069.17	0.0635	0.0115			0.0635	0.0130
	乳胶	kg	8.22	0.10	0.10	0.10	0.10	0.72	
	铁钉	kg	6.68	0.10	0.10	0.10	0.10	0.12	
	零星材料费	元		0.80	0.74	0.71	0.67	0.27	0.08

四、栏杆、什锦窗

编号				13-157	13-158	13-159	13-160
项目				栏杆(包括望柱)			鹅颈靠背(美人靠)
				寻杖栏杆 (m^2)	花栏杆 (m^2)	直挡栏杆 (m^2)	(m)
预算基价	总价(元)			**2634.69**	**1094.67**	**589.92**	**896.46**
	人工费(元)			2287.35	755.82	298.35	417.69
	材料费(元)			347.34	338.85	291.57	478.77
组成内容		**单位**	**单价**	**数量**			
人工	综合工 一类	工日	153.00	14.95	4.94	1.95	2.73
材料	红白松锯材 一类烘干	m^3	4650.86	0.073	0.071	0.061	0.102
	乳胶	kg	8.22	0.20	0.30	0.20	0.05
	防腐油	kg	0.52	0.02	0.02	0.02	
	铁钉	kg	6.68	0.05	0.05	0.05	0.04
	木螺钉 M5	100个	8.00	0.05	0.05	0.05	
	铁件	kg	9.49	0.50	0.50	0.50	0.34
	零星材料费	元		0.69	0.68	0.73	0.48

单位：10份

编号				13-161	13-162	13-163	13-164	13-165	13-166
项目				直折线形边框什锦窗					
				桶座(洞口面积)			贴脸(洞口面积)		
				0.5m²以内	0.8m²以内	0.8m²以外	0.5m²以内	0.8m²以内	0.8m²以外
预算基价	总价(元)			**2017.48**	**2638.33**	**3594.83**	**1146.26**	**1501.76**	**2100.92**
	人工费(元)			841.50	1038.87	1432.08	859.86	1074.06	1485.63
	材料费(元)			1175.98	1599.46	2162.75	286.40	427.70	615.29
组成内容		**单位**	**单价**	**数量**					
人工	综合工 一类	工日	153.00	5.50	6.79	9.36	5.62	7.02	9.71
材料	红白松锯材 一类烘干	m^3	4650.86	0.25	0.34	0.46	0.06	0.09	0.13
	乳胶	kg	8.22	0.5	0.6	0.7	0.5	0.6	0.7
	铁钉	kg	6.68	1.0	1.5	2.0	0.4	0.5	0.6
	防腐油	kg	0.52	2.5	3.1	4.0			
	零星材料费	元		1.17	1.60	2.16	0.57	0.85	0.92

单位：10扇

编号				13-167	13-168	13-169	13-170	13-171	13-172
项目				直折线形边框什锦窗					
				无棂条仔屉（洞口面积）			带棂条仔屉（洞口面积）		
				0.5m²以内	0.8m²以内	0.8m²以外	0.5m²以内	0.8m²以内	0.8m²以外
预算基价	总价（元）			**916.85**	**1144.27**	**1643.62**	**3606.19**	**4369.18**	**5602.94**
	人工费（元）			769.59	948.60	1306.62	3222.18	3794.40	4744.53
	材料费（元）			147.26	195.67	337.00	384.01	574.78	858.41
组成内容		单位	单价	数量					
人工	综合工 一类	工日	153.00	5.03	6.20	8.54	21.06	24.80	31.01
材料	红白松锯材 一类烘干	m^3	4650.86	0.03	0.04	0.07	0.08	0.12	0.18
	乳胶	kg	8.22	0.5	0.6	0.7	0.5	0.6	0.7
	铁钉	kg	6.68	0.4	0.5	0.6	1.0	1.5	2.0
	零星材料费	元		0.95	1.36	1.68	1.15	1.72	2.14

单位：10份

编号				13-173	13-174	13-175	13-176	13-177	13-178
项目				曲线形边框什锦窗					
				桶座(洞口面积)			贴脸(洞口面积)		
				0.5m²以内	0.8m²以内	0.8m²以外	0.5m²以内	0.8m²以内	0.8m²以外
预算基价	总价(元)			**5212.08**	**6079.72**	**7618.19**	**1785.00**	**2371.14**	**3247.16**
	人工费(元)			3794.40	4189.14	4779.72	1217.88	1522.35	2022.66
	材料费(元)			1417.68	1890.58	2838.47	567.12	848.79	1224.50
组成内容		**单位**	**单价**	**数量**					
人工	综合工 一类	工日	153.00	24.80	27.38	31.24	7.96	9.95	13.22
材料	红白松锯材 一类烘干	m^3	4650.86	0.30	0.40	0.60	0.12	0.18	0.26
	乳胶	kg	8.22	0.6	0.7	1.0	0.6	0.7	1.0
	铁钉	kg	6.68	2.0	3.0	5.0	0.4	0.5	0.6
	防腐油	kg	0.52	2.5	3.1	4.0			
	零星材料费	元		2.83	2.83	4.25	1.41	2.54	3.05

单位：10扇

编号				13-179	13-180	13-181	13-182	13-183	13-184
项目				曲线形边框什锦窗					
				无棂条仔屉(洞口面积)			带棂条仔屉(洞口面积)		
				0.5m²以内	0.8m²以内	0.8m²以外	0.5m²以内	0.8m²以内	0.8m²以外
预算基价	总价(元)			**1414.44**	**1771.68**	**2417.77**	**4692.91**	**5456.42**	**6693.20**
	人工费(元)			1127.61	1343.34	1754.91	4207.50	4779.72	5728.32
	材料费(元)			286.83	428.34	662.86	485.41	676.70	964.88
组成内容		单位	单价	数量					
人工	综合工 一类	工日	153.00	7.37	8.78	11.47	27.50	31.24	37.44
材料	红白松锯材 一类烘干	m^3	4650.86	0.06	0.09	0.14	0.10	0.14	0.20
	乳胶	kg	8.22	0.5	0.6	0.7	2.0	2.5	3.5
	铁钉	kg	6.68	0.4	0.5	0.6	0.4	0.5	0.6
	零星材料费	元		1.00	1.49	1.98	1.21	1.69	1.93

五、门窗装饰附件、特殊五金及匾额

单位：10个

编号				13-185	13-186	13-187	13-188	13-189	13-190
项目				卡子花					
				四季花草团花(径)		四季花草卡子(宽)		福寿团花(径)	
				10cm以内	10cm以外	10cm以内	10cm以外	10cm以内	10cm以外
预算基价	总价(元)			**753.41**	**960.27**	**941.67**	**1162.47**	**1120.61**	**1511.07**
	人工费(元)			734.40	918.00	918.00	1101.60	1101.60	1468.80
	材料费(元)			19.01	42.27	23.67	60.87	19.01	42.27
组成内容		**单位**	**单价**	**数量**					
人工	综合工 一类	工日	153.00	4.80	6.00	6.00	7.20	7.20	9.60
材料	红白松锯材 一类烘干	m^3	4650.86	0.004	0.009	0.005	0.013	0.004	0.009
	乳胶	kg	8.22	0.05	0.05	0.05	0.05	0.05	0.05

单位：10个

编号				13-191	13-192	13-193	13-194
项目				卡子花		工字	握拳
				福寿卡子(宽)			
				10cm以内	10cm以外		
预算基价	总价(元)			**1492.47**	**1896.87**	**188.78**	**72.87**
	人工费(元)			1468.80	1836.00	174.42	70.38
	材料费(元)			23.67	60.87	14.36	2.49
组成内容		单位	单价	数量			
人工	综合工 一类	工日	153.00	9.60	12.00	1.14	0.46
材料	红白松锯材 一类烘干	m^3	4650.86	0.0050	0.0130	0.0030	0.0005
	乳胶	kg	8.22	0.05	0.05	0.05	0.02

编号				13-195	13-196	13-197	13-198
项目				隔扇、槛窗面叶 (10件)	大门包叶 (件)	壶瓶护口 (对)	铁门栓 (份)
预算基价	总价(元)			**90.54**	**32.00**	**80.85**	**45.90**
	人工费(元)			90.27	30.60	76.50	45.90
	材料费(元)			0.27	1.40	4.35	
组成内容		**单位**	**单价**	**数量**			
人工	综合工 一类	工日	153.00	0.59	0.20	0.50	0.30
材料	面叶	块		(10.2)			
	包叶	块			(1)		
	壶瓶护口	对				(1)	
	铁门栓	份					(1)
	铁钉	kg	6.68	0.04	0.21		
	半圆图钉	kg	8.70			0.5	

编号				13-199	13-200	13-201	13-202
项目				普通匾额		单匾托	
				厚6cm (m^2)	每增厚1cm (m^2)	素面 (对)	带万字纹 (对)
预算基价	总价(元)			**995.96**	**95.59**	**183.50**	**581.30**
	人工费(元)			596.70	39.78	99.45	497.25
	材料费(元)			399.26	55.81	84.05	84.05
组成内容		**单位**	**单价**	**数量**			
人工	综合工 一类	工日	153.00	3.90	0.26	0.65	3.25
材料	红白松锯材 一类烘干	m^3	4650.86	0.085	0.012	0.018	0.018
	乳胶	kg	8.22	0.3			
	铁钉	kg	6.68	0.1			
	零星材料费	元		0.80		0.33	0.33

单位：块

编号				13-203	13-204	13-205	13-206
项目				云龙纹通匾托		万字花草通匾托	
				长1m以内	长1m以外	长1m以内	长1m以外
预算基价	总价(元)			**2041.00**	**3318.69**	**1145.95**	**1926.39**
	人工费(元)			1889.55	2983.50	994.50	1591.20
	材料费(元)			151.45	335.19	151.45	335.19
组成内容		**单位**	**单价**	**数量**			
人工	综合工 一类	工日	153.00	12.35	19.50	6.50	10.40
材料	红白松锯材 一类烘干	m^3	4650.86	0.0325	0.0720	0.0325	0.0720
	零星材料费	元		0.30	0.33	0.30	0.33

六、木楼梯、墙、天棚

编号				13-207	13-208	13-209	13-210
项目				木楼梯		栈板墙(罗汉板)	
				松木 (m^2)	硬木 (m^2)	板厚2cm ($10m^2$)	每增厚0.5cm ($10m^2$)
预算基价	总价(元)			**953.22**	**1197.90**	**2707.13**	**435.99**
	人工费(元)			246.33	293.76	1046.52	36.72
	材料费(元)			706.89	904.14	1660.61	399.27
组成内容		**单位**	**单价**	**数量**			
人工	综合工 一类	工日	153.00	1.61	1.92	6.84	0.24
材料	红白松锯材 一类烘干	m^3	4650.86	0.149			
	硬杂木锯材 一类	m^3	5987.71		0.149		
	铁钉	kg	6.68	0.50	0.50	2.00	0.80
	防腐油	kg	0.52	0.23	0.23		
	红白松锯材 一类	m^3	4069.17			0.384	0.096
	乳胶	kg	8.22			10.00	0.40
	零星材料费	元		10.45	8.51	2.49	

单位：10m²

编号				13-211	13-212	13-213	13-214	13-215	13-216
项目				井口天花(井口板见方)			五合板天棚		
				60cm以内	70cm以内	80cm以内	带压条 (仿井口天花)	普通压条	不带压条
预算基价	总价(元)			**5891.94**	**6684.71**	**7658.96**	**3224.10**	**1781.40**	**1823.29**
	人工费(元)			2187.90	2287.35	2386.80	697.68	322.83	533.97
	材料费(元)			3704.04	4397.36	5272.16	2526.42	1458.57	1289.32
组成内容		**单位**	**单价**	**数量**					
人工	综合工 一类	工日	153.00	14.30	14.95	15.60	4.56	2.11	3.49
材料	红白松锯材 一类	m^3	4069.17	0.070	0.070	0.070	0.298	0.224	0.224
	红白松锯材 一类烘干	m^3	4650.86	0.719	0.868	1.056	0.202		
	铁件	kg	9.49	6.70	6.70	6.70	3.02	2.89	2.89
	镀锌钢丝 $D4.0$	kg	7.08	1.10	1.10	1.10	1.10	0.91	0.91
	胶合板 厚5mm	m^2	30.54				10.71	10.71	10.71
	松木压条 12×34	m	3.52					47.1	
	铁钉	kg	6.68	0.300	0.300	0.300	1.220	0.967	0.500
	防腐油	kg	0.52				0.265	0.265	0.265
	零星材料费	元		1.85	2.20	2.63	2.52	13.73	13.40

第十四章　屋 面 工 程

说　　明

一、本章包括苫背、布瓦屋面、琉璃屋面3节，共249条基价子目。

二、屋面苫背的厚度以平均厚度计算。其中苫泥背以使用3∶7掺灰泥厚5cm为准，不足5cm的按5cm计算。灰背以厚3cm为准，不足3cm按3cm计算。

三、除硬山、悬山及竹节瓦（即圆形屋面）外，其他屋顶形式（如攒尖、庑殿、歇山等）单坡面积在5m^{2}以内时，布瓦屋面按相应基价子目人工费、材料费乘以系数1.14；琉璃瓦屋面按相应基价子目人工费、材料费乘以系数1.05；单坡面积在2m^{2}以内时，布瓦屋面按相应基价子目人工费、材料费乘以系数1.18；琉璃瓦屋面按相应基价子目人工费、材料费乘以系数1.06。

四、布瓦心、檐头或脊部琉璃瓦的剪边做法屋面（不包括同为琉璃瓦的变色剪边做法）其檐头的琉璃瓦剪边部分为“一勾一筒”或“一勾一筒”以上的执行琉璃瓦剪边基价；若只有一块勾头的琉璃剪边做法，则执行相应的檐头附件基价。屋脊的琉璃剪边部分执行宼琉璃瓦基价。

五、琉璃瓦剪边基价以“一勾二筒”做法为准，并已包括了檐头附件在内，因而不得再另执行檐头附件基价。“一勾一筒”做法的按相应基价子目人工费、材料费乘以系数0.60；“一勾三筒”做法的按相应基价子目人工费、材料费乘以系数1.40；“一勾四筒”做法的按相应基价子目人工费、材料费乘以系数1.73。

六、墙帽、牌楼、门罩等宼琉璃瓦，坡长在“一勾四筒”以内时执行宼琉璃瓦剪边基价。

七、屋面天沟、窝角沟的附件执行檐头附件基价。

八、琉璃檐头附件、琉璃瓦檐头剪边及琉璃铃铛排山脊均包括安钉帽，但因房高坡大需在中腰节加钉帽时，执行星星瓦，钉瓦钉、安钉帽基价子目。如需用筒瓦凿瓦钉眼代替星星瓦时，其工料亦不调整。

九、调脊综合了直形脊、弧形脊、拱形脊、不包括“闹龙脊”和布瓦屋面的“三砖五瓦”正脊等特殊做法，发生时应另行计算。换用木脊桩、吻桩，基价不做调整。

十、铃铛排山脊基价已包括安排山勾滴，不得再另执行檐头附件基价。披水排山脊包括披水檐在内。

十一、宝顶安装分底座和顶珠两部分，不分形状均执行本基价。

十二、本章第三节补价项目（包括补材料差价）系指增补异型瓦（脊）件与普通瓦（脊）件之价格差额。

工 作 内 容

本章各子目除另有说明外均包括准备工具、材料运输、筛灰、调制灰浆、苫背、宽瓦、调脊等全部操作过程。其中：

一、屋面苫背项目包括分层摊抹、拍麻刀、轧实、擀光；锡背包括：清理基层、平整、裁剪、焊接等全部操作过程。

二、宽瓦及檐头附件项目包括分中、号垄、排钉(或砌抹)瓦口、宽瓦、安勾滴、安钉帽、宽窝角沟、安天沟附件、打点等全部操作过程。

三、调脊项目包括安脊桩、扎尖、摆砌各种脊件，布瓦脊及宝顶项目还包括砍制各种砖件，清水脊的蝎子尾项目包括平草、跨草、落落草的雕刻。

四、正吻(兽)、合角吻(兽)的安装包括安吻桩、拼装、镶扒锔，宝顶座、宝顶珠安装项目还包括分层砌抹、填馅等。

工程量计算规则

一、苫背、宼瓦按屋面图示不同的几何形状以面积计算,其各部位边线规定如下:

檐头以木基层或砖檐外边线为准;屋面剖面为曲线者,坡长按曲线长计算;硬山、悬山建筑两山以博缝外皮为准;歇山建筑拱山边线与硬山、悬山相同,撒头上边线以博缝外皮连线为准;重檐建筑下层檐上边线以重檐金柱(或重檐童柱)外皮连线为准;带角梁的建筑檐头长度以仔角梁端头中点连接直线为准,屋角飞檐冲出部分面积不增加。望板勾缝、护板灰、泥背、灰背不扣除连檐、扶脊木、角梁所占面积,锡背按图示铺作面积计算;宼瓦不扣除各种脊所占面积,做法不同时应分别计算。

二、檐头附件、宼檐头琉璃瓦剪边按长度计算,其中硬山、悬山建筑算至博缝外皮,带角梁的建筑按仔角梁端头中点连接直线计算。

三、各种脊均按长度计算,其中:

1.带吻(兽)正脊、围脊及清水脊应扣除吻(兽)、平草、跨草、落落草所占长度。

2.过垄脊、鞍子脊算至边垄外皮。

3.歇山垂脊下端算至兽座或盘子外皮,上端有正吻(兽)的算至吻(兽)外皮,无正吻(兽)算至正脊中线。

4.戗脊、角脊及庑殿、攒尖、硬山、悬山垂脊带垂(岔)兽者,按兽前(包括兽)、兽后分别计算。兽前部分由淌头外皮量至兽后口;兽后部分由兽后口起计算,戗脊量至垂脊外皮,角脊量至合角吻外皮,庑殿、攒尖建筑垂脊量至正吻或宝顶外皮,硬山、悬山建筑垂脊有正吻的量至正吻外皮,无正吻的量至正脊中线。

5.布瓦屋面的无陡板垂脊由圭角盘子或勾头外皮量至正脊中线。

6.披水梢垄由勾头外皮量至正脊中线。

7.博脊量至挂尖头。

四、调脊附件不分尖山、圆山(卷棚)均以每一坡为单位,按“条”计算。

五、正吻、合角吻、宝顶座、宝顶珠按条计算,合角吻以每角算一份。

一、苫 背

单位：$10m^2$

编号				14-1	14-2	14-3	14-4	14-5
项目				护板灰	泥背（每5cm厚）		灰背（每3cm厚）	
					滑秸泥	麻刀泥	月白灰背	白灰背
预算基价	总价(元)			**180.96**	**223.69**	**253.41**	**667.91**	**484.19**
	人工费(元)			54.00	135.00	135.00	418.50	337.50
	材料费(元)			126.96	88.69	118.41	249.41	146.69
组成内容		**单位**	**单价**	**数量**				
人工	综合工 二类	工日	135.00	0.40	1.00	1.00	3.10	2.50
材料	白灰	kg	0.30	144.00	120.00	120.00	234.50	234.50
	青灰	kg	3.30	19.00			31.00	
	麻刀	kg	3.92	3.80		8.80	18.00	18.00
	滑秸	kg	1.30		4.40			
	黄土	m^3	77.65		0.55	0.55		
	零星材料费	元		6.16	4.26	5.21	6.20	5.78

单位： $10m^2$

编号				14-6	14-7	14-8	14-9
项目				青灰背(每3cm厚)		望板勾缝	锡背
				平顶	坡顶		
预算基价	总价(元)			**749.84**	**1154.84**	**55.22**	**8878.71**
	人工费(元)			445.50	850.50	40.50	513.00
	材料费(元)			304.34	304.34	14.72	8365.71
组成内容		**单位**	**单价**	**数量**			
人工	综合工 二类	工日	135.00	3.30	6.30	0.30	3.80
材料	白灰	kg	0.30	235.40	235.40	10.00	
	青灰	kg	3.30	47.50	47.50	1.30	
	麻刀	kg	3.92	18.00	18.00	0.33	
	铅板 5.0	kg	21.08				392.20
	焊锡	kg	59.85				1.50
	零星材料费	元		6.41	6.41	6.14	8.36

二、布瓦屋面

1.瓦　面

单位：10m²

编号				14-10	14-11	14-12	14-13	14-14
项目				筒瓦裹垄				
				头号	1号	2号	3号	10号
预算基价	总价(元)			**4279.54**	**4561.03**	**5224.25**	**5986.88**	**8911.02**
	人工费(元)			1721.25	1721.25	2065.50	2409.75	2754.00
	材料费(元)			2558.29	2839.78	3158.75	3577.13	6157.02
组成内容		**单位**	**单价**	**数量**				
人工	综合工 一类	工日	153.00	11.25	11.25	13.50	15.75	18.00
材料	板瓦	块		409.73×3.96	654.46×2.80	816.06×2.60	1049.98×2.29	2626.19×1.63
	筒瓦	块		136.58×4.76	218.15×3.31	272.02×2.80	349.99×2.58	875.40×1.83
	白灰	kg	0.30	399.740	399.740	378.390	365.510	365.510
	黄土	m³	77.65	0.612	0.612	0.557	0.525	0.525
	水	m³	7.62	0.591	0.591	0.570	0.557	0.557
	青灰	kg	3.30	23.348	23.348	23.348	23.250	23.250
	麻刀	kg	3.92	7.073	7.073	7.073	7.044	7.044
	零星材料费	元		8.92	8.49	9.45	10.70	15.35
	掺灰泥 4:6	m³		(0.78)	(0.78)	(0.71)	(0.67)	(0.67)
	深月白麻刀灰 中麻刀	m³		(0.238)	(0.238)	(0.238)	(0.237)	(0.237)

单位：10m²

编号				14-15	14-16	14-17	14-18	14-19
项目				筒瓦捉节夹垄				
				头号	1号	2号	3号	10号
预算基价	总价(元)			**4047.54**	**4346.00**	**4792.49**	**5700.23**	**9159.29**
	人工费(元)			1377.00	1377.00	1549.89	2065.50	2582.64
	材料费(元)			2670.54	2969.00	3242.60	3634.73	6576.65
组成内容		**单位**	**单价**	**数量**				
人工	综合工 一类	工日	153.00	9.00	9.00	10.13	13.50	16.88
材料	板瓦	块		441.25×3.96	703.59×2.80	855.31×2.60	1079.03×2.29	2828.28×1.63
	筒瓦	块		147.08×4.76	234.53×3.31	285.10×2.80	359.68×2.58	942.76×1.83
	白灰	kg	0.30	334.460	334.460	321.270	330.150	330.150
	黄土	m³	77.65	0.612	0.612	0.557	0.525	0.525
	水	m³	7.62	0.447	0.447	0.444	0.479	0.479
	青灰	kg	3.30	13.930	13.930	15.107	18.149	18.149
	麻刀	kg	3.92	4.220	4.220	4.577	5.498	5.498
	零星材料费	元		9.31	8.88	9.70	10.87	16.40
	掺灰泥 4:6	m³		(0.78)	(0.78)	(0.71)	(0.67)	(0.67)
	深月白麻刀灰 中麻刀	m³		(0.142)	(0.142)	(0.154)	(0.185)	(0.185)

单位：10m

编号				14-20	14-21	14-22	14-23	14-24
项目				筒瓦檐头附件(裹垄)				
				头号	1号	2号	3号	10号
预算基价	总价(元)			**1266.45**	**1181.88**	**1175.83**	**1313.34**	**1320.43**
	人工费(元)			465.12	514.08	514.08	688.50	774.18
	材料费(元)			801.33	667.80	661.75	624.84	546.25
组成内容		**单位**	**单价**	**数量**				
人工	综合工 一类	工日	153.00	3.04	3.36	3.36	4.50	5.06
材料	勾头	块		37.50×8.45	41.71×6.01	47.30×5.49	54.80×4.55	74.30×3.17
	滴子	块		37.50×8.45	41.71×6.01	47.30×5.49	54.80×4.55	74.30×3.17
	松烟	kg	25.00	0.25	0.25	0.20	0.13	0.13
	骨胶	kg	4.93	0.10	0.10	0.08	0.05	0.05
	白灰	kg	0.30	157.760	157.760	133.280	117.640	63.240
	青灰	kg	3.30	22.759	22.759	19.228	16.971	9.123
	麻刀	kg	3.92	6.895	6.895	5.825	5.142	2.764
	水	m^3	7.62	0.348	0.348	0.294	0.260	0.140
	零星材料费	元		8.72	7.59	8.49	9.23	10.71
	深月白麻刀灰 中麻刀	m^3		(0.232)	(0.232)	(0.196)	(0.173)	(0.093)

单位：10m

编号				14-25	14-26	14-27	14-28	14-29
项目				筒瓦檐头附件(捉节夹垄)				
				头号	1号	2号	3号	10号
预算基价	总价(元)			**1241.94**	**1145.29**	**1131.20**	**1136.94**	**1261.58**
	人工费(元)			429.93	465.12	465.12	517.14	688.50
	材料费(元)			812.01	680.17	666.08	619.80	573.08
组成内容		**单位**	**单价**	**数量**				
人工	综合工 一类	工日	153.00	2.81	3.04	3.04	3.38	4.50
材料	勾头	块		39.60×8.45	44.80×6.01	49.60×5.49	56.20×4.55	80.00×3.17
	滴子	块		39.60×8.45	44.80×6.01	49.60×5.49	56.20×4.55	80.00×3.17
	松烟	kg	25.00	0.25	0.25	0.20	0.13	0.13
	骨胶	kg	4.93	0.10	0.10	0.08	0.05	0.05
	白灰	kg	0.30	131.920	131.920	111.520	99.280	53.040
	青灰	kg	3.30	19.031	19.031	16.088	14.323	7.652
	麻刀	kg	3.92	5.766	5.766	4.874	4.339	2.318
	水	m^3	7.62	0.291	0.291	0.246	0.219	0.117
	零星材料费	元		8.83	7.73	8.55	9.16	11.24
	深月白麻刀灰 中麻刀	m^3		(0.194)	(0.194)	(0.164)	(0.146)	(0.078)

编号				14-30	14-31	14-32	14-33	14-34	14-35
项目				合瓦屋面			合瓦檐头附件		
				1号 (10m^2)	2号 (10m^2)	3号 (10m^2)	1号 (10m)	2号 (10m)	3号 (10m)
预算基价	总价(元)			**5776.20**	**5925.06**	**6563.79**	**600.52**	**576.23**	**558.58**
	人工费(元)			1894.14	1996.65	2082.33	131.58	131.58	131.58
	材料费(元)			3882.06	3928.41	4481.46	468.94	444.65	427.00
组成内容		**单位**	**单价**	**数量**					
人工	综合工 一类	工日	153.00	12.38	13.05	13.61	0.86	0.86	0.86
材料	花边瓦	块					42.00×6.01	42.00×5.49	47.70×4.55
	板瓦 1号	块	2.80	1285.44	642.72				
	板瓦 2号	块	2.60		714.10	809.78			
	板瓦 3号	块	2.29			911.76			
	水泥	kg	0.39				2.00	2.00	2.00
	砂子	t	87.03				0.005	0.005	0.005
	白灰	kg	0.30	428.740	407.390	413.570	133.960	128.520	125.120
	黄土	m^3	77.65	0.800	0.745	0.698			
	水	m^3	7.62	0.566	0.545	0.581	0.296	0.284	0.276
	青灰	kg	3.30	16.971	16.971	20.503	19.326	18.541	18.050
	麻刀	kg	3.92	5.142	5.142	6.211	5.855	5.617	5.468
	零星材料费	元		11.61	11.75	13.40	86.13	88.93	88.11
	掺灰泥 4:6	m^3		(1.02)	(0.95)	(0.89)			
	深月白麻刀灰 中麻刀	m^3		(0.173)	(0.173)	(0.209)	(0.197)	(0.189)	(0.184)

单位：10m²

编号				14-36	14-37	14-38	14-39
项目				干茬瓦屋面			
				1号	2号	3号	干茬瓦檐头 每10m增加材料
预算基价	总价(元)			**4176.00**	**4779.42**	**8238.83**	**14.42**
	人工费(元)			1187.28	1256.13	1377.00	
	材料费(元)			2988.72	3523.29	6861.83	14.42
组成内容		**单位**	**单价**	**数量**			
人工	综合工 一类	工日	153.00	7.76	8.21	9.00	
材料	板瓦	块		1028.90×2.80	1317.60×2.60	2952.50×2.29	
	白灰	kg	0.30	189.100	164.700	164.700	14.960
	黄土	m^3	77.65	0.486	0.423	0.423	
	水	m^3	7.62	0.186	0.162	0.162	0.033
	青灰	kg	3.30				2.158
	麻刀	kg	3.92				0.654
	零星材料费	元		11.91	14.04	17.11	
	深月白麻刀灰 中麻刀	m^3					(0.022)
	掺灰泥 4:6	m^3		(0.62)	(0.54)	(0.54)	

2.正　　脊

单位：m

编号				14-40	14-41	14-42	14-43	14-44	14-45
项目				带吻(兽)正脊				筒瓦过垄脊(裹垄)	
				有陡板(高)			无陡板正脊	1号	2号
				50cm以下	70cm以下	70cm以上			
预算基价	总　价(元)			**1146.85**	**1007.14**	**1522.19**	**460.60**	**333.96**	**352.66**
	人工费(元)			561.51	605.88	633.42	307.53	123.93	142.29
	材料费(元)			585.34	401.26	888.77	153.07	210.03	210.37
组成内容		单位	单价	数量					
人工	综合工 一类	工日	153.00	3.670	3.960	4.140	2.010	0.810	0.930
材料	罗锅瓦	块						4.70×5.96	5.33×5.45
	续罗锅瓦	块						9.40×5.96	10.67×5.45
	折腰瓦	块						4.70×5.90	5.33×5.42
	续折腰瓦	块						9.40×5.90	10.67×5.42
	地趴砖	块	15.65	8.68	8.68	8.68			
	大开条砖	块	5.39	8.40	8.40	8.40	3.79		
	小停泥砖	块	6.85				7.40		
	筒瓦 2号	块	2.80	6.00	6.00	6.00	6.00		
	板瓦 2号	块	2.60	12.00	12.00	12.00	11.55		
	尺二方砖	块	111.51	2.80		5.42			
	尺四方砖	块	46.18		2.80				
	松烟	kg	25.00	0.070	0.070	0.070	0.065		
	骨胶	kg	4.93	0.030	0.030	0.030	0.025		
	白灰	kg	0.30	34.680	36.720	43.520	29.240	43.520	36.720
	青灰	kg	3.30	5.003	5.297	6.278	4.218	6.278	5.297
	麻刀	kg	3.92	1.516	1.605	1.902	1.278	1.902	1.605
	水	m^3	7.62	0.077	0.081	0.096	0.065	0.096	0.081
	零星材料费	元		8.65	5.54	11.41	5.18	0.84	1.05
	深月白麻刀灰 中麻刀	m^3		(0.051)	(0.054)	(0.064)	(0.043)	(0.064)	(0.054)

单位：m

编号				14-46	14-47	14-48	14-49	14-50	14-51
项目				筒瓦过垄脊(裹垄)		筒瓦过垄脊(抓节夹垄)			
				3号	10号	1号	2号	3号	10号
预算基价	总价(元)			**360.05**	**353.87**	**310.83**	**324.56**	**326.93**	**330.00**
	人工费(元)			160.65	177.48	90.27	107.10	123.93	142.29
	材料费(元)			199.40	176.39	220.56	217.46	203.00	187.71
组成内容		**单位**	**单价**	**数量**					
人工	综合工 一类	工日	153.00	1.05	1.16	0.59	0.70	0.81	0.93
材料	罗锅瓦	块		6.18×4.52	8.40×3.16	5.05×5.96	5.59×5.45	6.35×4.52	9.04×3.16
	续罗锅瓦	块		12.40×4.52	16.80×3.16	10.10×5.96	11.19×5.45	12.70×4.52	18.08×3.16
	折腰瓦	块		6.18×4.50	8.40×3.14	5.05×5.90	5.59×5.42	6.35×4.50	9.04×3.14
	续折腰瓦	块		12.40×4.50	16.80×3.14	10.10×5.90	11.19×5.42	12.70×4.50	18.08×3.14
	白灰	kg	0.30	31.960	17.000	41.480	35.360	31.280	16.320
	青灰	kg	3.30	4.611	2.453	5.984	5.101	4.513	2.354
	麻刀	kg	3.92	1.397	0.743	1.813	1.545	1.367	0.713
	水	m^3	7.62	0.071	0.038	0.092	0.078	0.069	0.036
	零星材料费	元		0.99	1.23	0.88	0.97	1.01	1.12
	深月白麻刀灰 中麻刀	m^3		(0.047)	(0.025)	(0.061)	(0.052)	(0.046)	(0.024)

单位：m

编号				14-52	14-53	14-54	14-55	14-56	14-57
项目				合瓦过垄脊			鞍子脊		
				1号	2号	3号	1号	2号	3号
预算基价	总价(元)			**192.73**	**209.11**	**226.29**	**264.34**	**285.37**	**302.48**
	人工费(元)			107.10	123.93	142.29	123.93	142.29	160.65
	材料费(元)			85.63	85.18	84.00	140.41	143.08	141.83
组成内容		**单位**	**单价**	**数量**					
人工	综合工 一类	工日	153.00	0.70	0.81	0.93	0.81	0.93	1.05
材料	板瓦	块		4.70×2.80	5.33×2.60	6.18×2.29	4.70×2.80	5.33×2.60	6.18×2.29
	折腰瓦	块		4.70×5.90	5.33×5.42	6.18×4.50	4.70×5.90	5.33×5.42	6.18×4.50
	续折腰瓦	块					8.32×5.90	9.54×5.42	10.94×4.50
	蓝四丁砖	块	6.28				1.55	1.55	2.06
	白灰	kg	0.30	39.440	36.720	36.040	40.120	38.080	36.720
	青灰	kg	3.30	5.690	5.297	5.199	5.788	5.494	5.297
	麻刀	kg	3.92	1.724	1.605	1.575	1.753	1.664	1.605
	水	m^3	7.62	0.087	0.081	0.080	0.089	0.084	0.081
	零星材料费	元		6.71	7.03	7.29	2.01	2.18	2.30
	深月白麻刀灰 中麻刀	m^3		(0.058)	(0.054)	(0.053)	(0.059)	(0.056)	(0.054)

编号				14-58	14-59	14-60	14-61
项目				清水脊 (m)	平草蝎子尾 (份)	跨草蝎子尾 (份)	落落草蝎子尾 (份)
预算基价	总价(元)			**446.90**	**3507.25**	**7371.64**	**7724.77**
	人工费(元)			247.86	3213.00	6984.45	7290.45
	材料费(元)			199.04	294.25	387.19	434.32
组成内容		**单位**	**单价**	**数量**			
人工	综合工 一类	工日	153.00	1.62	21.00	45.65	47.65
材料	蓝四丁砖	块	6.28	15.70	8.10	8.10	8.10
	小停泥砖	块	6.85	4.80	2.00	2.00	2.00
	板瓦 2号	块	2.60	15.60	14.00	14.00	14.00
	筒瓦 2号	块	2.80		3.09	3.09	3.09
	尺四方砖	块	46.18		3.00	5.00	6.00
	勾头 10号	块	3.17		1.04	1.04	1.04
	勾头 3号	块	4.55		1.04	1.04	1.04
	镀锌钢丝 *D*0.7	kg	7.42		0.06	0.06	0.06
	红白松锯材 一类	m^3	4069.17		0.001	0.001	0.001
	白灰	kg	0.30	16.320	10.880	10.880	10.880
	青灰	kg	3.30	2.354	1.570	1.570	1.570
	麻刀	kg	3.92	0.713	0.476	0.476	0.476
	水	m^3	7.62	0.036	0.024	0.024	0.024
	零星材料费	元		11.27	23.05	23.63	24.58
	深月白麻刀灰 中麻刀	m^3		(0.024)	(0.016)	(0.016)	(0.016)

3.垂　　脊

单位：m

编号				14-62	14-63	14-64	14-65	14-66	14-67
项目				带陡板垂脊					
				庑殿、攒尖建筑			悬山、硬山建筑		
				兽前	兽后(高)		兽前	兽后(高)	
					40cm以外	40cm以内		40cm以外	40cm以内
预算基价	总价(元)			**420.03**	**1088.11**	**771.11**	**546.58**	**1186.22**	**873.59**
	人工费(元)			304.47	573.75	520.20	358.02	608.94	556.92
	材料费(元)			115.56	514.36	250.91	188.56	577.28	316.67
组成内容		**单位**	**单价**	**数量**					
人工	综合工 一类	工日	153.00	1.99	3.75	3.40	2.34	3.98	3.64
材料	蓝四丁砖	块	6.28	9.10	18.30	18.30	9.10	18.30	18.30
	尺二方砖	块	111.51		2.76			2.76	
	小停泥砖	块	6.85			8.00			8.00
	板瓦 2号	块	2.60	11.56	11.56	11.56	16.56	16.56	16.56
	筒瓦 2号	块	2.80	1.00	5.78	5.78	1.00	5.78	5.78
	滴子 2号	块	5.49				5.00	5.00	5.00
	勾头 2号	块	5.49				5.00	5.00	5.00
	骨胶	kg	4.93	0.025	0.025	0.025	0.020	0.020	0.020
	松烟	kg	25.00	0.063	0.063	0.063	0.050	0.050	0.050
	白灰	kg	0.30	12.240	23.120	22.440	21.080	23.120	22.440
	青灰	kg	3.30	1.766	3.335	3.237	3.041	3.335	3.237
	麻刀	kg	3.92	0.535	1.010	0.981	0.921	1.010	0.981
	水	m^3	7.62	0.027	0.051	0.050	0.047	0.051	0.050
	零星材料费	元		12.06	21.44	11.61	8.98	16.81	9.82
	深月白麻刀灰 中麻刀	m^3		(0.018)	(0.034)	(0.033)	(0.031)	(0.034)	(0.033)

单位：m

编号				14-68	14-69	14-70	14-71	14-72	14-73
项目				带陡板垂脊		无陡板垂脊			
				歇山建筑(高)		铃铛排山脊	攒尖建筑	披水排山脊	披水梢垄
				40cm以外	40cm以内				
预算基价	总价(元)			**1197.05**	**885.32**	**604.06**	**497.24**	**540.81**	**164.62**
	人工费(元)			608.94	556.92	374.85	341.19	356.49	52.02
	材料费(元)			588.11	328.40	229.21	156.05	184.32	112.60
组成内容		单位	单价	数量					
人工	综合工 一类	工日	153.00	3.98	3.64	2.45	2.23	2.33	0.34
材料	蓝四丁砖	块	6.28	18.30	18.30	13.40	13.40	13.40	8.58
	尺二方砖	块	111.51	2.76					
	小停泥砖	块	6.85		8.00			4.50	4.50
	板瓦 2号	块	2.60	16.56	16.56	16.56	11.56	11.56	
	筒瓦 2号	块	2.80	5.78	5.78	5.78	5.78	5.78	5.78
	滴子 2号	块	5.49	5.00	5.00	5.00			
	勾头 2号	块	5.49	5.00	5.00	5.00			
	松烟	kg	25.00	0.050	0.050	0.050	0.063	0.025	
	骨胶	kg	4.93	0.020	0.020	0.020	0.025	0.010	
	白灰	kg	0.30	36.040	35.360	21.080	12.240	15.640	7.480
	青灰	kg	3.30	5.199	5.101	3.041	1.766	2.256	1.079
	麻刀	kg	3.92	1.575	1.545	0.921	0.535	0.684	0.327
	水	m^3	7.62	0.080	0.078	0.047	0.027	0.035	0.017
	零星材料费	元		15.18	9.10	9.24	12.16	7.34	4.49
	深月白麻刀灰 中麻刀	m^3		(0.053)	(0.052)	(0.031)	(0.018)	(0.023)	(0.011)

单位：条

编号				14-74	14-75	14-76	14-77	14-78	14-79
项目				带陡板垂脊附件					
				庑殿、攒尖建筑(高)		硬山、悬山建筑(高)		歇山建筑(高)	
				40cm以外	40cm以内	40cm以外	40cm以内	40cm以外	40cm以内
预算基价	总价(元)			**1813.34**	**1292.47**	**1646.62**	**1180.16**	**1335.92**	**922.94**
	人工费(元)			79.56	79.56	79.56	79.56		
	材料费(元)			1733.78	1212.91	1567.06	1100.60	1335.92	922.94
组成内容		**单位**	**单价**	**数量**					
人工	综合工 一类	工日	153.00	0.52	0.52	0.52	0.52		
材料	垂兽	份		1.00×1324.66	1.00×913.14	1.00×1324.66	1.00×913.14	1.00×1324.66	1.00×913.14
	滴子	块		1.00×6.01	1.00×4.55	1.00×6.01	1.00×4.55		
	勾头	块		1.00×6.01	1.00×4.55	1.00×6.01	1.00×4.55	1.00×6.01	1.00×4.55
	抱头狮子	件		1.00×108.23	1.00×56.21	1.00×108.23	1.00×56.21		
	马	件		( )×78.27	( )×39.62	( )×78.27	( )×39.62		
	套兽	件		1.00×166.72	1.00×112.31				
	尺二方砖	块	111.51	1.00	1.00	1.00	1.00		
	大开条砖	块	5.39	1.00	1.00	1.00	1.00		
	白灰	kg	0.30	5.440	5.440	5.440	5.440	5.440	5.440
	青灰	kg	3.30	0.785	0.785	0.785	0.785	0.785	0.785
	麻刀	kg	3.92	0.238	0.238	0.238	0.238	0.238	0.238
	水	m^3	7.62	0.012	0.012	0.012	0.012	0.012	0.012
	深月白麻刀灰 中麻刀	m^3		(0.008)	(0.008)	(0.008)	(0.008)	(0.008)	(0.008)

单位：条

编号				14-80	14-81	14-82
项目				无陡板垂脊附件		
				铃铛排山脊	披水排山脊	披水梢垄
预算基价	总价(元)			**233.27**	**246.46**	**32.28**
	人工费(元)			79.56	87.21	7.65
	材料费(元)			153.71	159.25	24.63
组成内容		单位	单价	数量		
人工	综合工 一类	工日	153.00	0.52	0.57	0.05
材料	大城样砖	块	35.44	0.50	0.50	
	尺二方砖	块	111.51	1.00	1.00	
	大开条砖	块	5.39	1.00	1.00	
	小停泥砖	块	6.85		1.00	1.00
	滴子 2号	块	5.49	1.00	1.00	1.00
	勾头 2号	块	5.49	2.00	2.00	2.00
	白灰	kg	0.30	2.720	1.360	1.360
	青灰	kg	3.30	0.392	0.196	0.196
	麻刀	kg	3.92	0.119	0.059	0.059
	水	m^3	7.62	0.006	0.003	0.003
	深月白麻刀灰 中麻刀	m^3		(0.004)	(0.002)	(0.002)

4.戗脊、角脊、围脊、博脊、花瓦脊

编号			14-83	14-84	14-85	14-86	14-87	14-88	14-89
项目			戗(岔)脊、角脊				戗脊、角脊附件		
			带陡板			无陡板 (m)	带陡板(高)		无陡板 (条)
			兽前 (m)	兽后(高) 40cm以上 (m)	兽后(高) 40cm以下 (m)		40cm以上 (条)	40cm以下 (条)	
预算基价	总价(元)		**436.91**	**1088.55**	**771.11**	**432.98**	**1716.14**	**1195.46**	**105.26**
	人工费(元)		321.30	573.75	520.20	276.93	91.80	79.56	79.56
	材料费(元)		115.61	514.80	250.91	156.05	1624.34	1115.90	25.70
组成内容	**单位**	**单价**	**数量**						
人工 综合工 一类	工日	153.00	2.10	3.75	3.40	1.81	0.60	0.52	0.52
材料 滴子	块						1.00×6.01	1.00×4.55	1.00×4.55
勾头 3号	块	4.55						2.00	2.00
岔兽 1号	份	1324.66					1.00		
抱头狮子	件						1.00×108.23	1.00×56.21	
马	件						( )×78.27	( )×39.62	
套兽	件						1.00×166.72	1.00×112.31	
岔兽 3号	份	913.14						1.00	
蓝四丁砖	块	6.28	9.10	18.30	18.30	13.40			
尺二方砖	块	111.51		2.76					
小停泥砖	块	6.85			8				
板瓦 2号	块	2.60	11.56	11.56	11.56	11.56			
筒瓦 2号	块	2.80	1.00	5.78	5.78	5.78			
大开条砖	块	5.39					1.00	1.00	
松烟	kg	25.00	0.063	0.063	0.063	0.063			
骨胶	kg	4.93	0.025	0.025	0.025	0.025			
白灰	kg	0.30	12.240	23.800	22.440	12.240	5.440	5.440	5.440
青灰	kg	3.30	1.766	3.434	3.237	1.766	0.785	0.785	0.785
麻刀	kg	3.92	0.535	1.040	0.981	0.535	0.238	0.238	0.238
水	m^3	7.62	0.027	0.053	0.050	0.027	0.012	0.012	0.012
零星材料费	元		12.11	21.22	11.61	12.16	8.08	9.95	6.80
深月白麻刀灰 中麻刀	m^3		(0.018)	(0.035)	(0.033)	(0.018)	(0.008)	(0.008)	(0.008)

单位：m

编号				14-90	14-91	14-92	14-93	14-94	14-95
项目				围脊			博脊	花瓦脊(高)	
				有陡板(高)		无陡板			
				40cm以上	40cm以下			30cm以上	30cm以下
预算基价	总价(元)			**815.97**	**524.78**	**295.87**	**296.73**	**500.10**	**409.83**
	人工费(元)			301.41	273.87	169.83	169.83	267.75	177.48
	材料费(元)			514.56	250.91	126.04	126.90	232.35	232.35
组成内容		单位	单价	数量					
人工	综合工 一类	工日	153.00	1.97	1.79	1.11	1.11	1.75	1.16
材料	蓝四丁砖	块	6.28	18.30	18.30	9.10	9.10	32.96	32.96
	尺二方砖	块	111.51	2.76					
	小停泥砖	块	6.85		8				
	板瓦 2号	块	2.60	11.56	11.56	11.56	11.56	( )	( )
	筒瓦 2号	块	2.80	5.78	5.78	5.78	5.78	( )	( )
	松烟	kg	25.00	0.063	0.063	0.050	0.030		
	骨胶	kg	4.93	0.025	0.025	0.020	0.013		
	白灰	kg	0.30	23.800	22.440	12.240	12.240		
	青灰	kg	3.30	3.434	3.237	1.766	1.766		
	麻刀	kg	3.92	1.040	0.981	0.535	0.535		
	水	m^3	7.62	0.053	0.050	0.027	0.027		
	零星材料费	元		20.98	11.61	9.50	10.90	25.36	25.36
	深月白麻刀灰 中麻刀	m^3		(0.035)	(0.033)	(0.018)	(0.018)	( )	( )

5.吻、宝顶

单位：份

编号				14-96	14-97	14-98	14-99	14-100
项目				正吻(高)			合角吻(高)	
				70cm以下	100cm以下	100cm以上	60cm以下	60cm以上
预算基价	总价(元)			**1553.51**	**3175.56**	**7091.09**	**1625.21**	**3105.50**
	人工费(元)			321.30	763.47	1719.72	318.24	413.10
	材料费(元)			1232.21	2412.09	5371.37	1306.97	2692.40
组成内容		**单位**	**单价**	**数量**				
人工	综合工 一类	工日	153.00	2.10	4.99	11.24	2.08	2.70
材料	正吻	份		1.00×1063.95	1.00×2172.12	1.00×5076.69		
	合角吻	份					1.00×1280.49	1.00×2667.16
	板瓦 2号	块	2.60	12.00	13.00	15.00	4.00	4.00
	大城样砖	块	35.44	1.00	1.00	1.00		
	尺四方砖	块	46.18	1.60	1.60	1.60		
	大开条砖	块	5.39	0.60	0.60	0.60		
	小停泥砖	块	6.85	1.20	2.30	2.30	1.20	1.20
	铁兽桩	kg	7.69		5.00	10.00		
	吻锯	kg	7.69		1.30	1.92		
	白灰	kg	0.30	14.960	29.240	35.360	5.440	4.080
	青灰	kg	3.30	2.158	4.218	5.101	0.785	0.589
	麻刀	kg	3.92	0.654	1.278	1.545	0.238	0.178
	水	m^3	7.62	0.033	0.065	0.078	0.012	0.009
	零星材料费	元		1.85	1.21	1.61	2.61	2.69
	深月白麻刀灰 中麻刀	m^3		(0.022)	(0.043)	(0.052)	(0.008)	(0.006)

单位：份

编号			14-101	14-102	14-103	14-104	14-105	14-106
项目			宝顶安装					
			宝顶座(宽)			宝顶珠(高)		
			60cm以内	100cm以内	100cm以外	60cm以内	100cm以内	100cm以外
预算基价	总价(元)		**3144.36**	**4174.46**	**10044.19**	**1965.60**	**3707.02**	**6708.71**
	人工费(元)		1324.98	2369.97	5804.82	1406.07	2758.59	5299.92
	材料费(元)		1819.38	1804.49	4239.37	559.53	948.43	1408.79
组成内容	**单位**	**单价**	**数量**					
人工 综合工 一类	工日	153.00	8.66	15.49	37.94	9.19	18.03	34.64
材料 尺二方砖	块	111.51	16.00			1.00		
尺四方砖	块	46.18		37.20	87.60		1.00	1.00
小停泥砖	块	6.85				60.00	115.00	171.00
机砖	块	0.51	20	100	200	20	100	200
白灰	kg	0.30	9.477	25.625	74.327	21.717	54.865	72.967
青灰	kg	3.30	1.275	3.237	9.712	3.041	7.456	9.516
麻刀	kg	3.92	0.386	0.981	2.942	0.921	2.259	2.883
水	m^3	7.62	0.026	0.080	0.215	0.053	0.144	0.212
水泥	kg	0.39	1.310	6.550	14.410	1.310	6.550	14.410
砂子	t	87.03	0.015	0.076	0.168	0.015	0.076	0.168
零星材料费	元		14.44	3.60	4.24	4.44	3.31	2.81
白灰膏	m^3		(0.001)	(0.005)	(0.010)		(0.005)	(0.010)
深月白麻刀灰 中麻刀	m^3		(0.013)	(0.033)	(0.099)	(0.031)	(0.076)	(0.097)
混合砂浆 M2.5	m^3		(0.01)	(0.05)	(0.11)	(0.01)	(0.05)	(0.11)

三、琉璃屋面

1.瓦　　面

单位：$10m^2$

编号				14-107	14-108	14-109	14-110	14-111
项目				宼琉璃瓦屋面				
				六样	七样	八样	九样	竹节瓦
预算基价	总价(元)			**14428.47**	**14881.92**	**15015.29**	**14865.24**	**2068.21**
	人工费(元)			1462.68	1481.04	1514.70	1583.55	1806.93
	材料费(元)			12965.79	13400.88	13500.59	13281.69	261.28
组成内容		**单位**	**单价**	**数量**				
人工	综合工 一类	工日	153.00	9.56	9.68	9.90	10.35	11.81
材料	竹节筒瓦	件						( )
	竹节板瓦	件						( )
	筒瓦	件		137.30×27.98	163.60×24.46	184.10×22.00	209.90×19.22	
	板瓦	件		343.10×25.79	409.10×22.38	460.10×20.02	524.60×17.16	
	白灰	kg	0.30	453.440	394.000	374.060	372.380	453.440
	黄土	m^3	77.65	0.601	0.522	0.477	0.451	0.601
	水	m^3	7.62	0.501	0.435	0.429	0.447	0.501
	青灰	kg	3.30	8.829	5.886	5.886	7.848	8.829
	麻刀	kg	3.92	4.458	3.864	4.161	4.755	4.458
	氧化铁红	kg	9.03	2.551	2.976	3.401	3.401	2.551
	零星材料费	元		19.42	20.07	20.22	19.89	5.12
	掺灰泥 5:5	m^3		(0.92)	(0.80)	(0.73)	(0.69)	(0.92)
	深月白麻刀灰 中麻刀	m^3		(0.09)	(0.06)	(0.06)	(0.08)	(0.09)
	红麻刀灰 中麻刀	m^3		(0.06)	(0.07)	(0.08)	(0.08)	(0.06)

单位：10m

编号				14-112	14-113	14-114	14-115
项目				琉璃瓦檐头附件			
				六样	七样	八样	九样
预算基价	总价(元)			**5075.47**	**4843.94**	**4462.49**	**4495.44**
	人工费(元)			550.80	550.80	602.82	602.82
	材料费(元)			4524.67	4293.14	3859.67	3892.62
组成内容		**单位**	**单价**	**数量**			
人工	综合工 一类	工日	153.00	3.60	3.60	3.94	3.94
材料	滴子	件		37.50×53.86	42.50×44.37	45.30×37.49	48.80×35.04
	勾头	件		37.50×52.86	42.50×44.37	45.30×37.49	48.80×35.04
	钉帽	件		37.50×7.80	42.50×7.80	45.30×6.48	48.80×6.48
	瓦钉	kg	7.69	3.10	3.10	3.10	3.10
	白灰	kg	0.30	204.000	163.200	142.800	129.200
	青灰	kg	3.30	28.449	22.857	20.111	18.149
	麻刀	kg	3.92	8.916	7.133	6.241	5.647
	水	m^3	7.62	0.450	0.360	0.315	0.285
	氧化铁红	kg	9.03	0.425	0.298	0.213	0.213
	零星材料费	元		9.03	8.57	7.70	7.77
	深月白麻刀灰 中麻刀	m^3		(0.290)	(0.233)	(0.205)	(0.185)
	红麻刀灰 中麻刀	m^3		(0.010)	(0.007)	(0.005)	(0.005)

单位：10m

编号				14-116	14-117	14-118	14-119
项目				檐头琉璃瓦剪边			
				六样	七样	八样	九样
预算基价	总价(元)			**15202.36**	**14677.51**	**13816.63**	**13168.10**
	人工费(元)			1412.19	1324.98	1324.98	1274.49
	材料费(元)			13790.17	13352.53	12491.65	11893.61
组成内容		**单位**	**单价**	**数量**			
人工	综合工 一类	工日	153.00	9.23	8.66	8.66	8.33
材料	筒瓦	件		75.00×27.98	85.00×24.46	90.70×22.00	97.60×19.22
	板瓦	件		262.50×25.79	297.50×22.38	317.40×20.02	341.60×17.16
	滴子	件		37.50×53.86	42.50×44.37	45.30×37.49	48.80×35.04
	勾头	件		37.50×52.86	42.50×44.37	45.30×37.49	48.80×35.04
	钉帽	件		37.50×7.80	42.50×7.80	45.30×6.48	48.80×6.48
	瓦钉	kg	7.69	3.10	3.10	3.10	3.10
	白灰	kg	0.30	600.440	482.800	421.600	389.640
	青灰	kg	3.30	80.344	64.648	56.408	52.287
	麻刀	kg	3.92	26.243	21.101	18.426	17.030
	水	m^3	7.62	1.325	1.065	0.930	0.860
	氧化铁红	kg	9.03	2.721	2.168	1.913	1.700
	零星材料费	元		20.65	20.00	18.71	17.81
	深月白麻刀灰 中麻刀	m^3		(0.819)	(0.659)	(0.575)	(0.533)
	红麻刀灰 中麻刀	m^3		(0.064)	(0.051)	(0.045)	(0.040)

单位：10m

编号				14-120	14-121	14-122	14-123
项目				星星瓦、钉瓦钉、安钉帽			
				六样	七样	八样	九样
预算基价	总价(元)			**495.78**	**530.19**	**487.65**	**507.27**
	人工费(元)			172.89	168.30	163.71	160.65
	材料费(元)			322.89	361.89	323.94	346.62
组成内容		单位	单价	数量			
人工	综合工 一类	工日	153.00	1.13	1.10	1.07	1.05
材料	钉帽	件		37.50×7.80	42.50×7.80	45.30×6.48	48.80×6.48
	瓦钉	kg	7.69	3.10	3.10	3.10	3.10
	白灰	kg	0.30	6.800	6.800	6.800	6.800
	青灰	kg	3.30	0.981	0.981	0.981	0.981
	麻刀	kg	3.92	0.297	0.297	0.297	0.297
	水	m^3	7.62	0.015	0.015	0.015	0.015
	深月白麻刀灰 中麻刀	m^3		(0.01)	(0.01)	(0.01)	(0.01)

2.正　　脊

单位：m

编号				14-124	14-125	14-126	14-127
项目				带吻(兽)正脊			
				六样	七样	八样	九样
预算基价	总价(元)			**2798.65**	**2661.98**	**2395.20**	**2342.15**
	人工费(元)			142.29	136.17	130.05	123.93
	材料费(元)			2656.36	2525.81	2265.15	2218.22
组成内容		单位	单价	数量			
人工	综合工 一类	工日	153.00	0.93	0.89	0.85	0.81
材料	正脊筒子	件		1.49×797.63	1.63×656.43	1.80×546.82	2.02×481.92
	正当沟	件		7.60×37.00	8.70×35.94	9.30×33.96	10.00×30.86
	压当条	件		7.60×22.76	8.70×18.24	9.30×15.54	10.00×13.73
	群色条	件		5.20×155.58	5.40×146.36	6.00×110.12	6.40×100.81
	扣脊瓦	件		3.47×27.98	3.59×24.46	3.80×22.00	4.05×19.22
	铁兽桩	kg	7.69	7.45	8.15	5.40	6.06
	镀锌钢丝 *D*1.2	kg	7.20	0.08	0.08	0.08	0.08
	白灰	kg	0.30	47.600	40.800	31.960	26.520
	青灰	kg	3.30	4.905	3.924	2.943	2.453
	麻刀	kg	3.92	2.080	1.783	1.397	1.159
	水	m^3	7.62	0.105	0.090	0.071	0.059
	氧化铁红	kg	9.03	0.850	0.850	0.723	0.595
	零星材料费	元		2.65	2.52	2.26	2.22
	深月白麻刀灰 中麻刀	m^3		(0.050)	(0.040)	(0.030)	(0.025)
	红麻刀灰 中麻刀	m^3		(0.020)	(0.020)	(0.017)	(0.014)

单位：份

编号				14-128	14-129	14-130	14-131
项目				正吻(兽)安装			
				六样		七样	
				吻	兽	吻	兽
预算基价	总价(元)			**13547.81**	**1808.47**	**9798.10**	**968.26**
	人工费(元)			888.93	888.93	356.49	356.49
	材料费(元)			12658.88	919.54	9441.61	611.77
组成内容		单位	单价	数量			
人工	综合工 一类	工日	153.00	5.81	5.81	2.33	2.33
材料	正脊兽	份			(1.00)		(1.00)
	正吻	份		1.00×11292.84		1.00×8393.74	
	吻下当沟	件		1.00×446.15		1.00×436.38	
	正当沟	件		5.99×37.00	5.99×37.00	4.90×35.94	4.90×35.94
	压当条	件		8.24×22.76	8.24×22.76	6.85×18.24	6.85×18.24
	群色条	件		2.50×155.58	2.50×155.58	1.70×146.36	1.70×146.36
	吻(兽)桩、铁锯子	kg	7.69	9.80	9.80	5.00	5.00
	白灰	kg	0.30	45.560	45.560	22.440	22.440
	青灰	kg	3.30	4.611	4.611	2.256	2.256
	麻刀	kg	3.92	1.991	1.991	0.981	0.981
	水	m^3	7.62	0.101	0.101	0.050	0.050
	氧化铁红	kg	9.03	0.850	0.850	0.425	0.425
	零星材料费	元		1.27	0.92	0.94	1.22
	深月白麻刀灰 中麻刀	m^3		(0.047)	(0.047)	(0.023)	(0.023)
	红麻刀灰 中麻刀	m^3		(0.02)	(0.02)	(0.01)	(0.01)

单位：份

编号				14-132	14-133	14-134	14-135
项目				正吻(兽)安装			
				八样		九样	
				吻	兽	吻	兽
预算基价	总价(元)			**6757.49**	**629.30**	**5539.75**	**572.18**
	人工费(元)			177.48	177.48	142.29	142.29
	材料费(元)			6580.01	451.82	5397.46	429.89
组成内容		**单位**	**单价**	**数量**			
人工	综合工 一类	工日	153.00	1.16	1.16	0.93	0.93
材料	正脊兽	份			(1.00)		(1.00)
	正吻	份		1.00×5716.96		1.00×4575.07	
	吻下当沟	件		1.00×410.61		1.00×392.05	
	正当沟	件		4.15×33.96	4.15×33.96	4.15×30.86	4.15×30.86
	压当条	件		5.99×15.54	5.99×15.54	5.89×13.73	5.89×13.73
	群色条	件		1.50×110.12	1.50×110.12	1.70×100.81	1.70×100.81
	吻(兽)桩、铁锯子	kg	7.69	5.00	5.00	5.00	5.00
	白灰	kg	0.30	12.920	12.920	9.520	9.520
	青灰	kg	3.30	1.275	1.275	0.981	0.981
	麻刀	kg	3.92	0.565	0.565	0.416	0.416
	水	m^3	7.62	0.029	0.029	0.021	0.021
	氧化铁红	kg	9.03	0.255	0.255	0.170	0.170
	零星材料费	元		1.97	1.35	2.16	1.71
	深月白麻刀灰 中麻刀	m^3		(0.013)	(0.013)	(0.010)	(0.010)
	红麻刀灰 中麻刀	m^3		(0.006)	(0.006)	(0.004)	(0.004)

单位：m

编号				14-136	14-137	14-138	14-139
项目				过垄脊			
				六样	七样	八样	九样
预算基价	总价(元)			**1617.38**	**1569.24**	**1538.76**	**1465.56**
	人工费(元)			153.00	154.53	157.59	160.65
	材料费(元)			1464.38	1414.71	1381.17	1304.91
组成内容		**单位**	**单价**	**数量**			
人工	综合工 一类	工日	153.00	1.00	1.01	1.03	1.05
材料	罗锅瓦	件		3.47×51.05	4.08×45.60	4.49×40.12	4.88×36.43
	续罗锅瓦	件		7.94×51.05	8.16×45.60	8.98×40.12	9.76×36.43
	折腰瓦	件		3.47×41.01	4.08×36.45	4.49×32.77	4.88×27.34
	续折腰瓦	件		7.94×41.01	8.16×36.45	8.98×32.77	9.76×27.34
	板瓦	件		13.88×25.79	16.32×22.38	17.96×20.02	19.52×17.16
	白灰	kg	0.30	55.080	44.200	38.760	35.360
	青灰	kg	3.30	5.592	4.513	3.924	3.532
	麻刀	kg	3.92	2.407	1.932	1.694	1.545
	水	m^3	7.62	0.122	0.098	0.086	0.078
	氧化铁红	kg	9.03	1.020	0.808	0.723	0.680
	零星材料费	元		1.46	1.41	1.38	1.30
	深月白麻刀灰 中麻刀	m^3		(0.057)	(0.046)	(0.040)	(0.036)
	红麻刀灰 中麻刀	m^3		(0.024)	(0.019)	(0.017)	(0.016)

单位：m

编号				14-140	14-141	14-142	14-143
项目				墙帽正脊			
				六样	七样	八样	九样
预算基价	总价(元)			**1050.44**	**1037.24**	**1019.76**	**983.18**
	人工费(元)			114.75	107.10	97.92	90.27
	材料费(元)			935.69	930.14	921.84	892.91
组成内容		**单位**	**单价**	**数量**			
人工	综合工 一类	工日	153.00	0.75	0.70	0.64	0.59
材料	正当沟	件		7.60×37.00	8.70×35.94	9.30×33.96	10.00×30.86
	压当条	件		7.60×22.76	8.70×18.24	9.30×15.54	10.00×13.73
	承奉连砖	件		2.60×129.36	2.80×117.72	3.10×111.39	3.20×106.87
	扣脊瓦	件		3.47×27.98	3.59×24.46	3.80×22.00	4.05×19.22
	白灰	kg	0.30	47.600	40.800	31.960	26.520
	青灰	kg	3.30	4.807	4.120	3.237	2.649
	麻刀	kg	3.92	2.080	1.783	1.397	1.159
	水	m^3	7.62	0.105	0.090	0.071	0.059
	氧化铁红	kg	9.03	0.893	0.765	0.595	0.510
	零星材料费	元		0.93	0.93	0.92	0.89
	深月白麻刀灰 中麻刀	m^3		(0.049)	(0.042)	(0.033)	(0.027)
	红麻刀灰 中麻刀	m^3		(0.021)	(0.018)	(0.014)	(0.012)

3.垂　脊

单位：m

编号				14-144	14-145	14-146	14-147
项目				庑殿、攒尖垂脊(兽后)			
				六样	七样	八样	九样
预算基价	总价(元)			**1946.91**	**1905.11**	**1739.53**	**1610.66**
	人工费(元)			165.24	142.29	134.64	123.93
	材料费(元)			1781.67	1762.82	1604.89	1486.73
组成内容		**单位**	**单价**	**数量**			
人工	综合工 一类	工日	153.00	1.08	0.93	0.88	0.81
材料	斜当沟	件		5.46×66.74	6.20×59.24	6.62×54.32	7.14×47.23
	压当条	件		7.60×22.76	8.70×18.24	9.30×15.54	10.00×13.73
	扣脊瓦	件		3.47×27.98	3.59×24.46	3.80×22.00	4.05×19.22
	垂脊筒子	件		1.87×591.92	2.04×546.16	2.17×455.22	2.33×391.36
	镀锌钢丝 $D1.2$	kg	7.20	0.11	0.11	0.11	0.11
	白灰	kg	0.30	38.080	32.640	27.200	20.400
	青灰	kg	3.30	3.826	3.335	2.747	2.060
	麻刀	kg	3.92	1.664	1.427	1.189	0.892
	水	m^3	7.62	0.084	0.072	0.060	0.045
	氧化铁红	kg	9.03	0.723	0.595	0.510	0.383
	零星材料费	元		1.78	1.76	1.60	1.49
	深月白麻刀灰 中麻刀	m^3		(0.039)	(0.034)	(0.028)	(0.021)
	红麻刀灰 中麻刀	m^3		(0.017)	(0.014)	(0.012)	(0.009)

单位：m

编号				14-148	14-149	14-150	14-151
项目				庑殿、攒尖垂脊(兽前)			
				六样	七样	八样	九样
预算基价	总价(元)			**1238.77**	**1169.67**	**1147.77**	**1036.10**
	人工费(元)			123.93	114.75	114.75	114.75
	材料费(元)			1114.84	1054.92	1033.02	921.35
组成内容		单位	单价	数量			
人工	综合工 一类	工日	153.00	0.81	0.75	0.75	0.75
材料	斜当沟	件		5.46×66.74	6.20×59.24	6.62×54.32	7.14×47.23
	压当条	件		7.60×22.76	8.70×18.24	9.30×15.54	10.00×13.73
	三连砖	件		2.59×209.56	2.73×182.32	3.06×164.19	3.21×132.47
	白灰	kg	0.30	33.320	29.920	25.160	20.400
	青灰	kg	3.30	3.335	3.041	2.551	2.060
	麻刀	kg	3.92	1.456	1.308	1.100	0.892
	水	m^3	7.62	0.074	0.066	0.056	0.045
	氧化铁红	kg	9.03	0.638	0.553	0.468	0.383
	零星材料费	元		1.67	1.58	1.55	1.38
	深月白麻刀灰 中麻刀	m^3		(0.034)	(0.031)	(0.026)	(0.021)
	红麻刀灰 中麻刀	m^3		(0.015)	(0.013)	(0.011)	(0.009)

单位：条

编号				14-152	14-153	14-154	14-155
项目				庑殿、攒尖垂脊附件			
				六样	七样	八样	九样
预算基价	总价(元)			**4246.33**	**3555.50**	**2947.40**	**2768.80**
	材料费(元)			4246.33	3555.50	2947.40	2768.80
组成内容		单位	单价	数量			
材料	撺头	件		1.00×391.03	1.00×309.51	1.00×276.59	1.00×267.46
	淌头	件		1.00×309.51	1.00×264.15	1.00×218.68	1.00×185.92
	垂兽	份		1.00×1969.57	1.00×1759.62	1.00×1439.21	1.00×1396.91
	仙人	份		1.00×345.61	1.00×291.15	1.00×241.28	1.00×218.42
	小跑	件		( )×345.35	( )×290.88	( )×241.02	( )×218.17
	方眼勾头	件		1.00×83.67	1.00×78.38	1.00×69.99	1.00×64.89
	套兽	件		1.00×563.52	1.00×391.36	1.00×349.51	1.00×316.55
	遮朽瓦	件		1.00×53.98	1.00×44.57	1.00×37.64	1.00×35.25
	割角滴子	件		2.00×86.94	2.00×78.38	2.00×67.95	2.00×60.82
	螳螂勾头	件		1.00×83.67	1.00×78.38	1.00×69.99	1.00×64.89
	筒瓦	件		7.00×27.98	5.00×24.46	3.00×22.00	3.00×19.22
	补戗尖脊筒差价	件		1.00×22.80	1.00×16.80	1.00×10.80	1.00×10.80
	补搭头脊筒差价	件		1.00×22.80	1.00×16.80	1.00×10.80	1.00×10.80
	镀锌钢丝 *D*1.2	kg	7.20	0.110	0.110	0.110	0.110
	白灰	kg	0.30	29.920	25.160	20.400	17.000
	青灰	kg	3.30	3.041	2.551	2.060	1.766
	麻刀	kg	3.92	1.308	1.100	0.892	0.743
	水	m^3	7.62	0.066	0.056	0.045	0.038
	氧化铁红	kg	9.03	0.553	0.468	0.383	0.298
	深月白麻刀灰 中麻刀	m^3		(0.031)	(0.026)	(0.021)	(0.018)
	红麻刀灰 中麻刀	m^3		(0.013)	(0.011)	(0.009)	(0.007)

单位：m

编号				14-156	14-157	14-158	14-159
项目				歇山铃铛排山脊			
				六样	七样	八样	九样
预算基价	总价(元)			**2356.83**	**2236.58**	**2054.71**	**1940.61**
	人工费(元)			195.84	169.83	162.18	153.00
	材料费(元)			2160.99	2066.75	1892.53	1787.61
组成内容		**单位**	**单价**	**数量**			
人工	综合工 一类	工日	153.00	1.28	1.11	1.06	1.00
材料	正当沟	件		3.80×37.00	4.35×35.94	4.65×33.96	5.00×30.86
	平口条	件		3.98×22.76	4.25×18.24	4.55×15.54	4.90×13.73
	压当条	件		7.60×22.76	8.60×18.24	9.30×15.54	10.00×13.73
	扣脊瓦	件		3.47×27.98	3.59×24.46	3.80×22.00	4.05×19.22
	垂脊筒子	件		1.85×591.92	1.92×546.16	2.08×455.22	2.22×391.36
	板瓦	件		3.75×25.79	4.25×22.38	4.53×20.02	4.88×17.16
	勾头	件		3.75×52.86	4.25×44.37	4.53×37.49	4.88×35.04
	滴子	件		3.75×53.86	4.25×44.37	4.53×37.49	4.88×35.04
	钉帽	件		3.75×7.80	4.25×7.80	4.53×6.48	4.88×6.48
	镀锌钢丝 *D*1.2	kg	7.20	0.11	0.11	0.11	0.11
	瓦钉	kg	7.69	0.33	0.22	0.21	0.25
	白灰	kg	0.30	33.320	29.920	25.160	20.400
	青灰	kg	3.30	3.335	3.041	2.551	2.060
	麻刀	kg	3.92	1.456	1.308	1.100	0.892
	水	m^3	7.62	0.074	0.066	0.056	0.045
	氧化铁红	kg	9.03	0.638	0.553	0.468	0.383
	零星材料费	元		2.16	2.06	1.89	1.79
	深月白麻刀灰 中麻刀	m^3		(0.034)	(0.031)	(0.026)	(0.021)
	红麻刀灰 中麻刀	m^3		(0.015)	(0.013)	(0.011)	(0.009)

单位：条

编号				14-160	14-161	14-162	14-163
项目				歇山铃铛排山脊附件			
				六样	七样	八样	九样
预算基价	总价(元)			**2510.85**	**2161.01**	**1738.81**	**1679.10**
	材料费(元)			2510.85	2161.01	1738.81	1679.10
组成内容		单位	单价	数量			
材料	托泥当沟	件		1.00×262.97	1.00×217.70	1.00×208.65	1.00×199.58
	垂兽	份		1.00×1969.57	1.00×1759.62	1.00×1439.21	1.00×1396.91
	筒瓦	件		7.00×27.98	5.00×24.46	3.00×22.00	3.00×19.22
	补戗尖脊筒差价	件		1.00×22.80	1.00×16.80	1.00×10.80	1.00×10.80
	补搭头脊筒差价	件		1.00×22.80	1.00×16.80	1.00×10.80	1.00×10.80
	铁兽桩	kg	7.69	4.00	3.00		
	白灰	kg	0.30	6.120	4.760	3.400	3.400
	青灰	kg	3.30	0.589	0.491	0.392	0.392
	麻刀	kg	3.92	0.267	0.208	0.149	0.149
	水	m^3	7.62	0.014	0.011	0.008	0.008
	氧化铁红	kg	9.03	0.128	0.085	0.043	0.043
	深月白麻刀灰 中麻刀	m^3		(0.006)	(0.005)	(0.004)	(0.004)
	红麻刀灰 中麻刀	m^3		(0.003)	(0.002)	(0.001)	(0.001)

单位：m

编号				14-164	14-165	14-166	14-167
项目				硬、悬山铃铛排山脊(兽前)			
				六样	七样	八样	九样
预算基价	总价(元)			**1688.64**	**1567.24**	**1501.98**	**1402.40**
	人工费(元)			142.29	123.93	123.93	123.93
	材料费(元)			1546.35	1443.31	1378.05	1278.47
组成内容		**单位**	**单价**	**数量**			
人工	综合工 一类	工日	153.00	0.93	0.81	0.81	0.81
材料	正当沟	件		3.80×37.00	4.35×35.94	4.65×33.96	5.00×30.86
	压当条	件		7.60×22.76	8.70×18.24	9.30×15.54	10.00×13.73
	三连砖	件		2.56×209.56	2.70×182.32	3.03×164.19	3.17×132.47
	平口条	件		3.98×22.76	4.25×18.24	4.55×15.54	4.90×13.73
	勾头	件		3.75×52.86	4.25×44.37	4.53×37.49	4.88×35.04
	滴子	件		3.75×53.86	4.25×44.37	4.53×37.49	4.88×35.04
	板瓦	件		3.75×25.79	4.25×22.38	4.53×20.02	4.88×17.16
	钉帽	件		3.75×7.80	4.25×7.80	4.53×6.48	4.88×6.48
	瓦钉	kg	7.69	0.33	0.22	0.24	0.25
	白灰	kg	0.30	76.160	50.320	44.880	39.440
	青灰	kg	3.30	7.652	4.905	4.513	3.924
	麻刀	kg	3.92	3.329	2.199	1.962	1.724
	水	m^3	7.62	0.168	0.111	0.099	0.087
	氧化铁红	kg	9.03	1.445	1.020	0.850	0.765
	零星材料费	元		1.54	1.44	1.38	1.28
	深月白麻刀灰 中麻刀	m^3		(0.078)	(0.050)	(0.046)	(0.040)
	红麻刀灰 中麻刀	m^3		(0.034)	(0.024)	(0.020)	(0.018)

单位：m

编号				14-168	14-169	14-170	14-171
项目				硬、悬山铃铛排山脊(兽后)			
				六样	七样	八样	九样
预算基价	总价(元)			**2352.24**	**2235.35**	**2051.88**	**1937.55**
	人工费(元)			191.25	166.77	159.12	149.94
	材料费(元)			2160.99	2068.58	1892.76	1787.61
组成内容		**单位**	**单价**	**数量**			
人工	综合工 一类	工日	153.00	1.25	1.09	1.04	0.98
材料	正当沟	件		3.80×37.00	4.35×35.94	4.65×33.96	5.00×30.86
	压当条	件		7.60×22.76	8.70×18.24	9.30×15.54	10.00×13.73
	平口条	件		3.98×22.76	4.25×18.24	4.55×15.54	4.90×13.73
	垂脊筒子	件		1.85×591.92	1.92×546.16	2.08×455.22	2.22×391.36
	扣脊瓦	件		3.47×27.98	3.59×24.46	3.80×22.00	4.05×19.22
	勾头	件		3.75×52.86	4.25×44.37	4.53×37.49	4.88×35.04
	滴子	件		3.75×53.86	4.25×44.37	4.53×37.49	4.88×35.04
	板瓦	件		3.75×25.79	4.25×22.38	4.53×20.02	4.88×17.16
	钉帽	件		3.75×7.80	4.25×7.80	4.53×6.48	4.88×6.48
	瓦钉	kg	7.69	0.33	0.22	0.24	0.25
	镀锌钢丝 *D*1.2	kg	7.20	0.11	0.11	0.11	0.11
	白灰	kg	0.30	33.320	29.920	25.160	20.400
	青灰	kg	3.30	3.335	3.041	2.551	2.060
	麻刀	kg	3.92	1.456	1.308	1.100	0.892
	水	m^3	7.62	0.074	0.066	0.056	0.045
	氧化铁红	kg	9.03	0.638	0.553	0.468	0.383
	零星材料费	元		2.16	2.07	1.89	1.79
	深月白麻刀灰 中麻刀	m^3		(0.034)	(0.031)	(0.026)	(0.021)
	红麻刀灰 中麻刀	m^3		(0.015)	(0.013)	(0.011)	(0.009)

单位：条

编号				14-172	14-173	14-174	14-175
项目				硬、悬山铃铛排山脊附件			
				六样	七样	八样	九样
预算基价	总价(元)			**4014.13**	**3431.37**	**2811.44**	**2653.91**
	材料费(元)			4014.13	3431.37	2811.44	2653.91
组成内容		单位	单价	数量			
材料	割角滴子	件		2.00×86.94	2.00×78.38	2.00×67.95	2.00×60.82
	螳螂勾头	件		1.00×83.67	1.00×78.38	1.00×69.99	1.00×64.89
	列角撺头	件		1.00×585.65	1.00×463.61	1.00×417.02	1.00×401.26
	列角淌头	件		1.00×463.49	1.00×395.52	1.00×327.56	1.00×283.75
	方眼勾头	件		1.00×83.67	1.00×78.38	1.00×69.99	1.00×64.89
	仙人	份		1.00×345.61	1.00×291.15	1.00×241.28	1.00×218.42
	小跑	件		( )×345.35	( )×290.88	( )×241.02	( )×218.17
	筒瓦	件		7.00×27.98	5.00×24.46	3.00×22.00	3.00×19.22
	垂兽	份		1.00×1969.57	1.00×1759.62	1.00×1439.21	1.00×1396.91
	补戗尖脊筒差价	件		1.00×22.80	1.00×16.80	1.00×10.80	1.00×10.80
	补搭头脊筒差价	件		1.00×22.80	1.00×16.80	1.00×10.80	1.00×10.80
	铁兽桩	kg	7.69	4.00	3.00		
	白灰	kg	0.30	36.720	29.240	23.120	23.120
	青灰	kg	3.30	3.728	2.943	2.354	2.354
	麻刀	kg	3.92	1.605	1.278	1.010	1.010
	水	m^3	7.62	0.081	0.065	0.051	0.051
	氧化铁红	kg	9.03	0.680	0.553	0.425	0.425
	深月白麻刀灰 中麻刀	m^3		(0.038)	(0.030)	(0.024)	(0.024)
	红麻刀灰 中麻刀	m^3		(0.016)	(0.013)	(0.010)	(0.010)

单位：份

编号				14-176	14-177	14-178	14-179
项目				歇山、硬山、悬山、铃铛排山脊卷棚罗锅部分每份增价			
				六样	七样	八样	九样
预算基价	总价(元)			**3962.76**	**3650.13**	**3060.57**	**2641.50**
	材料费(元)			3962.76	3650.13	3060.57	2641.50
组成内容		单位	单价	数量			
材料	罗锅脊筒子	件		1.00×1180.19	1.00×1088.87	1.00×907.26	1.00×780.22
	续罗锅脊筒子	件		2.00×1180.19	2.00×1088.87	2.00×907.26	2.00×780.22
	罗锅当沟	件		1.00×37.20	1.00×36.14	1.00×34.13	1.00×31.03
	续罗锅当沟	件		2.00×37.20	2.00×36.14	2.00×34.13	2.00×31.03
	罗锅扣脊瓦	件		1.00×51.05	1.00×45.60	1.00×40.12	1.00×36.43
	续罗锅扣脊瓦	件		2.00×51.05	2.00×45.60	2.00×40.12	2.00×36.43
	罗锅压当条	件		1.00×26.24	1.00×23.05	1.00×19.34	1.00×16.41
	续罗锅压当条	件		2.00×26.24	2.00×23.05	2.00×19.34	2.00×16.41
	罗锅平口条	件		1.00×26.24	1.00×23.05	1.00×19.34	1.00×16.41
	续罗锅平口条	件		2.00×26.24	2.00×23.05	2.00×19.34	2.00×16.41

单位：m

编号				14-180	14-181	14-182	14-183
项目				披水排山脊(硬、悬山兽前部分)			
				六样	七样	八样	九样
预算基价	总价(元)			**1038.98**	**937.31**	**929.39**	**356.56**
	人工费(元)			114.75	107.10	97.92	90.27
	材料费(元)			924.23	830.21	831.47	266.29
组成内容		**单位**	**单价**	**数量**			
人工	综合工 一类	工日	153.00	0.75	0.70	0.64	0.59
材料	平口条	件		7.97×22.76	8.50×18.24	9.11×15.54	9.81×13.73
	三连砖	件		2.56×209.56	2.70×182.32	3.23×164.19	
	披水	件		3.50×45.67	3.50×41.12	3.50×36.58	3.50×31.13
	白灰	kg	0.30	45.560	38.080	30.600	21.760
	青灰	kg	3.30	4.611	3.826	3.139	2.158
	麻刀	kg	3.92	1.991	1.664	1.337	0.951
	水	m^3	7.62	0.101	0.084	0.068	0.048
	氧化铁红	kg	9.03	0.850	0.723	0.553	0.425
	零星材料费	元		1.38	1.24	1.25	1.06
	深月白麻刀灰 中麻刀	m^3		(0.047)	(0.039)	(0.032)	(0.022)
	红麻刀灰 中麻刀	m^3		(0.020)	(0.017)	(0.013)	(0.010)

单位：m

编号				14-184	14-185	14-186	14-187
项目				披水排山脊(歇山及硬、悬山兽后部分)			
				六样	七样	八样	九样
预算基价	总价(元)			**1731.57**	**1648.76**	**783.72**	**920.61**
	人工费(元)			151.47	136.17	126.99	116.28
	材料费(元)			1580.10	1512.59	656.73	804.33
组成内容		**单位**	**单价**	**数量**			
人工	综合工 一类	工日	153.00	0.99	0.89	0.83	0.76
材料	承奉连砖 八样	件	111.39			2.44	
	三连砖 九样	件	132.47				3.47
	扣脊瓦	件		3.47×27.98	3.59×24.46	3.80×22.00	4.05×19.22
	平口条	件		7.97×22.76	8.50×18.24	9.11×15.54	9.81×13.73
	垂脊筒子	件		1.85×591.92	1.92×546.16		
	披水	件		3.50×45.67	3.50×41.12	3.50×36.58	3.50×31.13
	镀锌钢丝 *D*1.2	kg	7.20			0.11	0.11
	白灰	kg	0.30	45.560	74.120	30.600	21.760
	青灰	kg	3.30	4.611	3.826	3.139	2.158
	麻刀	kg	3.92	1.991	3.239	1.337	0.951
	水	m^3	7.62	0.101	0.164	0.068	0.048
	氧化铁红	kg	9.03	0.850	2.976	0.553	0.425
	零星材料费	元		1.58	1.51	0.66	0.80
	深月白麻刀灰 中麻刀	m^3		(0.047)	(0.039)	(0.032)	(0.022)
	红麻刀灰 中麻刀	m^3		(0.020)	(0.070)	(0.013)	(0.010)

单位：条

编号				14-188	14-189	14-190	14-191
项目				硬、悬山披水排山脊附件			
				六样	七样	八样	九样
预算基价	总价(元)			**3866.79**	**3272.69**	**2639.92**	**1920.91**
	材料费(元)			3866.79	3272.69	2639.92	1920.91
组成内容		单位	单价	数量			
材料	列角撺头	件		1.00×585.65	1.00×463.61	1.00×417.02	
	列角淌头	件		1.00×463.49	1.00×395.52	1.00×327.56	
	九样列角盘子	件	119.65				1.00
	方眼勾头	件		1.00×83.67	1.00×78.38	1.00×69.99	1.00×64.89
	仙人	份		1.00×345.61	1.00×291.15	1.00×241.28	1.00×218.42
	小跑	件		( )×345.35	( )×290.88	( )×241.02	( )×218.17
	披水头	件		1.00×68.42	1.00×61.61	1.00×54.59	1.00×46.56
	垂兽	份		1.00×1969.57	1.00×1759.62	1.00×1439.21	1.00×1396.91
	补搭头脊筒差价	件		1.00×22.80	1.00×16.80		
	补戗尖脊筒差价	件		1.00×22.80	1.00×16.80		
	筒瓦	件		7.00×27.98	5.00×24.46	3.00×22.00	3.00×19.22
	铁兽桩	kg	7.69	4.00	3.00		
	白灰	kg	0.30	78.880	44.200	24.480	17.000
	青灰	kg	3.30	7.946	4.415	2.453	1.766
	麻刀	kg	3.92	3.448	1.932	1.070	0.743
	水	m^3	7.62	0.174	0.098	0.054	0.038
	氧化铁红	kg	9.03	1.488	0.850	0.468	0.298
	深月白麻刀灰 中麻刀	m^3		(0.081)	(0.045)	(0.025)	(0.018)
	红麻刀灰 中麻刀	m^3		(0.035)	(0.020)	(0.011)	(0.007)

单位：条

编号				14-192	14-193	14-194	14-195
项目				歇山披水排山脊附件			
				六样	七样	八样	九样
预算基价	总价(元)			**3087.60**	**2651.48**	**2167.40**	**1767.91**
	材料费(元)			3087.60	2651.48	2167.40	1767.91
组成内容		**单位**	**单价**	**数量**			
材料	托泥当沟	件		1.00×262.97	1.00×217.70	1.00×208.65	1.00×199.58
	撺头	件		1.00×391.03	1.00×309.51	1.00×276.59	
	淌头	件		1.00×309.51	1.00×264.15	1.00×218.68	
	九样三仙盘子	件	154.60				1.00
	垂兽	份		1.00×1969.57	1.00×1759.62	1.00×1439.21	1.00×1396.91
	补戗尖脊筒差价	件		1.00×22.80	1.00×16.80		
	补搭头脊筒差价	件		1.00×22.80	1.00×16.80		
	铁兽桩	kg	7.69	4.00	3.00		
	白灰	kg	0.30	78.880	44.200	24.480	17.000
	青灰	kg	3.30	7.946	4.415	2.453	1.766
	麻刀	kg	3.92	3.448	1.932	1.070	0.743
	水	m^3	7.62	0.174	0.098	0.054	0.038
	氧化铁红	kg	9.03	1.488	0.850	0.468	0.298
	深月白麻刀灰 中麻刀	m^3		(0.081)	(0.045)	(0.025)	(0.018)
	红麻刀灰 中麻刀	m^3		(0.035)	(0.020)	(0.011)	(0.007)

单位：份

编号				14-196	14-197	14-198	14-199
项目				卷棚披水排山脊罗锅部分 每份增价			
				六样	七样	八样	九样
预算基价	总价(元)			**4327.27**	**3962.37**	**990.99**	**918.52**
	材料费(元)			4327.27	3962.37	990.99	918.52
组成内容		单位	单价	数量			
材料	平口条	件		2.00×22.76	2.00×18.24	2.00×15.54	2.00×13.73
	罗锅脊筒子	件		1.00×1180.19	1.00×1088.87		
	续罗锅脊筒子	件		2.00×1180.19	2.00×1088.87		
	罗锅压当条	件		2.00×26.24	2.00×23.05	2.00×19.34	2.00×16.41
	续罗锅压当条	件		4.00×26.24	4.00×23.05	4.00×19.34	4.00×16.41
	罗锅平口条	件		2.00×26.24	2.00×23.05	2.00×19.34	2.00×16.41
	续罗锅平口条	件		4.00×26.24	4.00×23.05	4.00×19.34	4.00×16.41
	罗锅扣脊瓦	件		1.00×51.05	1.00×45.60	1.00×40.12	1.00×36.43
	续罗锅扣脊瓦	件		2.00×51.05	2.00×45.60	2.00×40.12	2.00×36.43
	罗锅披水	件		1.00×91.05	1.00×81.96	1.00×72.87	1.00×61.97
	续罗锅披水	件		2.00×91.05	2.00×81.96	2.00×72.87	2.00×61.97
	八样罗锅承奉连砖	件	129.62			1.00	
	八样续罗锅承奉连砖	件	129.62			2.00	
	九样罗锅三连砖	件	132.98				1.00
	九样续罗锅三连砖	件	132.98				2.00

编号				14-200	14-201	14-202	14-203	14-204	14-205
项目				披水梢垄				披水梢垄附件	
				六样 (m)	七样 (m)	八样 (m)	九样 (m)	六样 (条)	七样 (条)
预算基价	总价(元)			**314.90**	**281.73**	**259.57**	**232.75**	**121.28**	**105.98**
	人工费(元)			36.72	32.13	32.13	32.13		
	材料费(元)			278.18	249.60	227.44	200.62	121.28	105.98
组成内容		**单位**	**单价**	**数量**					
人工	综合工 一类	工日	153.00	0.24	0.21	0.21	0.21		
材料	披水	件		3.50×45.67	3.50×41.12	3.50×36.58	3.50×31.13		
	筒瓦	件		3.47×27.98	3.59×24.46	3.80×22.00	4.05×19.22		
	披水头	件						1.00×68.42	1.00×61.61
	勾头	件						1.00×52.86	1.00×44.37
	白灰	kg	0.30	20.400	17.000	14.960	12.920		
	青灰	kg	3.30	1.962	1.668	1.570	1.275		
	麻刀	kg	3.92	0.892	0.743	0.654	0.565		
	水	m^3	7.62	0.045	0.038	0.033	0.029		
	氧化铁红	kg	9.03	0.425	0.340	0.255	0.255		
	零星材料费	元		0.97	0.99	1.02	1.00		
	深月白麻刀灰 中麻刀	m^3		(0.020)	(0.017)	(0.016)	(0.013)		
	红麻刀灰 中麻刀	m^3		(0.010)	(0.008)	(0.006)	(0.006)		

编号				14-206	14-207	14-208	14-209	14-210	14-211
项目				披水梢垄附件		披水梢垄罗锅部分每份增价			
				八样（条）	九样（条）	六样（份）	七样（份）	八样（份）	九样（份）
预算基价	总价(元)			**92.08**	**81.60**	**426.30**	**382.68**	**338.97**	**295.20**
	材料费(元)			92.08	81.60	426.30	382.68	338.97	295.20
组成内容		**单位**	**单价**	**数量**					
材料	披水头	件		1.00×54.59	1.00×46.56				
	勾头	件		1.00×37.49	1.00×35.04				
	罗锅披水	件				1.00×91.05	1.00×81.96	1.00×72.87	1.00×61.97
	续罗锅披水	件				2.00×91.05	2.00×81.96	2.00×72.87	2.00×61.97
	罗锅瓦	件				1.00×51.05	1.00×45.60	1.00×40.12	1.00×36.43
	续罗锅瓦	件				2.00×51.05	2.00×45.60	2.00×40.12	2.00×36.43

4.戗脊、角脊、围脊、博脊

单位：m

编号					14-212	14-213	14-214	14-215
项目					戗(岔)、角脊兽前部分			
					六样	七样	八样	九样
预算基价	总价(元)				**1167.01**	**1127.04**	**1111.07**	**1012.93**
	人工费(元)				253.98	273.87	273.87	273.87
	材料费(元)				913.03	853.17	837.20	739.06
组成内容			**单位**	**单价**	**数量**			
人工	综合工 一类		工日	153.00	1.66	1.79	1.79	1.79
材料	斜当沟		件		2.73×66.74	3.10×59.24	3.31×54.32	3.57×47.23
	压当条		件		7.60×22.76	8.70×18.24	9.30×15.54	10.00×13.73
	三连砖		件		2.56×209.56	2.70×182.32	3.03×164.19	3.17×132.47
	白灰		kg	0.30	19.720	17.000	14.280	12.240
	青灰		kg	3.30	1.962	1.668	1.472	1.275
	麻刀		kg	3.92	0.862	0.743	0.624	0.535
	水		m^3	7.62	0.044	0.038	0.032	0.027
	氧化铁红		kg	9.03	0.383	0.340	0.255	0.213
	零星材料费		元		1.82	1.70	1.25	1.11
	深月白麻刀灰 中麻刀		m^3		(0.020)	(0.017)	(0.015)	(0.013)
	红麻刀灰 中麻刀		m^3		(0.009)	(0.008)	(0.006)	(0.005)

单位：m

编号				14-216	14-217	14-218	14-219
项目				戗(岔)、角脊兽后部分			
				六样	七样	八样	九样
预算基价	总价(元)			**1691.69**	**1496.00**	**1417.41**	**1337.40**
	人工费(元)			165.24	142.29	134.64	123.93
	材料费(元)			1526.45	1353.71	1282.77	1213.47
组成内容		**单位**	**单价**	**数量**			
人工	综合工 一类	工日	153.00	1.08	0.93	0.88	0.81
材料	斜当沟	件		2.73×66.74	3.10×59.24	3.31×54.32	3.57×47.23
	压当条	件		7.60×22.76	8.70×18.24	9.30×15.54	10.00×13.73
	岔脊筒子	件		1.96×528.72	2.04×437.86	2.17×392.02	2.33×345.76
	扣脊瓦	件		3.47×27.98	3.59×24.46	3.80×22.00	4.05×19.22
	白灰	kg	0.30	36.720	29.240	23.120	23.120
	青灰	kg	3.30	3.728	2.943	2.354	2.354
	麻刀	kg	3.92	1.605	1.278	1.010	1.010
	水	m^3	7.62	0.081	0.065	0.051	0.051
	氧化铁红	kg	9.03	0.680	0.553	0.425	0.425
	零星材料费	元		1.52	1.35	1.28	1.21
	深月白麻刀灰 中麻刀	m^3		(0.038)	(0.030)	(0.024)	(0.024)
	红麻刀灰 中麻刀	m^3		(0.016)	(0.013)	(0.010)	(0.010)

单位：条

编号				14-220	14-221	14-222	14-223
项目				戗(岔)、角脊附件			
				六样	七样	八样	九样
预算基价	总价(元)			**3977.97**	**3214.15**	**2693.54**	**2422.63**
	材料费(元)			3977.97	3214.15	2693.54	2422.63
组成内容		单位	单价	数量			
材料	套兽	件		1.00×563.52	1.00×391.36	1.00×349.51	1.00×316.55
	遮朽瓦	件		1.00×53.98	1.00×44.57	1.00×37.64	1.00×35.25
	割角滴子	件		2.00×86.94	2.00×78.38	2.00×67.95	2.00×60.82
	螳螂勾头	件		1.00×83.67	1.00×78.38	1.00×69.99	1.00×64.89
	撺头	件		1.00×391.03	1.00×309.51	1.00×276.59	1.00×267.46
	淌头	件		1.00×309.51	1.00×264.15	1.00×218.68	1.00×185.92
	方眼勾头	件		1.00×83.67	1.00×78.38	1.00×69.99	1.00×64.89
	仙人	份		1.00×345.61	1.00×291.15	1.00×241.28	1.00×218.42
	小跑	件		( )×345.35	( )×290.88	( )×241.02	( )×218.17
	筒瓦	件		7.00×27.98	5.00×24.46	3.00×22.00	3.00×19.22
	岔兽	份		1.00×1702.66	1.00×1427.77	1.00×1195.63	1.00×1060.95
	补戗尖脊筒差价	件		1.00×22.80	1.00×16.80	1.00×10.80	1.00×10.80
	补搭头脊筒差价	件		1.00×22.80	1.00×16.80	1.00×10.80	1.00×10.80
	白灰	kg	0.30	29.240	16.320	10.880	7.480
	青灰	kg	3.30	2.943	1.570	1.177	0.785
	麻刀	kg	3.92	1.278	0.713	0.476	0.327
	水	m^3	7.62	0.065	0.036	0.024	0.017
	氧化铁红	kg	9.03	0.553	0.340	0.170	0.128
	深月白麻刀灰 中麻刀	m^3		(0.030)	(0.016)	(0.012)	(0.008)
	红麻刀灰 中麻刀	m^3		(0.013)	(0.008)	(0.004)	(0.003)

单位：m

编号				14-224	14-225	14-226	14-227
项目				围脊			
				六样	七样	八样	九样
预算基价	总价(元)			**1946.16**	**1419.62**	**1293.45**	**1269.30**
	人工费(元)			134.64	123.93	114.75	114.75
	材料费(元)			1811.52	1295.69	1178.70	1154.55
组成内容		单位	单价	数量			
人工	综合工 一类	工日	153.00	0.88	0.81	0.75	0.75
材料	正当沟	件		3.80×37.00	4.35×35.94	4.65×33.96	5.00×30.86
	压当条	件		3.80×22.76	4.35×18.24	4.65×15.54	5.00×13.73
	群色条 六样	件	155.58	2.59			
	六样围脊筒子	件	293.36	1.79			
	蹬脚瓦	件		3.36×38.38	3.75×34.24	4.25×30.11	5.00×27.34
	满面砖	件		2.66×174.24	2.90×138.01	3.19×110.78	3.54×88.16
	博脊连砖	件			2.72×183.99	2.98×148.47	3.30×139.42
	机砖	块	0.51	43.25			
	白灰	kg	0.30	37.378	29.920	23.800	21.760
	青灰	kg	3.30	3.630	3.041	2.453	2.158
	麻刀	kg	3.92	1.575	1.308	1.040	0.951
	水	m^3	7.62	0.092	0.066	0.053	0.048
	氧化铁红	kg	9.03	0.680	0.553	0.425	0.425
	水泥	kg	0.39	2.751			
	砂子	t	87.03	0.032			
	零星材料费	元		1.81	1.29	1.18	1.15
	白灰膏	m^3		(0.002)			
	深月白麻刀灰 中麻刀	m^3		(0.037)	(0.031)	(0.025)	(0.022)
	红麻刀灰 中麻刀	m^3		(0.016)	(0.013)	(0.010)	(0.010)
	混合砂浆 M2.5	m^3		(0.021)			

单位：份

编号				14-228	14-229	14-230	14-231
项目				合角吻(兽)安装			
				六样		七样	
				吻	兽	吻	兽
预算基价	总价(元)			**19763.11**	**899.96**	**15566.63**	**383.61**
	人工费(元)			356.49	356.49	267.75	267.75
	材料费(元)			19406.62	543.47	15298.88	115.86
组成内容		单位	单价	数量			
人工	综合工 一类	工日	153.00	2.33	2.33	1.75	1.75
材料	合角兽	份			(1.00)		(1.00)
	正当沟	件		3.18×37.00	3.18×37.00	1.90×35.94	1.90×35.94
	压当条	件		3.32×22.76	3.32×22.76	1.90×18.24	1.90×18.24
	群色条 六样	件	155.58	2.13	2.13		
	合角吻	份		1.00×18860.03		1.00×15179.67	
	白灰	kg	0.30	16.320	16.320	10.200	10.200
	青灰	kg	3.30	1.668	1.668	0.981	0.981
	麻刀	kg	3.92	0.713	0.713	0.446	0.446
	水	m^3	7.62	0.036	0.036	0.023	0.023
	氧化铁红	kg	9.03	0.298	0.298	0.213	0.213
	零星材料费	元		5.82	2.70	6.12	2.77
	深月白麻刀灰 中麻刀	m^3		(0.017)	(0.017)	(0.010)	(0.010)
	红麻刀灰 中麻刀	m^3		(0.007)	(0.007)	(0.005)	(0.005)

单位：份

编号				14-232	14-233	14-234	14-235
项目				合角吻(兽)安装			
				八样		九样	
				吻	兽	吻	兽
预算基价	总价(元)			**9998.56**	**261.66**	**6782.46**	**214.35**
	人工费(元)			177.48	177.48	142.29	142.29
	材料费(元)			9821.08	84.18	6640.17	72.06
组成内容		**单位**	**单价**	**数量**			
人工	综合工 一类	工日	153.00	1.16	1.16	0.93	0.93
材料	合角兽	份			(1.00)		(1.00)
	正当沟	件		1.45×33.96	1.45×33.96	1.34×30.86	1.34×30.86
	压当条	件		1.43×15.54	1.43×15.54	1.32×13.73	1.32×13.73
	合角吻	份		1.00×9734.56		1.00×6567.23	
	白灰	kg	0.30	10.200	10.200	10.200	10.200
	青灰	kg	3.30	0.981	0.981	0.981	0.981
	麻刀	kg	3.92	0.446	0.446	0.446	0.446
	水	m^3	7.62	0.023	0.023	0.023	0.023
	氧化铁红	kg	9.03	0.213	0.213	0.213	0.213
	零星材料费	元		4.91	2.57	3.32	2.44
	深月白麻刀灰 中麻刀	m^3		(0.01)	(0.01)	(0.01)	(0.01)
	红麻刀灰 中麻刀	m^3		(0.005)	(0.005)	(0.005)	(0.005)

单位：m

编号				14-236	14-237	14-238	14-239
项目				博脊			
				六样	七样	八样	九样
预算基价	总价(元)			**1579.33**	**1531.63**	**1469.90**	**1417.20**
	人工费(元)			123.93	107.10	107.10	97.92
	材料费(元)			1455.40	1424.53	1362.80	1319.28
组成内容		**单位**	**单价**	**数量**			
人工	综合工 一类	工日	153.00	0.81	0.70	0.70	0.64
材料	正当沟	件		3.80×37.00	4.35×35.94	4.65×33.96	5.00×30.86
	压当条	件		3.80×22.76	4.35×18.24	4.65×15.54	5.00×13.73
	博脊连砖	件		2.50×197.42	2.72×183.99	2.98×148.47	3.30×139.42
	博脊瓦	件		2.55×273.28	2.77×237.05	3.04×218.82	3.36×182.58
	白灰	kg	0.30	36.040	29.920	23.800	21.760
	青灰	kg	3.30	3.630	3.041	2.354	2.354
	麻刀	kg	3.92	1.575	1.308	1.040	0.951
	水	m^3	7.62	0.080	0.066	0.053	0.048
	氧化铁红	kg	9.03	0.680	0.553	0.468	0.340
	零星材料费	元		2.18	2.13	1.36	1.32
	深月白麻刀灰 中麻刀	m^3		(0.037)	(0.031)	(0.024)	(0.024)
	红麻刀灰 中麻刀	m^3		(0.016)	(0.013)	(0.011)	(0.008)

单位：条

编号				14-240	14-241	14-242	14-243
项目				博脊附件			
				六样	七样	八样	九样
预算基价	总价(元)			**727.58**	**654.60**	**563.52**	**473.28**
	材料费(元)			727.58	654.60	563.52	473.28
组成内容		**单位**	**单价**	**数量**			
材料	挂尖	件		2.00×363.79	2.00×327.30	2.00×281.76	2.00×236.64

5.宝　顶

编号					14-244	14-245	14-246	14-247	14-248	14-249
项目					底座（宽）			顶珠（高）		
					60cm以内（份）	100cm以内（份）	100cm以外（份）	60cm以内（个）	100cm以内（个）	100cm以外（个）
预算基价	总价(元)				**6149.57**	**8558.90**	**13028.11**	**5012.04**	**8325.29**	**12381.10**
	人工费(元)				711.45	1067.94	1779.39	356.49	888.93	1245.42
	材料费(元)				5438.12	7490.96	11248.72	4655.55	7436.36	11135.68
组成内容			**单位**	**单价**	**数量**					
人工	综合工 一类		工日	153.00	4.65	6.98	11.63	2.33	5.81	8.14
材料	宝顶座		份		1×5408.55	1×7403.69	1×11053.84			
	宝顶珠		件					1×4636.97	1×7364.55	1×10995.12
	机砖		块	0.51	20.00	100.00	200.00	20.00	100.00	200.00
	白灰		kg	0.30	16.277	26.985	74.327	4.717	9.985	17.207
	青灰		kg	3.30	1.275	2.256	6.867	0.491	0.687	0.981
	麻刀		kg	3.92	0.684	1.040	2.942	0.178	0.297	0.446
	水		m^3	7.62	0.041	0.083	0.215	0.015	0.045	0.089
	氧化铁红		kg	9.03	0.425	0.510	1.233	0.043	0.128	0.213
	水泥		kg	0.39	1.310	6.550	14.410	1.310	6.550	14.410
	砂子		t	87.03	0.015	0.076	0.168	0.015	0.076	0.168
	零星材料费		元		1.63	2.25	3.37	2.33	3.72	5.57
	白灰膏		m^3		(0.001)	(0.005)	(0.010)		(0.005)	(0.010)
	深月白麻刀灰 中麻刀		m^3		(0.013)	(0.023)	(0.070)	(0.005)	(0.007)	(0.010)
	红麻刀灰 中麻刀		m^3		(0.010)	(0.012)	(0.029)	(0.001)	(0.003)	(0.005)
	混合砂浆 M2.5		m^3		(0.01)	(0.05)	(0.11)	(0.01)	(0.05)	(0.11)

第十五章　地 面 工 程

说　　明

一、本章包括细墁地面、糙墁地面、细墁散水、糙墁散水、墁石子地5节，共66条基价子目。

二、铺墁块料面层的基价中已综合了掏柱顶卡口等工料，其中细墁地面及散水基价还包括了砖件的砍磨加工的材料损耗及人工消耗在内。糙墁地面及散水基价综合了守缝及勾缝做法。

三、檐廊细墁地面基价只适用于室内外分别铺墁的情况，敞轩或室内外通墁时不得执行檐廊细墁地面基价。

四、墁石子地所用石子的材料价格中已包括其筛选、清洗费用；基价中的拼花做法系指用石子拼花的做法，不包括用砖、瓦材料切磨加工、拼花摆铺，发生时所需工料另行计算；石子地中铺墁的方砖心另按有关基价子目人工费乘以系数1.50。

五、灰浆分层厚度配合比表和砂浆虚实体积变化、损耗率表见下列表。

灰浆分层厚度配合比表

项目			底层		砂浆总厚度（mm）	附注
			灰浆种类	厚度（mm）		
细墁地面、散水、糙墁地面	尺二、尺四方砖、城砖	室内	3∶7掺灰泥	50	50	砖棱挂油灰
		室外	3∶7掺灰泥	50	50	砖棱挂油灰
	尺七、二尺以上方砖	室内	3∶7掺灰泥	60	60	砖棱挂油灰
		室外	3∶7掺灰泥	60	60	砖棱挂油灰
	金砖		纯白灰	60	60	砖棱挂油灰
	方砖、城砖		1∶3白灰砂浆	30	30	
	四丁砖、开条砖		1∶3白灰砂浆	30	30	
	石板路		M5.0混合砂浆	70	70	
	乱铺块石		M5.0混合砂浆	30	30	
	碎石墁地		1∶3白灰砂浆	30	30	

灰浆虚实体积变化、损耗率表

灰浆种类	砂浆	掺灰泥、纯白灰	水泥石碴浆
损耗率	7.8%	20.0%	8.5%

工 作 内 容

一、本章各子目除另有说明外均包括调制灰浆及材料、成品的加工、运输、清理基层、浇水、成品的一般保护。

二、铺墁块料面层项目包括弹线、选砖、套规格、砍磨砖件或切割块料、铺灰浆、铺块料。

三、墁石子地项目包括选洗石子、摆石子、灌浆、清水冲刷等。

工程量计算规则

一、地面工程量计算除另有规定者外均按图示尺寸以面积计算。

二、室内地面以主墙间面积计算，不扣除柱顶石、垛、间壁墙所占面积；室外地面、散水不包括牙子所占面积，扣除 $0.5m^2$ 以上的树池、花坛等所占面积。

三、墁石子地不扣除砖、瓦条拼花所占面积，有方砖心的应扣除方砖心所占面积。

四、栽砖牙子按图示长度计算。

一、细墁地面

单位：$10m^2$

编号				15-1	15-2	15-3	15-4	15-5
项目				尺二方砖	尺四方砖	尺七方砖	进深1.2m以内的檐廊墁地	
							尺二方砖	尺四方砖
预算基价	总价(元)			**14002.24**	**7414.83**	**9384.17**	**17809.00**	**9545.09**
	人工费(元)			3402.72	3945.87	4066.74	4626.72	5258.61
	材料费(元)			10599.52	3468.96	5317.43	13182.28	4286.48
组成内容		单位	单价	数量				
人工	综合工 一类	工日	153.00	22.24	25.79	26.58	30.24	34.37
材料	尺二方砖	块	111.51	92.51			115.64	
	尺四方砖	块	46.18		70.84			88.55
	尺七方砖	块	112.95			45.32		
	生桐油	kg	20.00	1.50	1.50	1.20	1.50	1.50
	面粉	kg	1.90	3.00	3.00	2.40	3.00	3.00
	松烟	kg	25.00	1.50	1.50	1.20	1.50	1.50
	黄土	m^3	77.65	0.55	0.55	0.66	0.55	0.55
	白灰	kg	0.30	157.70	157.70	181.30	157.70	157.70
	零星材料费	元		120.51	34.35	34.34	124.05	34.02

单位：10m²

编号				15-6	15-7	15-8	15-9	15-10	15-11
项目				进深1.2m以外的檐廊墁地			车辋砖、龟背锦等异型地面		
							方砖		
				尺二方砖	尺四方砖	尺七方砖	尺二方砖	尺四方砖	尺七方砖
预算基价	总价(元)			**16131.16**	**8560.01**	**10805.98**	**19761.86**	**12876.88**	**15652.22**
	人工费(元)			3984.12	4599.18	4718.52	7080.84	8740.89	9299.34
	材料费(元)			12147.04	3960.83	6087.46	12681.02	4135.99	6352.88
组成内容		单位	单价	数量					
人工	综合工 一类	工日	153.00	26.04	30.06	30.84	46.28	57.13	60.78
材料	尺二方砖	块	111.51	106.39			111.00		
	尺四方砖	块	46.18		81.47			85.00	
	尺七方砖	块	112.95			52.12			54.38
	生桐油	kg	20.00	1.50	1.50	1.20	1.80	1.80	1.44
	面粉	kg	1.90	3.00	3.00	2.40	3.60	3.60	2.88
	松烟	kg	25.00	1.50	1.50	1.20	1.80	1.80	1.44
	黄土	m^3	77.65	0.55	0.55	0.66	0.55	0.55	0.66
	白灰	kg	0.30	157.70	157.70	181.30	157.70	157.70	181.30
	零星材料费	元		120.27	35.33	36.31	125.55	32.83	34.75

单位：10m²

编号				15-12	15-13	15-14	15-15	15-16	15-17
项目				大城样砖墁地					
				陡板（平铺）		直柳叶		斜柳叶	
				异型	矩形	半砖	整砖	半砖	整砖
预算基价	总价（元）			**18547.27**	**10236.67**	**15068.09**	**18856.11**	**16753.03**	**21191.33**
	人工费（元）			13366.08	5899.68	10237.23	9675.72	11465.82	10887.48
	材料费（元）			5181.19	4336.99	4830.86	9180.39	5287.21	10303.85
组成内容		**单位**	**单价**	**数量**					
人工	综合工 一类	工日	153.00	87.36	38.56	66.91	63.24	74.94	71.16
材料	大城样砖	块	35.44	140.45	117.04	128.81	251.51	141.69	283.26
	生桐油	kg	20.00	1.80	1.50	3.00	3.00	3.00	3.00
	面粉	kg	1.90	3.60	3.00	6.00	6.00	6.00	6.00
	松烟	kg	25.00	1.80	1.50	3.00	3.00	3.00	3.00
	黄土	m^3	77.65	0.55	0.55	0.55	0.55	0.55	0.55
	白灰	kg	0.30	157.70	157.70	167.70	167.70	167.70	167.70
	零星材料费	元		25.78	25.87	26.42	27.46	26.30	25.70

编号				15-18	15-19	15-20	15-21	15-22	15-23
项目				甬路交叉部分		栽砖牙子			地面钻生（$10m^2$）
				龟背锦（份）	十字缝（份）	大城墙砖（顺栽）（10m）	蓝四丁砖（顺栽）（10m）	蓝四丁砖（立栽）（10m）	
预算基价	总价(元)			**287.64**	**96.39**	**1115.70**	**1003.60**	**1848.95**	**657.04**
	人工费(元)			287.64	96.39	980.73	615.06	1135.26	257.04
	材料费(元)					134.97	388.54	713.69	400.00
组成内容		单位	单价	数量					
人工	综合工 一类	工日	153.00	1.88	0.63	6.41	4.02	7.42	1.68
材料	大城样砖	块	35.44			2.75			
	蓝四丁砖	块	6.28				50.22	100.43	
	生桐油	kg	20.00			0.30	0.60	0.60	20.00
	面粉	kg	1.90			0.60	1.20	1.20	
	松烟	kg	25.00			0.30	0.60	0.60	
	黄土	m^3	77.65			0.05	0.05	0.05	
	白灰	kg	0.30			15.80	18.80	18.80	
	零星材料费	元				14.25	34.36	44.19	

二、糙墁地面

单位：10m²

编号				15-24	15-25	15-26	15-27	15-28	15-29
项目				尺二方砖	尺四方砖	尺七方砖	大城样砖		
							陡板	直柳叶	
							平铺	半砖	整砖
预算基价	总价(元)			**8461.02**	**2882.84**	**4372.89**	**4002.51**	**4281.46**	**7830.27**
	人工费(元)			367.20	330.48	293.76	459.00	734.40	826.20
	材料费(元)			8093.82	2552.36	4079.13	3543.51	3547.06	7004.07
组成内容		**单位**	**单价**	**数量**					
人工	综合工 一类	工日	153.00	2.40	2.16	1.92	3.00	4.80	5.40
材料	尺二方砖	块	111.51	71.40					
	尺四方砖	块	46.18		53.30				
	尺七方砖	块	112.95			35.30			
	大城样砖	块	35.44				97.50	97.60	195.10
	白灰	kg	0.30	88.110	88.110	88.110	88.110	88.110	88.110
	砂子	t	87.03	0.547	0.547	0.547	0.547	0.547	0.547
	水	m³	7.62	0.224	0.224	0.224	0.224	0.224	0.224
	零星材料费	元		56.26	15.22	16.25	12.36	12.37	13.98
	白灰膏	m³		(0.126)	(0.126)	(0.126)	(0.126)	(0.126)	(0.126)
	白灰砂浆 1:3	m³		(0.33)	(0.33)	(0.33)	(0.33)	(0.33)	(0.33)

单位：10m²

编号				15-30	15-31	15-32	15-33	15-34	15-35
项目				大城样砖			蓝四丁砖		
				斜柳叶		礓磋	平铺		
				半砖	整砖		十字缝	八方锦	拐子锦
预算基价	总价(元)			**4773.50**	**8684.48**	**7950.52**	**2811.81**	**2830.17**	**2848.53**
	人工费(元)			881.28	991.44	918.00	459.00	477.36	495.72
	材料费(元)			3892.22	7693.04	7032.52	2352.81	2352.81	2352.81
组成内容		**单位**	**单价**	**数量**					
人工	综合工 一类	工日	153.00	5.76	6.48	6.00	3.00	3.12	3.24
材料	大城样砖	块	35.44	107.36	214.61	196.00			
	蓝四丁砖	块	6.28				357.60	357.60	357.60
	白灰	kg	0.30	88.110	88.110	88.110	88.110	88.110	88.110
	砂子	t	87.03	0.547	0.547	0.547	0.547	0.547	0.547
	水	m³	7.62	0.224	0.224	0.224	0.224	0.224	0.224
	零星材料费	元		11.64	11.52	10.53	31.34	31.34	31.34
	白灰膏	m³		(0.126)	(0.126)	(0.126)	(0.126)	(0.126)	(0.126)
	白灰砂浆 1:3	m³		(0.33)	(0.33)	(0.33)	(0.33)	(0.33)	(0.33)

编号				15-36	15-37	15-38	15-39	15-40
项目				蓝四丁砖			甬路交叉部分	
				直柳叶 (10m²)	斜柳叶 (10m²)	疆磋 (10m²)	龟背锦 (份)	十字缝 (份)
预算基价	总价(元)			**5552.13**	**6237.05**	**6145.25**	**128.52**	**55.08**
	人工费(元)			918.00	1101.60	1009.80	128.52	55.08
	材料费(元)			4634.13	5135.45	5135.45		
组成内容		**单位**	**单价**	**数量**				
人工	综合工 一类	工日	153.00	6.00	7.20	6.60	0.84	0.36
材料	蓝四丁砖	块	6.28	720.00	800.00	800.00		
	白灰	kg	0.30	88.110	88.110	88.110		
	砂子	t	87.03	0.547	0.547	0.547		
	水	m^3	7.62	0.224	0.224	0.224		
	零星材料费	元		36.78	35.70	35.70		
	白灰膏	m^3		(0.126)	(0.126)	(0.126)		
	白灰砂浆 1∶3	m^3		(0.33)	(0.33)	(0.33)		

单位：10m

编号				15-41	15-42	15-43	15-44
项目				栽牙子砖			
				大城样砖	蓝四丁砖		
					顺栽	立栽(宽$\frac{1}{4}$砖)	立栽(宽$\frac{1}{2}$砖)
预算基价	总价(元)			**1043.97**	**517.47**	**900.42**	**1554.71**
	人工费(元)			128.52	154.53	257.04	253.98
	材料费(元)			915.45	362.94	643.38	1300.73
组成内容		**单位**	**单价**	**数量**			
人工	综合工 一类	工日	153.00	0.84	1.01	1.68	1.66
材料	大城样砖	块	35.44	23.40			
	蓝四丁砖	块	6.28		43.75	87.50	191.00
	白灰	kg	0.30	88.110	88.110	88.110	88.110
	砂子	t	87.03	0.547	0.547	0.547	0.547
	水	m^3	7.62	0.224	0.224	0.224	0.224
	零星材料费	元		10.41	12.44	18.13	25.50
	白灰膏	m^3		(0.126)	(0.126)	(0.126)	(0.126)
	白灰砂浆 1∶3	m^3		(0.33)	(0.33)	(0.33)	(0.33)

单位：10m²

编号				15-45	15-46	15-47	15-48
项目				坡道		踏道	
				方砖	大城样砖	方砖	大城样砖
预算基价	总价(元)			**3029.72**	**4131.03**	**2956.28**	**4039.23**
	人工费(元)			477.36	587.52	403.92	495.72
	材料费(元)			2552.36	3543.51	2552.36	3543.51
组成内容		**单位**	**单价**	**数量**			
人工	综合工 一类	工日	153.00	3.12	3.84	2.64	3.24
材料	尺四方砖	块	46.18	53.30		53.30	
	大城样砖	块	35.44		97.50		97.50
	白灰	kg	0.30	88.110	88.110	88.110	88.110
	砂子	t	87.03	0.547	0.547	0.547	0.547
	水	m^3	7.62	0.224	0.224	0.224	0.224
	零星材料费	元		15.22	12.36	15.22	12.36
	白灰膏	m^3		(0.126)	(0.126)	(0.126)	(0.126)
	白灰砂浆 1:3	m^3		(0.33)	(0.33)	(0.33)	(0.33)

编　号				15-49	15-50	15-51	15-52	15-53	15-54
项　目				石板路					乱铺块石 (10m³)
				整石板			碎石板		
				平道 (10m²)	坡道 (10m²)	踏道 (10m²)	平道 (10m²)	坡道 (10m²)	
预算基价	总　价(元)			**2060.88**	**2244.48**	**2152.68**	**1369.10**	**1607.78**	**3523.85**
	人　工　费(元)			550.80	734.40	642.60	716.04	954.72	1294.38
	材　料　费(元)			1510.08	1510.08	1510.08	653.06	653.06	2229.47
组成内容		**单位**	**单价**	**数　量**					
人工	综合工 一类	工日	153.00	3.60	4.80	4.20	4.68	6.24	8.46
材料	整石板 100.0	m²	131.22	10.30	10.30	10.30			
	碎石板	m²	43.74				10.30	10.30	
	毛石	t	89.21						17.57
	水泥	kg	0.39	130.900	130.900	130.900	168.300	168.300	553.520
	白灰	kg	0.30	44.590	44.590	44.590	57.330	57.330	188.552
	砂子	t	87.03	1.022	1.022	1.022	1.314	1.314	4.322
	水	m³	7.62	0.280	0.280	0.280	0.360	0.360	1.184
	零星材料费	元		3.01	3.01	3.01	2.60	2.60	4.45
	白灰膏	m³		(0.064)	(0.064)	(0.064)	(0.082)	(0.082)	(0.269)
	混合砂浆 M5	m³		(0.70)	(0.70)	(0.70)	(0.90)	(0.90)	(2.96)

三、细墁散水

编号				15-55	15-56	15-57	15-58
项目				大城样砖 (10m²)	方砖		出(窝)角 (份)
					尺二方砖 (10m²)	尺四方砖 (10m²)	
预算基价	总价(元)			**10137.84**	**13907.38**	**7319.97**	**287.64**
	人工费(元)			5798.70	3307.86	3851.01	287.64
	材料费(元)			4339.14	10599.52	3468.96	
组成内容		单位	单价	数量			
人工	综合工 一类	工日	153.00	37.90	21.62	25.17	1.88
材料	大城样砖	块	35.44	117.04			
	尺二方砖	块	111.51		92.51		
	尺四方砖	块	46.18			70.84	
	生桐油	kg	20.00	1.50	1.50	1.50	
	面粉	kg	1.90	3.00	3.00	3.00	
	松烟	kg	25.00	1.50	1.50	1.50	
	白灰	kg	0.30	157.70	157.70	157.70	
	黄土	m³	77.65	0.55	0.55	0.55	
	零星材料费	元		28.02	120.51	34.35	

四、糙墁散水

编号				15-59	15-60	15-61	15-62	15-63
项目				大城样砖	方砖		大开条砖	出(窝)角
					尺二方砖	尺四方砖		
				($10m^2$)	($10m^2$)	($10m^2$)	($10m^2$)	(份)
预算基价	总价(元)			**3965.79**	**8424.30**	**2846.12**	**1863.04**	**204.27**
	人工费(元)			422.28	330.48	293.76	440.64	128.52
	材料费(元)			3543.51	8093.82	2552.36	1422.40	75.75
组成内容		**单位**	**单价**	**数量**				
人工	综合工 一类	工日	153.00	2.76	2.16	1.92	2.88	0.84
材料	大城样砖	块	35.44	97.50				
	尺二方砖	块	111.51		71.40			
	尺四方砖	块	46.18			53.30		
	大开条砖	块	5.39				248.40	
	白灰	kg	0.30	88.110	88.110	88.110	88.110	88.110
	砂子	t	87.03	0.547	0.547	0.547	0.547	0.547
	水	m^3	7.62	0.224	0.224	0.224	0.224	0.224
	零星材料费	元		12.36	56.26	15.22	7.78	
	白灰膏	m^3		(0.126)	(0.126)	(0.126)	(0.126)	(0.126)
	白灰砂浆 1:3	m^3		(0.33)	(0.33)	(0.33)	(0.33)	(0.33)

五、墁石子地

单位：$10m^2$

编号				15-64	15-65	15-66
项目				满铺		散铺
				拼花	不拼花	
预算基价	总价(元)			**3651.57**	**2287.57**	**559.53**
	人工费(元)			3213.00	1836.00	367.20
	材料费(元)			438.57	451.57	192.33
组成内容		**单位**	**单价**	**数量**		
人工	综合工 一类	工日	153.00	21.00	12.00	2.40
材料	彩色卵石 粒径40～60	kg	0.78	180.00	108.00	
	本色卵石 粒径40～60	kg	0.48	360.00	504.00	150.00
	水泥	kg	0.39	175.756	175.756	175.756
	砂子	t	87.03	0.541	0.541	0.541
	水	m^3	7.62	0.122	0.122	0.122
	零星材料费	元		8.81	8.85	3.77
	水泥砂浆 1∶2.5	m^3		(0.36)	(0.36)	(0.36)

第十六章　抹 灰 工 程

说　　明

一、本章包括抹灰1节，共21条基价子目。

二、本章仅列了传统抹灰项目，通用抹灰项目执行本基价第一册《通用项目》相应基价子目。

三、本章基价的分层厚度、材料耗用量除已注明者外，均以下列砂浆分层厚度及配合比表、灰浆虚实体积变化及损耗率表、嵌缝灰浆用量表为准。基价子目中砂浆配合比如与设计要求不同时，允许调整，但人工费、砂浆消耗量不变。

砂浆分层厚度及配合比表

项目			底层		中层		面层		砂浆总厚度（mm）
			砂浆种类	厚度（mm）	砂浆种类	厚度（mm）	砂浆种类	厚度（mm）	
白灰砂浆（墙面）	砖墙	普通	1:3白灰砂浆	14			麻刀灰	4	18
		高级	1:3白灰砂浆	13	1:3白灰砂浆	8	麻刀灰	4	25
	板条、苇箔		麻刀灰	7	1:3白灰砂浆	6	麻刀灰	4	17
	钢丝网		1:3水泥砂浆	16			麻刀灰	4	20
水泥砂浆	须弥座、冰盘檐		1:3水泥砂浆	13			1:2.5水泥砂浆	5	18
剁石	须弥座、冰盘檐		1:3水泥砂浆	12	素水泥一道		1:2.5水泥砂浆	10	22
	花台、花坛等		1:3水泥砂浆	12	素水泥一道		1:2.5水泥砂浆	10	22

灰浆虚实体积变化损耗率表

灰浆种类	水泥砂浆	白灰砂浆	混合砂浆	麻刀砂浆	纸筋砂浆	水泥石渣浆
墙面	9.1%	11.9%	9.1%	7.2%	17.0%	21.4%

嵌缝灰浆用量表

结构类型	砖墙	板条	苇箔	钢丝网	毛石
嵌缝量（m^3）	0.007	0.031	0.034	0.080	0.030

工 作 内 容

本章各子目包括：材料加工、调制灰浆、材料运输、搭拆高度在3.6m以内简单脚手架、处理底层(包括刷浆或胶)、抹灰、找平、罩面等，抹水泥砂浆和剁假石，并包括嵌条。

工程量计算规则

一、计算抹灰工程量除另有规定者外,均按结构尺寸计算。

二、内墙抹灰,以主墙间结构面净长乘以高度计算面积,扣除门、窗洞口(以框外围尺寸计算面积、下同)和空圈所占面积,但门窗洞口及空圈等的侧壁面积也不增加,垛的侧壁并入内墙工程量内;不扣除柱门、踢脚线、挂镜线、装饰线及 $0.3m^2$ 以内孔洞所占面积。高度由地(楼)面算起,有露明梁者算至梁底,吊顶抹灰的算至天棚底,吊顶不抹灰的算至天棚底另加20cm计算,有墙裙者扣除墙裙高度。

三、外墙抹灰按长度乘以高度以面积计算,扣除门、窗洞口及空圈所占面积,不扣除柱门及 $0.3m^2$ 以内的孔洞面积,垛的侧壁并入墙体工程量计算。其高度由台明上皮(无台明的由散水上皮算起)算至墙出檐下皮,下肩不抹灰扣除其高度。

四、槛墙(或墙裙)抹灰以长度乘以高度以面积计算,不扣柱门、踢脚线所占面积。

五、门、窗口塞缝,按门、窗框外围面积计算,车棚碹抹灰按展开面积计算。

抹　灰

单位：$10m^2$

编　号				16-1	16-2	16-3	16-4
项　目				抹靠骨灰			
				1.5cm厚			每增厚1cm
				月白灰	青灰	红灰	
预算基价	总　价(元)			**331.65**	**404.31**	**377.12**	**125.76**
	人　工　费(元)			220.32	275.40	257.04	55.08
	材　料　费(元)			111.33	128.91	120.08	70.68
组 成 内 容		**单位**	**单价**	**数　量**			
人工	综合工 一类	工日	153.00	1.44	1.80	1.68	0.36
材料	白灰	kg	0.30	107.90	107.90	107.90	71.90
	麻刀	kg	3.92	5.40	5.40	5.40	3.60
	青灰	kg	3.30	16.20	21.50		9.30
	氧化铁红	kg	9.03			7.00	
	零星材料费	元		4.33	4.42	3.33	4.31

单位：10m²

编号				16-5	16-6	16-7	16-8	16-9
项目				砂子灰底1.8cm厚			麻面砂子灰1.5cm厚	砂子灰每增厚1cm
				月白灰	青灰	红灰		
预算基价	总价(元)			**313.25**	**378.03**	**350.93**	**239.66**	**77.22**
	人工费(元)			238.68	293.76	275.40	201.96	55.08
	材料费(元)			74.57	84.27	75.53	37.70	22.14
组成内容		**单位**	**单价**	**数量**				
人工	综合工 一类	工日	153.00	1.56	1.92	1.80	1.32	0.36
材料	白灰	kg	0.30	61.70	61.70	61.70	36.05	21.80
	麻刀	kg	3.92	2.00	2.00	2.00		
	砂子	t	87.03	0.325	0.325	0.325	0.280	0.150
	青灰	kg	3.30	5.10	8.00			
	氧化铁红	kg	9.03			2.00		
	零星材料费	元		3.11	3.24	2.84	2.52	2.55

单位：$10m^2$

编号				16-10	16-11	16-12	16-13	16-14	16-15
项目				须弥座、冰盘檐、抹青灰	碹底抹青灰	零星抹灰	抹灰后		抹灰前做麻钉
							做假砖缝	轧竖向小抹子花	
预算基价	总价(元)			**909.92**	**441.81**	**514.47**	**235.62**	**168.30**	**126.06**
	人工费(元)			716.04	330.48	385.56	235.62	168.30	99.45
	材料费(元)			193.88	111.33	128.91			26.61
组成内容		**单位**	**单价**	**数量**					
人工	综合工 一类	工日	153.00	4.68	2.16	2.52	1.54	1.10	0.65
材料	白灰	kg	0.30	179.27	107.90	107.90			
	麻刀	kg	3.92	8.91	5.40	5.40			
	青灰	kg	3.30	30.55	16.20	21.50			
	麻丝	kg	14.54						0.70
	铁钉	kg	6.68						2.10
	零星材料费	元		4.36	4.33	4.42			2.40

注：零星抹灰系指山花、象眼、穿插档、什锦窗侧壁及面积不足$3m^2$的廊心墙、匾心、小红山等处的抹灰。

单位：10m²

编号				16-16	16-17	16-18	16-19	16-20	16-21
项目				白灰砂浆		水泥砂浆		剁假石	
				砖墙		须弥座、冰盘檐	木门窗塞缝	须弥座、冰盘檐	花台、花池等零星抹灰
				普通	高级				
预算基价	总价(元)			**291.05**	**378.30**	**1275.75**	**54.93**	**3392.60**	**1686.74**
	人工费(元)			238.68	312.12	1193.40	53.55	3216.06	1549.89
	材料费(元)			52.37	66.18	82.35	1.38	176.54	136.85
组成内容		**单位**	**单价**	**数量**					
人工	综合工 一类	工日	153.00	1.56	2.04	7.80	0.35	21.02	10.13
材料	水泥	kg	0.39	0.61	3.81	111.38	0.51	245.31	188.70
	砂子	t	87.03	0.259	0.259	0.424	0.003	0.292	0.224
	白灰	kg	0.30	70.66	105.66		3.06		
	麻刀	kg	3.92	1.41	1.91				
	白石子	kg	0.19					228.07	175.44
	石屑	t	82.88					0.069	0.053
	108胶	kg	4.45					0.34	0.26
	零星材料费	元		2.87	2.97	2.01		4.89	4.88

第十七章　油漆彩画工程

说　明

一、本章包括立闸山花板、博缝板、挂檐（落）板，连檐、瓦口、椽头，椽子、望板，上架木件，斗拱、垫拱板，雀替、花活，天花、天棚，下架木件，装修9节，共451条基价子目。

二、彩画贴金（铜）箔基价中库金箔规格每张为93.3mm×93.3mm，赤金箔规格每张为83.3mm×83.3mm，铜箔规格每张为100mm×100mm。实际使用的金（铜）箔规格与基价不符时按以下方法换算箔的用量，并相应调整材料费，但人工费不变。

调整后箔的用量（张）＝基价中箔的每张面积 × 基价用量（张）/实际使用箔的每张面积

三、基价中凡包括贴金（铜）箔的彩画项目，若设计要求不贴金（铜）箔时，相应扣减其金胶油、金（铜）箔及清漆的材料价值。

四、立闸山花板、博缝板、挂檐（落）板：

1.山花沥粉系指在无雕刻山花板的地仗上沥粉做花纹，在无雕刻挂檐（落）板的地仗上沥粉做花纹者也执行山花沥粉基价子目。

2.悬山建筑的镶嵌象眼板、柁档板油漆或彩画执行第四节上架木件基价。

五、连檐、瓦口、椽头：

1.大连檐立面、瓦口、檐椽头、飞椽头地仗油漆及椽头彩画执行本节基价。大连檐底面、小连檐、闸挡板油漆的工料包括在第三节椽望基价中。

2.椽头彩画以椽头带飞椽者为准，无飞椽者按相应基价子目人工费、材料费乘以系数0.55。

六、椽子、望板：

1.本节地仗及油漆基价均包括椽子、望板。

2.小连檐、闸挡板、隔椽板、椽中板的地仗、油漆所需工料已包括在椽望工程量内。

七、上架木件：

1.檩（桁）枋下皮以上（包括柱头）的枋、梁、随梁、瓜柱、柁墩、角背、雷公柱、桁檩、角梁、由戗、垫板、燕尾枋、博脊板、棋枋板、镶嵌柁档板、镶嵌象眼山花板、角科斗拱的宝瓶、楼阁的承重、楞木、木楼板底面及枋、梁、桁檩等露明的榫头、箍头均执行本节基价。

2.基价中按建筑物明间大额枋截面高（檐柱径）分为23cm以下、23～58cm两档，实际工程中不论建筑物各构部件与明间大额枋的权衡比例如何，均以其明间大额枋截面高为准，确定应执行的基价相应档次。

3.上架木件片金扣油执行第八节“下架木件”中柱子扣油基价。

4.金龙和玺、龙凤和玺基价的（一）、（二）、（三）区别如下：（一）系指贯套箍头，枋心、盒子岔角做彩云，挑檐枋、坐斗枋、桃尖梁头为片金图案的做法；（二）系指箍头、挑檐枋、坐斗枋为片金图案的做法；（三）系指素箍头、挑檐枋、桃尖梁头无片金图案的做法。

5.龙草和玺基价的（一）、（二）区别如下：（一）系指素箍头、金琢墨草，挑檐枋、坐斗枋沥粉做片金花纹（包括坐斗枋做轱辘草攒退）的做法；（二）系指素托头、爬粉攒退草，挑檐枋、坐斗枋、桃尖梁头不做金片图案的做法。

6.基价中的“白活”是指在包袱心、枋心、池子心、聚锦心内的白地上绘画山水、翎毛、人物、花卉等国画的做法。

7.和玺加苏画、金线大点金加苏画及各项苏画的规矩活部分，基价包括绘梁头（或博古）、箍头、藻头、卡子及包袱线、聚锦线、枋心线、池子线、盒子架及其内外规矩图案的绘制。绘制白活另执行相应基价。

8.掐箍头及掐箍头搭包袱基价均不包括油漆部分的工料。

9.包袱、枋心白活基价以每块面积在$1.5m^2$以内为准,超过$1.5m^2$且在$2m^2$以内者,按相应基价子目人工费、材料费乘以系数1.50;超过$2m^2$按相应基价子目人工费、材料费乘以系数2.00。其面积计算按外接矩形面积为准。聚锦不论面积大小及绘画内容基价均不调整。池子、盒子的白活执行聚锦基价。

10.斑竹彩画以建筑物整体为同一图案形式,不分椽望、连檐、下架木件均执行此项基价。

11.油地沥粉贴金、满金琢墨、金琢墨、局部贴金及各种无金做法的新式彩画均指近年来出现的淡色或单色做法。其中:

(1)油地沥粉贴金做法系仿苏式彩画格调在油漆面上贴金(铜)箔的做法,基价中分为满做和掐箍头两类。满做包括箍头、卡子、包袱及包袱内的片金图案。

(2)满金琢墨做法系指箍头、藻头、枋心、盒子的大线及其内的花纹均沥粉、贴金、攒退。金琢墨做法系指箍头、藻头及大线贴金、退晕。局部贴金做法系指主要大线(箍头线、岔口线、枋心线)贴金(铜)箔,枋心、盒子内花纹的花蕊、花蕾点金。

八、斗拱、垫拱板:

1.斗拱满刷素油及斗拱做彩画时其拱眼(荷包、眼边)、斜盖斗板及拽枋、单材拱掏里的油漆部分均执行斗拱油漆基价。

2.斗拱彩画基价不包括拱眼、斜盖斗板的油漆工料。

3.垫拱板的油漆或彩画另按本节有关基价执行。

九、雀替、花活:

1.雀替(包括翘拱、云墩)、雀替隔架斗拱、垂柱头、雷公柱及交金灯笼柱垂头、垂花门及牌楼的花板、云龙花板等雕刻的构部件(部位)均执行本节基价。

2.基价中包括掏章丹里。

十、天花、天棚:

1.基价中天花规格以井口板分井的平均边长为准。

2.井口板彩画的片金鼓子心包括团龙、双龙、龙凤、西番莲草等做法,做染鼓子心包括做染四季花、团鹤等做法。

3.烟琢墨岔角云片金鼓子心彩画包括方、圆鼓子线及鼓子心贴金(铜)箔;烟琢墨岔角云做染,攒退鼓子心彩画包括方、圆鼓子线贴金(铜)箔。

4.支条的燕尾彩画包括刷支条、做燕尾、贴钉燕尾、燕尾及井口线贴金。

5.灯花局部贴金(一)系指主要线路贴金,灯花局部贴金(二)系指主要线路贴金及其他部位局部贴金。

6.灯花沥粉无金做法包括爬粉刷色及爬粉攒退。

7.天花刷素油漆执行胶合板天棚油漆基价。

十一、下架木件:

1.各种柱、抱柱、槛框、窗榻板、什锦窗的筒子板、过木执行本节基价。

2.下架木件基价按其明间大额枋的截面高(檐柱径)分为23cm以下、23～58cm两档。

十二、装修：

1.迎风板、走马板绘画白活（不做油漆）的，执行上架木件白活基价。

2.木楼板、木地板、木楼梯油漆执行大门、屏门、迎风板、走马板、木（栈）板墙基价。

3.外檐隔扇、槛窗基价中不包括其心屉的工料，心屉另执行有关基价。

4.内檐隔扇、风门、支摘窗基价中包括其心屉的工料，外檐隔扇、槛窗的心屉不分形式也执行此基价。

5.栏杆不分部位包括望柱在内，按其形式分类，寻杖栏杆执行外檐隔扇、槛窗基价，花栏杆、直挡栏杆执行内檐隔扇、风门、支摘窗基价。

6.墙边拉线基价以单线为准。

7.匾的油漆、贴金（铜）箔均包括匾钩、如意钉。木匾托刷素油其工程量并入匾内计算，花匾托执行雀替花活基价。

十三、彩画贴金基价包括彩画及贴金的全部工作内容。

十四、光油、灰油、金胶油及精梳麻的熬制，加工费用已包括在基价材料费中。

工 作 内 容

一、地仗项目包括调制灰料、油满、清理基层、除铲、砍斧迹、撕缝、陷缝、汁浆、捉缝、分层使灰、钻生油、砂纸或砂布打磨，麻灰类、布灰类地仗项目还包括压麻或糊布。

二、油漆项目包括调兑血料腻子及油漆、刮腻子、刷底漆、找补腻子、磨砂纸、油漆成活，其中扣油系指彩画、贴金后在漆地上刷的最后一道油漆。

三、彩画项目包括按设计要求起扎谱子、调兑颜料、绘制各种图案成活。

四、贴金(铜)箔项目包括支搭金帐、打金胶油、贴金箔或贴铜箔、罩清漆。

工程量计算规则

一、立闸山花板、博缝板、挂檐(落)板:

1.立闸山花板、博缝板、挂檐(落)板的地仗、油漆均按图示垂直投影面积计算,扣除博脊所遮蔽的面积;立闸山花板被博缝所遮蔽部分不得计算。悬山博缝板按双面计算,不扣除檩窝所占面积,底边面积亦不增加。

2.山花绶带贴金(铜)箔按立闸山花板露明垂直投影面积计算。

3.梅花钉贴金(铜)箔按博缝板垂直投影面积计算,歇山建筑应扣除博脊所遮蔽的面积。

4.挂檐板贴金(铜)箔按挂檐板垂直投影面积计算。

二、连檐、瓦口、椽头:

1.连檐瓦口以大连檐长乘以连檐下楞至瓦口尖的全高,按面积计算。

2.檐椽头面积补进飞椽的空档中,以大连檐长(硬山建筑应扣除墀头所占长度)乘以飞椽头竖向高度,按面积计算。檐椽头不再计算。

三、椽子、望板:

椽望地仗、油漆按望板的不同斜面形状以面积计算,椽头计算到飞椽头下楞,硬山建筑的两山计算到梁架中线,悬山建筑的两山计算到博缝板里皮,不扣除角梁、扶脊木所占面积,有斗拱建筑物扣除挑桁檐中至正心桁中斗拱所封闭部分的面积。有天花吊顶建筑的室内椽望及歇山建筑采步金至山花板间的金、脊步椽望不刷油漆者,其面积均不应计算。小连檐立面、闸挡板、隔椽板、椽中板的面积不再增加。内外檐做法不同时,应分别计算,执行相应基价子目。

四、上架木件:

1.地仗、油漆(除掐箍头及掐箍头搭包袱彩画间夹的油漆外)及各种彩画,均按构架图示露明部位的展开面积计算,挑檐枋只计算其正面,彩画不扣除白活所占面积,掐箍头及掐箍头搭包袱彩画计量时不扣除其间夹的油漆面积(基价中均已考虑了彩画实做面积)。

2.掐箍头彩画间夹的油漆面积按油漆彩画全面积的0.67计算,掐箍头搭包袱彩画间夹的油漆面积按油漆彩画全面积的0.33计算。

3.斑竹彩画椽望,连檐,瓦口,上、下架木件均按展开面积合并计算。

五、斗拱、垫拱板:

1.斗拱彩画与拱眼、斜盖斗板、掏里部分的油漆面积应分别计算。设计要求斗拱全部做油漆时(无彩画)按斗拱全面积计算。每攒斗拱的展开面积按"斗拱展开面积表"计算。

2.表中所列垫板面积为单面投影面积,垫拱板油漆或彩画的工程量按双面面积计算。

3.斗拱、垫拱板中的"斗拱展开面积表"使用说明:

(1)表中所列斗拱展开面积,系指一攒平身科斗拱由垫拱板(灶火门)向外檐拽架的面积(包括柱头科)。

(2)由垫拱板(灶火门)向室内拽架的涂刷面积,除琵琶科的后秤尾外,均按向外拽架面积计算。

(3)角科斗拱向外拽架的面积,按平身科向外拽架面积的3.50倍计算(不包括宝瓶);角科斗拱向室内拽架的面积,按平身科向外拽架面积的1.50

倍计算(包括麻叶头)；牌楼角科斗拱的面积,按平身科半面积的6倍计算。

(4)表中所列斗拱面积,均以扣除荷包、眼边、盖斗板及斗拱掏里部分(外拽瓜拱、万拱、厢拱、三才升、拽架枋的背面及昂腰头木的两侧部分)；如需计算上述部分工程量时,应按相应的斗拱形式的口份规格套用表中的百分比计算(例如：8cm口份的五踩单翘单昂斗拱的展开面积为 $2.05m^2 \times 3.8\% = 0.078m^2$,是荷包眼边的面积；斜盖斗板的面积为 $2.05m^2 \times 15\% = 0.308m^2$；掏里的面积为 $2.05m^2 \times 24\% = 0.492m^2$,依此类推)。

(5)斗拱口份如无法实量时,可用建筑物明间柱中至柱中的宽度除以灶火门的个数再除以11计算。

斗拱展开面积表

斗拱分类名称	单位	展开面积(m^2)						荷包眼边相当于斗拱面积的比例	斜盖斗板相当于斗拱面积的比例	斗拱的掏里面积相当于斗拱面积的比例
		5cm	6cm	7cm	8cm	9cm	10cm			
一抖三升	攒	0.232	0.334	0.455	0.594	0.752	0.928	2.40%		
一抖二升交麻叶	攒	0.257	0.370	0.503	0.657	0.832	1.027	2.10%		
三踩单翘品字科	攒	0.412	0.593	0.807	1.054	1.334	1.647	6.60%	12.00%	10.00%
三踩单昂	攒	0.523	0.753	1.025	1.339	1.695	2.096	3.90%	10.00%	7.90%
五踩重翘品字科	攒	0.694	0.999	1.360	1.776	2.248	2.775	5.40%	17.00%	28.00%
五踩单翘单昂	攒	0.801	1.153	1.570	2.050	2.595	3.203	3.80%	15.00%	24.00%
五踩琵琶科后秤尾	攒	1.121	1.615	2.198	2.871	3.643	4.486	2.40%		
七踩三翘品字科	攒	1.109	1.596	2.173	2.838	3.592	4.434	4.80%	17.00%	23.00%
七踩单翘重昂	攒	1.178	1.696	2.308	3.015	3.816	4.711	3.40%	16.00%	22.00%
九踩四翘品字科	攒	1.477	2.126	2.894	3.780	4.784	5.906	4.70%	18.00%	19.00%
九踩重翘重昂	攒	1.531	2.204	3.000	3.919	4.960	6.123	3.60%	17.00%	18.00%
九踩单翘三昂	攒	1.563	2.251	3.064	4.002	5.065	6.253	3.10%	17.00%	18.00%
十一踩重翘三昂	攒	1.925	2.773	3.774	4.929	6.238	7.702	3.30%	17.00%	17.00%
单拱垫拱板	攒	0.046	0.067	0.091	0.119	0.151	0.186			
重拱垫拱板	攒	0.057	0.082	0.112	0.146	0.185	0.228			

六、雀替、花活：

1.雀替及雀替隔架斗拱按露明长度乘以全高再乘以2计算面积。

2.花板、云龙花板按双面垂直投影面积计算。

3.垂柱头、雷公柱及交金灯笼柱垂头按周长乘以高度按面积计算(方形垂柱应加底面积)。

七、天花、天棚：

1.井口板、支条的地仗、彩画工程量均按木装修相应项目的工程量计算,井口板不扣支条所占面积,支条不扣井口板所占面积。

2.灯花彩画按灯花外围面积计算。

3.胶合板天棚油漆按木作相应项目工程量计算。

八、下架木件：

1.各种柱、抱柱、槛框、窗榻板、什锦窗的筒子板、过木均按图示露明展开面积计算。

2.框线、门簪贴金按实贴面积计算。

九、装修：

1.各种大门、屏门、迎风板、走马板、木(栈)板墙按双面投影面积计算。护墙板(墙裙)筒子板按单面投影面积计算,踢脚线工程量并入护墙板在内计算。

2.门钉、门钹贴金(铜)箔按实贴面积计算。

3.木楼板面、木地板均按木作相应工程量计算。

4.木楼梯按图示露明展开面积计算。

5.外檐隔扇、槛窗、寻杖栏杆按木作相应垂直投影面积计算,不扣除心屉面积。

6.裙板、绦环板的云盘线贴金(铜)箔按裙板、绦环板投影面积计算；大边两柱香贴金(铜)箔按隔扇、槛窗面积计算。

7.风门、内檐隔扇、花栏杆、直档栏杆按木作相应工程量乘以2计算。

8.外檐隔扇、槛窗的心屉按其投影面积,单面一玻一纱做法者乘以1.5计算,双面夹玻做法者乘以2计算。

9.倒挂楣子按长度乘以全高(下边量至白菜头)再乘以2计算,坐凳楣子按边框所围成的面积双面计算。

10.菱花扣贴金(铜)箔按菱花心屉的投影面积计算。

11.抹灰面的油漆、粉刷按相应的抹灰工程量计算。

12.墙边彩画按实际面积计算。

13.墙边拉线按长度计算,拉双线者按累计计算。

14.匾油漆及匾字均按匾的投影面积计算。

一、立闸山花板、博缝板、挂檐（落）板

单位：10m²

编号				17-1	17-2	17-3	17-4	17-5
项目				平做			雕刻	
				一麻五灰	一布五灰	单皮灰	一麻五灰	一布五灰
预算基价	总价(元)			**3391.57**	**3109.78**	**1961.23**	**4682.89**	**4144.06**
	人工费(元)			1808.46	1551.42	1129.14	3099.78	2585.70
	材料费(元)			1583.11	1558.36	832.09	1583.11	1558.36
组成内容		**单位**	**单价**	**数量**				
人工	综合工 一类	工日	153.00	11.82	10.14	7.38	20.26	16.90
材料	面粉	kg	1.90	3.42	3.12	1.48	3.42	3.12
	血料	kg	5.25	70.67	65.83	41.50	70.67	65.83
	砖灰（综合）	kg	1.00	75.20	72.38	52.00	75.20	72.38
	灰油	kg	39.82	19.23	17.52	8.42	19.23	17.52
	生桐油	kg	20.00	2.50	2.50	2.50	2.50	2.50
	光油	kg	49.56	3.30	3.30	3.30	3.30	3.30
	汽油	kg	7.16	0.10	0.10	0.10	0.10	0.10
	精梳麻	kg	38.00	3.50			3.50	
	玻璃布 0.2	m²	3.95		52.00			52.00
	白灰	kg	0.30	0.64	0.58	0.28	0.64	0.58
	砂布	张	0.93	1.65	1.65	1.65	1.65	1.65
	零星材料费	元		15.67	15.43	8.24	15.67	15.43

单位：10m²

编号				17-6	17-7	17-8	17-9	17-10	17-11
项目				雕刻		满刮浆灰	满刮血料腻子		平面山花沥粉
				单皮灰			平面刷调和漆三道	雕刻面刷调和漆二道扣油一道	
				山花	挂檐板				
预算基价	总价(元)			**2409.05**	**1988.75**	**105.08**	**409.21**	**628.00**	**1771.15**
	人工费(元)			1575.90	1380.06	91.80	295.29	514.08	1744.20
	材料费(元)			833.15	608.69	13.28	113.92	113.92	26.95
组成内容		**单位**	**单价**	**数量**					
人工	综合工 一类	工日	153.00	10.30	9.02	0.60	1.93	3.36	11.40
材料	面粉	kg	1.90	1.48	0.75				
	血料	kg	5.25	41.50	32.90	0.70	0.70	0.70	
	砖灰（综合）	kg	1.00	52.00	40.00				
	淋浆灰	kg	8.00			1.20			
	灰油	kg	39.82	8.42	4.31				
	生桐油	kg	20.00	2.50	2.50				
	光油	kg	49.56	3.30	3.30		1.35	1.35	
	汽油	kg	7.16	0.20	0.20				
	白灰	kg	0.30	0.28	0.14				
	调和漆	kg	14.11				2.73	2.73	
	滑石粉	kg	0.59				0.60	0.60	
	土粉子	kg	2.65				0.60	0.60	
	砂布	张	0.93	2.00	2.00				
	砂纸	张	0.87				2.00	2.00	2.00
	大白粉	kg	0.91						4.34
	乳胶	kg	8.22						0.935
	牛皮纸	张	1.12						4.50
	粉笔	盒	4.50						0.20
	铅笔	支	1.00						2.00
	橡皮	块	1.00						0.50
	香糊 400g	瓶	3.88						0.50
	高丽纸	张	1.46						2.00
	零星材料费	元		8.25	6.03		1.13	1.13	0.27

单位： 10m²

编号				17-12	17-13	17-14	17-15	17-16	17-17
项目				山花绶带			梅花钉		
				打贴库金	打贴赤金	打贴铜箔描清漆	打贴库金	打贴赤金	打贴铜箔描清漆
预算基价	总价(元)			**7513.97**	**5521.53**	**3051.61**	**3462.63**	**2621.16**	**1585.78**
	人工费(元)			925.65	980.73	1015.92	628.83	662.49	700.74
	材料费(元)			6588.32	4540.80	2035.69	2833.80	1958.67	885.04
组成内容		**单位**	**单价**	**数量**					
人工	综合工 一类	工日	153.00	6.05	6.41	6.64	4.11	4.33	4.58
材料	金胶油	kg	63.27	0.99	0.99	0.99	0.55	0.55	0.55
	丙烯酸清漆	kg	27.19			0.66			0.44
	二甲苯	kg	5.21			0.066			0.044
	库金箔 98% 93.3×93.3	张	6.69	965			414		
	赤金箔 74% 83.3×83.3	张	3.66		1210			520	
	铜箔	张	2.00			965			414
	棉花	kg	28.34	0.101	0.101	0.101	0.030	0.030	0.030
	砂纸	张	0.87	2.00	2.00	2.00	0.50	0.50	0.50
	零星材料费	元		65.23	44.96	20.16	28.06	19.39	8.76

单位：10m²

编号				17-18	17-19	17-20	17-21	17-22	17-23
项目				挂檐板					
				万字不到头(包括金大边)			金博古(包括金大边)		
				打贴库金	打贴赤金	打贴铜箔描清漆	打贴库金	打贴赤金	打贴铜箔描清漆
预算基价	总价(元)			**7895.38**	**5912.12**	**3523.29**	**4877.19**	**3753.12**	**2464.45**
	人工费(元)			1295.91	1360.17	1476.45	1110.78	1165.86	1300.50
	材料费(元)			6599.47	4551.95	2046.84	3766.41	2587.26	1163.95
组成内容		单位	单价	数量					
人工	综合工 一类	工日	153.00	8.47	8.89	9.65	7.26	7.62	8.50
材料	金胶油	kg	63.27	1.21	1.21	1.21	0.55	0.55	0.55
	丙烯酸清漆	kg	27.19			0.66			0.44
	二甲苯	kg	5.21			0.066			0.044
	库金箔 98% 93.3×93.3	张	6.69	965			552		
	赤金箔 74% 83.3×83.3	张	3.66		1210			690	
	铜箔	张	2.00			965			552
	棉花	kg	28.34	0.03	0.03	0.03	0.02	0.02	0.02
	砂纸	张	0.87	1.00	1.00	1.00	1.00	1.00	1.00
	零星材料费	元		65.34	45.07	20.27	37.29	25.62	11.52

二、连檐、瓦口、椽头

单位：$10m^2$

编号				17-24	17-25	17-26	17-27	17-28	17-29
项目				四道灰			三道灰		
				10cm以上	7～10cm	7cm以下	10cm以上	7～10cm	7cm以下
预算基价	总价(元)			**2498.55**	**3262.02**	**3947.46**	**2193.52**	**2764.21**	**3339.49**
	人工费(元)			1889.55	2653.02	3338.46	1751.85	2322.54	2897.82
	材料费(元)			609.00	609.00	609.00	441.67	441.67	441.67
组成内容		**单位**	**单价**	**数量**					
人工	综合工 一类	工日	153.00	12.35	17.34	21.82	11.45	15.18	18.94
材料	面粉	kg	1.90	1.20	1.20	1.20	0.65	0.65	0.65
	血料	kg	5.25	31.17	31.17	31.17	24.77	24.77	24.77
	砖灰（综合）	kg	1.00	36.68	36.68	36.68	27.90	27.90	27.90
	灰油	kg	39.82	6.67	6.67	6.67	3.60	3.60	3.60
	生桐油	kg	20.00	1.70	1.70	1.70	1.70	1.70	1.70
	光油	kg	49.56	2.00	2.00	2.00	2.00	2.00	2.00
	汽油	kg	7.16	0.10	0.10	0.10	0.10	0.10	0.10
	砂布	张	0.93	1.00	1.00	1.00	1.00	1.00	1.00
	零星材料费	元		6.03	6.03	6.03	4.37	4.37	4.37

单位：10m²

编号				17-30	17-31	17-32	17-33
项目				满刮浆灰	刮血料腻子刷三道调和漆	椽头扣油漆一道	罩光油一道
预算基价	总价(元)			**171.08**	**505.93**	**2190.33**	**113.95**
	人工费(元)			156.06	423.81	2166.48	81.09
	材料费(元)			15.02	82.12	23.85	32.86
组成内容		**单位**	**单价**	**数量**			
人工	综合工 一类	工日	153.00	1.02	2.77	14.16	0.53
材料	血料	kg	5.25	0.70	0.70		
	光油	kg	49.56		0.75	0.45	0.63
	淋浆灰	kg	8.00	1.20			
	滑石粉	kg	0.59		0.60		
	土粉子	kg	2.65		0.60		
	调和漆	kg	14.11		2.47		
	汽油	kg	7.16		0.33		
	砂纸	张	0.87	1.50	1.50	1.50	1.50
	零星材料费	元		0.44	0.81	0.24	0.33

单位：10m^2

编号				17-34	17-35	17-36	17-37	17-38	17-39
项目				飞椽头、檐椽头片金彩画					
				贴库金			贴赤金		
				10cm以上	7～10cm	7cm以下	10cm以上	7～10cm	7cm以下
预算基价	总价(元)			**16152.42**	**22084.25**	**28387.71**	**13674.11**	**20023.39**	**26033.07**
	人工费(元)			7435.80	12117.60	16799.40	7894.80	12806.10	17643.96
	材料费(元)			8716.62	9966.65	11588.31	5779.31	7217.29	8389.11
组成内容		单位	单价	数量					
人工	综合工 一类	工日	153.00	48.60	79.20	109.80	51.60	83.70	115.32
材料	群青	kg	18.50	0.74	0.74	0.74	0.74	0.74	0.74
	乳胶	kg	8.22	2.20	2.20	2.20	2.20	2.20	2.20
	滑石粉	kg	0.59	4.73	4.73	4.73	4.73	4.73	4.73
	光油	kg	49.56	1.05	1.05	1.05	1.05	1.05	1.05
	黄调和漆	kg	14.11	0.26	0.26	0.26	0.26	0.26	0.26
	醇酸磁漆	kg	16.86	0.84	0.84	0.84	0.84	0.84	0.84
	金胶油	kg	63.27	0.99	0.99	0.99	0.99	0.99	0.99
	棉花	kg	28.34	0.03	0.03	0.03	0.03	0.03	0.03
	大白粉	kg	0.91	4.94	4.94	4.94	4.94	4.94	4.94
	库金箔 98% 93.3×93.3	张	6.69	1263	1448	1688			
	赤金箔 74% 83.3×83.3	张	3.66				1514	1903	2220
	牛皮纸	张	1.12	2.00	2.00	2.00	2.00	2.00	2.00
	粉笔	盒	4.50	0.50	0.50	0.50	0.50	0.50	0.50
	铅笔	支	1.00	1.00	1.00	1.00	1.00	1.00	1.00
	橡皮	块	1.00	0.50	0.50	0.50	0.50	0.50	0.50
	汽油	kg	7.16	0.22	0.22	0.22	0.22	0.22	0.22
	砂纸	张	0.87	1.00	1.00	1.00	1.00	1.00	1.00
	零星材料费	元		86.30	98.68	114.74	57.22	71.46	83.06

单位： $10m^2$

编号				17-40	17-41	17-42
项目				飞椽头、檐椽头片金彩画		
				贴铜箔描清漆		
				10cm以上	7～10cm	7cm以下
预算基价	总价(元)			**10286.09**	**15516.01**	**20774.41**
	人工费(元)			7536.78	12393.00	17166.60
	材料费(元)			2749.31	3123.01	3607.81
组成内容		**单位**	**单价**	**数量**		
人工	综合工 一类	工日	153.00	49.26	81.00	112.20
材料	群青	kg	18.50	0.74	0.74	0.74
	乳胶	kg	8.22	2.20	2.20	2.20
	滑石粉	kg	0.59	4.73	4.73	4.73
	光油	kg	49.56	1.05	1.05	1.05
	黄调和漆	kg	14.11	0.26	0.26	0.26
	醇酸磁漆	kg	16.86	0.84	0.84	0.84
	棉花	kg	28.34	0.03	0.03	0.03
	大白粉	kg	0.91	4.94	4.94	4.94
	金胶油	kg	63.27	0.99	0.99	0.99
	丙烯酸清漆	kg	27.19	0.55	0.55	0.55
	二甲苯	kg	5.21	0.055	0.055	0.055
	铜箔	张	2.00	1263	1448	1688
	牛皮纸	张	1.12	2.00	2.00	2.00
	粉笔	盒	4.50	0.50	0.50	0.50
	铅笔	支	1.00	1.00	1.00	1.00
	橡皮	块	1.00	0.50	0.50	0.50
	汽油	kg	7.16	0.22	0.22	0.22
	砂纸	张	0.87	1.00	1.00	1.00
	零星材料费	元		27.22	30.92	35.72

单位：10m²

编号				17-43	17-44	17-45	17-46	17-47	17-48
项目				飞椽头片金、檐椽头金边彩画					
				贴库金			贴赤金		
				10cm以上	7～10cm	7cm以下	10cm以上	7～10cm	7cm以下
预算基价	总价(元)			**12605.59**	**18273.73**	**23644.55**	**11654.14**	**16866.89**	**22072.25**
	人工费(元)			6545.34	10693.17	14841.00	7005.87	11338.83	15671.79
	材料费(元)			6060.25	7580.56	8803.55	4648.27	5528.06	6400.46
组成内容		**单位**	**单价**	**数量**					
人工	综合工 一类	工日	153.00	42.78	69.89	97.00	45.79	74.11	102.43
材料	巴黎绿	kg	486.00	0.17	0.17	0.17	0.17	0.17	0.17
	群青	kg	18.50	0.74	0.74	0.74	0.74	0.74	0.74
	白乳胶漆	kg	11.13	0.33	0.33	0.33	0.33	0.33	0.33
	乳胶	kg	8.22	2.15	2.15	2.15	2.15	2.15	2.15
	滑石粉	kg	0.59	4.20	4.20	4.20	4.20	4.20	4.20
	光油	kg	49.56	0.84	0.84	0.84	0.84	0.84	0.84
	黄调和漆	kg	14.11	0.26	0.26	0.26	0.26	0.26	0.26
	大白粉	kg	0.91	4.30	4.30	4.30	4.30	4.30	4.30
	金胶油	kg	63.27	0.75	0.75	0.75	0.75	0.75	0.75
	库金箔 98% 93.3×93.3	张	6.69	860	1085	1266			
	赤金箔 74% 83.3×83.3	张	3.66				1190	1428	1664
	醇酸磁漆	kg	16.86	0.84	0.84	0.84	0.84	0.84	0.84
	石黄	kg	29.20	0.11	0.11	0.11	0.11	0.11	0.11
	章丹	kg	30.00	0.11	0.11	0.11	0.11	0.11	0.11
	银朱	kg	96.46	0.01	0.01	0.01	0.01	0.01	0.01
	棉花	kg	28.34	0.03	0.03	0.03	0.03	0.03	0.03
	汽油	kg	7.16	0.22	0.22	0.22	0.22	0.22	0.22
	牛皮纸	张	1.12	2.00	2.00	2.00	2.00	2.00	2.00
	粉笔	盒	4.50	0.50	0.50	0.50	0.50	0.50	0.50
	铅笔	支	1.00	1.00	1.00	1.00	1.00	1.00	1.00
	橡皮	块	1.00	0.50	0.50	0.50	0.50	0.50	0.50
	零星材料费	元		60.00	75.06	87.16	46.02	54.73	63.37

单位：10m²

编号				17-49	17-50	17-51	17-52	17-53	17-54
项目				飞椽头片金、檐椽头金边彩画 贴铜箔描清漆			飞椽头黄万字、檐椽头黄边画百花图		
				10cm以上	7～10cm	7cm以下	10cm以上	7～10cm	7cm以下
预算基价	总价(元)			**8611.49**	**13196.99**	**17693.61**	**2733.33**	**3008.73**	**5028.33**
	人工费(元)			6609.60	10740.60	14871.60	2478.60	2754.00	4773.60
	材料费(元)			2001.89	2456.39	2822.01	254.73	254.73	254.73
组成内容		单位	单价	数量					
人工	综合工 一类	工日	153.00	43.20	70.20	97.20	16.20	18.00	31.20
材料	巴黎绿	kg	486.00	0.17	0.17	0.17	0.39	0.39	0.39
	群青	kg	18.50	0.74	0.74	0.74	1.58	1.58	1.58
	白乳胶漆	kg	11.13	0.33	0.33	0.33	0.55	0.55	0.55
	乳胶	kg	8.22	2.15	2.15	2.15	1.10	1.10	1.10
	滑石粉	kg	0.59	4.20	4.20	4.20			
	光油	kg	49.56	0.84	0.84	0.84			
	黄调和漆	kg	14.11	0.26	0.26	0.26			
	大白粉	kg	0.91	4.30	4.30	4.30			
	金胶油	kg	63.27	0.75	0.75	0.75			
	丙烯酸清漆	kg	27.19	0.55	0.55	0.55			
	铜箔	张	2.00	860	1085	1266			
	石黄	kg	29.20	0.11	0.11	0.11	0.30	0.30	0.30
	章丹	kg	30.00	0.11	0.11	0.11	0.21	0.21	0.21
	银朱	kg	96.46	0.01	0.01	0.01	0.01	0.01	0.01
	棉花	kg	28.34	0.03	0.03	0.03			
	汽油	kg	7.16	0.22	0.22	0.22			
	醇酸磁漆	kg	16.86	0.84	0.84	0.84			
	牛皮纸	张	1.12	2.00	2.00	2.00			
	粉笔	盒	4.50	0.50	0.50	0.50			
	铅笔	支	1.00	1.00	1.00	1.00			
	橡皮	块	1.00	0.50	0.50	0.50			
	二甲苯	kg	5.21	0.05	0.05	0.05			
	松烟	kg	25.00				0.09	0.09	0.09
	零星材料费	元		19.82	24.32	27.94	2.52	2.52	2.52

三、椽子、望板

单位：10m²

编号					17-55	17-56	17-57	17-58	17-59	17-60
项目					三道灰			二道灰		
					10cm以上	7～10cm	7cm以下	10cm以上	7～10cm	7cm以下
预算基价	总价(元)				**2037.63**	**2147.79**	**2257.95**	**1671.71**	**1763.51**	**1855.31**
	人工费(元)				1597.32	1707.48	1817.64	1358.64	1450.44	1542.24
	材料费(元)				440.31	440.31	440.31	313.07	313.07	313.07
组成内容			**单位**	**单价**	**数量**					
人工	综合工 一类		工日	153.00	10.44	11.16	11.88	8.88	9.48	10.08
材料	面粉		kg	1.90	0.40	0.40	0.40	0.22	0.22	0.22
	血料		kg	5.25	36.00	36.00	36.00	24.00	24.00	24.00
	砖灰（综合）		kg	1.00	39.00	39.00	39.00	29.00	29.00	29.00
	灰油		kg	39.82	2.16	2.16	2.16	1.18	1.18	1.18
	生桐油		kg	20.00	2.00	2.00	2.00	1.32	1.32	1.32
	光油		kg	49.56	1.60	1.60	1.60	1.60	1.60	1.60
	白灰		kg	0.30	0.08	0.08	0.08	0.04	0.04	0.04
	砂布		张	0.93	2.00	2.00	2.00	2.00	2.00	2.00
	零星材料费		元		4.36	4.36	4.36	3.10	3.10	3.10

单位：10m²

编号				17-61	17-62
项目				满刮血料腻子、刷调和漆三道	
				单色椽望	红绿椽望
预算基价	总价(元)			**718.74**	**801.43**
	人工费(元)			615.06	694.62
	材料费(元)			103.68	106.81
组成内容		单位	单价	数量	
人工	综合工 一类	工日	153.00	4.02	4.54
材料	血料	kg	5.25	1.4	1.4
	光油	kg	49.56	0.3	0.3
	滑石粉	kg	0.59	1.2	1.2
	土粉子	kg	2.65	1.2	1.2
	石膏粉	kg	0.94	0.16	0.16
	汽油	kg	7.16	0.33	0.33
	调和漆	kg	14.11	5.00	5.22
	砂纸	张	0.87	4.00	4.00
	零星材料费	元		1.03	1.06

四、上 架 木 件

单位：10m²

编号				17-63	17-64	17-65	17-66	17-67	17-68
项目				地仗					
				一麻五灰		一布五灰		一布四灰	
				23～58cm	23cm以下	23～58cm	23cm以下	23～58cm	23cm以下
预算基价	总价(元)			**2835.74**	**3003.21**	**2748.55**	**2838.59**	**2537.45**	**2698.10**
	人工费(元)			1552.95	1777.86	1429.02	1551.42	1337.22	1497.87
	材料费(元)			1282.79	1225.35	1319.53	1287.17	1200.23	1200.23
组成内容		**单位**	**单价**	**数量**					
人工	综合工 一类	工日	153.00	10.15	11.62	9.34	10.14	8.74	9.79
材料	面粉	kg	1.90	2.57	2.43	2.40	2.15	2.06	2.06
	血料	kg	5.25	58.61	57.44	55.87	54.64	49.59	49.59
	砖灰（综合）	kg	1.00	60.59	60.59	58.52	58.52	50.48	50.48
	灰油	kg	39.82	14.45	13.66	13.49	12.86	11.57	11.57
	光油	kg	49.56	3.13	3.13	3.13	3.13	3.13	3.13
	生桐油	kg	20.00	2.50	2.50	2.50	2.50	2.50	2.50
	汽油	kg	7.16	0.10	0.10	0.10	0.10	0.10	0.10
	白灰	kg	0.30	0.48	0.45	0.44	0.34	0.38	0.38
	精梳麻	kg	38.00	3.00	2.50				
	砂布	张	0.93	1.65	1.65	1.65	1.65	1.65	1.65
	玻璃布 0.2	m^2	3.95			52.00	52.00	52.00	52.00
	零星材料费	元		12.70	12.13	13.06	12.74	11.88	11.88

单位：10m²

编号				17-69	17-70	17-71	17-72	17-73
项目				地仗			刮血料腻子刷三道调和漆	罩光油一道
				单皮灰		满刮浆灰		
				木结构	混凝土结构			
预算基价	总价(元)			**1945.40**	**1636.66**	**98.36**	**354.61**	**140.60**
	人工费(元)			1118.43	907.29	82.62	296.82	108.63
	材料费(元)			826.97	729.37	15.74	57.79	31.97
组成内容		**单位**	**单价**	**数量**				
人工	综合工 一类	工日	153.00	7.31	5.93	0.54	1.94	0.71
材料	面粉	kg	1.90	1.51	1.31			
	血料	kg	5.25	41.81	36.74	0.71	0.70	
	砖灰（综合）	kg	1.00	50.48	45.68			
	灰油	kg	39.82	8.50	7.38			
	光油	kg	49.56	3.13	2.77		0.10	0.60
	生桐油	kg	20.00	2.50	1.86			
	白灰	kg	0.30	0.28	0.25			
	汽油	kg	7.16	0.10	0.10		0.25	
	砂布	张	0.93	1.65	1.65			
	乳胶	kg	8.22		1.10			
	水泥	kg	0.39		3.54			
	淋浆灰	kg	8.00			1.10		
	砂纸	张	0.87			2.20	2.20	2.20
	滑石粉	kg	0.59				0.65	
	土粉子	kg	2.65				0.65	
	石膏粉	kg	0.94				0.10	
	调和漆	kg	14.11				2.94	
	稀料	kg	10.88				0.11	
	零星材料费	元		8.19	7.22	1.30	0.57	0.32

单位：10m²

编号				17-74	17-75	17-76	17-77	17-78	17-79
项目				金龙和玺龙凤和玺(一)			金龙和玺龙凤和玺(二)		
				彩画打贴库金	彩画打贴赤金	彩画打贴铜箔描清漆	彩画打贴库金	彩画打贴赤金	彩画打贴铜箔描清漆
				23～58cm					
预算基价	总价(元)			**9337.18**	**8090.92**	**6477.07**	**8355.20**	**7099.29**	**5678.15**
	人工费(元)			4296.24	4377.33	4388.04	3571.02	3644.46	3665.88
	材料费(元)			5040.94	3713.59	2089.03	4784.18	3454.83	2012.27
组成内容		单位	单价	数量					
人工	综合工 一类	工日	153.00	28.08	28.61	28.68	23.34	23.82	23.96
材料	巴黎绿	kg	486.00	1.375	1.375	1.375	1.375	1.375	1.375
	群青	kg	18.50	0.263	0.263	0.263	0.263	0.263	0.263
	白乳胶漆	kg	11.13	1.10	1.10	1.10	1.10	1.10	1.10
	乳胶	kg	8.22	1.10	1.10	1.10	1.10	1.10	1.10
	光油	kg	49.56	0.19	0.19	0.19	0.19	0.19	0.19
	黄调和漆	kg	14.11	0.315	0.315	0.315	0.315	0.315	0.315
	金胶油	kg	63.27	0.66	0.66	0.66	0.66	0.66	0.66
	丙烯酸清漆	kg	27.19			0.66			0.66
	库金箔 98% 93.3×93.3	张	6.69	627			589		
	赤金箔 74% 83.3×83.3	张	3.66		787			717	
	铜箔	张	2.00			627			589
	章丹	kg	30.00	0.525	0.525	0.525	0.525	0.525	0.525

续前

单位：10m²

编号				17-74	17-75	17-76	17-77	17-78	17-79
项目				金龙和玺龙凤和玺(一)			金龙和玺龙凤和玺(二)		
				彩画打贴库金	彩画打贴赤金	彩画打贴铜箔描清漆	彩画打贴库金	彩画打贴赤金	彩画打贴铜箔描清漆
				23～58cm					
组成内容		单位	单价	数量					
材料	银朱	kg	96.46	0.09	0.09	0.09	0.09	0.09	0.09
	石黄	kg	29.20	0.053	0.053	0.053	0.053	0.053	0.053
	松烟	kg	25.00	0.07	0.07	0.07	0.07	0.07	0.07
	滑石粉	kg	0.59	1.58	1.58	1.58	1.58	1.58	1.58
	大白粉	kg	0.91	2.10	2.10	2.10	2.10	2.10	2.10
	汽油	kg	7.16	0.11	0.11	0.11	0.11	0.11	0.11
	棉花	kg	28.34	0.03	0.03	0.03	0.03	0.03	0.03
	牛皮纸	张	1.12	4.50	4.50	4.50	4.50	4.50	4.50
	粉笔	盒	4.50	0.20	0.20	0.20	0.20	0.20	0.20
	铅笔	支	1.00	2.00	2.00	2.00	2.00	2.00	2.00
	橡皮	块	1.00	0.50	0.50	0.50	0.50	0.50	0.50
	香糊 400g	瓶	3.88	0.50	0.50	0.50	0.50	0.50	0.50
	高丽纸	张	1.46	2.00	2.00	2.00	2.00	2.00	2.00
	砂纸	张	0.87	1.00	1.00	1.00	1.00	1.00	1.00
	零星材料费	元		49.91	36.77	20.68	47.37	34.21	19.92

单位：10m²

编号				17-80	17-81	17-82	17-83	17-84	17-85
项目				金龙和玺龙凤和玺(三)			龙草和玺(一)		
				彩画打贴库金	彩画打贴赤金	彩画打贴铜箔描清漆	彩画打贴库金	彩画打贴赤金	彩画打贴铜箔描清漆
				23～58cm					
预算基价	总价(元)			**7525.32**	**6408.64**	**5016.21**	**7765.93**	**6832.59**	**5460.93**
	人工费(元)			2991.15	3046.23	3078.36	3549.60	3595.50	3626.10
	材料费(元)			4534.17	3362.41	1937.85	4216.33	3237.09	1834.83
组成内容		**单位**	**单价**	**数量**					
人工	综合工 一类	工日	153.00	19.55	19.91	20.12	23.20	23.50	23.70
材料	巴黎绿	kg	486.00	1.375	1.375	1.375	1.375	1.375	1.375
	群青	kg	18.50	0.263	0.263	0.263	0.263	0.263	0.263
	白乳胶漆	kg	11.13	1.10	1.10	1.10	1.10	1.10	1.10
	乳胶	kg	8.22	1.10	1.10	1.10	1.10	1.10	1.10
	光油	kg	49.56	0.19	0.19	0.19	0.19	0.19	0.19
	黄调和漆	kg	14.11	0.315	0.315	0.315	0.315	0.315	0.315
	金胶油	kg	63.27	0.66	0.66	0.66	0.55	0.55	0.55
	丙烯酸清漆	kg	27.19			0.66			0.55
	二甲苯	kg	5.21			0.06			0.05
	库金箔 98% 93.3×93.3	张	6.69	552			506		
	赤金箔 74% 83.3×83.3	张	3.66		692			660	
	铜箔	张	2.00			552			506

续前

单位：10m²

编号			17-80	17-81	17-82	17-83	17-84	17-85
项目			金龙和玺龙凤和玺(三)			龙草和玺(一)		
			彩画打贴库金	彩画打贴赤金	彩画打贴铜箔描清漆	彩画打贴库金	彩画打贴赤金	彩画打贴铜箔描清漆
			23～58cm					
组成内容	单位	单价	数量					
材料 章丹	kg	30.00	0.525	0.525	0.525	0.525	0.525	0.525
银朱	kg	96.46	0.09	0.09	0.09	0.09	0.09	0.09
石黄	kg	29.20	0.053	0.053	0.053	0.053	0.053	0.053
松烟	kg	25.00	0.07	0.07	0.07	0.07	0.07	0.07
滑石粉	kg	0.59	1.58	1.58	1.58	1.58	1.58	1.58
大白粉	kg	0.91	2.10	2.10	2.10	2.10	2.10	2.10
汽油	kg	7.16	0.11	0.11	0.11	0.11	0.11	0.11
棉花	kg	28.34	0.03	0.03	0.03	0.03	0.03	0.03
牛皮纸	张	1.12	4.50	4.50	4.50	4.50	4.50	4.50
粉笔	盒	4.50	0.20	0.20	0.20	0.20	0.20	0.20
铅笔	支	1.00	2.00	2.00	2.00	2.00	2.00	2.00
橡皮	块	1.00	0.50	0.50	0.50	0.50	0.50	0.50
香糊 400g	瓶	3.88	0.50	0.50	0.50	0.50	0.50	0.50
高丽纸	张	1.46	2.00	2.00	2.00	2.00	2.00	2.00
砂纸	张	0.87	1.00	1.00	1.00	1.00	1.00	1.00
零星材料费	元		44.89	33.29	19.19	41.75	32.05	18.17

单位：10m²

编号				17-86	17-87	17-88	17-89	17-90	17-91
项目				龙草和玺(二)			和玺加苏画(规矩活)		
				彩画打贴库金	彩画打贴赤金	彩画打贴铜箔描清漆	彩画打贴库金	彩画打贴赤金	彩画打贴铜箔描清漆
				23～58cm					
预算基价	总价(元)			**7217.80**	**6171.26**	**4854.87**	**6019.11**	**5267.04**	**4340.60**
	人工费(元)			2940.66	2989.62	3001.86	2688.21	2735.64	2778.48
	材料费(元)			4277.14	3181.64	1853.01	3330.90	2531.40	1562.12
组成内容		**单位**	**单价**	**数量**					
人工	综合工 一类	工日	153.00	19.22	19.54	19.62	17.57	17.88	18.16
材料	巴黎绿	kg	486.00	1.375	1.375	1.375	1.375	1.375	1.375
	群青	kg	18.50	0.263	0.263	0.263	0.263	0.263	0.263
	白乳胶漆	kg	11.13	1.10	1.10	1.10	1.10	1.10	1.10
	乳胶	kg	8.22	1.10	1.10	1.10	1.10	1.10	1.10
	光油	kg	49.56	0.19	0.19	0.19	0.19	0.19	0.19
	黄调和漆	kg	14.11	0.315	0.315	0.315	0.315	0.315	0.315
	金胶油	kg	63.27	0.55	0.55	0.55	0.44	0.44	0.44
	丙烯酸清漆	kg	27.19			0.55			0.44
	二甲苯	kg	5.21			0.05			0.04
	库金箔 98% 93.3×93.3	张	6.69	515			376		
	赤金箔 74% 83.3×83.3	张	3.66		645			471	
	铜箔	张	2.00			515			376

续前

单位：10m²

编号				17-86	17-87	17-88	17-89	17-90	17-91
项目				龙草和玺(二)			和玺加苏画(规矩活)		
				彩画打贴库金	彩画打贴赤金	彩画打贴铜箔描清漆	彩画打贴库金	彩画打贴赤金	彩画打贴铜箔描清漆
				23～58cm					
组成内容		单位	单价	数量					
材料	章丹	kg	30.00	0.525	0.525	0.525	0.525	0.525	0.525
	银朱	kg	96.46	0.09	0.09	0.09	0.09	0.09	0.09
	石黄	kg	29.20	0.053	0.053	0.053	0.053	0.053	0.053
	松烟	kg	25.00	0.07	0.07	0.07	0.07	0.07	0.07
	滑石粉	kg	0.59	1.58	1.58	1.58	1.58	1.58	1.58
	大白粉	kg	0.91	2.10	2.10	2.10	2.10	2.10	2.10
	汽油	kg	7.16	0.11	0.11	0.11	0.11	0.11	0.11
	棉花	kg	28.34	0.03	0.03	0.03	0.03	0.03	0.03
	牛皮纸	张	1.12	4.50	4.50	4.50	4.50	4.50	4.50
	粉笔	盒	4.50	0.20	0.20	0.20	0.20	0.20	0.20
	铅笔	支	1.00	2.00	2.00	2.00	2.00	2.00	2.00
	橡皮	块	1.00	0.50	0.50	0.50	0.50	0.50	0.50
	香糊 400g	瓶	3.88	0.50	0.50	0.50	0.50	0.50	0.50
	高丽纸	张	1.46	2.00	2.00	2.00	2.00	2.00	2.00
	砂纸	张	0.87	1.00	1.00	1.00	1.00	1.00	1.00
	零星材料费	元		42.35	31.50	18.35	32.98	25.06	15.47

单位：10m²

编号				17-92	17-93	17-94	17-95	17-96	17-97
项目				金琢墨石碾玉彩画			金线烟琢墨石碾玉彩画		
				打贴库金	打贴赤金	打贴铜箔描清漆	打贴库金	打贴赤金	打贴铜箔描清漆
				23～58cm					
预算基价	总价(元)			**9468.60**	**8251.41**	**6643.99**	**6199.35**	**5512.96**	**4620.89**
	人工费(元)			4489.02	4599.18	4616.01	3131.91	3186.99	3206.88
	材料费(元)			4979.58	3652.23	2027.98	3067.44	2325.97	1414.01
组成内容		**单位**	**单价**	**数量**					
人工	综合工 一类	工日	153.00	29.34	30.06	30.17	20.47	20.83	20.96
材料	巴黎绿	kg	486.00	1.265	1.265	1.265	1.210	1.210	1.210
	群青	kg	18.50	0.368	0.368	0.368	0.368	0.368	0.368
	白乳胶漆	kg	11.13	1.265	1.265	1.265	1.265	1.265	1.265
	乳胶	kg	8.22	1.10	1.10	1.10	1.10	1.10	1.10
	光油	kg	49.56	0.147	0.147	0.147	0.147	0.147	0.147
	黄调和漆	kg	14.11	0.315	0.315	0.315	0.263	0.263	0.263
	金胶油	kg	63.27	0.66	0.66	0.66	0.33	0.33	0.33
	丙烯酸清漆	kg	27.19			0.66			0.33
	二甲苯	kg	5.21			0.06			0.03
	库金箔 98% 93.3×93.3	张	6.69	627			351		
	赤金箔 74% 83.3×83.3	张	3.66		787			441	
	铜箔	张	2.00			627			351

续前

单位：$10m^2$

编号				17-92	17-93	17-94	17-95	17-96	17-97
项目				金琢墨石碾玉彩画			金线烟琢墨石碾玉彩画		
				打贴库金	打贴赤金	打贴铜箔描清漆	打贴库金	打贴赤金	打贴铜箔描清漆
				23～58cm					
组成内容		单位	单价	数量					
材料	章丹	kg	30.00	0.315	0.315	0.315	0.315	0.315	0.315
	银朱	kg	96.46	0.07	0.07	0.07	0.05	0.05	0.05
	石黄	kg	29.20	0.053	0.053	0.053	0.053	0.053	0.053
	松烟	kg	25.00	0.05	0.05	0.05	0.25	0.25	0.25
	滑石粉	kg	0.59	1.05	1.05	1.05	1.05	1.05	1.05
	大白粉	kg	0.91	2.210	2.210	2.210	1.575	1.575	1.575
	汽油	kg	7.16	0.11	0.11	0.11	0.11	0.11	0.11
	棉花	kg	28.34	0.03	0.03	0.03	0.03	0.03	0.03
	牛皮纸	张	1.12	4.50	4.50	4.50	4.50	4.50	4.50
	粉笔	盒	4.50	0.20	0.20	0.20	0.20	0.20	0.20
	铅笔	支	1.00	2.00	2.00	2.00	1.00	1.00	1.00
	橡皮	块	1.00	0.50	0.50	0.50	0.50	0.50	0.50
	香糊 400g	瓶	3.88	0.50	0.50	0.50	0.50	0.50	0.50
	高丽纸	张	1.46	2.00	2.00	2.00	2.00	2.00	2.00
	砂纸	张	0.87	1.00	1.00	1.00	1.10	1.10	1.10
	零星材料费	元		49.30	36.16	20.08	30.37	23.03	14.00

单位： $10m^2$

编号				17-98	17-99	17-100	17-101	17-102	17-103
项目				金线大点金彩画					
				打贴库金		打贴赤金		打贴铜箔描清漆	
				23～58cm	23cm以下	23～58cm	23cm以下	23～58cm	23cm以下
预算基价	总价(元)			**5971.39**	**6344.31**	**5281.93**	**5613.67**	**4383.75**	**4664.85**
	人工费(元)			2955.96	3186.99	3007.98	3243.60	3021.75	3260.43
	材料费(元)			3015.43	3157.32	2273.95	2370.07	1362.00	1404.42
组成内容		**单位**	**单价**	**数量**					
人工	综合工 一类	工日	153.00	19.32	20.83	19.66	21.20	19.75	21.31
材料	巴黎绿	kg	486.00	1.10	1.10	1.10	1.10	1.10	1.10
	群青	kg	18.50	0.368	0.368	0.368	0.368	0.368	0.368
	白乳胶漆	kg	11.13	1.10	1.10	1.10	1.10	1.10	1.10
	乳胶	kg	8.22	1.10	1.10	1.10	1.10	1.10	1.10
	光油	kg	49.56	0.147	0.147	0.147	0.147	0.147	0.147
	黄调和漆	kg	14.11	0.263	0.263	0.263	0.263	0.263	0.263
	金胶油	kg	63.27	0.33	0.33	0.33	0.33	0.33	0.33
	丙烯酸清漆	kg	27.19					0.33	0.33
	二甲苯	kg	5.21					0.03	0.03
	库金箔 98% 93.3×93.3	张	6.69	351	372				
	赤金箔 74% 83.3×83.3	张	3.66			441	467		
	铜箔	张	2.00					351	372

续前

单位：$10m^2$

编号				17-98	17-99	17-100	17-101	17-102	17-103
项目				金线大点金彩画					
				打贴库金		打贴赤金		打贴铜箔描清漆	
				23～58cm	23cm以下	23～58cm	23cm以下	23～58cm	23cm以下
组成内容		单位	单价	数量					
材料	章丹	kg	30.00	0.315	0.315	0.315	0.315	0.315	0.315
	银朱	kg	96.46	0.09	0.09	0.09	0.09	0.09	0.09
	石黄	kg	29.20	0.053	0.053	0.053	0.053	0.053	0.053
	松烟	kg	25.00	0.25	0.25	0.25	0.25	0.25	0.25
	滑石粉	kg	0.59	1.26	1.26	1.26	1.26	1.26	1.26
	大白粉	kg	0.91	1.365	1.365	1.365	1.365	1.365	1.365
	汽油	kg	7.16	0.11	0.11	0.11	0.11	0.11	0.11
	棉花	kg	28.34	0.03	0.03	0.03	0.03	0.03	0.03
	牛皮纸	张	1.12	4.50	4.50	4.50	4.50	4.50	4.50
	粉笔	盒	4.50	0.20	0.20	0.20	0.20	0.20	0.20
	铅笔	支	1.00	1.00	1.00	1.00	1.00	1.00	1.00
	橡皮	块	1.00	0.50	0.50	0.50	0.50	0.50	0.50
	香糊 400g	瓶	3.88	0.50	0.50	0.50	0.50	0.50	0.50
	高丽纸	张	1.46	2.00	2.00	2.00	2.00	2.00	2.00
	砂纸	张	0.87	1.10	1.10	1.10	1.10	1.10	1.10
	零星材料费	元		29.86	31.26	22.51	23.47	13.49	13.91

单位：10m²

编号				17-104	17-105	17-106	17-107	17-108	17-109
项目				金线大点金加苏彩画（规矩活部分）					
				打贴库金		打贴赤金		打贴铜箔描清漆	
				23～58cm	23cm以下	23～58cm	23cm以下	23～58cm	23cm以下
预算基价	总价（元）			**4694.34**	**4939.51**	**4209.58**	**4405.62**	**3566.29**	**3769.48**
	人工费（元）			2359.26	2503.08	2409.75	2539.80	2412.81	2585.70
	材料费（元）			2335.08	2436.43	1799.83	1865.82	1153.48	1183.78
组成内容		单位	单价	数量					
人工	综合工 一类	工日	153.00	15.42	16.36	15.75	16.60	15.77	16.90
材料	巴黎绿	kg	486.00	1.10	1.10	1.10	1.10	1.10	1.10
	群青	kg	18.50	0.368	0.368	0.368	0.368	0.368	0.368
	白乳胶漆	kg	11.13	0.55	0.55	0.55	0.55	0.55	0.55
	银朱	kg	96.46	0.05	0.05	0.05	0.05	0.05	0.05
	石黄	kg	29.20	0.053	0.053	0.053	0.053	0.053	0.053
	章丹	kg	30.00	0.525	0.525	0.525	0.263	0.525	0.525
	松烟	kg	25.00	0.20	0.20	0.20	0.20	0.20	0.20
	滑石粉	kg	0.59	1.05	1.05	1.05	1.05	1.05	1.05
	大白粉	kg	0.91	1.575	1.575	1.575	1.575	1.575	1.575
	乳胶	kg	8.22	1.10	1.10	1.10	1.10	1.10	1.10
	光油	kg	49.56	0.147	0.147	0.147	0.147	0.147	0.147
	黄调和漆	kg	14.11	0.21	0.21	0.21	0.21	0.21	0.21

续前

单位：10m²

编号				17-104	17-105	17-106	17-107	17-108	17-109
项目				金线大点金加苏彩画(规矩活部分)					
				打贴库金		打贴赤金		打贴铜箔描清漆	
				23～58cm	23cm以下	23～58cm	23cm以下	23～58cm	23cm以下
组成内容		单位	单价	数量					
材料	汽油	kg	7.16	0.11	0.11	0.11	0.11	0.11	0.11
	棉花	kg	28.34	0.03	0.03	0.03	0.03	0.03	0.03
	金胶油	kg	63.27	0.33	0.33	0.33	0.33	0.33	0.33
	丙烯酸清漆	kg	27.19					0.263	0.263
	二甲苯	kg	5.21					0.0263	0.0263
	库金箔 98% 93.3×93.3	张	6.69	251	266				
	赤金箔 74% 83.3×83.3	张	3.66			314	334		
	铜箔	张	2.00					251	266
	砂纸	张	0.87	1.10	1.10	1.10	1.10	1.10	1.10
	牛皮纸	张	1.12	4.50	4.50	4.50	4.50	4.50	4.50
	高丽纸	张	1.46	2.00	2.00	2.00	2.00	2.00	2.00
	粉笔	盒	4.50	0.20	0.20	0.20	0.20	0.20	0.20
	铅笔	支	1.00	2.00	2.00	2.00	2.00	2.00	2.00
	橡皮	块	1.00	0.50	0.50	0.50	0.50	0.50	0.50
	香糊 400g	瓶	3.88	0.50	0.50	0.50	0.50	0.50	0.50
	零星材料费	元		23.12	24.12	17.82	18.47	11.42	11.72

单位：10m²

编号				17-110	17-111	17-112	17-113	17-114	17-115
项目				墨线大点金龙锦枋心彩画					
				打贴库金		打贴赤金		打贴铜箔描清漆	
				23～58cm	23cm以下	23～58cm	23cm以下	23～58cm	23cm以下
预算基价	总价(元)			**4831.67**	**5107.45**	**4253.85**	**4508.96**	**3679.70**	**3901.25**
	人工费(元)			2432.70	2607.12	2469.42	2646.90	2503.08	2694.33
	材料费(元)			2398.97	2500.33	1784.43	1862.06	1176.62	1206.92
组成内容		**单位**	**单价**	**数量**					
人工	综合工 一类	工日	153.00	15.90	17.04	16.14	17.30	16.36	17.61
材料	巴黎绿	kg	486.00	1.10	1.10	1.10	1.10	1.10	1.10
	群青	kg	18.50	0.368	0.368	0.368	0.368	0.368	0.368
	白乳胶漆	kg	11.13	1.265	1.265	1.265	1.265	1.265	1.265
	银朱	kg	96.46	0.05	0.05	0.05	0.05	0.05	0.05
	石黄	kg	29.20	0.053	0.053	0.053	0.053	0.053	0.053
	章丹	kg	30.00	0.315	0.315	0.315	0.315	0.315	0.315
	松烟	kg	25.00	0.25	0.25	0.25	0.25	0.25	0.25
	滑石粉	kg	0.59	1.05	1.05	1.05	1.05	1.05	1.05
	大白粉	kg	0.91	1.365	1.365	1.365	1.365	1.365	1.365
	乳胶	kg	8.22	1.05	1.05	1.05	1.05	1.05	1.05
	光油	kg	49.56	0.147	0.147	0.147	0.147	0.147	0.147
	黄调和漆	kg	14.11	0.263	0.263	0.263	0.263	0.263	0.263

续前

单位：10m²

编号				17-110	17-111	17-112	17-113	17-114	17-115
项目				墨线大点金龙锦枋心彩画					
				打贴库金		打贴赤金		打贴铜箔描清漆	
				23～58cm	23cm以下	23～58cm	23cm以下	23～58cm	23cm以下
组成内容		单位	单价	数量					
材料	汽油	kg	7.16	0.11	0.11	0.11	0.11	0.11	0.11
	棉花	kg	28.34	0.03	0.03	0.03	0.03	0.03	0.03
	金胶油	kg	63.27	0.33	0.33	0.33	0.33	0.33	0.33
	丙烯酸清漆	kg	27.19					0.33	0.33
	二甲苯	kg	5.21					0.033	0.033
	库金箔 98% 93.3×93.3	张	6.69	260	275				
	赤金箔 74% 83.3×83.3	张	3.66			309	330		
	铜箔	张	2.00					260	275
	砂纸	张	0.87	1.10	1.10	1.10	1.10	1.10	1.10
	牛皮纸	张	1.12	4.50	4.50	4.50	4.50	4.50	4.50
	高丽纸	张	1.46	2.00	2.00	2.00	2.00	2.00	2.00
	粉笔	盒	4.50	0.20	0.20	0.20	0.20	0.20	0.20
	铅笔	支	1.00	2.00	2.00	2.00	2.00	2.00	2.00
	橡皮	块	1.00	0.50	0.50	0.50	0.50	0.50	0.50
	香糊 400g	瓶	3.88	0.50	0.50	0.50	0.50	0.50	0.50
	零星材料费	元		23.75	24.76	17.67	18.44	11.65	11.95

单位：10m²

编号				17-116	17-117	17-118	17-119	17-120	17-121
项目				墨线大点金彩画(一字枋心)					
				打贴库金		打贴赤金		打贴铜箔描清漆	
				23～58cm	23cm以下	23～58cm	23cm以下	23～58cm	23cm以下
预算基价	总价(元)			**4091.46**	**4317.89**	**3690.87**	**3889.51**	**3188.34**	**3362.52**
	人工费(元)			2083.86	2229.21	2109.87	2256.75	2126.70	2276.64
	材料费(元)			2007.60	2088.68	1581.00	1632.76	1061.64	1085.88
组成内容		单位	单价	数量					
人工	综合工 一类	工日	153.00	13.62	14.57	13.79	14.75	13.90	14.88
材料	巴黎绿	kg	486.00	1.10	1.10	1.10	1.10	1.10	1.10
	群青	kg	18.50	0.368	0.368	0.368	0.368	0.368	0.368
	白乳胶漆	kg	11.13	1.265	1.265	1.265	1.265	1.265	1.265
	银朱	kg	96.46	0.05	0.05	0.05	0.05	0.05	0.05
	石黄	kg	29.20	0.053	0.053	0.053	0.053	0.053	0.053
	章丹	kg	30.00	0.315	0.315	0.315	0.315	0.315	0.315
	松烟	kg	25.00	0.25	0.25	0.25	0.25	0.25	0.25
	滑石粉	kg	0.59	1.05	1.05	1.05	1.05	1.05	1.05
	大白粉	kg	0.91	1.26	1.26	1.26	1.26	1.26	1.26
	乳胶	kg	8.22	2.82	2.82	2.82	2.82	2.82	2.82
	光油	kg	49.56	0.147	0.147	0.147	0.147	0.147	0.147
	黄调和漆	kg	14.11	0.263	0.263	0.263	0.263	0.263	0.263

续前

单位： $10m^2$

编号				17-116	17-117	17-118	17-119	17-120	17-121
项目				墨线大点金彩画(一字枋心)					
				打贴库金		打贴赤金		打贴铜箔描清漆	
				23～58cm	23cm以下	23～58cm	23cm以下	23～58cm	23cm以下
组成内容		**单位**	**单价**	**数量**					
材料	汽油	kg	7.16	0.11	0.11	0.11	0.11	0.11	0.11
	棉花	kg	28.34	0.02	0.02	0.02	0.02	0.02	0.02
	金胶油	kg	63.27	0.22	0.22	0.22	0.22	0.22	0.22
	丙烯酸清漆	kg	27.19					0.22	0.22
	二甲苯	kg	5.21					0.022	0.022
	库金箔 98% 93.3×93.3	张	6.69	201	213				
	赤金箔 74% 83.3×83.3	张	3.66			252	266		
	铜箔	张	2.00					201	213
	砂纸	张	0.87	1.10	1.10	1.10	1.10	1.10	1.10
	牛皮纸	张	1.12	4.50	4.50	4.50	4.50	4.50	4.50
	高丽纸	张	1.46	2.00	2.00	2.00	2.00	2.00	2.00
	粉笔	盒	4.50	0.20	0.20	0.20	0.20	0.20	0.20
	铅笔	支	1.00	2.00	2.00	2.00	2.00	2.00	2.00
	橡皮	块	1.00	0.50	0.50	0.50	0.50	0.50	0.50
	香糊 400g	瓶	3.88	0.50	0.50	0.50	0.50	0.50	0.50
	零星材料费	元		19.88	20.68	15.65	16.17	10.51	10.75

单位：10m²

编号				17-122	17-123	17-124	17-125	17-126	17-127
项目				墨线小点金彩画(一字枋心)					
				打贴库金		打贴赤金		打贴铜箔描清漆	
				23～58cm	23cm以下	23～58cm	23cm以下	23～58cm	23cm以下
预算基价	总价(元)			**3089.33**	**3223.21**	**2895.35**	**3008.70**	**2643.19**	**2751.70**
	人工费(元)			1787.04	1880.37	1799.28	1894.14	1811.52	1907.91
	材料费(元)			1302.29	1342.84	1096.07	1114.56	831.67	843.79
组成内容		**单位**	**单价**	**数量**					
人工	综合工 一类	工日	153.00	11.68	12.29	11.76	12.38	11.84	12.47
材料	巴黎绿	kg	486.00	1.10	1.10	1.10	1.10	1.10	1.10
	群青	kg	18.50	0.368	0.368	0.368	0.368	0.368	0.368
	白乳胶漆	kg	11.13	1.265	1.265	1.265	1.265	1.265	1.265
	银朱	kg	96.46	0.05	0.05	0.05	0.05	0.05	0.05
	石黄	kg	29.20	0.053	0.053	0.053	0.053	0.053	0.053
	章丹	kg	30.00	0.315	0.315	0.315	0.315	0.315	0.315
	松烟	kg	25.00	0.25	0.25	0.25	0.25	0.25	0.25
	滑石粉	kg	0.59	1.05	1.05	1.05	1.05	1.05	1.05
	大白粉	kg	0.91	1.155	1.155	1.155	1.155	1.155	1.155
	乳胶	kg	8.22	1.05	1.05	1.05	1.05	1.05	1.05
	光油	kg	49.56	0.147	0.147	0.147	0.147	0.147	0.147
	黄调和漆	kg	14.11	0.21	0.21	0.21	0.21	0.21	0.21

续前

单位：$10m^2$

编号			17-122	17-123	17-124	17-125	17-126	17-127
项目			墨线小点金彩画（一字枋心）					
			打贴库金		打贴赤金		打贴铜箔描清漆	
			23～58cm	23cm以下	23～58cm	23cm以下	23～58cm	23cm以下
组成内容	单位	单价	数量					
材料 汽油	kg	7.16	0.11	0.11	0.11	0.11	0.11	0.11
棉花	kg	28.34	0.01	0.01	0.01	0.01	0.01	0.01
金胶油	kg	63.27	0.11	0.11	0.11	0.11	0.11	0.11
丙烯酸清漆	kg	27.19					0.11	0.11
二甲苯	kg	5.21					0.011	0.011
库金箔 98% 93.3×93.3	张	6.69	100	106				
赤金箔 74% 83.3×83.3	张	3.66			127	132		
铜箔	张	2.00					100	106
砂纸	张	0.87	1.10	1.10	1.10	1.10	1.10	1.10
牛皮纸	张	1.12	4.50	4.50	4.50	4.50	4.50	4.50
高丽纸	张	1.46	2.00	2.00	2.00	2.00	2.00	2.00
粉笔	盒	4.50	0.20	0.20	0.20	0.20	0.20	0.20
铅笔	支	1.00	2.00	2.00	2.00	2.00	2.00	2.00
橡皮	块	1.00	0.50	0.50	0.50	0.50	0.50	0.50
香糊 400g	瓶	3.88	0.50	0.50	0.50	0.50	0.50	0.50
零星材料费	元		12.89	13.30	10.85	11.04	8.23	8.35

单位：10m²

编号				17-128	17-129	17-130	17-131	17-132	17-133
项目				墨线小点金夔龙黑叶子花彩画					
				打贴库金		打贴赤金		打贴铜箔描清漆	
				23～58cm	23cm以下	23～58cm	23cm以下	23～58cm	23cm以下
预算基价	总价(元)			**3193.37**	**3360.91**	**2999.39**	**3146.40**	**2747.23**	**2887.87**
	人工费(元)			1891.08	2018.07	1903.32	2031.84	1915.56	2044.08
	材料费(元)			1302.29	1342.84	1096.07	1114.56	831.67	843.79
组成内容		**单位**	**单价**	**数量**					
人工	综合工 一类	工日	153.00	12.36	13.19	12.44	13.28	12.52	13.36
材料	巴黎绿	kg	486.00	1.10	1.10	1.10	1.10	1.10	1.10
	群青	kg	18.50	0.368	0.368	0.368	0.368	0.368	0.368
	白乳胶漆	kg	11.13	1.265	1.265	1.265	1.265	1.265	1.265
	银朱	kg	96.46	0.05	0.05	0.05	0.05	0.05	0.05
	石黄	kg	29.20	0.053	0.053	0.053	0.053	0.053	0.053
	章丹	kg	30.00	0.315	0.315	0.315	0.315	0.315	0.315
	松烟	kg	25.00	0.25	0.25	0.25	0.25	0.25	0.25
	滑石粉	kg	0.59	1.05	1.05	1.05	1.05	1.05	1.05
	大白粉	kg	0.91	1.155	1.155	1.155	1.155	1.155	1.155
	乳胶	kg	8.22	1.05	1.05	1.05	1.05	1.05	1.05
	光油	kg	49.56	0.147	0.147	0.147	0.147	0.147	0.147
	黄调和漆	kg	14.11	0.21	0.21	0.21	0.21	0.21	0.21

续前

单位：$10m^2$

编号			17-128	17-129	17-130	17-131	17-132	17-133
项目			墨线小点金夔龙黑叶子花彩画					
			打贴库金		打贴赤金		打贴铜箔描清漆	
			23～58cm	23cm以下	23～58cm	23cm以下	23～58cm	23cm以下
组成内容	单位	单价	数量					
材料 汽油	kg	7.16	0.11	0.11	0.11	0.11	0.11	0.11
棉花	kg	28.34	0.01	0.01	0.01	0.01	0.01	0.01
金胶油	kg	63.27	0.11	0.11	0.11	0.11	0.11	0.11
丙烯酸清漆	kg	27.19					0.11	0.11
二甲苯	kg	5.21					0.011	0.011
库金箔 98% 93.3×93.3	张	6.69	100	106				
赤金箔 74% 83.3×83.3	张	3.66			127	132		
铜箔	张	2.00					100	106
砂纸	张	0.87	1.10	1.10	1.10	1.10	1.10	1.10
牛皮纸	张	1.12	4.50	4.50	4.50	4.50	4.50	4.50
高丽纸	张	1.46	2.00	2.00	2.00	2.00	2.00	2.00
粉笔	盒	4.50	0.20	0.20	0.20	0.20	0.20	0.20
铅笔	支	1.00	2.00	2.00	2.00	2.00	2.00	2.00
橡皮	块	1.00	0.50	0.50	0.50	0.50	0.50	0.50
香糊 400g	瓶	3.88	0.50	0.50	0.50	0.50	0.50	0.50
零星材料费	元		12.89	13.30	10.85	11.04	8.23	8.35

单位：10m²

编号				17-134	17-135	17-136	17-137
项目				雅伍墨彩画			
				一字枋心		夔龙黑叶子花枋心	
				23～58cm	23cm以下	23～58cm	23cm以下
预算基价	总价(元)			**2127.88**	**2170.72**	**2207.44**	**2308.42**
	人工费(元)			1517.76	1560.60	1597.32	1698.30
	材料费(元)			610.12	610.12	610.12	610.12
组成内容		单位	单价	数量			
人工	综合工 一类	工日	153.00	9.92	10.20	10.44	11.10
材料	巴黎绿	kg	486.00	1.10	1.10	1.10	1.10
	群青	kg	18.50	0.368	0.368	0.368	0.368
	白乳胶漆	kg	11.13	1.265	1.265	1.265	1.265
	银朱	kg	96.46	0.05	0.05	0.05	0.05
	石黄	kg	29.20	0.24	0.24	0.24	0.24
	章丹	kg	30.00	0.315	0.315	0.315	0.315
	松烟	kg	25.00	0.25	0.25	0.25	0.25
	大白粉	kg	0.91	0.525	0.525	0.525	0.525
	乳胶	kg	8.22	0.77	0.77	0.77	0.77
	砂纸	张	0.87	1.10	1.10	1.10	1.10
	牛皮纸	张	1.12	4.5	4.5	4.5	4.5
	高丽纸	张	1.46	2.00	2.00	2.00	2.00
	粉笔	盒	4.50	0.20	0.20	0.20	0.20
	铅笔	支	1.00	2.00	2.00	2.00	2.00
	橡皮	块	1.00	0.50	0.50	0.50	0.50
	香糊 400g	瓶	3.88	0.50	0.50	0.50	0.50
	零星材料费	元		6.04	6.04	6.04	6.04

单位：$10m^2$

编号				17-138	17-139	17-140	17-141
项目				雄黄玉彩画			
				素枋心		夔龙枋心	
				23～58cm	23cm以下	23～58cm	23cm以下
预算基价	总价(元)			**1871.65**	**1926.73**	**1963.45**	**2064.43**
	人工费(元)			1560.60	1615.68	1652.40	1753.38
	材料费(元)			311.05	311.05	311.05	311.05
组成内容		单位	单价	数量			
人工	综合工 一类	工日	153.00	10.20	10.56	10.80	11.46
材料	巴黎绿	kg	486.00	0.44	0.44	0.44	0.44
	群青	kg	18.50	0.263	0.263	0.263	0.263
	白乳胶漆	kg	11.13	0.84	0.84	0.84	0.84
	石黄	kg	29.20	0.315	0.315	0.315	0.315
	章丹	kg	30.00	1.575	1.575	1.575	1.575
	松烟	kg	25.00	0.06	0.06	0.06	0.06
	大白粉	kg	0.91	0.525	0.525	0.525	0.525
	乳胶	kg	8.22	0.88	0.88	0.88	0.88
	砂纸	张	0.87	1.10	1.10	1.10	1.10
	牛皮纸	张	1.12	4.5	4.5	4.5	4.5
	高丽纸	张	1.46	2.00	2.00	2.00	2.00
	粉笔	盒	4.50	0.20	0.20	0.20	0.20
	铅笔	支	1.00	2.00	2.00	2.00	2.00
	橡皮	块	1.00	0.50	0.50	0.50	0.50
	香糊 400g	瓶	3.88	0.50	0.50	0.50	0.50
	零星材料费	元		3.08	3.08	3.08	3.08

单位： $10m^2$

编号				17-142	17-143	17-144	17-145	17-146	17-147
项目				金琢墨苏式彩画（规矩活部分）					
				打贴库金		打贴赤金		打贴铜箔描清漆	
				23～58cm	23cm以下	23～58cm	23cm以下	23～58cm	23cm以下
预算基价	总价(元)			**7962.51**	**8794.18**	**7191.56**	**7995.55**	**6177.79**	**6912.75**
	人工费(元)			4730.76	5407.02	4790.43	5483.52	4782.78	5471.28
	材料费(元)			3231.75	3387.16	2401.13	2512.03	1395.01	1441.47
组成内容		**单位**	**单价**	**数量**					
人工	综合工 一类	工日	153.00	30.92	35.34	31.31	35.84	31.26	35.76
材料	巴黎绿	kg	486.00	0.935	0.935	0.935	0.935	0.935	0.935
	群青	kg	18.50	0.42	0.42	0.42	0.42	0.42	0.42
	白乳胶漆	kg	11.13	0.55	0.55	0.55	0.55	0.55	0.55
	银朱	kg	96.46	0.12	0.12	0.12	0.12	0.12	0.12
	石黄	kg	29.20	0.525	0.525	0.525	0.525	0.525	0.525
	章丹	kg	30.00	0.525	0.525	0.525	0.525	0.525	0.525
	氧化铁红	kg	9.03	0.21	0.21	0.21	0.21	0.21	0.21
	松烟	kg	25.00	0.09	0.09	0.09	0.09	0.09	0.09
	滑石粉	kg	0.59	1.05	1.05	1.05	1.05	1.05	1.05
	大白粉	kg	0.91	1.65	1.65	1.65	1.65	1.65	1.65
	乳胶	kg	8.22	1.10	1.10	1.10	1.10	1.10	1.10
	光油	kg	49.56	0.063	0.063	0.063	0.063	0.063	0.063

续前

单位：10m²

编号				17-142	17-143	17-144	17-145	17-146	17-147
项目				金琢墨苏式彩画(规矩活部分)					
				打贴库金		打贴赤金		打贴铜箔描清漆	
				23～58cm	23cm以下	23～58cm	23cm以下	23～58cm	23cm以下
组成内容		单位	单价	数量					
材料	黄调和漆	kg	14.11	0.315	0.315	0.315	0.315	0.315	0.315
	汽油	kg	7.16	0.11	0.11	0.11	0.11	0.11	0.11
	棉花	kg	28.34	0.01	0.01	0.01	0.01	0.01	0.01
	金胶油	kg	63.27	0.55	0.55	0.55	0.55	0.55	0.55
	丙烯酸清漆	kg	27.19					0.55	0.55
	二甲苯	kg	5.21					0.055	0.055
	库金箔 98% 93.3×93.3	张	6.69	391	414				
	赤金箔 74% 83.3×83.3	张	3.66			490.0	520.0		
	铜箔	张	2.00					391	414
	砂纸	张	0.87	1.10	1.10	1.10	1.10	1.10	1.10
	牛皮纸	张	1.12	4.50	4.50	4.50	4.50	4.50	4.50
	高丽纸	张	1.46	2.00	2.00	2.00	2.00	2.00	2.00
	粉笔	盒	4.50	0.20	0.20	0.20	0.20	0.20	0.20
	铅笔	支	1.00	2.00	2.00	2.00	2.00	2.00	2.00
	橡皮	块	1.00	0.50	0.50	0.50	0.50	0.50	0.50
	香糊 400g	瓶	3.88	0.50	0.50	0.50	0.50	0.50	0.50
	零星材料费	元		32.00	33.54	23.77	24.87	13.81	14.27

单位：10m²

编号				17-148	17-149	17-150	17-151	17-152	17-153
项目				金线苏画片金箍头卡子(规矩活部分)					
				打贴库金		打贴赤金		打贴铜箔描清漆	
				23～58cm	23cm以下	23～58cm	23cm以下	23～58cm	23cm以下
预算基价	总价(元)			**5947.31**	**6360.91**	**5321.89**	**5680.40**	**4525.04**	**4859.20**
	人工费(元)			3248.19	3526.65	3294.09	3578.67	3312.45	3606.21
	材料费(元)			2699.12	2834.26	2027.80	2101.73	1212.59	1252.99
组成内容		单位	单价	数量					
人工	综合工 一类	工日	153.00	21.23	23.05	21.53	23.39	21.65	23.57
材料	巴黎绿	kg	486.00	0.935	0.935	0.935	0.935	0.935	0.935
	群青	kg	18.50	0.42	0.42	0.42	0.42	0.42	0.42
	白乳胶漆	kg	11.13	0.44	0.44	0.44	0.44	0.44	0.44
	银朱	kg	96.46	0.12	0.12	0.12	0.12	0.12	0.12
	石黄	kg	29.20	0.158	0.158	0.158	0.158	0.158	0.158
	章丹	kg	30.00	0.525	0.525	0.525	0.525	0.525	0.525
	氧化铁红	kg	9.03	0.21	0.21	0.21	0.21	0.21	0.21
	松烟	kg	25.00	0.09	0.09	0.09	0.09	0.09	0.09
	滑石粉	kg	0.59	1.05	1.05	1.05	1.05	1.05	1.05
	大白粉	kg	0.91	1.47	1.47	1.47	1.47	1.47	1.47
	乳胶	kg	8.22	0.88	0.88	0.88	0.88	0.88	0.88
	光油	kg	49.56	0.063	0.063	0.063	0.063	0.063	0.063

续前

单位：$10m^2$

编号				17-148	17-149	17-150	17-151	17-152	17-153
项目				金线苏画片金箍头卡子(规矩活部分)					
				打贴库金		打贴赤金		打贴铜箔描清漆	
				23～58cm	23cm以下	23～58cm	23cm以下	23～58cm	23cm以下
组成内容		单位	单价	数量					
材料	黄调和漆	kg	14.11	0.263	0.263	0.263	0.263	0.263	0.263
	汽油	kg	7.16	0.11	0.11	0.11	0.11	0.11	0.11
	棉花	kg	28.34	0.03	0.03	0.03	0.03	0.03	0.03
	金胶油	kg	63.27	0.368	0.368	0.368	0.368	0.368	0.368
	丙烯酸清漆	kg	27.19					0.368	0.368
	二甲苯	kg	5.21					0.04	0.04
	库金箔 98% 93.3×93.3	张	6.69	316	336				
	赤金箔 74% 83.3×83.3	张	3.66			396	416		
	铜箔	张	2.00					316	336
	砂纸	张	0.87	1.10	1.10	1.10	1.10	1.10	1.10
	牛皮纸	张	1.12	4.50	4.50	4.50	4.50	4.50	4.50
	高丽纸	张	1.46	2.00	2.00	2.00	2.00	2.00	2.00
	粉笔	盒	4.50	0.20	0.20	0.20	0.20	0.20	0.20
	铅笔	支	1.00	2.00	2.00	2.00	2.00	2.00	2.00
	橡皮	块	1.00	0.50	0.50	0.50	0.50	0.50	0.50
	香糊 400g	瓶	3.88	0.50	0.50	0.50	0.50	0.50	0.50
	零星材料费	元		26.72	28.06	20.08	20.81	12.01	12.41

单位：10m²

编号				17-154	17-155	17-156	17-157	17-158	17-159
项目				金线苏画片金卡子(规矩活部分)					
				打贴库金		打贴赤金		打贴铜箔描清漆	
				23～58cm	23cm以下	23～58cm	23cm以下	23～58cm	23cm以下
预算基价	总价(元)			**5666.55**	**6057.46**	**5093.93**	**5447.59**	**4343.41**	**4664.35**
	人工费(元)			3150.27	3419.55	3191.58	3463.92	3193.11	3477.69
	材料费(元)			2516.28	2637.91	1902.35	1983.67	1150.30	1186.66
组成内容		单位	单价	数量					
人工	综合工 一类	工日	153.00	20.59	22.35	20.86	22.64	20.87	22.73
材料	巴黎绿	kg	486.00	0.935	0.935	0.935	0.935	0.935	0.935
	群青	kg	18.50	0.42	0.42	0.42	0.42	0.42	0.42
	白乳胶漆	kg	11.13	0.44	0.44	0.44	0.44	0.44	0.44
	银朱	kg	96.46	0.12	0.12	0.12	0.12	0.12	0.12
	石黄	kg	29.20	0.158	0.158	0.158	0.158	0.158	0.158
	章丹	kg	30.00	0.525	0.525	0.525	0.525	0.525	0.525
	氧化铁红	kg	9.03	0.27	0.27	0.27	0.27	0.27	0.27
	大白粉	kg	0.91	1.47	1.47	1.47	1.47	1.47	1.47
	乳胶	kg	8.22	0.88	0.88	0.88	0.88	0.88	0.88
	光油	kg	49.56	0.063	0.063	0.063	0.063	0.063	0.063
	黄调和漆	kg	14.11	0.21	0.21	0.21	0.21	0.21	0.21
	汽油	kg	7.16	0.11	0.11	0.11	0.11	0.11	0.11

续前

单位：$10m^2$

编号				17-154	17-155	17-156	17-157	17-158	17-159
项目				金线苏画片金卡子(规矩活部分)					
				打贴库金		打贴赤金		打贴铜箔描清漆	
				23～58cm	23cm以下	23～58cm	23cm以下	23～58cm	23cm以下
组成内容		单位	单价	数量					
材料	棉花	kg	28.34	0.03	0.03	0.03	0.03	0.03	0.03
	金胶油	kg	63.27	0.275	0.275	0.275	0.275	0.275	0.275
	丙烯酸清漆	kg	27.19					0.275	0.275
	二甲苯	kg	5.21					0.03	0.03
	库金箔 98% 93.3×93.3	张	6.69	290	308				
	赤金箔 74% 83.3×83.3	张	3.66			364	386		
	铜箔	张	2.00					290	308
	砂纸	张	0.87	1.10	1.10	1.10	1.10	1.10	1.10
	牛皮纸	张	1.12	4.50	4.50	4.50	4.50	4.50	4.50
	高丽纸	张	1.46	2.00	2.00	2.00	2.00	2.00	2.00
	松烟	kg	25.00	0.09	0.09	0.09	0.09	0.09	0.09
	滑石粉	kg	0.59	1.05	1.05	1.05	1.05	1.05	1.05
	粉笔	盒	4.50	0.20	0.20	0.20	0.20	0.20	0.20
	铅笔	支	1.00	1.00	1.00	1.00	1.00	1.00	1.00
	橡皮	块	1.00	0.50	0.50	0.50	0.50	0.50	0.50
	香糊 400g	瓶	3.88	0.50	0.50	0.50	0.50	0.50	0.50
	零星材料费	元		24.91	26.12	18.84	19.64	11.39	11.75

单位：10m²

编号				17-160	17-161	17-162	17-163	17-164	17-165
项目				金线苏画色卡子(规矩活部分)					
				打贴库金		打贴赤金		打贴铜箔描清漆	
				23～58cm	23cm以下	23～58cm	23cm以下	23～58cm	23cm以下
预算基价	总价(元)			**5483.99**	**5978.55**	**4983.03**	**5455.66**	**4323.82**	**4759.57**
	人工费(元)			3263.49	3656.70	3300.21	3702.60	3295.62	3701.07
	材料费(元)			2220.50	2321.85	1682.82	1753.06	1028.20	1058.50
组成内容		**单位**	**单价**	**数量**					
人工	综合工 一类	工日	153.00	21.33	23.90	21.57	24.20	21.54	24.19
材料	巴黎绿	kg	486.00	0.80	0.80	0.80	0.80	0.80	0.80
	群青	kg	18.50	0.368	0.368	0.368	0.368	0.368	0.368
	白乳胶漆	kg	11.13	0.66	0.66	0.66	0.66	0.66	0.66
	银朱	kg	96.46	0.12	0.12	0.12	0.12	0.12	0.12
	石黄	kg	29.20	0.158	0.158	0.158	0.158	0.158	0.158
	章丹	kg	30.00	0.525	0.525	0.525	0.525	0.525	0.525
	氧化铁红	kg	9.03	0.158	0.158	0.158	0.158	0.158	0.158
	松烟	kg	25.00	0.05	0.05	0.05	0.05	0.05	0.05
	滑石粉	kg	0.59	0.84	0.84	0.84	0.84	0.84	0.84
	大白粉	kg	0.91	1.155	1.155	1.155	1.155	1.155	1.155
	乳胶	kg	8.22	1.10	1.10	1.10	1.10	1.10	1.10
	光油	kg	49.56	0.525	0.525	0.525	0.525	0.525	0.525

续前

单位：10m²

编号				17-160	17-161	17-162	17-163	17-164	17-165
项目				金线苏画色卡子(规矩活部分)					
				打贴库金		打贴赤金		打贴铜箔描清漆	
				23～58cm	23cm以下	23～58cm	23cm以下	23～58cm	23cm以下
组成内容		单位	单价	数量					
材料	黄调和漆	kg	14.11	0.158	0.158	0.158	0.158	0.158	0.158
	汽油	kg	7.16	0.11	0.11	0.11	0.11	0.11	0.11
	棉花	kg	28.34	0.02	0.02	0.02	0.02	0.02	0.02
	金胶油	kg	63.27	0.22	0.22	0.22	0.22	0.22	0.22
	丙烯酸清漆	kg	27.19					0.22	0.22
	二甲苯	kg	5.21					0.02	0.02
	库金箔 98% 93.3×93.3	张	6.69	253	268				
	赤金箔 74% 83.3×83.3	张	3.66			317	336		
	铜箔	张	2.00					253	268
	砂纸	张	0.87	1.10	1.10	1.10	1.10	1.10	1.10
	牛皮纸	张	1.12	4.50	4.50	4.50	4.50	4.50	4.50
	高丽纸	张	1.46	2.00	2.00	2.00	2.00	2.00	2.00
	粉笔	盒	4.50	0.20	0.20	0.20	0.20	0.20	0.20
	铅笔	支	1.00	2.00	2.00	2.00	2.00	2.00	2.00
	橡皮	块	1.00	0.50	0.50	0.50	0.50	0.50	0.50
	香糊 400g	瓶	3.88	0.50	0.50	0.50	0.50	0.50	0.50
	零星材料费	元		21.99	22.99	16.66	17.36	10.18	10.48

单位：10m²

编号				17-166	17-167	17-168	17-169	17-170	17-171
项目				黄线苏画(规矩活部分)		海漫苏画			
						有卡子		无卡子	
				23～58cm	23cm以下	23～58cm	23cm以下	23～58cm	23cm以下
预算基价	总价(元)			**2675.26**	**2843.56**	**2253.37**	**2369.65**	**1956.55**	**2045.29**
	人工费(元)			2142.00	2310.30	1640.16	1756.44	1343.34	1432.08
	材料费(元)			533.26	533.26	613.21	613.21	613.21	613.21
组成内容		单位	单价	数量					
人工	综合工 一类	工日	153.00	14.00	15.10	10.72	11.48	8.78	9.36
材料	巴黎绿	kg	486.00	0.935	0.935	1.100	1.100	1.100	1.100
	群青	kg	18.50	0.42	0.42	0.42	0.42	0.42	0.42
	白乳胶漆	kg	11.13	0.44	0.44	0.44	0.44	0.44	0.44
	银朱	kg	96.46	0.12	0.12	0.12	0.12	0.12	0.12
	石黄	kg	29.20	0.263	0.263	0.210	0.210	0.210	0.210
	章丹	kg	30.00	0.525	0.525	0.630	0.630	0.630	0.630
	氧化铁红	kg	9.03	0.210	0.210	0.158	0.158	0.158	0.158
	松烟	kg	25.00	0.09	0.09	0.09	0.09	0.09	0.09
	滑石粉	kg	0.59	0.84	0.84				
	大白粉	kg	0.91	0.84	0.84				
	乳胶	kg	8.22	0.88	0.88	0.77	0.77	0.77	0.77
	砂纸	张	0.87	1.10	1.10	1.10	1.10	1.10	1.10
	牛皮纸	张	1.12	4.50	4.50	4.50	4.50	4.50	4.50
	高丽纸	张	1.46	2.00	2.00	2.00	2.00	2.00	2.00
	粉笔	盒	4.50	0.20	0.20	0.20	0.20	0.20	0.20
	铅笔	支	1.00	1.00	1.00	1.00	1.00	1.00	1.00
	橡皮	块	1.00	0.50	0.50	0.50	0.50	0.50	0.50
	香糊 400g	瓶	3.88	0.50	0.50	0.50	0.50	0.50	0.50
	零星材料费	元		5.28	5.28	6.07	6.07	6.07	6.07

单位：10m²

编号				17-172	17-173	17-174	17-175	17-176	17-177
项目				掐箍头彩画					
				打贴库金		打贴赤金		打贴铜箔描清漆	
				23～58cm	23cm以下	23～58cm	23cm以下	23～58cm	23cm以下
预算基价	总价(元)			**2033.96**	**2250.71**	**1957.70**	**2167.43**	**1844.07**	**2047.99**
	人工费(元)			1505.52	1695.24	1523.88	1715.13	1516.23	1712.07
	材料费(元)			528.44	555.47	433.82	452.30	327.84	335.92
组成内容		单位	单价	数量					
人工	综合工 一类	工日	153.00	9.84	11.08	9.96	11.21	9.91	11.19
材料	巴黎绿	kg	486.00	0.40	0.40	0.40	0.40	0.40	0.40
	群青	kg	18.50	0.175	0.175	0.175	0.175	0.175	0.175
	白乳胶漆	kg	11.13	0.29	0.29	0.29	0.29	0.29	0.29
	银朱	kg	96.46	0.05	0.05	0.05	0.05	0.05	0.05
	石黄	kg	29.20	0.09	0.09	0.09	0.09	0.09	0.09
	章丹	kg	30.00	0.21	0.21	0.21	0.21	0.21	0.21
	滑石粉	kg	0.59	0.231	0.231	0.231	0.231	0.231	0.231
	大白粉	kg	0.91	0.27	0.27	0.27	0.27	0.27	0.27
	乳胶	kg	8.22	0.24	0.24	0.24	0.24	0.24	0.24
	黄调和漆	kg	14.11	0.07	0.07	0.07	0.07	0.07	0.07
	汽油	kg	7.16	0.20	0.20	0.20	0.20	0.20	0.20

续前

单位：10m²

编号				17-172	17-173	17-174	17-175	17-176	17-177
项目				掐箍头彩画					
				打贴库金		打贴赤金		打贴铜箔描清漆	
				23～58cm	23cm以下	23～58cm	23cm以下	23～58cm	23cm以下
组成内容		单位	单价	数量					
材料	棉花	kg	28.34	0.01	0.01	0.01	0.01	0.01	0.01
	金胶油	kg	63.27	0.15	0.15	0.15	0.15	0.15	0.15
	丙烯酸清漆	kg	27.19					0.11	0.11
	二甲苯	kg	5.21					0.011	0.011
	库金箔 98% 93.3×93.3	张	6.69	43	47				
	赤金箔 74% 83.3×83.3	张	3.66			53	58		
	铜箔	张	2.00					43	47
	砂纸	张	0.87	1.00	1.00	1.00	1.00	1.00	1.00
	牛皮纸	张	1.12	1.00	1.00	1.00	1.00	1.00	1.00
	粉笔	盒	4.50	0.10	0.10	0.10	0.10	0.10	0.10
	铅笔	支	1.00	1.00	1.00	1.00	1.00	1.00	1.00
	橡皮	块	1.00	0.50	0.50	0.50	0.50	0.50	0.50
	香糊 400g	瓶	3.88	0.50	0.50	0.50	0.50	0.50	0.50
	松烟	kg	25.00	0.02	0.02	0.02	0.02	0.02	0.02
	零星材料费	元		5.23	5.50	4.30	4.48	3.25	3.33

单位：10m²

编号				17-178	17-179	17-180	17-181	17-182	17-183
项目				掐箍头搭包袱彩画(规矩活部分)					
				打贴库金		打贴赤金		打贴铜箔描清漆	
				23～58cm	23cm以下	23～58cm	23cm以下	23～58cm	23cm以下
预算基价	总价(元)			**3981.88**	**4460.27**	**3829.35**	**4294.34**	**3602.07**	**4053.67**
	人工费(元)			3150.27	3569.49	3186.99	3606.21	3171.69	3600.09
	材料费(元)			831.61	890.78	642.36	688.13	430.38	453.58
组成内容		**单位**	**单价**	**数量**					
人工	综合工 一类	工日	153.00	20.59	23.33	20.83	23.57	20.73	23.53
材料	巴黎绿	kg	486.00	0.40	0.40	0.40	0.40	0.40	0.40
	群青	kg	18.50	0.175	0.175	0.175	0.175	0.175	0.175
	白乳胶漆	kg	11.13	0.59	0.59	0.59	0.59	0.59	0.59
	银朱	kg	96.46	0.05	0.05	0.05	0.05	0.05	0.05
	石黄	kg	29.20	0.09	0.09	0.09	0.09	0.09	0.09
	章丹	kg	30.00	0.21	0.21	0.21	0.21	0.21	0.21
	滑石粉	kg	0.59	0.46	0.46	0.46	0.46	0.46	0.46
	大白粉	kg	0.91	0.53	0.53	0.53	0.53	0.53	0.53
	乳胶	kg	8.22	0.24	0.24	0.24	0.24	0.24	0.24
	黄调和漆	kg	14.11	0.10	0.10	0.10	0.10	0.10	0.10

续前

单位：10m²

编号				17-178	17-179	17-180	17-181	17-182	17-183
项目				掐箍头搭包袱彩画(规矩活部分)					
				打贴库金		打贴赤金		打贴铜箔描清漆	
				23～58cm	23cm以下	23～58cm	23cm以下	23～58cm	23cm以下
组成内容		单位	单价	数量					
材料	汽油	kg	7.16	0.20	0.20	0.20	0.20	0.20	0.20
	棉花	kg	28.34	0.01	0.01	0.01	0.01	0.01	0.01
	金胶油	kg	63.27	0.29	0.37	0.29	0.37	0.29	0.37
	丙烯酸清漆	kg	27.19					0.22	0.29
	二甲苯	kg	5.21					0.02	0.02
	库金箔 98% 93.3×93.3	张	6.69	86	94				
	赤金箔 74% 83.3×83.3	张	3.66			106	117		
	铜箔	张	2.00					86	94
	砂纸	张	0.87	1.00	1.00	1.00	1.00	1.00	1.00
	牛皮纸	张	1.12	1.00	1.00	1.00	1.00	1.00	1.00
	粉笔	盒	4.50	0.10	0.10	0.10	0.10	0.10	0.10
	铅笔	支	1.00	1.00	1.00	1.00	1.00	1.00	1.00
	橡皮	块	1.00	0.50	0.50	0.50	0.50	0.50	0.50
	香糊 400g	瓶	3.88	0.50	0.50	0.50	0.50	0.50	0.50
	零星材料费	元		8.23	8.82	6.36	6.81	4.26	4.49

单位：$10m^2$

编号				17-184	17-185	17-186	17-187
项目				黄线掐箍头		黄线掐箍头搭包袱（规矩活部分）	
				23～58cm	23cm以下	23～58cm	23cm以下
预算基价	总价(元)			**1198.93**	**1351.93**	**2389.28**	**2733.53**
	人工费(元)			979.20	1132.20	2164.95	2509.20
	材料费(元)			219.73	219.73	224.33	224.33
组成内容		**单位**	**单价**	**数量**			
人工	综合工 一类	工日	153.00	6.40	7.40	14.15	16.40
材料	巴黎绿	kg	486.00	0.40	0.40	0.40	0.40
	群青	kg	18.50	0.175	0.175	0.175	0.175
	白乳胶漆	kg	11.13	0.29	0.29	0.59	0.59
	石黄	kg	29.20	0.09	0.09	0.09	0.09
	章丹	kg	30.00	0.21	0.21	0.21	0.21
	大白粉	kg	0.91	0.27	0.27	0.53	0.53
	乳胶	kg	8.22	0.24	0.24	0.24	0.24
	黄调和漆	kg	14.11	0.07	0.07	0.10	0.10
	汽油	kg	7.16	0.20	0.20	0.20	0.20
	松烟	kg	25.00	0.02	0.02	0.02	0.02
	牛皮纸	张	1.12	1.00	1.00	1.50	1.50
	铅笔	支	1.00	1.00	1.00	1.00	1.00
	橡皮	块	1.00	0.50	0.50	0.50	0.50
	零星材料费	元		2.18	2.18	2.22	2.22

单位：块

编号				17-188	17-189	17-190	17-191
项目				白活			
				人物及线法	动物及翎毛花卉	墨山水、洋山水风景画	聚锦
预算基价	总价(元)			**726.99**	**558.69**	**577.05**	**95.12**
	人工费(元)			575.28	406.98	425.34	65.79
	材料费(元)			151.71	151.71	151.71	29.33
组成内容		**单位**	**单价**	**数量**			
人工	综合工 一类	工日	153.00	3.76	2.66	2.78	0.43
材料	巴黎绿	kg	486.00	0.20	0.20	0.20	0.04
	群青	kg	18.50	0.05	0.05	0.05	0.01
	白乳胶漆	kg	11.13	0.70	0.70	0.70	0.05
	银朱	kg	96.46	0.05	0.05	0.05	0.01
	石黄	kg	29.20	0.05	0.05	0.05	0.01
	章丹	kg	30.00	0.05	0.05	0.05	0.01
	松烟	kg	25.00	0.010	0.010	0.010	0.002
	氧化铁红	kg	9.03	0.10	0.10	0.10	0.02
	乳胶	kg	8.22	0.15	0.15	0.15	0.03
	墨块 50g	块	8.25	0.50	0.50	0.50	0.10
	图画色	支	10.00	3.00	3.00	3.00	0.60
	零星材料费	元		1.50	1.50	1.50	0.29

单位：10m²

编号			17-192	17-193	17-194	17-195	17-196	17-197
项目			斑竹彩画					
			打贴库金		打贴赤金		打贴铜箔描清漆	
			23～58cm	23cm以下	23～58cm	23cm以下	23～58cm	23cm以下
预算基价	总价(元)		**6774.11**	**7230.68**	**6536.25**	**6967.82**	**6166.35**	**6556.75**
	人工费(元)		4147.83	4516.56	4202.91	4571.64	4187.61	4551.75
	材料费(元)		2626.28	2714.12	2333.34	2396.18	1978.74	2005.00
组成内容	**单位**	**单价**	**数量**					
人工 综合工 一类	工日	153.00	27.11	29.52	27.47	29.88	27.37	29.75
材料 巴黎绿	kg	486.00	3.30	3.30	3.30	3.30	3.30	3.30
群青	kg	18.50	0.105	0.105	0.105	0.105	0.105	0.105
白乳胶漆	kg	11.13	0.55	0.55	0.55	0.55	0.55	0.55
石黄	kg	29.20	0.315	0.315	0.315	0.315	0.315	0.315
大白粉	kg	0.91	1.155	1.155	1.155	1.155	1.155	1.155
乳胶	kg	8.22	1.10	1.10	1.10	1.10	1.10	1.10
光油	kg	49.56	0.105	0.105	0.105	0.105	0.105	0.105
黄调和漆	kg	14.11	0.21	0.21	0.21	0.21	0.21	0.21
汽油	kg	7.16	0.11	0.11	0.11	0.11	0.11	0.11
松烟	kg	25.00	0.05	0.05	0.05	0.05	0.05	0.05

续前

单位：$10m^2$

编号				17-192	17-193	17-194	17-195	17-196	17-197
项目				斑竹彩画					
				打贴库金		打贴赤金		打贴铜箔描清漆	
				23～58cm	23cm以下	23～58cm	23cm以下	23～58cm	23cm以下
组成内容		单位	单价	数量					
材料	棉花	kg	28.34	0.02	0.02	0.02	0.02	0.02	0.02
	金胶油	kg	63.27	0.33	0.33	0.33	0.33	0.33	0.33
	丙烯酸清漆	kg	27.19					0.22	0.22
	二甲苯	kg	5.21					0.02	0.02
	库金箔 98% 93.3×93.3	张	6.69	138	151				
	赤金箔 74% 83.3×83.3	张	3.66			173	190		
	铜箔	张	2.00					138	151
	砂纸	张	0.87	1.10	1.10	1.10	1.10	1.10	1.10
	牛皮纸	张	1.12	4.50	4.50	4.50	4.50	4.50	4.50
	高丽纸	张	1.46	2.00	2.00	2.00	2.00	2.00	2.00
	粉笔	盒	4.50	0.20	0.20	0.20	0.20	0.20	0.20
	铅笔	支	1.00	2.00	2.00	2.00	2.00	2.00	2.00
	橡皮	块	1.00	0.50	0.50	0.50	0.50	0.50	0.50
	香糊 400g	瓶	3.88	0.50	0.50	0.50	0.50	0.50	0.50
	零星材料费	元		26.00	26.87	23.10	23.72	19.59	19.85

单位：10m²

编号				17-198	17-199	17-200
项目				金线海漫锦彩画		
				打贴库金	打贴赤金	打贴铜箔描清漆
预算基价	总价(元)			**8779.54**	**7687.97**	**6236.88**
	人工费(元)			4332.96	4406.40	4388.04
	材料费(元)			4446.58	3281.57	1848.84
组成内容		**单位**	**单价**	**数量**		
人工	综合工 一类	工日	153.00	28.32	28.80	28.68
材料	巴黎绿	kg	486.00	1.21	1.21	1.21
	群青	kg	18.50	0.525	0.525	0.525
	白乳胶漆	kg	11.13	0.88	0.88	0.88
	银朱	kg	96.46	0.15	0.15	0.15
	章丹	kg	30.00	0.525	0.525	0.525
	氧化铁红	kg	9.03	0.21	0.21	0.21
	松烟	kg	25.00	0.09	0.09	0.09
	滑石粉	kg	0.59	1.575	1.575	1.575
	大白粉	kg	0.91	1.68	1.68	1.68
	乳胶	kg	8.22	1.10	1.10	1.10
	光油	kg	49.56	0.147	0.147	0.147
	黄调和漆	kg	14.11	0.315	0.315	0.315

单位：10m²

编号				17-198	17-199	17-200
项目				金线海漫锦彩画		
				打贴库金	打贴赤金	打贴铜箔描清漆
组成内容		单位	单价	数量		
材料	汽油	kg	7.16	0.22	0.22	0.22
	棉花	kg	28.34	0.02	0.02	0.02
	金胶油	kg	63.27	0.55	0.55	0.55
	丙烯酸清漆	kg	27.19			0.44
	二甲苯	kg	5.21			0.04
	库金箔 98% 93.3×93.3	张	6.69	551		
	赤金箔 74% 83.3×83.3	张	3.66		692	
	铜箔	张	2.00			551
	砂纸	张	0.87	1.10	1.10	1.10
	牛皮纸	张	1.12	4.50	4.50	4.50
	高丽纸	张	1.46	2.00	2.00	2.00
	粉笔	盒	4.50	0.20	0.20	0.20
	铅笔	支	1.00	2.00	2.00	2.00
	橡皮	块	1.00	0.50	0.50	0.50
	香糊 400g	瓶	3.88	0.50	0.50	0.50
	零星材料费	元		44.03	32.49	18.31

单位：10m²

编号				17-201	17-202	17-203	17-204
项目				明式彩画			
				打贴库金	打贴赤金	打贴铜箔描清漆	无金
预算基价	总价(元)			**4792.59**	**4536.37**	**4223.08**	**2721.10**
	人工费(元)			3171.69	3208.41	3249.72	2056.32
	材料费(元)			1620.90	1327.96	973.36	664.78
组成内容		**单位**	**单价**	**数量**			
人工	综合工 一类	工日	153.00	20.73	20.97	21.24	13.44
材料	巴黎绿	kg	486.00	1.21	1.21	1.21	1.21
	群青	kg	18.50	0.368	0.368	0.368	0.368
	白乳胶漆	kg	11.13	1.265	1.265	1.265	1.265
	银朱	kg	96.46	0.10	0.10	0.10	0.10
	石黄	kg	29.20	0.053	0.053	0.053	0.053
	章丹	kg	30.00	0.315	0.315	0.315	0.315
	氧化铁红	kg	9.03	0.21	0.21	0.21	0.21
	松烟	kg	25.00	0.105	0.105	0.105	0.105
	滑石粉	kg	0.59	0.525	0.525	0.525	0.525
	大白粉	kg	0.91	0.525	0.525	0.525	0.525
	乳胶	kg	8.22	1.10	1.10	1.10	1.10
	黄调和漆	kg	14.11	0.105	0.105	0.105	

续前

单位：10m²

编号				17-201	17-202	17-203	17-204
项目				明式彩画			
				打贴库金	打贴赤金	打贴铜箔描清漆	无金
组成内容		**单位**	**单价**	**数量**			
材料	汽油	kg	7.16	0.11	0.11	0.11	
	棉花	kg	28.34	0.01	0.01	0.01	
	金胶油	kg	63.27	0.33	0.33	0.33	
	丙烯酸清漆	kg	27.19			0.22	
	二甲苯	kg	5.21			0.02	
	库金箔 98% 93.3×93.3	张	6.69	138			
	赤金箔 74% 83.3×83.3	张	3.66		173		
	铜箔	张	2.00			138	
	砂纸	张	0.87	1.10	1.10	1.10	1.10
	牛皮纸	张	1.12	4.50	4.50	4.50	4.50
	高丽纸	张	1.46	2.00	2.00	2.00	2.00
	粉笔	盒	4.50	0.20	0.20	0.20	0.20
	铅笔	支	1.00	2.00	2.00	2.00	2.00
	橡皮	块	1.00	0.50	0.50	0.50	0.50
	香糊 400g	瓶	3.88	0.50	0.50	0.50	0.50
	零星材料费	元		16.05	13.15	9.64	6.58

单位：$10m^2$

编号				17-205	17-206	17-207	17-208	17-209	17-210
项目				新式油地沥粉贴金彩画					
				满做			掐箍头		
				打贴库金	打贴赤金	打贴铜箔描清漆	打贴库金	打贴赤金	打贴铜箔描清漆
预算基价	总价(元)			**7284.32**	**6083.47**	**4538.63**	**3504.81**	**2813.71**	**1934.06**
	人工费(元)			3134.97	3208.41	3216.06	1193.40	1219.41	1214.82
	材料费(元)			4149.35	2875.06	1322.57	2311.41	1594.30	719.24
组成内容		**单位**	**单价**	**数量**					
人工	综合工 一类	工日	153.00	20.49	20.97	21.02	7.80	7.97	7.94
材料	滑石粉	kg	0.59	2.10	2.10	2.10	0.70	0.70	0.70
	大白粉	kg	0.91	2.415	2.415	2.415	0.740	0.740	0.740
	乳胶	kg	8.22	1.32	1.32	1.32	0.44	0.44	0.44
	光油	kg	49.56	0.315	0.315	0.315	0.105	0.105	0.105
	黄调和漆	kg	14.11	0.42	0.42	0.42	0.14	0.14	0.14
	汽油	kg	7.16	0.22	0.22	0.22			
	棉花	kg	28.34	0.03	0.03	0.03	0.01	0.01	0.01
	金胶油	kg	63.27	0.66	0.66	0.66	0.22	0.22	0.22
	丙烯酸清漆	kg	27.19			0.55			0.15
	二甲苯	kg	5.21			0.05			0.01
	库金箔 98% 93.3×93.3	张	6.69	600			337		
	赤金箔 74% 83.3×83.3	张	3.66		752			422	
	铜箔	张	2.00			600			337
	砂纸	张	0.87	1.10	1.10	1.10	1.00	1.00	1.00
	牛皮纸	张	1.12	4.50	4.50	4.50	1.50	1.50	1.50
	高丽纸	张	1.46	2.00	2.00	2.00	1.00	1.00	1.00
	粉笔	盒	4.50	0.20	0.20	0.20	0.10	0.10	0.10
	铅笔	支	1.00	2.00	2.00	2.00	1.00	1.00	1.00
	橡皮	块	1.00	0.50	0.50	0.50	0.50	0.50	0.50
	香糊 400g	瓶	3.88	0.50	0.50	0.50	0.50	0.50	0.50
	零星材料费	元		41.08	28.47	13.09	22.89	15.79	7.12

单位：$10m^2$

编号				17-211	17-212	17-213
项目				新式满金琢墨彩画		
				打贴库金	打贴赤金	打贴铜箔描清漆
预算基价	总价(元)			**8182.39**	**6770.98**	**5069.77**
	人工费(元)			3121.20	3176.28	3277.26
	材料费(元)			5061.19	3594.70	1792.51
组成内容		**单位**	**单价**	**数量**		
人工	综合工 一类	工日	153.00	20.40	20.76	21.42
材料	巴黎绿	kg	486.00	0.40	0.40	0.40
	群青	kg	18.50	0.10	0.10	0.10
	白乳胶漆	kg	11.13	3.50	3.50	3.50
	石黄	kg	29.20	0.10	0.10	0.10
	广告色	支	13.00	5.00	5.00	5.00
	大白粉	kg	0.91	1.80	1.80	1.80
	乳胶	kg	8.22	0.80	0.80	0.80
	黄调和漆	kg	14.11	0.40	0.40	0.40
	汽油	kg	7.16	0.05	0.05	0.05
	棉花	kg	28.34	0.02	0.02	0.02
	金胶油	kg	63.27	0.70	0.70	0.70
	丙烯酸清漆	kg	27.19			0.50
	二甲苯	kg	5.21			0.05
	库金箔 98% 93.3×93.3	张	6.69	693		
	赤金箔 74% 83.3×83.3	张	3.66		870	
	铜箔	张	2.00			693
	砂纸	张	0.87	1.00	1.00	1.00
	牛皮纸	张	1.12	4.50	4.50	4.50
	高丽纸	张	1.46	1.00	1.00	1.00
	粉笔	盒	4.50	0.20	0.20	0.20
	铅笔	支	1.00	2.00	2.00	2.00
	橡皮	块	1.00	0.50	0.50	0.50
	香糊 400g	瓶	3.88	0.50	0.50	0.50
	零星材料费	元		50.11	35.59	17.75

单位：10m²

编号				17-214	17-215	17-216	17-217	17-218	17-219
项目				新式金琢墨彩画					
				素箍头活枋心			素箍头素枋心		
				打贴库金	打贴赤金	打贴铜箔描清漆	打贴库金	打贴赤金	打贴铜箔描清漆
预算基价	总价(元)			**6622.70**	**5568.26**	**4313.16**	**5573.42**	**4728.90**	**3700.06**
	人工费(元)			2754.00	2790.72	2876.40	2386.80	2423.52	2475.54
	材料费(元)			3868.70	2777.54	1436.76	3186.62	2305.38	1224.52
组成内容		单位	单价	数量					
人工	综合工 一类	工日	153.00	18.00	18.24	18.80	15.60	15.84	16.18
材料	巴黎绿	kg	486.00	0.40	0.40	0.40	0.40	0.40	0.40
	群青	kg	18.50	0.10	0.10	0.10	0.10	0.10	0.10
	白乳胶漆	kg	11.13	3.50	3.50	3.50	3.50	3.50	3.50
	银朱	kg	96.46	0.05	0.05	0.05	0.05	0.05	0.05
	石黄	kg	29.20	0.10	0.10	0.10	0.10	0.10	0.10
	广告色	支	13.00	5.00	5.00	5.00	5.00	5.00	5.00
	大白粉	kg	0.91	1.80	1.80	1.80	1.80	1.80	1.80
	乳胶	kg	8.22	0.80	0.80	0.80	0.80	0.80	0.80
	光油	kg	49.56	0.10	0.10	0.10	0.10	0.10	0.10
	黄调和漆	kg	14.11	0.40	0.40	0.40	0.40	0.40	0.40
	汽油	kg	7.16	0.05	0.05	0.05	0.05	0.05	0.05

续前

单位：$10m^2$

编号				17-214	17-215	17-216	17-217	17-218	17-219
项目				新式金琢墨彩画					
				素箍头活枋心			素箍头素枋心		
				打贴库金	打贴赤金	打贴铜箔描清漆	打贴库金	打贴赤金	打贴铜箔描清漆
组成内容		**单位**	**单价**	**数量**					
材料	棉花	kg	28.34	0.02	0.02	0.02	0.02	0.02	0.02
	金胶油	kg	63.27	0.60	0.60	0.60	0.50	0.50	0.50
	丙烯酸清漆	kg	27.19			0.44			0.30
	二甲苯	kg	5.21			0.04			0.04
	库金箔 98% 93.3×93.3	张	6.69	516			416		
	赤金箔 74% 83.3×83.3	张	3.66		648			522	
	铜箔	张	2.00			516			416
	砂纸	张	0.87	1.00	1.00	1.00	1.00	1.00	1.00
	牛皮纸	张	1.12	4.50	4.50	4.50	4.50	4.50	4.50
	高丽纸	张	1.46	1.00	1.00	1.00	1.00	1.00	1.00
	粉笔	盒	4.50	0.20	0.20	0.20	0.20	0.20	0.20
	铅笔	支	1.00	2.00	2.00	2.00	2.00	2.00	2.00
	橡皮	块	1.00	0.50	0.50	0.50	0.50	0.50	0.50
	香糊 400g	瓶	3.88	0.50	0.50	0.50	0.50	0.50	0.50
	零星材料费	元		38.30	27.50	14.23	31.55	22.83	12.12

单位：10m²

编号				17-220	17-221	17-222	17-223
项目				新式局部贴金彩画			新式各种无金彩画
				打贴库金	打贴赤金	打贴铜箔描清漆	
预算基价	总价(元)			**3780.52**	**3364.38**	**2893.49**	**2026.29**
	人工费(元)			2019.60	2037.96	2102.22	1689.12
	材料费(元)			1760.92	1326.42	791.27	337.17
组成内容		**单位**	**单价**	**数量**			
人工	综合工 一类	工日	153.00	13.20	13.32	13.74	11.04
材料	巴黎绿	kg	486.00	0.40	0.40	0.40	0.40
	群青	kg	18.50	0.10	0.10	0.10	0.10
	白乳胶漆	kg	11.13	3.50	3.50	3.50	3.50
	银朱	kg	96.46	0.05	0.05	0.05	0.05
	石黄	kg	29.20	0.10	0.10	0.10	0.10
	广告色	支	13.00	5.00	5.00	5.00	5.00
	大白粉	kg	0.91	1.80	1.80	1.80	1.80
	乳胶	kg	8.22	0.80	0.80	0.80	0.80
	光油	kg	49.56	0.10	0.10	0.10	0.10
	黄调和漆	kg	14.11	0.40	0.40	0.40	
	汽油	kg	7.16	0.04	0.04	0.04	

续前

单位：$10m^2$

编号				17-220	17-221	17-222	17-223
项目				新式局部贴金彩画			新式各种无金彩画
				打贴库金	打贴赤金	打贴铜箔描清漆	
组成内容		**单位**	**单价**	**数量**			
材料	棉花	kg	28.34	0.01	0.01	0.01	
	金胶油	kg	63.27	0.40	0.40	0.40	
	丙烯酸清漆	kg	27.19			0.22	
	二甲苯	kg	5.21			0.02	
	库金箔 98% 93.3×93.3	张	6.69	206			
	赤金箔 74% 83.3×83.3	张	3.66		259		
	铜箔	张	2.00			206	
	砂纸	张	0.87	1.00	1.00	1.00	1.00
	牛皮纸	张	1.12	4.50	4.50	4.50	4.50
	高丽纸	张	1.46	1.00	1.00	1.00	1.00
	粉笔	盒	4.50	0.20	0.20	0.20	0.20
	铅笔	支	1.00	2.00	2.00	2.00	2.00
	橡皮	块	1.00	0.50	0.50	0.50	0.50
	香糊 400g	瓶	3.88	0.50	0.50	0.50	0.50
	零星材料费	元		17.43	13.13	7.83	3.34

五、斗拱、垫拱板

单位：$10m^2$

编号				17-224	17-225	17-226	17-227	17-228	17-229
项目				地仗				油漆	
				三道灰		二道灰		刮血料腻子刷调和漆三道	刷三道调和漆扣一道油漆
				5.6～8.8cm	5.6cm以下	5.6～8.8cm	5.6cm以下		
预算基价	总价(元)			**851.29**	**906.37**	**651.59**	**697.49**	**496.98**	**510.75**
	人工费(元)			616.59	671.67	469.71	515.61	451.35	469.71
	材料费(元)			234.70	234.70	181.88	181.88	45.63	41.04
组成内容		**单位**	**单价**	**数量**					
人工	综合工 一类	工日	153.00	4.03	4.39	3.07	3.37	2.95	3.07
材料	面粉	kg	1.90	0.20	0.20	0.11	0.11		
	血料	kg	5.25	18.59	18.59	13.55	13.55	0.65	
	砖灰（综合）	kg	1.00	19.28	19.28	13.92	13.92		
	灰油	kg	39.82	1.13	1.13	0.62	0.62		
	生桐油	kg	20.00	1.20	1.20	1.20	1.20		
	光油	kg	49.56	0.88	0.88	0.88	0.88	0.10	0.10
	汽油	kg	7.16	0.22	0.22	0.22	0.22	0.25	0.25
	白灰	kg	0.30	0.04	0.04	0.02	0.02		
	砂布	张	0.93	1.00	1.00	1.00	1.00		
	滑石粉	kg	0.59					1.20	
	石膏粉	kg	0.94					0.15	0.15
	调和漆	kg	14.11					2.36	2.33
	砂纸	张	0.87					1.00	1.00
	零星材料费	元		2.32	2.32	1.80	1.80	0.45	0.41

单位：10m²

编号				17-230	17-231	17-232	17-233
项目				斗拱彩画			
				平金做法		黄线、黑线斗拱	
				5.6～8.8cm	5.6cm以下	5.6～8.8cm	5.6cm以下
预算基价	总价(元)			**1110.65**	**1404.41**	**1118.51**	**1412.27**
	人工费(元)			587.52	881.28	587.52	881.28
	材料费(元)			523.13	523.13	530.99	530.99
组成内容		**单位**	**单价**	**数量**			
人工	综合工 一类	工日	153.00	3.84	5.76	3.84	5.76
材料	巴黎绿	kg	486.00	0.998	0.998	0.998	0.998
	群青	kg	18.50	0.42	0.42	0.42	0.42
	白乳胶漆	kg	11.13	0.66	0.66	0.66	0.66
	松烟	kg	25.00	0.152	0.152	0.202	0.202
	黄调和漆	kg	14.11	0.21	0.21		
	汽油	kg	7.16	0.158	0.158		
	石黄	kg	29.20			0.364	0.364
	乳胶	kg	8.22	1.10	1.10	1.10	1.10
	砂纸	张	0.87	1.00	1.00	1.00	1.00
	零星材料费	元		5.18	5.18	5.26	5.26

单位：10m²

编号				17-234	17-235	17-236	17-237	17-238	17-239
项目				斗拱贴金					
				打贴库金		打贴赤金		打贴铜箔描清漆	
				5.6～8.8cm	5.6cm以下	5.6～8.8cm	5.6cm以下	5.6～8.8cm	5.6cm以下
预算基价	总价(元)			**1648.38**	**1897.25**	**1313.35**	**1557.38**	**995.34**	**1219.15**
	人工费(元)			518.67	740.52	537.03	758.88	641.07	856.80
	材料费(元)			1129.71	1156.73	776.32	798.50	354.27	362.35
组成内容		**单位**	**单价**	**数量**					
人工	综合工 一类	工日	153.00	3.39	4.84	3.51	4.96	4.19	5.60
材料	大白粉	kg	0.91	0.202	0.202	0.202	0.202	0.202	0.202
	棉花	kg	28.34	0.02	0.02	0.02	0.02	0.02	0.02
	金胶油	kg	63.27	0.22	0.22	0.22	0.22	0.22	0.22
	丙烯酸清漆	kg	27.19					0.22	0.22
	二甲苯	kg	5.21					0.02	0.02
	库金箔 98% 93.3×93.3	张	6.69	165.00	169.00				
	赤金箔 74% 83.3×83.3	张	3.66			206.00	212.00		
	铜箔	张	2.00					165.00	169.00
	零星材料费	元		11.19	11.45	7.69	7.91	3.51	3.59

单位：10m²

编号				17-240	17-241	17-242	17-243	17-244	17-245
项目				垫拱板沥粉片金龙凤做法					
				彩画打贴库金		彩画打贴赤金		彩画打贴铜箔描清漆	
				5.6～8.8cm	5.6cm以下	5.6～8.8cm	5.6cm以下	5.6～8.8cm	5.6cm以下
预算基价	总价(元)			**6495.60**	**6862.80**	**5168.37**	**5535.57**	**3665.92**	**4031.59**
	人工费(元)			2047.14	2414.34	2102.22	2469.42	2285.82	2651.49
	材料费(元)			4448.46	4448.46	3066.15	3066.15	1380.10	1380.10
组成内容		单位	单价	数量					
人工	综合工 一类	工日	153.00	13.38	15.78	13.74	16.14	14.94	17.33
材料	滑石粉	kg	0.59	1.01	1.01	1.01	1.01	1.01	1.01
	大白粉	kg	0.91	1.01	1.01	1.01	1.01	1.01	1.01
	乳胶	kg	8.22	0.66	0.66	0.66	0.66	0.66	0.66
	光油	kg	49.56	0.105	0.105	0.105	0.105	0.105	0.105
	金胶油	kg	63.27	0.55	0.55	0.55	0.55	0.55	0.55
	丙烯酸清漆	kg	27.19					0.55	0.55
	二甲苯	kg	5.21					0.05	0.05
	库金箔 98% 93.3×93.3	张	6.69	651.00	651.00				
	赤金箔 74% 83.3×83.3	张	3.66			816.00	816.00		
	铜箔	张	2.00					651.00	651.00
	棉花	kg	28.34	0.05	0.05	0.05	0.05	0.05	0.05
	砂纸	张	0.87	1.00	1.00	1.00	1.00	1.00	1.00
	零星材料费	元		44.04	44.04	30.36	30.36	13.66	13.66

单位：10m²

编号				17-246	17-247	17-248	17-249	17-250	17-251
项目				垫拱板三宝珠彩画					
				打贴库金		打贴赤金		打贴铜箔描清漆	
				5.6～8.8cm	5.6cm以下	5.6～8.8cm	5.6cm以下	5.6～8.8cm	5.6cm以下
预算基价	总价(元)			**4377.87**	**5008.73**	**3697.74**	**4288.04**	**2992.36**	**3476.46**
	人工费(元)			2001.24	2496.96	2021.13	2515.32	2164.95	2608.65
	材料费(元)			2376.63	2511.77	1676.61	1772.72	827.41	867.81
组成内容		**单位**	**单价**	**数量**					
人工	综合工 一类	工日	153.00	13.08	16.32	13.21	16.44	14.15	17.05
材料	巴黎绿	kg	486.00	0.22	0.22	0.22	0.22	0.22	0.22
	群青	kg	18.50	0.053	0.053	0.053	0.053	0.053	0.053
	白乳胶漆	kg	11.13	0.11	0.11	0.11	0.11	0.11	0.11
	滑石粉	kg	0.59	1.01	1.01	1.01	1.01	1.01	1.01
	大白粉	kg	0.91	1.01	1.01	1.01	1.01	1.01	1.01
	乳胶	kg	8.22	0.66	0.66	0.66	0.66	0.66	0.66
	棉花	kg	28.34	0.03	0.03	0.03	0.03	0.03	0.03
	金胶油	kg	63.27	0.44	0.44	0.44	0.44	0.44	0.44
	丙烯酸清漆	kg	27.19					0.33	0.33
	二甲苯	kg	5.21					0.03	0.03
	库金箔 98% 93.3×93.3	张	6.69	329.00	349.00				
	赤金箔 74% 83.3×83.3	张	3.66			412.00	438.00		
	铜箔	张	2.00					329.00	349.00
	砂纸	张	0.87	1.00	1.00	1.00	1.00	1.00	1.00
	牛皮纸	张	1.12	1.00	1.00	1.00	1.00	1.00	1.00
	高丽纸	张	1.46	1.00	1.00	1.00	1.00	1.00	1.00
	粉笔	盒	4.50	0.10	0.10	0.10	0.10	0.10	0.10
	铅笔	支	1.00	1.00	1.00	1.00	1.00	1.00	1.00
	橡皮	块	1.00	0.50	0.50	0.50	0.50	0.50	0.50
	香糊 400g	瓶	3.88	0.50	0.50	0.50	0.50	0.50	0.50
	零星材料费	元		23.53	24.87	16.60	17.55	8.19	8.59

六、雀替、花活

单位：10m²

编号				17-252	17-253	17-254	17-255	17-256	17-257
项目				地仗			勾边填地 刷三道调和漆	刷血料腻子 刷三道调和漆	罩光油
				三道灰	二道灰	捉中灰 找细灰操油			
预算基价	总价(元)			**1383.22**	**1074.09**	**533.39**	**308.52**	**857.21**	**118.87**
	人工费(元)			1156.68	899.64	440.64	289.17	812.43	90.27
	材料费(元)			226.54	174.45	92.75	19.35	44.78	28.60
组成内容		**单位**	**单价**	**数量**					
人工	综合工 一类	工日	153.00	7.56	5.88	2.88	1.89	5.31	0.59
材料	面粉	kg	1.90	0.20	0.11	0.09			
	血料	kg	5.25	18.59	13.55	5.04		0.70	
	砖灰（综合）	kg	1.00	18.59	13.55	7.84			
	灰油	kg	39.82	1.10	0.60	0.50			
	光油	kg	49.56	0.750	0.750	0.700			0.525
	生桐油	kg	20.00	1.20	1.20				
	汽油	kg	7.16	0.17	0.17	0.17	0.17	0.17	0.20
	白灰	kg	0.30	0.04	0.02	0.02			
	滑石粉	kg	0.59					1.30	
	调和漆	kg	14.11				1.21	2.68	
	砂纸	张	0.87				1.00	1.00	1.00
	砂布	张	0.93	1.65	1.65	1.65			
	零星材料费	元		2.24	1.73	0.92	0.19	0.44	0.28

单位：10m²

编号				17-258	17-259	17-260	17-261	17-262	17-263
项目				大边、绦环贴金或花纹攒退做法			大边、绦环贴金或花边纠粉		
				打贴库金	打贴赤金	打贴铜箔描清漆	打贴库金	打贴赤金	打贴铜箔描清漆
预算基价	总价(元)			**3876.82**	**3414.90**	**2873.68**	**3741.57**	**3279.64**	**2739.95**
	人工费(元)			1759.50	1777.86	1817.64	1634.04	1652.40	1693.71
	材料费(元)			2117.32	1637.04	1056.04	2107.53	1627.24	1046.24
组成内容		**单位**	**单价**	**数量**					
人工	综合工 一类	工日	153.00	11.50	11.62	11.88	10.68	10.80	11.07
材料	巴黎绿	kg	486.00	0.99	0.99	0.99	0.99	0.99	0.99
	群青	kg	18.50	0.21	0.21	0.21	0.21	0.21	0.21
	白乳胶漆	kg	11.13	0.50	0.50	0.50	0.50	0.50	0.50
	石黄	kg	29.20	0.20	0.20	0.20			
	章丹	kg	30.00	0.50	0.50	0.50	0.50	0.50	0.50
	氧化铁红	kg	9.03	0.20	0.20	0.20			
	大白粉	kg	0.91	1.50	1.50	1.50	1.50	1.50	1.50
	乳胶	kg	8.22	1.65	1.65	1.65	1.40	1.40	1.40
	光油	kg	49.56	0.16	0.16	0.16	0.16	0.16	0.16
	棉花	kg	28.34	0.02	0.02	0.02	0.02	0.02	0.02
	金胶油	kg	63.27	0.50	0.50	0.50	0.50	0.50	0.50
	丙烯酸清漆	kg	27.19			0.50			0.50
	二甲苯	kg	5.21			0.05			0.05
	库金箔 98% 93.3×93.3	张	6.69	227			227		
	赤金箔 74% 83.3×83.3	张	3.66		285			285	
	铜箔	张	2.00			227			227
	砂纸	张	0.87	1.50	1.50	1.50	1.50	1.50	1.50
	黄调和漆	kg	14.11	0.50	0.50	0.50	0.50	0.50	0.50
	汽油	kg	7.16	0.15	0.15	0.15	0.15	0.15	0.15
	零星材料费	元		20.96	16.21	10.46	20.87	16.11	10.36

单位：10m²

编号				17-264
项目				黄大边、花纹纠粉
预算基价	总价(元)			**1794.77**
	人工费(元)			1266.84
	材料费(元)			527.93
组成内容		单位	单价	数量
人工	综合工 一类	工日	153.00	8.28
材料	巴黎绿	kg	486.00	0.99
	群青	kg	18.50	0.21
	白乳胶漆	kg	11.13	0.40
	章丹	kg	30.00	0.50
	乳胶	kg	8.22	1.20
	黄调和漆	kg	14.11	0.50
	砂纸	张	0.87	1.50
	零星材料费	元		5.23

七、天花、天棚

单位：10m²

编号				17-265	17-266	17-267	17-268
项目				地仗			摘上天花井口板
				一布五灰	单皮灰		
					天花板	支条	
预算基价	总价(元)			**2678.04**	**1536.45**	**1727.07**	**55.08**
	人工费(元)			1358.64	817.02	1471.86	55.08
	材料费(元)			1319.40	719.43	255.21	
组成内容		单位	单价	数量			
人工	综合工 一类	工日	153.00	8.88	5.34	9.62	0.36
材料	面粉	kg	1.90	2.40	1.31	0.52	
	血料	kg	5.25	55.87	36.74	10.23	
	砖灰（综合）	kg	1.00	58.52	45.68	15.77	
	灰油	kg	39.82	13.49	7.38	2.94	
	光油	kg	49.56	3.13	2.77	0.81	
	生桐油	kg	20.00	2.50	1.86	1.10	
	白灰	kg	0.30	0.44	0.25	0.10	
	玻璃布 0.2	m²	3.95	52.00			
	汽油	kg	7.16	0.10	0.20	0.22	
	砂布	张	0.93	1.50	1.50	1.50	
	零星材料费	元		13.06	7.12	2.53	

单位：10m²

编号				17-269	17-270	17-271	17-272	17-273	17-274
项目				井口板金琢墨岔角云片金鼓子心彩画					
				打贴库金（边长）		打贴赤金（边长）		打贴铜箔描清漆（边长）	
				50cm以上	50cm以下	50cm以上	50cm以下	50cm以上	50cm以下
预算基价	总价(元)			**9501.87**	**10771.77**	**8145.54**	**9397.08**	**6379.91**	**7639.10**
	人工费(元)			4427.82	5697.72	4537.98	5789.52	4573.17	5832.36
	材料费(元)			5074.05	5074.05	3607.56	3607.56	1806.74	1806.74
组成内容		单位	单价	数量					
人工	综合工 一类	工日	153.00	28.94	37.24	29.66	37.84	29.89	38.12
材料	巴黎绿	kg	486.00	0.55	0.55	0.55	0.55	0.55	0.55
	群青	kg	18.50	0.14	0.14	0.14	0.14	0.14	0.14
	白乳胶漆	kg	11.13	0.65	0.65	0.65	0.65	0.65	0.65
	银朱	kg	96.46	0.02	0.02	0.02	0.02	0.02	0.02
	石黄	kg	29.20	0.15	0.15	0.15	0.15	0.15	0.15
	章丹	kg	30.00	0.14	0.14	0.14	0.14	0.14	0.14
	松烟	kg	25.00	0.01	0.01	0.01	0.01	0.01	0.01
	大白粉	kg	0.91	2.00	2.00	2.00	2.00	2.00	2.00
	乳胶	kg	8.22	1.10	1.10	1.10	1.10	1.10	1.10
	光油	kg	49.56	0.11	0.11	0.11	0.11	0.11	0.11
	黄调和漆	kg	14.11	0.44	0.44	0.44	0.44	0.44	0.44
	汽油	kg	7.16	0.33	0.33	0.33	0.33	0.33	0.33

续前

单位：$10m^2$

编号				17-269	17-270	17-271	17-272	17-273	17-274
项目				井口板金琢墨岔角云片金鼓子心彩画					
				打贴库金（边长）		打贴赤金（边长）		打贴铜箔描清漆（边长）	
				50cm以上	50cm以下	50cm以上	50cm以下	50cm以上	50cm以下
组成内容		单位	单价	数量					
材料	棉花	kg	28.34	0.02	0.02	0.02	0.02	0.02	0.02
	金胶油	kg	63.27	0.55	0.55	0.55	0.55	0.55	0.55
	丙烯酸清漆	kg	27.19					0.55	0.55
	二甲苯	kg	5.21					0.05	0.05
	库金箔 98% 93.3×93.3	张	6.69	693	693				
	赤金箔 74% 83.3×83.3	张	3.66			870	870		
	铜箔	张	2.00					693	693
	砂纸	张	0.87	1.50	1.50	1.50	1.50	1.50	1.50
	牛皮纸	张	1.12	2.00	2.00	2.00	2.00	2.00	2.00
	高丽纸	张	1.46	18.00	18.00	18.00	18.00	18.00	18.00
	粉笔	盒	4.50	0.20	0.20	0.20	0.20	0.20	0.20
	铅笔	支	1.00	1.00	1.00	1.00	1.00	1.00	1.00
	香糊 400g	瓶	3.88	1.5	1.5	1.5	1.5	1.5	1.5
	橡皮	块	1.00	0.50	0.50	0.50	0.50	0.50	0.50
	白矾	kg	7.30	0.20	0.20	0.20	0.20	0.20	0.20
	零星材料费	元		50.24	50.24	35.72	35.72	17.89	17.89

单位：10m²

编号				17-275	17-276	17-277	17-278	17-279	17-280
项目				井口板金琢墨岔角云做染鼓子心彩画					
				打贴库金（边长）		打贴赤金（边长）		打贴铜箔描清漆（边长）	
				50cm以上	50cm以下	50cm以上	50cm以下	50cm以上	50cm以下
预算基价	总价(元)			**7906.88**	**9032.96**	**7088.74**	**8194.93**	**6005.22**	**7120.59**
	人工费(元)			4718.52	5844.60	4770.54	5876.73	4778.19	5893.56
	材料费(元)			3188.36	3188.36	2318.20	2318.20	1227.03	1227.03
组成内容		**单位**	**单价**	**数量**					
人工	综合工 一类	工日	153.00	30.84	38.20	31.18	38.41	31.23	38.52
材料	巴黎绿	kg	486.00	0.55	0.55	0.55	0.55	0.55	0.55
	群青	kg	18.50	0.14	0.14	0.14	0.14	0.14	0.14
	白乳胶漆	kg	11.13	0.72	0.72	0.72	0.72	0.72	0.72
	银朱	kg	96.46	0.02	0.02	0.02	0.02	0.02	0.02
	石黄	kg	29.20	0.15	0.15	0.15	0.15	0.15	0.15
	章丹	kg	30.00	0.14	0.14	0.14	0.14	0.14	0.14
	松烟	kg	25.00	0.01	0.01	0.01	0.01	0.01	0.01
	大白粉	kg	0.91	1.80	1.80	1.80	1.80	1.80	1.80
	乳胶	kg	8.22	1.10	1.10	1.10	1.10	1.10	1.10
	光油	kg	49.56	0.11	0.11	0.11	0.11	0.11	0.11
	黄调和漆	kg	14.11	0.40	0.40	0.40	0.40	0.40	0.40
	汽油	kg	7.16	0.33	0.33	0.33	0.33	0.33	0.33

续前

单位：$10m^2$

编号				17-275	17-276	17-277	17-278	17-279	17-280
项目				井口板金琢墨岔角云做染鼓子心彩画					
				打贴库金（边长）		打贴赤金（边长）		打贴铜箔描清漆（边长）	
				50cm以上	50cm以下	50cm以上	50cm以下	50cm以上	50cm以下
组成内容		单位	单价	数量					
材料	棉花	kg	28.34	0.02	0.02	0.02	0.02	0.02	0.02
	金胶油	kg	63.27	0.33	0.33	0.33	0.33	0.33	0.33
	丙烯酸清漆	kg	27.19					0.33	0.33
	二甲苯	kg	5.21					0.03	0.03
	库金箔 98% 93.3×93.3	张	6.69	416	416				
	赤金箔 74% 83.3×83.3	张	3.66			525	525		
	铜箔	张	2.00					416	416
	砂纸	张	0.87	1.50	1.50	1.50	1.50	1.50	1.50
	牛皮纸	张	1.12	2.00	2.00	2.00	2.00	2.00	2.00
	高丽纸	张	1.46	18.00	18.00	18.00	18.00	18.00	18.00
	粉笔	盒	4.50	0.20	0.20	0.20	0.20	0.20	0.20
	铅笔	支	1.00	1.00	1.00	1.00	1.00	1.00	1.00
	香糊 400g	瓶	3.88	1.5	1.5	1.5	1.5	1.5	1.5
	橡皮	块	1.00	0.50	0.50	0.50	0.50	0.50	0.50
	白矾	kg	7.30	0.20	0.20	0.20	0.20	0.20	0.20
	零星材料费	元		31.57	31.57	22.95	22.95	12.15	12.15

单位： $10m^2$

编号				17-281	17-282	17-283	17-284	17-285	17-286
项目				井口板烟琢墨岔角云片金鼓子心彩画					
				打贴库金（边长）		打贴赤金（边长）		打贴铜箔描清漆（边长）	
				50cm以上	50cm以下	50cm以上	50cm以下	50cm以上	50cm以下
预算基价	总价(元)			**7530.53**	**8610.71**	**6421.12**	**7501.30**	**5079.74**	**6150.74**
	人工费(元)			3506.76	4586.94	3543.48	4623.66	3604.68	4675.68
	材料费(元)			4023.77	4023.77	2877.64	2877.64	1475.06	1475.06
组成内容		**单位**	**单价**	**数量**					
人工	综合工 一类	工日	153.00	22.92	29.98	23.16	30.22	23.56	30.56
材料	巴黎绿	kg	486.00	0.55	0.55	0.55	0.55	0.55	0.55
	群青	kg	18.50	0.14	0.14	0.14	0.14	0.14	0.14
	白乳胶漆	kg	11.13	0.72	0.72	0.72	0.72	0.72	0.72
	银朱	kg	96.46	0.01	0.01	0.01	0.01	0.01	0.01
	石黄	kg	29.20	0.10	0.10	0.10	0.10	0.10	0.10
	章丹	kg	30.00	0.14	0.14	0.14	0.14	0.14	0.14
	松烟	kg	25.00	0.01	0.01	0.01	0.01	0.01	0.01
	大白粉	kg	0.91	1.80	1.80	1.80	1.80	1.80	1.80
	乳胶	kg	8.22	1.10	1.10	1.10	1.10	1.10	1.10
	光油	kg	49.56	0.11	0.11	0.11	0.11	0.11	0.11
	黄调和漆	kg	14.11	0.40	0.40	0.40	0.40	0.40	0.40
	汽油	kg	7.16	0.33	0.33	0.33	0.33	0.33	0.33

续前

单位：$10m^2$

编号				17-281	17-282	17-283	17-284	17-285	17-286
项目				井口板烟琢墨岔角云片金鼓子心彩画					
				打贴库金（边长）		打贴赤金（边长）		打贴铜箔描清漆（边长）	
				50cm以上	50cm以下	50cm以上	50cm以下	50cm以上	50cm以下
组成内容		单位	单价	数量					
材料	棉花	kg	28.34	0.02	0.02	0.02	0.02	0.02	0.02
	金胶油	kg	63.27	0.33	0.33	0.33	0.33	0.33	0.33
	丙烯酸清漆	kg	27.19					0.33	0.33
	二甲苯	kg	5.21					0.03	0.03
	库金箔 98% 93.3×93.3	张	6.69	540	540				
	赤金箔 74% 83.3×83.3	张	3.66			677	677		
	铜箔	张	2.00					540	540
	砂纸	张	0.87	1.50	1.50	1.50	1.50	1.50	1.50
	牛皮纸	张	1.12	2.00	2.00	2.00	2.00	2.00	2.00
	高丽纸	张	1.46	18.00	18.00	18.00	18.00	18.00	18.00
	铅笔	支	1.00	1.00	1.00	1.00	1.00	1.00	1.00
	香糊 400g	瓶	3.88	1.5	1.5	1.5	1.5	1.5	1.5
	橡皮	块	1.00	0.50	0.50	0.50	0.50	0.50	0.50
	白矾	kg	7.30	0.20	0.20	0.20	0.20	0.20	0.20
	粉笔	盒	4.50	0.20	0.20	0.20	0.20	0.20	0.20
	零星材料费	元		39.84	39.84	28.49	28.49	14.60	14.60

单位：10m²

编号				17-287	17-288	17-289	17-290	17-291	17-292
项目				井口板烟琢墨岔角云做染及攒退鼓子心彩画					
				打贴库金（边长）		打贴赤金（边长）		打贴铜箔描清漆（边长）	
				50cm以上	50cm以下	50cm以上	50cm以下	50cm以上	50cm以下
预算基价	总价(元)			**6191.68**	**7098.97**	**5672.37**	**5049.66**	**5046.81**	**5946.45**
	人工费(元)			4114.17	5021.46	4132.53	3509.82	4161.60	5061.24
	材料费(元)			2077.51	2077.51	1539.84	1539.84	885.21	885.21
组成内容		**单位**	**单价**	**数量**					
人工	综合工 一类	工日	153.00	26.89	32.82	27.01	22.94	27.20	33.08
材料	巴黎绿	kg	486.00	0.55	0.55	0.55	0.55	0.55	0.55
	群青	kg	18.50	0.14	0.14	0.14	0.14	0.14	0.14
	白乳胶漆	kg	11.13	0.72	0.72	0.72	0.72	0.72	0.72
	银朱	kg	96.46	0.01	0.01	0.01	0.01	0.01	0.01
	石黄	kg	29.20	0.10	0.10	0.10	0.10	0.10	0.10
	章丹	kg	30.00	0.14	0.14	0.14	0.14	0.14	0.14
	松烟	kg	25.00	0.01	0.01	0.01	0.01	0.01	0.01
	大白粉	kg	0.91	1.80	1.80	1.80	1.80	1.80	1.80
	乳胶	kg	8.22	1.10	1.10	1.10	1.10	1.10	1.10
	光油	kg	49.56	0.11	0.11	0.11	0.11	0.11	0.11
	黄调和漆	kg	14.11	0.40	0.40	0.40	0.40	0.40	0.40
	汽油	kg	7.16	0.33	0.33	0.33	0.33	0.33	0.33

续前

单位：10m²

编号				17-287	17-288	17-289	17-290	17-291	17-292
项目				井口板烟琢墨岔角云做染及攒退鼓子心彩画					
				打贴库金（边长）		打贴赤金（边长）		打贴铜箔描清漆（边长）	
				50cm以上	50cm以下	50cm以上	50cm以下	50cm以上	50cm以下
组成内容		单位	单价	数量					
材料	棉花	kg	28.34	0.02	0.02	0.02	0.02	0.02	0.02
	金胶油	kg	63.27	0.22	0.22	0.22	0.22	0.22	0.22
	丙烯酸清漆	kg	27.19					0.22	0.22
	二甲苯	kg	5.21					0.02	0.02
	库金箔 98% 93.3×93.3	张	6.69	253	253				
	赤金箔 74% 83.3×83.3	张	3.66			317	317		
	铜箔	张	2.00					253	253
	砂纸	张	0.87	1.50	1.50	1.50	1.50	1.50	1.50
	牛皮纸	张	1.12	2.00	2.00	2.00	2.00	2.00	2.00
	高丽纸	张	1.46	18.00	18.00	18.00	18.00	18.00	18.00
	粉笔	盒	4.50	0.20	0.20	0.20	0.20	0.20	0.20
	铅笔	支	1.00	1.00	1.00	1.00	1.00	1.00	1.00
	香糊 400g	瓶	3.88	1.5	1.5	1.5	1.5	1.5	1.5
	橡皮	块	1.00	0.50	0.50	0.50	0.50	0.50	0.50
	白矾	kg	7.30	0.20	0.20	0.20	0.20	0.20	0.20
	零星材料费	元		20.57	20.57	15.25	15.25	8.76	8.76

单位：10m²

编号				17-293	17-294	17-295	17-296	17-297	17-298
项目				井口板方、圆鼓子心金线彩画					
				打贴库金（边长）		打贴赤金（边长）		打贴铜箔描清漆（边长）	
				50cm以上	50cm以下	50cm以上	50cm以下	50cm以上	50cm以下
预算基价	总价(元)			**5547.11**	**6428.39**	**5027.79**	**5909.07**	**4408.37**	**5282.00**
	人工费(元)			3470.04	4351.32	3488.40	4369.68	3523.59	4397.22
	材料费(元)			2077.07	2077.07	1539.39	1539.39	884.78	884.78
组成内容		**单位**	**单价**	**数量**					
人工	综合工 一类	工日	153.00	22.68	28.44	22.80	28.56	23.03	28.74
材料	巴黎绿	kg	486.00	0.55	0.55	0.55	0.55	0.55	0.55
	群青	kg	18.50	0.14	0.14	0.14	0.14	0.14	0.14
	白乳胶漆	kg	11.13	0.72	0.72	0.72	0.72	0.72	0.72
	银朱	kg	96.46	0.01	0.01	0.01	0.01	0.01	0.01
	石黄	kg	29.20	0.10	0.10	0.10	0.10	0.10	0.10
	章丹	kg	30.00	0.14	0.14	0.14	0.14	0.14	0.14
	松烟	kg	25.00	0.01	0.01	0.01	0.01	0.01	0.01
	大白粉	kg	0.91	1.80	1.80	1.80	1.80	1.80	1.80
	乳胶	kg	8.22	1.10	1.10	1.10	1.10	1.10	1.10
	光油	kg	49.56	0.11	0.11	0.11	0.11	0.11	0.11
	黄调和漆	kg	14.11	0.40	0.40	0.40	0.40	0.40	0.40
	汽油	kg	7.16	0.33	0.33	0.33	0.33	0.33	0.33

续前

单位：10m²

编号				17-293	17-294	17-295	17-296	17-297	17-298
项目				井口板方、圆鼓子心金线彩画					
				打贴库金（边长）		打贴赤金（边长）		打贴铜箔描清漆（边长）	
				50cm以上	50cm以下	50cm以上	50cm以下	50cm以上	50cm以下
组成内容		单位	单价	数量					
材料	棉花	kg	28.34	0.02	0.02	0.02	0.02	0.02	0.02
	金胶油	kg	63.27	0.22	0.22	0.22	0.22	0.22	0.22
	丙烯酸清漆	kg	27.19					0.22	0.22
	二甲苯	kg	5.21					0.02	0.02
	库金箔 98% 93.3×93.3	张	6.69	253	253				
	赤金箔 74% 83.3×83.3	张	3.66			317	317		
	铜箔	张	2.00					253	253
	砂纸	张	0.87	1.00	1.00	1.00	1.00	1.00	1.00
	牛皮纸	张	1.12	2.00	2.00	2.00	2.00	2.00	2.00
	高丽纸	张	1.46	18.00	18.00	18.00	18.00	18.00	18.00
	粉笔	盒	4.50	0.20	0.20	0.20	0.20	0.20	0.20
	铅笔	支	1.00	1.00	1.00	1.00	1.00	1.00	1.00
	香糊 400g	瓶	3.88	1.5	1.5	1.5	1.5	1.5	1.5
	橡皮	块	1.00	0.50	0.50	0.50	0.50	0.50	0.50
	白矾	kg	7.30	0.20	0.20	0.20	0.20	0.20	0.20
	零星材料费	元		20.57	20.57	15.24	15.24	8.76	8.76

单位：10m²

编号			17-299	17-300	17-301	17-302	17-303	17-304
项目			支条金琢墨燕尾彩画					
			打贴库金（边长）		打贴赤金（边长）		打贴铜箔描清漆（边长）	
			50cm以上	50cm以下	50cm以上	50cm以下	50cm以上	50cm以下
预算基价	总价(元)		**5089.29**	**5386.11**	**4369.24**	**4666.06**	**3585.88**	**3879.64**
	人工费(元)		2276.64	2573.46	2295.00	2591.82	2421.99	2715.75
	材料费(元)		2812.65	2812.65	2074.24	2074.24	1163.89	1163.89
组成内容	**单位**	**单价**	**数量**					
人工 综合工 一类	工日	153.00	14.88	16.82	15.00	16.94	15.83	17.75
材料 巴黎绿	kg	486.00	0.77	0.77	0.77	0.77	0.77	0.77
群青	kg	18.50	0.11	0.11	0.11	0.11	0.11	0.11
白乳胶漆	kg	11.13	0.22	0.22	0.22	0.22	0.22	0.22
银朱	kg	96.46	0.01	0.01	0.01	0.01	0.01	0.01
石黄	kg	29.20	0.06	0.06	0.06	0.06	0.06	0.06
章丹	kg	30.00	0.02	0.02	0.02	0.02	0.02	0.02
松烟	kg	25.00	0.01	0.01	0.01	0.01	0.01	0.01
大白粉	kg	0.91	1.00	1.00	1.00	1.00	1.00	1.00
乳胶	kg	8.22	0.77	0.77	0.77	0.77	0.77	0.77
黄调和漆	kg	14.11	0.33	0.33	0.33	0.33	0.33	0.33
汽油	kg	7.16	0.22	0.22	0.22	0.22	0.22	0.22
棉花	kg	28.34	0.01	0.01	0.01	0.01	0.01	0.01

续前

单位：10m²

编号				17-299	17-300	17-301	17-302	17-303	17-304
项目				支条金琢墨燕尾彩画					
				打贴库金（边长）		打贴赤金（边长）		打贴铜箔描清漆（边长）	
				50cm以上	50cm以下	50cm以上	50cm以下	50cm以上	50cm以下
组成内容		单位	单价	数量					
材料	金胶油	kg	63.27	0.44	0.44	0.44	0.44	0.44	0.44
	丙烯酸清漆	kg	27.19					0.33	0.33
	二甲苯	kg	5.21					0.02	0.02
	库金箔 98% 93.3×93.3	张	6.69	350	350				
	赤金箔 74% 83.3×83.3	张	3.66			440	440		
	铜箔	张	2.00					350	350
	砂纸	张	0.87	1.00	1.00	1.00	1.00	1.00	1.00
	牛皮纸	张	1.12	2.00	2.00	2.00	2.00	2.00	2.00
	高丽纸	张	1.46	5.00	5.00	5.00	5.00	5.00	5.00
	粉笔	盒	4.50	0.20	0.20	0.20	0.20	0.20	0.20
	铅笔	支	1.00	1.00	1.00	1.00	1.00	1.00	1.00
	香糊 400g	瓶	3.88	1.5	1.5	1.5	1.5	1.5	1.5
	橡皮	块	1.00	0.50	0.50	0.50	0.50	0.50	0.50
	白矾	kg	7.30	0.11	0.11	0.11	0.11	0.11	0.11
	零星材料费	元		27.85	27.85	20.54	20.54	11.52	11.52

单位：10m²

编号				17-305	17-306	17-307	17-308	17-309	17-310
项目				支条烟琢墨燕尾彩画					
				打贴库金（边长）		打贴赤金（边长）		打贴铜箔描清漆（边长）	
				50cm以上	50cm以下	50cm以上	50cm以下	50cm以上	50cm以下
预算基价	总价(元)			**3951.38**	**4223.72**	**3441.25**	**3713.59**	**2897.34**	**3166.62**
	人工费(元)			1819.17	2091.51	1837.53	2109.87	1941.57	2210.85
	材料费(元)			2132.21	2132.21	1603.72	1603.72	955.77	955.77
组成内容		单位	单价	数量					
人工	综合工 一类	工日	153.00	11.89	13.67	12.01	13.79	12.69	14.45
材料	巴黎绿	kg	486.00	0.77	0.77	0.77	0.77	0.77	0.77
	群青	kg	18.50	0.11	0.11	0.11	0.11	0.11	0.11
	白乳胶漆	kg	11.13	0.66	0.66	0.66	0.66	0.66	0.66
	银朱	kg	96.46	0.01	0.01	0.01	0.01	0.01	0.01
	石黄	kg	29.20	0.06	0.06	0.06	0.06	0.06	0.06
	章丹	kg	30.00	0.02	0.02	0.02	0.02	0.02	0.02
	松烟	kg	25.00	0.01	0.01	0.01	0.01	0.01	0.01
	大白粉	kg	0.91	0.80	0.80	0.80	0.80	0.80	0.80
	乳胶	kg	8.22	0.66	0.66	0.66	0.66	0.66	0.66
	黄调和漆	kg	14.11	0.22	0.22	0.22	0.22	0.22	0.22
	汽油	kg	7.16	0.22	0.22	0.22	0.22	0.22	0.22
	棉花	kg	28.34	0.01	0.01	0.01	0.01	0.01	0.01

续前

单位： $10m^2$

编号				17-305	17-306	17-307	17-308	17-309	17-310
项目				支条烟琢墨燕尾彩画					
				打贴库金（边长）		打贴赤金（边长）		打贴铜箔描清漆（边长）	
				50cm以上	50cm以下	50cm以上	50cm以下	50cm以上	50cm以下
组成内容		单位	单价	数量					
材料	金胶油	kg	63.27	0.33	0.33	0.33	0.33	0.33	0.33
	丙烯酸清漆	kg	27.19					0.28	0.28
	二甲苯	kg	5.21					0.02	0.02
	库金箔 98% 93.3×93.3	张	6.69	250	250				
	赤金箔 74% 83.3×83.3	张	3.66			314	314		
	铜箔	张	2.00					250	250
	砂纸	张	0.87	1.00	1.00	1.00	1.00	1.00	1.00
	牛皮纸	张	1.12	2.00	2.00	2.00	2.00	2.00	2.00
	高丽纸	张	1.46	5.00	5.00	5.00	5.00	5.00	5.00
	粉笔	盒	4.50	0.20	0.20	0.20	0.20	0.20	0.20
	铅笔	支	1.00	1.00	1.00	1.00	1.00	1.00	1.00
	香糊 400g	瓶	3.88	1.5	1.5	1.5	1.5	1.5	1.5
	橡皮	块	1.00	0.50	0.50	0.50	0.50	0.50	0.50
	白矾	kg	7.30	0.11	0.11	0.11	0.11	0.11	0.11
	零星材料费	元		21.11	21.11	15.88	15.88	9.46	9.46

单位：10m²

编号			17-311	17-312	17-313	17-314	17-315	17-316
项目			不贴金的支条燕尾彩画(每块边长)		刷支条井口线贴金			刷支条拉色井口线
			50cm以上	50cm以下	打贴库金	打贴赤金	打贴铜箔描清漆	
预算基价	总价(元)		**1876.44**	**2148.78**	**1754.74**	**1419.71**	**1025.20**	**471.18**
	人工费(元)		1451.97	1724.31	275.40	293.76	321.30	108.63
	材料费(元)		424.47	424.47	1479.34	1125.95	703.90	362.55
组成内容	单位	单价	数量					
人工 综合工 一类	工日	153.00	9.49	11.27	1.80	1.92	2.10	0.71
材料 巴黎绿	kg	486.00	0.77	0.77	0.70	0.70	0.70	0.70
群青	kg	18.50	0.11	0.11				
白乳胶漆	kg	11.13	0.22	0.22				
银朱	kg	96.46	0.02	0.02				
石黄	kg	29.20	0.15	0.15				0.50
章丹	kg	30.00	0.14	0.14				
大白粉	kg	0.91	0.80	0.80				
乳胶	kg	8.22	0.66	0.66	0.30	0.30	0.30	0.40
黄调和漆	kg	14.11	0.22	0.22	0.22	0.22	0.22	
汽油	kg	7.16	0.33	0.33				
棉花	kg	28.34			0.01	0.01	0.01	

续前

单位：10m²

编号			17-311	17-312	17-313	17-314	17-315	17-316
项目			不贴金的支条燕尾彩画(每块边长)		刷支条井口线贴金			刷支条拉色井口线
			50cm以上	50cm以下	打贴库金	打贴赤金	打贴铜箔描清漆	
组成内容	单位	单价	数量					
材料 金胶油	kg	63.27			0.22	0.22	0.22	
丙烯酸清漆	kg	27.19					0.22	
二甲苯	kg	5.21					0.02	
库金箔 98% 93.3×93.3	张	6.69			165			
赤金箔 74% 83.3×83.3	张	3.66				206		
铜箔	张	2.00					165	
砂纸	张	0.87	1.00	1.00	1.00	1.00	1.00	1.00
牛皮纸	张	1.12	2.00	2.00				
高丽纸	张	1.46	5.00	5.00				
粉笔	盒	4.50	0.20	0.20				
铅笔	支	1.00	1.00	1.00				
橡皮	块	1.00	0.50	0.50				
白矾	kg	7.30	0.11	0.11				
香糊 400g	瓶	3.88	1.500	1.500				
零星材料费	元		4.20	4.20	14.65	11.15	6.97	3.59

单位：10m²

编号				17-317	17-318	17-319	17-320	17-321	17-322
项目				天花新式金琢墨彩画					
				打贴库金（边长）		打贴赤金（边长）		打贴铜箔描清漆（边长）	
				50cm以上	50cm以下	50cm以上	50cm以下	50cm以上	50cm以下
预算基价	总价(元)			**9190.27**	**10039.42**	**7778.86**	**8628.01**	**6069.84**	**6917.46**
	人工费(元)			4115.70	4964.85	4170.78	5019.93	4262.58	5110.20
	材料费(元)			5074.57	5074.57	3608.08	3608.08	1807.26	1807.26
组成内容		**单位**	**单价**	**数量**					
人工	综合工 一类	工日	153.00	26.90	32.45	27.26	32.81	27.86	33.40
材料	巴黎绿	kg	486.00	0.55	0.55	0.55	0.55	0.55	0.55
	群青	kg	18.50	0.14	0.14	0.14	0.14	0.14	0.14
	白乳胶漆	kg	11.13	0.65	0.65	0.65	0.65	0.65	0.65
	大白粉	kg	0.91	2.00	2.00	2.00	2.00	2.00	2.00
	银朱	kg	96.46	0.02	0.02	0.02	0.02	0.02	0.02
	石黄	kg	29.20	0.15	0.15	0.15	0.15	0.15	0.15
	章丹	kg	30.00	0.14	0.14	0.14	0.14	0.14	0.14
	松烟	kg	25.00	0.01	0.01	0.01	0.01	0.01	0.01
	乳胶	kg	8.22	1.10	1.10	1.10	1.10	1.10	1.10
	光油	kg	49.56	0.11	0.11	0.11	0.11	0.11	0.11
	黄调和漆	kg	14.11	0.44	0.44	0.44	0.44	0.44	0.44
	汽油	kg	7.16	0.33	0.33	0.33	0.33	0.33	0.33

续前

单位：$10m^2$

编号				17-317	17-318	17-319	17-320	17-321	17-322
项目				天花新式金琢墨彩画					
				打贴库金（边长）		打贴赤金（边长）		打贴铜箔描清漆（边长）	
				50cm以上	50cm以下	50cm以上	50cm以下	50cm以上	50cm以下
组成内容		单位	单价	数量					
材料	棉花	kg	28.34	0.02	0.02	0.02	0.02	0.02	0.02
	金胶油	kg	63.27	0.55	0.55	0.55	0.55	0.55	0.55
	丙烯酸清漆	kg	27.19					0.55	0.55
	二甲苯	kg	5.21					0.05	0.05
	库金箔 98% 93.3×93.3	张	6.69	693	693				
	赤金箔 74% 83.3×83.3	张	3.66			870	870		
	铜箔	张	2.00					693	693
	砂纸	张	0.87	1.45	1.45	1.45	1.45	1.45	1.45
	牛皮纸	张	1.12	2.50	2.50	2.50	2.50	2.50	2.50
	高丽纸	张	1.46	18.00	18.00	18.00	18.00	18.00	18.00
	粉笔	盒	4.50	0.20	0.20	0.20	0.20	0.20	0.20
	铅笔	支	1.00	1.00	1.00	1.00	1.00	1.00	1.00
	香糊 400g	瓶	3.88	1.5	1.5	1.5	1.5	1.5	1.5
	橡皮	块	1.00	0.50	0.50	0.50	0.50	0.50	0.50
	白矾	kg	7.30	0.20	0.20	0.20	0.20	0.20	0.20
	零星材料费	元		50.24	50.24	35.72	35.72	17.89	17.89

单位：10m²

编号				17-323	17-324	17-325	17-326	17-327	17-328
项目				灯花金琢墨彩画			灯花局部贴金彩画(一)		
				打贴库金	打贴赤金	打贴铜箔描清漆	打贴库金	打贴赤金	打贴铜箔描清漆
预算基价	总价(元)			**13610.36**	**12198.95**	**10434.85**	**8114.08**	**7728.54**	**7248.89**
	人工费(元)			8537.40	8592.48	8629.20	6334.20	6389.28	6445.89
	材料费(元)			5072.96	3606.47	1805.65	1779.88	1339.26	803.00
组成内容		单位	单价	数量					
人工	综合工 一类	工日	153.00	55.80	56.16	56.40	41.40	41.76	42.13
材料	巴黎绿	kg	486.00	0.55	0.55	0.55	0.55	0.55	0.55
	群青	kg	18.50	0.14	0.14	0.14	0.14	0.14	0.14
	白乳胶漆	kg	11.13	0.65	0.65	0.65	0.65	0.65	0.65
	银朱	kg	96.46	0.02	0.02	0.02	0.02	0.02	0.02
	石黄	kg	29.20	0.15	0.15	0.15	0.15	0.15	0.15
	章丹	kg	30.00	0.14	0.14	0.14	0.14	0.14	0.14
	松烟	kg	25.00	0.01	0.01	0.01	0.01	0.01	0.01
	大白粉	kg	0.91	2.00	2.00	2.00	2.00	2.00	2.00
	乳胶	kg	8.22	1.10	1.10	1.10	1.10	1.10	1.10
	光油	kg	49.56	0.11	0.11	0.11	0.11	0.11	0.11
	黄调和漆	kg	14.11	0.44	0.44	0.44	0.44	0.44	0.44
	汽油	kg	7.16	0.33	0.33	0.33	0.33	0.33	0.33

续前

单位：$10m^2$

编号				17-323	17-324	17-325	17-326	17-327	17-328
项目				灯花金琢墨彩画			灯花局部贴金彩画(一)		
				打贴库金	打贴赤金	打贴铜箔描清漆	打贴库金	打贴赤金	打贴铜箔描清漆
组成内容		单位	单价	数量					
材料	棉花	kg	28.34	0.02	0.02	0.02	0.02	0.02	0.02
	金胶油	kg	63.27	0.55	0.55	0.55	0.30	0.30	0.30
	丙烯酸清漆	kg	27.19			0.55			0.30
	二甲苯	kg	5.21			0.05			0.03
	库金箔 98% 93.3×93.3	张	6.69	693			208		
	赤金箔 74% 83.3×83.3	张	3.66		870			261	
	铜箔	张	2.00			693			208
	砂纸	张	0.87	1.50	1.50	1.50	1.50	1.50	1.50
	牛皮纸	张	1.12	4.50	4.50	4.50	4.50	4.50	4.50
	高丽纸	张	1.46	18.00	18.00	18.00	18.00	18.00	18.00
	粉笔	盒	4.50	0.20	0.20	0.20	0.20	0.20	0.20
	铅笔	支	1.00	1.00	1.00	1.00	1.00	1.00	1.00
	香糊 400g	瓶	3.88	0.50	0.50	0.50	0.50	0.50	0.50
	橡皮	块	1.00	0.50	0.50	0.50	0.50	0.50	0.50
	白矾	kg	7.30	0.20	0.20	0.20	0.20	0.20	0.20
	零星材料费	元		50.23	35.71	17.88	17.62	13.26	7.95

单位：10m²

编号				17-329	17-330	17-331	17-332
项目				灯花局部贴金彩画(二)			灯花沥粉无金彩画做法
				打贴库金	打贴赤金	打贴铜箔描清漆	
预算基价	总价(元)			**10076.71**	**9250.55**	**8224.45**	**6392.76**
	人工费(元)			6885.00	6940.08	6992.10	6040.44
	材料费(元)			3191.71	2310.47	1232.35	352.32
组成内容		**单位**	**单价**	**数量**			
人工	综合工 一类	工日	153.00	45.00	45.36	45.70	39.48
材料	巴黎绿	kg	486.00	0.55	0.55	0.55	0.55
	群青	kg	18.50	0.14	0.14	0.14	0.14
	白乳胶漆	kg	11.13	0.65	0.65	0.65	0.65
	银朱	kg	96.46	0.02	0.02	0.02	0.02
	石黄	kg	29.20	0.15	0.15	0.15	0.15
	章丹	kg	30.00	0.14	0.14	0.14	0.14
	松烟	kg	25.00	0.01	0.01	0.01	0.01
	大白粉	kg	0.91	2.00	2.00	2.00	2.00
	乳胶	kg	8.22	1.10	1.10	1.10	1.10
	光油	kg	49.56	0.11	0.11	0.11	0.11
	黄调和漆	kg	14.11	0.44	0.44	0.44	0.44
	汽油	kg	7.16	0.33	0.33	0.33	

续前 单位：$10m^2$

编号				17-329	17-330	17-331	17-332
项目				灯花局部贴金彩画(二)			灯花沥粉无金彩画做法
				打贴库金	打贴赤金	打贴铜箔描清漆	
组成内容		单位	单价	数量			
材料	棉花	kg	28.34	0.02	0.02	0.02	
	金胶油	kg	63.27	0.40	0.40	0.40	
	丙烯酸清漆	kg	27.19			0.40	
	二甲苯	kg	5.21			0.04	
	库金箔 98% 93.3×93.3	张	6.69	416			
	赤金箔 74% 83.3×83.3	张	3.66		522		
	铜箔	张	2.00			416	
	砂纸	张	0.87	1.50	1.50	1.50	1.50
	牛皮纸	张	1.12	4.50	4.50	4.50	4.50
	高丽纸	张	1.46	18.00	18.00	18.00	18.00
	粉笔	盒	4.50	0.20	0.20	0.20	0.20
	铅笔	支	1.00	1.00	1.00	1.00	1.00
	橡皮	块	1.00	0.50	0.50	0.50	0.50
	香糊 400g	瓶	3.88	0.50	0.50	0.50	0.50
	白矾	kg	7.30	0.20	0.20	0.20	0.20
	零星材料费	元		31.60	22.88	12.20	3.49

单位：10m²

编号				17-333	17-334	17-335	17-336	17-337
项目				胶合板天棚油漆				
				除铲	三道灰	缝溜布条	捉腻子	刷调和漆三道
预算基价	总价(元)			**45.90**	**463.70**	**28.91**	**87.28**	**208.63**
	人工费(元)			45.90	394.74	27.54	73.44	163.71
	材料费(元)				68.96	1.37	13.84	44.92
组成内容		单位	单价	数量				
人工	综合工 一类	工日	153.00	0.30	2.58	0.18	0.48	1.07
材料	绝缘绸	m²				(0.45)		
	面粉	kg	1.90		0.08			
	血料	kg	5.25		4.00			
	砖灰（综合）	kg	1.00		7.00			
	灰油	kg	39.82		0.50			
	光油	kg	49.56		0.17		0.25	
	生桐油	kg	20.00		0.50			
	108胶	kg	4.45			0.20		
	调和漆	kg	14.11					3.00
	汽油	kg	7.16		0.25			0.30
	石膏粉	kg	0.94			0.50		
	砂纸	张	0.87				1.50	
	零星材料费	元			0.68	0.01	0.14	0.44

八、下架木件

单位：10m²

编号				17-338	17-339	17-340	17-341	17-342
项目				地仗				
				一麻五灰		一布五灰	一布四灰	
				23～58cm	23cm以下		23～58cm	23cm以下
预算基价	总价(元)			**3268.55**	**3322.80**	**3107.87**	**2786.66**	**2895.29**
	人工费(元)			1972.17	2083.86	1774.80	1572.84	1681.47
	材料费(元)			1296.38	1238.94	1333.07	1213.82	1213.82
组成内容		**单位**	**单价**	**数量**				
人工	综合工 一类	工日	153.00	12.89	13.62	11.60	10.28	10.99
材料	面粉	kg	1.90	2.590	2.450	2.420	2.080	2.080
	血料	kg	5.25	59.79	58.62	57.04	50.77	50.77
	砖灰（综合）	kg	1.00	63.03	63.03	60.96	52.92	52.92
	灰油	kg	39.82	14.57	13.78	13.61	11.69	11.69
	光油	kg	49.56	3.13	3.13	3.13	3.13	3.13
	生桐油	kg	20.00	2.50	2.50	2.50	2.50	2.50
	精梳麻	kg	38.00	3.00	2.50			
	玻璃布 0.2	m²	3.95			52.00	52.00	52.00
	白灰	kg	0.30	0.48	0.45	0.44	0.38	0.38
	汽油	kg	7.16	0.10	0.10	0.10	0.10	0.10
	砂布	张	0.93	1.65	1.65	1.65	1.65	1.65
	零星材料费	元		12.84	12.27	13.20	12.02	12.02

单位：10m²

编号				17-343	17-344	17-345	17-346	17-347
项目				地仗			油漆	
				单皮灰		刮浆灰	刮血料腻子刷调和漆三道	柱子刷调和漆二道扣油一道
				木结构 23～58cm	混凝土结构 23cm以下			
预算基价	总价(元)			**2122.69**	**1686.63**	**92.09**	**358.74**	**1383.77**
	人工费(元)			1282.14	951.66	79.56	302.94	1321.92
	材料费(元)			840.55	734.97	12.53	55.80	61.85
组成内容		**单位**	**单价**	**数量**				
人工	综合工 一类	工日	153.00	8.38	6.22	0.52	1.98	8.64
材料	面粉	kg	1.90	1.53	1.33			
	血料	kg	5.25	42.99	36.74	0.71	0.70	
	砖灰（综合）	kg	1.00	52.92	45.68			
	灰油	kg	39.82	8.62	7.50			
	光油	kg	49.56	3.13	2.77		0.10	0.50
	生桐油	kg	20.00	2.50	1.86			
	白灰	kg	0.30	0.28	0.25			
	乳胶	kg	8.22		1.10			
	水泥	kg	0.39		3.54			
	淋浆灰	kg	8.00			1.10		
	滑石粉	kg	0.59				0.65	
	土粉子	kg	2.65				0.65	
	石膏粉	kg	0.94				0.10	0.10
	调和漆	kg	14.11				2.94	2.40
	稀料	kg	10.88				0.11	0.11
	汽油	kg	7.16	0.10	0.20			
	砂布	张	0.93	1.65	1.65			
	砂纸	张	0.87				2.00	1.50
	零星材料费	元		8.32	7.28		0.55	0.61

单位：10m²

编号				17-348	17-349	17-350	17-351	17-352	17-353
项目				柱子金琢墨彩画			柱子片金彩画		
				沥粉打贴库金	沥粉打贴赤金	沥粉打贴铜箔描清漆	沥粉打贴库金	沥粉打贴赤金	沥粉打贴铜箔描清漆
预算基价	总价(元)			**8910.75**	**7537.85**	**6000.34**	**8828.65**	**7125.93**	**4676.23**
	人工费(元)			4149.36	4241.16	4498.20	2668.32	2861.10	2750.94
	材料费(元)			4761.39	3296.69	1502.14	6160.33	4264.83	1925.29
组成内容		**单位**	**单价**	**数量**					
人工	综合工 一类	工日	153.00	27.12	27.72	29.40	17.44	18.70	17.98
材料	大白粉	kg	0.91	4.31	4.31	4.31	4.31	4.31	4.31
	乳胶	kg	8.22	1.76	1.76	1.76	1.76	1.76	1.76
	光油	kg	49.56	0.53	0.53	0.53	0.53	0.53	0.53
	白乳胶漆	kg	11.13	2.75	2.75	2.75	2.75	2.75	2.75
	金胶油	kg	63.27	0.33	0.33	0.33	0.44	0.44	0.44
	丙烯酸清漆	kg	27.19			0.33			0.33
	二甲苯	kg	5.21			0.03			0.03
	库金箔 98% 93.3×93.3	张	6.69	690			896		
	赤金箔 74% 83.3×83.3	张	3.66		865			1125	
	铜箔	张	2.00			690			896
	棉花	kg	28.34	0.02	0.02	0.02	0.02	0.02	0.02
	砂纸	张	0.87	1.65	1.65	1.65	1.65	1.65	1.65
	零星材料费	元		47.14	32.64	14.87	60.99	42.23	19.06

单位： 10m²

编号				17-354	17-355	17-356	17-357
项目				柱子沥粉垫光头道油漆			
				打贴库金	打贴库、赤两色金	打贴赤金	打贴铜箔描清漆
预算基价	总价(元)			**12366.72**	**10920.89**	**9552.05**	**5738.31**
	人工费(元)			2668.32	2763.18	2861.10	2750.94
	材料费(元)			9698.40	8157.71	6690.95	2987.37
组成内容		**单位**	**单价**	**数量**			
人工	综合工 一类	工日	153.00	17.44	18.06	18.70	17.98
材料	大白粉	kg	0.91	4.31	4.31	4.31	4.31
	乳胶	kg	8.22	1.76	1.76	1.76	1.76
	光油	kg	49.56	0.53	0.53	0.53	0.53
	汽油	kg	7.16	0.165	0.165	0.165	0.165
	金胶油	kg	63.27	0.66	0.66	0.66	0.66
	丙烯酸清漆	kg	27.19				0.55
	二甲苯	kg	5.21				0.05
	库金箔 98% 93.3×93.3	张	6.69	1420	710		
	赤金箔 74% 83.3×83.3	张	3.66		881	1782	
	铜箔	张	2.00				1420
	醇酸磁漆	kg	16.86	0.735	0.735	0.735	0.735
	棉花	kg	28.34	0.03	0.03	0.03	0.03
	砂纸	张	0.87	2.00	2.00	2.00	2.00
	零星材料费	元		96.02	80.77	66.25	29.58

单位：10m²

编号				17-358	17-359	17-360
项目				框线、门簪贴金		
				打贴库金	打贴赤金	打贴铜箔描清漆
预算基价	总价(元)			**13972.92**	**10557.07**	**6277.87**
	人工费(元)			2581.11	2709.63	2827.44
	材料费(元)			11391.81	7847.44	3450.43
组成内容		**单位**	**单价**	**数量**		
人工	综合工 一类	工日	153.00	16.87	17.71	18.48
材料	大白粉	kg	0.91	0.42	0.42	0.42
	棉花	kg	28.34	0.05	0.05	0.05
	金胶油	kg	63.27	0.594	0.594	0.594
	丙烯酸清漆	kg	27.19			0.594
	二甲苯	kg	5.21			0.059
	库金箔 98% 93.3×93.3	张	6.69	1680		
	赤金箔 74% 83.3×83.3	张	3.66		2112	
	铜箔	张	2.00			1680
	砂纸	张	0.87	0.50	0.50	0.50
	零星材料费	元		112.79	77.70	34.16

九、装　　修

1.大门、街门、迎风板、走马板、木板墙

单位：10m²

编号				17-361	17-362	17-363	17-364	17-365	17-366
项目				地仗				磨生刮浆灰	满刮血料腻子刷四道磁漆
				一麻五灰	一布五灰	一布四灰	单皮灰		
预算基价	总价(元)			**3471.59**	**3263.23**	**2725.46**	**2122.69**	**93.11**	**481.33**
	人工费(元)			1878.84	1695.24	1511.64	1282.14	79.56	387.09
	材料费(元)			1592.75	1567.99	1213.82	840.55	13.55	94.24
组成内容		**单位**	**单价**	**数量**					
人工	综合工 一类	工日	153.00	12.28	11.08	9.88	8.38	0.52	2.53
材料	面粉	kg	1.90	3.44	3.14	2.08	1.53		
	血料	kg	5.25	71.23	66.39	50.77	42.99	0.71	0.71
	砖灰（综合）	kg	1.00	76.98	74.16	52.92	52.92		
	灰油	kg	39.82	19.35	17.64	11.69	8.62		
	光油	kg	49.56	3.30	3.30	3.13	3.13		0.50
	生桐油	kg	20.00	2.50	2.50	2.50	2.50		
	精梳麻	kg	38.00	3.50					
	玻璃布 0.2	m²	3.95		52.00	52.00			
	白灰	kg	0.30	0.64	0.58	0.38	0.28		
	淋浆灰	kg	8.00					1.10	
	滑石粉	kg	0.59						1.25
	醇酸磁漆	kg	16.86						3.62
	稀料	kg	10.88						0.11
	汽油	kg	7.16	0.10	0.10	0.10	0.10		
	砂布	张	0.93	1.65	1.65	1.65	1.65	1.10	
	砂纸	张	0.87						2.00
	石膏粉	kg	0.94						0.10
	零星材料费	元		15.77	15.52	12.02	8.32		0.93

单位：10m²

编号				17-367	17-368	17-369	17-370
项目				隔墙板护墙板木墙裙混色油漆			
				除铲	捉中灰满细灰操生油	满刮血料腻子刷三道调和漆	捉找石膏腻子刷三道调和漆
预算基价	总价(元)			**27.54**	**432.91**	**261.36**	**256.27**
	人工费(元)			27.54	358.02	214.20	214.20
	材料费(元)				74.89	47.16	42.07
组成内容		**单位**	**单价**	**数量**			
人工	综合工 一类	工日	153.00	0.18	2.34	1.40	1.40
材料	面粉	kg	1.90		0.09		
	血料	kg	5.25		5.06	1.00	
	砖灰（综合）	kg	1.00		6.93		
	灰油	kg	39.82		0.52		
	生桐油	kg	20.00		0.44		
	光油	kg	49.56		0.17		
	白灰	kg	0.30		0.01		
	汽油	kg	7.16		0.17		
	石膏粉	kg	0.94			0.08	0.60
	滑石粉	kg	0.59			1.20	
	调和漆	kg	14.11			2.82	2.85
	砂布	张	0.93		0.50		
	砂纸	张	0.87		1.00	1.00	1.00
	零星材料费	元			0.74	0.47	0.42

单位：10m²

编号				17-371	17-372	17-373	17-374	17-375	17-376
项目				隔墙板、护墙板、木墙裙清色油漆					
				硬杂木面磨白茬	刮色腻子	刷油色	润油粉	润水粉	套两遍漆片
预算基价	总价(元)			**146.08**	**165.07**	**97.88**	**111.66**	**93.32**	**71.87**
	人工费(元)			143.82	143.82	81.09	90.27	90.27	53.55
	材料费(元)			2.26	21.25	16.79	21.39	3.05	18.32
组成内容		**单位**	**单价**	**数量**					
人工	综合工 一类	工日	153.00	0.94	0.94	0.53	0.59	0.59	0.35
材料	大白粉	kg	0.91		1.20		1.00	1.20	
	色粉	kg	4.47		0.18	0.03	0.25	0.30	
	光油	kg	49.56		0.20	0.15	0.15		
	清油	kg	15.06		0.40	0.20	0.40		
	汽油	kg	7.16		0.30	0.25	0.35		
	石膏粉	kg	0.94		0.20	0.10	0.20		
	调和漆	kg	14.11			0.15	0.15		
	醇酸清漆	kg	13.59			0.08			
	汤布	kg	12.33				0.05	0.05	
	漆片	kg	42.65						0.20
	乙醇	kg	9.69						0.80
	棉纱	kg	16.11						0.10
	砂纸	张	0.87	2.00	1.00	1.00	0.50		0.25
	零星材料费	元		0.52	0.21	0.25	0.04		0.21

单位：$10m^2$

编号				17-377	17-378	17-379	17-380	17-381	17-382
项目				隔墙板、护墙板、木墙裙清色油漆					
				捉找色腻子	刷三道醇酸清漆	拼色	套漆片色成活	刷醇酸清漆磨退成活	喷清漆磨退清漆
预算基价	总价(元)			**65.59**	**184.15**	**56.61**	**93.66**	**702.76**	**1032.31**
	人工费(元)			62.73	162.18	45.90	71.91	631.89	849.15
	材料费(元)			2.86	21.97	10.71	21.75	70.87	183.16
组成内容		**单位**	**单价**	**数量**					
人工	综合工 一类	工日	153.00	0.41	1.06	0.30	0.47	4.13	5.55
材料	大白粉	kg	0.91	0.40					
	色粉	kg	4.47	0.05		0.02	0.03		
	汽油	kg	7.16	0.03					
	石膏粉	kg	0.94	0.08					
	光油	kg	49.56	0.04					
	醇酸清漆	kg	13.59		1.40			4.00	
	稀料	kg	10.88		0.25			0.80	
	乙醇	kg	9.69			0.60	1.20		
	漆片	kg	42.65			0.10	0.20		
	棉纱	kg	16.11				0.05	0.05	0.05
	砂蜡	kg	14.42					0.20	0.20
	汤布	kg	12.33					0.05	0.05
	水砂纸	张	1.12					2.50	2.50
	砂纸	张	0.87			0.50	0.50		
	白布	m^2	10.34						0.40
	硝基清漆	kg	16.09						4.20
	硝基漆稀释剂	kg	13.67						7.50
	零星材料费	元			0.22	0.11	0.22	0.70	1.81

单位：10m²

编号				17-383	17-384	17-385
项目				隔墙板、护墙板、木墙裙清色油漆		
				刷理漆片成活	刷理丙烯酸成活	打蜡出亮
预算基价	总价(元)			**986.36**	**674.80**	**41.61**
	人工费(元)			902.70	541.62	36.72
	材料费(元)			83.66	133.18	4.89
组成内容		**单位**	**单价**	**数量**		
人工	综合工 一类	工日	153.00	5.90	3.54	0.24
材料	乙醇	kg	9.69	4.00	0.60	
	漆片	kg	42.65	0.80	0.12	
	色粉	kg	4.47	0.04	0.01	
	汤布	kg	12.33	0.50		
	棉纱	kg	16.11	0.10	0.10	0.05
	浮石粉	kg	10.00	0.20		
	砂蜡	kg	14.42		0.20	
	丙烯酸清漆	kg	27.19		4.00	
	二甲苯	kg	5.21		1.00	
	大白粉	kg	0.91		0.20	
	上光蜡	kg	20.40			0.20
	水砂纸	张	1.12		2.00	
	零星材料费	元		0.83	1.32	

单位：10m²

编号				17-386	17-387	17-388
项目				门钉、门钹贴金		
				打贴库金	打贴赤金	打贴铜箔描清漆
预算基价	总价(元)			**14341.65**	**10982.41**	**6756.76**
	人工费(元)			2949.84	3134.97	3306.33
	材料费(元)			11391.81	7847.44	3450.43
组成内容		**单位**	**单价**	**数量**		
人工	综合工 一类	工日	153.00	19.28	20.49	21.61
材料	大白粉	kg	0.91	0.42	0.42	0.42
	金胶油	kg	63.27	0.594	0.594	0.594
	丙烯酸清漆	kg	27.19			0.594
	二甲苯	kg	5.21			0.059
	棉花	kg	28.34	0.05	0.05	0.05
	库金箔 98% 93.3×93.3	张	6.69	1680		
	赤金箔 74% 83.3×83.3	张	3.66		2112	
	铜箔	张	2.00			1680
	砂纸	张	0.87	0.50	0.50	0.50
	零星材料费	元		112.79	77.70	34.16

2.外檐隔墙、槛窗

单位：$10m^2$

编号				17-389	17-390	17-391	17-392	17-393	17-394
项目				地仗				满刮浆灰	攒刮血料腻子刷三道调和漆扣一道油
				一麻五灰	一布五灰	单皮灰	溜布灰		
预算基价	总价(元)			**9491.12**	**9251.58**	**6170.05**	**474.88**	**149.09**	**870.10**
	人工费(元)			6993.63	6704.46	4499.73	367.20	119.34	758.88
	材料费(元)			2497.49	2547.12	1670.32	107.68	29.75	111.22
组成内容		**单位**	**单价**	**数量**					
人工	综合工 一类	工日	153.00	45.71	43.82	29.41	2.40	0.78	4.96
材料	面粉	kg	1.90	5.08	4.96	3.06	0.22		
	血料	kg	5.25	112.38	110.28	83.62	2.80	1.40	1.40
	砖灰（综合）	kg	1.00	129.72	127.80	104.00			
	灰油	kg	39.82	28.68	28.04	17.32	1.24		
	光油	kg	49.56	6.60	6.60	6.60			0.20
	生桐油	kg	20.00	4.50	4.50	4.50			
	白灰	kg	0.30	1.04	1.02	0.66	0.04		
	精梳麻	kg	38.00	5.00					
	玻璃布 0.2	m^2	3.95		70.40		10.66		
	滑石粉	kg	0.59						2.50
	淋浆灰	kg	8.00					2.80	
	石膏粉	kg	0.94						0.30
	汽油	kg	7.16	0.44	0.44	0.44			
	稀料	kg	10.88						0.22
	调和漆	kg	14.11						6.04
	砂纸	张	0.87						4.00
	砂布	张	0.93	3.33	3.30	3.30			
	零星材料费	元		12.43	12.67	8.31	1.07		1.10

单位：10m²

编号				17-395	17-396	17-397	17-398	17-399	17-400
项目				绦环板、云盘线（槛板面积）			大边两柱香（隔扇正面全面积）		
				打贴库金	打贴赤金	打贴铜箔描清漆	打贴库金	打贴赤金	打贴铜箔描清漆
预算基价	总价（元）			**3841.57**	**3095.62**	**2142.62**	**1083.98**	**827.38**	**526.60**
	人工费（元）			1240.83	1306.62	1328.04	221.85	232.56	257.04
	材料费（元）			2600.74	1789.00	814.58	862.13	594.82	269.56
组成内容		**单位**	**单价**	**数量**					
人工	综合工 一类	工日	153.00	8.11	8.54	8.68	1.45	1.52	1.68
材料	大白粉	kg	0.91	0.21	0.21	0.21	0.21	0.21	0.21
	棉花	kg	28.34	0.03	0.03	0.03	0.01	0.01	0.01
	金胶油	kg	63.27	0.495	0.495	0.495	0.154	0.154	0.154
	丙烯酸清漆	kg	27.19			0.495			0.154
	二甲苯	kg	5.21			0.05			0.01
	库金箔 98% 93.3×93.3	张	6.69	380			126		
	赤金箔 74% 83.3×83.3	张	3.66		475			158	
	铜箔	张	2.00			380			126
	砂纸	张	0.87	0.50	0.50	0.50	0.50	0.50	0.50
	零星材料费	元		25.75	17.71	8.07	8.54	5.89	2.67

单位：10m²

编号				17-401	17-402	17-403	17-404	17-405	17-406
项目				大边双皮条线(隔扇正面全面积)			面页(实际面积)		
				打贴库金	打贴赤金	打贴铜箔描清漆	打贴库金	打贴赤金	打贴铜箔描清漆
预算基价	总价(元)			**1648.08**	**1295.07**	**911.71**	**12872.28**	**9401.34**	**5294.62**
	人工费(元)			442.17	465.12	532.44	1474.92	1548.36	1836.00
	材料费(元)			1205.91	829.95	379.27	11397.36	7852.98	3458.62
组成内容		**单位**	**单价**	**数量**					
人工	综合工 一类	工日	153.00	2.89	3.04	3.48	9.64	10.12	12.00
材料	大白粉	kg	0.91	0.21	0.21	0.21	0.21	0.21	0.21
	棉花	kg	28.34	0.01	0.01	0.01	0.05	0.05	0.05
	金胶油	kg	63.27	0.253	0.253	0.253	0.690	0.690	0.690
	丙烯酸清漆	kg	27.19			0.253			0.690
	二甲苯	kg	5.21			0.02			0.06
	库金箔 98% 93.3×93.3	张	6.69	176			1680		
	赤金箔 74% 83.3×83.3	张	3.66		220			2112	
	铜箔	张	2.00			176			1680
	砂纸	张	0.87	0.05	0.05	0.05	0.05	0.05	0.05
	零星材料费	元		11.94	8.22	3.76	112.85	77.75	34.24

3.风门、支摘窗、各种心屉、内檐隔扇、楣子、花栏杆

单位：$10m^2$

编号				17-407	17-408	17-409	17-410	17-411	17-412
项目				地仗					
				大边槛心			单皮灰	衬板二道灰	满刮浆灰
				使麻	粘布条	压麻糊布条			
预算基价	总价(元)			**381.21**	**325.35**	**260.64**	**1565.73**	**467.79**	**62.97**
	人工费(元)			358.02	266.22	229.50	974.61	385.56	55.08
	材料费(元)			23.19	59.13	31.14	591.12	82.23	7.89
组成内容		**单位**	**单价**	**数量**					
人工	综合工 一类	工日	153.00	2.34	1.74	1.50	6.37	2.52	0.36
材料	面粉	kg	1.90	0.13	0.12	0.17	0.78	0.20	
	血料	kg	5.25	0.94	0.78	1.23	33.16	2.80	0.39
	砖灰（综合）	kg	1.00			2.14	39.40	5.95	
	灰油	kg	39.82	0.37	0.31	0.55	4.42	0.61	
	光油	kg	49.56				3.13	0.66	
	生桐油	kg	20.00				1.80		
	白灰	kg	0.30	0.01	0.01	0.02	0.19	0.02	
	精梳麻	kg	38.00	0.08					
	玻璃布 0.2	m^2	3.95		10.60				
	淋浆灰	kg	8.00						0.72
	汽油	kg	7.16				0.22	0.33	
	砂布	张	0.93				1.65	1.10	
	零星材料费	元		0.23	0.59	0.31	5.85	0.81	0.08

单位：10m²

编号				17-413	17-414	17-415	17-416	17-417
项目				刮、肘血料腻子			硬木隔断	
				刷三道调和漆	刷二道调和漆扣末道油漆	衬板刷二道调和漆一道无光漆	擦软蜡出亮	烫硬蜡出亮
预算基价	总价(元)			**539.50**	**563.94**	**329.96**	**165.90**	**681.88**
	人工费(元)			488.07	514.08	281.52	143.82	631.89
	材料费(元)			51.43	49.86	48.44	22.08	49.99
组成内容		**单位**	**单价**	**数量**				
人工	综合工 一类	工日	153.00	3.19	3.36	1.84	0.94	4.13
材料	血料	kg	5.25	0.65	0.65	0.65		
	滑石粉	kg	0.59	0.60	0.60	0.60		
	土粉子	kg	2.65	0.60	0.60	0.60		
	光油	kg	49.56	0.08	0.08	0.08		
	石膏粉	kg	0.94	0.10	0.10	0.10		
	调和漆	kg	14.11	2.84	2.73	2.63		
	汤布	kg	12.33				0.70	
	地板蜡	kg	20.69				0.65	
	硬白蜡	kg	18.46					1.65
	木炭	kg	4.76					4.00
	砂纸	张	0.87	1.65	1.65	1.65		
	零星材料费	元		0.51	0.49	0.48		0.49

单位：10m²

编号				17-418	17-419	17-420
项目				木门窗混色油漆		
				满刮石膏腻子	捉找石膏腻子	刷调和漆三道
预算基价	总价(元)			**109.43**	**82.17**	**247.46**
	人工费(元)			90.27	68.85	201.96
	材料费(元)			19.16	13.32	45.50
组成内容		单位	单价	数量		
人工	综合工 一类	工日	153.00	0.59	0.45	1.32
材料	光油	kg	49.56	0.35	0.25	
	石膏粉	kg	0.94	0.80	0.45	
	调和漆	kg	14.11			2.90
	稀料	kg	10.88			0.30
	砂纸	张	0.87	1.00	0.50	1.00
	零星材料费	元		0.19	0.07	0.45

单位：10m²

编号				17-421	17-422	17-423	17-424	17-425	17-426
项目				楣子			菱花扣贴金		
				彩画(掏里、刷色、拉线、牙子纠粉)	大边刷三道朱红漆油	罩光油	打贴库金	打贴赤金	打贴铜箔描清漆
预算基价	总价(元)			**1497.94**	**145.53**	**207.95**	**1177.49**	**1076.86**	**1065.47**
	人工费(元)			1101.60	126.99	180.54	737.46	774.18	918.00
	材料费(元)			396.34	18.54	27.41	440.03	302.68	147.47
组成内容		**单位**	**单价**	**数量**					
人工	综合工 一类	工日	153.00	7.20	0.83	1.18	4.82	5.06	6.00
材料	巴黎绿	kg	486.00	0.715					
	群青	kg	18.50	0.347					
	白乳胶漆	kg	11.13	0.44					
	石黄	kg	29.20	0.21					
	章丹	kg	30.00	0.735					
	乳胶	kg	8.22	0.426					
	银朱	kg	96.46	0.02					
	调和漆	kg	14.11		1.20				
	汽油	kg	7.16		0.20	0.33			
	光油	kg	49.56			0.50			
	大白粉	kg	0.91				0.21	0.21	0.21
	棉花	kg	28.34				0.01	0.01	0.01
	金胶油	kg	63.27				0.21	0.21	0.21
	丙烯酸清漆	kg	27.19						0.21
	二甲苯	kg	5.21						0.02
	库金箔 98% 93.3×93.3	张	6.69				63		
	赤金箔 74% 83.3×83.3	张	3.66					78	
	铜箔	张	2.00						63
	砂纸	张	0.87				0.50	0.50	0.50
	零星材料费	元		3.92	0.18	0.27	4.36	3.00	1.46

4.墙 面 装 修

单位：$10m^2$

编号				17-427	17-428	17-429	17-430
项目				砖墙抹灰面		墙裙、墙边彩画	
				喷刷铁红浆成活	喷刷米黄浆成活	喷刷灰浆成活	切活
预算基价	总价(元)			**110.57**	**120.81**	**96.66**	**6334.86**
	人工费(元)			88.74	110.16	88.74	4406.40
	材料费(元)			21.83	10.65	7.92	1928.46
组成内容		单位	单价	数量			
人工	综合工 一类	工日	153.00	0.58	0.72	0.58	28.80
材料	氧化铁红	kg	9.03	1.70			
	血料	kg	5.25	0.29			
	石膏粉	kg	0.94	0.32	0.32	0.32	
	大白粉	kg	0.91	0.63	3.99	0.63	
	羧甲基纤维素	kg	11.25	0.06	0.16	0.06	
	白灰	kg	0.30			3.15	
	食盐	kg	0.91			0.06	
	青灰	kg	3.30			0.53	
	乳胶	kg	8.22	0.32	0.32	0.32	1.10
	色粉	kg	4.47		0.21		
	滑石粉	kg	0.59	0.21	0.63	0.21	
	砂纸	张	0.87	0.50	1.00	1.00	
	巴黎绿	kg	486.00				3.85
	群青	kg	18.50				1.58
	零星材料费	元		0.22	0.11		19.09

单位：10m

编号				17-431	17-432
项目				墙边拉线	
				拉油线	拉水线
预算基价	总价(元)			**55.65**	**48.68**
	人工费(元)			53.55	47.43
	材料费(元)			2.10	1.25
组成内容		单位	单价	数量	
人工	综合工 一类	工日	153.00	0.35	0.31
材料	醇酸磁漆	kg	16.86	0.06	
	稀料	kg	10.88	0.10	
	乳胶	kg	8.22		0.12
	色粉	kg	4.47		0.06

5.匾

单位：10m²

编号				17-433	17-434	17-435	17-436	17-437	17-438
项目				混色匾					
				地仗		满刮血料腻子			
				一麻五灰	单皮灰	醇酸磁漆三道	硝基磁漆三道	刷理醇酸磁漆磨退出亮	刷理硝基磁漆磨退出亮
预算基价	总价(元)			**7264.97**	**4395.04**	**551.74**	**677.57**	**1211.99**	**1451.82**
	人工费(元)			5474.34	3436.38	541.62	650.25	1191.87	1407.60
	材料费(元)			1790.63	958.66	10.12	27.32	20.12	44.22
组成内容		单位	单价	数量					
人工	综合工 一类	工日	153.00	35.78	22.46	3.54	4.25	7.79	9.20
材料	面粉	kg	1.90	3.78	1.68				
	血料	kg	5.25	79.13	47.29	0.71	0.71	0.71	0.71
	砖灰（综合）	kg	1.00	84.68	58.21				
	灰油	kg	39.82	21.29	9.48				
	光油	kg	49.56	3.63	3.44				
	生桐油	kg	20.00	4.00	4.00				
	白灰	kg	0.30	0.70	0.31				
	精梳麻	kg	38.00	3.85					
	淋浆灰	kg	8.00	1.21	1.21				
	滑石粉	kg	0.59			0.60	0.60	0.60	0.60
	土粉子	kg	2.65			0.60	0.60	0.60	0.60
	稀料	kg	10.88			0.32		0.32	
	硝基漆稀释剂	kg	13.67				1.50		2.00
	上光蜡	kg	20.40					0.31	0.31
	棉纱	kg	16.11					0.11	0.11
	砂纸	张	0.87	2.00	2.00	1.00	1.00	0.50	0.50
	水砂纸	张	1.12					2.00	2.00
	零星材料费	元		17.73	9.49	0.10	0.27	0.20	0.44

单位：$10m^2$

编号				17-439	17-440	17-441	17-442
项目				清色匾			
				新匾磨砂纸（包括字）	润油粉、刮腻子、底油、油色、醇酸清漆四道、磨退出亮	润油粉二遍、刮腻子、套漆片、刷理清喷漆、磨退出亮	润粉二遍、腻子一遍、醇酸丙烯酸清漆三道、磨退出亮
预算基价	总价（元）			**479.26**	**1574.67**	**2241.81**	**1682.40**
	人工费（元）			477.36	1516.23	2039.49	1588.14
	材料费（元）			1.90	58.44	202.32	94.26
组成内容		**单位**	**单价**	**数量**			
人工	综合工 一类	工日	153.00	3.12	9.91	13.33	10.38
材料	滑石粉	kg	0.59		1.30	1.30	1.30
	调和漆	kg	14.11		0.15		
	色粉	kg	4.47		0.20	0.20	0.20
	漆片	kg	42.65			0.40	
	乙醇	kg	9.69			1.60	
	醇酸清漆	kg	13.59		3.25		0.95
	硝基清漆	kg	16.09			2.60	
	丙烯酸清漆	kg	27.19				2.38
	稀料	kg	10.88		0.17		0.55
	硝基漆稀释剂	kg	13.67			8.50	
	上光蜡	kg	20.40		0.31	0.31	0.31
	砂纸	张	0.87	2.00	2.00	2.00	2.00
	零星材料费	元		0.16	0.58	2.00	0.93

单位：m^2

编号				17-443	17-444	17-445	17-446	17-447	17-448
项目				匾字					
				翻拓字样	灰刻字样	匾地扫青	匾地扫绿	字刷银珠	字刷洋绿
预算基价	总价(元)			**111.82**	**1101.60**	**116.90**	**208.33**	**123.75**	**113.59**
	人工费(元)			110.16	1101.60	110.16	110.16	107.10	107.10
	材料费(元)			1.66		6.74	98.17	16.65	6.49
组成内容		单位	单价	数量					
人工	综合工 一类	工日	153.00	0.72	7.20	0.72	0.72	0.70	0.70
材料	巴黎绿	kg	486.00				0.20		
	群青	kg	18.50			0.20			
	光油	kg	49.56			0.06		0.15	
	牛皮纸	张	1.12	1.00					
	松烟	kg	25.00	0.01					
	清油	kg	15.06	0.01					
	章丹	kg	30.00					0.15	
	银朱	kg	96.46					0.03	
	汽油	kg	7.16					0.11	
	醇酸磁漆	kg	16.86						0.33
	砂纸	张	0.87					1.00	1.00
	零星材料费	元		0.14		0.07	0.97	0.16	0.06

单位：m^2

编号				17-449	17-450	17-451
项目				匾字打金胶		
				贴库金	贴赤金	贴铜箔描清漆
预算基价	总价(元)			**1438.56**	**1248.39**	**818.07**
	人工费(元)			535.50	627.30	535.50
	材料费(元)			903.06	621.09	282.57
组成内容		单位	单价	数量		
人工	综合工 一类	工日	153.00	3.50	4.10	3.50
材料	金胶油	kg	63.27	0.17	0.17	0.17
	丙烯酸清漆	kg	27.19			0.17
	二甲苯	kg	5.21			0.02
	库金箔 98% 93.3×93.3	张	6.69	132		
	赤金箔 74% 83.3×83.3	张	3.66		165	
	铜箔	张	2.00			132
	棉花	kg	28.34	0.01	0.01	0.01
	零星材料费	元		8.94	6.15	2.80

第十八章　玻璃裱糊工程

说　　明

一、本章包括玻璃安装、裱糊 2 节，共 33 条基价子目。

二、各项玻璃安装均以单层为准，如安装双层玻璃时加倍计算。

三、裱糊基价中所列锦缎、绫绢、纱苎布均以 47cm（1.4 尺）幅宽为准，实际用料的幅宽与基价规定不同时，允许换算，但人工费不变。

工 作 内 容

一、玻璃安装包括清扫槽口灰土、调制油灰、裁钉玻璃、抹油灰等。

二、裱糊项目包括清理底层、刷浆或胶粘剂、打底、盖面等，糊天棚包括拴架子，其中卷棚顶还包括做绦环（山花）、垛尾（象眼），镞花包括画样子，白樘箅子和门、窗、隔扇糊布匹、麻布包括钉钉子及用麻呈文纸糊钉帽等。

工程量计算规则

一、隔扇、槛窗、支摘窗安装玻璃,按玻璃所接触的边抹外围面积计算。

二、裱糊基价中凡以平方米计量的项目,均按展开面积计算。

三、白樘箅子和门、窗、隔扇裱糊应分层按面积计算。

一、玻璃安装

单位：$10m^2$

编号				18-1	18-2	18-3
项目				隔扇、槛窗、支摘窗		
				安平板玻璃		
				3mm	4mm	5mm
预算基价	总价(元)			**345.55**	**394.05**	**467.01**
	人工费(元)			118.80	110.70	139.05
	材料费(元)			226.75	283.35	327.96
组成内容		**单位**	**单价**	**数量**		
人工	综合工 二类	工日	135.00	0.88	0.82	1.03
材料	玻璃 3.0	m^2	19.91	10.80		
	玻璃 4.0	m^2	24.50		11.00	
	玻璃 5.0	m^2	28.62			11.00
	铁钉	kg	6.68	0.10	0.10	0.10
	松木压条 12×12	m	1.32	6.50	6.50	6.50
	零星材料费	元		2.47	4.60	3.89

单位：$10m^2$

编号				18-4	18-5	18-6	18-7	18-8
项目				隔扇、槛窗、支摘窗				
				安磨砂玻璃		安压花玻璃		
				3mm	5mm	3mm	4mm	5mm
预算基价	总价(元)			**128.16**	**664.00**	**128.14**	**117.39**	**686.16**
	人工费(元)			118.80	135.00	118.80	108.00	135.00
	材料费(元)			9.36	529.00	9.34	9.39	551.16
组成内容		单位	单价	数量				
人工	综合工 二类	工日	135.00	0.88	1.00	0.88	0.80	1.00
材料	磨砂玻璃 3.0	m^2		(10.80)				
	压花玻璃 3.0	m^2				(10.80)		
	压花玻璃 4.0	m^2					(11.00)	
	磨砂玻璃 5.0	m^2	46.68		11.00			
	压花玻璃 5.0	m^2	48.67					11.00
	铁钉	kg	6.68	0.10	0.10	0.10	0.10	0.10
	松木压条 12×12	m	1.32	6.50	6.50	6.50	6.50	6.50
	零星材料费	元		0.11	6.27	0.09	0.14	6.54

编号				18-9	18-10	18-11	18-12
项目				橱窗安玻璃		什锦窗安玻璃	
				5mm （$10m^2$）	6mm （$10m^2$）	平板玻璃 （樘）	磨砂玻璃 （樘）
预算基价	总价(元)			**632.35**	**721.08**	**55.26**	**33.82**
	人工费(元)			268.65	298.35	33.75	33.75
	材料费(元)			363.70	422.73	21.51	0.07
组成内容		**单位**	**单价**	**数量**			
人工	综合工 二类	工日	135.00	1.99	2.21	0.25	0.25
材料	磨砂玻璃 3.0	m^2					(1.07)
	玻璃 3.0	m^2	19.91			1.07	
	玻璃 5.0	m^2	28.62	12.00			
	玻璃 6.0	m^2	33.40		12.00		
	铁钉	kg	6.68	0.10	0.10	0.01	0.01
	油灰	kg	2.94	4.53	4.94		
	清油	kg	15.06	0.093	0.103		
	油漆溶剂油 200#	kg	6.90	0.133	0.144		
	零星材料费	元		3.96	4.19	0.14	

二、裱　　糊

单位：$10m^2$

编　　号				18-13	18-14	18-15	18-16	18-17	18-18
项　　目				平棚		一平两切卷棚		糊柱梁	
				盖大白纸	盖银花纸	盖大白纸	盖银花纸	盖大白纸	盖银花纸
预算基价	总　　价(元)			**271.77**	**319.22**	**290.85**	**341.32**	**176.84**	**205.92**
	人　工　费(元)			234.09	281.52	252.45	302.94	143.82	172.89
	材　料　费(元)			37.68	37.70	38.40	38.38	33.02	33.03
组成内容		**单位**	**单价**	**数　　量**					
人工	综合工　一类	工日	153.00	1.53	1.84	1.65	1.98	0.94	1.13
材料	白杆	100根		(0.70)	(0.70)	(0.85)	(0.85)		
	竹签	100根		(0.50)	(0.50)	(1.50)	(1.50)		
	银花纸	刀			(0.70)		(0.70)		(0.80)
	麻呈文纸	刀		(0.40)	(0.40)	(0.40)	(0.40)	(0.40)	(0.40)
	大白纸	刀		(0.70)		(0.70)		(0.80)	
	麻丝	kg	14.54	0.20	0.20	0.20	0.20		
	铁钉	kg	6.68	0.25	0.25	0.35	0.35		
	浆糊	kg	18.00	1.80	1.80	1.80	1.80	1.80	1.80
	零星材料费	元		0.70	0.72	0.75	0.73	0.62	0.63

单位：10m²

编号				18-19	18-20	18-21
项目				苇棚	单糊花纸	
					灰天棚	灰墙面
预算基价	总价(元)			**1238.17**	**122.29**	**104.03**
	人工费(元)			1155.15	108.63	90.27
	材料费(元)			83.02	13.66	13.76
组成内容		**单位**	**单价**	**数量**		
人工	综合工 一类	工日	153.00	7.55	0.71	0.59
材料	苇秆	kg		(4.00)		
	白杆	100根		(0.12)		
	银花纸	刀			(0.65)	(0.65)
	麻呈文纸	刀		(0.12)		
	黑电光纸	张		(2.00)		
	大白纸	刀		(0.40)		
	麻丝	kg	14.54	0.12		
	镀锌钢丝 *D*0.7	kg	7.42	0.08		
	席	片	23.89	3.20		
	铁钉	kg	6.68	0.08		
	浆糊	kg	18.00	0.08	0.75	0.75
	零星材料费	元		2.26	0.16	0.26

编号				18-22	18-23	18-24	18-25	18-26	18-27
项目				镞花		白樘箅子、门、窗、隔扇裱糊			
				顶花（个）	角云（个）	锦缎（10m²）	绫绢（10m²）	纱芑布（10m²）	布匹（10m²）
预算基价	总价（元）			**9.64**	**6.39**	**436.86**	**380.25**	**438.68**	**647.06**
	人工费（元）			9.18	6.12	425.34	368.73	425.34	501.84
	材料费（元）			0.46	0.27	11.52	11.52	13.34	145.22
组成内容		**单位**	**单价**	**数量**					
人工	综合工 一类	工日	153.00	0.06	0.04	2.78	2.41	2.78	3.28
材料	纱芑布	m						(23.00)	
	金银花纸	张		(2.00)	(2.00)				
	锦缎	m				(23.00)			
	绫绢	m					(23.00)		
	麻呈文纸	刀							(0.02)
	浆糊	kg	18.00	0.025	0.015	0.500	0.500	0.600	0.750
	白布	m²	10.34						12.36
	铁钉	kg	6.68						0.16
	零星材料费	元		0.01		2.52	2.52	2.54	2.85

单位：$10m^2$

编号				18-28	18-29	18-30	18-31	18-32	18-33
项目				白樘箅子、门、窗、隔扇裱糊					
				麻布	麻呈文纸	大白纸	花纸	高丽纸	镶边纸
预算基价	总价(元)			**516.70**	**88.41**	**104.05**	**238.71**	**104.20**	**73.98**
	人工费(元)			501.84	71.91	90.27	229.50	81.09	59.67
	材料费(元)			14.86	16.50	13.78	9.21	23.11	14.31
组成内容		**单位**	**单价**	**数量**					
人工	综合工 一类	工日	153.00	3.28	0.47	0.59	1.50	0.53	0.39
材料	银花纸	刀					(0.70)		
	亚麻布	m		(12.36)					
	麻呈文纸	刀		(0.02)	(0.37)				
	大白纸	刀				(0.70)			
	镶边纸	尺							(3.15)
	铁钉	kg	6.68	0.16					
	浆糊	kg	18.00	0.75	0.90	0.75	0.50	0.08	0.75
	高丽纸	张	1.46					14.50	
	零星材料费	元		0.29	0.30	0.28	0.21	0.50	0.81

第十九章　加工后的砖件、石制品、木构件场外运输

说　明

一、本章包括加工后的砖件运输、石制品运输、木构件运输3节，共30条基价子目。

二、本章基价适用于需要在场外进行加工制作后运至现场砌筑、安装时所发生的运输，凡在施工现场加工制作者不得执行本章基价。

工 作 内 容

加工后的砖件、石制品、木构件场外运输基价均包括运输费、装卸车费和包装材料费。

工程量计算规则

一、砖件运输的工程量按相应工程项目中需加工材料的基价耗用量计算。

二、石制品及木构件运输工程量按本基价第十章“石作工程”和第十一章“木构架及木基层”的相应工程量计算。

一、加工后的砖件运输

单位：100块

编号				19-1	19-2	19-3	19-4	19-5
项目				大城砖				
				1km以内	5km以内	10km以内	15km以内	15km以外 每增加5km
预算基价	总价(元)			**261.98**	**294.63**	**346.18**	**424.50**	**66.04**
	人工费(元)			102.60	126.90	170.10	202.50	24.30
	材料费(元)			63.38	63.38	63.38	63.38	
	机械费(元)			96.00	104.35	112.70	158.62	41.74
组成内容		**单位**	**单价**	**数量**				
人工	综合工 二类	工日	135.00	0.76	0.94	1.26	1.50	0.18
材料	零星材料费	元		63.38	63.38	63.38	63.38	
机械	载货汽车 4t	台班	417.41	0.23	0.25	0.27	0.38	0.10

单位：100块

编号				19-6	19-7	19-8	19-9	19-10
项目				大停泥、小停泥、开条砖、地趴砖、杂料等				
				1km以内	5km以内	10km以内	15km以内	15km以外 每增加5km
预算基价	总价(元)			**118.12**	**141.44**	**170.17**	**200.36**	**34.37**
	人工费(元)			40.50	51.30	67.50	81.00	13.50
	材料费(元)			35.88	35.88	35.88	35.88	
	机械费(元)			41.74	54.26	66.79	83.48	20.87
组成内容		单位	单价	数量				
人工	综合工 二类	工日	135.00	0.30	0.38	0.50	0.60	0.10
材料	零星材料费	元		35.88	35.88	35.88	35.88	
机械	载货汽车 4t	台班	417.41	0.10	0.13	0.16	0.20	0.05

单位：100块

编　　号					19-11	19-12	19-13	19-14	19-15
项　　目					方砖				
					1km以内	5km以内	10km以内	15km以内	15km以外 每增加5km
预算基价	总　　价(元)				**227.93**	**252.48**	**304.52**	**353.87**	**98.19**
	人　工　费(元)				67.50	83.70	110.70	135.00	64.80
	材　料　费(元)				76.95	76.95	76.95	76.95	
	机　械　费(元)				83.48	91.83	116.87	141.92	33.39
组成内容		**单位**	**单价**		**数　　量**				
人工	综合工 二类	工日	135.00		0.50	0.62	0.82	1.00	0.48
材料	零星材料费	元			76.95	76.95	76.95	76.95	
机械	载货汽车 4t	台班	417.41		0.20	0.22	0.28	0.34	0.08

二、石制品运输

单位：10m³

编号				19-16	19-17	19-18	19-19	19-20
项目				方、条石等				
				1km以内	5km以内	10km以内	15km以内	15km以外每增加5km
预算基价	总价(元)			**1309.29**	**1433.76**	**1760.81**	**2131.51**	**548.38**
	人工费(元)			291.60	321.30	399.60	486.00	86.40
	材料费(元)			81.89	81.89	81.89	81.89	
	机械费(元)			935.80	1030.57	1279.32	1563.62	461.98
组成内容		**单位**	**单价**	**数量**				
人工	综合工 二类	工日	135.00	2.16	2.38	2.96	3.60	0.64
材料	零星材料费	元		81.89	81.89	81.89	81.89	
机械	载货汽车 4t	台班	417.41	0.79	0.87	1.08	1.32	0.39
	汽车式起重机 8t	台班	767.15	0.79	0.87	1.08	1.32	0.39

单位：$10m^3$

编号				19-21	19-22	19-23	19-24	19-25
项目				栏板、望柱等				
				1km以内	5km以内	10km以内	15km以内	15km以外 每增加5km
预算基价	总价(元)			**1348.19**	**1472.66**	**1799.71**	**2170.41**	**548.38**
	人工费(元)			291.60	321.30	399.60	486.00	86.40
	材料费(元)			120.79	120.79	120.79	120.79	
	机械费(元)			935.80	1030.57	1279.32	1563.62	461.98
组成内容		**单位**	**单价**	**数量**				
人工	综合工 二类	工日	135.00	2.16	2.38	2.96	3.60	0.64
材料	零星材料费	元		120.79	120.79	120.79	120.79	
机械	载货汽车 4t	台班	417.41	0.79	0.87	1.08	1.32	0.39
	汽车式起重机 8t	台班	767.15	0.79	0.87	1.08	1.32	0.39

三、木构件运输

单位：$10m^3$

编号					19-26	19-27	19-28	19-29	19-30
项目					木构件				
					1km以内	5km以内	10km以内	15km以内	15km以外 每增加5km
预算基价	总价(元)				**796.58**	**873.36**	**1077.31**	**1297.14**	**410.59**
	人工费(元)				178.20	195.75	245.70	299.70	102.60
	材料费(元)				37.95	37.95	37.95	37.95	
	机械费(元)				580.43	639.66	793.66	959.49	307.99
组成内容			**单位**	**单价**	**数量**				
人工	综合工 二类		工日	135.00	1.32	1.45	1.82	2.22	0.76
材料	零星材料费		元		37.95	37.95	37.95	37.95	
机械	载货汽车 4t		台班	417.41	0.49	0.54	0.67	0.81	0.26
	汽车式起重机 8t		台班	767.15	0.49	0.54	0.67	0.81	0.26

天津市仿古建筑及园林工程预算基价

第三册　园林绿化景观及施工措施费项目

DBD 29-503-2020

天津市住房和城乡建设委员会
天津市建筑市场服务中心　主编

中国计划出版社

总 说 明

一、天津市仿古建筑及园林工程预算基价(以下简称“本基价”)是根据国家和本市有关法律、法规、标准、规范等相关依据,按正常的施工工期和生产条件,考虑常规的施工工艺、合理的施工组织设计,结合本市实际编制的。本基价是完成单位合格产品所需人工、材料、机械台班和其相应费用的基本标准,反映了社会平均水平。

二、本基价适用于天津市行政区域内新建与扩建的仿古建筑、园林绿化与园林景观工程。

三、本基价是编制估算指标、概算定额和初步设计概算、施工图预算、竣工结算、招标控制价的基础,是建设项目投标报价的参考。

四、本基价各子目中的预算基价由人工费、材料费和机械费组成。基价中的工作内容为主要施工工序,次要施工工序虽未做说明,但基价中已考虑。

五、本基价适用于采用一般计税方法计取增值税的仿古建筑及园林工程,各子目中材料和机械台班的单价为不含税的基期价格。

六、本基价共分三册:

第一册　通用项目;

第二册　营造则例做法项目;

第三册　园林绿化景观及施工措施费项目。

七、本基价人工费的规定和说明:

1.人工消耗量以现行的《建设工程劳动定额》《仿古建筑工程消耗量定额》《园林绿化工程消耗量定额》为基础,结合本市实际确定,包括施工操作的基本用工、辅助用工、材料在施工现场超运距用工及人工幅度差。人工效率按8小时工作制考虑。

2.人工单价是根据《中华人民共和国劳动法》的有关规定,参照编制期天津市建筑市场劳动力价格水平综合测算的。按技术含量分为三类:一类工每工日153元;二类工每工日135元;三类工每工日113元。

3.人工费是支付给从事仿古建筑及园林工程施工的生产工人和附属生产单位工人的各项费用以及生产工具用具使用费,其中包括按照国家和本市有关规定,职工个人缴纳的养老保险、失业保险、医疗保险及住房公积金。

八、本基价材料费的规定和说明:

1.材料包括主要材料、次要材料和零星材料,主要材料和次要材料为构成工程实体且能够计量的材料、成品、半成品,按品种、规格列出消耗量;零星材料为不构成工程实体且用量较小的材料,以“元”为单位列出。

2.材料费包括主要材料费、次要材料费和零星材料费。

3.材料消耗量均按合格的标准规格产品编制,包括正常施工消耗和材料从工地仓库、现场集中堆放或加工地点运至施工操作、安装地点的堆放和运输损耗及不可避免的施工操作损耗。

4.当设计要求采用的材料、成品或半成品的品种、规格型号与基价中不同时,可按各章规定调整。

5.材料价格按本基价编制期建筑市场材料价格综合取定,包括由材料供应地点运至工地仓库或施工现场堆放地点的费用和材料的采购及保管费。材料采购及保管费包括施工单位在组织采购、供应和保管材料过程中所需各项费用和工地仓库的储存损耗。

6.工程建设中部分材料由建设单位供料，结算时退还建设单位所购材料的材料款（包括材料采购及保管费），材料单价以施工合同中约定的材料价格为准，材料数量按实际领用量确定。

7.周转材料费中的周转材料按摊销量编制，且已包括回库维修等相关费用。

8.本基价部分材料或成品、半成品的消耗量带有括号，并列于无括号材料消耗量之前，表示该材料未计价，基价总价未包括其价值，计价时应以括号中的消耗量乘以其价格，计入本基价的材料费和总价中；列于无括号材料消耗量之后，表示基价总价和材料费中已经包括了该材料的价值，括号内的材料不再计价。

9.材料消耗量带有“×”号的，“×”号前为材料消耗量，“×”号后为该材料的单价。数字后带有“（ ）”号的，“（ ）”号内为规格型号。

九、本基价机械费的规定和说明：

1.机械台班消耗量是按照正常的施工程序、合理的机械配置确定的。

2.机械台班单价按照《建设工程施工机械台班费用编制规则》及《天津市施工机械台班参考基价》确定。

3.凡单位价值2000元以内，使用年限在一年以内不构成固定资产的施工机械，不列入机械台班消耗量，作为工具用具在企业管理费中考虑，其消耗的燃料动力等已列入材料内。

4.本基价未考虑使用大型机械，如果使用大型机械，可按《天津市建筑工程预算基价》中对使用大型机械的说明及规定进行计算。

十、本基价除注明者以外，均按建筑物檐高20m以内考虑，当建筑物檐高超过20m时，因施工降效所增加的人工、机械及有关费用按《天津市建筑工程预算基价》超高工程附加费有关规定执行。

十一、凡纳入重大风险源风险范围的分部分项工程均应按专家论证的专项方案另行计算相关费用。

十二、施工用水、电已包括在本基价材料费和机械费中，不另计算。施工现场应由建设单位安装水、电表，交施工单位保管和使用，施工单位按表计量，按相应单价计算后退还建设单位。

十三、本基价凡注明“××以内”或“××以下”者，均包括××本身，注明“××以外”或“××以上”者，均不包括××本身。

十四、本基价材料、机械和构件的规格，用数值表示而未说明单位的，其计量单位为“mm”；工程量计算规则中，凡未说明计量单位的，按长度计算的以“m”为计量单位，按面积计算的以“m^2”为计量单位，按体积计算的以“m^3”为计量单位，按质量计算的以“t”为计量单位。

十五、仿古建筑工程基价与一般建筑工程基价使用界限：

1.独立建筑的单位仿古建筑工程应全部执行仿古建筑工程基价。

2.在大型公共建筑的厅堂内建造仿古建筑工程，不需要单独挖土方做基础时，其基础部分与整个建筑的地下部分合并一起，执行一般建筑工程基价，地上部分包括台基在内执行仿古建筑工程基价。若基础与整个建筑不相连，需单独挖土方做基础时，则全部执行仿古建筑工程基价。

3.在大型公共建筑屋顶、平台上建造仿古建筑工程时，则屋顶、平台结构上皮为执行基价的分界线。

4.一般建筑工程的台基、外墙、屋顶、装饰为仿古建筑项目时，执行仿古建筑工程相应基价，其他属现代做法的，执行一般建筑工程基价。

十六、设备安装工程执行《天津市安装工程预算基价》。

仿古建筑面积计算规则

一、计算建筑面积的范围：

1.单层建筑不论其出檐层数及高度如何，均按一层计算建筑面积。其中有台明者按台明外围水平面积计算建筑面积；无台明有围护结构的，以围护结构水平面积计算建筑面积；围护结构外有檐廊柱的，按檐廊柱外边线水平面积计算建筑面积；围护结构外边未及构架柱外边线的，按构架柱外边线计算建筑面积；无围护结构的按构架柱外边线计算建筑面积。

2.有楼层分界的两层或多层建筑，不论其出檐层数如何，按自然结构层的分层水平面积总和计算建筑面积。其首层的建筑面积计算方法分有、无台明两种，按上述单层建筑物的建筑面积计算方法计算；二层及二层以上各层建筑面积计算方法，按上述单层无台明建筑的建筑面积计算方法计算。

3.单层建筑中或多层建筑的两自然结构楼层间局部有楼层者，按其水平投影面积计算建筑面积。

4.碉楼式建筑物的碉台内无楼层分界的，按一层计算建筑面积；碉台内有楼层分界的，按分层累计计算建筑面积；单层碉台及多层碉台的首层有台明的，按台明外围水平面积计算建筑面积；无台明的，按围护结构底面外围水平面积计算建筑面积；多层碉台的二层及二层以上均按各层围护结构底面外围水平面积计算建筑面积。

5.两层或多层建筑构架柱外有围护装饰或围栏的挑台部分，按构架柱外边线至挑台外围线间的水平投影面积的二分之一计算建筑面积。

6.坡地建筑、临水建筑或跨越水面建筑的首层构架柱外有围栏的挑台部分，按构架柱外边线至挑台外围线间的水平投影面积的二分之一计算建筑面积。

二、不计算建筑面积的范围：

1.有台明的单层或多层建筑中的无柱门罩、窗罩、雨篷、挑檐、无围护的挑台、台阶等。

2.无台明建筑或多层建筑的二层或二层以上突出墙面或构架外边线以外的部分，如墀头、垛、窗罩等。

3.牌楼、实心或半实心的砖、石塔。

4.构筑物：月台、环丘台、城台、院墙及随墙门、花架等。

5.碉台的平台。

第三册　目录

册说明…… 827

第二十章　绿 化 工 程

说明…… 831
工程量计算规则…… 834
一、绿地整理 …… 835
1.砍挖乔木…… 835
2.挖乔木树根…… 837
3.砍挖灌木…… 839
4.砍挖竹类…… 842
5.铲挖水生植物…… 846
6.清除草皮、地被、露地花卉…… 847
7.回填种植土…… 848
8.人工单株(坑)换土…… 849
(1)乔木人工换土 …… 849
(2)灌木人工换土 …… 853
(3)竹类人工换土 …… 857
(4)棕榈类人工换土 …… 859
9.整理绿化种植地…… 861
10.绿地起坡造型 …… 862
11.挖土机挖土自卸汽车运土 …… 863
12.铲运机铲运土 …… 864
13.推土机推土 …… 865
二、起挖植物 …… 866
1.起挖乔木…… 866
(1)起挖带土球乔木 …… 866
(2)起挖裸根乔木 …… 868
2.起挖灌木…… 870
3.起挖绿篱…… 874
4.起挖棕榈类…… 876
5.起挖竹类…… 878
6.起挖攀缘植物…… 880
7.起挖地被、水生植物、露地花卉、草坪 …… 881
三、汽车运输苗木 …… 883
1.乔木运输…… 883
2.灌木运输…… 887
3.竹类运输…… 890
4.棕榈类运输…… 894
5.花卉运输…… 896
6.水生植物运输…… 898
7.攀缘植物、地被、草坪运输…… 899
四、栽植植物 …… 902
1.栽植乔木…… 902
(1)栽植带土球乔木 …… 902
(2)栽植裸根乔木 …… 904
2.栽植灌木…… 906
(1)栽植单株带土球灌木 …… 906
(2)栽植单株裸根灌木 …… 908
(3)栽植成片灌木 …… 910
(4)栽植单排绿篱 …… 911
(5)栽植双排绿篱 …… 912
3.栽植竹类…… 913
(1)栽植散生竹 …… 913
(2)栽植丛生竹 …… 914
4.栽植棕榈类…… 915
5.栽植攀缘植物…… 917
6.栽植露地花卉…… 918
7.栽植地被植物…… 920
8.栽植水生植物…… 921
(1)栽植湿生植物 …… 921
(2)栽植挺水植物 …… 922
(3)栽植沉水植物 …… 923

(4)栽植浮叶植物 …… 924
(5)栽植漂浮植物 …… 925
9.垂直墙体绿化 …… 926
10.盆花布置 …… 930
11.草皮(坪)铺种、播种 …… 932
五、栽植工程植物养护 …… 933
1.乔木成活养护 …… 933
(1)常绿乔木成活养护 …… 933
(2)落叶乔木成活养护 …… 935
2.灌木成活养护 …… 937
(1)单株常绿灌木成活养护 …… 937
(2)单株落叶灌木成活养护 …… 939
(3)单排绿篱成活养护 …… 941
(4)双排绿篱成活养护 …… 942
(5)片植灌木成活养护 …… 943
3.竹类成活养护 …… 944
(1)散生竹成活养护 …… 944
(2)丛生竹成活养护 …… 945
4.棕榈类成活养护 …… 946
5.水生植物成活养护 …… 947
6.攀缘植物成活养护 …… 948
7.露地花卉及地被植物成活养护 …… 949
8.草坪成活养护 …… 950
(1)暖季型草坪成活养护 …… 950
(2)冷季型草坪成活养护 …… 951
(3)混合型草坪成活养护 …… 952
六、洒水车浇水 …… 953

第二十一章 园路、园桥工程

说明 …… 969
工程量计算规则 …… 971
一、园路 …… 973
1.土基路床整理 …… 973
2.垫层、找平层 …… 974
3.卵石面层 …… 977
4.石质块料面层 …… 978
5.其他材料面层 …… 982
6.混凝土面层 …… 989
(1)现浇混凝土面层 …… 989
(2)现浇透水混凝土面层 …… 990
(3)彩色压膜艺术地坪面层 …… 991
(4)混凝土块料铺装 …… 992
7.侧(平、缘)石安砌 …… 993
(1)侧缘石安砌 …… 993
(2)侧平石安砌 …… 994
二、园桥 …… 995
1.基础 …… 995
2.桥台、桥墩 …… 996
3.梁、板 …… 997
4.护坡 …… 998
5.拱券、券脸 …… 999
6.装饰贴面 …… 1000
7.其他石构件 …… 1002
8.木梁、柱 …… 1004
9.木龙骨 …… 1005
10.木面板 …… 1006
11.木栏板 …… 1007
12.竹面板 …… 1008
三、树池 …… 1009
1.围牙 …… 1009
2.盖板 …… 1010
四、台阶 …… 1011
1.砌筑 …… 1011
2.装饰 …… 1013
五、驳岸、护岸 …… 1015

第二十二章 园林景观工程

说明 …… 1021
工程量计算规则 …… 1022
一、堆砌土山丘 …… 1024

二、堆砌假山……1025
三、景石……1029
四、塑假山……1031
五、园林小品装饰……1033
六、栏杆……1036
七、园林桌椅凳……1038
八、其他杂项……1041

第二十三章 景观屋面工程

说明……1049
工程量计算规则……1050
一、景观屋面……1051
1.草屋面……1051
2.竹屋面……1052
3.树皮屋面……1053
4.瓦屋面……1054
5.彩钢板屋面……1055
6.玻璃采光顶屋面……1056
7.木(防腐木)屋面……1057
8.现浇混凝土亭廊屋面……1058
(1)混凝土……1058
(2)钢筋……1059
二、屋顶花园基底处理……1060

第二十四章 喷泉及喷灌工程

说明……1067
工程量计算规则……1068
一、喷泉喷头安装……1069
1.喷泉喷头(螺纹连接)……1069
2.喷泉喷头(法兰连接)……1070
3.蒲公英喷头……1071
二、喷灌喷头安装……1072
1.喷灌喷头……1072
2.根部灌水器……1074
3.微喷及千秋架……1075
三、立体花坛喷头、滴灌、渗灌管安装……1076
1.立体花坛喷头……1076
2.立体花坛滴箭组……1077
3.渗灌管……1078
4.立体花坛骨架内埋设及安装PE管……1079
5.给水管固筑……1080

第二十五章 边坡绿化生态修复工程

说明……1083
工程量计算规则……1084
一、边坡清理……1085
二、边坡喷播植草……1086
三、挂网……1088
四、喷厚层基材灌木护坡……1089
五、生态袋边坡绿化……1090

第二十六章 施工技术措施费

说明……1093
工程量计算规则……1094
一、施工排水、降水措施费……1096
二、脚手架措施费……1098
1.园林建筑脚手架措施费……1098
2.仿古建筑脚手架措施费……1102
三、混凝土模板及支架措施费……1111
1.现浇混凝土模板措施费……1111
2.预制混凝土模板措施费……1125
3.浇筑混凝土高度超过3.3m增价……1131
四、混凝土泵送费……1132
五、绿化工程措施费……1133
1.排盐……1133
2.树木支撑……1136
3.草绳缠干……1137
4.搭设遮阴棚……1140
5.搭设防寒棚……1143
6.树体输液……1144

7.树干涂白 …………………………………………………………………………………… 1145
8.栽植基础处理 ………………………………………………………………………………… 1146
(1)加基施肥……………………………………………………………………………………… 1146
(2)土壤消毒……………………………………………………………………………………… 1156
(3)根枝消毒……………………………………………………………………………………… 1157
(4)生根催芽……………………………………………………………………………………… 1162

第二十七章 施工组织措施费

说明 ……………………………………………………………………………………………… 1169
计算规则 …………………………………………………………………………………………… 1169

附 录

附录一 砂浆及特种混凝土配合比 …………………………………………………………… 1175
附录二 现场搅拌混凝土基价 ………………………………………………………………… 1188
附录三 材料价格 ……………………………………………………………………………… 1196
附录四 施工机械台班价格 …………………………………………………………………… 1242
附录五 企业管理费、规费、利润和税金 ……………………………………………………… 1246
附录六 工程价格计算程序 …………………………………………………………………… 1249

册 说 明

一、本册基价是《天津市仿古建筑及园林工程预算基价》的第三册，包括园林绿化工程、园林景观工程及施工措施费项目等内容。

二、本册基价适用于城市园林绿化和园林景观工程，也适用于厂矿、机关、学校、宾馆、居住小区的园林绿化和园林景观工程。

三、本册基价中的材料、成品、半成品，除注明者外，均包括从工地至仓库、堆放地点或现场加工地点至施工地点以内全部水平运输及檐高在20m以内垂直运输。场内水平运输已综合了不同的运输距离，实际距离不论远近，基价不做调整。

四、本册基价中的机械费（除注明者外）是按使用中、小机械综合考虑的，不论使用何种机械或不使用机械（采用人工操作），均不做调整和换算。

第二十章　绿 化 工 程

说　　明

一、本章包括绿地整理、起挖植物、汽车运输苗木、栽植植物、栽植工程植物养护、洒水车浇水6节，共690条基价子目。

二、本章包括工作区城内的场地清理，但不包括施工前垃圾清除及施工前的平整场地，施工前的平整场地按本基价第二十一章“园路、园桥工程”中园路土基路床整理基价子目执行。

三、砍伐乔木适用于《城市绿化条例》规定的施工场地内死亡或濒临死亡植物的砍伐及装车外运。

四、回填种植土分为人工和机械回填，执行回填种植土基价子目的，不再计取整理绿化种植地基价子目费用。

五、人工换土是指单株（坑）植物种植点土质不能满足植物生长时，采取种植土换填；绿篱、地被、露地花卉及草本类植物换土按成片换土执行回填种植土基价子目。换填种植土用量与基价不同时，可按设计或施工组织设计要求调整，人工费、机械费按种植土调整比例相应调整。

六、整理绿化种植地是指施工场地内原有种植土厚度≤30cm的挖填翻松、耙细平整。

七、绿地起坡造型是指绿化种植地坡顶与坡底高差0.3～1.0m或坡度≤30%的土坡造型堆置。

八、起挖、栽植植物均以一、二类土考虑。遇三类土基价人工费乘以系数1.34，四类土基价人工费乘以系数1.76，冻土基价人工乘以系数2.20；遇打凿石方或其他障碍物，按《天津市市政工程预算基价》DBD 29-401-2020相应基价子目执行；遇机械挖树坑，相应的基价子目人工费调减30%，起挖植物包括回土填坑。

九、起挖、栽植乔灌木，土球、胸径、冠径规格按设计要求确定。设计无规定时，乔木土球直径按胸径的8倍计算，棕榈类土球直径按地径2倍计算；灌木类土球直径按冠径的40%计算。

十、起挖、栽植乔木基价子目，优先考虑胸径，在无法测量胸径时按干径计算；分枝点小于1.20m的乔木按干径规格执行，分枝点小于0.30m的乔木按冠幅规格执行灌木相应基价子目。

本章基价中植物规格允许偏差按《园林绿化工程施工及验收规范》CJJ/T 82-2012中表4.3.4的相关规定执行。

十一、起挖植物、汽车运输苗木基价子目适用于绿化工程中植物迁移，不适用于新建绿化工程或新栽植物项目。新建绿化工程或新栽植物的起挖、运输包含在苗木单价中，不另计算。

十二、汽车运输苗木基价子目中，乔、灌木运输均为带土球苗木，裸根乔木运输按带土球乔木运输的25%计算，裸根灌木运输按带土球灌木运输的20%计算。

十三、绿化工程植物成活率按《园林绿化工程施工及验收规范》CJJ/T 82-2012执行，植物栽植基价中苗木消耗量已考虑损耗，其损耗率：带土球乔木，灌木为1%，裸根乔木、灌木为1.5%，片植灌木、单排绿篱、双排绿篱、攀缘植物、盆花、地被植物为2%，竹类、球根、块根及宿根花卉为4%，棕榈类、水生植物、草皮为5%，一、二年生草木花卉为8%。

十四、片植灌木、绿篱、露地花卉、地被植物、水生植物若设计种植量与基价消耗量不同时，按设计种植量×（1+损耗率）调整相应基价子目中的苗木消耗量，其他不变。

十五、连片灌木面积≤3m^2或种植密度≤5株/m^2，执行单株灌木基价子目；单排灌木种植密度≤3株/m或双排灌木种植密度≤5株/m，执行单株灌木基价子目；连片灌木种植排数 ≥3 排、面积 ≥$3m^2$ 且种植密度 >5 株/m^2，执行成片栽植基价子目。

十六、地被植物基价子目适用于覆盖地面密集、低矮、无主枝干的植物。本基价已列项的地被植物基价子目，如片植灌木，一、二年生草本花卉，球根、块根及宿根花卉等按相应基价子目执行；本基价未列项的其他类地被植物均按地被植物基价子目执行。

十七、假植按栽植养护基价子目乘以系数 0.40 执行，不计苗木消耗量。假植认定以施工组织设计及现场签证为依据，假植时间按不超过 1 个月考虑。超过 1 个月的由甲乙双方在合同中另行约定。

十八、在 30°< 坡度 ≤45° 的地块起挖、栽植、养护花草树木及盆花布置时，相应基价子目人工费乘以系数 1.20。垂直墙体绿化、高架桥绿化的栽植、养护按相应预算基价子目人工费、机械费乘以系数 1.40。

十九、栽植工程植物养护基价子目按《园林绿化工程施工及验收规范》CJJ/T 82-2012 编制，结合植物生物学特性，不同种类植物设置养护月调整系数，以月计算，不足 1 个月按 1 个月计，栽植工程植物养护月调整系数见下表。

栽植工程植物养护月调整系数表

植物类别	月调整系数
乔本、灌木、攀像植物、竹类、棕榈类	第 1 月执行相应基价子目 ×1.00
	第 2、3 月按相应基价子目 ×0.70
	第 4、5、6 月按相应基价子目 ×0.40
	第 7 月起按相应基价子目 ×0.30
一、二年生草本花卉	按月执行相应基价子目 ×1.00
宿根花卉、块球根花卉、地被植物、草坪	第 1 月执行相应基价子目 ×1.00
	第 2、3 月按相应基价子目 ×0.70
	第 4 月起按相应基价子目 ×0.40
水生植物	第 1 月执行相应基价子目 ×1.00
	第 2 月起按相应基价子目 ×0.30

二十、洒水车浇水适用于绿化施工现场无自有水源的情况，栽植工程植物养护期内按施工组织设计区分不同规格苗木或用水量执行洒水车浇水相应基价子目。栽植工程植物养护期不足1年时，按年折算成月使用。洒水车浇水基价子目包10km内取水，超运距部分各地另行确定。

二十一、大规格树木移植和古树名木的保护性移植应符合国家及省行政主管部门的有关规定。超出基价子目规格上限的植物，由甲、乙双方在合同中另行约定。

工程量计算规则

一、砍伐乔木、挖乔木树根、砍挖灌木按设计图示数量以“株”计算，砍挖竹类按设计图示数量以“株（丛）”计算，砍挖片植灌木和绿篱、铲挖水生植物、清除草皮、地被和露地花卉按设计计图示尺寸以面积计算。

二、回填种植土按设计图示尺寸以体积计算。

三、人工换土按不同植物设计图示数量以“株”计算。

四、整理绿化种植用地按设计图示尺寸以面积计算。

五、绿地起坡造型按设计图示尺寸以体积计算。

六、起挖和植物带土球、裸根乔木按设计图示数量以“株”计算，养护分常绿和落叶按设计图示数量以“株”计算。

七、起挖和栽植带土球、裸根单株灌木按设计图示数量以“株”计算，养护分常绿和落叶按设计图示数量以“株”计算；片植灌木起挖、植物和养护按设计图示尺寸以面积计算；单排和双排绿篱起挖、栽植和养护按设计图示尺寸以延长米计算。

八、棕榈类起挖、栽植和养护按设计图示数量以“株”计算。

九、散生竹起挖、栽植和养护按设计图示数量以“株”计算，从生竹起挖、栽植和养护按设计图示数量以“从”计算。

十、攀缘植物起挖、栽植和养护按设计图示数量以“株”计算。

十一、地被植物、露地花卉和草坪的起挖、栽植和养护按设计图示尺寸以面积计算；盆花布置按设计图示数量以“盆”计算，盆花养护执行露地花卉基价子目按设计图示尺寸以面积计算；植草砖内植草按植草砖铺装设计图示尺寸以面积计算。

十二、水生植物栽植按设计图示数量以“丛”计算（荷花栽植按“株”计算，两节以上带芽为1株），养护按设计图示尺寸以面积计算。

十三、垂直墙体绿化的龙骨基层、垂直绿化板、垂直绿化墙、沿口种植槽绿化和立体造型绿化按设计图示尺寸以面积计算；立体花卉基质填充按设计图示尺寸以体积计算，垂直墙体绿化养护按设计图示尺寸以面积计算。

十四、乔木、灌木、散生竹、棕榈类、攀缘植物和水生植物的运输按设计图示数量以“株”计算，丛生竹运输按设计图示数量以“丛”计算，盆花运输按设计图示数量以“盆”计算，散装花苗和球根、块根、宿根类花卉运输按设计图示数量以“株”计算，地被植物及草皮运输按设计图示尺寸以面积计算。

十五、洒水车浇水基价执行时，可按用水量或各类植物不同规格计算。按各类植物不同规格计算时，乔木和单株灌木按设计图示数量以“株”计算；单排、双排绿篱按设计图示尺寸以延长米计算；成片灌木按设计图示尺寸以面积计算；散生竹按设计图示数量以“株”计算，丛生竹按设计图示数量以“丛”计算；攀缘植物按设计图示数量以“株”计算；露地花卉、地被植物和草坪按设计图示尺寸以面积计算。

一、绿地整理

1.砍挖乔木

工作内容：锯干、截枝、集中堆放、装车外运、清理场地等。

单位：10株

编号				20-1	20-2	20-3	20-4	20-5	20-6
项目				砍伐乔木(干径cm)					
				10以内		20以内		30以内	
				运距1km以内	运距每增加1km	运距1km以内	运距每增加1km	运距1km以内	运距每增加1km
预算基价	总价(元)			**94.51**	**2.66**	**316.87**	**4.44**	**756.52**	**7.32**
	人工费(元)			37.40		188.03		344.65	
	材料费(元)			14.09		15.65		17.39	
	机械费(元)			43.02	2.66	113.19	4.44	394.48	7.32
组成内容		**单位**	**单价**	**数量**					
人工	综合工 三类	工日	113.00	0.3310		1.6640		3.0500	
材料	汽油	L	7.07	1.9930		2.2140		2.4600	
机械	载货汽车 5t	台班	443.55	0.0970	0.0060	0.2552	0.0100	0.3730	0.0165
	绿化高空修剪车 12m	台班	511.69					0.4476	

工作内容：锯干、截枝、集中堆放、装车外运、清理场地等。

单位：10株

编号				20-7	20-8	20-9	20-10	20-11	20-12
项目				砍伐乔木(干径cm)					
				40以内		50以内		50以外	
				运距1km以内	运距每增加1km	运距1km以内	运距每增加1km	运距1km以内	运距每增加1km
预算基价	总价(元)			**2039.11**	**12.06**	**3290.24**	**19.87**	**5262.78**	**28.01**
	人工费(元)			690.32		1024.68		2297.52	
	材料费(元)			19.13		21.05		23.15	
	机械费(元)			1329.66	12.06	2244.51	19.87	2942.11	28.01
组成内容		**单位**	**单价**	**数量**					
人工	综合工 三类	工日	113.00	6.1090		9.0680		20.3320	
材料	汽油	L	7.07	2.7060		2.9770		3.2740	
机械	载货汽车 5t	台班	443.55	0.5600	0.0272	0.8400	0.0448		
	载货汽车 8t	台班	521.59					1.2590	0.0537
	汽车式起重机 12t	台班	864.36	0.6720					
	汽车式起重机 16t	台班	971.12			1.0910		1.3320	
	绿化高空修剪车 20m	台班	744.67	0.6720		1.0910		1.3320	

2.挖乔木树根

工作内容：挖树根(蔸)、集中堆放、装车外运、清理场地等。　　　　**单位：**10株

编号				20-13	20-14	20-15	20-16	20-17	20-18
项目				挖乔木树根(干径cm)					
				20以内		30以内		40以内	
				运距1km以内	运距每增加1km	运距1km以内	运距每增加1km	运距1km以内	运距每增加1km
预算基价	总价(元)			**298.24**	**0.94**	**563.04**	**1.56**	**1070.04**	**2.61**
	人工费(元)			225.66		413.58		828.40	
	机械费(元)			72.58	0.94	149.46	1.56	241.64	2.61
组成内容		**单位**	**单价**	**数量**					
人工	综合工 三类	工日	113.00	1.9970		3.6600		7.3310	
机械	载货汽车 8t	台班	521.59	0.0887	0.0018	0.1608	0.0030	0.2331	0.0050
	汽车式起重机 8t	台班	767.15	0.0343		0.0855		0.1565	

工作内容：挖树根(蔸)、集中堆放、装车外运、清理场地等。 **单位：**10株

编号				20-19	20-20	20-21	20-22
项目				挖乔木树根(干径cm)			
				50以内		50以外	
				运距1km以内	运距每增加1km	运距1km以内	运距每增加1km
预算基价	总价(元)			**1614.32**	**3.91**	**3312.58**	**5.48**
	人工费(元)			1229.67		2756.97	
	机械费(元)			384.65	3.91	555.61	5.48
组成内容		**单位**	**单价**	**数量**			
人工	综合工 三类	工日	113.00	10.8820		24.3980	
机械	载货汽车 8t	台班	521.59	0.3496	0.0075	0.4894	0.0105
	汽车式起重机 8t	台班	767.15	0.2637		0.3915	

3.砍 挖 灌 木

工作内容：砍挖、集中堆放、装车外运、清理场地等。

单位：10株

编号				20-23	20-24	20-25	20-26	20-27	20-28
项目				砍挖单株灌木(冠径cm)					
				60以内		80以内		100以内	
				运距1km以内	运距每增加1km	运距1km以内	运距每增加1km	运距1km以内	运距每增加1km
预算基价	总价(元)			**33.93**	**0.62**	**41.88**	**0.67**	**52.22**	**0.80**
	人工费(元)			24.30		27.91		33.90	
	机械费(元)			9.63	0.62	13.97	0.67	18.32	0.80
组成内容		**单位**	**单价**	**数量**					
人工	综合工 三类	工日	113.00	0.2150		0.2470		0.3000	
机械	载货汽车 5t	台班	443.55	0.0217	0.0014	0.0315	0.0015	0.0413	0.0018

工作内容：砍挖、集中堆放、装车外运、清理场地等。　　　　**单位：**10株

编号				20-29	20-30	20-31	20-32	20-33	20-34
项目				砍挖单株灌木(冠径cm)					
				150以内		200以内		250以内	
				运距1km以内	运距每增加1km	运距1km以内	运距每增加1km	运距1km以内	运距每增加1km
预算基价	总价(元)			**104.13**	**1.24**	**167.20**	**1.95**	**271.14**	**3.64**
	人工费(元)			67.80		113.00		192.10	
	机械费(元)			36.33	1.24	54.20	1.95	79.04	3.64
组成内容		**单位**	**单价**	**数量**					
人工	综合工 三类	工日	113.00	0.6000		1.0000		1.7000	
机械	载货汽车 5t	台班	443.55	0.0819	0.0028	0.1222	0.0044	0.1782	0.0082

工作内容：砍挖、集中堆放、装车外运、清理场地等。

单位：10m²

编号				20-35	20-36
项目				砍挖片植灌木和绿篱	
				运距1km以内	运距每增加1km
预算基价	总价(元)			**60.76**	**0.93**
	人工费(元)			38.76	
	机械费(元)			22.00	0.93
组成内容		**单位**	**单价**	**数量**	
人工	综合工 三类	工日	113.00	0.3430	
机械	载货汽车 5t	台班	443.55	0.0496	0.0021

4.砍挖竹类

工作内容：截干、挖竹根、集中堆放、装车外运、清理场地等。

单位：10株

编号				20-37	20-38	20-39	20-40	20-41	20-42
项目				砍挖散生竹(胸径cm)					
				2以内		4以内		6以内	
				运距1km以内	运距每增加1km	运距1km以内	运距每增加1km	运距1km以内	运距每增加1km
预算基价	总价(元)			**11.82**	**0.22**	**16.70**	**0.27**	**23.57**	**0.31**
	人工费(元)			8.98		12.84		18.34	
	机械费(元)			2.84	0.22	3.86	0.27	5.23	0.31
组成内容		**单位**	**单价**	**数量**					
人工	综合工 三类	工日	113.00	0.0795		0.1136		0.1623	
机械	载货汽车 5t	台班	443.55	0.0064	0.0005	0.0087	0.0006	0.0118	0.0007

工作内容：截干、挖竹根、集中堆放、装车外运、清理场地等。

单位：10株

编号				20-43	20-44	20-45	20-46
项目				砍挖散生竹（胸径cm）			
				8以内		10以内	
				运距1km以内	运距每增加1km	运距1km以内	运距每增加1km
预算基价	总价（元）			**33.29**	**0.31**	**47.06**	**0.35**
	人工费（元）			26.19		37.43	
	机械费（元）			7.10	0.31	9.63	0.35
组成内容		**单位**	**单价**	**数量**			
人工	综合工 三类	工日	113.00	0.2318		0.3312	
机械	载货汽车 5t	台班	443.55	0.0160	0.0007	0.0217	0.0008

工作内容：截干、挖竹根、集中堆放、装车外运、清理场地等。　　　　**单位**：10 丛

编号				20-47	20-48	20-49	20-50	20-51	20-52
项目				砍挖丛生竹(根盘丛径cm)					
				30以内		40以内		50以内	
				运距1km以内	运距每增加1km	运距1km以内	运距每增加1km	运距1km以内	运距每增加1km
预算基价	总价(元)			**19.63**	**0.62**	**35.08**	**0.75**	**66.45**	**0.93**
	人工费(元)			11.87		22.04		40.68	
	机械费(元)			7.76	0.62	13.04	0.75	25.77	0.93
组成内容		**单位**	**单价**	**数量**					
人工	综合工 三类	工日	113.00	0.1050		0.1950		0.3600	
机械	载货汽车 5t	台班	443.55	0.0175	0.0014	0.0294	0.0017	0.0581	0.0021

工作内容：截干、挖竹根、集中堆放、装车外运、清理场地等。　　　　**单位：**10丛

编号				20-53	20-54	20-55	20-56	20-57	20-58
项目				砍挖丛生竹(根盘丛径cm)					
				60以内		70以内		80以内	
				运距1km以内	运距每增加1km	运距1km以内	运距每增加1km	运距1km以内	运距每增加1km
预算基价	总价(元)			**104.13**	**1.06**	**118.24**	**1.24**	**150.45**	**1.42**
	人工费(元)			67.80		76.28		101.70	
	机械费(元)			36.33	1.06	41.96	1.24	48.75	1.42
组成内容		**单位**	**单价**	**数量**					
人工	综合工 三类	工日	113.00	0.6000		0.6750		0.9000	
机械	载货汽车 5t	台班	443.55	0.0819	0.0024	0.0946	0.0028	0.1099	0.0032

5.铲挖水生植物

工作内容：铲挖、集中堆放、装车外运、清理场地等。 **单位：**$10m^2$

编　号				20-59	20-60
项　目				铲挖水生植物	
				运距1km以内	运距每增加1km
预算基价	总　价(元)			**36.94**	**0.31**
	人　工　费(元)			28.25	
	机　械　费(元)			8.69	0.31
组成内容		**单位**	**单价**	**数　量**	
人工	综合工 三类	工日	113.00	0.2500	
机械	载货汽车 5t	台班	443.55	0.0196	0.0007

6.清除草皮、地被、露地花卉

工作内容：铲除厚度≤100mm泥土的根、蔸，集中堆放、装车外运、清理场地等。 **单位：**$10m^2$

编号				20-61	20-62
项目				清除草皮、地被、露地花卉	
				运距1km以内	运距每增加1km
预算基价	总价(元)			**31.80**	**0.31**
	人工费(元)			23.73	
	机械费(元)			8.07	0.31
组成内容		**单位**	**单价**	**数量**	
人工	综合工 三类	工日	113.00	0.2100	
机械	载货汽车 5t	台班	443.55	0.0182	0.0007

7.回填种植土

工作内容：取土、碎土、分层回填、耙细、平整、清除杂物、集中堆放、清理现场、排地表水等。 **单位**：m^3

编号				20-63	20-64
项目				人工回填种植土	机械回填种植土
预算基价	总价(元)			**98.48**	**88.38**
	人工费(元)			16.95	0.68
	材料费(元)			81.53	81.53
	机械费(元)				6.17
组成内容		**单位**	**单价**	**数量**	
人工	综合工 三类	工日	113.00	0.1500	0.0060
材料	种植土	m^3	77.65	1.0500	1.0500
机械	履带式推土机 105kW	台班	1027.82		0.0060

8.人工单株(坑)换土

(1)乔木人工换土

工作内容：取土、装土、运到坑边等。　　**单位：**株

编号				20-65	20-66	20-67	20-68	20-69	20-70	20-71	20-72
项目				带土球乔木人工换土(胸径cm/干径cm)							
				4/6以内	6/8以内	8/10以内	10/12以内	12/14以内	14/16以内	16/18以内	18/20以内
预算基价	总价(元)			**5.15**	**9.73**	**15.93**	**31.00**	**53.61**	**76.42**	**108.27**	**134.51**
	人工费(元)			0.96	1.81	2.96	5.76	9.97	14.22	20.14	25.02
	材料费(元)			4.19	7.92	12.97	25.24	43.64	62.20	88.13	109.49
组成内容		**单位**	**单价**	**数量**							
人工	综合工 三类	工日	113.00	0.0085	0.0160	0.0262	0.0510	0.0882	0.1258	0.1782	0.2214
材料	种植土	m^3	77.65	0.0540	0.1020	0.1670	0.3250	0.5620	0.8010	1.1350	1.4100

工作内容： 取土、装土、运到坑边等。 **单位：** 株

编号				20-73	20-74	20-75	20-76	20-77	20-78	20-79	20-80
项目				带土球乔木人工换土（胸径cm/干径cm）							
				20/24以内	24/28以内	28/32以内	32/35以内	35/40以内	40/45以内	45/50以内	50/55以内
预算基价	总价(元)			**163.98**	**201.85**	**313.56**	**407.41**	**487.16**	**638.93**	**688.69**	**737.40**
	人工费(元)			30.50	37.54	58.32	75.77	90.60	118.83	142.59	163.99
	材料费(元)			133.48	164.31	255.24	331.64	396.56	520.10	546.10	573.41
组成内容		**单位**	**单价**	**数量**							
人工	综合工 三类	工日	113.00	0.2699	0.3322	0.5161	0.6705	0.8018	1.0516	1.2619	1.4512
材料	种植土	m^3	77.65	1.7190	2.1160	3.2870	4.2710	5.1070	6.6980	7.0329	7.3845

工作内容：取土、装土、运到坑边等。　　**单位：**株

编号				20-81	20-82	20-83	20-84	20-85	20-86	20-87	20-88
项目				裸根乔木人工换土(胸径cm/干径cm)							
				4/6以内	6/8以内	8/10以内	10/12以内	12/14以内	14/16以内	16/18以内	18/20以内
预算基价	总价(元)			**4.88**	**9.68**	**16.32**	**31.24**	**53.72**	**77.19**	**110.71**	**139.48**
	人工费(元)			0.27	0.97	2.06	3.48	5.72	8.77	13.76	19.04
	材料费(元)			4.61	8.71	14.26	27.76	48.00	68.42	96.95	120.44
组成内容		**单位**	**单价**	**数量**							
人工	综合工 三类	工日	113.00	0.0024	0.0086	0.0182	0.0308	0.0506	0.0776	0.1218	0.1685
材料	种植土	m^3	77.65	0.0594	0.1122	0.1837	0.3575	0.6182	0.8811	1.2485	1.5510

工作内容：取土、装土、运到坑边等。 **单位：**株

编号				20-89	20-90	20-91	20-92	20-93	20-94	20-95	20-96
项目				裸根乔木人工换土(胸径cm/干径cm)							
				20/24以内	24/28以内	28/32以内	32/35以内	35/40以内	40/45以内	45/50以内	50/55以内
预算基价	总价(元)			**178.07**	**239.26**	**367.34**	**502.13**	**566.28**	**635.55**	**710.14**	**794.36**
	人工费(元)			25.49	40.86	55.89	67.91	88.64	110.15	132.19	158.62
	材料费(元)			152.58	198.40	311.45	434.22	477.64	525.40	577.95	635.74
组成内容		**单位**	**单价**	**数量**							
人工	综合工 三类	工日	113.00	0.2256	0.3616	0.4946	0.6010	0.7844	0.9748	1.1698	1.4037
材料	种植土	m^3	77.65	1.9650	2.5550	4.0110	5.5920	6.1512	6.7663	7.4430	8.1872

(2) 灌木人工换土

工作内容：取土、装土、运到坑边等。

单位：株

编号				20-97	20-98	20-99	20-100	20-101	20-102
项目				带土球灌木人工换土(冠径cm)					
				40以内	60以内	80以内	100以内	150以内	200以内
预算基价	总价(元)			**1.14**	**1.63**	**6.10**	**10.98**	**16.11**	**21.28**
	人工费(元)			0.21	0.31	1.13	2.05	2.99	3.96
	材料费(元)			0.93	1.32	4.97	8.93	13.12	17.32
组成内容		**单位**	**单价**	**数量**					
人工	综合工 三类	工日	113.00	0.0019	0.0027	0.0100	0.0181	0.0265	0.0350
材料	种植土	m^3	77.65	0.0120	0.0170	0.0640	0.1150	0.1690	0.2230

工作内容：取土、装土、运到坑边等。　　**单位：**株

编号				20-103	20-104	20-105	20-106	20-107
项目				带土球灌木人工换土(冠径cm)				
				250以内	300以内	350以内	400以内	400以外
预算基价	总价(元)			**28.91**	**36.05**	**51.33**	**73.74**	**93.01**
	人工费(元)			5.38	6.70	9.55	13.72	17.30
	材料费(元)			23.53	29.35	41.78	60.02	75.71
组成内容		**单位**	**单价**	**数量**				
人工	综合工 三类	工日	113.00	0.0476	0.0593	0.0845	0.1214	0.1531
材料	种植土	m^3	77.65	0.3030	0.3780	0.5380	0.7730	0.9750

工作内容：取土、装土、运到坑边等。

单位：株

编号				20-108	20-109	20-110	20-111	20-112	20-113
项目				裸根灌木人工换土（冠径cm）					
				40以内	60以内	80以内	100以内	150以内	200以内
预算基价	总价（元）			**0.84**	**1.35**	**5.14**	**10.66**	**16.81**	**24.59**
	人工费（元）			0.06	0.11	0.40	0.88	1.67	3.16
	材料费（元）			0.78	1.24	4.74	9.78	15.14	21.43
组成内容		**单位**	**单价**	**数量**					
人工	综合工 三类	工日	113.00	0.0005	0.0010	0.0035	0.0078	0.0148	0.0280
材料	种植土	m^3	77.65	0.0100	0.0160	0.0610	0.1260	0.1950	0.2760

工作内容： 取土、装土、运到坑边等。

单位： 株

编号				20-114	20-115	20-116	20-117	20-118
项目				裸根灌木人工换土(冠径cm)				
				250以内	300以内	350以内	400以内	400以外
预算基价	总价(元)			**35.52**	**45.64**	**66.60**	**96.47**	**130.71**
	人工费(元)			5.31	5.65	6.89	9.66	14.08
	材料费(元)			30.21	39.99	59.71	86.81	116.63
组成内容		**单位**	**单价**	**数量**				
人工	综合工 三类	工日	113.00	0.0470	0.0500	0.0610	0.0855	0.1246
材料	种植土	m^3	77.65	0.3890	0.5150	0.7690	1.1180	1.5020

(3) 竹类人工换土

工作内容： 取土、装土、运到坑边等。

单位： 株

编号				20-119	20-120	20-121	20-122	20-123
项目				散生竹人工换土(胸径cm)				
				2以内	4以内	6以内	8以内	10以内
预算基价	总价(元)			**1.43**	**2.96**	**4.86**	**7.15**	**9.92**
	人工费(元)			0.27	0.55	0.90	1.33	1.84
	材料费(元)			1.16	2.41	3.96	5.82	8.08
组成内容		**单位**	**单价**	**数量**				
人工	综合工 三类	工日	113.00	0.0024	0.0049	0.0080	0.0118	0.0163
材料	种植土	m^3	77.65	0.0150	0.0310	0.0510	0.0750	0.1040

工作内容：取土、装土、运到坑边等。 **单位：**丛

编号				20-124	20-125	20-126	20-127	20-128	20-129
项目				从生竹人工换土(根盘丛径cm)					
				30以内	40以内	50以内	60以内	70以内	80以内
预算基价	总价(元)			**7.73**	**11.07**	**17.45**	**24.23**	**30.33**	**34.63**
	人工费(元)			1.44	2.06	3.24	4.51	5.64	6.44
	材料费(元)			6.29	9.01	14.21	19.72	24.69	28.19
组成内容		**单位**	**单价**	**数量**					
人工	综合工 三类	工日	113.00	0.0127	0.0182	0.0287	0.0399	0.0499	0.0570
材料	种植土	m^3	77.65	0.0810	0.1160	0.1830	0.2540	0.3180	0.3630

(4) 棕榈类人工换土

工作内容：取土、装土、运到坑边等。

单位：株

编号				20-130	20-131	20-132	20-133	20-134	20-135
项目				棕榈类人工换土(地径cm)					
				15以内	20以内	25以内	30以内	35以内	40以内
预算基价	总价(元)			**1.43**	**4.29**	**6.49**	**9.92**	**13.17**	**16.88**
	人工费(元)			0.27	0.80	1.21	1.84	2.45	3.14
	材料费(元)			1.16	3.49	5.28	8.08	10.72	13.74
组成内容		单位	单价	数量					
人工	综合工 三类	工日	113.00	0.0024	0.0071	0.0107	0.0163	0.0217	0.0278
材料	种植土	m^3	77.65	0.0150	0.0450	0.0680	0.1040	0.1380	0.1770

工作内容：取土、装土、运到坑边等。 **单位：**株

编号				20-136	20-137	20-138	20-139	20-140	20-141
项目				棕榈类人工换土(地径cm)					
				45以内	50以内	55以内	60以内	70以内	80以内
预算基价	总价(元)			**22.32**	**26.99**	**46.26**	**56.75**	**65.34**	**84.32**
	人工费(元)			4.15	5.02	8.60	10.55	12.15	15.68
	材料费(元)			18.17	21.97	37.66	46.20	53.19	68.64
组成内容		**单位**	**单价**	**数量**					
人工	综合工 三类	工日	113.00	0.0367	0.0444	0.0761	0.0934	0.1075	0.1388
材料	种植土	m^3	77.65	0.2340	0.2830	0.4850	0.5950	0.6850	0.8840

9.整理绿化种植地

工作内容：就地挖填厚度 ≤30cm、耙细、平整、找坡、清理石子杂物、排地表水等。

单位：$10m^2$

编号				20-142
项目				整理绿化种植地
预算基价	总价(元)			**36.82**
	人工费(元)			36.82
组成内容		**单位**	**单价**	**数量**
人工	综合工 三类	工日	113.00	0.3258

10.绿地起坡造型

工作内容：放线、设置标高桩、土方倒运、堆土、压实、修坡整形等。 **单位：**m^3

编号				20-143	20-144
项目				人工堆置造型	机械堆置造型
预算基价	总价(元)			**107.30**	**99.51**
	人工费(元)			21.88	1.76
	材料费(元)			85.42	85.42
	机械费(元)				12.33
组成内容		单位	单价	数量	
人工	综合工 三类	工日	113.00	0.1936	0.0156
材料	种植土	m^3	77.65	1.1000	1.1000
机械	履带式推土机 105kW	台班	1027.82		0.0120

11.挖土机挖土自卸汽车运土

工作内容：挖土机挖土、清理机下余土、装车、修整底边、自卸汽车运土、养护汽车行驶路线。 **单位：**$10m^3$

编号					20-145	20-146	20-147
项目					挖土机挖土自卸汽车运土		
					运距1km以内		运距每增加1km
					一般土	砂砾坚土	
预算基价	总价(元)				**168.25**	**198.43**	**32.91**
	人工费(元)				21.47	28.02	
	材料费(元)				0.66	0.66	
	机械费(元)				146.12	169.75	32.91
组成内容			**单位**	**单价**	**数量**		
人工	综合工 三类		工日	113.00	0.1900	0.2480	
材料	水		m^3	7.62	0.0860	0.0860	
机械	挖掘机		台班	1059.67	0.0302	0.0393	
	推土机		台班	835.04	0.0030	0.0039	
	自卸汽车		台班	588.65	0.1896	0.2121	0.0559

12.铲运机铲运土

工作内容：铲、运土，卸土及平整，修整边坡，工作面排水。 **单位**：$10m^3$

编号				20-148	20-149	20-150
项目				铲运机铲运土		
				运距200m以内		运距每增加50m
				一般土	砂砾坚土	
预算基价	总价(元)			**74.98**	**95.23**	**7.83**
	人工费(元)			15.37	18.19	0.68
	机械费(元)			59.61	77.04	7.15
组成内容		单位	单价	数量		
人工	综合工 三类	工日	113.00	0.1360	0.1610	0.0060
机械	拖式铲运机 $7m^3$	台班	1007.24	0.0547	0.0706	0.0071
	推土机	台班	835.04	0.0054	0.0071	

13.推土机推土

工作内容：推、运、平土，修整边坡，工作面排水。　　**单位：**$10m^3$

编　号				20-151	20-152	20-153
项　目				推土机推土		
				运距20m以内		运距每增加10m
				一般土	砂砾坚土	
预算基价	总　价(元)			**41.87**	**48.29**	**13.11**
	人　工　费(元)			3.96	3.62	
	机　械　费(元)			37.91	44.67	13.11
组成内容		**单位**	**单价**	**数　量**		
人工	综合工 三类	工日	113.00	0.0350	0.0320	
机械	推土机	台班	835.04	0.0454	0.0535	0.0157

二、起 挖 植 物

1.起 挖 乔 木

(1) 起挖带土球乔木

工作内容：修剪、起挖、土球包扎、枝干整理、出坑、场内运输、回土填坑、场地清理等。 **单位：**株

编号				20-154	20-155	20-156	20-157	20-158	20-159	20-160	20-161
项目				起挖带土球乔木(胸径cm/干径cm)							
				4/6以内	6/8以内	8/10以内	10/12以内	12/14以内	14/16以内	16/18以内	18/20以内
预算基价	总价(元)			**16.14**	**30.24**	**56.13**	**103.46**	**162.23**	**218.02**	**278.94**	**353.33**
	人工费(元)			9.02	20.63	43.31	86.37	121.50	165.16	206.55	252.54
	材料费(元)			7.12	9.61	12.82	17.09	22.78	30.08	40.05	62.43
	机械费(元)							17.95	22.78	32.34	38.36
组成内容		单位	单价	数量							
人工	综合工 二类	工日	135.00	0.0668	0.1528	0.3208	0.6398	0.9000	1.2234	1.5300	1.8707
材料	草绳	kg	7.12	1.0000	1.3500	1.8000	2.4000	3.2000	4.2250	5.6250	3.6500
	麻袋	m^2	8.15								3.3600
	镀锌钢丝 8#～12#	kg	6.04								1.5000
机械	汽车式起重机 8t	台班	767.15					0.0234	0.0297		
	汽车式起重机 16t	台班	971.12							0.0333	0.0395

工作内容：修剪、起挖、土球包扎、枝干整理、出坑、场内运输、回土填坑、场地清理等。 **单位：**株

编号				20-162	20-163	20-164	20-165	20-166	20-167	20-168	20-169
项目				起挖带土球乔木（胸径cm/干径cm）							
				20/24以内	24/28以内	28/32以内	32/35以内	35/40以内	40/45以内	45/50以内	50/55以内
预算基价	总价（元）			**435.77**	**532.59**	**661.09**	**798.61**	**1004.16**	**1194.63**	**1433.62**	**1648.64**
	人工费（元）			305.26	366.31	448.40	538.08	645.69	774.83	929.81	1069.27
	材料费（元）			77.88	93.54	110.72	129.23	164.17	196.93	236.32	271.77
	机械费（元）			52.63	72.74	101.97	131.30	194.30	222.87	267.49	307.60
组成内容		**单位**	**单价**	**数量**							
人工	综合工 二类	工日	135.00	2.2612	2.7134	3.3215	3.9858	4.7829	5.7395	6.8875	7.9205
材料	草绳	kg	7.12	4.5625	5.6250	6.7500	8.0625	9.6750	11.6000	13.9200	16.0080
	麻袋	m^2	8.15	4.1400	5.0000	5.9800	6.9600	9.5200	11.4240	13.7088	15.7651
	镀锌钢丝 8#～12#	kg	6.04	1.9300	2.1100	2.3050	2.5000	2.9300	3.5160	4.2192	4.8521
机械	汽车式起重机 16t	台班	971.12	0.0542	0.0749	0.1050	0.1352				
	汽车式起重机 25t	台班	1098.98					0.1768	0.2028	0.2434	0.2799

(2) 起挖裸根乔木

工作内容： 修剪、起挖、枝干整理、出坑、场内运输、回土填坑、场地清理等。 **单位：** 株

编号				20-170	20-171	20-172	20-173	20-174	20-175	20-176	20-177
项目				起挖裸根乔木（胸径cm/干径cm）							
				4/6以内	6/8以内	8/10以内	10/12以内	12/14以内	14/16以内	16/18以内	18/20以内
预算基价	总价(元)			**5.16**	**10.31**	**17.59**	**29.00**	**51.93**	**76.15**	**106.44**	**142.39**
	人工费(元)			5.16	10.31	17.59	29.00	46.41	69.09	98.62	133.03
	机械费(元)							5.52	7.06	7.82	9.36
组成内容		**单位**	**单价**	**数量**							
人工	综合工 二类	工日	135.00	0.0382	0.0764	0.1303	0.2148	0.3438	0.5118	0.7305	0.9854
机械	汽车式起重机 8t	台班	767.15					0.0072	0.0092	0.0102	0.0122

工作内容： 修剪、起挖、枝干整理、出坑、场内运输、回土填坑、场地清理等。　　**单位：** 株

编号				20-178	20-179	20-180	20-181	20-182	20-183	20-184	20-185
项目				起挖裸根乔木（胸径cm/干径cm）							
				20/24以内	24/28以内	28/32以内	32/35以内	35/40以内	40/45以内	45/50以内	50/55以内
预算基价	总价(元)			**188.18**	**237.61**	**306.78**	**378.05**	**473.40**	**564.90**	**677.86**	**779.60**
	人工费(元)			171.96	215.27	271.24	337.55	413.51	496.21	595.44	684.76
	机械费(元)			16.22	22.34	35.54	40.50	59.89	68.69	82.42	94.84
组成内容		**单位**	**单价**	**数量**							
人工	综合工 二类	工日	135.00	1.2738	1.5946	2.0092	2.5004	3.0630	3.6756	4.4107	5.0723
机械	汽车式起重机 16t	台班	971.12	0.0167	0.0230	0.0366	0.0417				
	汽车式起重机 25t	台班	1098.98					0.0545	0.0625	0.0750	0.0863

2.起挖灌木

工作内容：起挖、修剪、土球包扎、枝干整理、出坑、场内运输、回土填坑、场地清理等。 **单位：**株

编号				20-186	20-187	20-188	20-189	20-190	20-191
项目				起挖带土球灌木(冠径cm)					
				20以内	40以内	60以内	80以内	100以内	150以内
预算基价	总价(元)			**1.47**	**2.46**	**4.22**	**7.44**	**13.62**	**25.15**
	人工费(元)			0.76	1.39	2.62	4.77	8.99	16.96
	材料费(元)			0.71	1.07	1.60	2.67	4.63	8.19
组成内容		**单位**	**单价**	**数量**					
人工	综合工 二类	工日	135.00	0.0056	0.0103	0.0194	0.0353	0.0666	0.1256
材料	草绳	kg	7.12	0.1000	0.1500	0.2250	0.3750	0.6500	1.1500

工作内容：起挖、修剪、土球包扎、枝干整理、出坑、场内运输、回土填坑、场地清理等。　　**单位：**株

编号				20-192	20-193	20-194	20-195	20-196	20-197
项目				起挖带土球灌木(冠径cm)					
				200以内	250以内	300以内	350以内	400以内	400以外
预算基价	总价(元)			**47.39**	**90.43**	**163.28**	**299.30**	**509.50**	**804.85**
	人工费(元)			32.44	63.91	127.06	251.34	446.39	713.70
	材料费(元)			14.95	21.00	29.55	38.45	49.84	71.20
	机械费(元)				5.52	6.67	9.51	13.27	19.95
组成内容		**单位**	**单价**	**数量**					
人工	综合工 二类	工日	135.00	0.2403	0.4734	0.9412	1.8618	3.3066	5.2867
材料	草绳	kg	7.12	2.1000	2.9500	4.1500	5.4000	7.0000	10.0000
机械	汽车式起重机 8t	台班	767.15		0.0072	0.0087	0.0124	0.0173	0.0260

工作内容：起挖、修剪、枝干整理、出坑、场内运输、回土填坑、场地清理等。 **单位：**株

编号				20-198	20-199	20-200	20-201	20-202	20-203
项目				起挖裸根灌木(冠径cm)					
				20以内	40以内	60以内	80以内	100以内	150以内
预算基价	总价(元)			**0.09**	**0.34**	**0.63**	**1.19**	**2.20**	**4.09**
	人工费(元)			0.09	0.34	0.63	1.19	2.20	4.09
组成内容		**单位**	**单价**	**数量**					
人工	综合工 二类	工日	135.00	0.0007	0.0025	0.0047	0.0088	0.0163	0.0303

工作内容：起挖、修剪、枝干整理、出坑、场内运输、回土填坑、场地清理等。

单位：株

编号				20-204	20-205	20-206	20-207	20-208	20-209
项目				起挖裸根灌木（冠径cm）					
				200以内	250以内	300以内	350以内	400以内	400以外
预算基价	总价(元)			**7.52**	**15.69**	**28.41**	**52.24**	**83.84**	**134.65**
	人工费(元)			7.52	14.00	26.34	49.32	79.77	128.51
	机械费(元)				1.69	2.07	2.92	4.07	6.14
组成内容		**单位**	**单价**	**数量**					
人工	综合工 二类	工日	135.00	0.0557	0.1037	0.1951	0.3653	0.5909	0.9519
机械	汽车式起重机 8t	台班	767.15		0.0022	0.0027	0.0038	0.0053	0.0080

3.起挖绿篱

工作内容：起挖、包扎、出坑、修剪、场内运输、回土填坑、场地清理等。 **单位：**m

编号				20-210	20-211	20-212	20-213	20-214	20-215	20-216	20-217
项目				起挖单排绿篱(高度cm)							
				40以内	60以内	80以内	100以内	120以内	150以内	200以内	200以外
预算基价	总价(元)			**3.23**	**3.85**	**5.06**	**6.50**	**7.75**	**9.53**	**11.25**	**12.95**
	人工费(元)			1.88	2.21	2.78	3.51	4.55	5.83	6.99	8.05
	材料费(元)			1.35	1.64	2.28	2.99	3.20	3.70	4.26	4.90
组成内容		**单位**	**单价**	**数量**							
人工	综合工 二类	工日	135.00	0.0139	0.0164	0.0206	0.0260	0.0337	0.0432	0.0518	0.0596
材料	草绳	kg	7.12	0.1900	0.2300	0.3200	0.4200	0.4500	0.5200	0.5980	0.6877

工作内容：起挖、包扎、出坑、修剪、场内运输、回土填坑、场地清理等。

单位：m

编号				20-218	20-219	20-220	20-221	20-222	20-223	20-224	20-225
项目				起挖双排绿篱(高度cm)							
				40以内	60以内	80以内	100以内	120以内	150以内	200以内	200以外
预算基价	总价(元)			**6.46**	**7.63**	**9.77**	**12.20**	**13.86**	**16.10**	**18.16**	**20.48**
	人工费(元)			3.75	4.43	5.21	6.29	7.45	8.84	10.17	11.69
	材料费(元)			2.71	3.20	4.56	5.91	6.41	7.26	7.99	8.79
组成内容		**单位**	**单价**	**数量**							
人工	综合工 二类	工日	135.00	0.0278	0.0328	0.0386	0.0466	0.0552	0.0655	0.0753	0.0866
材料	草绳	kg	7.12	0.3800	0.4500	0.6400	0.8300	0.9000	1.0200	1.1220	1.2342

4.起挖棕榈类

工作内容：起挖、包扎、出坑、修剪、场内运输、回土填坑、场地清理等。 **单位：**株

编号				20-226	20-227	20-228	20-229	20-230	20-231
项目				起挖棕榈类(地径cm)					
				15以内	20以内	25以内	30以内	35以内	40以内
预算基价	总价(元)			**60.25**	**77.09**	**101.17**	**125.23**	**148.09**	**178.57**
	人工费(元)			46.01	57.51	77.14	96.75	108.93	125.17
	材料费(元)			14.24	19.58	24.03	28.48	39.16	53.40
组成内容		**单位**	**单价**	**数量**					
人工	综合工 二类	工日	135.00	0.3408	0.4260	0.5714	0.7167	0.8069	0.9272
材料	草绳	kg	7.12	2.0000	2.7500	3.3750	4.0000	5.5000	7.5000

工作内容：起挖、包扎、出坑、修剪、场内运输、回土填坑、场地清理等。 **单位：**株

编号					20-232	20-233	20-234	20-235	20-236	20-237
项目					起挖棕榈类(地径cm)					
					45以内	50以内	55以内	60以内	70以内	80以内
预算基价	总价(元)				**208.30**	**256.04**	**303.95**	**354.62**	**404.92**	**455.67**
	人工费(元)				137.35	177.61	217.13	256.65	296.18	335.69
	材料费(元)				60.52	64.08	67.64	71.20	74.76	78.32
	机械费(元)				10.43	14.35	19.18	26.77	33.98	41.66
组成内容		**单位**	**单价**		**数量**					
人工	综合工 二类	工日	135.00		1.0174	1.3156	1.6084	1.9011	2.1939	2.4866
材料	草绳	kg	7.12		8.5000	9.0000	9.5000	10.0000	10.5000	11.0000
机械	汽车式起重机 8t	台班	767.15		0.0136	0.0187	0.0250	0.0349	0.0443	0.0543

5.起挖竹类

工作内容：起挖、出坑、修剪、场内运输、回土填坑、场地清理等。 **单位：**株

编号				20-238	20-239	20-240	20-241	20-242
项目				起挖散生竹（胸径cm）				
				2以内	4以内	6以内	8以内	10以内
预算基价	总价(元)			**2.32**	**4.64**	**6.97**	**11.60**	**19.33**
	人工费(元)			2.32	4.64	6.97	11.60	19.33
组成内容		**单位**	**单价**	**数量**				
人工	综合工 二类	工日	135.00	0.0172	0.0344	0.0516	0.0859	0.1432

工作内容：起挖、包扎、出坑、修剪、场内运输、回土填坑、场地清理等。 **单位：**丛

编号					20-243	20-244	20-245	20-246	20-247	20-248
项目					起挖丛生竹(根盘丛径cm)					
					30以内	40以内	50以内	60以内	70以内	80以内
预算基价	总价(元)				**8.97**	**15.76**	**25.68**	**39.48**	**47.04**	**56.78**
	人工费(元)				5.41	10.06	18.56	30.94	36.36	42.54
	材料费(元)				3.56	5.70	7.12	8.54	10.68	14.24
组成内容		**单位**	**单价**		**数量**					
人工	综合工 二类	工日	135.00		0.0401	0.0745	0.1375	0.2292	0.2693	0.3151
材料	草绳	kg	7.12		0.5000	0.8000	1.0000	1.2000	1.5000	2.0000

6.起挖攀缘植物

工作内容：起挖、修剪、场内运输、场地清理等。 **单位：**株

编号				20-249	20-250	20-251
项目				起挖攀缘植物(地径cm)		
				1以内	3以内	5以内
预算基价	总价(元)			**0.31**	**0.95**	**2.04**
	人工费(元)			0.31	0.95	2.04
组成内容		单位	单价	数量		
人工	综合工 一类	工日	135.00	0.0023	0.0070	0.0151

7.起挖地被、水生植物、露地花卉、草坪

工作内容：起挖、场内运输、场地清理等。 **单位：**10m²

编号				20-252	20-253	20-254	20-255
项目				起挖地被植物(密度株/m²)			
				20以内	50以内	80以内	100以内
预算基价	总价(元)			**42.54**	**45.12**	**47.70**	**51.56**
	人工费(元)			42.54	45.12	47.70	51.56
组成内容		单位	单价	数量			
人工	综合工 二类	工日	135.00	0.3151	0.3342	0.3533	0.3819

工作内容：起挖、场内运输、场地清理等。　　　　**单位：**10m²

编　　号					20-256	20-257	20-258	20-259
项　　目					起挖水生植物	起挖露地花卉		起挖草坪
						一、二年生草本花	球根、块根、宿根类	
预算基价	总　　价(元)				**38.68**	**5.16**	**15.47**	**18.05**
	人　工　费(元)				38.68	5.16	15.47	18.05
组成内容			**单位**	**单价**	**数　　量**			
人工	综合工 二类		工日	135.00	0.2865	0.0382	0.1146	0.1337

三、汽车运输苗木

1.乔木运输

工作内容：装车、绑扎固定、场内运输、卸车、按指定地点放置等。

单位：10株

编号				20-260	20-261	20-262	20-263	20-264	20-265	20-266	20-267
项目				乔木运输(胸径cm/干径cm)							
				4/6以内		6/8以内		8/10以内		10/12以内	
				运距1km以内	运距每增加1km	运距1km以内	运距每增加1km	运距1km以内	运距每增加1km	运距1km以内	运距每增加1km
预算基价	总价(元)			**28.43**	**0.89**	**62.07**	**1.77**	**93.58**	**2.66**	**281.98**	**3.10**
	人工费(元)			2.26		10.17		30.15		47.10	
	机械费(元)			26.17	0.89	51.90	1.77	63.43	2.66	234.88	3.10
组成内容		**单位**	**单价**	**数量**							
人工	综合工 三类	工日	113.00	0.0200		0.0900		0.2668		0.4168	
机械	载货汽车 5t	台班	443.55	0.0590	0.0020	0.1170	0.0040	0.1430	0.0060	0.1940	0.0070
	汽车式起重机 8t	台班	767.15							0.1940	

工作内容：装车、绑扎固定、场内运输、卸车、按指定地点放置等。 **单位：**10株

编号				20-268	20-269	20-270	20-271	20-272	20-273	20-274	20-275
项目				乔木运输(胸径cm/干径cm)							
				12/14以内		14/16以内		16/18以内		18/20以内	
				运距1km以内	运距每增加1km	运距1km以内	运距每增加1km	运距1km以内	运距每增加1km	运距1km以内	运距每增加1km
预算基价	总价(元)			**399.79**	**5.77**	**548.94**	**6.65**	**613.67**	**8.08**	**709.35**	**9.28**
	人工费(元)			81.38		103.40		115.70		137.28	
	机械费(元)			318.41	5.77	445.54	6.65	497.97	8.08	572.07	9.28
组成内容		**单位**	**单价**	**数量**							
人工	综合工 三类	工日	113.00	0.7202		0.9150		1.0239		1.2149	
机械	载货汽车 5t	台班	443.55	0.2630	0.0130	0.3680	0.0150				
	载货汽车 8t	台班	521.59					0.3864	0.0155	0.4439	0.0178
	汽车式起重机 8t	台班	767.15	0.2630		0.3680		0.3864		0.4439	

工作内容：装车、绑扎固定、场内运输、卸车、按指定地点放置等。 **单位：**10株

编号					20-276	20-277	20-278	20-279	20-280	20-281	20-282	20-283
项目					乔木运输（胸径cm/干径cm）							
					20/24以内		24/28以内		28/32以内		32/35以内	
					运距1km以内	运距每增加1km	运距1km以内	运距每增加1km	运距1km以内	运距每增加1km	运距1km以内	运距每增加1km
预算基价	总价(元)				**846.21**	**10.64**	**1050.02**	**12.78**	**1537.37**	**17.87**	**1880.11**	**20.58**
	人工费(元)				188.31		260.54		465.45		647.37	
	机械费(元)				657.90	10.64	789.48	12.78	1071.92	17.87	1232.74	20.58
组成内容		**单位**	**单价**		**数量**							
人工	综合工 三类	工日	113.00		1.6665		2.3057		4.1190		5.7289	
机械	载货汽车 8t	台班	521.59		0.5105	0.0204	0.6126	0.0245				
	载货汽车 12t	台班	695.42						0.6432	0.0257	0.7397	0.0296
	汽车式起重机 8t	台班	767.15		0.5105		0.6126					
	汽车式起重机 16t	台班	971.12						0.6432		0.7397	

工作内容：装车、绑扎固定、场内运输、卸车、按指定地点放置等。　　　**单位：**10株

编号				20-284	20-285	20-286	20-287	20-288	20-289	20-290	20-291
项目				乔木运输（胸径cm/干径cm）							
				35/40以内		40/45以内		45/50以内		50/55以内	
				运距1km以内	运距每增加1km	运距1km以内	运距每增加1km	运距1km以内	运距每增加1km	运距1km以内	运距每增加1km
预算基价	总价（元）			**2481.78**	**30.80**	**3045.00**	**38.47**	**3700.31**	**48.12**	**4318.54**	**57.76**
	人工费（元）			893.24		1059.38		1218.29		1340.11	
	机械费（元）			1588.54	30.80	1985.62	38.47	2482.02	48.12	2978.43	57.76
组成内容		**单位**	**单价**	**数量**							
人工	综合工 三类	工日	113.00	7.9048		9.3750		10.7813		11.8594	
机械	平板拖车组 12t	台班	984.00	0.8125	0.0313	1.0156	0.0391	1.2695	0.0489	1.5234	0.0587
	汽车式起重机 16t	台班	971.12	0.8125		1.0156		1.2695		1.5234	

2.灌 木 运 输

工作内容：装车、绑扎固定、场内运输、卸车、按指定地点放置等。 **单位：**10株

编号				20-292	20-293	20-294	20-295	20-296	20-297	20-298	20-299
项目				灌木运输(冠径cm)							
				20以内		40以内		60以内		80以内	
				运距1km以内	运距每增加1km	运距1km以内	运距每增加1km	运距1km以内	运距每增加1km	运距1km以内	运距每增加1km
预算基价	总价(元)			**3.12**	**0.67**	**8.03**	**0.80**	**19.40**	**0.89**	**29.00**	**0.98**
	人工费(元)			0.90		2.26		5.65		9.04	
	机械费(元)			2.22	0.67	5.77	0.80	13.75	0.89	19.96	0.98
组成内容		**单位**	**单价**	**数量**							
人工	综合工 三类	工日	113.00	0.0080		0.0200		0.0500		0.0800	
机械	载货汽车 5t	台班	443.55	0.0050	0.0015	0.0130	0.0018	0.0310	0.0020	0.0450	0.0022

工作内容：装车、绑扎固定、场内运输、卸车、按指定地点放置等。 **单位：**10株

编号				20-300	20-301	20-302	20-303	20-304	20-305	20-306	20-307
项目				灌木运输(冠径cm)							
				100以内		150以内		200以内		250以内	
				运距1km以内	运距每增加1km	运距1km以内	运距每增加1km	运距1km以内	运距每增加1km	运距1km以内	运距每增加1km
预算基价	总价(元)			**41.23**	**1.11**	**91.92**	**1.77**	**185.94**	**3.65**	**561.48**	**6.78**
	人工费(元)			15.06		40.02		84.75		113.00	
	机械费(元)			26.17	1.11	51.90	1.77	101.19	3.65	448.48	6.78
组成内容		**单位**	**单价**	**数量**							
人工	综合工 三类	工日	113.00	0.1333		0.3542		0.7500		1.0000	
机械	载货汽车 5t	台班	443.55	0.0590	0.0025	0.1170	0.0040				
	载货汽车 8t	台班	521.59					0.1940	0.0070	0.3480	0.0130
	汽车式起重机 8t	台班	767.15							0.3480	

工作内容：装车、绑扎固定、场内运输、卸车、按指定地点放置等。

单位：10株

编号				20-308	20-309	20-310	20-311	20-312	20-313	20-314	20-315
项目				灌木运输(冠径cm)							
				300以内		350以内		400以内		400以外	
				运距1km以内	运距每增加1km	运距1km以内	运距每增加1km	运距1km以内	运距每增加1km	运距1km以内	运距每增加1km
预算基价	总价(元)			**692.34**	**8.87**	**863.86**	**10.43**	**1108.88**	**13.04**	**1525.43**	**17.21**
	人工费(元)			135.60		193.72		271.20		406.80	
	机械费(元)			556.74	8.87	670.14	10.43	837.68	13.04	1118.63	17.21
组成内容		**单位**	**单价**	**数量**							
人工	综合工 三类	工日	113.00	1.2000		1.7143		2.4000		3.6000	
机械	载货汽车 8t	台班	521.59	0.4320	0.0170	0.5200	0.0200	0.6500	0.0250	0.8680	0.0330
	汽车式起重机 8t	台班	767.15	0.4320		0.5200		0.6500		0.8680	

3.竹 类 运 输

工作内容：装车、绑扎固定、场内运输、卸车、按指定地点放置等。　　　　**单位：**10株

编　号				20-316	20-317	20-318	20-319	20-320	20-321
项　目				散生竹类运输(胸径cm)					
				2以内		4以内		6以内	
				运距1km以内	运距每增加1km	运距1km以内	运距每增加1km	运距1km以内	运距每增加1km
预算基价	总　价(元)			**5.78**	**0.35**	**8.93**	**0.40**	**13.15**	**0.44**
	人　工　费(元)			1.70		3.39		5.65	
	机　械　费(元)			4.08	0.35	5.54	0.40	7.50	0.44
组 成 内 容		**单位**	**单价**	**数　量**					
人工	综合工 三类	工日	113.00	0.0150		0.0300		0.0500	
机械	载货汽车 5t	台班	443.55	0.0092	0.0008	0.0125	0.0009	0.0169	0.0010

工作内容：装车、绑扎固定、场内运输、卸车、按指定地点放置等。

单位：10株

编号				20-322	20-323	20-324	20-325
项目				散生竹类运输(胸径cm)			
				8以内		10以内	
				运距1km以内	运距每增加1km	运距1km以内	运距每增加1km
预算基价	总价(元)			**21.46**	**0.49**	**36.35**	**0.53**
	人工费(元)			11.30		22.60	
	机械费(元)			10.16	0.49	13.75	0.53
组成内容		单位	单价	数量			
人工	综合工 三类	工日	113.00	0.1000		0.2000	
机械	载货汽车 5t	台班	443.55	0.0229	0.0011	0.0310	0.0012

工作内容：装车、绑扎固定、场内运输、卸车、按指定地点放置等。

单位：10丛

编号				20-326	20-327	20-328	20-329	20-330	20-331
项目				从生竹类运输(根盘丛径cm)					
				30以内		40以内		50以内	
				运距1km以内	运距每增加1km	运距1km以内	运距每增加1km	运距1km以内	运距每增加1km
预算基价	总价(元)			**14.48**	**0.89**	**24.28**	**1.11**	**48.11**	**1.33**
	人工费(元)			3.39		5.65		11.30	
	机械费(元)			11.09	0.89	18.63	1.11	36.81	1.33
组成内容		**单位**	**单价**	**数量**					
人工	综合工 三类	工日	113.00	0.0300		0.0500		0.1000	
机械	载货汽车 5t	台班	443.55	0.0250	0.0020	0.0420	0.0025	0.0830	0.0030

工作内容：装车、绑扎固定、场内运输、卸车、按指定地点放置等。

单位：10从

编号				20-332	20-333	20-334	20-335	20-336	20-337
项目				从生竹类运输(根盘从径cm)					
				60以内		70以内		80以内	
				运距1km以内	运距每增加1km	运距1km以内	运距每增加1km	运距1km以内	运距每增加1km
预算基价	总价(元)			**74.50**	**1.55**	**88.17**	**1.77**	**103.54**	**2.00**
	人工费(元)			22.60		28.25		33.90	
	机械费(元)			51.90	1.55	59.92	1.77	69.64	2.00
组成内容		**单位**	**单价**	**数量**					
人工	综合工 三类	工日	113.00	0.2000		0.2500		0.3000	
机械	载货汽车 5t	台班	443.55	0.1170	0.0035	0.1351	0.0040	0.1570	0.0045

4.棕榈类运输

工作内容：装车、绑扎固定、场内运输、卸车、按指定地点放置等。 **单位：**10株

编号				20-338	20-339	20-340	20-341	20-342	20-343
项目				棕榈类运输(地径cm)					
				25以内		40以内		50以内	
				运距1km以内	运距每增加1km	运距1km以内	运距每增加1km	运距1km以内	运距每增加1km
预算基价	总价(元)			**65.90**	**1.33**	**112.16**	**1.77**	**281.46**	**2.61**
	人工费(元)			30.86		60.26		107.35	
	机械费(元)			35.04	1.33	51.90	1.77	174.11	2.61
组成内容		**单位**	**单价**	**数量**					
人工	综合工 三类	工日	113.00	0.2731		0.5333		0.9500	
机械	载货汽车 5t	台班	443.55	0.0790	0.0030	0.1170	0.0040		
	载货汽车 8t	台班	521.59					0.1351	0.0050
	汽车式起重机 8t	台班	767.15					0.1351	

工作内容：装车、绑扎固定、场内运输、卸车、按指定地点放置等。　　　　**单位：**10株

编号				20-344	20-345	20-346	20-347	20-348	20-349
项目				棕榈类运输(地径cm)					
				60以内		70以内		80以内	
				运距1km以内	运距每增加1km	运距1km以内	运距每增加1km	运距1km以内	运距每增加1km
预算基价	总价(元)			**346.69**	**2.87**	**483.25**	**4.17**	**557.63**	**4.87**
	人工费(元)			144.36		216.53		255.03	
	机械费(元)			202.33	2.87	266.72	4.17	302.60	4.87
组成内容		**单位**	**单价**	**数量**					
人工	综合工 三类	工日	113.00	1.2775		1.9162		2.2569	
机械	载货汽车 8t	台班	521.59	0.1570	0.0055				
	载货汽车 12t	台班	695.42			0.1710	0.0060	0.1940	0.0070
	汽车式起重机 8t	台班	767.15	0.1570					
	汽车式起重机 12t	台班	864.36			0.1710		0.1940	

5.花 卉 运 输

工作内容： 装车、绑扎固定、场内运输、卸车、按指定地点放置等。　　　　**单位：** 10盆

编号				20-350	20-351	20-352	20-353
项目				盆花运输(内径cm)			
				15以内		20以内	
				运距1km以内	运距每增加1km	运距1km以内	运距每增加1km
预算基价	总价(元)			**6.34**	**0.89**	**8.30**	**1.33**
	人工费(元)			0.57		0.76	
	机械费(元)			5.77	0.89	7.54	1.33
组成内容		**单位**	**单价**	**数量**			
人工	综合工 三类	工日	113.00	0.0050		0.0067	
机械	载货汽车 5t	台班	443.55	0.0130	0.0020	0.0170	0.0030

工作内容：装车、绑扎固定、场内运输、卸车、按指定地点放置等。　　**单位：**10株

编号					20-354	20-355	20-356	20-357
项目					散装花苗运输		球根、块根、宿根运输	
					运距1km以内	运距每增加1km	运距1km以内	运距每增加1km
预算基价	总价(元)				**4.89**	**0.67**	**6.34**	**0.67**
	人工费(元)				0.45		0.57	
	机械费(元)				4.44	0.67	5.77	0.67
组成内容			**单位**	**单价**	**数量**			
人工	综合工 三类		工日	113.00	0.0040		0.0050	
机械	载货汽车 5t		台班	443.55	0.0100	0.0015	0.0130	0.0015

6.水生植物运输

工作内容：装车、绑扎固定、场内运输、卸车、按指定地点放置等。 **单位：**10丛

编号				20-358	20-359
项目				水生植物运输	
				运距1km以内	运距每增加1km
预算基价	总价(元)			**7.47**	**0.44**
	人工费(元)			1.70	
	机械费(元)			5.77	0.44
组成内容		**单位**	**单价**	**数量**	
人工	综合工 三类	工日	113.00	0.0150	
机械	载货汽车 5t	台班	443.55	0.0130	0.0010

7.攀缘植物、地被、草坪运输

工作内容：装车、绑扎固定、场内运输、卸车、按指定地点放置等。　　**单位：**10株

编号				20-360	20-361	20-362	20-363	20-364	20-365
项目				攀缘植物运输(地径cm)					
				1以内		3以内		5以内	
				运距1km以内	运距每增加1km	运距1km以内	运距每增加1km	运距1km以内	运距每增加1km
预算基价	总价(元)			**2.24**	**0.67**	**4.57**	**0.89**	**10.97**	**1.33**
	人工费(元)			0.47		1.02		2.54	
	机械费(元)			1.77	0.67	3.55	0.89	8.43	1.33
组成内容		**单位**	**单价**	**数量**					
人工	综合工 三类	工日	113.00	0.0042		0.0090		0.0225	
机械	载货汽车 5t	台班	443.55	0.0040	0.0015	0.0080	0.0020	0.0190	0.0030

工作内容：装车、绑扎固定、场内运输、卸车、按指定地点放置等。　　　　**单位：**10株

编号				20-366	20-367	20-368	20-369
项目				攀缘植物运输(地径cm)			
				6以内		6以外	
				运距1km以内	运距每增加1km	运距1km以内	运距每增加1km
预算基价	总价(元)			**13.96**	**1.77**	**17.38**	**1.77**
	人工费(元)			3.31		4.96	
	机械费(元)			10.65	1.77	12.42	1.77
组成内容		**单位**	**单价**	**数量**			
人工	综合工 三类	工日	113.00	0.0293		0.0439	
机械	载货汽车 5t	台班	443.55	0.0240	0.0040	0.0280	0.0040

工作内容：装车、绑扎固定、场内运输、卸车、按指定地点放置等。

单位：$10m^2$

编号				20-370	20-371	20-372	20-373
项目				地被植物运输		草坪运输	
				运距1km以内	运距每增加1km	运距1km以内	运距每增加1km
预算基价	总价(元)			**16.15**	**0.44**	**14.92**	**0.44**
	人工费(元)			3.73		3.39	
	机械费(元)			12.42	0.44	11.53	0.44
组成内容		**单位**	**单价**	**数量**			
人工	综合工 三类	工日	113.00	0.0330		0.0300	
机械	载货汽车 5t	台班	443.55	0.0280	0.0010	0.0260	0.0010

四、栽 植 植 物

1.栽 植 乔 木

(1)栽植带土球乔木

工作内容：挖坑、场内运输、修剪、栽植(落坑、扶正、回土、捣实、筑水围)、浇定根水、覆土、保墒、清理等。 **单位：**株

编号					20-374	20-375	20-376	20-377	20-378	20-379	20-380	20-381
项目					栽植带土球乔木(胸径cm/干径cm)							
					4/6以内	6/8以内	8/10以内	10/12以内	12/14以内	14/16以内	16/18以内	18/20以内
预算基价	总价(元)				**9.48**	**24.18**	**41.98**	**84.63**	**133.84**	**181.15**	**243.49**	**325.45**
	人工费(元)				9.29	23.72	41.26	65.08	109.31	151.40	199.80	263.75
	材料费(元)				0.19	0.46	0.72	1.14	1.52	2.13	2.90	4.11
	机械费(元)							18.41	23.01	27.62	40.79	57.59
组成内容			单位	单价	数量							
人工	综合工 二类		工日	135.00	0.0688	0.1757	0.3056	0.4821	0.8097	1.1215	1.4800	1.9537
材料	乔木		株		(1.0100)	(1.0100)	(1.0100)	(1.0100)	(1.0100)	(1.0100)	(1.0100)	(1.0100)
	水		m^3	7.62	0.0250	0.0600	0.0950	0.1500	0.2000	0.2800	0.3800	0.5400
机械	汽车式起重机 8t		台班	767.15				0.0240	0.0300	0.0360		
	汽车式起重机 16t		台班	971.12							0.0420	0.0593

工作内容：挖坑、场内运输、修剪、栽植(落坑、扶正、回土、捣实、筑水围)、浇定根水、覆土、保墒、清理等。

单位：株

编号				20-382	20-383	20-384	20-385	20-386	20-387	20-388	20-389
项目				栽植带土球乔木(胸径cm/干径cm)							
				20/24以内	24/28以内	28/32以内	32/35以内	35/40以内	40/45以内	45/50以内	50/55以内
预算基价	总价(元)			**430.08**	**570.43**	**765.63**	**972.00**	**1314.16**	**1663.58**	**1913.07**	**2104.40**
	人工费(元)			345.41	453.75	593.27	773.69	1003.66	1304.82	1500.53	1650.58
	材料费(元)			5.72	7.62	10.67	14.48	19.05	24.45	28.12	30.93
	机械费(元)			78.95	109.06	161.69	183.83	291.45	334.31	384.42	422.89
组成内容		**单位**	**单价**	**数量**							
人工	综合工 二类	工日	135.00	2.5586	3.3611	4.3946	5.7310	7.4345	9.6653	11.1150	12.2265
材料	乔木	株		(1.0100)	(1.0100)	(1.0100)	(1.0100)	(1.0100)	(1.0100)	(1.0100)	(1.0100)
	水	m^3	7.62	0.7500	1.0000	1.4000	1.9000	2.5000	3.2086	3.6899	4.0589
机械	汽车式起重机 16t	台班	971.12	0.0813	0.1123	0.1665	0.1893				
	汽车式起重机 25t	台班	1098.98					0.2652	0.3042	0.3498	0.3848

(2) 栽植裸根乔木

工作内容： 挖坑、场内运输、修剪、栽植(落坑、扶正、回土、捣实、筑水围)、浇定根水、覆土、保墒、清理等。 **单位：** 株

编号				20-390	20-391	20-392	20-393	20-394	20-395	20-396	20-397
项目				栽植裸根乔木(胸径cm/干径cm)							
				4/6以内	6/8以内	8/10以内	10/12以内	12/14以内	14/16以内	16/18以内	18/20以内
预算基价	总价(元)			**6.63**	**11.98**	**21.20**	**40.37**	**66.61**	**93.79**	**123.65**	**169.31**
	人工费(元)			6.44	11.60	20.63	31.32	54.53	78.38	105.71	143.09
	材料费(元)			0.19	0.38	0.57	0.76	1.03	1.37	1.83	2.44
	机械费(元)						8.29	11.05	14.04	16.11	23.78
组成内容		单位	单价	数量							
人工	综合工 二类	工日	135.00	0.0477	0.0859	0.1528	0.2320	0.4039	0.5806	0.7830	1.0599
材料	乔木	株		(1.0150)	(1.0150)	(1.0150)	(1.0150)	(1.0150)	(1.0150)	(1.0150)	(1.0150)
	水	m^3	7.62	0.0250	0.0500	0.0750	0.1000	0.1350	0.1800	0.2400	0.3200
机械	汽车式起重机 8t	台班	767.15				0.0108	0.0144	0.0183	0.0210	0.0310

工作内容：挖坑、场内运输、修剪、栽植（落坑、扶正、回土、捣实、筑水围）、浇定根水、覆土、保墒、清理等。

单位：株

编号				20-398	20-399	20-400	20-401	20-402	20-403	20-404	20-405
项目				栽植裸根乔木（胸径cm/干径cm）							
				20/24以内	24/28以内	28/32以内	32/35以内	35/40以内	40/45以内	45/50以内	50/55以内
预算基价	总价（元）			**237.02**	**319.03**	**404.78**	**515.24**	**656.45**	**855.36**	**983.66**	**1082.03**
	人工费（元）			189.11	252.02	327.62	425.91	553.68	719.78	827.74	910.51
	材料费（元）			3.24	4.86	7.24	10.67	14.40	19.05	21.91	24.10
	机械费（元）			44.67	62.15	69.92	78.66	88.37	116.53	134.01	147.42
组成内容		**单位**	**单价**	**数量**							
人工	综合工 二类	工日	135.00	1.4008	1.8668	2.4268	3.1549	4.1013	5.3317	6.1314	6.7445
材料	乔木	株		(1.0150)	(1.0150)	(1.0150)	(1.0150)	(1.0150)	(1.0150)	(1.0150)	(1.0150)
	水	m^3	7.62	0.4250	0.6375	0.9500	1.4000	1.8900	2.5000	2.8750	3.1625
机械	汽车式起重机 16t	台班	971.12	0.0460	0.0640	0.0720	0.0810	0.0910	0.1200	0.1380	0.1518

2.栽 植 灌 木

(1)栽植单株带土球灌木

工作内容：挖坑、场内运输、栽植(落坑、扶正、回土、捣实、筑水围)、浇定根水、覆土、保墒、修剪、清理等。 **单位：**株

编号				20-406	20-407	20-408	20-409	20-410	20-411
项目				栽植单株带土球灌木(冠径cm)					
				20以内	40以内	60以内	80以内	100以内	150以内
预算基价	总价(元)			**0.47**	**1.20**	**3.28**	**6.45**	**11.21**	**23.78**
	人工费(元)			0.39	1.09	3.09	6.18	10.83	23.21
	材料费(元)			0.08	0.11	0.19	0.27	0.38	0.57
组成内容		**单位**	**单价**	**数量**					
人工	综合工 二类	工日	135.00	0.0029	0.0081	0.0229	0.0458	0.0802	0.1719
材料	灌木	株		(1.0100)	(1.0100)	(1.0100)	(1.0100)	(1.0100)	(1.0100)
	水	m^3	7.62	0.0100	0.0150	0.0250	0.0360	0.0500	0.0750

工作内容：挖坑、场内运输、栽植(落坑、扶正、回土、捣实、筑水围)、浇定根水、覆土、保墒、修剪、清理等。 **单位：**株

编号				20-412	20-413	20-414	20-415	20-416	20-417
项目				栽植单株带土球灌木(冠径cm)					
				200以内	250以内	300以内	350以内	400以内	400以外
预算基价	总价(元)			**38.02**	**64.43**	**94.88**	**133.19**	**177.67**	**246.39**
	人工费(元)			37.26	57.24	83.54	116.02	153.14	213.66
	材料费(元)			0.76	1.05	1.37	1.83	3.05	3.81
	机械费(元)				6.14	9.97	15.34	21.48	28.92
组成内容		**单位**	**单价**	**数量**					
人工	综合工 二类	工日	135.00	0.2760	0.4240	0.6188	0.8594	1.1344	1.5827
材料	灌木	株		(1.0100)	(1.0100)	(1.0100)	(1.0100)	(1.0100)	(1.0100)
	水	m^3	7.62	0.1000	0.1375	0.1800	0.2400	0.4000	0.5000
机械	汽车式起重机 8t	台班	767.15		0.0080	0.0130	0.0200	0.0280	0.0377

(2) 栽植单株裸根灌木

工作内容：挖坑、场内运输、栽植（落坑、扶正、回土、捣实、筑水围）、浇定根水、覆土、保墒、修剪、清理等。 **单位：**株

编号					20-418	20-419	20-420	20-421	20-422	20-423
项目					栽植单株裸根灌木（冠径cm）					
					20以内	40以内	60以内	80以内	100以内	150以内
预算基价	总价（元）				**0.30**	**0.74**	**1.79**	**3.39**	**5.79**	**12.10**
	人工费（元）				0.19	0.55	1.55	3.09	5.41	11.60
	材料费（元）				0.11	0.19	0.24	0.30	0.38	0.50
组成内容		**单位**	**单价**		**数量**					
人工	综合工 二类	工日	135.00		0.0014	0.0041	0.0115	0.0229	0.0401	0.0859
材料	灌木	株			(1.0150)	(1.0150)	(1.0150)	(1.0150)	(1.0150)	(1.0150)
	水	m^3	7.62		0.0150	0.0250	0.0320	0.0400	0.0500	0.0650

工作内容：挖坑、场内运输、栽植(落坑、扶正、回土、捣实、筑水围)、浇定根水、覆土、保墒、修剪、清理等。　　**单位：**株

编　号				20-424	20-425	20-426	20-427	20-428	20-429
项　目				栽植单株裸根灌木(冠径cm)					
				200以内	250以内	300以内	350以内	400以内	400以外
预算基价	总　价(元)			**19.20**	**31.07**	**45.41**	**63.30**	**83.73**	**116.27**
	人　工　费(元)			18.63	28.62	41.77	58.01	76.57	106.84
	材　料　费(元)			0.57	0.61	0.65	0.69	0.72	0.76
	机　械　费(元)				1.84	2.99	4.60	6.44	8.67
组成内容		单位	单价	数　量					
人工	综合工　二类	工日	135.00	0.1380	0.2120	0.3094	0.4297	0.5672	0.7914
材料	灌木	株		(1.0150)	(1.0150)	(1.0150)	(1.0150)	(1.0150)	(1.0150)
	水	m^3	7.62	0.0750	0.0800	0.0850	0.0900	0.0950	0.1000
机械	汽车式起重机　8t	台班	767.15		0.0024	0.0039	0.0060	0.0084	0.0113

(3) 栽植成片灌木

工作内容： 挖坑、场内运输、排苗、回土、筑水围、浇定根水、覆土、整形、修剪、清理等。 **单位：** 10m²

编号					20-430	20-431	20-432	20-433	20-434	20-435
项目					栽植成片灌木（密度株/m²）					
					16以内	25以内	36以内	49以内	64以内	81以内
预算基价	总价（元）				**235.51**	**194.51**	**173.60**	**156.77**	**159.83**	**162.95**
	人工费（元）				231.70	190.70	169.79	152.96	156.02	159.14
	材料费（元）				3.81	3.81	3.81	3.81	3.81	3.81
组成内容			**单位**	**单价**	**数量**					
人工	综合工 二类		工日	135.00	1.7163	1.4126	1.2577	1.1330	1.1557	1.1788
材料	灌木		株		(163.2000)	(255.0000)	(367.2000)	(499.8000)	(652.8000)	(826.2000)
	水		m³	7.62	0.5000	0.5000	0.5000	0.5000	0.5000	0.5000

(4) 栽植单排绿篱

工作内容： 挖坑、场内运输、排苗、回土、筑水围、浇定根水、覆土、修剪、清理等。 **单位：** m

编号				20-436	20-437	20-438	20-439	20-440	20-441	20-442	20-443
项目				栽植单排绿篱(高度cm)							
				40以内	60以内	80以内	100以内	120以内	150以内	200以内	200以外
预算基价	总价(元)			**5.52**	**6.72**	**8.83**	**12.08**	**14.48**	**18.55**	**21.55**	**24.95**
	人工费(元)			5.41	6.57	8.64	11.85	14.18	18.17	21.09	24.45
	材料费(元)			0.11	0.15	0.19	0.23	0.30	0.38	0.46	0.50
组成内容		**单位**	**单价**	**数量**							
人工	综合工 二类	工日	135.00	0.0401	0.0487	0.0640	0.0878	0.1050	0.1346	0.1562	0.1811
材料	灌木	株		(8.1600)	(6.1200)	(4.0800)	(3.0600)	(2.0400)	(1.5750)	(1.0200)	(0.8160)
	水	m^3	7.62	0.0150	0.0200	0.0250	0.0300	0.0400	0.0500	0.0600	0.0650

(5) 栽植双排绿篱

工作内容：挖坑、场内运输、排苗、回土、浇定根水、覆土、修剪、清理等。 **单位：**m

编号				20-444	20-445	20-446	20-447	20-448	20-449	20-450	20-451
项目				栽植双排绿篱(高度cm)							
				40以内	60以内	80以内	100以内	120以内	150以内	200以内	200以外
预算基价	总价(元)			**6.72**	**7.93**	**11.25**	**16.93**	**24.54**	**35.51**	**42.61**	**51.14**
	人工费(元)			6.57	7.74	11.02	16.63	24.12	34.97	41.96	50.36
	材料费(元)			0.15	0.19	0.23	0.30	0.42	0.54	0.65	0.78
组成内容		**单位**	**单价**	**数量**							
人工	综合工 二类	工日	135.00	0.0487	0.0573	0.0816	0.1232	0.1787	0.2590	0.3108	0.3730
材料	灌木	株		(14.6880)	(11.0160)	(7.3440)	(5.5080)	(3.6720)	(2.7540)	(1.8360)	(1.4688)
	水	m^3	7.62	0.0200	0.0250	0.0300	0.0400	0.0550	0.0715	0.0858	0.1030

3.栽 植 竹 类

(1)栽植散生竹

工作内容：挖坑、场内运输、栽植(扶正、捣实、回土、筑水围)、浇定根水、覆土、保墒、修剪、清理等。 **单位：**株

编号				20-452	20-453	20-454	20-455	20-456
项目				栽植散生竹(胸径cm)				
				2以内	4以内	6以内	8以内	10以内
预算基价	总价(元)			**3.94**	**6.10**	**9.67**	**15.91**	**27.02**
	人工费(元)			3.71	5.81	9.29	15.34	26.11
	材料费(元)			0.23	0.29	0.38	0.57	0.91
组成内容		**单位**	**单价**	**数量**				
人工	综合工 二类	工日	135.00	0.0275	0.0430	0.0688	0.1136	0.1934
材料	散生竹苗	株		(1.0400)	(1.0400)	(1.0400)	(1.0400)	(1.0400)
	水	m^3	7.62	0.0300	0.0380	0.0500	0.0750	0.1200

(2) 栽植丛生竹

工作内容： 挖坑、场内运输、栽植(扶正、捣实、回土、筑水围)、浇定根水、覆土、保墒、修剪、清理等。 **单位：** 丛

编号				20-457	20-458	20-459	20-460	20-461	20-462
项目				栽植丛生竹(根盘丛径cm)					
				30以内	40以内	50以内	60以内	70以内	80以内
预算基价	总价(元)			**9.21**	**15.76**	**26.58**	**40.02**	**48.48**	**58.85**
	人工费(元)			9.02	15.47	26.16	39.45	47.76	58.01
	材料费(元)			0.19	0.29	0.42	0.57	0.72	0.84
组成内容		**单位**	**单价**	**数量**					
人工	综合工 二类	工日	135.00	0.0668	0.1146	0.1938	0.2922	0.3538	0.4297
材料	丛生竹苗	丛		(1.0400)	(1.0400)	(1.0400)	(1.0400)	(1.0400)	(1.0400)
	水	m^3	7.62	0.0250	0.0380	0.0550	0.0750	0.0950	0.1100

4.栽植棕榈类

工作内容：挖坑、场内运输、栽植(扶正、捣实、回土、筑水围)、浇定根水、覆土、保墒、修剪、清理等。 **单位：**株

编号					20-463	20-464	20-465	20-466	20-467	20-468
项目					栽植棕榈类(地径cm)					
					15以内	20以内	25以内	30以内	35以内	40以内
预算基价	总价(元)				**26.18**	**46.91**	**79.70**	**156.66**	**231.67**	**326.21**
	人工费(元)				25.27	45.63	77.96	119.81	176.86	253.30
	材料费(元)				0.91	1.28	1.74	2.33	3.03	3.79
	机械费(元)							34.52	51.78	69.12
组成内容			**单位**	**单价**	**数量**					
人工	综合工 二类		工日	135.00	0.1872	0.3380	0.5775	0.8875	1.3101	1.8763
材料	棕榈类苗木		株		(1.0500)	(1.0500)	(1.0500)	(1.0500)	(1.0500)	(1.0500)
	水		m^3	7.62	0.1200	0.1680	0.2285	0.3062	0.3980	0.4975
机械	汽车式起重机 8t		台班	767.15				0.0450	0.0675	0.0901

工作内容：挖坑、场内运输、栽植(扶正、捣实、回土、筑水围)、浇定根水、覆土、保墒、修剪、清理等。 **单位：**株

编号				20-469	20-470	20-471	20-472	20-473	20-474
项目				栽植棕榈类(地径cm)					
				45以内	50以内	55以内	60以内	70以内	80以内
预算基价	总价(元)			**422.06**	**545.01**	**688.85**	**828.18**	**960.16**	**1060.09**
	人工费(元)			345.47	449.79	561.48	666.56	759.46	820.42
	材料费(元)			4.55	5.23	5.75	6.04	6.22	6.29
	机械费(元)			72.04	89.99	121.62	155.58	194.48	233.38
组成内容		**单位**	**单价**	**数量**					
人工	综合工 二类	工日	135.00	2.5590	3.3318	4.1591	4.9375	5.6256	6.0772
材料	棕榈类苗木	株		(1.0500)	(1.0500)	(1.0500)	(1.0500)	(1.0500)	(1.0500)
	水	m^3	7.62	0.5970	0.6866	0.7552	0.7930	0.8168	0.8250
机械	汽车式起重机 8t	台班	767.15	0.0939	0.1173				
	汽车式起重机 12t	台班	864.36			0.1407	0.1800	0.2250	0.2700

5.栽植攀缘植物

工作内容：挖坑、场内运输、栽植、回土捣实、浇定根水、覆土、修剪、清理等。

单位：株

编号				20-475	20-476	20-477	20-478	20-479
项目				栽植攀缘植物(地径cm)				
				1以内	2以内	3以内	4以内	5以内
预算基价	总价(元)			**0.50**	**0.97**	**1.44**	**2.13**	**3.16**
	人工费(元)			0.46	0.88	1.32	1.98	2.98
	材料费(元)			0.04	0.09	0.12	0.15	0.18
组成内容		**单位**	**单价**	**数量**				
人工	综合工 二类	工日	135.00	0.0034	0.0065	0.0098	0.0147	0.0221
材料	攀缘植物	株		(1.0200)	(1.0200)	(1.0200)	(1.0200)	(1.0200)
	水	m^3	7.62	0.0058	0.0117	0.0153	0.0195	0.0233

6.栽植露地花卉

工作内容：翻土整地、清除杂物、放样、场内运输、栽植、浇定根水、修剪、清理等。 **单位：**$10m^2$

编号				20-480	20-481	20-482	20-483	20-484	20-485	20-486
项目				栽植一、二年生草本花卉(密度株/m^2)						
				16以内	25以内	36以内	49以内	64以内	81以内	100以内
预算基价	总价(元)			**116.36**	**128.86**	**139.74**	**146.90**	**164.07**	**175.29**	**183.86**
	人工费(元)			112.55	125.05	135.93	143.09	160.26	171.48	180.05
	材料费(元)			3.81	3.81	3.81	3.81	3.81	3.81	3.81
组成内容		**单位**	**单价**	**数量**						
人工	综合工 二类	工日	135.00	0.8337	0.9263	1.0069	1.0599	1.1871	1.2702	1.3337
材料	花苗	株		(176.0000)	(275.0000)	(396.0000)	(539.0000)	(704.0000)	(891.0000)	(1100.0000)
	水	m^3	7.62	0.5000	0.5000	0.5000	0.5000	0.5000	0.5000	0.5000

工作内容：翻土整地、清除杂物、放样、场内运输、栽植、浇定根水、修剪、清理等。

单位：$10m^2$

编号				20-487	20-488	20-489	20-490	20-491	20-492	20-493
项目				栽植球根、块根、宿根花卉(密度株/m^2)						
				16以内	25以内	36以内	49以内	64以内	81以内	100以内
预算基价	总价(元)			**105.10**	**116.36**	**126.16**	**139.53**	**148.04**	**158.14**	**165.86**
	人工费(元)			101.29	112.55	122.35	135.72	144.23	154.33	162.05
	材料费(元)			3.81	3.81	3.81	3.81	3.81	3.81	3.81
组成内容		**单位**	**单价**	**数量**						
人工	综合工 二类	工日	135.00	0.7503	0.8337	0.9063	1.0053	1.0684	1.1432	1.2004
材料	花苗	株		(166.4000)	(260.0000)	(374.4000)	(509.6000)	(665.6000)	(842.4000)	(1040.0000)
	水	m^3	7.62	0.5000	0.5000	0.5000	0.5000	0.5000	0.5000	0.5000

7.栽植地被植物

工作内容：翻土整地、清除杂物、放样、场内运输、栽植、浇定根水、修剪、清理等。

单位：10m²

编号				20-494	20-495	20-496	20-497	20-498	20-499	20-500
项目				栽植地被植物(密度株/m²)						
				16以内	25以内	36以内	49以内	64以内	81以内	100以内
预算基价	总价(元)			**86.50**	**96.10**	**119.17**	**132.59**	**146.25**	**153.38**	**160.86**
	人工费(元)			82.69	92.29	115.36	128.78	142.44	149.57	157.05
	材料费(元)			3.81	3.81	3.81	3.81	3.81	3.81	3.81
组成内容		**单位**	**单价**	**数量**						
人工	综合工 二类	工日	135.00	0.6125	0.6836	0.8545	0.9539	1.0551	1.1079	1.1633
材料	地被植物	株		(163.2000)	(255.0000)	(367.2000)	(499.8000)	(652.8000)	(826.2000)	(1020.0000)
	水	m³	7.62	0.5000	0.5000	0.5000	0.5000	0.5000	0.5000	0.5000

8.栽植水生植物

(1)栽植湿生植物

工作内容：场内运输、挖坑、栽植、回土、修剪、清理等。

单位：丛

编号				20-501	20-502	20-503	20-504	20-505	20-506
项目				栽植湿生植物					
				根盘直径≤15cm			根盘直径>15cm		
				芽数(芽/丛)					
				5以内	10以内	10以外	5以内	10以内	10以外
预算基价	总价(元)			**0.39**	**0.49**	**0.59**	**0.66**	**0.82**	**0.99**
	人工费(元)			0.39	0.49	0.59	0.66	0.82	0.99
组成内容		**单位**	**单价**	**数量**					
人工	综合工 二类	工日	135.00	0.0029	0.0036	0.0044	0.0049	0.0061	0.0073
材料	湿生植物	丛		(1.0500)	(1.0500)	(1.0500)	(1.0500)	(1.0500)	(1.0500)

(2) 栽植挺水植物

工作内容： 场内运输、栽植、修剪、清理等。

编　号				20-507	20-508	20-509	20-510	20-511	20-512	20-513
项　目				栽植挺水植物						
				根盘直径≤15cm			根盘直径＞15cm			荷花
				芽数(芽/丛)						两节以上带芽(株)
				5以内(丛)	10以内(丛)	10以外(丛)	5以内(丛)	10以内(丛)	10以外(丛)	
预算基价	总　价(元)			**0.99**	**1.23**	**1.47**	**1.23**	**1.54**	**1.85**	**1.54**
	人　工　费(元)			0.99	1.23	1.47	1.23	1.54	1.85	1.54
组成内容		**单位**	**单价**	**数　量**						
人工	综合工 二类	工日	135.00	0.0073	0.0091	0.0109	0.0091	0.0114	0.0137	0.0114
材料	挺水植物	丛		(1.0500)	(1.0500)	(1.0500)	(1.0500)	(1.0500)	(1.0500)	(1.0500)

(3) 栽植沉水植物

工作内容：场内运输、栽植、修剪、清理等。

单位：丛

编号				20-514	20-515
项目				栽植沉水植物(密度 丛/m²)	
				3以内	3以外
预算基价	总价(元)			**1.47**	**1.23**
	人工费(元)			1.47	1.23
组成内容		**单位**	**单价**	**数量**	
人工	综合工 二类	工日	135.00	0.0109	0.0091
材料	沉水植物	丛		(1.0500)	(1.0500)

(4) 栽植浮叶植物

工作内容： 场内运输、栽植、修剪、清理等。

单位： 丛

编号				20-516	20-517
项目				栽植浮叶植物(密度 丛/m^2)	
				3以内	3以外
预算基价	总价(元)			**1.23**	**1.01**
	人工费(元)			1.23	1.01
组成内容		单位	单价	数量	
人工	综合工 二类	工日	135.00	0.0091	0.0075
材料	浮叶植物	丛		(1.0500)	(1.0500)

(5) 栽植漂浮植物

工作内容：场内运输、栽植、修剪、清理等。

单位：10m²

编号				20-518	20-519	20-520
项目				栽植漂浮植物(种植覆盖率 %)		
				50以内	70以内	70以外
预算基价	总价(元)			**5.16**	**6.44**	**7.74**
	人工费(元)			5.16	6.44	7.74
组成内容		**单位**	**单价**	**数量**		
人工	综合工 二类	工日	135.00	0.0382	0.0477	0.0573
材料	漂浮植物	m²		(5.2500)	(7.3500)	(10.5000)

9.垂直墙体绿化

工作内容：场内运输、定位、下料、打眼、剔洞、安螺栓、安装龙骨等。

单位：10m²

				20-521	20-522	20-523
编号				20-521	20-522	20-523
项目				龙骨基层		
				轻钢龙骨	铝合金龙骨	木龙骨
预算基价	总价(元)			**727.11**	**739.71**	**596.29**
	人工费(元)			128.87	147.10	152.42
	材料费(元)			597.16	580.01	443.34
	机械费(元)			1.08	12.60	0.53
组成内容		**单位**	**单价**	**数量**		
人工	综合工 二类	工日	135.00	0.9546	1.0896	1.1290
材料	轻钢竖向龙骨 30×30	m	13.96	7.1300		
	轻钢竖向龙骨 50×75	m	12.78	28.0300		
	轻钢沿边龙骨 QU75	m	4.33	7.1300		
	铝合金龙骨 60×30	m	11.68		40.2800	
	板枋材	m³	2001.17			0.2070
	膨胀螺栓 钢制M12	套	1.75	25.5000	52.9400	
	圆钉（综合）	kg	6.68			2.4000
	防腐油	kg	0.52			0.3000
	轻钢龙骨角托	个	0.79	30.6000		
	轻钢龙骨卡托	个	0.73	30.6000		
	零星材料费	元		17.39	16.89	12.91
机械	砂轮切割机 *D*400	台班	36.00	0.0300	0.3500	
	木工圆锯机 *D*500	台班	26.53			0.0200

工作内容： 1.硅酸板、防腐蚀板：场内运输、定位、下料、打眼、剔洞、安螺栓、安装龙骨等。2.模块式垂直绿化：场内运输、种植模块内铺设无纺布、填充种植介质土、安装种植模块、种植苗木等。

单位： $10m^2$

编号				20-524	20-525	20-526
项目				垂直绿化板		模块式垂直绿化墙
				硅酸板	防腐蚀板	
预算基价	总价(元)			**404.83**	**401.29**	**9402.00**
	人工费(元)			139.40	132.25	1436.28
	材料费(元)			265.43	269.04	7965.72
组成内容		**单位**	**单价**	**数量**		
人工	综合工 二类	工日	135.00	1.0326	0.9796	10.6391
材料	苗木	株				(480.0000)
	硅酸钙板 δ8	m^2	19.00	10.3000		
	PVC防腐蚀板	m^2	19.34		10.3000	
	成品种植模块 330×190×140	只	31.50			240.0000
	种植土	m^3	77.65			1.0800
	无纺布	m^2	2.67			33.6500
	镀锌自攻螺钉 ST3×10	个	0.31	200.0000	200.0000	
	零星材料费	元		7.73	7.84	232.01

工作内容：场内运输、制作、安装等。

单位：10m²

编号				20-527	20-528
项目				粘贴式垂直绿化墙	
				软式	硬式
预算基价	总价(元)			**277.14**	**498.94**
	人工费(元)			70.69	95.00
	材料费(元)			206.45	390.63
	机械费(元)				13.31
组成内容		**单位**	**单价**	**数量**	
人工	综合工 一类	工日	153.00	0.4620	
	综合工 二类	工日	135.00		0.7037
材料	平织尼龙网	m²	14.91	10.2000	
	镀锌扁钢 16×0.5	m	4.31	11.2200	
	镀塑钢丝围栏	m²	37.00		10.2500
	零星材料费	元		6.01	11.38
机械	载货汽车 5t	台班	443.55		0.0300

工作内容： 1.场内运输、铺设无纺布、回填种植土、种植苗木、种植槽钢托架的制作、安装等。2.放样、植物袋包裹、苗木栽植、整理等。3.调配基质、洒水拌和、基质填充、捣实、清理等。4.定位、安装拉索组件及钢索等。

编号				20-529	20-530	20-531	20-532
项目				沿口种植槽绿化（10m²）	立体造型绿化（10m²）	立体花卉基质填充（m³）	爬藤钢索（根）
预算基价	总价(元)			**3531.89**	**2266.76**	**774.46**	**3290.67**
	人工费(元)			834.77	2145.68	444.93	82.04
	材料费(元)			2524.14	121.08	329.53	3208.63
	机械费(元)			172.98			
组成内容		**单位**	**单价**	**数量**			
人工	综合工 二类	工日	135.00	6.1835	15.8939	3.2958	0.6077
材料	苗木	株		(30.0000)			
	花苗	盆			(1000.0000)		
	种植土	m³	77.65	0.7000			
	种植基质	m³	299.23			1.1000	
	无纺布	m²	2.67	10.6100	42.6000		
	成品种植槽 650×289×250	只	25.00	15.4000			
	铁件支架	kg	9.49	208.9500			
	不锈钢索 ϕ6	m	8.17				21.0000
	不锈钢拉索组件	套	281.08				10.1000
	镀锌连接铁件	kg	9.49				20.8800
	水	m³	7.62		0.5000	0.0500	
	零星材料费	元		73.52	3.53		
机械	载货汽车 5t	台班	443.55	0.3900			

10.盆 花 布 置

工作内容：场内运输、摆设、浇水一次等。 **单位：**10盆

编号				20-533	20-534	20-535	20-536	20-537	20-538
项目				盆花布置(盆径cm)					
				平面					
				15以内	20以内	30以内	40以内	50以内	60以内
预算基价	总价(元)			**2.83**	**3.98**	**4.78**	**5.48**	**6.29**	**7.22**
	人工费(元)			2.75	3.90	4.70	5.40	6.21	7.14
	材料费(元)			0.08	0.08	0.08	0.08	0.08	0.08
组成内容		**单位**	**单价**	**数量**					
人工	综合工 二类	工日	135.00	0.0204	0.0289	0.0348	0.0400	0.0460	0.0529
材料	花苗	盆		(10.2000)	(10.2000)	(10.2000)	(10.2000)	(10.2000)	(10.2000)
	水	m^3	7.62	0.0100	0.0100	0.0100	0.0100	0.0100	0.0100

工作内容：场内运输、摆设、浇水一次等。　　　　**单位：**10盆

编号				20-539	20-540	20-541	20-542	20-543	20-544
项目				盆花布置(盆径cm)					
				立面					
				15以内	20以内	30以内	40以内	50以内	60以内
预算基价	总价(元)			**3.67**	**5.18**	**6.19**	**7.10**	**8.16**	**9.38**
	人工费(元)			3.58	5.09	6.10	7.01	8.07	9.29
	材料费(元)			0.09	0.09	0.09	0.09	0.09	0.09
组成内容		**单位**	**单价**	**数量**					
人工	综合工 二类	工日	135.00	0.0265	0.0377	0.0452	0.0519	0.0598	0.0688
材料	花苗	盆		(10.2000)	(10.2000)	(10.2000)	(10.2000)	(10.2000)	(10.2000)
	水	m^3	7.62	0.0120	0.0120	0.0120	0.0120	0.0120	0.0120

11.草皮(坪)铺种、播种

工作内容：翻土整地、耙细履平、清除杂物、场内运输、铺植、浇定根水、清理等。 **单位：**$10m^2$

编号				20-545	20-546	20-547	20-548	20-549
项目				植草砖孔内		草坪		
				植草	播种	散铺	满铺	播种
预算基价	总价(元)			**45.40**	**46.41**	**32.98**	**44.99**	**53.27**
	人工费(元)			44.73	16.43	32.22	44.15	23.14
	材料费(元)			0.67	29.98	0.76	0.84	30.13
组成内容		**单位**	**单价**	**数量**				
人工	综合工 二类	工日	135.00	0.3313	0.1217	0.2387	0.3270	0.1714
材料	草皮	m^2		(2.8350)		(7.8750)	(10.5000)	
	草皮种子	kg			(0.0720)			(0.2400)
	无纺布	m^2	2.67		11.0000			11.0000
	水	m^3	7.62	0.0880	0.0800	0.1000	0.1100	0.1000

五、栽植工程植物养护

1.乔木成活养护

(1)常绿乔木成活养护

工作内容：中耕施肥、整地除草、修剪剥芽、病虫害防治、树桩绑扎、加土扶正、清除枯枝、灌溉排水、环境清理等。

单位：株

编号				20-550	20-551	20-552	20-553	20-554
项目				常绿乔木成活养护(胸径cm/干径cm)				
				6/8以内	10/12以内	16/18以内	20/24以内	24/28以内
预算基价	总价(元)			**5.72**	**6.26**	**7.19**	**8.54**	**10.83**
	人工费(元)			4.75	5.04	5.59	6.47	8.07
	材料费(元)			0.82	1.04	1.36	1.80	2.43
	机械费(元)			0.15	0.18	0.24	0.27	0.33
组成内容		**单位**	**单价**	**数量**				
人工	综合工 二类	工日	135.00	0.0352	0.0373	0.0414	0.0479	0.0598
材料	肥料	kg	4.50	0.0750	0.0810	0.0875	0.0945	0.1020
	药剂	kg	7.80	0.0045	0.0054	0.0066	0.0078	0.0095
	水	m^3	7.62	0.0581	0.0833	0.1197	0.1724	0.2484
机械	杀虫车 1.5t	台班	298.36	0.0005	0.0006	0.0008	0.0009	0.0011

工作内容： 中耕施肥、整地除草、修剪剥芽、病虫害防治、树桩绑扎、加土扶正、清除枯枝、灌溉排水、环境清理等。 **单位：** 株

编号				20-555	20-556	20-557	20-558	20-559
项目				常绿乔木成活养护（胸径cm/干径cm）				
				32/35以内	35/40以内	40/45以内	45/50以内	50/55以内
预算基价	总价(元)			**14.67**	**20.54**	**26.18**	**32.36**	**35.62**
	人工费(元)			11.00	15.51	19.24	22.73	25.00
	材料费(元)			3.31	4.58	6.40	9.00	9.90
	机械费(元)			0.36	0.45	0.54	0.63	0.72
组成内容		**单位**	**单价**	**数量**				
人工	综合工 二类	工日	135.00	0.0815	0.1149	0.1425	0.1684	0.1852
材料	肥料	kg	4.50	0.1103	0.1190	0.1286	0.1389	0.1527
	药剂	kg	7.80	0.0113	0.0135	0.0162	0.0195	0.0215
	水	m^3	7.62	0.3581	0.5169	0.7469	1.0796	1.1876
机械	杀虫车 1.5t	台班	298.36	0.0012	0.0015	0.0018	0.0021	0.0024

(2) 落叶乔木成活养护

工作内容： 中耕施肥、整地除草、修剪剥芽、病虫害防治、树桩绑扎、加土扶正、清除枯枝、灌溉排水、环境清理等。

单位： 株

编　号				20-560	20-561	20-562	20-563	20-564
项　目				落叶乔木成活养护（胸径cm/干径cm）				
				6/8以内	10/12以内	16/18以内	20/24以内	24/28以内
预算基价	总　价（元）			**6.07**	**7.27**	**8.79**	**11.07**	**14.30**
	人 工 费（元）			5.13	6.06	7.25	9.06	11.68
	材 料 费（元）			0.76	0.97	1.27	1.68	2.26
	机 械 费（元）			0.18	0.24	0.27	0.33	0.36
组成内容		**单位**	**单价**	**数　量**				
人工	综合工 二类	工日	135.00	0.0380	0.0449	0.0537	0.0671	0.0865
材料	肥料	kg	4.50	0.0698	0.0753	0.0813	0.0879	0.0950
	药剂	kg	7.80	0.0050	0.0059	0.0071	0.0086	0.0102
	水	m^3	7.62	0.0540	0.0774	0.1110	0.1595	0.2297
机械	杀虫车 1.5t	台班	298.36	0.0006	0.0008	0.0009	0.0011	0.0012

工作内容：中耕施肥、整地除草、修剪剥芽、病虫害防治、树桩绑扎、加土扶正、清除枯枝、灌溉排水、环境清理等。 **单位：**株

编号					20-565	20-566	20-567	20-568	20-569
项目					落叶乔木成活养护(胸径cm/干径cm)				
					32/35以内	35/40以内	40/45以内	45/50以内	50/55以内
预算基价	总价(元)				**20.01**	**28.67**	**37.02**	**45.48**	**50.07**
	人工费(元)				16.48	23.88	30.46	36.37	40.03
	材料费(元)				3.08	4.25	5.93	8.33	9.17
	机械费(元)				0.45	0.54	0.63	0.78	0.87
组成内容			**单位**	**单价**	**数量**				
人工	综合工 二类		工日	135.00	0.1221	0.1769	0.2256	0.2694	0.2965
材料	肥料		kg	4.50	0.1025	0.1107	0.1196	0.1292	0.1421
	药剂		kg	7.80	0.0122	0.0147	0.0176	0.0212	0.0233
	水		m^3	7.62	0.3309	0.4773	0.6891	0.9957	1.0953
机械	杀虫车 1.5t		台班	298.36	0.0015	0.0018	0.0021	0.0026	0.0029

2.灌木成活养护

(1)单株常绿灌木成活养护

工作内容：中耕施肥、整地除草、病虫害防治、除萌蘖枝、修剪、松土、灌溉排水、环境清理等。

单位：株

编号				20-570	20-571	20-572	20-573	20-574
项目				单株常绿灌木成活养护(冠径cm)				
				50以内	100以内	150以内	200以内	250以内
预算基价	总价(元)			**0.83**	**1.06**	**1.35**	**1.86**	**2.62**
	人工费(元)			0.66	0.80	1.00	1.34	1.84
	材料费(元)			0.08	0.11	0.17	0.25	0.36
	机械费(元)			0.09	0.15	0.18	0.27	0.42
组成内容		**单位**	**单价**	**数量**				
人工	综合工 二类	工日	135.00	0.0049	0.0059	0.0074	0.0099	0.0136
材料	肥料	kg	4.50	0.0047	0.0066	0.0092	0.0129	0.0180
	药剂	kg	7.80	0.0003	0.0005	0.0006	0.0009	0.0012
	水	m^3	7.62	0.0071	0.0105	0.0159	0.0237	0.0356
机械	杀虫车 1.5t	台班	298.36	0.0003	0.0005	0.0006	0.0009	0.0014

工作内容：中耕施肥、整地除草、病虫害防治、除萌蘖枝、修剪、松土、灌溉排水、环境清理等。 **单位：**株

编号					20-575	20-576	20-577	20-578
项目					单株常绿灌木成活养护(冠径cm)			
					300以内	350以内	400以内	400以外
预算基价	总价(元)				**3.81**	**5.63**	**7.86**	**10.45**
	人工费(元)				2.65	3.94	5.44	6.87
	材料费(元)				0.53	0.79	1.17	1.73
	机械费(元)				0.63	0.90	1.25	1.85
组成内容			**单位**	**单价**	**数量**			
人工	综合工 二类		工日	135.00	0.0196	0.0292	0.0403	0.0509
材料	肥料		kg	4.50	0.0252	0.0354	0.0495	0.0693
	药剂		kg	7.80	0.0018	0.0027	0.0039	0.0056
	水		m^3	7.62	0.0534	0.0801	0.1202	0.1803
机械	杀虫车 1.5t		台班	298.36	0.0021	0.0030	0.0042	0.0062

(2) 单株落叶灌木成活养护

工作内容： 中耕施肥、整地除草、病虫害防治、修剪、松土、灌溉排水、环境清理等。 **单位：** 株

编号				20-579	20-580	20-581	20-582	20-583
项目				单株落叶灌木成活养护（冠径cm）				
				50以内	100以内	150以内	200以内	250以内
预算基价	总价（元）			**0.90**	**1.88**	**2.66**	**3.75**	**5.43**
	人工费（元）			0.74	1.57	2.25	3.16	4.59
	材料费（元）			0.07	0.16	0.23	0.35	0.51
	机械费（元）			0.09	0.15	0.18	0.24	0.33
组成内容		**单位**	**单价**	**数量**				
人工	综合工 二类	工日	135.00	0.0055	0.0116	0.0167	0.0234	0.0340
材料	肥料	kg	4.50	0.0051	0.0099	0.0140	0.0195	0.0273
	药剂	kg	7.80	0.0003	0.0005	0.0006	0.0009	0.0014
	水	m^3	7.62	0.0065	0.0147	0.0219	0.0329	0.0494
机械	杀虫车 1.5t	台班	298.36	0.0003	0.0005	0.0006	0.0008	0.0011

工作内容：中耕施肥、整地除草、病虫害防治、修剪、松土、灌溉排水、环境清理等。 **单位：**株

编号				20-584	20-585	20-586	20-587
项目				单株落叶灌木成活养护(冠径cm)			
				300以内	350以内	400以内	400以外
预算基价	总价(元)			**7.83**	**11.28**	**16.88**	**23.21**
	人工费(元)			6.66	9.65	14.00	19.70
	材料费(元)			0.75	1.12	2.28	2.82
	机械费(元)			0.42	0.51	0.60	0.69
组成内容		**单位**	**单价**	**数量**			
人工	综合工 二类	工日	135.00	0.0493	0.0715	0.1037	0.1459
材料	肥料	kg	4.50	0.0381	0.0534	0.0747	0.1046
	药剂	kg	7.80	0.0021	0.0047	0.0066	0.0096
	水	m^3	7.62	0.0738	0.1107	0.2484	0.2981
机械	杀虫车 1.5t	台班	298.36	0.0014	0.0017	0.0020	0.0023

(3) 单排绿篱成活养护

工作内容：中耕施肥、整地除草、病虫害防治、修剪、松土、灌溉排水、环境清理等。

单位：m

编号				20-588	20-589	20-590	20-591	20-592
项目				单排绿篱成活养护(高度cm)				
				50以内	100以内	150以内	200以内	200以外
预算基价	总价(元)			**0.66**	**0.97**	**1.39**	**1.82**	**2.44**
	人工费(元)			0.27	0.41	0.58	0.70	0.88
	材料费(元)			0.15	0.22	0.29	0.37	0.48
	机械费(元)			0.24	0.34	0.52	0.75	1.08
组成内容		**单位**	**单价**	**数量**				
人工	综合工 二类	工日	135.00	0.0020	0.0030	0.0043	0.0052	0.0065
材料	肥料	kg	4.50	0.0095	0.0119	0.0138	0.0161	0.0186
	药剂	kg	7.80	0.0006	0.0008	0.0009	0.0011	0.0014
	水	m^3	7.62	0.0141	0.0216	0.0285	0.0378	0.0503
机械	杀虫车 1.5t	台班	298.36	0.0005	0.0005	0.0005	0.0006	0.0008
	绿篱修剪机	台班	83.33	0.0011	0.0023	0.0044	0.0068	0.0101

(4) 双排绿篱成活养护

工作内容：中耕施肥、整地除草、病虫害防治、修剪、松土、灌溉排水、环境清理等。 **单位：**m

编号				20-593	20-594	20-595	20-596	20-597
项目				双排绿篱成活养护(高度cm)				
				50以内	100以内	150以内	200以内	200以外
预算基价	总价(元)			**0.81**	**1.19**	**1.73**	**2.40**	**3.46**
	人工费(元)			0.34	0.49	0.70	0.85	1.12
	材料费(元)			0.20	0.28	0.36	0.47	0.60
	机械费(元)			0.27	0.42	0.67	1.08	1.74
组成内容		**单位**	**单价**	**数量**				
人工	综合工 二类	工日	135.00	0.0025	0.0036	0.0052	0.0063	0.0083
材料	肥料	kg	4.50	0.0110	0.0137	0.0159	0.0186	0.0215
	药剂	kg	7.80	0.0008	0.0008	0.0011	0.0012	0.0015
	水	m^3	7.62	0.0183	0.0279	0.0371	0.0492	0.0642
机械	杀虫车 1.5t	台班	298.36	0.0005	0.0005	0.0006	0.0008	0.0009
	绿篱修剪机	台班	83.33	0.0014	0.0033	0.0059	0.0101	0.0176

(5) 片植灌木成活养护

工作内容：中耕施肥、整地除草、病虫害防治、修剪、松土、灌溉排水、环境清理等。 **单位：**$10m^2$

编号					20-598	20-599	20-600	20-601	20-602
项目					片植灌木成活养护(密度株/m^2)				
					81以内	64以内	49以内	36以内	25以内
预算基价	总价(元)				**16.29**	**19.54**	**22.63**	**25.75**	**29.15**
	人工费(元)				9.02	10.81	12.85	14.99	17.43
	材料费(元)				4.52	5.54	6.14	6.78	7.43
	机械费(元)				2.75	3.19	3.64	3.98	4.29
组成内容			**单位**	**单价**	**数量**				
人工	综合工 二类		工日	135.00	0.0668	0.0801	0.0952	0.1110	0.1291
材料	肥料		kg	4.50	0.2250	0.2723	0.2996	0.3294	0.3600
	药剂		kg	7.80	0.0137	0.0213	0.0266	0.0333	0.0417
	水		m^3	7.62	0.4466	0.5441	0.6011	0.6608	0.7200
机械	杀虫车 1.5t		台班	298.36	0.0063	0.0075	0.0087	0.0095	0.0101
	绿篱修剪机		台班	83.33	0.0104	0.0114	0.0125	0.0138	0.0153

3.竹类成活养护

(1)散生竹成活养护

工作内容：中耕施肥、整地除草、病虫害防治、修剪、灌溉排水、环境清理等。　　**单位：**株

编号				20-603	20-604	20-605	20-606
项目				散生竹成活养护(胸径cm)			
				4以内	6以内	8以内	10以内
预算基价	总价(元)			**1.02**	**1.33**	**1.55**	**1.82**
	人工费(元)			0.36	0.53	0.65	0.76
	材料费(元)			0.57	0.71	0.81	0.91
	机械费(元)			0.09	0.09	0.09	0.15
组成内容		**单位**	**单价**	**数量**			
人工	综合工 二类	工日	135.00	0.0027	0.0039	0.0048	0.0056
材料	肥料	kg	4.50	0.0690	0.0750	0.0780	0.0810
	药剂	kg	7.80	0.0030	0.0036	0.0039	0.0044
	水	m^3	7.62	0.0308	0.0455	0.0564	0.0674
机械	杀虫车 1.5t	台班	298.36	0.0003	0.0003	0.0003	0.0005

(2) 从生竹成活养护

工作内容： 中耕施肥、整地除草、病虫害防治、修剪、灌溉排水、环境清理等。　　　　**单位：** 丛

编号					20-607	20-608	20-609
项目					从生竹成活养护(根盘丛径cm)		
					40以内	60以内	80以内
预算基价	总价(元)				**2.39**	**2.90**	**3.52**
	人工费(元)				1.34	1.63	2.03
	材料费(元)				0.90	1.09	1.31
	机械费(元)				0.15	0.18	0.18
组成内容			**单位**	**单价**	**数量**		
人工	综合工 二类		工日	135.00	0.0099	0.0121	0.0150
材料	肥料		kg	4.50	0.0660	0.0798	0.0966
	药剂		kg	7.80	0.0041	0.0048	0.0059
	水		m^3	7.62	0.0747	0.0905	0.1094
机械	杀虫车 1.5t		台班	298.36	0.0005	0.0006	0.0006

4.棕榈类成活养护

工作内容：浇水、施肥、病虫害防治、修剪、钩干枝、除黄叶、除杂草、松土、环境清理等。 **单位：**株

编号				20-610	20-611	20-612	20-613	20-614	20-615
项目				棕榈类成活养护(地径cm)					
				25以内	40以内	50以内	60以内	70以内	80以内
预算基价	总价(元)			**15.60**	**18.81**	**22.43**	**26.05**	**29.84**	**33.96**
	人工费(元)			11.45	13.93	16.67	19.20	21.74	24.27
	材料费(元)			2.72	3.09	3.52	4.02	4.61	5.30
	机械费(元)			1.43	1.79	2.24	2.83	3.49	4.39
组成内容		**单位**	**单价**	**数量**					
人工	综合工 二类	工日	135.00	0.0848	0.1032	0.1235	0.1422	0.1610	0.1798
材料	肥料	kg	4.50	0.1250	0.1500	0.1800	0.2160	0.2592	0.3111
	药剂	kg	7.80	0.0395	0.0494	0.0617	0.0771	0.0963	0.1205
	水	m^3	7.62	0.2423	0.2663	0.2927	0.3216	0.3534	0.3884
机械	杀虫车 1.5t	台班	298.36	0.0048	0.0060	0.0075	0.0095	0.0117	0.0147

5.水生植物成活养护

工作内容：分株种植、施肥、病虫害防治、修剪、清理枯枝(叶)、环境清理等。 **单位：**10m²

编号					20-616
项目					水生植物、荷花成活养护
预算基价	总价(元)				**14.75**
	人工费(元)				14.07
	材料费(元)				0.23
	机械费(元)				0.45
组成内容			**单位**	**单价**	**数量**
人工	综合工 二类		工日	135.00	0.1042
材料	肥料		kg	4.50	0.0495
	药剂		kg	7.80	0.0014
机械	杀虫车 1.5t		台班	298.36	0.0015

6.攀缘植物成活养护

工作内容：松土、除杂、施肥、病虫害防治、修剪、理藤、牵引、环境清理等。 **单位：**株

编号				20-617	20-618
项目				攀缘植物成活养护(地径cm)	
				3以内	3以外
预算基价	总价(元)			**1.27**	**2.57**
	人工费(元)			1.04	1.97
	材料费(元)			0.14	0.36
	机械费(元)			0.09	0.24
组成内容		**单位**	**单价**	**数量**	
人工	综合工 二类	工日	135.00	0.0077	0.0146
材料	肥料	kg	4.50	0.0017	0.0026
	药剂	kg	7.80	0.0003	0.0008
	水	m^3	7.62	0.0165	0.0455
机械	杀虫车 1.5t	台班	298.36	0.0003	0.0008

7.露地花卉及地被植物成活养护

工作内容：浇水、施肥、病虫害防治、修剪、除杂草黄叶、松土、清理蔫花等。 **单位：**$10m^2$

编号				20-619	20-620	20-621
项目				球根、块根、宿根类成活养护	一、二年生草本花成活养护	地被植物成活养护
预算基价	总价(元)			**17.87**	**47.12**	**18.47**
	人工费(元)			12.50	23.25	14.12
	材料费(元)			4.03	22.08	3.45
	机械费(元)			1.34	1.79	0.90
组成内容		单位	单价	数量		
人工	综合工 二类	工日	135.00	0.0926	0.1722	0.1046
材料	肥料	kg	4.50	0.0270	0.5250	0.0225
	药剂	kg	7.80	0.0135	0.1545	0.0128
	水	m^3	7.62	0.4988	2.4294	0.4260
机械	杀虫车 1.5t	台班	298.36	0.0045	0.0060	0.0030

8.草坪成活养护

(1)暖季型草坪成活养护

工作内容： 整地碾压、扎草修边、草屑清除、挑除杂草、施肥、灌溉排水、病虫害防治、环境清理等。 **单位：** 10m^2

编号				20-622	20-623	20-624
项目				暖季型草坪成活养护		
				满铺	散铺	播种
预算基价	总价(元)			**13.77**	**12.26**	**15.53**
	人工费(元)			8.99	8.48	10.94
	材料费(元)			2.94	2.29	3.10
	机械费(元)			1.84	1.49	1.49
组成内容		**单位**	**单价**	**数量**		
人工	综合工 二类	工日	135.00	0.0666	0.0628	0.0810
材料	肥料	kg	4.50	0.3101	0.2171	0.2790
	药剂	kg	7.80	0.0050	0.0039	0.0045
	水	m^3	7.62	0.1976	0.1679	0.2370
机械	杀虫车 1.5t	台班	298.36	0.0038	0.0030	0.0032
	剪草机	台班	111.77	0.0063	0.0053	0.0048

(2) 冷季型草坪成活养护

工作内容： 整地碾压、扎草修边、草屑清除、挑除杂草、加土施肥、灌溉排水、病虫害防治、环境清理等。 **单位：** 10m^2

编号				20-625	20-626	20-627
项目				冷季型草坪成活养护		
				满铺	散铺	播种
预算基价	总价(元)			**27.58**	**22.75**	**27.01**
	人工费(元)			18.93	17.09	21.25
	材料费(元)			3.37	2.68	3.29
	机械费(元)			5.28	2.98	2.47
组成内容		**单位**	**单价**	**数量**		
人工	综合工 二类	工日	135.00	0.1402	0.1266	0.1574
材料	肥料	kg	4.50	0.3725	0.2607	0.3167
	药剂	kg	7.80	0.0083	0.0075	0.0068
	水	m^3	7.62	0.2138	0.1899	0.2375
机械	杀虫车 1.5t	台班	298.36	0.0060	0.0053	0.0045
	剪草机	台班	111.77	0.0312	0.0125	0.0101

(3) 混合型草坪成活养护

工作内容：整地碾压、扎草修边、草屑清除、挑除杂草、施肥、灌溉排水、病虫害防治、环境清理等。　　**单位：**10m²

编号				20-628	20-629	20-630
项目				混合型草坪成活养护		
				满铺	散铺	播种
预算基价	总价(元)			**22.65**	**18.62**	**21.88**
	人工费(元)			15.04	13.58	16.88
	材料费(元)			3.03	2.41	2.96
	机械费(元)			4.58	2.63	2.04
组成内容		**单位**	**单价**	**数量**		
人工	综合工 二类	工日	135.00	0.1114	0.1006	0.1250
材料	肥料	kg	4.50	0.3353	0.2346	0.2849
	药剂	kg	7.80	0.0075	0.0068	0.0062
	水	m³	7.62	0.1923	0.1710	0.2138
机械	杀虫车 1.5t	台班	298.36	0.0054	0.0048	0.0036
	剪草机	台班	111.77	0.0266	0.0107	0.0086

六、洒水车浇水

工作内容：安装、拆除胶管，运水，浇水，堵水等。 **单位：**株

编号				20-631	20-632	20-633	20-634	20-635	20-636	20-637
项目				裸根乔木洒水车浇水（胸径cm/干径cm）						
				6/8以内	8/10以内	10/12以内	14/16以内	16/18以内	20/24以内	24/28以内
预算基价	总价（元）			**4.84**	**7.49**	**9.83**	**12.18**	**14.99**	**17.80**	**19.51**
	机械费（元）			4.84	7.49	9.83	12.18	14.99	17.80	19.51
组成内容		**单位**	**单价**	**数量**						
机械	洒水车 8000L	台班	520.35	0.0093	0.0144	0.0189	0.0234	0.0288	0.0342	0.0375

工作内容：安装、拆除胶管，运水，浇水，堵水等。　　　　**单位：**株

编　号				20-638	20-639	20-640	20-641	20-642	20-643
项　目				裸根乔木洒水车浇水(胸径cm/干径cm)					
				28/32以内	32/35以内	35/40以内	40/45以内	45/50以内	50/55以内
预算基价	总　价(元)			**21.23**	**23.57**	**25.65**	**28.46**	**30.75**	**33.20**
	机　械　费(元)			21.23	23.57	25.65	28.46	30.75	33.20
组 成 内 容		**单位**	**单价**	**数　量**					
机械	洒水车 8000L	台班	520.35	0.0408	0.0453	0.0493	0.0547	0.0591	0.0638

工作内容：安装、拆除胶管，运水，浇水，堵水等。

单位：株

编号				20-644	20-645	20-646	20-647	20-648	20-649	20-650
项目				带土球乔木洒水车浇水（胸径cm/干径cm）						
				6/8以内	8/10以内	10/12以内	14/16以内	16/18以内	20/24以内	24/28以内
预算基价	总价（元）			**4.74**	**5.93**	**9.83**	**12.18**	**19.51**	**24.35**	**33.82**
	机械费（元）			4.74	5.93	9.83	12.18	19.51	24.35	33.82
组成内容		**单位**	**单价**	**数量**						
机械	洒水车 8000L	台班	520.35	0.0091	0.0114	0.0189	0.0234	0.0375	0.0468	0.0650

工作内容： 安装、拆除胶管，运水，浇水，堵水等。 **单位：** 株

编号				20-651	20-652	20-653	20-654	20-655	20-656
项目				带土球乔木洒水车浇水（胸径cm/干径cm）					
				28/32以内	32/35以内	35/40以内	40/45以内	45/50以内	50/55以内
预算基价	总价(元)			**38.82**	**43.81**	**48.81**	**56.15**	**61.77**	**67.96**
	机械费(元)			38.82	43.81	48.81	56.15	61.77	67.96
组成内容		**单位**	**单价**	**数量**					
机械	洒水车 8000L	台班	520.35	0.0746	0.0842	0.0938	0.1079	0.1187	0.1306

工作内容：安装、拆除胶管，运水，浇水，堵水等。

单位：株

编　号				20-657	20-658	20-659	20-660
项　目				裸根灌木洒水车浇水（冠幅cm）			
				100以内	150以内	200以内	250以内
预算基价	总　价(元)			**5.62**	**5.83**	**6.66**	**7.13**
	机　械　费(元)			5.62	5.83	6.66	7.13
组 成 内 容		**单位**	**单价**	**数　量**			
机械	洒水车 8000L	台班	520.35	0.0108	0.0112	0.0128	0.0137

工作内容： 安装、拆除胶管，运水，浇水，堵水等。　　　　**单位：** 株

编　　号				20-661	20-662	20-663	20-664
项　　目				带土球灌木洒水车浇水（冠幅cm）			
				100以内	150以内	200以内	250以内
预算基价	总　价（元）			**4.68**	**4.84**	**5.20**	**5.93**
	机　械　费（元）			4.68	4.84	5.20	5.93
组 成 内 容		**单位**	**单价**	**数　量**			
机械	洒水车 8000L	台班	520.35	0.0090	0.0093	0.0100	0.0114

工作内容：安装、拆除胶管，运水，浇水，堵水等。

单位：10m²

编号				20-665	20-666	20-667	20-668
项目				片植灌木洒水车浇水（高度cm）			
				80以内	120以内	150以内	200以内
预算基价	总价（元）			**26.02**	**28.62**	**46.83**	**62.44**
	机械费（元）			26.02	28.62	46.83	62.44
组成内容		**单位**	**单价**	**数量**			
机械	洒水车 8000L	台班	520.35	0.0500	0.0550	0.0900	0.1200

工作内容： 安装、拆除胶管，运水，浇水，堵水等。 **单位：** m

编号				20-669	20-670	20-671
项目				单排绿篱洒水车浇水（高度cm）		
				100以内	150以内	200以内
预算基价	总价（元）			**2.03**	**2.19**	**3.59**
	机械费（元）			2.03	2.19	3.59
组成内容		单位	单价	数量		
机械	洒水车 8000L	台班	520.35	0.0039	0.0042	0.0069

工作内容：安装、拆除胶管，运水，浇水，堵水等。　　　　**单位**：m

编号					20-672	20-673	20-674
项目					双排绿篱洒水车浇水(高度cm)		
					100以内	150以内	200以内
预算基价	总价(元)				**2.45**	**3.02**	**4.84**
	机械费(元)				2.45	3.02	4.84
组成内容			**单位**	**单价**	**数量**		
机械	洒水车 8000L		台班	520.35	0.0047	0.0058	0.0093

工作内容：安装、拆除胶管，运水，浇水，堵水等。　　　　**单位：**丛

编号				20-675	20-676	20-677
项目				丛生竹洒水车浇水(根盘丛径cm)		
				50以内	70以内	80以内
预算基价	总价(元)			**4.32**	**8.85**	**10.93**
	机械费(元)			4.32	8.85	10.93
组成内容		**单位**	**单价**	**数量**		
机械	洒水车 8000L	台班	520.35	0.0083	0.0170	0.0210

工作内容：安装、拆除胶管，运水，浇水，堵水等。 **单位：**株

编号				20-678	20-679	20-680
项目				散生竹洒水车浇水（胸径cm）		
				4以内	8以内	10以内
预算基价	总价（元）			**4.84**	**7.49**	**9.83**
	机械费（元）			4.84	7.49	9.83
组成内容		**单位**	**单价**	**数量**		
机械	洒水车 8000L	台班	520.35	0.0093	0.0144	0.0189

工作内容：安装、拆除胶管，运水，浇水，堵水等。 **单位：**株

编号				20-681	20-682	20-683	20-684
项目				攀缘植物洒水车浇水（地径cm）			
				2以内	3以内	4以内	5以内
预算基价	总价（元）			**1.98**	**2.39**	**2.91**	**4.84**
	机械费（元）			1.98	2.39	2.91	4.84
组成内容		**单位**	**单价**	**数量**			
机械	洒水车 8000L	台班	520.35	0.0038	0.0046	0.0056	0.0093

工作内容：安装、拆除胶管，运水，浇水，堵水等。　　**单位：**$10m^2$

编　号				20-685	20-686
项　目				洒水车浇水	
				草坪，球根、块根、宿根类花卉	草本花卉
预算基价	总　价(元)			**9.37**	**14.57**
	机　械　费(元)			9.37	14.57
组 成 内 容		**单位**	**单价**	**数　量**	
机械	洒水车 8000L	台班	520.35	0.0180	0.0280

工作内容：安装、拆除胶管，运水，浇水，堵水等。

单位：m^3

编号				20-687	20-688	20-689	20-690
项目				洒水车浇水(灌容量L)			
				8000	15000	20000	30000
预算基价	总价(元)			**13.01**	**8.69**	**7.81**	**6.97**
	机械费(元)			13.01	8.69	7.81	6.97
组成内容		**单位**	**单价**	**数量**			
机械	洒水车 8000L	台班	520.35	0.0250	0.0167	0.0150	0.0134

第二十一章　园路、园桥工程

说　明

一、本章包括园路，园桥，树池，台阶，驳岸、护岸5节，共145条基价子目。

二、园路按结构类型分承载（走机动车）与非承载（不走机动车），非承载园路执行本章基价子目，承载园路执行《天津市市政工程预算基价》DBD 29-401 2020相应基价子目。

三、卵石面层：

1.卵石面层按卵石平面平铺考虑，采用露面铺及立面铺时，人工费乘以系数1.20。

2.卵石粒径以40～60mm考虑，设计规格不同时，材料规格和用量可换算，其他不变。

3.卵石地面用卵石做人物、花鸟、几何等图案的，按拼花基价子目执行。

4.卵石拼花指用满铺卵石拼花，分色拼花时，人工费乘以系数1.20。

5.满铺卵石地面中用砖、瓦片、瓷片等其他材料拼花时，执行相应基价子目，人工费乘以系数1.20。

四、石质块料面层：

1.石质块料面层当在坡道（8%＜坡度≤18%）铺贴时，垫层和面层按平道基价子目执行，人工费乘以系数1.18。

2.石质块料零星项目面层适用于台阶的牵边、墩台、池槽，以及面积在0.5m^2以内且未列基价项目的工程。

3.石质块料面层按厚度100mm以内材料考虑，厚度大于100mm时，按施工组织设计另行计算。

五、其他材料面层：

1.嵌草路面中的回填土、草皮种植执行本基价第二十章相应基价子目。

2.“人字纹”“席纹”铺砖地面执行“拐子锦”基价子目，“龟背锦”铺砖地面执行“八方锦”基价子目。“拐子锦”“八方锦”如下图所示。

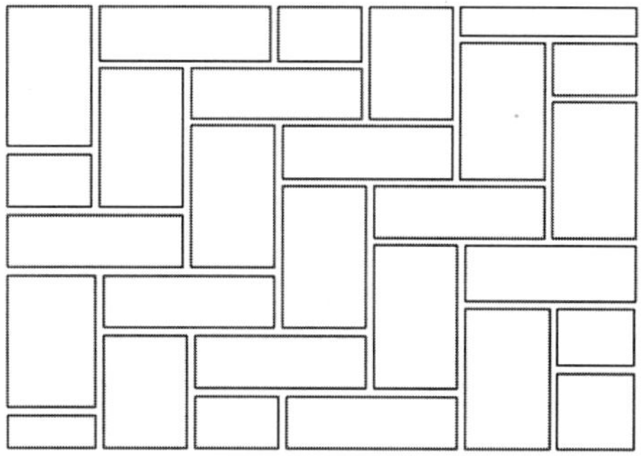

(a)“拐子锦”示意图

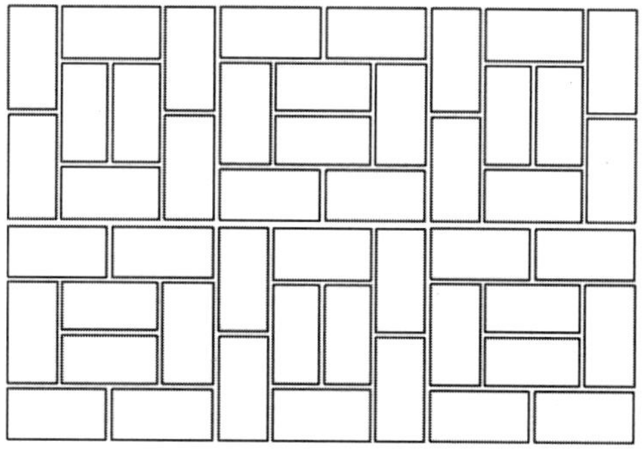

(b)“八方锦”示意图

“拐子锦”“八方锦”示意图

六、混凝土面层：

1.现浇透水混凝土路面基价子目按现场搅拌混凝土考虑。

2.预制混凝土方形块料按长 × 宽 ≤600mm×600mm 执行，预制混凝土大块块料按长 × 宽 >600mm×600mm 执行。

七、侧(平、缘)石安砌按直线、弧线综合考虑。

八、树池填充厚度按 100mm 考虑，设计厚度不同时材料消耗量可以换算。

九、园桥指园林内供游人通行的步桥。本基价按混凝土、石桥、木桥编制。

十、石桥檐板、石望柱、石栏板、地伏石、抱鼓石：

1.本基价均为简式成品安装。如为现场加工制作，执行其他专业相应基价子目。

2.本基价安装按平直考虑，实际施工中如遇斜面且坡度大于 30%，人工费乘以系数 1.10。

十一、木望柱、木兰板制安按简易型平直考虑，如遇斜式时，人工费乘以系数 1.10。

十二、木质构件刷油漆，钢构件制作、安装，铁件制作、安装，螺栓安装等执行第一册相应基价子目。

十三、带山石挡土墙的山石(自然石)台阶，山石(自然石)台阶执行本章相应基价子目。山石挡土墙执行本基价第一册相应基价子目。

十四、驳岸、护岸：

1.自然式护岸指满铺卵石或自然石的护岸，点布大块石护岸套用自然式驳岸基价子目。

2.预制混凝土框格护岸基价子目按成品考虑。

3.生态袋护岸基价子目按成品考虑，发生现场装袋，装袋费用另行计算；实际使用生态袋规格尺寸与基价子目不同时，可调整生态袋消耗量，其他不变。

工程量计算规则

一、土基路床整理按设计图示以面积计算。

二、垫层、找平层：

1.垫层按设计图示尺寸，另计两侧加宽值按设计规定计算。设计未明确加宽值的，按两侧各加宽50mm计算。

2.找平层按设计图示尺寸以面积计算。

三、卵石面层按设计图示尺寸以面积计算。

四、石质块料面层及其他材料面层：

1.面层按设计图示尺寸以面积计算。园路如有坡度，工程量以斜面积计算。园路面积应扣除面积大于0.5m^2的树池、花池、照壁、底座所占面积。坡道园路带踏步者，其踏步部分应扣除并另按台阶相应基价子目计算。

2.嵌草砖铺装按设计图示尺寸以面积计算，不扣除漏空部分的面积。

3.陶瓷片拼花、拼字，按其外接矩形面积计算。

4.料石汀步及预制混凝土汀步按设计图示尺寸以体积计算。

五、现浇混凝土模板除另有规定外，按混凝土与模板接触面积计算。

六、侧（平、缘）石铺设按设计图示尺寸以延长米计算。侧（平、缘）石铺设如有坡度时，工程量以斜长计算。

七、园桥：

1.园桥基础桥台、桥墩、护坡分别按设计图示尺寸以体积计算。

2.现浇混凝土梁、桥洞底板、砖砌拱券、石拱券、石券脸等，按设计图示尺寸以体积计算。

3.挂贴券脸石面按设计图示尺寸以面积计算。

4.桥面石铺贴按设计图示尺寸以面积计算。

5.石桥檐板安装按设计图示尺寸以面积计算。

6.型钢铁锔安装、铸铁银锭安装按设计安装数量以“个”计算。

7.石望柱安装分不同的石望柱高度以“根”计算，石栏板安装按设计图示尺寸以面积计算。

8.地伏石安装按设计图示尺寸以延长米计算，抱鼓石安装按设计图示尺寸以面积计算。

9.园桥现浇毛石混凝土、混凝土构件模板均按模板与混凝土的接触面积计算。

10.木梁制作、安装按设计图示尺寸分不同的截面尺寸以体积计算。木龙骨按设计图示尺寸以面积计算，如施工图设计与基价子目所列木龙骨截面尺寸不同，防腐木消耗量可以调整，其他不变。

11.木质面板制作、安装按设计图示尺寸以面积计算，木桥挂檐板按设计图示尺寸以外围面积计算。

12.木望柱制作、安装按设计图示尺寸以体积计算；木栏板制作、安装按设计图示尺寸以面积计算，不扣除漏空部分。

13.木台阶制作、安装按设计图示尺寸以水平投影面积计算。

八、树池：

1.围牙按设计图示尺寸以延长米计算。

2.盖板(复合材料、铸铁)按设计图示以“套”计算,填充按设计图示尺寸以树池内框面积计算。

九、台阶：

1.料石台阶、山石(自然石)台阶、混凝土台阶按设计图示尺寸以水平投影面积计算。

2.标准砖台阶按设计图示尺寸以体积计算。

3.台阶面层按设计图示尺寸以台阶(包括最上层踏步边沿加300m)水平投影面积计算。

4.混凝土台阶模板不包括梯带,按设计图示尺寸以水平投影面积计算,台阶端头两侧不另行计算模板面积。

十、驳岸、护岸：

1.原木桩驳岸按设计图示尺寸桩长(包括桩尖)乘以截面积以体积计算。

2.自然式驳岸、自然式护岸、池底散铺卵石按实际使用石料数量以质量计算。

3.生态袋护岸按设计图示尺寸以体积计算。

4.预制混凝土框格护岸按设计图示尺寸以面积计算。

一、园　　路

1.土基路床整理

工作内容：1.标高在±30cm以内的找平等。2.打夯、平整等。3.放样、人工挖高填低、找平、碾压、检验、人工配合处理机械碾压不到之处等。**单位：**$10m^2$

编号				21-1	21-2	21-3	21-4
项目				平整场地	原土打夯		路床整形碾压
					人工	机械	
预算基价	总价(元)			**19.22**	**14.00**	**11.99**	**19.98**
	人工费(元)			19.22	14.00	10.63	18.55
	机械费(元)					1.36	1.43
组成内容		**单位**	**单价**	**数量**			
人工	综合工 三类	工日	113.00	0.1701	0.1239	0.0941	0.1642
机械	电动夯实机 20～62N•m	台班	27.11			0.0502	
	光轮压路机(内燃) 12t	台班	527.82				0.0027

2.垫层、找平层

工作内容： 1.灰土垫层：基层清理、场内运输、筛土、浇水、拌和、摊铺、找平、振实等。2.砂垫层、砂石垫层：基层清理、场内运输、浇水、摊铺、找平、振实等。

单位： m^3

编号				21-5	21-6	21-7	21-8
项目				灰土垫层	砂垫层	砂石垫层	
						人工级配	天然级配
预算基价	总价(元)			**239.94**	**146.16**	**183.66**	**253.93**
	人工费(元)			68.20	40.32	69.50	57.98
	材料费(元)			170.55	105.41	113.51	195.30
	机械费(元)			1.19	0.43	0.65	0.65
组成内容		**单位**	**单价**	**数量**			
人工	综合工 三类	工日	113.00	0.6035	0.3568	0.6150	0.5131
材料	中砂	m^3	89.44		1.1530	0.4835	
	砾石 15	m^3	75.39			0.9017	
	砂砾 5～80	m^3	158.00				1.2240
	水	m^3	7.62	0.4040	0.3000	0.3000	0.2500
	白灰	kg	0.30	250.9200			
	黄土	m^3	77.65	1.1873			
	灰土 3∶7	m^3		(1.0200)			
机械	电动夯实机 20～62N•m	台班	27.11	0.0440	0.0160	0.0240	0.0240

工作内容：1.干铺:基层清理、场内运输、浇水、摊铺、找平、振实等。2.灌浆:基层清理、场内运输、浇水、摊铺、调配砂浆、灌缝、找平、振实等。**单位：**m^3

编号				21-9	21-10	21-11	21-12	21-13	21-14
项目				毛石垫层		碎石垫层		碎砖垫层	
				干铺	灌浆	干铺	灌浆	干铺	灌浆
预算基价	总价(元)			**167.20**	**241.27**	**167.41**	**217.29**	**340.54**	**396.55**
	人工费(元)			74.00	98.50	58.16	56.29	67.57	84.58
	材料费(元)			92.41	129.85	108.55	148.07	272.27	302.14
	机械费(元)			0.79	12.92	0.70	12.93	0.70	9.83
组成内容		**单位**	**单价**	**数量**					
人工	综合工 三类	工日	113.00	0.6549	0.8717	0.5147	0.4981	0.5980	0.7485
材料	毛石	m^3	55.00	1.2240	1.2240				
	碎石	m^3	74.53			1.1016	1.1016		
	碎砖	m^3	190.67					1.3195	1.3195
	中砂	m^3	89.44	0.2720		0.2872		0.2142	
	水	m^3	7.62	0.1000	0.2421	0.1000	0.2501	0.2000	0.3619
	水泥	kg	0.39		58.2342		61.4718		45.8589
	砂子	t	87.03		0.4363		0.4606		0.3436
	水泥砂浆 M5	m^3			(0.2734)		(0.2886)		(0.2153)
机械	电动夯实机 20～62N•m	台班	27.11	0.0290	0.0490	0.0260	0.0260	0.0260	0.0260
	干混砂浆罐式搅拌机	台班	254.19		0.0456		0.0481		0.0359

工作内容：基层清理、场内运输、调配砂浆、摊铺、找平、振实等。

编号				21-15	21-16	21-17	21-18
项目				混凝土垫层 (m^3)	水泥砂浆		
					混凝土或硬基层上厚20mm ($10m^2$)	填充材料上厚20mm ($10m^2$)	每增减1mm ($10m^2$)
预算基价	总价(元)			**501.17**	**197.59**	**240.64**	**6.63**
	人工费(元)			47.82	122.79	147.83	3.03
	材料费(元)			453.35	66.16	82.01	3.17
	机械费(元)				8.64	10.80	0.43
组成内容		单位	单价	数量			
人工	综合工 三类	工日	113.00	0.4232	1.0866	1.3082	0.0268
材料	预拌混凝土 AC10	m^3	430.17	1.0200			
	塑料薄膜	m^2	1.90	4.7780			
	水	m^3	7.62	0.5000	0.4885	0.5207	0.0065
	电	kW•h	0.73	2.3100			
	水泥	kg	0.39		87.7016	109.6271	4.3851
	砂子	t	87.03		0.3244	0.4055	0.0162
	水泥砂浆 1∶3	m^3			(0.2040)	(0.2550)	(0.0102)
机械	干混砂浆罐式搅拌机	台班	254.19		0.0340	0.0425	0.0017

3.卵 石 面 层

工作内容：放样、清理基层、场内运输、调配砂浆、铺面层、嵌缝、清理净面等。 **单位：**10m²

编号				21-19	21-20	21-21
项目				卵石满铺(平面)		素色彩边卵石面
				平铺		
				拼花	不拼花	
预算基价	总价(元)			**1475.28**	**1232.33**	**1311.82**
	人工费(元)			941.11	749.16	786.65
	材料费(元)			518.92	467.92	509.92
	机械费(元)			15.25	15.25	15.25
组成内容		**单位**	**单价**	**数量**		
人工	综合工 二类	工日	135.00	6.9712	5.5493	5.8270
材料	本色卵石 粒径40～60	t	480.00	0.5500	0.7200	0.5800
	彩色卵石 粒径40～60	t	780.00	0.1700		0.1400
	草酸	kg	10.93	0.1000	0.1000	0.1000
	水	m³	7.62	0.7304	0.7304	0.7304
	水泥	kg	0.39	175.7556	175.7556	175.7556
	砂子	t	87.03	0.5414	0.5414	0.5414
	水泥砂浆 1∶2.5	m³		(0.3600)	(0.3600)	(0.3600)
机械	干混砂浆罐式搅拌机	台班	254.19	0.0600	0.0600	0.0600

4.石质块料面层

工作内容： 1.石质块料，板厚度≤50mm，浆铺：放样、清理基层、场内运输、调配砂浆、刷素水泥浆、锯板磨边、铺贴块料、勾缝（不勾缝除外）、清理净面等。2.石质块料，板厚度≤100mm，砂铺：放样、清理基层、场内运输、铺砂、铺贴块料、清理净面等。3.石质块料，板厚度≤100mm，浆铺：放样、清理基层、场内运输、调配砂浆、锯板磨边、铺贴块料、清理净面等。

单位： $10m^2$

编号				21-22	21-23	21-24	21-25
项目				石质块料			
				板厚度≤50mm		板厚度≤100mm	
				浆铺（勾缝）	浆铺（不勾缝）	砂铺	浆铺（不勾缝）
预算基价	总价（元）			**462.21**	**396.16**	**483.12**	**535.24**
	人工费（元）			370.49	314.98	408.47	453.83
	材料费（元）			83.08	72.54	74.65	72.77
	机械费（元）			8.64	8.64		8.64
组成内容		**单位**	**单价**	**数量**			
人工	综合工 二类	工日	135.00	2.7444	2.3332	3.0257	3.3617
材料	石质块料	m^2		(9.8000)	(10.2000)	(10.2000)	(10.2000)
	中砂	m^3	89.44			0.8000	
	胶粘剂DTA砂浆	m^3	980.00	0.0100			
	白色硅酸盐水泥 P•W 32.5	kg	0.72	1.0200			
	石料切割锯片	片	28.55	0.0615	0.0615	0.0615	0.0615
	棉纱头	kg	5.67	0.1000	0.1000		0.1000
	锯木屑	m^3	70.70	0.0600	0.0600		0.0600
	水	m^3	7.62	0.3585	0.3585	0.0700	0.3885
	电	kW•h	0.73	1.1070	1.1070	1.1070	1.1070
	水泥	kg	0.39	87.7016	87.7016		87.7016
	砂子	t	87.03	0.3244	0.3244		0.3244
	水泥砂浆 1:3	m^3		(0.2040)	(0.2040)		(0.2040)
机械	干混砂浆罐式搅拌机	台班	254.19	0.0340	0.0340		0.0340

工作内容：放样、清理基层、场内运输、调配砂浆、铺贴块料、清理净面等。　　**单位：**$10m^2$

编号				21-26	21-27	21-28
项目				乱铺冰片石	石质块料	
					拼花	碎拼
预算基价	总价(元)			**1537.09**	**552.06**	**527.28**
	人工费(元)			545.09	462.90	435.56
	材料费(元)			983.36	80.52	83.08
	机械费(元)			8.64	8.64	8.64
组成内容		**单位**	**单价**	**数量**		
人工	综合工 二类	工日	135.00	4.0377	3.4289	3.2264
材料	石质块料	m^2			(10.4000)	(10.4000)
	冰片石	m^3	86.21	10.4000		
	胶粘剂DTA砂浆	m^3	980.00	0.0100	0.0100	0.0100
	白色硅酸盐水泥 P•W 32.5	kg	0.72	1.0300	1.0300	1.0300
	石料切割锯片	片	28.55	0.0615		0.0615
	棉纱头	kg	5.67	0.2000	0.1000	0.1000
	锯木屑	m^3	70.70	0.0600	0.0600	0.0600
	水	m^3	7.62	0.3606	0.3585	0.3585
	电	kW•h	0.73	1.1070		1.1070
	水泥	kg	0.39	99.5948	87.7016	87.7016
	砂子	t	87.03	0.3068	0.3244	0.3244
	水泥砂浆 1∶2.5	m^3		(0.2040)		
	水泥砂浆 1∶3	m^3			(0.2040)	(0.2040)
机械	干混砂浆罐式搅拌机	台班	254.19	0.0340	0.0340	0.0340

工作内容： 1.平面(立面)粘贴：放样、清理基层、场内运输、调配砂浆、锯板磨边、铺贴块料、清理净面等。2.立面挂贴：放样、清理基层、场内运输、刷浆、安铁件、制作与安装钢筋、焊接固定，砂浆打底、铺抹结合层、安挂件(螺栓)；选料、钻孔开槽、穿丝固定，调配砂浆，挂贴块料、清理净面等。3.立面碎拼：放样、清理基层、场内运输、调配砂浆、铺贴块料、清理净面等。

单位： $10m^2$

编号				21-29	21-30	21-31	21-32
项目				零星装饰项目			
				平面(粘贴)	立面		
					粘贴	挂贴	碎拼
预算基价	总价(元)			**727.77**	**873.95**	**1228.97**	**963.36**
	人工费(元)			625.86	695.60	896.36	841.85
	材料费(元)			91.23	169.56	315.66	115.74
	机械费(元)			10.68	8.79	16.95	5.77
组成内容		单位	单价	数量			
人工	综合工 二类	工日	135.00	4.6360	5.1526	6.6397	6.2359
材料	石质块料	m^2		(10.6000)	(10.6000)	(10.6000)	(10.6000)
	胶粘剂DTA砂浆	m^3	980.00	0.0110			
	白色硅酸盐水泥 P·W 32.5	kg	0.72	1.1220	1.7510	1.5965	
	膨胀螺栓 M8×80	套	1.16			61.2000	
	热轧圆盘条 ϕ10以内	kg	3.83			14.8400	
	铜丝	kg	73.55			0.0935	
	锡纸	kg	61.00		0.0699	0.5250	0.0315
	硬白蜡	kg	18.46		0.3087	0.4095	0.5250
	YJ-III胶粘剂	kg	18.17		4.6620		

单位：10m²

编号				21-29	21-30	21-31	21-32
项目				零星装饰项目			
				平面(粘贴)	立面		
					粘贴	挂贴	碎拼
组成内容		单位	单价	数量			
材料	石料切割锯片	片	28.55	0.1520	0.1530	0.1530	0.1530
	棉纱头	kg	5.67	0.1000	0.1166	0.1313	0.1050
	锯木屑	m^3	70.70	0.0600			
	草酸	kg	10.93		0.1166	0.1250	0.3150
	水	m^3	7.62	0.3906	0.2310	0.4103	0.2882
	电	kW•h	0.73	2.7000	2.7000	2.7000	2.7000
	水泥	kg	0.39	99.5948	89.3353	195.4793	155.7759
	砂子	t	87.03	0.3068	0.3304	0.6022	0.3279
	白灰	kg	0.30				7.5292
	白灰膏	m^3					(0.0110)
	水泥砂浆 1∶1.5	m^3					(0.1362)
	水泥砂浆 1∶2.5	m^3		(0.2040)		(0.4004)	
	水泥砂浆 1∶3	m^3			(0.2078)		
	混合砂浆 1∶0.2∶2	m^3					(0.1248)
机械	干混砂浆罐式搅拌机	台班	254.19	0.0420	0.0346	0.0667	0.0227

5.其他材料面层

工作内容： 1.洗米石：放样、清理基层、场内运输、调配砂浆、座浆、铺面层、灌缝、刷石、撤石、抹平、压实、清理净面等。2.嵌草砖砂铺：放样、清理基层、场内运输、选砖、砍砖、清洗砖、铺砂、铺面层、拍平、压实、清理净面等。

单位： 10m²

编号				21-33	21-34	21-35
项目				洗米石(厚30mm)		嵌草砖砂铺
				平面	立面	
预算基价	总价(元)			**1194.61**	**1299.57**	**652.81**
	人工费(元)			524.80	629.76	200.14
	材料费(元)			669.81	669.81	452.67
组成内容		**单位**	**单价**	**数量**		
人工	综合工 二类	工日	135.00	3.8874	4.6649	1.4825
材料	洗米石 3~5	kg	1.08	472.5000	472.5000	
	嵌草砖 厚度60~80	m²	41.67			10.2000
	中砂	m³	89.44			0.3090
	建筑胶素白水泥浆	m³	725.00	0.0150	0.0150	
	白色硅酸盐水泥 P•W 32.5	kg	0.72	201.0000	201.0000	
	草酸	kg	10.93	0.0100	0.0100	
	水	m³	7.62	0.5000	0.5000	

工作内容： 1.砂铺：放样、清理基层、场内运输、选砖、砍砖、清洗砖、铺砂、铺面层、拍平、压实、清理净面等。2.浆铺：放样、清理基层、场内运输、选砖、砍砖、清洗砖、调配砂浆、铺面层、拍平、压实、清理净面等。

单位： $10m^2$

编号				21-36	21-37	21-38	21-39
项目				八五小青瓦侧铺		八五小青瓦平铺	
				砂铺	浆铺	砂铺	浆铺
预算基价	总价(元)			**2621.55**	**2726.96**	**1094.71**	**1175.86**
	人工费(元)			195.02	238.10	114.17	132.99
	材料费(元)			2426.53	2475.90	980.54	1029.91
	机械费(元)				12.96		12.96
组成内容		**单位**	**单价**	**数量**			
人工	综合工 二类	工日	135.00	1.4446	1.7637	0.8457	0.9851
材料	八五小青砖 220×105×42	100块	206.57	11.5000	11.5000	4.5000	4.5000
	粗砂	m^3	163.25	0.3090		0.3090	
	水	m^3	7.62	0.0700	0.2660	0.0700	0.2660
	水泥	kg	0.39		149.3923		149.3923
	砂子	t	87.03		0.4602		0.4602
	水泥砂浆 1∶2.5	m^3			(0.3060)		(0.3060)
机械	干混砂浆罐式搅拌机	台班	254.19		0.0510		0.0510

工作内容： 1.砂铺：放样、清理基层、场内运输、选砖、砍砖、清洗砖、铺砂、铺面层、拍平、压实、清理净面等。2.浆铺：放样、清理基层、场内运输、选砖、砍砖、清洗砖、调配砂浆、铺面层、拍平、压实、清理净面等。

单位： $10m^2$

编号				21-40	21-41	21-42	21-43
项目				标准砖平铺			
				八方锦		拐子锦	
				砂铺	浆铺	砂铺	浆铺
预算基价	总价(元)			**319.19**	**459.67**	**382.57**	**476.52**
	人工费(元)			143.98	171.69	156.92	188.54
	材料费(元)			175.21	275.02	225.65	275.02
	机械费(元)				12.96		12.96
组成内容		**单位**	**单价**	**数量**			
人工	综合工 二类	工日	135.00	1.0665	1.2718	1.1624	1.3966
材料	标准砖 240×115×53	千块	513.60	0.3401	0.3401	0.3401	0.3401
	粗砂	m^3	163.25			0.3090	
	水	m^3	7.62	0.0700	0.2660	0.0700	0.2660
	水泥	kg	0.39		149.3923		149.3923
	砂子	t	87.03		0.4602		0.4602
	水泥砂浆 1∶2.5	m^3			(0.3060)		(0.3060)
机械	干混砂浆罐式搅拌机	台班	254.19		0.0510		0.0510

工作内容： 1.透水砖砂铺：放样、清理基层、场内运输、选砖、砍砖、清洗砖、铺砂、铺面层、拍平、压实、清理净面等。2.彩色透水石路面：放样、清理基层、场内运输、铺面层、嵌缝、清理净面等。

单位： 10m²

编号				21-44	21-45	21-46
项目				透水砖砂铺	彩色透水石路面	
					厚20mm	厚30mm
预算基价	总价(元)			**580.33**	**961.82**	**1384.21**
	人工费(元)			121.35	105.76	111.04
	材料费(元)			458.98	856.06	1273.17
组成内容		**单位**	**单价**	**数量**		
人工	综合工 二类	工日	135.00	0.8989	0.7834	0.8225
材料	透水砖 200×100×60	m²	40.00	10.2000		
	粗砂	m³	163.25	0.3090		
	环氧树脂 E44	kg	28.33		28.0000	42.0000
	天然石屑	t	91.05		0.4500	0.6750
	塑料薄膜	m²	1.90		11.5000	11.5000
	水	m³	7.62	0.0700		

工作内容： 1.放样、清理基层、场内运输、铺砂、铺面层、嵌缝、清理净面等。2.放样、清理基层、场内运输、清洗瓷片、调配砂浆、铺面层、嵌缝、清理净面等。

单位： 10m²

编号				21-47	21-48
项目				瓦片(侧铺)	陶瓷片拼花、拼字
预算基价	总价(元)			**6327.47**	**2208.70**
	人工费(元)			1081.22	775.21
	材料费(元)			5246.25	1416.28
	机械费(元)				17.21
组成内容		**单位**	**单价**	**数量**	
人工	综合工 二类	工日	135.00	8.0090	5.7423
材料	蝴蝶瓦(盖) 180×180×13	100块	216.67	23.9200	
	陶瓷片	m²	121.93		10.5000
	中砂	m³	89.44	0.7100	
	白水泥膏	m³	852.50		0.0100
	水	m³	7.62		0.4258
	水泥	kg	0.39		174.5435
	砂子	t	87.03		0.6455
	水泥砂浆 1:3	m³			(0.4060)
机械	干混砂浆罐式搅拌机	台班	254.19		0.0677

工作内容： 1.砂铺：放样、清理基层、场内运输、铺砂、铺面层、嵌缝、清理净面等。2.浆铺：放样、清理基层、场内运输、调配砂浆、铺面层、清理净面等。

单位： 10m²

编号				21-49	21-50	21-51	21-52
项目				六角块		小方料石	
				砂铺	浆铺	砂铺	浆铺
预算基价	总价(元)			**608.92**	**753.17**	**884.07**	**970.28**
	人工费(元)			231.48	289.76	287.91	354.16
	材料费(元)			377.44	450.45	596.16	599.17
	机械费(元)				12.96		16.95
组成内容		**单位**	**单价**	**数量**			
人工	综合工 二类	工日	135.00	1.7147	2.1464	2.1327	2.6234
材料	六角板	m²	34.25	10.2000	10.2000		
	小方料石	m²	43.00			10.9000	10.9000
	中砂	m³	89.44	0.3090		1.4200	
	水	m³	7.62	0.0600	0.3658	0.0600	0.2560
	水泥	kg	0.39		149.3923		195.2840
	砂子	t	87.03		0.4602		0.6016
	水泥砂浆 1:2.5	m³			(0.3060)		(0.4000)
机械	干混砂浆罐式搅拌机	台班	254.19		0.0510		0.0667

工作内容： 放样、清理基层、场内运输、调配砂浆、铺面层、清理净面等。

单位： m^3

编号				21-53	21-54
项目				料石汀步	混凝土汀步
预算基价	总价(元)			**1331.98**	**574.47**
	人工费(元)			157.84	158.63
	材料费(元)			1170.76	409.05
	机械费(元)			3.38	6.79
组成内容		**单位**	**单价**	**数量**	
人工	综合工 二类	工日	135.00	1.1692	1.1750
材料	料石	m^3	1133.33	1.0100	
	预制混凝土块	m^3	353.33		1.0100
	水	m^3	7.62	0.0512	0.1024
	水泥	kg	0.39	39.0568	78.1136
	砂子	t	87.03	0.1203	0.2406
	水泥砂浆 1:2.5	m^3		(0.0800)	(0.1600)
机械	干混砂浆罐式搅拌机	台班	254.19	0.0133	0.0267

6.混凝土面层

(1) 现浇混凝土面层

工作内容： 放样、清理基层、场内运输、浇筑、振捣夯实、整平、嵌缝、养护、清理场地等。 **单位：** $10m^2$

编号				21-55	21-56
项目				现浇混凝土面层	
				厚120mm	每增减10mm
预算基价	总价(元)			**747.99**	**51.02**
	人工费(元)			162.47	4.13
	材料费(元)			584.35	46.89
	机械费(元)			1.17	
组成内容		**单位**	**单价**	**数量**	
人工	综合工 二类	工日	135.00	1.2035	0.0306
材料	预拌混凝土 AC20	m^3	450.56	1.2240	0.1020
	石料切割锯片	片	28.55	0.0050	
	塑料薄膜	m^2	1.90	11.5000	
	水	m^3	7.62	1.4000	0.1200
	电	kW·h	0.73	0.2800	0.0230
机械	混凝土切缝机	台班	31.10	0.0375	

(2) 现浇透水混凝土面层

工作内容：放样、清理基层、拌和、场内运输、人工入模摊铺、振捣夯实、整平、养护、切伸缩缝及嵌缝、喷保护剂、清理场地等。　　**单位：**$10m^2$

编号				21-57	21-58	21-59	21-60
项目				透水混凝土面层		透水彩色混凝土面层	
				厚50mm	每增减10mm	厚30mm	每增加10mm
预算基价	总价(元)			**2108.56**	**351.58**	**1563.40**	**397.56**
	人工费(元)			145.06	11.68	204.94	39.42
	材料费(元)			1949.42	337.32	1349.47	355.52
	机械费(元)			14.08	2.58	8.99	2.62
组成内容		**单位**	**单价**	**数量**			
人工	综合工 二类	工日	135.00	1.0745	0.0865	1.5181	0.2920
材料	普通硅酸盐水泥 P•O 42.5	kg	2.75	192.1000	37.6670	115.2600	38.4200
	碎石 10	kg	1.15	969.8320	193.9700	581.9000	193.9670
	增强剂(LDA)	kg	10.93	1.7840	0.9688	2.9060	0.9688
	无机颜料	kg	13.12			3.4578	1.1526
	PG道路嵌缝胶	kg	12.67	0.9760		0.9760	
	氟碳保护剂	kg	78.00	3.0000		3.0000	
	塑料薄膜	m^2	1.90	11.5000		11.5000	
	土工布	m^2	6.90	2.0000		2.0000	
	泡沫条 ϕ8	m	0.25	3.0600		3.0000	
	石料切割锯片	片	28.55	0.0050		0.0050	
	水	m^3	7.62	0.4450	0.0090	0.4270	0.1423
	电	kW•h	0.73	0.0400	0.0132	0.0400	0.0132
机械	机动翻斗车 1t	台班	207.17	0.0403	0.0081	0.0240	0.0081
	混凝土切缝机	台班	31.10	0.0375		0.0375	
	双锥反转出料混凝土搅拌机 出料容量500L	台班	273.53	0.0167	0.0033	0.0100	0.0033
	电动空气压缩机 排气量$0.6m^3$/min	台班	38.51			0.0030	0.0010

(3) 彩色压膜艺术地坪面层

工作内容：放样、清理基层、场内运输、铺面层、拍平、压实、清理净面等。 **单位**：$10m^2$

编号				21-61
项目				彩色压模艺术地坪面层 厚4mm(混凝土面层上)
预算基价	总价(元)			**333.34**
	人工费(元)			200.93
	材料费(元)			132.41
组成内容		**单位**	**单价**	**数量**
人工	综合工 二类	工日	135.00	1.4884
材料	彩色强化剂	kg	3.15	42.0000
	水	m^3	7.62	0.0150

(4) 混凝土块料铺装

工作内容： 1.砂铺：放样、清理基层、场内运输、铺砂、铺面层、嵌缝、清理净面等。2.浆铺：放样、清理基层、场内运输、调配砂浆、铺面层、清理净面等。

单位： $10m^2$

编号				21-62	21-63	21-64	21-65	21-66	21-67	21-68	21-69
项目				方形块料		异型块料		大块块料		假冰片	
				砂铺	浆铺	砂铺	浆铺	砂铺	浆铺	砂铺	浆铺
预算基价	总价(元)			**709.06**	**782.06**	**747.41**	**825.12**	**758.01**	**857.27**	**1142.28**	**1240.51**
	人工费(元)			187.72	229.70	205.67	252.36	277.47	345.71	274.14	341.35
	材料费(元)			521.34	539.32	541.74	559.72	480.54	498.52	868.14	886.12
	机械费(元)				13.04		13.04		13.04		13.04
组成内容		**单位**	**单价**	**数量**							
人工	综合工 二类	工日	135.00	1.3905	1.7015	1.5235	1.8693	2.0553	2.5608	2.0307	2.5285
材料	预制混凝土方形块料	m^2	46.00	10.2000	10.2000						
	预制混凝土异型块料	m^2	48.00			10.2000	10.2000				
	预制混凝土大块块料	m^2	42.00					10.2000	10.2000		
	预制混凝土假冰片	m^2	80.00							10.2000	10.2000
	中砂	m^3	89.44	0.5770		0.5770		0.5770		0.5770	
	水	m^3	7.62	0.0700	0.2302	0.0700	0.2302	0.0700	0.2302	0.0700	0.2302
	水泥	kg	0.39		65.6040		65.6040		65.6040		65.6040
	砂子	t	87.03		0.4916		0.4916		0.4916		0.4916
	水泥砂浆 M5	m^3			(0.3080)		(0.3080)		(0.3080)		(0.3080)
机械	干混砂浆罐式搅拌机	台班	254.19		0.0513		0.0513		0.0513		0.0513

7.侧(平、缘)石安砌

(1)侧缘石安砌

工作内容: 放样、开槽、场内运输、调配砂浆、安砌、勾缝、养护、清理等。 **单位:** 10m

编号				21-70	21-71	21-72	21-73	21-74	21-75	21-76	21-77
项目				砖缘石(侧铺)		砖缘石(立铺)		侧石		缘石	
				单砖	双砖	单砖	双砖	混凝土	石质	混凝土	石质
预算基价	总价(元)			**33.28**	**67.34**	**68.63**	**141.33**	**516.97**	**1236.92**	**231.95**	**417.27**
	人工费(元)			11.61	19.70	23.13	39.20	60.29	81.08	31.89	43.65
	材料费(元)			21.59	46.95	45.07	100.22	456.48	1155.64	200.01	373.57
	机械费(元)			0.08	0.69	0.43	1.91	0.20	0.20	0.05	0.05
组成内容		**单位**	**单价**	**数量**							
人工	综合工 二类	工日	135.00	0.0860	0.1459	0.1713	0.2904	0.4466	0.6006	0.2362	0.3233
材料	标准砖 240×115×53	千块	513.60	0.0402	0.0804	0.0804	0.1650				
	混凝土立缘石	m	42.50					10.1000			
	石质立缘石 350×150	m	110.71						10.1000		
	混凝土缘石	m	18.07							10.1000	
	石质缘石 300×150	m	35.00								10.1000
	水	m^3	7.62	0.0016	0.0101	0.0063	0.0284	0.0592	0.0589	0.0428	0.0428
	水泥	kg	0.39	0.8598	6.8786	4.2991	19.3460	2.1496	2.1496	0.4299	0.4299
	砂子	t	87.03	0.0032	0.0254	0.0159	0.0716	0.1447	0.1440	0.1044	0.1044
	白灰	kg	0.30					22.0008	21.8940	16.5540	16.5540
	零星材料费	元		0.32	0.69	0.67	1.48	6.75	17.08	2.96	5.52
	白灰膏	m^3						(0.0314)	(0.0312)	(0.0240)	(0.0240)
	水泥砂浆 1:3	m^3		(0.0020)	(0.0160)	(0.0100)	(0.0450)	(0.0050)	(0.0050)	(0.0010)	(0.0010)
	白灰砂浆 1:3	m^3						(0.0824)	(0.0820)	(0.0620)	(0.0620)
机械	干混砂浆罐式搅拌机	台班	254.19	0.0003	0.0027	0.0017	0.0075	0.0008	0.0008	0.0002	0.0002

(2) 侧平石安砌

工作内容：放样、开槽、场内运输、调配砂浆、安砌、勾缝(不勾缝除外)、养护、清理等。 **单位：**10m

编号				21-78	21-79	21-80	21-81
项目				连接型		分离型	
				勾缝	不勾缝	勾缝	不勾缝
预算基价	总价(元)			**400.58**	**387.09**	**501.31**	**476.34**
	人工费(元)			133.20	122.23	155.64	137.66
	材料费(元)			265.73	263.51	343.48	337.33
	机械费(元)			1.65	1.35	2.19	1.35
组成内容		**单位**	**单价**	**数量**			
人工	综合工 二类	工日	135.00	0.9867	0.9054	1.1529	1.0197
材料	混凝土连接型侧平石	m	25.00	10.1000	10.1000		
	混凝土分离型侧平石	m	32.20			10.1000	10.1000
	水	m^3	7.62	0.0255	0.0211	0.0334	0.0211
	水泥	kg	0.39	3.0094		8.3832	
	砂子	t	87.03	0.0626	0.0514	0.0824	0.0514
	白灰	kg	0.30	8.2770	8.2770	8.2770	8.2770
	零星材料费	元		3.93	3.89	5.08	4.99
	白灰膏	m^3		(0.0120)	(0.0120)	(0.0120)	(0.0120)
	水泥砂浆 1∶3	m^3		(0.0070)		(0.0195)	
	白灰砂浆 1∶3	m^3		(0.0310)	(0.0310)	(0.0310)	(0.0310)
机械	干混砂浆罐式搅拌机	台班	254.19	0.0065	0.0053	0.0086	0.0053

二、园　　桥

1.基　　础

工作内容： 1.毛石基础、条石基础：放样、选石、场内运输、调配砂浆、堆砌、塞垫嵌缝、清理、养护等。2.现浇毛石混凝土基础、现浇混凝土基础：浇筑、振捣、养护等。

单位： m^3

编　　号				21-82	21-83	21-84	21-85
项　　目				毛石基础	条石基础	现浇毛石混凝土基础	现浇混凝土基础
预算基价	总　　价(元)			**264.55**	**1701.72**	**467.44**	**517.35**
	人　工　费(元)			96.75	109.39	49.77	48.17
	材　料　费(元)			152.98	1580.89	417.67	469.18
	机　械　费(元)			14.82	11.44		
组成内容		**单位**	**单价**	**数　　量**			
人工	综合工　二类	工日	135.00	0.7167	0.8103	0.3687	0.3568
材料	毛石	m^3	55.00	1.1500		0.2752	
	条石	m^3	1439.00		1.0500		
	塑料薄膜	m^2	1.90			1.2012	1.2590
	水	m^3	7.62	0.4070	0.4094	0.0093	0.1009
	电	kW•h	0.73			0.1980	0.2310
	水泥	kg	0.39	106.0500	81.8100		
	砂子	t	87.03	0.5201	0.4012		
	预拌混凝土　AC25	m^3	461.24			0.8673	1.0100
	水泥砂浆　M10	m^3		(0.3500)	(0.2700)		
机械	干混砂浆罐式搅拌机	台班	254.19	0.0583	0.0450		

2.桥台、桥墩

工作内容： 1.毛石、条石桥台、桥墩：放样、选石、场内运输、调配砂浆、堆砌、塞垫嵌缝、清理、养护等。2.现浇混凝土桥台、桥墩：浇筑、振捣、养护等。

单位： m^3

	编号			21-86	21-87	21-88
	项目			桥台、桥墩		
				毛石	条石	现浇混凝土
预算基价	总价(元)			**320.84**	**1772.63**	**531.37**
	人工费(元)			138.44	166.59	59.45
	材料费(元)			158.02	1585.19	471.92
	机械费(元)			24.38	20.85	
组成内容		单位	单价	数量		
人工	综合工 二类	工日	135.00	1.0255	1.2340	0.4404
材料	毛石	m^3	55.00	1.1500		
	条石	m^3	1439.00		1.0500	
	预拌混凝土 AC25	m^3	461.24			1.0100
	塑料薄膜	m^2	1.90			1.7388
	水	m^3	7.62	0.8088	0.8105	0.2850
	电	kW·h	0.73			0.8076
	水泥	kg	0.39	108.4740	83.3250	
	砂子	t	87.03	0.5320	0.4087	
	水泥砂浆 M10	m^3		(0.3580)	(0.2750)	
机械	汽车式起重机 8t	台班	767.15	0.0120	0.0120	
	干混砂浆罐式搅拌机	台班	254.19	0.0597	0.0458	

3.梁、板

工作内容：浇筑、振捣、养护等。 **单位：**m^3

编号				21-89	21-90	21-91
项目				现浇混凝土		
				单梁	桥洞底板(拱桥)	桥洞底板(平桥)
预算基价	总价(元)			**528.75**	**569.42**	**561.96**
	人工费(元)			50.84	96.44	83.30
	材料费(元)			477.91	472.98	478.66
组成内容		单位	单价	数量		
人工	综合工 二类	工日	135.00	0.3766	0.7144	0.6170
材料	预拌混凝土 AC25	m^3	461.24	1.0100	1.0100	1.0100
	塑料薄膜	m^2	1.90	3.9820	1.1781	4.5003
	水	m^3	7.62	0.5492	0.5200	0.4410
	电	kW·h	0.73	0.4190	1.2686	1.2229

4.护　坡

工作内容： 放样、选料、场内运输、调配砂浆、铺砂浆、砌石、勾缝等。　　　　**单位：** m^3

编　号				21-92	21-93
项　目				毛石护坡	条石护坡
预算基价	总　价(元)			**355.80**	**1772.45**
	人　工　费(元)			191.00	190.44
	材　料　费(元)			150.39	1563.45
	机　械　费(元)			14.41	18.56
组成内容		**单位**	**单价**	**数　量**	
人工	综合工 二类	工日	135.00	1.4148	1.4107
材料	毛石	m^3	55.00	1.1800	
	条石	m^3	1439.00		1.0100
	水	m^3	7.62	0.1768	0.2276
	水泥	kg	0.39	103.0200	132.6231
	砂子	t	87.03	0.5052	0.6504
	水泥砂浆 M10	m^3		(0.3400)	(0.4377)
机械	干混砂浆罐式搅拌机	台班	254.19	0.0567	0.0730

5.拱券、券脸

工作内容：1.放样，选料，场内运输，拱圈底模制作、安装、拆除，调配砂浆，砌筑，养护等。2.放样，选石，场内运输，拱圈底模制作、安装、拆除，调配砂浆，砌筑，养护等。3.放样，选石，场内运输，调配砂浆、拼缝安装、灌缝净面、清理、养护等。4.清理基层，场内运输，钻孔，预埋铁件，制作、安装钢筋网，电焊固定，钻板，镶贴面层，穿丝固定，灌浆，磨光，养护等。

编号				21-94	21-95	21-96	21-97
项目				砖砌拱券 (m^3)	石砌拱券 (m^3)	石砌券脸 (m^3)	挂贴券脸石面 ($10m^2$)
预算基价	总价(元)			**730.02**	**2030.67**	**11685.65**	**1190.66**
	人工费(元)			299.12	389.42	408.91	913.06
	材料费(元)			421.19	1629.35	11264.84	261.84
	机械费(元)			9.71	11.90	11.90	15.76
组成内容		**单位**	**单价**	**数量**			
人工	综合工 二类	工日	135.00	2.2157			
	综合工 一类	工日	153.00		2.5452	2.6726	5.9677
材料	石质块料	m^2					(10.6000)
	标准砖 240×115×53	千块	513.60	0.5380			
	条石	m^3	1439.00		1.0500		
	券脸石	m^3	10616.00			1.0500	
	板枋材	m^3	2001.17	0.0304	0.0100	0.0100	
	白色硅酸盐水泥 P•W 32.5	kg	0.72				1.5965
	铁钉	kg	6.68	0.6600	0.1000	0.1000	
	水	m^3	7.62	0.1894	0.2325	0.1855	0.2982
	石料切割锯片	片	28.55				0.1530
	膨胀螺栓 M12×80	套	0.72				61.2000
	铜丝	kg	73.55				0.0935
	钢筋 *D*10以内	t	3970.73				0.0148
	水泥	kg	0.39	129.3415	158.7116	158.7116	226.1499
	砂子	t	87.03	0.3188	0.3912	0.3912	0.5574
	零星材料费	元					7.63
	水泥砂浆 1∶2	m^3		(0.2290)	(0.2810)	(0.2810)	(0.4004)
机械	干混砂浆罐式搅拌机	台班	254.19	0.0382	0.0468	0.0468	0.0620

6.装 饰 贴 面

工作内容： 1.清理基层、场内运输、调配砂浆、打底刷浆、切割块料、镶贴块料面层、砂浆勾缝、清理净面、养护等。2.场内运输、调配砂浆、截头打眼、拼缝安装、清理净面、养护等。

单位： 10m²

编号				21-98	21-99	21-100
项目				桥面石铺贴		石桥檐板
				石材厚≤50mm	每增厚10mm	厚≤60mm
预算基价	总价(元)			**557.24**	**42.11**	**982.75**
	人工费(元)			345.72	42.11	763.24
	材料费(元)			189.91		194.60
	机械费(元)			21.61		24.91
组成内容		**单位**	**单价**	**数量**		
人工	综合工 一类	工日	153.00	2.2596	0.2752	4.9885
材料	石质板材	m²		(10.2000)		
	石桥檐板(成品)	m²				(10.6000)
	石料切割锯片	片	28.55	0.4630		
	白色硅酸盐水泥 P•W 32.5	kg	0.72			3.0000
	水	m³	7.62	0.3366		0.3776
	水泥	kg	0.39	288.0531		288.0439
	砂子	t	87.03	0.7099		0.8874
	水泥砂浆 1:2	m³		(0.5100)		
	水泥砂浆 1:2.5	m³				(0.5900)
机械	干混砂浆罐式搅拌机	台班	254.19	0.0850		0.0980

工作内容：场内运输、放样、安装、调整、固定等。

单位：个

编号				21-101	21-102
项目				型钢铁锔安装	铸铁银锭安装
预算基价	总价(元)			**25.41**	**25.19**
	人工费(元)			9.88	11.31
	材料费(元)			15.53	13.88
组成内容		**单位**	**单价**	**数量**	
人工	综合工 一类	工日	153.00	0.0646	0.0739
材料	型钢铁锔	个	15.53	1.0000	
	铸铁银锭	个	13.88		1.0000

7.其他石构件

工作内容：场内运输、放样、调配砂浆、安装、调整、固定、塞垫嵌缝、清理、勾缝、养护等。 **单位：**根

	编　号			21-103	21-104	21-105
项　目				石望柱安装(柱高mm)		
				1000以内	1200以内	1300以内
预算基价	总　价(元)			**64.34**	**75.92**	**83.56**
	人 工 费(元)			58.80	70.38	76.48
	材 料 费(元)			3.95	3.95	5.49
	机 械 费(元)			1.59	1.59	1.59
组 成 内 容		**单位**	**单价**	**数　量**		
人工	综合工 一类	工日	153.00	0.3843	0.4600	0.4999
材料	石望柱(成品)	根		(1.0050)	(1.0050)	(1.0050)
	白色硅酸盐水泥 P•W 32.5	kg	0.72	1.5000	1.5000	1.5000
	云石胶	kg	19.69	0.1000	0.1000	0.1000
	水	m^3	7.62	0.0012	0.0012	0.0028
	水泥	kg	0.39	1.9319	1.9319	5.8371
	砂子	t	87.03	0.0016	0.0016	0.0016
	水泥砂浆 1∶3	m^3		(0.0010)	(0.0010)	(0.0010)
	素水泥浆	m^3		(0.0010)	(0.0010)	(0.0036)
机械	汽车式起重机 8t	台班	767.15	0.0020	0.0020	0.0020
	干混砂浆罐式搅拌机	台班	254.19	0.0002	0.0002	0.0002

工作内容：场内运输、放样、调配砂浆、安装、调整、固定、塞垫嵌缝、清理、勾缝、养护等。

编号				21-106	21-107	21-108
项目				石栏板安装 （$10m^2$）	地伏石安装 （10m）	抱鼓石安装 （$10m^2$）
预算基价	总价（元）			**986.52**	**805.12**	**1306.26**
	人工费（元）			848.03	549.96	1168.03
	材料费（元）			40.29	22.47	40.03
	机械费（元）			98.20	232.69	98.20
组成内容		**单位**	**单价**	**数量**		
人工	综合工 一类	工日	153.00	5.5427	3.5945	7.6342
材料	石栏板（成品）	m^2		（10.0500）		
	地伏石（成品）	m			（10.0500）	
	抱鼓石（成品）	m^2				（10.0500）
	白色硅酸盐水泥 P•W 32.5	kg	0.72	3.3000	4.5000	3.3000
	云石胶	kg	19.69	1.2190		1.2190
	水	m^3	7.62	0.0130	0.0378	0.0130
	水泥	kg	0.39	33.0440	25.7946	33.0440
	砂子	t	87.03		0.0954	
	零星材料费	元		0.93	0.58	0.67
	水泥砂浆 1:3	m^3			（0.0600）	
	素水泥浆	m^3		（0.0220）		（0.0220）
机械	汽车式起重机 8t	台班	767.15	0.1280	0.3000	0.1280
	干混砂浆罐式搅拌机	台班	254.19		0.0100	

8.木梁、柱

工作内容：放样、选料、场内运输、截料、划线、起线、凿眼、齐头、安装等。 **单位：**m³

编号				21-109	21-110	21-111
项目				木梁、柱		
				截面周长(mm)		
				400以内	600以内	600以外
预算基价	总价(元)			**3700.96**	**3569.03**	**3407.12**
	人工费(元)			837.58	744.01	623.03
	材料费(元)			2857.07	2818.71	2777.78
	机械费(元)			6.31	6.31	6.31
组成内容		**单位**	**单价**	**数量**		
人工	综合工 一类	工日	153.00	5.4744	4.8628	4.0721
材料	防腐木	m^3	2430.67	1.1340	1.1190	1.1100
	不锈钢钉	kg	30.55	2.3700	2.3200	1.7100
	零星材料费	元		28.29	27.91	27.50
机械	木工圆锯机 $D500$	台班	26.53	0.2380	0.2380	0.2380

9.木 龙 骨

工作内容：放样、选料、场内运输、截料、划线、起线、凿眼、找平、安装等。 **单位：**10m²

编 号				21-112
项 目				木龙骨
				截面周长200mm以内
预算基价	总 价(元)			**517.83**
	人 工 费(元)			115.90
	材 料 费(元)			400.62
	机 械 费(元)			1.31
组 成 内 容		**单位**	**单价**	**数 量**
人工	综合工 一类	工日	153.00	0.7575
材料	防腐木	m^3	2430.67	0.1570
	不锈钢钉	kg	30.55	0.4920
	零星材料费	元		3.97
机械	木工圆锯机 *D*500	台班	26.53	0.0494

10.木 面 板

工作内容：放样、选料、场内运输、截料、刨光、划线、起线、凿眼、找平、安装等。

编号				21-113	21-114	21-115	21-116
项目				木质面板制作、安装		木台阶制作、安装	木桥挂檐板制作、安装
				板厚≤40mm（$10m^2$）	每增厚≤10mm（$10m^2$）	板厚≤40mm $10m^2$（水平投影）	（$10m^2$）
预算基价	总价(元)			**1587.57**	**347.94**	**2512.95**	**1402.03**
	人工费(元)			329.49	68.41	525.51	529.18
	材料费(元)			1249.78	279.53	1978.95	866.62
	机械费(元)			8.30		8.49	6.23
组成内容		**单位**	**单价**	**数量**			
人工	综合工 一类	工日	153.00	2.1535	0.4471	3.4347	3.4587
材料	防腐木	m^3	2430.67	0.4600	0.1150	0.7420	0.3450
	不锈钢钉	kg	30.55	3.9050		5.1000	0.6370
	零星材料费	元		12.37		19.59	8.58
机械	木工圆锯机 *D*500	台班	26.53	0.3130		0.3200	0.2350

11.木　栏　板

工作内容：放样、选料、场内运输、截料、划线、起线、凿眼、找平、安装等。

编号				21-117	21-118
项目				木望柱制作、安装（m^3）	木栏板制作、安装（$10m^2$）
预算基价	总价(元)			**3487.22**	**2033.02**
	人工费(元)			957.23	515.46
	材料费(元)			2523.68	1509.26
	机械费(元)			6.31	8.30
组成内容		**单位**	**单价**	**数量**	
人工	综合工 一类	工日	153.00	6.2564	3.3690
材料	防腐木	m^3	2430.67	1.0200	0.6100
	不锈钢钉	kg	30.55	0.6354	0.3800
	零星材料费	元		24.99	14.94
机械	木工圆锯机 *D*500	台班	26.53	0.2380	0.3130

12.竹　面　板

工作内容：放样、场内运输、铺设、钉牢、齐头、安装等。　　　　**单位：**$10m^2$

编　号				21-119
项　目				竹面板安装
预算基价	总　价(元)			**223.12**
	人　工　费(元)			127.20
	材　料　费(元)			95.92
组成内容		**单位**	**单价**	**数　量**
人工	综合工 一类	工日	153.00	0.8314
材料	竹面板(成品)	m^2		(10.5000)
	不锈钢钉	kg	30.55	3.1240
	零星材料费	元		0.48

三、树　池

1.围　牙

工作内容：放样、开槽、场内运输、调配砂浆、安砌、勾缝、养护、清理等。　　**单位：**10m

编　号				21-120	21-121	21-122	21-123
项　目				条石围牙	混凝土块围牙	砖砌围牙(立砖)	
						单层	双层
预算基价	总　价(元)			**650.16**	**572.32**	**87.35**	**155.04**
	人　工　费(元)			38.25	33.03	42.27	54.58
	材　料　费(元)			611.78	539.16	44.65	98.55
	机　械　费(元)			0.13	0.13	0.43	1.91
组 成 内 容		**单位**	**单价**	**数　量**			
人工	综合工　二类	工日	135.00	0.2833	0.2447	0.3131	0.4043
材料	条石	m	59.00	10.2000			
	混凝土预制块	m	52.50		10.1000		
	标准砖　240×115×53	千块	513.60			0.0796	0.1618
	水	m^3	7.62	0.0019	0.0019	0.0063	0.0284
	水泥	kg	0.39	1.2897	1.2897	4.2991	19.3460
	砂子	t	87.03	0.0048	0.0048	0.0159	0.0716
	零星材料费	元		9.04	7.97	0.66	1.46
	水泥砂浆　1:3	m^3		(0.0030)	(0.0030)	(0.0100)	(0.0450)
机械	干混砂浆罐式搅拌机	台班	254.19	0.0005	0.0005	0.0017	0.0075

2.盖　　板

工作内容：杂物清理、场内运输、铺设、边口固定等。

编　　号				21-124	21-125	21-126	21-127
项　　目				盖板安装		填充(厚100mm)	
				复合材料 (套)	铸铁 (套)	树皮 (10m²)	卵石 (10m²)
预算基价	总　　价(元)			**182.61**	**474.17**	**112.34**	**465.12**
	人　工　费(元)			10.57	11.34	40.34	44.12
	材　料　费(元)			172.04	462.83	72.00	421.00
组 成 内 容		**单位**	**单价**	**数　　量**			
人工	综合工 二类	工日	135.00	0.0783	0.0840	0.2988	0.3268
材料	复合材料树池盖（综合）	套	168.67	1.0200			
	铸铁树池盖（综合）	套	462.83		1.0000		
	块状树皮	m^3	72.00			1.0000	
	卵石	t	221.67				1.8992

四、台　　阶

1.砌　　筑

工作内容：放样、选石、场内运输、调配砂浆、堆砌、塞垫嵌缝、清理、养护等。

编　　号				21-128	21-129	21-130
项　　目				料石台阶 $10m^2$(水平投影)	山石(自然石)台阶 $10m^2$(水平投影)	标准砖台阶 (m^3)
预算基价	总　　价(元)			**5268.05**	**7023.17**	**600.92**
	人　工　费(元)			615.95	816.49	259.90
	材　料　费(元)			4648.29	6203.71	331.95
	机　械　费(元)			3.81	2.97	9.07
组 成 内 容		**单位**	**单价**	**数　　量**		
人工	综合工　二类	工日	135.00	4.5626	6.0481	1.9252
材料	料石　厚150mm	m^2	445.00	10.4000		
	山石(自然石)　厚150mm	m^2	595.00		10.4000	
	标准砖　240×115×53	千块	513.60			0.5514
	水	m^3	7.62	0.0522	0.0490	0.1571
	水泥	kg	0.39	18.3900	13.0900	45.6246
	砂子	t	87.03	0.1396	0.1022	0.3419
	白灰	kg	0.30	1.9110	4.4590	
	白灰膏	m^3		(0.0030)	(0.0064)	
	水泥砂浆　M5	m^3		(0.0600)		(0.2142)
	混合砂浆　M5	m^3		(0.0300)	(0.0700)	
机械	干混砂浆罐式搅拌机	台班	254.19	0.0150	0.0117	0.0357

工作内容：浇筑、振捣、养护等。 **单位：**10m²(水平投影)

编号				21-131
项目				混凝土台阶
预算基价	总价(元)			**869.42**
	人工费(元)			187.12
	材料费(元)			682.30
组成内容		**单位**	**单价**	**数量**
人工	综合工 二类	工日	135.00	1.3861
材料	预拌混凝土 AC20	m^3	450.56	1.4640
	土工布	m^2	6.90	1.2600
	塑料薄膜	m^2	1.90	6.6260
	电	kW·h	0.73	0.4620
	水	m^3	7.62	0.1390

2.装　　饰

工作内容：1.清理基层、场内运输、调配砂浆、铺设面层等。2.清理基层、场内运输、调配砂浆、试排弹线、锯板修边、铺抹结合层、铺贴饰面、清理净面等。

单位：$10m^2$(水平投影)

编号				21-132	21-133	21-134	21-135
项目				水泥砂浆抹面		石材贴面	
				20mm	每增减1mm	直行	弧形
预算基价	总价(元)			**322.06**	**10.63**	**649.96**	**778.89**
	人工费(元)			186.34	4.76	508.82	585.13
	材料费(元)			122.93	5.23	128.61	175.84
	机械费(元)			12.79	0.64	12.53	17.92
组成内容		**单位**	**单价**	**数量**			
人工	综合工 一类	工日	153.00	1.2179	0.0311	3.3256	3.8244
材料	石质板材	m^2				(14.4690)	(21.9664)
	胶粘剂DTA砂浆	m^3	980.00	0.0153		0.0150	0.0150
	白水泥	kg	0.64			1.5096	2.1137
	锯木屑	m^3	70.70			0.0888	0.1243
	棉纱	kg	16.11			0.1480	0.2072
	石料切割锯片	片	28.55			0.2240	0.3140
	水	m^3	7.62	0.6387	0.0099	0.5719	0.6783
	电	kW·h	0.73			4.0380	5.6520
	水泥	kg	0.39	170.5161	8.5286	127.2534	181.7659
	砂子	t	87.03	0.4202	0.0210	0.4706	0.6723
	水泥砂浆 1:2	m^3		(0.3019)	(0.0151)		
	水泥砂浆 1:3	m^3				(0.2960)	(0.4228)
机械	干混砂浆罐式搅拌机	台班	254.19	0.0503	0.0025	0.0493	0.0705

工作内容： 1.清理基层、场内运输、调配砂浆、铺设面层等试排弹线、锯板修边、铺抹结合层、铺贴饰面、清理净面等。2.清理基层、场内运输、调配砂浆、铺设面层、剁斧等。

单位： $10m^2$(水平投影)

编号				21-136	21-137
项目				陶瓷砖贴面	剁假石
预算基价	总价(元)			**1474.52**	**1061.61**
	人工费(元)			471.38	919.13
	材料费(元)			989.92	136.61
	机械费(元)			13.22	5.87
组成内容		单位	单价	数量	
人工	综合工 一类	工日	153.00	3.0809	6.0074
材料	陶瓷地砖（综合）	m^2	59.77	14.4690	
	胶粘剂DTA砂浆	m^3	980.00	0.0150	0.0151
	白水泥	kg	0.64	1.5500	
	石料切割锯片	片	28.55	0.1400	0.1680
	锯木屑	m^3	70.70	0.0890	0.0888
	棉纱	kg	16.11	0.1480	0.1480
	水	m^3	7.62	0.5784	0.1691
	电	kW•h	0.73	1.1400	
	水泥	kg	0.39	128.5431	131.5757
	砂子	t	87.03	0.4754	0.2205
	白石子	kg	0.19		192.4357
	水泥砂浆 1:3	m^3		(0.2990)	(0.1387)
	水泥白石子浆 1:2	m^3			(0.1153)
机械	干混砂浆罐式搅拌机	台班	254.19	0.0520	0.0231

五、驳岸、护岸

工作内容：1.制作木桩、场内运输、定位、校正、打桩、锯桩头等。2.放样，选石、场内运输，调运砂浆，固定等。

编号				21-138	21-139
项目				原木桩驳岸 (m^3)	自然式驳岸 (t)
预算基价	总价(元)			**2492.59**	**3802.16**
	人工费(元)			529.15	196.92
	材料费(元)			1963.44	3587.61
	机械费(元)				17.63
组成内容		单位	单价	数量	
人工	综合工 二类	工日	135.00	3.9196	1.4587
材料	木桩	m^3	1800.00	1.0800	
	自然石	t	3500.00		1.0200
	水	m^3	7.62		0.0344
	水泥	kg	0.39		26.3633
	砂子	t	87.03		0.0812
	零星材料费	元		19.44	
	水泥砂浆 1:2.5	m^3			(0.0540)
机械	干混砂浆罐式搅拌机	台班	254.19		0.0090
	汽车式起重机 8t	台班	767.15		0.0200

工作内容： 1.选石、场内运输，调配砂浆，定位，堆砌，塞垫嵌缝，清理，养护等。2.选石、场内运输，定位，堆砌，塞垫嵌缝，清理，养护等。 **单位：** t

编号				21-140	21-141
项目				自然式护岸	
				浆铺	干铺
预算基价	总价(元)			**3863.04**	**3789.33**
	人工费(元)			187.80	133.99
	材料费(元)			3657.61	3640.00
	机械费(元)			17.63	15.34
组成内容		**单位**	**单价**	**数量**	
人工	综合工 二类	工日	135.00	1.3911	0.9925
材料	自然石	t	3500.00	1.0400	1.0400
	水	m^3	7.62	0.0344	
	水泥	kg	0.39	26.3633	
	砂子	t	87.03	0.0812	
	水泥砂浆 1:2.5	m^3		(0.0540)	
机械	干混砂浆罐式搅拌机	台班	254.19	0.0090	
	汽车式起重机 8t	台班	767.15	0.0200	0.0200

工作内容： 1.选石、场内运输、调配砂浆、固定等。2.选石、场内运输、固定等。3.修整边坡、场内运输、铺砂、安装固定框格等。4.修整边坡、场内运输、安放等。

编号				21-142	21-143	21-144	21-145
项目				池底散铺卵石		预制混凝土框格护岸	生态袋护岸
				浆铺 (t)	干铺 (t)	(10m²)	(m³)
预算基价	总价(元)			**355.57**	**261.94**	**1385.38**	**147.47**
	人工费(元)			109.57	35.84	298.20	86.72
	材料费(元)			243.71	226.10	1087.18	60.75
	机械费(元)			2.29			
组成内容		**单位**	**单价**	**数量**			
人工	综合工 二类	工日	135.00	0.8116	0.2655	2.2089	0.6424
材料	卵石	t	221.67	1.0200	1.0200		
	预制混凝土框格	m^2	85.35			10.5000	
	生态袋(成品) 810×430	条	2.43				25.0000
	粗砂	m^3	163.25			1.1700	
	水	m^3	7.62	0.0344			
	水泥	kg	0.39	26.3633			
	砂子	t	87.03	0.0812			
	水泥砂浆 1:2.5	m^3		(0.0540)			
机械	干混砂浆罐式搅拌机	台班	254.19	0.0090			

第二十二章　园林景观工程

说　　明

一、本章包括堆砌土山丘、堆砌假山、景石、塑假山、园林小品装饰、栏杆、园林桌椅凳和其他杂项8节,共69条基价子目。

二、堆砌土山丘指坡顶与坡底高差大于1.0m且坡度大于30%的土坡堆砌。

三、堆砌假山:

1.假山基价子目按露天、地坪上施工考虑。

2.人造湖石峰、人造山石峰指将若干湖石或山石辅以条石或钢筋混凝土预制板,用水泥砂浆细石混凝土和铁件堆砌,形成石峰造型的一种假山。在假山顶部凸出的石块,不执行人造独立峰基价子目。

四、景石指天然独块的景石布置。

五、塑假山:

1.塑假山未考虑模型制作费。塑砖骨架假山基价子目已包括砖骨架,如设计要求做部分钢筋混凝土骨架或其他材料骨架时,按比例进行换算,套用相应的基价子目。

2.塑钢骨架假山的钢骨架制作及安装子目未包括表面喷漆,如设计要求表面喷漆,应另行计算。

六、堆砌假山、塑假山基价子目不包括基础。假山与基础的划分:地面以上按假山计算,地面以下按基础计算,基础执行相应基价子目。

七、园林小品装饰基价子目均已考虑面层或表层的装饰抹灰和基层抹灰,骨架制作执行相应基价子目。

八、栏杆、桌椅凳及杂项:

1.混凝土栏杆、金属栏杆、塑料栏杆、金属围网等按成品考虑。

2.园林石桌石凳以一桌四凳为一套,长条形石凳一套包括凳面、凳脚;园林桌椅凳等按成品考虑。

3.钢网围墙中的型钢立柱执行相应基价子目。

4.石球、石灯笼、仿石音箱、石花盆、垃圾桶等按成品考虑。

工程量计算规则

一、堆筑土山丘按设计图示土山丘的水平投影外接矩形面积乘以高度的1/3,以体积计算。

二、堆砌假山:

1.堆砌假山的工程量按实际使用石料的质量计算,有以下两种计算方式:

计算公式一:

$$W_{质}=R\times A_{矩}\times H_{大}\times K_{n}$$

式中:$A_{矩}$——假山不规则平面轮廓的水平投影最大外接矩形面积;

$H_{大}$——假山石着地点至最高点的垂直距离;

R ——石料容重(石料为湖石时,R为2.2;其他石料按实调整;t/m^3);

K_n——实体折减系数,其取定值如下表所示。

实体折减系数表

序　　号	$H_{大}$	K_n
1	$H_{大}\leqslant 1m$	0.77
2	$1m<H_{大}\leqslant 3m$	0.653
3	$H_{大}>3m$	0.60

计算公式二:

堆砌假山工程量＝假山石料进场验收数量-进场假山石料剩余数量

2.石峰按石料体积(取其长、宽、高的平均值)乘以石料容重(湖石:$2.2t/m^3$,其他石料按实际调整)以质量计算。

三、景石工程量计算公式与石峰工程量计算公式一致。

四、塑假山:

1.塑假山工程量以外围展开面积计算。

2.塑假山钢骨架制作及安装按设计图示尺寸乘以单位理论质量计算。

五、园林小品装饰:

1.塑树皮按展开面积计算。

2.塑树根、竹、藤条按延长米计算。

3.砖石砌小摆设按设计图示尺寸以体积计算。
4.砖石砌小摆设抹灰面积按设计图示尺寸以面积计算。
六、栏杆、桌椅凳及杂项：
1.混凝土栏杆、金属栏杆按设计图示尺寸以延长米计算。
2.塑料栏杆按设计图示尺寸以面积计算。
3.条椅凳按设计图示尺寸以延长米计算。
4.整石座凳按设计图示尺寸以体积计算。
5.花瓦什锦窗按计图示尺寸以窗框外围面积计算。
6.钢网围墙安装按设计图示尺寸以面积计算。
7.石球、石灯笼、仿石音箱、石花盆及垃圾桶按数量计算。

一、堆砌土山丘

工作内容：取土、场内运输、堆筑、夯实、人工修整等。　　　　**单位：**m^3

编号				22-1	22-2
项目				人工堆土山丘	机械堆土山丘
预算基价	总价(元)			**115.66**	**98.17**
	人工费(元)			30.13	2.14
	材料费(元)			85.53	85.53
	机械费(元)				10.50
组成内容		**单位**	**单价**	**数量**	
人工	综合工 一类	工日	153.00	0.1969	0.0140
材料	黄土	m^3	77.65	1.1000	1.1000
	水	m^3	7.62	0.0155	0.0155
机械	履带式推土机 105kW	台班	1027.82		0.0070
	履带式反铲单斗挖掘机(液压) 0.6m^3	台班	825.77		0.0040
	洒水车 4000L	台班			(0.0025)

二、堆砌假山

工作内容：放样、选石、场内运输、吊装、调配砂浆、堆砌、塞垫嵌缝、清理、养护等。 **单位：**t

编号				22-3	22-4	22-5	22-6	22-7
项目				堆砌湖石假山(高度m)				
				1以内	2以内	3以内	4以内	每增加1
预算基价	总价(元)			**1318.74**	**1455.35**	**1660.58**	**1858.35**	**135.66**
	人工费(元)			248.76	316.60	429.67	486.20	56.53
	材料费(元)			999.97	1060.55	1123.32	1254.29	61.84
	机械费(元)			70.01	78.20	107.59	117.86	17.29
组成内容		**单位**	**单价**	**数量**				
人工	综合工 一类	工日	153.00	1.6259	2.0693	2.8083	3.1778	0.3695
材料	湖石	t	800.00	1.0000	1.0000	1.0000	1.0000	
	预拌混凝土 AC20	m^3	450.56	0.0600	0.0800	0.0800	0.1000	
	铁件（综合）	kg	9.49		5.0000	10.0000	15.0000	5.0000
	条石	m^3	1439.00	0.1000	0.1000	0.1100	0.1600	0.0100
	水	m^3	7.62	0.1836	0.1870	0.1870	0.2670	
	水泥	kg	0.39	19.5284	24.4105	24.4105	24.4105	
	砂子	t	87.03	0.0602	0.0752	0.0752	0.0752	
	零星材料费	元		14.78	15.67	16.60	18.54	
	水泥砂浆 1∶2.5	m^3		(0.0400)	(0.0500)	(0.0500)	(0.0500)	
机械	干混砂浆罐式搅拌机	台班	254.19	0.0170	0.0220	0.0220	0.0250	
	汽车式起重机 12t	台班	864.36	0.0760	0.0840	0.1180	0.1290	0.0200

工作内容：放样、选石、场内运输、吊装、调配砂浆、塞垫嵌缝、清理、养护等。 **单位：**t

编号				22-8	22-9	22-10
项目				人造湖石峰(高度m)		整块湖石峰(高度m)
				3以内	4以内	5以内
预算基价	总价(元)			**2446.80**	**2727.18**	**1192.53**
	人工费(元)			862.17	1086.19	733.41
	材料费(元)			1422.39	1470.10	259.91
	机械费(元)			162.24	170.89	199.21
组成内容		**单位**	**单价**	**数量**		
人工	综合工 一类	工日	153.00	5.6351	7.0993	4.7935
材料	整块湖石峰	t				(1.0000)
	湖石	t	800.00	1.0000	1.0000	0.2500
	预拌混凝土 AC20	m^3	450.56	0.1510	0.1500	0.1000
	铁件（综合）	kg	9.49	10.0000	15.0000	
	块石	m^3	4203.33	0.1000	0.1000	
	水	m^3	7.62	0.2670	0.2670	0.1802
	水泥	kg	0.39	24.4105	24.4105	14.6463
	砂子	t	87.03	0.0752	0.0752	0.0451
	零星材料费	元		21.02	21.73	3.84
	水泥砂浆 1:2.5	m^3		(0.0500)	(0.0500)	(0.0300)
机械	干混砂浆罐式搅拌机	台班	254.19	0.0330	0.0330	0.0220
	汽车式起重机 12t	台班	864.36	0.1780	0.1880	0.2240

工作内容：放样、选石、场内运输、吊装、调配砂浆、堆砌、塞垫嵌缝、清理、养护等。　　**单位**：t

编号				22-11	22-12	22-13	22-14	22-15
项目				堆砌山石假山（高度m）				
				1以内	2以内	3以内	4以内	每增加1
预算基价	总价（元）			**706.35**	**937.81**	**1256.96**	**1612.30**	**154.93**
	人工费（元）			254.41	417.09	445.37	508.82	48.16
	材料费（元）			381.93	442.52	704.00	975.25	89.48
	机械费（元）			70.01	78.20	107.59	128.23	17.29
组成内容		**单位**	**单价**	**数量**				
人工	综合工 一类	工日	153.00	1.6628	2.7261	2.9109	3.3256	0.3148
材料	山石	t	335.00	1.0000	1.0000	1.0000	1.0000	
	预拌混凝土 AC20	m^3	450.56	0.0600	0.0800	0.0800	0.1000	
	铁件（综合）	kg	9.49		5.0000	10.0000	15.0000	5.0000
	块石	m^3	4203.33			0.0500	0.1000	0.0100
	水	m^3	7.62	0.1836	0.1870	0.1870	0.2670	
	水泥	kg	0.39	19.5284	24.4105	24.4105	24.4105	
	砂子	t	87.03	0.0602	0.0752	0.0752	0.0752	
	零星材料费	元		5.64	6.54	10.40	14.41	
	水泥砂浆 1∶2.5	m^3		(0.0400)	(0.0500)	(0.0500)	(0.0500)	
机械	干混砂浆罐式搅拌机	台班	254.19	0.0170	0.0220	0.0220	0.0250	
	汽车式起重机 12t	台班	864.36	0.0760	0.0840	0.1180	0.1410	0.0200

工作内容：放样、选石、场内运输、吊装、调配砂浆、塞垫嵌缝、清理、养护等。 **单位：**t

编号				22-16	22-17	22-18
项目				人造山石峰(高度m)		
				2以内	3以内	4以内
预算基价	总价(元)			**1000.63**	**1883.07**	**2161.93**
	人工费(元)			479.29	848.03	1070.08
	材料费(元)			443.14	917.95	966.11
	机械费(元)			78.20	117.09	125.74
组成内容		**单位**	**单价**	**数量**		
人工	综合工 一类	工日	153.00	3.1326	5.5427	6.9940
材料	山石	t	335.00	1.0000	1.0000	1.0000
	预拌混凝土 AC20	m^3	450.56	0.0800	0.0800	0.0800
	铁件（综合）	kg	9.49	5.0000	10.0000	15.0000
	块石	m^3	4203.33		0.1000	0.1000
	水	m^3	7.62	0.2670	0.2670	0.2670
	水泥	kg	0.39	24.4105	24.4105	24.4105
	砂子	t	87.03	0.0752	0.0752	0.0752
	零星材料费	元		6.55	13.57	14.28
	水泥砂浆 1:2.5	m^3		(0.0500)	(0.0500)	(0.0500)
机械	干混砂浆罐式搅拌机	台班	254.19	0.0220	0.0220	0.0220
	汽车式起重机 12t	台班	864.36	0.0840	0.1290	0.1390

三、景　　石

工作内容：放样、选石、场内运输、吊装、调配砂浆、固定、清理、养护等。　　　**单位：**t

编　　号				22-19	22-20	22-21
项　　目				土山点石(高度m)		
				2以内	3以内	4以内
预算基价	总　　价(元)			**281.01**	**406.42**	**464.27**
	人　工　费(元)			194.34	272.08	310.94
	材　料　费(元)			3.31	3.31	3.29
	机　械　费(元)			83.36	131.03	150.04
组成内容		**单位**	**单价**	**数　　量**		
人工	综合工　一类	工日	153.00	1.2702	1.7783	2.0323
材料	景石	t		(1.0000)	(1.0000)	(1.0000)
	水	m^3	7.62	0.0064	0.0064	0.0034
	水泥	kg	0.39	4.8821	4.8821	4.8821
	砂子	t	87.03	0.0150	0.0150	0.0150
	零星材料费	元		0.05	0.05	0.05
	水泥砂浆　1:2.5	m^3		(0.0100)	(0.0100)	(0.0100)
机械	干混砂浆罐式搅拌机	台班	254.19	0.0020	0.0020	0.0020
	汽车式起重机　8t	台班	767.15	0.1080		
	汽车式起重机　12t	台班	864.36		0.1510	0.1730

工作内容：放样、选石、场内运输、吊装、调配砂浆、固定、清理、养护等。 **单位：**t

编号				22-22	22-23	22-24	22-25
项目				布置景石(t)			
				1以内	5以内	10以内	10以外
预算基价	总价(元)			**408.23**	**493.71**	**583.04**	**616.69**
	人工费(元)			228.57	193.53	181.32	169.60
	材料费(元)			60.52	87.70	116.59	135.86
	机械费(元)			119.14	212.48	285.13	311.23
组成内容		**单位**	**单价**	**数量**			
人工	综合工 一类	工日	153.00	1.4939	1.2649	1.1851	1.1085
材料	景石	t		(1.0000)	(1.0000)	(1.0000)	(1.0000)
	预拌混凝土 AC20	m^3	450.56	0.0400	0.0500	0.0500	0.0500
	铁件（综合）	kg	9.49	3.0000	5.0000	8.0000	10.0000
	水	m^3	7.62	0.0376	0.0470	0.0470	0.0470
	水泥	kg	0.39	19.5284	24.4105	24.4105	24.4105
	砂子	t	87.03	0.0602	0.0752	0.0752	0.0752
	零星材料费	元		0.89	1.30	1.72	2.01
	水泥砂浆 1∶2.5	m^3		(0.0400)	(0.0500)	(0.0500)	(0.0500)
机械	干混砂浆罐式搅拌机	台班	254.19	0.0130	0.0130	0.0130	0.0130
	汽车式起重机 8t	台班	767.15	0.1510			
	汽车式起重机 12t	台班	864.36		0.2420		
	汽车式起重机 20t	台班	1043.80			0.2700	0.2950

四、塑 假 山

工作内容：放样、划线、场内运输、调配砂浆、砌骨架、堆筑成型、制纹理等。 **单位：**$10m^2$

编号				22-26	22-27	22-28	22-29
项目				砖骨架塑假山(高度m)			
				2.5以内	6以内	10以内	10以外
预算基价	总价(元)			**3169.03**	**3913.68**	**4580.94**	**5064.93**
	人工费(元)			1590.22	1776.79	1974.66	2155.59
	材料费(元)			1417.49	1932.25	2345.71	2623.35
	机械费(元)			161.32	204.64	260.57	285.99
组成内容		**单位**	**单价**	**数量**			
人工	综合工 一类	工日	153.00	10.3936	11.6130	12.9063	14.0888
材料	预拌混凝土 AC20	m^3	450.56	0.3900	0.4100	0.4100	0.4100
	标准砖 240×115×53	千块	513.60	1.5400	2.3100	2.7400	3.1500
	预制钢筋混凝土板	m^3	1157.50	0.1100	0.1200	0.1800	0.1800
	水	m^3	7.62	0.9128	1.0620	1.2444	1.4950
	水泥	kg	0.39	449.1532	585.8520	761.6076	854.3675
	砂子	t	87.03	1.3837	1.8048	2.3462	2.6320
	零星材料费	元		20.95	28.56	34.67	38.77
	水泥砂浆 1:2.5	m^3		(0.9200)	(1.2000)	(1.5600)	(1.7500)
机械	干混砂浆罐式搅拌机	台班	254.19	0.3320	0.3630	0.4130	0.4450
	汽车式起重机 12t	台班	864.36	0.0890	0.1300	0.1800	0.2000

工作内容：1.放样、划线、场内运输、钢骨架焊接、安装等。2.放样、划线、场内运输、挂钢网、塑型、制纹理等。

编号				22-30	22-31
项目				塑假山钢骨架制作、安装 (t)	钢骨架钢网塑假山 ($10m^2$)
预算基价	总价(元)			**8219.23**	**2633.34**
	人工费(元)			2269.36	1637.42
	材料费(元)			4998.38	561.16
	机械费(元)			951.49	434.76
组成内容		**单位**	**单价**	**数量**	
人工	综合工 一类	工日	153.00	14.8324	10.7021
材料	角钢 (综合)	kg	4.13	848.0000	
	钢板 δ0.7~0.9	kg	3.97	212.0000	
	板枋材	m^3	2001.17	0.0330	
	钢丝网 (综合)	m^2	7.90		10.7500
	钢筋 D10以内	kg	3.97		70.0000
	电焊条 (综合)	kg	7.59	38.4000	1.3100
	垫铁	kg	8.61	5.0200	
	防锈漆	kg	15.51	11.6000	
	水	m^3	7.62		0.3372
	水泥	kg	0.39		293.7012
	砂子	t	87.03		0.7238
	零星材料费	元		73.87	8.29
	水泥砂浆 1:2	m^3			(0.5200)
机械	直流电焊机 32kV·A	台班	92.43	7.6800	0.2620
	干混砂浆罐式搅拌机	台班	254.19		0.8670
	汽车式起重机 12t	台班	864.36	0.2500	0.2200
	型钢剪断机 剪断宽500	台班	283.72	0.0900	

五、园林小品装饰

工作内容： 1.塑松(杉)树皮:场内运输、调配砂浆、找平、缠麻布丝、塑面层、着色、清理养护等。2.塑松树根、塑竹:场内运输、钢筋制作、绑扎、安装、调配砂浆、底面层抹灰、塑型等。

编号				22-32	22-33	22-34	22-35	22-36
项目				塑松(杉)树皮	塑松树根(直径mm)		塑竹(直径mm)	
				(10m²)	150以内(m)	150以外(m)	100以内(m)	100以外(m)
预算基价	总价(元)			**3383.83**	**97.28**	**132.37**	**116.10**	**168.60**
	人工费(元)			3214.77	82.07	103.96	93.01	122.49
	材料费(元)			155.08	14.50	26.81	22.66	45.30
	机械费(元)			13.98	0.71	1.60	0.43	0.81
组成内容		**单位**	**单价**	**数量**				
人工	综合工 一类	工日	153.00	21.0116	0.5364	0.6795	0.6079	0.8006
材料	钢筋(综合)	kg	3.55		0.0011	0.0031		
	钢丝网(综合)	m^2	7.90		0.4980	0.8290		
	角钢 50×5	t	4193.33				0.0039	0.0080
	镀锌钢丝 22#	kg	5.14		0.0950	0.1200	0.0080	0.1000
	颜料	kg	9.09	6.0000	0.3000	0.4500		
	氧化铁红	kg	9.03				0.0060	0.0090
	黄丹粉	kg	21.00				0.0300	0.0450
	水	m^3	7.62	0.2145	0.0143	0.0275	0.0076	0.0147
	水泥	kg	0.39	124.1103	14.2877	28.9603	6.5846	13.1693
	砂子	t	87.03	0.5205	0.0167	0.0418	0.0081	0.0162
	白灰	kg	0.30	9.7024				
	白水泥	kg	0.64				3.0040	4.5060
	零星材料费	元		2.29	0.21	0.40	0.33	0.67
	白灰膏	m^3		(0.0140)				
	水泥砂浆 1:1	m^3					(0.0080)	(0.0160)
	水泥砂浆 1:2	m^3			(0.0120)	(0.0300)		
	水泥砂浆 1:3	m^3		(0.2500)				
	混合砂浆 1:1:6	m^3		(0.0800)				
	素水泥浆	m^3			(0.0050)	(0.0080)		
	白水泥浆	m^3					(0.0020)	(0.0030)
机械	干混砂浆罐式搅拌机	台班	254.19	0.0550	0.0028	0.0063	0.0017	0.0032

工作内容：场内运输、钢筋制作、绑扎、安装、调配砂浆、底面层抹灰、塑型等。 **单位：**m

编号				22-37	22-38	22-39	22-40
项目				塑藤条（直径mm）			
				30以内	60以内	100以内	100以外每增加30
预算基价	总价（元）			**28.17**	**56.08**	**95.72**	**26.07**
	人工费（元）			25.60	51.16	84.12	22.71
	材料费（元）			2.49	4.79	11.42	3.26
	机械费（元）			0.08	0.13	0.18	0.10
组成内容		**单位**	**单价**	**数量**			
人工	综合工 一类	工日	153.00	0.1673	0.3344	0.5498	0.1484
材料	钢筋 *D*10以内	kg	3.97	0.0005	0.0009	0.0018	0.0007
	镀锌钢丝 18#	kg	4.57	0.0600	0.1010	0.1510	0.0730
	色粉	kg	4.47	0.0300	0.0590	0.0980	0.0450
	精梳麻	kg	38.00	0.0300	0.0600	0.1990	0.0350
	107胶	kg	2.97	0.0400	0.0620	0.0940	0.0450
	水	m^3	7.62	0.0012	0.0025	0.0034	0.0018
	水泥	kg	0.39	1.2737	2.4651	3.6564	1.9856
	砂子	t	87.03	0.0010	0.0019	0.0028	0.0015
	白水泥	kg	0.64	0.3004	0.6008	0.9012	0.4506
	零星材料费	元		0.04	0.07	0.17	0.05
	水泥砂浆 1:1	m^3		(0.0010)	(0.0019)	(0.0028)	(0.0015)
	素水泥浆	m^3		(0.0003)	(0.0006)	(0.0009)	(0.0005)
	白水泥浆	m^3		(0.0002)	(0.0004)	(0.0006)	(0.0003)
机械	干混砂浆罐式搅拌机	台班	254.19	0.0003	0.0005	0.0007	0.0004

工作内容：1.场内运输、调配砂浆、砌砖等。2.场内运输、清理底层、调配砂浆、抹灰、压光等。

编号				22-41	22-42
项目				砖砌园林小摆设 (m^3)	砖砌园林小摆设抹面 ($10m^2$)
预算基价	总价(元)			**657.96**	**676.65**
	人工费(元)			308.83	591.65
	材料费(元)			338.71	70.51
	机械费(元)			10.42	14.49
组成内容		**单位**	**单价**	**数量**	
人工	综合工 一类	工日	153.00	2.0185	3.8670
材料	标准砖 240×115×53	千块	513.60	0.5510	
	钢筋（综合）	kg	3.55	0.0400	
	水	m^3	7.62	0.1281	0.1766
	水泥	kg	0.39	52.3980	97.1597
	砂子	t	87.03	0.3926	0.3593
	水泥砂浆 M5	m^3		(0.2460)	
	水泥砂浆 1:3	m^3			(0.2260)
机械	干混砂浆罐式搅拌机	台班	254.19	0.0410	0.0570

六、栏　　杆

工作内容：预制栏杆成品堆放、场内运输、加固、安装、校正、焊接固定等。　　**单位：**m

编　　号				22-43	22-44	22-45
项　　目				混凝土栏杆安装(高度mm)		
				500以内	800以内	1200以内
预算基价	总　　价(元)			**116.61**	**119.12**	**121.58**
	人　工　费(元)			24.81	27.32	29.78
	材　料　费(元)			91.80	91.80	91.80
组 成 内 容		**单位**	**单价**	**数　　量**		
人工	综合工 二类	工日	135.00	0.1838	0.2024	0.2206
材料	预制混凝土栏杆	m	78.00	1.0500	1.0500	1.0500
	预拌混凝土 AC15	m^3	439.88	0.0225	0.0225	0.0225

工作内容：场内运输、放样、定位、安装、校正。

编号					22-46	22-47
项目					金属栏杆安装 (m)	塑料栏杆安装 ($10m^2$)
预算基价	总价(元)				**34.54**	**202.41**
	人工费(元)				24.49	202.41
	材料费(元)				9.98	
	机械费(元)				0.07	
组成内容			**单位**	**单价**	**数量**	
人工	综合工 二类		工日	135.00	0.1814	
	综合工 三类		工日	113.00		1.7912
材料	金属栏杆(成品)		m		(1.0500)	
	塑料栏杆(成品)		m^2			(10.5000)
	预拌混凝土 AC15		m^3	439.88	0.0223	
	电焊条（综合）		kg	7.59	0.0225	
机械	交流电焊机 30kV•A		台班	87.97	0.0008	

七、园林桌椅凳

工作内容：场内运输、安装、调整、固定等。

编号				22-48	22-49	22-50
项目				石质、混凝土条椅(凳)安装		石质、混凝土桌凳安装
				有靠背 (m)	无靠背 (m)	一桌四凳 (套)
预算基价	总价(元)			**4.05**	**3.14**	**45.63**
	人工费(元)			2.99	2.50	14.34
	材料费(元)			0.83	0.51	24.43
	机械费(元)			0.23	0.13	6.86
组成内容		**单位**	**单价**	**数量**		
人工	综合工 三类	工日	113.00	0.0265	0.0221	0.1269
材料	条椅凳(成品)	m		(1.0000)	(1.0000)	
	桌凳(成品)	套				(1.0000)
	水	m^3	7.62	0.0019	0.0011	0.0553
	水泥	kg	0.39	0.7668	0.4686	22.5780
	砂子	t	87.03	0.0057	0.0035	0.1692
	零星材料费	元		0.02	0.01	0.48
	水泥砂浆 M5	m^3		(0.0036)	(0.0022)	(0.1060)
机械	干混砂浆罐式搅拌机	台班	254.19	0.0009	0.0005	0.0270

工作内容：场内运输、安装、调整、固定等。　　**单位：**m

编　　号				22-51	22-52	22-53	22-54
项　　目				木条椅(凳)安装		铸铁条椅(凳)安装	
				有靠背	无靠背	有靠背	无靠背
预算基价	总　价(元)			**4.60**	**3.68**	**5.48**	**4.38**
	人　工　费(元)			4.60	3.68	5.48	4.38
组 成 内 容		**单位**	**单价**	**数　　量**			
人工	综合工 三类	工日	113.00	0.0407	0.0326	0.0485	0.0388
材料	木条椅凳(成品)	m		(1.0000)	(1.0000)		
	铸铁椅凳(成品)	m				(1.0000)	(1.0000)

工作内容：场内运输、吊装、安装、调整、固定等。 **单位：**m^3

编号				22-55
项目				整石座凳安装
预算基价	总价(元)			**462.30**
	人工费(元)			91.45
	材料费(元)			63.99
	机械费(元)			306.86
组成内容		**单位**	**单价**	**数量**
人工	综合工 三类	工日	113.00	0.8093
材料	整石座凳(成品)	m^3		(1.0000)
	水	m^3	7.62	0.1454
	水泥	kg	0.39	59.4270
	砂子	t	87.03	0.4453
	零星材料费	元		0.95
	水泥砂浆 M5	m^3		(0.2790)
机械	汽车式起重机 8t	台班	767.15	0.4000

八、其他杂项

工作内容： 1.场内运输、调配砂浆及剁纸灰、镶砖边、抹纸盘灰等。2.场内运输、浇筑基础、回填、安装、钢筋加固绑扎等。 **单位：** $10m^2$

编号				22-56	22-57
项目				花瓦什锦窗	钢网围墙安装
预算基价	总价(元)			**2693.43**	**295.55**
	人工费(元)			867.40	103.13
	材料费(元)			1780.53	192.42
	机械费(元)			45.50	
组成内容		单位	单价	数量	
人工	综合工 二类	工日	135.00	6.4252	0.7639
材料	标准砖 240×115×53	千块	513.60	0.4380	
	小青瓦盖瓦 160×160×11	千块	1250.00	0.8710	
	钢丝网（综合）	m^2	7.90		11.0000
	预拌混凝土 AC15	m^3	439.88		0.1000
	钢筋 D10以内	kg	3.97		6.0000
	钢筋 D10以外	kg	4.19		9.0000
	水	m^3	7.62	1.4530	
	水泥	kg	0.39	318.4300	
	砂子	t	87.03	3.0034	
	白灰	kg	0.30	98.8210	
	纸筋	kg	3.70	1.5200	
	零星材料费	元		34.91	
	白灰膏	m^3		(0.1412)	
	水泥砂浆 M5	m^3		(0.8000)	
	混合砂浆 M2.5	m^3		(1.1300)	
	纸筋灰浆	m^3		(0.0400)	
机械	干混砂浆罐式搅拌机	台班	254.19	0.1790	

工作内容：挖基坑、铺碎石垫层、混凝土基础浇捣、场内运输、调配砂浆、安装、校正、修面等。 **单位：**个

编号				22-58	22-59
项目				石球安装(直径mm)	
				400以内	400以外
预算基价	总价(元)			**52.22**	**75.93**
	人工费(元)			47.41	67.95
	材料费(元)			4.68	7.85
	机械费(元)			0.13	0.13
组成内容		**单位**	**单价**	**数量**	
人工	综合工 二类	工日	135.00	0.3512	0.5033
材料	石球(成品)	个		(1.0200)	(1.0200)
	预拌混凝土 AC15	m^3	439.88	0.0072	0.0123
	碎石	m^3	74.53	0.0130	0.0205
	水	m^3	7.62	0.0011	0.0019
	水泥	kg	0.39	0.4686	0.7881
	砂子	t	87.03	0.0035	0.0059
	零星材料费	元		0.05	0.08
	水泥砂浆 M5	m^3		(0.0022)	(0.0037)
机械	干混砂浆罐式搅拌机	台班	254.19	0.0005	0.0005

工作内容：挖基坑、铺碎石垫层、混凝土基础浇捣、场内运输、调配砂浆、安装、校正、修面等。　　　　**单位：**个

编号				22-60	22-61	22-62
项目				石灯笼安装		
				300×300×550以内	400×400×650以内	400×400×650以外
预算基价	总价(元)			**54.50**	**63.83**	**78.09**
	人工费(元)			47.05	53.88	65.53
	材料费(元)			7.30	9.75	12.31
	机械费(元)			0.15	0.20	0.25
组成内容		**单位**	**单价**	**数量**		
人工	综合工 二类	工日	135.00	0.3485	0.3991	0.4854
材料	石灯笼(成品)	个		(1.0200)	(1.0200)	(1.0200)
	预拌混凝土 AC15	m^3	439.88	0.0123	0.0160	0.0203
	碎石	m^3	74.53	0.0130	0.0205	0.0253
	水	m^3	7.62	0.0038	0.0025	0.0031
	水泥	kg	0.39	0.7881	1.0224	1.2993
	砂子	t	87.03	0.0059	0.0077	0.0097
	零星材料费	元		0.07	0.10	0.12
	水泥砂浆 M5	m^3		(0.0037)	(0.0048)	(0.0061)
机械	干混砂浆罐式搅拌机	台班	254.19	0.0006	0.0008	0.0010

工作内容：挖基坑、铺碎石垫层、混凝土基础浇捣、场内运输、调配砂浆、安装、校正、修面等。 **单位：**个

编号				22-63	22-64	22-65
项目				仿石音箱安装		
				250×250×350以内	300×300×450以内	300×300×450以外
预算基价	总价(元)			**41.99**	**46.48**	**58.09**
	人工费(元)			38.96	42.19	50.49
	材料费(元)			2.95	4.16	7.40
	机械费(元)			0.08	0.13	0.20
组成内容		**单位**	**单价**	**数量**		
人工	综合工 二类	工日	135.00	0.2886	0.3125	0.3740
材料	仿石音箱(成品)	个		(1.0200)	(1.0200)	(1.0200)
	预拌混凝土 AC15	m^3	439.88	0.0050	0.0070	0.0130
	碎石	m^3	74.53	0.0036	0.0048	0.0064
	水	m^3	7.62	0.0010	0.0016	0.0026
	水泥	kg	0.39	0.4260	0.6390	1.0650
	砂子	t	87.03	0.0032	0.0048	0.0080
	零星材料费	元		0.03	0.04	0.07
	水泥砂浆 M5	m^3		(0.0020)	(0.0030)	(0.0050)
机械	干混砂浆罐式搅拌机	台班	254.19	0.0003	0.0005	0.0008

工作内容：挖基坑、铺碎石垫层、混凝土基础浇捣、场内运输、调配砂浆、安装、校正、修面等。 **单位：**个

编号				22-66	22-67
项目				石花盆安装(直径mm)	
				900以内	1200以内
预算基价	总价(元)			**204.06**	**331.62**
	人工费(元)			86.90	124.83
	材料费(元)			15.57	22.22
	机械费(元)			101.59	184.57
组成内容		单位	单价	数量	
人工	综合工 二类	工日	135.00	0.6437	0.9247
材料	石花盆(成品)	个		(1.0200)	(1.0200)
	预拌混凝土 AC15	m^3	439.88	0.0250	0.0360
	碎石	m^3	74.53	0.0365	0.0500
	水	m^3	7.62	0.0040	0.0056
	水泥	kg	0.39	1.5975	2.3004
	砂子	t	87.03	0.0120	0.0172
	零星材料费	元		0.15	0.22
	水泥砂浆 M5	m^3		(0.0075)	(0.0108)
机械	汽车式起重机 8t	台班	767.15	0.1320	0.2400
	干混砂浆罐式搅拌机	台班	254.19	0.0013	0.0018

工作内容：1.场内运输、定位、校正、安装、螺栓固定、砂浆加固、清扫等。2.场内运输、定位、安置等。 **单位：**个

编号				22-68	22-69
项目				垃圾桶安装	垃圾桶安置
预算基价	总价(元)			**14.28**	**2.71**
	人工费(元)			14.28	2.71
组成内容		**单位**	**单价**	**数量**	
人工	综合工 三类	工日	113.00	0.1264	0.0240
材料	垃圾桶(成品)	个		(1.0000)	(1.0000)

第二十三章　景观屋面工程

说　明

一、本章包括景观屋面、屋顶花园基底处理共2节,38条基价子目。

二、景观屋面:

1.稻草屋面按麦草屋面基价子目执行,草屋面设计厚度不同时,材料消耗量可以换算。竹屋面、树皮屋面、木屋面基价子目不包括柱、梁、檩、桷的制作、安装及屋面防水,发生时执行相应基价子目。

2.瓦屋面基价子目中瓦的规格尺寸与设计不同时,可以换算。25%＜坡度≤45%及人字形、锯齿形、弧形等不规则瓦屋面,人工乘以系数1.30;坡度＞45%时,人工乘以系数1.43。单个屋面面积≤8m^2时,人工乘以系数1.30。

3.椽子上铺设小青瓦,基层执行相应基价子目。

4.混凝土亭廊屋面基价子目未设置的基础、梁、柱等执行相应基价子目。

三、屋面排水、屋面防水执行相应基价子目。

工程量计算规则

一、景观屋面:

1.草屋面按设计图示尺寸以斜面计算。

2.竹屋面按设计图示尺寸以实铺面积计算(不包括柱、梁)。

3.树皮屋面按设计图示尺寸以屋面结构为外围面积计算。

4.混凝土不带椽屋面板、带椽屋面板、带椽戗翼板(爪角板)、老仔(角)梁工程量按设计图示尺寸以体积计算。

5.彩钢板、玻璃采光顶屋面按设计图示尺寸以面积计算;不扣除面积 $\leqslant 0.3m^2$ 孔洞所占面积。

二、屋顶花园基底处理:

1.屋面清理、砂浆找平层、保护层、土工布过滤层、保湿毯按设计图示尺寸以面积计算。

2.滤水层回填陶粒、卵石、轻质土壤,按实铺面积乘以平均厚度以体积计算。

3.软式透水管以延长米计算。

一、景观屋面

1.草　屋　面

工作内容：整理、选料、放样、选草、场内运输、安放竹檩、铺草、毛竹夹草等。　　　　**单位：**10m²

编号				23-1	23-2	23-3
项目				草屋面(厚度mm)		
				麦草200	山草150	丝茅草150
预算基价	总价(元)			**15373.40**	**17565.66**	**19390.40**
	人工费(元)			2620.45	2795.71	2620.45
	材料费(元)			12752.95	14769.95	16769.95
组成内容		**单位**	**单价**	**数量**		
人工	综合工　一类	工日	153.00	17.1271	18.2726	17.1271
材料	麦草	kg	20.00	500.0000		
	山草	kg	30.00		400.0000	
	丝茅草	kg	35.00			400.0000
	毛竹	根	17.00	23.6000	23.6000	23.6000
	棚算	kg	115.00	15.0000	15.0000	15.0000
	竹算	kg	85.00	1.3000	1.5000	1.5000
	楠竹樘 ϕ80～100	根	43.75	11.8000	11.8000	11.8000

2.竹　屋　面

工作内容：选料、放样、划线、砍节子、截料、开榫、场内运输、就位、安装校正等。　　　　**单位：**10m²

编　号				23-4	23-5	23-6
项　目				竹屋面(檐口直径cm)		
				5～8	8～10	10以上
预算基价	总　价(元)			**1710.05**	**1776.93**	**2696.43**
	人 工 费(元)			183.74	183.74	155.48
	材 料 费(元)			1524.72	1591.60	2539.36
	机 械 费(元)			1.59	1.59	1.59
组成内容		**单位**	**单价**	**数　量**		
人工	综合工 一类	工日	153.00	1.2009	1.2009	1.0162
材料	竹 胸径5～8cm	m	10.24	143.0000		
	竹 胸径8～10cm	m	13.92		110.0000	
	竹 胸径10cm以上	m	25.04			99.0000
	镀锌钢丝 8# ～12#	kg	6.04	10.0000	10.0000	10.0000
机械	木工圆锯机 *D*500	台班	26.53	0.0600	0.0600	0.0600

3.树 皮 屋 面

工作内容：整理、选料、放样、选树皮、场内运输、铺树皮等。 **单位：**$10m^2$

编号				23-7
项目				树皮屋面
预算基价	总价(元)			**1478.32**
	人工费(元)			928.76
	材料费(元)			549.56
组成内容		单位	单价	数量
人工	综合工 一类	工日	153.00	6.0703
材料	树皮	m^2	20.00	12.6000
	松杂板枋材	m^3	1922.17	0.1410
	圆钉（综合）	kg	6.68	0.2000
	氧化铁红	kg	9.03	2.1000
	107胶	kg	2.97	2.1000

4.瓦　屋　面

工作内容： 1.固定钉固定、黏结铺瓦、满粘加钉脊瓦、封檐等。2.场内运输、调配砂浆、铺瓦，修界瓦边、安脊瓦、檐口梢头坐灰，固定、清扫瓦面等。

单位： $10m^2$

编号				23-8	23-9
项目				油毡瓦	小青瓦 椽子上铺设
预算基价	总价(元)			**695.95**	**4142.16**
	人工费(元)			65.33	149.27
	材料费(元)			630.62	3982.21
	机械费(元)				10.68
组成内容		**单位**	**单价**	**数量**	
人工	综合工 二类	工日	135.00	0.4839	1.1057
材料	多彩油毡瓦 1000×333	块	8.25	69.0000	
	小青瓦 200×130	千块	2539.23		1.5639
	液化石油气	kg	4.36	0.8140	
	油毡钉	kg	6.43	0.6180	
	冷底子油 30:70	kg	6.41	8.4000	
	水	m^3	7.62		0.1168
	水泥	kg	0.39		15.5251
	砂子	t	87.03		0.0478
	水泥砂浆 1:2.5	m^3			(0.0318)
机械	干混砂浆罐式搅拌机	台班	254.19		0.0420

5.彩钢板屋面

工作内容：截料，制作、安装铁件，场内运输、吊装屋面板，安装防水堵头，屋脊板等。 **单位：**$10m^2$

编号					23-10	23-11
项目					檩条或基层混凝土(钢)板面上	
					单层彩钢板	彩钢夹芯板
预算基价	总价(元)				**820.60**	**1558.74**
	人工费(元)				85.43	152.91
	材料费(元)				602.75	1273.41
	机械费(元)				132.42	132.42
组成内容			**单位**	**单价**	**数量**	
人工	综合工 二类		工日	135.00	0.6328	1.1327
材料	压型彩钢板 δ0.5		m^2	32.62	12.8263	
	彩钢夹芯板 δ100		m^2	103.72		10.5000
	彩钢脊瓦		m	32.42	0.4730	0.4730
	铁件（综合）		kg	9.49	0.9710	0.9710
	松杂板枋材		m^3	1922.17	0.0059	0.0059
	螺栓（综合）		套	2.85	42.0000	42.0000
	圆钉（综合）		kg	6.68	0.0070	0.0070
	合金钢焊条		kg	19.67	0.4030	0.4030
	铝拉铆钉（综合）		10个	2.97	7.0000	7.0000
机械	交流弧焊机 32kV•A		台班	87.97	0.1100	0.1100
	汽车式起重机 8t		台班	767.15	0.1600	0.1600

6.玻璃采光顶屋面

工作内容：截料，制作、场内运输、安装龙骨支撑，刷防护材料、油漆，安装玻璃，嵌缝，打胶，密封等。 **单位：**$10m^2$

编号				23-12	23-13
项目				钢龙骨上安装中空玻璃	钢龙骨上安装钢化玻璃
预算基价	总价(元)			**4163.36**	**2202.50**
	人工费(元)			1525.92	1030.16
	材料费(元)			2637.44	1172.34
组成内容		单位	单价	数量	
人工	综合工 二类	工日	135.00	11.3031	7.6308
材料	中空玻璃	m^2	120.00	10.7000	
	钢化玻璃 5.0	m^2	56.33		10.9170
	T型钢 25×25	kg	4.34	2.0780	29.4280
	扁钢 100×10	kg	4.05	7.6860	5.4580
	扁钢 5	kg	3.99	3.9965	28.3800
	槽钢 63×40×4.8	kg	4.10	196.6300	46.0820
	带帽六角螺栓 M12以外	kg	3.60	0.4510	0.3280
	镀锌铁皮脊瓦 26	m^2	44.66	0.1000	
	建筑油膏	kg	5.07	8.9260	
	圆钉（综合）	kg	6.68	0.1400	
	橡胶垫片 25	m	12.00	6.4660	
	橡胶条(大)	m	4.00	16.1640	
	橡胶条(小)	m	2.20	16.1640	
	铁件（综合）	kg	9.49	7.4650	
	无光调和漆	kg	16.79	3.8440	1.3260
	橡胶垫片 宽250	m	12.00	10.4740	4.5910
	铁钩	kg	8.18		2.6920
	熟机油	kg	7.21		0.6700

7.木(防腐木)屋面

工作内容：整理、选料、场内运输、放样、截料、平铺、搭接等。　　**单位：**10m²

编号				23-14	23-15
项目				屋面(板厚50mm)	
				平铺	搭接
预算基价	总价(元)			**28792.68**	**37258.66**
	人工费(元)			833.91	961.12
	材料费(元)			27956.17	36294.54
	机械费(元)			2.60	3.00
组成内容		单位	单价	数量	
人工	综合工 一类	工日	153.00	5.4504	6.2818
材料	防腐木	m^3	2430.67	11.3000	14.6900
	镀锌机螺钉 (6～12)×(12～200)	个	1.20	408.0000	490.0000
机械	木工圆锯机 $D500$	台班	26.53	0.0980	0.1130

8.现浇混凝土亭廊屋面

(1)混　凝　土

工作内容：人工垂直运输、浇筑、振捣、养护等。　　　　**单位：**m^3

编　号				23-16	23-17	23-18	23-19
项　目				不带椽屋面板	带椽屋面板	带椽戗翼板(爪角板)	老(仔)角梁
预算基价	总　价(元)			**550.11**	**731.36**	**767.65**	**710.61**
	人　工　费(元)			54.81	235.60	271.42	214.38
	材　料　费(元)			495.30	495.76	496.23	496.23
组 成 内 容		**单位**	**单价**	**数　量**			
人工	综合工 二类	工日	135.00	0.4060	1.7452	2.0105	1.5880
材料	预拌混凝土 AC30	m^3	472.89	1.0100	1.0100	1.0100	1.0100
	塑料薄膜	m^2	1.90	8.0346	8.2770	8.5199	8.5199
	水	m^3	7.62	0.3030	0.3030	0.3030	0.3030
	电	kW•h	0.73	0.1500	0.1500	0.1500	0.1500

(2) 钢　筋

工作内容：钢筋制作、场内运输、绑扎、安装等。　　**单位：**t

编　号				23-20	23-21
项　目				钢筋HPB300(直径mm)	
				10以内	10以外
预算基价	总　价(元)			**5505.50**	**5163.29**
	人　工　费(元)			1250.91	845.01
	材　料　费(元)			4231.76	4253.91
	机　械　费(元)			22.83	64.37
组 成 内 容		**单位**	**单价**	**数　量**	
人工	综合工 二类	工日	135.00	9.2660	6.2593
材料	螺纹钢筋 ϕ10以内	t	4096.02	1.0200	1.0250
	镀锌钢丝 8# ~12#	kg	6.04	8.9100	3.4560
	电焊条（综合）	kg	7.59		4.5600
机械	钢筋调直机 *D*14	台班	37.25	0.2400	0.0800
	钢筋切断机 *D*40	台班	42.81	0.1100	0.0900
	钢筋弯曲机 *D*40	台班	26.22	0.3500	0.2300
	直流弧焊机 32kV•A	台班	92.43		0.4400
	对焊机 75kV•A	台班	113.07		0.0900
	电焊条烘干箱 450×350×450	台班	17.33		0.0380

二、屋顶花园基底处理

工作内容：1.屋面清理：清洗、垃圾渣土集中等。2.砂浆找平层、保护层：放样、清理基层、场内运输、调配砂浆、抹找平层、保护层、养护等。**单位：**10m²

编号				23-22	23-23	23-24	23-25
项目				屋面清理	水泥砂浆找平层		水泥砂浆保护层
					平面20mm	每增减1mm	
预算基价	总价(元)			**26.85**	**209.32**	**65.16**	**236.46**
	人工费(元)			25.99	127.20	27.57	124.37
	材料费(元)			0.86	72.97	33.27	102.94
	机械费(元)				9.15	4.32	9.15
组成内容		单位	单价	数量			
人工	综合工 三类	工日	113.00	0.2300			
	综合工 一类	工日	153.00		0.8314	0.1802	0.8129
材料	防水剂	kg	2.17		0.5600		
	107胶	kg	2.97				10.5000
	水	m³	7.62		0.1408	0.0653	0.1408
	电	kW·h	0.73	1.1770			
	水泥	kg	0.39		107.4062	49.7974	107.4062
	砂子	t	87.03		0.3309	0.1534	0.3309
	水泥砂浆 1:2.5	m³			(0.2200)	(0.1020)	(0.2200)
机械	干混砂浆罐式搅拌机	台班	254.19		0.0360	0.0170	0.0360

工作内容：场内运输、物料回填、平整等。

编号				23-26	23-27	23-28	23-29	23-30
项目				滤水层				回填轻质土壤（m^3）
				回填卵石（m^3）	回填陶粒（m^3）	土工布（$10m^2$）	保湿毯（$10m^2$）	
预算基价	总价(元)			**471.87**	**176.64**	**91.05**	**166.45**	**149.30**
	人工费(元)			50.87	25.07	15.94	19.13	56.50
	材料费(元)			421.00	151.57	75.11	147.32	92.80
组成内容		**单位**	**单价**	**数量**				
人工	综合工 三类	工日	113.00	0.4502	0.2219			0.5000
	综合工 二类	工日	135.00			0.1181	0.1417	
材料	卵石	t	221.67	1.8992				
	陶粒	m^3	144.35		1.0500			
	土工布 250g/m^2	m^2	6.67			11.1520		
	保湿毯 500g	m^2	13.13				11.2200	
	圆钉（综合）	kg	6.68			0.1090		
	轻质种植土壤	m^3	80.00					1.1600

工作内容：场内运输、基层清理，排水板铺设、安装等。 **单位：**10m²

编号				23-31	23-32	23-33
项目				排水板安装		
				块料式	卷材式	锁扣式
预算基价	总价(元)			**569.12**	**201.36**	**238.42**
	人工费(元)			42.51	20.71	10.90
	材料费(元)			526.61	180.65	227.52
组成内容		**单位**	**单价**	**数量**		
人工	综合工 三类	工日	113.00	0.3762	0.1833	0.0965
材料	块料式排水板	m^2	47.40	11.1100		
	卷材式排水板	m^2	16.26		11.1100	
	锁扣式排水板	m^2	18.96			12.0000

工作内容： 场内运输、与主管连接、水泥砂浆固定等。

单位： m

编号					23-34	23-35	23-36	23-37	23-38
项目					软式透水管安装				
					ϕ50	ϕ80	ϕ100	ϕ150	ϕ200
预算基价	总价(元)				**12.76**	**15.44**	**18.17**	**20.83**	**23.60**
	人工费(元)				6.51	9.11	11.72	14.32	16.93
	材料费(元)				6.22	6.28	6.37	6.41	6.54
	机械费(元)				0.03	0.05	0.08	0.10	0.13
组成内容			**单位**	**单价**	**数量**				
人工	综合工 二类		工日	135.00	0.0482	0.0675	0.0868	0.1061	0.1254
材料	软式透水管		m	5.50	1.1000	1.1000	1.1000	1.1000	1.1000
	水泥		kg	0.39	0.2441	0.3417	0.4882	0.5370	0.7323
	砂子		t	87.03	0.0008	0.0011	0.0015	0.0017	0.0023
	水		m^3	7.62	0.0002	0.0002	0.0003	0.0004	0.0005
	水泥砂浆 1:2.5		m^3		(0.0005)	(0.0007)	(0.0010)	(0.0011)	(0.0015)
机械	干混砂浆罐式搅拌机		台班	254.19	0.0001	0.0002	0.0003	0.0004	0.0005

第二十四章　喷泉及喷灌工程

说　明

一、本章包括喷泉喷头安装，喷灌喷头安装，立体花坛喷头、滴灌、渗灌管安装 3 节，共 39 条基价子目。

二、本章项目仅为园林绿化工程中特设安装项目。其他安装项目执行《天津市安装工程预算基价》DBD 29-301～313-2020 相应基价子目。

三、蒲公英喷头安装不含立管安装。

工程量计算规则

一、喷泉喷头安装按设计图示以“套”计算。

二、喷灌喷头安装按设计图示以“套”或“个”计算。

三、立体花坛喷头、滴灌、渗灌管安装：

1.立体花坛喷头(滴箭组)安装按设计图示以“套”计算。

2.渗灌管安装按设计图示尺寸以延长米计算。

3.立体花坛骨架内埋设及安装PE管按设计图示尺寸以延长米计算。

4.给水管混凝土固筑按设计图示以“处”计算,填砂按设计图示尺寸以体积计算。

一、喷泉喷头安装

1.喷泉喷头(螺纹连接)

工作内容：场内运输、外观检查、清污、喷头安装等。 **单位：**套

编号				24-1	24-2	24-3	24-4	24-5	24-6	24-7
项目				喷泉喷头(螺纹连接)						
				DN20	DN25	DN32	DN40	DN50	DN65	DN80
预算基价	总价(元)			**21.36**	**23.94**	**27.28**	**29.01**	**32.51**	**37.91**	**50.08**
	人工费(元)			9.45	11.93	15.23	16.67	19.94	25.06	36.88
	材料费(元)			11.91	12.01	12.05	12.34	12.57	12.85	13.20
组成内容		**单位**	**单价**	**数量**						
人工	综合工 二类	工日	135.00	0.0700	0.0884	0.1128	0.1235	0.1477	0.1856	0.2732
材料	喷头	套		(1.0000)	(1.0000)	(1.0000)	(1.0000)	(1.0000)	(1.0000)	(1.0000)
	镀锌活接头	个	11.00	1.0100	1.0100	1.0100	1.0100	1.0100	1.0100	1.0100
	聚四氟乙烯生料带 宽20	m	0.50	0.7540	0.9420	1.0060	1.5070	1.8840	2.3550	2.9440
	机油(综合)	kg	15.02	0.0050	0.0050	0.0060	0.0080	0.0100	0.0130	0.0160
	零星材料费	元		0.35	0.35	0.35	0.36	0.37	0.37	0.38

2.喷泉喷头(法兰连接)

工作内容：场内运输、外观检查、清污、法兰垫制作与安装、喷头及法兰盘安装、紧螺栓等。 **单位：**套

编号				24-8	24-9	24-10	24-11	24-12	24-13
项目				喷泉喷头(法兰连接)					
				DN65	DN80	DN100	DN125	DN150	DN200
预算基价	总价(元)			**133.19**	**159.73**	**174.86**	**199.33**	**211.66**	**285.90**
	人工费(元)			32.17	39.37	51.98	74.16	78.75	119.56
	材料费(元)			97.27	116.09	117.34	119.10	125.04	148.73
	机械费(元)			3.75	4.27	5.54	6.07	7.87	17.61
组成内容		单位	单价	数量					
人工	综合工 二类	工日	135.00	0.2383	0.2916	0.3850	0.5493	0.5833	0.8856
材料	法兰喷头	套	20.00	1.0000	1.0000	1.0000	1.0000	1.0000	1.0000
	平焊法兰 1.6MPa以下	片	53.47	1.0000	1.0000	1.0000	1.0000	1.0000	1.0000
	镀锌六角螺栓带螺母、垫圈 M16×(85～140)	套	4.21	4.1200	8.2400	8.2400	8.2400		
	镀锌六角螺栓带螺母、垫圈 M20×(85～100)	套	4.71					8.2400	12.3600
	电焊条（综合）	kg	7.59	0.1060	0.1230	0.1570	0.1900	0.2470	0.5560
	石棉橡胶板	kg	15.95	0.1140	0.1540	0.1990	0.2750	0.3260	0.3760
	机油（综合）	kg	15.02	0.0350	0.0410	0.0490	0.0510	0.0630	0.0660
	破布	kg	5.07	0.0120	0.0130	0.0140	0.0150	0.0170	0.0180
	尼龙砂轮片 ϕ100	片	8.77	0.0450	0.0520	0.0630	0.0870	0.1100	0.1500
	电	kW•h	0.73	0.0290	0.0340	0.0430	0.0470	0.0610	0.1380
	零星材料费	元		2.83	3.38	3.42	3.47	3.64	4.33
机械	电焊机（综合）	台班	74.17	0.0450	0.0520	0.0670	0.0730	0.0950	0.2130
	电焊条烘干箱 600×500×750	台班	27.16	0.0050	0.0050	0.0070	0.0080	0.0100	0.0220
	电焊条恒温箱	台班	55.04	0.0050	0.0050	0.0070	0.0080	0.0100	0.0220

3. 蒲公英喷头

工作内容： 场内运输、外观检查、清污、组装等。 **单位：** 套

编号				24-14	24-15	24-16	24-17
项目				蒲公英喷头			
				29根杆	43根杆	85根杆	105根杆
预算基价	总价(元)			**834.78**	**860.49**	**883.13**	**939.64**
	人工费(元)			78.75	95.67	115.63	132.42
	材料费(元)			756.03	764.82	767.50	807.22
组成内容		**单位**	**单价**	**数量**			
人工	综合工 二类	工日	135.00	0.5833	0.7087	0.8565	0.9809
材料	蒲公英喷头	套	725.00	1.0000	1.0000	1.0000	1.0000
	镀锌活接头 *DN*20	个	8.38	1.0100			
	镀锌活接头 *DN*40	个	16.50		1.0100		
	镀锌活接头 *DN*50	个	18.85			1.0100	
	镀锌活接头 *DN*80	个	56.40				1.0100
	聚四氟乙烯生料带 宽20	m	0.50	0.9420	1.5070	1.8840	3.0150
	机油（综合）	kg	15.02	0.0050	0.0080	0.0110	0.0160
	零星材料费	元		22.02	22.28	22.35	23.51

二、喷灌喷头安装

1.喷 灌 喷 头

工作内容：场内运输、外观检查、喷头安装、调试等。 **单位：**个

编号				24-18	24-19
项目				喷头	
				埋藏旋转、散射	换向摇臂式
预算基价	总价(元)			**60.12**	**61.43**
	人工费(元)			3.81	5.12
	材料费(元)			56.31	56.31
组成内容		**单位**	**单价**	**数量**	
人工	综合工 二类	工日	135.00	0.0282	0.0379
材料	可调喷头	套	41.17	1.0000	1.0000
	UPVC管件	个	6.00	1.0000	1.0000
	UPVC管箍	个	3.75	2.0000	2.0000
	零星材料费	元		1.64	1.64

工作内容：场内运输、外观检查、清污除锈、立管安装、调试等。　　　　**单位**：个

编号				24-20	24-21	24-22
项目				固定式喷灌立管（高度m）		
				6	8	12
预算基价	总价（元）			**1054.23**	**1218.66**	**1560.00**
	人工费（元）			224.55	316.53	538.60
	材料费（元）			829.68	902.13	1021.40
组成内容		单位	单价	数量		
人工	综合工 二类	工日	135.00	1.6633	2.3447	3.9896
材料	镀锌钢管 *DN*25	m	12.56	1.0000	1.0000	1.0000
	镀锌钢管 *DN*32	m	16.11	1.5000	1.5000	2.0000
	镀锌钢管 *DN*40	m	22.98	1.5000	1.5000	3.0000
	镀锌钢管 *DN*50	m	24.59	2.0000	2.0000	3.0000
	镀锌钢管 *DN*65	m	35.17		2.0000	3.0000
	泄水阀	个	149.25	1.0000	1.0000	1.0000
	法兰闸阀 *DN*50	个	265.00	1.0000	1.0000	1.0000
	法兰 *DN*50	片	71.63	2.0000	2.0000	2.0000
	预拌混凝土 AC20	m^3	450.56	0.1200	0.1200	0.1500
	手孔井	座	73.56	1.0000	1.0000	1.0000
	零星材料费	元		24:17	26.28	29.75

2.根部灌水器

工作内容：场内运输、外观检查、安装、调试等。　　　　**单位：**套

编号				24-23
项目				根部灌水器(树笼)
预算基价	总价(元)			**167.60**
	人工费(元)			4.44
	材料费(元)			163.16
组成内容		单位	单价	数量
人工	综合工 二类	工日	135.00	0.0329
材料	根部灌水器 ϕ100mm×L915mm	套	150.00	1.0000
	陶粒	m^3	144.35	0.0070
	土工布	m^2	6.90	0.0230
	丝接件	个	7.24	1.0000
	零星材料费	元		4.75

3.微喷及千秋架

工作内容：场内运输、外观检查、打孔、安装快速接头、支撑杆安装七件套喷头、安装千秋架等。 **单位：**套

编号				24-24	24-25	24-26	24-27
项目				微喷	千秋架		
					ϕ20	ϕ25	ϕ32
预算基价	总价(元)			**30.09**	**12.44**	**13.11**	**13.63**
	人工费(元)			1.43	2.62	3.29	3.81
	材料费(元)			28.66	9.82	9.82	9.82
组成内容		单位	单价	数量			
人工	综合工 二类	工日	135.00	0.0106	0.0194	0.0244	0.0282
材料	微喷七件套	套		(1.0000)			
	千秋架	套	9.53		1.0000	1.0000	1.0000
	快速接头	个	23.33	1.0000			
	支撑杆	个	4.50	1.0000			
	零星材料费	元		0.83	0.29	0.29	0.29

三、立体花坛喷头、滴灌、渗灌管安装

1.立体花坛喷头

工作内容：场内运输、外观检查、切管、喷管安装等。　　　　**单位：**套

编号				24-28	24-29
项目				地表可调喷头	立体轻雾喷头
预算基价	总价(元)			**49.77**	**50.14**
	人工费(元)			7.36	3.54
	材料费(元)			42.41	46.60
组成内容		**单位**	**单价**	**数量**	
人工	综合工 二类	工日	135.00	0.0545	0.0262
材料	微喷七件套	套			(1.0000)
	可调喷头	套	41.17	1.0000	
	直通 $\phi 4$	个	5.38		1.0100
	UPVC软管 $\phi 4$	m	77.30		0.5150
	零星材料费	元		1.24	1.36

2.立体花坛滴箭组

工作内容：场内运输、外观检查、切管、打孔、引管安装、滴箭组分插花盆安装等。 **单位：**套

编号				24-30	24-31
项目				5通滴箭组	16通滴箭组
预算基价	总价(元)			**98.40**	**117.31**
	人工费(元)			6.44	12.99
	材料费(元)			91.96	104.32
组成内容		**单位**	**单价**	**数量**	
人工	综合工 二类	工日	135.00	0.0477	0.0962
材料	5通滴箭组	套	5.00	1.0000	
	集速式16通滴箭组	套	17.00		1.0000
	直通 $\phi 4$	个	5.38	1.0100	1.0100
	UPVC软管 $\phi 4$	m	77.30	1.0200	1.0200
	零星材料费	元		2.68	3.04

3.渗　灌　管

工作内容：场内运输、外观检查、切管、打孔、引管安装、稳流器安装等。　　　　**单位：**m

编　号				24-32
项　目				渗灌管
预算基价	总　价(元)			**84.88**
	人　工　费(元)			10.50
	材　料　费(元)			74.38
组 成 内 容		**单位**	**单价**	**数　量**
人工	综合工　二类	工日	135.00	0.0778
材料	渗灌管	m	2.24	1.0300
	管件	个	5.38	4.0400
	UPVC软管　ϕ4	m	77.30	0.6180
	尼龙扎带　L=100cm	根	0.13	3.0300
	零星材料费	元		2.17

4.立体花坛骨架内埋设及安装PE管

工作内容：场内运输、外观检查、切管、立体骨架中预埋管线、安装固定、上管件、调直、管道安装、水压试验等。 **单位：**m

编号				24-33	24-34	24-35	24-36
项目				埋设及安装PE管(公称直径mm以内)			
				20	25	32	40
预算基价	总价(元)			**111.26**	**112.51**	**114.10**	**115.38**
	人工费(元)			18.75	19.94	21.25	22.44
	材料费(元)			92.49	92.55	92.83	92.92
	机械费(元)			0.02	0.02	0.02	0.02
组成内容		**单位**	**单价**	**数量**			
人工	综合工 二类	工日	135.00	0.1389	0.1477	0.1574	0.1662
材料	PE管	m	81.50	1.0200	1.0200	1.0200	1.0200
	PE管件	个	4.75	1.3260	1.3260	1.3260	1.3260
	尼龙扎带 L=100cm	根	0.13	1.0100	1.0100	1.0100	1.0100
	黏结剂	kg	13.03	0.0580	0.0610	0.0640	0.0670
	铁砂布	张	1.56	0.0050	0.0060	0.0070	0.0080
	丙酮	kg	9.89	0.0020	0.0020	0.0230	0.0260
	锯条	根	0.42	0.0330	0.0480	0.0630	0.0780
	橡胶管 δ1～3	kg	15.50	0.0050	0.0060	0.0070	0.0080
	橡胶软管 ϕ20	m	13.21	0.0070	0.0070	0.0070	0.0070
	弹簧压力表 Y-100～1.6MPa	块	68.67	0.0020	0.0020	0.0020	0.0020
	弹簧弯管 DN15	个	7.19	0.0020	0.0020	0.0020	0.0020
	零星材料费	元		1.81	1.81	1.82	1.82
机械	试压泵 3MPa	台班	18.08	0.0010	0.0010	0.0010	0.0010

5.给水管固筑

工作内容：1.混凝土:清理基层、浇筑、振捣、养护等。2.填砂:清理基层、场内运输、找平等。

编号				24-37	24-38	24-39
项目				给水管固筑		
				混凝土(管径mm以内)		填砂 (m^3)
				*DN*75 (处)	*DN*100 (处)	
预算基价	总价(元)			**16.90**	**28.84**	**173.37**
	人工费(元)			1.27	1.27	32.99
	材料费(元)			15.63	27.57	140.38
组成内容		单位	单价	数量		
人工	综合工 二类	工日	135.00	0.0094	0.0094	0.2444
材料	预拌混凝土 AC20	m^3	450.56	0.0340	0.0600	
	砂子	m^3	135.60			1.0150
	零星材料费	元		0.31	0.54	2.75

第二十五章　边坡绿化生态修复工程

说　明

一、本章包括边坡清理、边坡喷播植草、挂网、喷厚层基材灌木护坡、生态袋边坡绿化5节，共12条基价子目。

二、边坡喷播植草、挂网、喷厚层基材灌木护坡、生态袋边坡绿化基价子目不含锚杆、锚索、排水设施，发生时执行《市政工程消耗量定额》ZYA 1-31-2015相应基价子目。

三、边坡喷播植草、喷厚层基材灌木基价子目基质厚度按下表考虑，遇基质厚度不同时，相应调整种植基质的消耗量。

基质厚度表

序号	项目名称	定额基质厚度(cm)
1	土质边坡喷播	8
2	石质边坡喷播	10
3	喷厚层基材灌木护坡(植生格)	6
4	喷厚层基材灌木护坡(T型植生板)	6

四、生态袋边坡绿化提升高度按地面标高至完成坡顶标高8m为界，超过8m时，超出部分按下表系数分段调整。

生态袋边坡绿化提升高度调整系数表

项目	人工	起重机械
提升高度 H(m)	消耗量系数	消耗量系数
$8<H\leqslant15$	1.10	1.25
$15<H\leqslant22$	1.25	1.60
$H>22$	1.50	2.00

五、生态袋边坡绿化种植基质配合比与基价不同时可以调整。

六、边坡绿化生态修复工程用洒水车浇水时，执行本基价第二十章相应基价子目乘以系数1.20。

七、边坡绿化生态修复栽植工程养护执行本基价第二十章相应基价子目。

工程量计算规则

一、边坡清理、边坡喷播植草、挂网、喷厚层基材灌木护坡按设计图示尺寸以外围展开面积计算。

二、生态袋边坡绿化按设计图示尺寸以体积计算。

一、边坡清理

工作内容：清理、排除坡面松石等。　　**单位：**$10m^2$

编号				25-1
项目				边坡、平台修整
预算基价	总价(元)			**60.19**
	人工费(元)			9.97
	机械费(元)			50.22
组成内容		**单位**	**单价**	**数量**
人工	综合工 三类	工日	113.00	0.0882
机械	履带式反铲单斗挖掘机(液压) $1.0m^3$	台班	1159.91	0.0433

二、边坡喷播植草

工作内容：场内运输、种籽拌和、喷(撒)播草籽、补播草籽、盖无纺布、洒水养护等。 **单位：**10m²

编号				25-2	25-3	25-4
项目				土质边坡喷播		
				坡度30°～45°	坡度45°～60°	坡度60°以上
预算基价	总价(元)			**164.11**	**175.87**	**188.77**
	人工费(元)			30.12	33.25	36.53
	材料费(元)			130.27	138.59	147.90
	机械费(元)			3.72	4.03	4.34
组成内容		**单位**	**单价**	**数量**		
人工	综合工 二类	工日	135.00	0.2231	0.2463	0.2706
材料	种子（综合）	kg	73.66	0.2800	0.3400	0.4130
	种植土	m³	77.65	0.8800	0.9200	0.9600
	无纺布	m²	2.67	11.0000	11.0000	11.0000
	保水剂	kg	16.39	0.1600	0.1600	0.1600
	黏结剂	kg	13.03	0.0140	0.0170	0.0170
	水	m³	7.62	0.9460	1.0300	1.1200
	零星材料费	元		1.93	2.05	2.19
机械	喷播机 扬程30m	台班	309.90	0.0120	0.0130	0.0140

工作内容：场内运输、种籽拌和、喷(撒)播草籽、补播草籽、盖无纺布、洒水养护等。 **单位：**10m²

编号				25-5	25-6	25-7
项目				石质边坡客土喷播		
				坡度30°～45°	坡度45°～60°	坡度60°以上
预算基价	总价(元)			**401.71**	**433.90**	**462.94**
	人工费(元)			219.98	241.96	266.19
	材料费(元)			171.50	181.71	186.52
	机械费(元)			10.23	10.23	10.23
组成内容		**单位**	**单价**	**数量**		
人工	综合工 二类	工日	135.00	1.6295	1.7923	1.9718
材料	种子（综合）	kg	73.66	0.3640	0.4370	0.4370
	种植土	m^3	77.65	1.1000	1.1500	1.2000
	无纺布	m^2	2.67	11.0000	11.0000	11.0000
	保水剂	kg	16.39	0.2000	0.2000	0.2000
	黏结剂	kg	13.03	0.2000	0.2000	0.2000
	草泥炭	kg	0.87	1.8000	1.8000	1.8000
	木纤维	kg	3.70	2.5000	2.5000	2.5000
	土壤改良剂	kg	33.08	0.0500	0.0500	0.0500
	水	m^3	7.62	1.1830	1.2870	1.4000
	零星材料费	元		2.53	2.69	2.76
机械	喷播机 扬程30m	台班	309.90	0.0330	0.0330	0.0330

三、挂　网

工作内容：场内运输、吊装、铺设、绑扎、张拉、固定等。

单位：$10m^2$

编号				25-8	25-9
项目				挂网	
				镀锌铁丝网	三维网
预算基价	总价(元)			**149.12**	**52.36**
	人工费(元)			25.79	20.59
	材料费(元)			123.33	31.77
组成内容		**单位**	**单价**	**数量**	
人工	综合工 二类	工日	135.00	0.1910	0.1525
材料	镀锌钢丝网	m^2	11.40	10.5000	
	三维网	m^2	2.80		10.5000
	镀锌钢丝 18#～22#	kg	6.30	0.2000	
	铁件(U形钉)	kg	9.49	0.2500	0.2500

四、喷厚层基材灌木护坡

工作内容： 1.场内运输、打孔、埋设锚固件、安装植生格或T形植生板，挂网、张拉、固定等。2.场内运输、采筛种植土、混合基质拌和、运输、喷播、种籽喷播、盖遮阳网等。

单位： 10m²

编号				25-10	25-11
项目				植生格	T形植生板
预算基价	总价(元)			**1016.01**	**702.49**
	人工费(元)			393.07	390.57
	材料费(元)			608.85	298.57
	机械费(元)			14.09	13.35
组成内容		单位	单价	数量	
人工	综合工 二类	工日	135.00	2.9116	2.8931
材料	植生格	m²	39.84	6.3700	
	T形植生板	m³	39.84		0.1700
	种子（综合）	kg	73.66	0.4400	0.4400
	种植土	m³	77.65	0.2600	0.2600
	遮阳网	m²	1.36	11.0000	11.0000
	木纤维	kg	3.70	17.0500	17.0500
	植物屑	kg	1.19	25.3000	25.3000
	灌木护坡添加剂	kg	18.00	1.8600	1.8600
	肥料	kg	4.50	0.5800	0.5800
	药剂	kg	7.80	0.0100	0.0100
	铁钉	kg	6.68		0.1800
	镀锌钢丝 22#	kg	5.14	0.0200	0.0400
	锚固件	kg	4.50	24.0500	9.7000
	炭泥土	kg	0.95	42.9000	42.9000
	水	m³	7.62	1.1900	1.1900
机械	风动凿岩机 手持式	台班	12.25	0.1300	0.0700
	喷播机 扬程30m	台班	309.90	0.0300	0.0300
	碎土机	台班	160.00	0.0200	0.0200

五、生态袋边坡绿化

工作内容：场内运输、种植土拌和、装袋，安装连接扣，堆置，码放，踏实，加固等。　　　　**单位：**m^3

编号				25-12
项目				生态袋
预算基价	总价(元)			**550.59**
	人工费(元)			199.03
	材料费(元)			320.79
	机械费(元)			30.77
组成内容		**单位**	**单价**	**数量**
人工	综合工 二类	工日	135.00	1.4743
材料	生态袋 33×60×15	条	2.23	33.6700
	种植土	m^3	77.65	0.9300
	有机质料	kg	1.00	3.5800
	肥料	kg	4.50	0.1700
	药剂	kg	7.80	0.2080
	链接扣	个	4.57	33.6700
	水	m^3	7.62	1.1700
	零星材料费	元		4.74
机械	汽车式起重机 25t	台班	1098.98	0.0280

第二十六章　施工技术措施费

说　明

一、本章包括施工排水、降水措施费，脚手架措施费，混凝土模板及支架措施费，混凝土泵送费，绿化工程措施费5节，共343条基价子目。

二、施工排水、降水措施费是指为保证工程正常施工而采取的一般排水、降水措施所发生的各种费用。

1.集水井基价子目包括了做井时除去挖土之外的全部人工、材料和机械消耗量，井深在4m以内时，按本基价计算。

2.抽水结束时回填大口井的人工和材料未包括在预算基价中，可另行计算。

3.抽水机抽水项目中，施工方案使用抽水机型号规格与基价不同时可以换算，人工费不变。

4.土围堰高在1m以外，2m以内的，按相应基价子目乘以系数1.80计算；高在2m以外的，按实际工料另行计算。

三、脚手架措施费是指施工需要的各种脚手架搭、拆、运输费用及脚手架的摊销费用。

1.脚手架基价是按高度在20m以内编制的，如高度超过20m时，其人工和机械降效按《天津市建筑工程预算基价》施工措施费中的有关规定计算。

2.各项脚手架基价中未包括脚手架基础加固，基础加固是指脚手架立杆下端以下或脚手架底座下皮以下的一切做法。

3.苫背宨瓦用双排齐檐脚手架，椽望油漆用脚手架已综合考虑了单层建筑，多层建筑及不同的出檐层数支搭及铺板情况，实际工程中不论何种建筑形式均按基价执行。

4.外檐椽望油漆用双排脚手架适用于檐头椽望出挑部分及其下连带的木构件、木装修油漆彩绘工程；内檐装饰用满堂脚手架适用于有天花吊顶建筑内檐的天棚、墙面、木装修、明柱的装饰工程；内檐及廊步椽望油漆用脚手架适用于无天花吊顶的内檐及廊步椽望、木构件、墙面、明柱的装饰工程。

5.苫背宨瓦用双排齐檐脚手架，外檐椽望油漆用双排脚手架基价的“檐高”规定如下：无月台的由自然地坪算起，有月台的由月台上面算起，算至最上一层檐下的梁头下皮。

6.内檐及廊步椽望油漆用脚手架基价的“平均高度”按脊檩中与檐檩（重檐建筑为最上层檐檩）中的平均高度计算；内檐有天花吊顶其廊步“平均高度”按檐廊上、下两檩中的平均高度计算。

7.木构架安装起重架不分单层、多层建筑及出檐层数均执行同一基价。

四、混凝土、钢筋混凝土模板及支架措施费是指混凝土施工过程中需要的各种木胶合板模板、钢模板、铝模板、木模板以及支架等的支、拆、运输、摊销费用。

五、混凝土现场泵送费是指施工现场混凝土输送泵（车）就位、混凝土输送及泵管运输、加固、安拆、清洗、整理、堆放等所需的费用。

六、绿化工程措施费是指在绿化施工过程中，为了保证绿化工程达到施工规范及设计要求标准，采取排盐、树木支撑、草绳缠干、搭设遮阴棚、搭设防寒棚、树体输液、树干涂白、栽植基础处理措施所发生的各种费用。

七、搭设遮阴（防寒）棚是以单层网考虑，若搭设双层网，人工乘以系数1.20，材料（遮阴网、防寒膜）乘以系数2.00。单株灌木的遮阴（防寒）按展开面积，执行片植灌木遮阴（防寒）基价子目。

工程量计算规则

一、施工排水、降水措施费：

1. 集水井按设计图示数量以座计算，大口井按累计井深以长度计算。

2. 抽水机抽水以天计算，每24h计算1天。

3. 土围堰按所围长度计算。

4. 草袋围堰按所围体积计算。

二、园林建筑脚手架措施费：

1. 砌墙脚手架按墙面垂直投影面积计算。外墙脚手架长度按外墙外边线计算，内墙脚手架长度按内墙净长计算。高度按自然地平至墙顶的总高计算（山尖高度算至山尖部位的1/2）。

2. 建筑物外墙檐高、内墙净高在3.6m以内的砌墙，按里脚手架计算。

3. 建筑物外墙檐高、内墙净高在3.6m以外的砌墙，按单排外脚手架计算；但有下列情况之一者，按双排外脚手架计算：

(1) 外墙门窗口面积占外墙总面积（包括门窗口在内）40%以外。

(2) 外檐混水墙占外墙总面积（包括门窗口在内）20%以外。

(3) 墙厚小于24cm。

4. 独立砖石柱的脚手架按单排外脚手架基价执行，其工程量按柱截面的周长另加3.60m，再乘以柱高以面积计算。

5. 围墙脚手架按里脚手架执行，其高度以室外地坪至围墙顶面高度计算，长度按围墙中心线计算，不扣除大门面积，不增加独立门柱面积。

6. 凡外墙砌筑脚手架按里脚手架计算时，应同时计算上料平台，单独斜道。

7. 室内净高超过3.6m的内墙抹灰按抹灰墙面垂直投影面积计算，套用单排外脚手架基价。

8. 满堂脚手架按室内主墙间净面积计算，其高度以室内地面至天棚底（斜形天棚按平均高度计算）为准，凡天棚高度在3.6～5.2m之间的，计算满堂脚手架基本层，超过5.2m时，再计算增加层，每增加1.2m计算一个增加层，层高超过0.6m时，可按增加一个增加层计算。

9. 室内净高超过3.6m的屋面板油漆或喷漆的脚手架按主墙间的面积计算，执行活动脚手架（无露明屋架者）或悬空脚手架（有露明屋架者）基价。

10. 挑脚手架按搭设长度乘以层数以长度计算。

11. 水平防护架按建筑物临街长度加10m，乘以搭设宽度，以面积计算。

12. 垂直防护架按建筑物临街长度乘以建筑物檐高，以面积计算。

13. 混凝土梁脚手架按脚手架垂直面积计算，高度从自然地平算至梁下皮，长度按梁中心线长度计算。

14. 满堂基础及高度（指垫层上皮至基础顶面）超过1.2m的混凝土或钢筋混凝土基础的脚手架按槽底面积计算，套用钢筋混凝土基础脚手架基价。

15. 砌筑高度超过1.2m的管沟及基础，按砌筑长度乘以高度以面积计算，执行里脚手架基价。

16. 水上打桩脚手架按桩外边线每边各加2m的水平面积计算。

17.安全网按架网部分的实挂长度乘以实挂高度以面积计算。

三、仿古建筑脚手架措施费：

1.砌筑用脚手架按墙的长度乘以墙的高度以面积计算(硬山建筑山墙高算至山尖)。

2.苫背宼瓦用双排齐檐脚手架、外檐椽望油漆用双排脚手架均按檐头长(即大连檐长)乘以檐高以面积计算。

3.内檐装饰用满堂脚手架、内檐及廊步椽望油漆脚手架分别以内檐及廊步相应的地面面积计算工程量,内檐若需同时使用上述两种脚手架时,其工程量应分别按实际计算。

4.歇山脚手架按数量计算,每一山算一座。

5.护头棚按水平投影面积计算。

6.木构架安装起重架按建筑物首层面积计算。

四、混凝土模板及支架措施费：

1.混凝土、钢筋混凝土模板及支架按照设计施工图图示混凝土体积计算。

2.现浇混凝土板坡度在10°以内,按基价相应子目执行；坡度在10°以外30°以内,相应基价中钢支撑含量乘以系数1.30,人工费乘以系数1.10；坡度在30°以外60°以内,相应基价子目中钢支撑含量乘以系数1.50,人工费乘以系数1.20；坡度在60°以外,按现浇混凝土墙相应基价子目执行。

3.浇筑高度超过3.6m的增价是以混凝土柱、梁、板、墙的图示体积计算,分别套用基价子目。

五、混凝土泵送费按各基价项目中规定的混凝土消耗量以体积计算。

六、绿化工程措施费：

1.铺设淋水管均按设计图示长度计算。塑料淋水管不扣除管件所占长度,混凝土淋水管不扣除检查井和连接井所占长度,其坡度的影响不予考虑。

2.塑料管件安装的工程量按设计图示数量计算。

3.铺淋水层均按设计图示尺寸以体积计算。

4.木质支撑棒、预制钢筋混凝土桩按不同的支撑形式以“株”计算。

5.草绳缠树干,按乔木胸径及缠干高度以“株”计算。

6.搭设无支撑遮阴棚按以下规定计算：

(1)乔木按乔木高度以“株”计算；

(2)露地花卉、地被、片植灌木按搭设高度以水平投影面积计算。

7.钢管支撑遮阴(防寒)棚按外围覆盖层展开尺寸以面积计算。

8.加施基肥：乔木、单株灌木、棕榈、散生竹、攀缘植物以“株”计算；丛生竹以“丛”计算,片植灌木、成片绿篱、地被、草坪以面积计算；单双排绿篱以延长米计算。

9.生根催芽、枝根消毒：乔木、单株灌木、棕榈、散生竹以“株”计算。

10.土壤消毒以土壤体积计算。

11.树体输液以“组”(一个输液袋加一套或多套管线为一组)计算。

一、施工排水、降水措施费

工作内容： 1.集水井：挖、钻、打成孔、制作、安装井壁材料并固定，填充井壁外滤水材料及还土，做井圈、洗井。2.抽水机抽水：安装抽水机械、接通电源，抽水，拆除抽水设备并回收入库。

编号				26-1	26-2	26-3	26-4	26-5
项目				集水井(井深在4m以内)		抽水机抽水		
				干砖砌排水井(座)	钢筋笼子排水井(座)	*DN*100潜水泵(台班)	*DN*100电动单级清水泵(台班)	*DN*100泥浆泵(台班)
预算基价	总价(元)			**2865.74**	**2586.81**	**34.63**	**41.03**	**233.12**
	人工费(元)			1594.43	1204.58			
	材料费(元)			1190.45	1327.39			
	机械费(元)			80.86	54.84	34.63	41.03	233.12
组成内容		**单位**	**单价**	**数量**				
人工	综合工 三类	工日	113.00	14.1100	10.6600			
材料	页岩标砖	100块	51.36	11.6000				
	砂子	t	87.03	0.3860	2.3020			
	碴石 19～25	t	87.81	1.5010	8.8230			
	红白松锯材 二类	m^3	3266.74	0.1310				
	钢筋 *D*10以内	t	3970.73		0.0240			
	钢筋 *D*10以外	t	3799.94		0.0510			
	镀锌钢丝 *D*0.7	kg	7.42		0.5300			
	镀锌钢丝 *D*2.8	kg	6.91		0.3000			
	铁钉	kg	6.68	0.2000				
	苇席	m^2	9.24		6.1900			
机械	潜水泵 *DN*100	台班	29.10			1.190		
	电动单级离心清水泵 *DN*100	台班	34.80				1.1790	
	泥浆泵 *DN*100	台班	204.13					1.1420
	电动夯实机 20～62N·m	台班	27.11	2.9700	1.8700			
	钢筋弯曲机 *D*40	台班	26.22		0.0200			
	钢筋切断机 *D*40	台班	42.81		0.0200			
	钢筋调直机 *D*14	台班	37.25		0.0200			
	小型机具	元		0.34	2.02			

工作内容：1.定位、木桩钎制作、场内运输、打桩、取土、运土、堆土、夯实、拆除清理等。2.取土、袋装、码砌、堰心填土，拆除后运至岸边堆放等。

编号				26-6	26-7	26-8	26-9
项目				土围堰 宽(m)×高(m) 1.00×0.80 (10m)	土围堰 宽(m)×高(m) 1.50×1.00 (10m)	土围堰 宽(m)×高(m) 2.00×1.00 (10m)	草袋围堰 (m^3)
预算基价	总价(元)			**5291.36**	**7927.75**	**10896.43**	**1370.44**
	人工费(元)			3231.80	4825.10	6463.60	1220.40
	材料费(元)			2059.56	3102.65	4432.83	150.04
组成内容		**单位**	**单价**	**数量**			
人工	综合工 三类	工日	113.00	28.6000	42.7000	57.2000	10.8000
材料	原木桩	m^3	2202.00	0.6000	0.8000	1.2000	
	扒钉	kg	8.58	10.5000	15.8000	21.0000	
	铁钉	kg	6.68	1.0000	1.5000	2.0000	
	黄土	m^3	77.65	8.0000	15.0000	20.0000	1.3000
	草袋	条	2.13				21.0000
	麻绳	kg	9.28				0.3100
	零星材料费	元		20.39	30.72	43.89	1.49

二、脚手架措施费

1.园林建筑脚手架措施费

工作内容：场内外材料搬运，搭设、拆除脚手架、安全网、上下翻板和拆除后的材料堆放。

单位：10m²

编号				26-10	26-11	26-12	26-13	26-14
项目				单排外脚手架	双排外脚手架		里脚手架	吊兰脚手架
				15m以内	15m以内	20m以内	4.5m以内	
预算基价	总价(元)			**136.68**	**157.84**	**176.04**	**56.91**	**83.04**
	人工费(元)			101.25	114.75	125.55	51.30	75.60
	材料费(元)			30.81	37.55	44.95	4.69	6.52
	机械费(元)			4.62	5.54	5.54	0.92	0.92
组成内容		**单位**	**单价**	**数量**				
人工	综合工 二类	工日	135.00	0.7500	0.8500	0.9300	0.3800	0.5600
材料	脚手架钢管	kg	4.16	1.9000	2.6400	3.3500	0.1400	0.6400
	直角扣件	个	6.42	0.3500	0.5100	0.6100	0.0300	
	对接扣件	个	6.58	0.0500	0.0700	0.1000		
	回转扣件	个	6.34	0.0500	0.0500	0.0600		
	底座	个	6.71	0.0100	0.0200	0.0200		
	木脚手板	m³	1930.95	0.0040	0.0040	0.0060	0.0010	0.0020
	镀锌钢丝 *D*4.0	kg	7.08	0.8600	0.9300	0.9000	0.0600	
	铁钉	kg	6.68	0.1100	0.1300	0.1200	0.2100	
	防锈漆	kg	15.51	0.2900	0.4000	0.3900	0.0100	
	油漆溶剂油 200#	kg	6.90	0.0300	0.0500	0.0500		
	零星材料费	元		0.69	0.66	0.77		
机械	载货汽车 6t	台班	461.82	0.0100	0.0120	0.0120	0.0020	0.0020

工作内容：场内外材料搬运，搭设、拆除脚手架、安全网、上下翻板和拆除后的材料堆放。

编号				26-15	26-16	26-17	26-18	26-19
项目				满堂脚手架		活动脚手架	悬空脚手架	挑脚手架
				基本层（室内净高3.3～5.2m）（$10m^2$）	每增加1.2m（$10m^2$）	（$10m^2$）	（$10m^2$）	（10m）
预算基价	总价(元)			**181.28**	**55.78**	**138.72**	**85.77**	**384.98**
	人工费(元)			140.40	52.65	93.15	71.55	346.95
	材料费(元)			37.65	2.67	40.49	12.37	37.11
	机械费(元)			3.23	0.46	5.08	1.85	0.92
组成内容		**单位**	**单价**	**数量**				
人工	综合工 二类	工日	135.00	1.0400	0.3900	0.6900	0.5300	2.5700
材料	脚手架钢管	kg	4.16	1.1600	0.3900	0.6700	0.2500	1.5400
	直角扣件	个	6.42	0.1700	0.0600	0.0700	0.0300	0.2300
	对接扣件	个	6.58	0.0300	0.0100	0.0200		0.0600
	回转扣件	个	6.34	0.0500	0.0200	0.0100		0.0100
	底座	个	6.71	0.0300		0.0100		
	木脚手板	m^3	1930.95	0.0060		0.0020	0.0050	0.0120
	镀锌钢丝 *D*4.0	kg	7.08	2.2400		0.9000	0.2100	0.5300
	铁钉	kg	6.68	0.2000				
	防锈漆	kg	15.51	0.0900	0.0300	0.0400		0.1100
	油漆溶剂油 200#	kg	6.90	0.0100		0.0100		0.0200
	零星材料费	元		0.77		26.07		
机械	载货汽车 6t	台班	461.82	0.0070	0.0010	0.0110	0.0040	0.0020

工作内容：场内外材料搬运，搭设、拆除脚手架、安全网、上下翻板和拆除后的材料堆放。 **单位**：10m²

编号				26-20	26-21	26-22	26-23	26-24
项目				水平防护架	垂直防护架	混凝土梁脚手架		钢筋混凝土基础脚手架
						高3.3m以内	高3.3m以外	
预算基价	总价(元)			**309.80**	**77.42**	**39.05**	**125.71**	**54.52**
	人工费(元)			102.60	41.85	21.60	99.90	41.85
	材料费(元)			192.88	31.88	10.06	15.19	11.75
	机械费(元)			14.32	3.69	7.39	10.62	0.92
组成内容		**单位**	**单价**	**数量**				
人工	综合工 二类	工日	135.00	0.7600	0.3100	0.1600	0.7400	0.3100
材料	脚手架钢管	kg	4.16	8.1700	5.0500	0.9200	1.4000	0.3500
	直角扣件	个	6.42	0.39	0.21	0.10	0.16	0.05
	对接扣件	个	6.58	0.0800	0.0400	0.0200	0.0400	0.0100
	回转扣件	个	6.34	0.0400	0.0800	0.0100	0.0100	0.0200
	底座	个	6.71	0.1000	0.0900	0.0100	0.0100	0.0100
	木脚手板	m³	1930.95	0.0800		0.0020	0.0030	0.0020
	尼龙布	m²	4.41		1.0000			
	镀锌钢丝 *D*4.0	kg	7.08					0.6700
	铁钉	kg	6.68		0.5600			0.0600
	防锈漆	kg	15.51	0.0300		0.0900	0.1300	0.0300
	油漆溶剂油 200#	kg	6.90			0.0100	0.0200	
	零星材料费	元						0.24
机械	载货汽车 6t	台班	461.82	0.0310	0.0080	0.0160	0.0230	0.0020

工作内容：场内外材料搬运，搭设、拆除脚手架、安全网、上下翻板和拆除后的材料堆放。　　**单位：**$10m^2$

编号				26-25	26-26	26-27	26-28	26-29	26-30
项目				单独斜道		上料平台	水上打桩脚手架	安全网	
				5m以内	5m以外			立挂式	垂直封闭
预算基价	总价(元)			**22.21**	**35.42**	**24.45**	**1301.78**	**43.72**	**85.57**
	人工费(元)			13.50	17.55	17.55	1134.00	2.70	32.40
	材料费(元)			7.79	12.79	4.59	140.99	41.02	53.17
	机械费(元)			0.92	5.08	2.31	26.79		
组成内容		**单位**	**单价**	**数量**					
人工	综合工 二类	工日	135.00	0.1000	0.1300	0.1300	8.4000	0.0200	0.2400
材料	脚手架钢管	kg	4.16	0.2000	0.7500	0.3800			
	直角扣件	个	6.42	0.0400	0.1200	0.0400			
	对接扣件	个	6.58		0.0200	0.0100			
	回转扣件	个	6.34	0.0100	0.0500	0.0100			
	木脚手板	m^3	1930.95	0.0010	0.0020	0.0010	0.0080		
	原木桩	m^3	2202.00				0.0320		
	黄花松锯材 二类	m^3	2778.72				0.0140		
	木脚手杆 *D*100	m^3	1125.00				0.0080		
	铁件	kg	9.49				0.1700		
	镀锌钢丝 *D*4.0	kg	7.08	0.5600	0.4400			0.9700	0.9700
	铁钉	kg	6.68	0.0400	0.0700		0.4200		
	防锈漆	kg	15.51	0.0300	0.0600	0.0400			
	油漆溶剂油 200#	kg	6.90		0.0100	0.0100			
	安全网 3m×6m	m^2	10.64					3.2100	
	尼龙布	m^2	4.41						10.5000
	零星材料费	元		0.01	0.01		2.76		
机械	载货汽车 6t	台班	461.82	0.0020	0.0110	0.0050	0.0580		

2.仿古建筑脚手架措施费

工作内容：场内外材料搬运,搭设、拆除脚手架、安全网、上下翻板和拆除后的材料堆放。 **单位：**10m²

编号				26-31	26-32	26-33	26-34
项目				砌筑用单排脚手架			
				木杆(墙高)		钢管(墙高)	
				6m以内	12m以内	6m以内	12m以内
预算基价	总价(元)			**299.05**	**1292.23**	**295.77**	**1336.30**
	人工费(元)			217.35	209.25	222.75	234.90
	材料费(元)			54.91	1064.97	46.70	1085.24
	机械费(元)			26.79	18.01	26.32	16.16
组成内容		**单位**	**单价**	**数量**			
人工	综合工 二类	工日	135.00	1.6100	1.5500	1.6500	1.7400
材料	木脚手杆 $D100$	m³	1125.00	0.0060	0.0120	0.0010	
	脚手架钢管	kg	4.16			0.8400	2.3500
	扣件(综合)	个	6.45			0.1600	0.4200
	底座	个	6.71			0.0200	0.0200
	木脚手板	m³	1930.95	0.0090	0.0100	0.0090	0.0100
	钢筋 $D10$以内	t	3970.73		0.2500		0.2500
	安全网 3m×6m	m²	10.64	0.0200	0.0100	0.0200	0.0100
	绑扎绳	kg	9.27	1.0700	0.5900	1.0700	0.4500
	镀锌钢丝 $D4.0$	kg	7.08	2.8400	3.3000	1.5800	0.6600
	零星材料费	元		0.54	10.54	2.22	51.68
机械	载货汽车 6t	台班	461.82	0.0580	0.0390	0.0570	0.0350

工作内容：场内外材料搬运，搭设、拆除脚手架、安全网、上下翻板和拆除后的材料堆放。 **单位：**$10m^2$

编号				26-35	26-36	26-37	26-38
项目				砌筑用双排脚手架			
				木杆(墙高)		钢管(墙高)	
				6m以内	12m以内	6m以内	12m以内
预算基价	总价(元)			**387.12**	**1370.03**	**392.32**	**1425.32**
	人工费(元)			280.80	257.85	303.75	298.35
	材料费(元)			73.07	1084.93	54.40	1099.26
	机械费(元)			33.25	27.25	34.17	27.71
组成内容		**单位**	**单价**	**数量**			
人工	综合工 二类	工日	135.00	2.0800	1.9100	2.2500	2.2100
材料	木脚手杆 $D100$	m^3	1125.00	0.0090	0.0200	0.0020	0.0010
	脚手架钢管	kg	4.16			1.6500	4.2200
	扣件（综合）	个	6.45			0.2900	0.7600
	底座	个	6.71			0.0300	0.0300
	木脚手板	m^3	1930.95	0.0100	0.0110	0.0100	0.0110
	钢筋 $D10$以内	t	3970.73		0.2500		0.2500
	安全网 3m×6m	m^2	10.64	0.0200	0.0100	0.0200	0.0100
	绑扎绳	kg	9.27	1.0700	0.6100	1.0700	0.4700
	镀锌钢丝 $D4.0$	kg	7.08	4.6300	4.5200	1.5800	0.6700
	零星材料费	元		0.72	10.74	2.59	52.35
机械	载货汽车 6t	台班	461.82	0.0720	0.0590	0.0740	0.0600

工作内容：场内外材料搬运，搭设、拆除脚手架、安全网、上下翻板和拆除后的材料堆放。 **单位**：$10m^2$

编号				26-39	26-40	26-41	26-42	26-43	26-44
项目				苫背宽瓦用双排齐檐脚手架					
				木杆(檐高)			钢管(檐高)		
				6m以内	12m以内	18m以内	6m以内	12m以内	18m以内
预算基价	总价(元)			**435.57**	**1100.49**	**1507.88**	**404.53**	**1120.76**	**1523.22**
	人工费(元)			282.15	160.65	174.15	299.70	176.85	183.60
	材料费(元)			102.16	915.83	1306.48	55.88	921.28	1315.14
	机械费(元)			51.26	24.01	27.25	48.95	22.63	24.48
组成内容		**单位**	**单价**	**数量**					
人工	综合工 二类	工日	135.00	2.0900	1.1900	1.2900	2.2200	1.3100	1.3600
材料	木脚手杆 *D*100	m^3	1125.00	0.0110	0.0170	0.0320			
	脚手架钢管	kg	4.16				2.8100	3.8100	6.7200
	扣件（综合）	个	6.45				0.3700	0.4200	1.0000
	底座	个	6.71				0.0400	0.0200	0.0200
	木脚手板	m^3	1930.95	0.0140	0.0110	0.0140	0.0110	0.0110	0.0110
	防滑条	m^3	1196.07		0.0010	0.0010		0.0010	0.0010
	钢筋 *D*10以内	t	3970.73		0.2100	0.3000		0.2100	0.3000
	安全网 3m×6m	m^2	10.64	0.0200	0.0100	0.0100	0.0200	0.0100	0.0100
	绑扎绳	kg	9.27	1.9400	0.3700	0.3800	0.6500	0.2500	0.2500
	镀锌钢丝 *D*4.0	kg	7.08	6.1500	3.8900	4.8200	1.6100		0.2200
	铁钉	kg	6.68		0.0400	0.0500			0.0500
	零星材料费	元		1.01	9.07	12.94	2.66	43.87	62.63
机械	载货汽车 6t	台班	461.82	0.1110	0.0520	0.0590	0.1060	0.0490	0.0530

工作内容：场内外材料搬运，搭设、拆除脚手架、安全网、上下翻板和拆除后的材料堆放。　　　　**单位**：$10m^2$

编号				26-45	26-46	26-47	26-48	26-49	26-50
项目				外檐椽望油漆用双排脚手架					
				木杆（檐高）			钢管（檐高）		
				6m以内	12m以内	18m以内	6m以内	12m以内	18m以内
预算基价	总价（元）			**366.74**	**225.13**	**261.12**	**361.44**	**211.20**	**249.14**
	人工费（元）			226.80	125.55	143.10	234.90	133.65	155.25
	材料费（元）			94.22	81.11	101.86	81.74	59.08	75.88
	机械费（元）			45.72	18.47	16.16	44.80	18.47	18.01
组成内容		**单位**	**单价**	**数量**					
人工	综合工 二类	工日	135.00	1.6800	0.9300	1.0600	1.7400	0.9900	1.1500
材料	木脚手杆 *D*100	m^3	1125.00	0.0150	0.0180	0.0230			
	脚手架钢管	kg	4.16				5.5100	4.6400	6.6900
	扣件（综合）	个	6.45				0.4700	0.5300	0.7700
	底座	个	6.71				0.0600	0.0300	0.0400
	木脚手板	m^3	1930.95	0.0170	0.0140	0.0160	0.0170	0.0140	0.0160
	防滑条	m^3	1196.07		0.0010	0.0010		0.0010	0.0010
	安全网 3m×6m	m^2	10.64	0.0300	0.0200	0.0200	0.0300	0.0200	0.0200
	绑扎绳	kg	9.27	0.7500	0.5000	0.5400	0.7500	0.5000	0.5400
	镀锌钢丝 *D*4.0	kg	7.08	5.1300	2.8200	3.3100	1.6100		0.2200
	铁钉	kg	6.68		1.0500	2.1300		0.0400	0.0500
	零星材料费	元		0.93	0.80	1.01	3.89	2.81	3.61
机械	载货汽车 6t	台班	461.82	0.0990	0.0400	0.0350	0.0970	0.0400	0.0390

工作内容：场内外材料搬运，搭设、拆除脚手架、安全网、上下翻板和拆除后的材料堆放。　　**单位：**10m²

编号				26-51	26-52	26-53	26-54
项目				内檐装饰用满堂红脚手架			
				木杆(层高)		钢管(层高)	
				5m以内	8m以内	5m以内	8m以内
预算基价	总价(元)			**311.76**	**495.70**	**297.68**	**504.92**
	人工费(元)			202.50	314.55	221.40	348.30
	材料费(元)			83.40	143.28	54.11	111.82
	机械费(元)			25.86	37.87	22.17	44.80
组成内容		**单位**	**单价**	**数量**			
人工	综合工 二类	工日	135.00	1.5000	2.3300	1.6400	2.5800
材料	木脚手杆 $D100$	m³	1125.00	0.0140	0.0270		
	脚手架钢管	kg	4.16			2.4800	7.2600
	扣件（综合）	个	6.45			0.2900	0.7900
	木脚手板	m³	1930.95	0.0150	0.0290	0.0150	0.0290
	绑扎绳	kg	9.27	1.1200	1.6400	1.1200	1.6400
	镀锌钢丝 $D4.0$	kg	7.08	3.8800	5.6900		
	零星材料费	元		0.83	1.42	2.58	5.32
机械	载货汽车 6t	台班	461.82	0.0560	0.0820	0.0480	0.0970

工作内容：场内外材料搬运，搭设、拆除脚手架、安全网、上下翻板和拆除后的材料堆放。 **单位**：$10m^2$

编号				26-55	26-56	26-57	26-58	26-59	26-60
项目				内檐及廊步椽望油漆用脚手架					
				木杆（平均层高）			钢管（平均层高）		
				5m以内	9m以内	12m以内	5m以内	9m以内	12m以内
预算基价	总价（元）			**433.39**	**690.57**	**889.09**	**414.04**	**627.38**	**794.61**
	人工费（元）			290.25	432.00	500.85	329.40	467.10	552.15
	材料费（元）			102.50	199.00	312.96	48.16	111.79	186.12
	机械费（元）			40.64	59.57	75.28	36.48	48.49	56.34
组成内容		**单位**	**单价**	**数量**					
人工	综合工 二类	工日	135.00	2.1500	3.2000	3.7100	2.4400	3.4600	4.0900
材料	木脚手杆 *D*100	m^3	1125.00	0.0170	0.0510	0.0990			
	脚手架钢管	kg	4.16				3.4200	8.8400	15.3900
	扣件（综合）	个	6.45				0.2200	0.7000	1.3200
	底座	个	6.71				0.0800	0.1600	0.2400
	木脚手板	m^3	1930.95	0.0100	0.0260	0.0450	0.0100	0.0260	0.0450
	绑扎绳	kg	9.27	1.1200	1.5000	1.7500	1.1200	1.5000	1.7500
	镀锌钢丝 *D*4.0	kg	7.08	7.4400	10.6700	13.4700			
	零星材料费	元		1.01	1.97	3.10	2.29	5.32	8.86
机械	载货汽车 6t	台班	461.82	0.0880	0.1290	0.1630	0.0790	0.1050	0.1220

工作内容： 场内外材料搬运，搭设、拆除脚手架、安全网、上下翻板和拆除后的材料堆放。 **单位：** 座

编号				26-61	26-62	26-63	26-64
项目				油画活用歇山脚手架			
				木杆（山花板高）		钢管（山花板高）	
				3m以内	5m以内	3m以内	5m以内
预算基价	总价(元)			**668.97**	**1006.00**	**775.86**	**1192.11**
	人工费(元)			548.10	783.00	660.15	1043.55
	材料费(元)			80.69	159.73	52.44	82.52
	机械费(元)			40.18	63.27	63.27	66.04
组成内容		单位	单价	数量			
人工	综合工 二类	工日	135.00	4.0600	5.8000	4.8900	7.7300
材料	木脚手杆 $D100$	m^3	1125.00	0.0200	0.0460		
	脚手架钢管	kg	4.16			8.2900	10.5800
	扣件（综合）	个	6.45			0.6000	1.1700
	木脚手板	m^3	1930.95	0.0060	0.0140	0.0060	0.0140
	镀锌钢丝 $D4.0$	kg	7.08	6.4700	11.2100		
	零星材料费	元		0.80	1.58	2.50	3.93
机械	载货汽车 6t	台班	461.82	0.0870	0.1370	0.1370	0.1430

工作内容：场内外材料搬运，搭设、拆除脚手架、安全网、上下翻板和拆除后的材料堆放。

单位：座

编号				26-65	26-66	26-67	26-68
项目				瓦活用歇山脚手架			
				木杆(山花板高)		钢管(山花板高)	
				3m以内	5m以内	3m以内	5m以内
预算基价	总价(元)			**649.06**	**945.13**	**734.70**	**1131.08**
	人工费(元)			545.40	774.90	653.40	1036.80
	材料费(元)			63.48	106.96	18.03	28.24
	机械费(元)			40.18	63.27	63.27	66.04
组成内容		单位	单价	数量			
人工	综合工 二类	工日	135.00	4.0400	5.7400	4.8400	7.6800
材料	木脚手杆 $D100$	m^3	1125.00	0.0100	0.0150		
	脚手架钢管	kg	4.16			2.2700	3.5400
	扣件（综合）	个	6.45			0.3000	0.3900
	木脚手板	m^3	1930.95	0.0030	0.0050	0.0030	0.0050
	镀锌钢丝 $D4.0$	kg	7.08	6.4700	11.2100		
	零星材料费	元		0.63	1.06	0.86	1.34
机械	载货汽车 6t	台班	461.82	0.0870	0.1370	0.1370	0.1430

工作内容：场内外材料搬运，搭设、拆除脚手架、安全网、上下翻板和拆除后的材料堆放。 **单位：**10m²

编号				26-69	26-70	26-71	26-72	26-73
项目				护头棚		木构架安装起重架（檐高）		
				木杆	钢管	6m以内	12m以内	18m以内
预算基价	总价(元)			**571.96**	**649.56**	**1089.26**	**1064.60**	**1253.11**
	人工费(元)			280.80	351.00	855.90	807.30	945.00
	材料费(元)			268.07	263.00	153.00	167.71	202.82
	机械费(元)			23.09	35.56	80.36	89.59	105.29
组成内容		**单位**	**单价**	**数量**				
人工	综合工 二类	工日	135.00	2.0800	2.6000	6.3400	5.9800	7.0000
材料	木脚手杆 $D100$	m³	1125.00	0.0310		0.0260	0.0290	0.0350
	脚手架钢管	kg	4.16		9.2000			
	扣件（综合）	个	6.45		0.8900			
	底座	个	6.71		0.2000			
	木脚手板	m³	1930.95	0.0320	0.0320	0.0050	0.0050	0.0060
	席	片	23.89	6.0000	6.0000			
	绑扎绳	kg	9.27			0.0700	0.0700	0.0800
	镀锌钢丝 $D4.0$	kg	7.08	3.5900		15.8100	17.3900	21.0600
	零星材料费	元		2.65	12.52	1.51	1.66	2.01
机械	载货汽车 6t	台班	461.82	0.0500	0.0770	0.1740	0.1940	0.2280

三、混凝土模板及支架措施费

1.现浇混凝土模板措施费

工作内容：组合钢模板安装、清理、刷润滑剂、拆除、集中堆放，木模板制作、安装、拆除，模板场外运输。

单位：m^3

编号				26-74	26-75	26-76	26-77	26-78	26-79
项目				垫层	带形基础				杯形基础
					毛石混凝土	无筋混凝土	有梁式钢筋混凝土	无梁式钢筋混凝土	
预算基价	总价(元)			**154.17**	**254.99**	**290.67**	**264.26**	**84.99**	**246.81**
	人工费(元)			118.80	164.70	184.95	163.35	59.40	153.90
	材料费(元)			34.07	83.04	96.78	90.74	20.49	86.50
	机械费(元)			1.30	7.25	8.94	10.17	5.10	6.41
组成内容		单位	单价	数量					
人工	综合工 二类	工日	135.00	0.8800	1.2200	1.3700	1.2100	0.4400	1.1400
材料	组合钢模板	kg	10.97		2.0300	2.3600	2.0000	0.7500	1.7500
	零星卡具	kg	7.57		0.3600	0.4200	1.0300	0.0400	0.3200
	钢支撑	kg	7.46		0.1800	0.2000	1.1500		0.5700
	木模板	m^3	1982.88	0.0150	0.0240	0.0280	0.0200	0.0050	0.0230
	模板铁件	kg	9.49				0.7400		
	铁钉	kg	6.68	0.3000	0.5400	0.6300	0.1600	0.1300	0.7800
	镀锌钢丝 *D*4.0	kg	7.08		0.2200	0.2600	0.0200		0.8700
	零星材料费	元		2.32	3.95	4.65	4.53	1.18	3.65
机械	载货汽车 6t	台班	461.82		0.0090	0.0110	0.0120	0.0060	0.0070
	汽车式起重机 8t	台班	767.15		0.0040	0.0050	0.0060	0.0030	0.0040
	木工圆锯机 *D*500	台班	26.53	0.0490	0.0010	0.0010	0.0010	0.0010	0.0040

工作内容：组合钢模板安装、清理、刷润滑剂、拆除、集中堆放，木模板制作、安装、拆除，模板场外运输。 **单位：**m^3

编号				26-80	26-81	26-82	26-83	26-84
项目				独立基础			满堂基础	
				毛石混凝土	无筋混凝土	钢筋混凝土	有梁式	无梁式
预算基价	总价(元)			**232.37**	**401.03**	**230.08**	**142.06**	**24.58**
	人工费(元)			135.00	194.40	162.00	109.35	17.55
	材料费(元)			91.81	199.63	64.18	31.02	6.57
	机械费(元)			5.56	7.00	3.90	1.69	0.46
组成内容		**单位**	**单价**	**数量**				
人工	综合工 二类	工日	135.00	1.0000	1.4400	1.2000	0.8100	0.1300
材料	组合钢模板	kg	10.97	2.1100	3.4500	1.9900	1.1600	0.1700
	零星卡具	kg	7.57	0.6600	0.7500	0.1800	0.3700	0.0200
	钢支撑	kg	7.46				0.3200	
	木模板	m^3	1982.88	0.0290	0.0700	0.0180	0.0020	0.0020
	模板铁件	kg	9.49				0.7400	
	铁钉	kg	6.68	0.3000	1.4000	0.3000	0.0400	0.0400
	零星材料费	元		4.16	7.95	3.29	1.85	0.32
机械	载货汽车 6t	台班	461.82	0.0070	0.0100	0.0050	0.0020	0.0010
	汽车式起重机 8t	台班	767.15	0.0030	0.0030	0.0020	0.0010	
	木工圆锯机 *D*500	台班	26.53	0.0010	0.0030	0.0020		

工作内容：组合钢模板安装、清理、刷润滑剂、拆除、集中堆放，木模板制作、安装、拆除，模板场外运输。 **单位：**m^3

编号				26-85	26-86	26-87	26-88	26-89
项目				矩形柱				异型柱（L形、T形、十字形）
				断面周长（cm）				
				70以内	100以内	150以内	150以外	
预算基价	总价（元）			**3211.55**	**2347.55**	**1320.89**	**1079.52**	**1964.73**
	人工费（元）			2292.30	1668.60	949.05	772.20	1598.40
	材料费（元）			870.88	632.25	341.53	278.70	321.61
	机械费（元）			48.37	46.70	30.31	28.62	44.72
组成内容		**单位**	**单价**	**数量**				
人工	综合工 二类	工日	135.00	16.9800	12.3600	7.0300	5.7200	11.8400
材料	组合钢模板	kg	10.97	23.9700	17.4400	9.5100	7.7400	11.7600
	零星卡具	kg	7.57	16.3100	11.8600	5.6800	4.6200	4.2600
	钢支撑	kg	7.46	31.1400	22.6500	9.8700	8.0300	9.0700
	木模板	m^3	1982.88	0.0860	0.0620	0.0450	0.0370	0.0130
	铁钉	kg	6.68	2.7300	1.9800	1.1700	0.9500	2.1100
	零星材料费	元		63.39	46.02	23.53	19.20	52.82
机械	载货汽车 6t	台班	461.82	0.0510	0.0490	0.0320	0.0300	0.0470
	汽车式起重机 8t	台班	767.15	0.0320	0.0310	0.0200	0.0190	0.0300
	木工圆锯机 *D*500	台班	26.53	0.0100	0.0110	0.0070	0.0070	

工作内容：组合钢模板安装、清理、刷润滑剂、拆除、集中堆放，木模板制作、安装、拆除，模板场外运输。 **单位：**m^3

编号				26-90	26-91	26-92	26-93
项目				圆形柱、多边形柱			构造柱
				直径(cm)			
				20以内	30以内	30以外	
预算基价	总价(元)			**2982.87**	**2183.75**	**1372.45**	**276.72**
	人工费(元)			2220.75	1599.75	999.00	193.05
	材料费(元)			739.40	562.41	352.51	78.96
	机械费(元)			22.72	21.59	20.94	4.71
组成内容		**单位**	**单价**	**数量**			
人工	综合工 二类	工日	135.00	16.4500	11.8500	7.4000	1.4300
材料	木模板	m^3	1982.88	0.3350	0.2560	0.1600	0.0250
	铁钉	kg	6.68	8.7600	6.3100	3.9400	0.3500
	零星材料费	元		16.62	12.64	8.93	27.05
机械	载货汽车 6t	台班	461.82	0.0380	0.0360	0.0350	0.0090
	木工圆锯机 *D*500	台班	26.53	0.1950	0.1870	0.1800	0.0210

工作内容：组合钢模板安装、清理、刷润滑剂、拆除、集中堆放，木模板制作、安装、拆除，模板场外运输。

单位：m^3

编号				26-94	26-95	26-96	26-97	26-98	26-99	26-100
项目				基础梁、地圈梁	矩形梁 梁高(cm) 20以内	矩形梁 梁高(cm) 30以内	矩形梁 梁高(cm) 30以外	异型梁（T形、工字形、十字形）	圈梁、过梁 直形	圈梁、过梁 弧形
预算基价	总价(元)			**661.26**	**2153.35**	**1527.82**	**1063.74**	**1470.38**	**606.71**	**1006.96**
	人工费(元)			442.80	1432.35	1011.15	697.95	939.60	457.65	656.10
	材料费(元)			199.29	687.39	484.29	334.64	509.28	134.38	339.75
	机械费(元)			19.17	33.61	32.38	31.15	21.50	14.68	11.11
组成内容		**单位**	**单价**	**数量**						
人工	综合工 二类	工日	135.00	3.2800	10.6100	7.4900	5.1700	6.9600	3.3900	4.8600
材料	组合钢模板	kg	10.97	6.1800	16.1800	11.4100	7.8800		4.9800	
	零星卡具	kg	7.57	3.9500	9.2400	6.5200	4.5000			
	钢支撑	kg	7.46		22.6000	15.9500	11.0100			
	木模板	m^3	1982.88	0.0260	0.1110	0.0780	0.0540	0.2130	0.0020	0.1450
	镀锌钢丝 *D*4.0	kg	7.08	1.3900					3.7500	
	铁钉	kg	6.68	1.7700	0.8500	0.6000	0.4100	6.5900	3.3600	3.7700
	零星材料费	元		28.37	45.57	32.11	22.18	42.91	26.79	27.05
机械	载货汽车 6t	台班	461.82	0.0230	0.0360	0.0350	0.0340	0.0400	0.0190	0.0170
	汽车式起重机 8t	台班	767.15	0.0110	0.0220	0.0210	0.0200		0.0070	
	木工圆锯机 *D*500	台班	26.53	0.0040	0.0040	0.0040	0.0040	0.1140	0.0200	0.1230

工作内容：组合钢模板安装、清理、刷润滑剂、拆除、集中堆放，木模板制作、安装、拆除，模板场外运输。 **单位：**m^3

编号				26-101	26-102	26-103	26-104	26-105	26-106	26-107
项目				弧形梁			拱形梁			老角梁、仔角梁
				梁高(cm)						
				20以内	30以内	30以外	20以内	30以内	30以外	
预算基价	总价(元)			**2108.76**	**1585.15**	**1100.24**	**2677.49**	**1891.04**	**1315.94**	**2759.77**
	人工费(元)			1563.30	1102.95	761.40	1895.40	1336.50	923.40	1898.10
	材料费(元)			526.42	463.75	321.45	760.64	534.05	372.53	832.56
	机械费(元)			19.04	18.45	17.39	21.45	20.49	20.01	29.11
组成内容		**单位**	**单价**	**数量**						
人工	综合工 二类	工日	135.00	11.5800	8.1700	5.6400	14.0400	9.9000	6.8400	14.0600
材料	木模板	m^3	1982.88	0.2230	0.1970	0.1360	0.3430	0.2420	0.1680	0.3900
	镀锌钢丝 *D*4.0	kg	7.08	3.2700	2.8800	1.9900	3.2900	2.3200	1.6100	
	铁钉	kg	6.68	7.2600	6.4000	4.4000	5.6800	4.0100	2.7800	5.6500
	零星材料费	元		12.59	9.98	8.30	19.28	10.98	9.44	21.49
机械	载货汽车 6t	台班	461.82	0.0340	0.0330	0.0310	0.0450	0.0430	0.0420	0.0450
	木工圆锯机 *D*500	台班	26.53	0.1260	0.1210	0.1160	0.0250	0.0240	0.0230	0.3140

工作内容：组合钢模板安装、清理、刷润滑剂、拆除、集中堆放，木模板制作、安装、拆除，模板场外运输。 **单位：**m³

编号				26-108	26-109	26-110	26-111	26-112	26-113	26-114
项目				直形墙			弧形墙			挡土墙
				墙厚(cm以内)						
				10	20	30	10	20	30	
预算基价	总价(元)			**1684.95**	**891.43**	**540.29**	**2847.04**	**1514.99**	**912.37**	**458.43**
	人工费(元)			1155.60	615.60	369.90	1413.45	751.95	452.25	336.15
	材料费(元)			460.24	238.92	147.77	1404.43	747.10	450.64	102.45
	机械费(元)			69.11	36.91	22.62	29.16	15.94	9.48	19.83
组成内容		**单位**	**单价**	**数量**						
人工	综合工 二类	工日	135.00	8.5600	4.5600	2.7400	10.4700	5.5700	3.3500	2.4900
材料	组合钢模板	kg	10.97	18.4000	9.7900	5.8900				4.6300
	零星卡具	kg	7.57	11.2800	6.0000	3.6100	10.5300	5.6000	3.3700	2.4300
	钢支撑	kg	7.46	6.3000	3.3500	2.0200				3.2400
	木模板	m³	1982.88	0.0120	0.0040	0.0040	0.5640	0.3000	0.1810	0.0020
	模板铁件	kg	9.49	0.9100	0.4800	0.2900	5.5400	2.9500	1.7800	
	铁钉	kg	6.68	0.1400	0.0800	0.0500	7.3600	3.9200	2.3600	0.0500
	零星材料费	元		92.64	48.09	29.74	104.63	55.66	33.57	4.79
机械	载货汽车 6t	台班	461.82	0.0730	0.0400	0.0240	0.0490	0.0270	0.0160	0.0210
	汽车式起重机 8t	台班	767.15	0.0460	0.0240	0.0150				0.0130
	木工圆锯机 *D*500	台班	26.53	0.0040	0.0010	0.0010	0.2460	0.1310	0.0790	0.0060

工作内容：组合钢模板安装、清理、刷润滑剂、拆除、集中堆放，木模板制作、安装、拆除，模板场外运输。 **单位：**m^3

编号				26-115	26-116	26-117	26-118	26-119
项目				有梁板		平板		拱形板
				板厚(cm)				
				10以内	10以外	10以内	10以外	
预算基价	总价(元)			**1005.88**	**758.58**	**963.48**	**643.23**	**1081.54**
	人工费(元)			681.75	514.35	648.00	432.00	808.65
	材料费(元)			275.28	207.54	270.58	181.18	257.71
	机械费(元)			48.85	36.69	44.90	30.05	15.18
组成内容		**单位**	**单价**	**数量**				
人工	综合工 二类	工日	135.00	5.0500	3.8100	4.8000	3.2000	5.9900
材料	组合钢模板	kg	10.97	7.7100	5.8200	8.2400	5.4900	
	零星卡具	kg	7.57	4.3600	3.2900	3.3400	2.2300	0.2000
	钢支撑	kg	7.46	6.2100	4.6900	5.7900	3.8600	3.8600
	木模板	m^3	1982.88	0.0280	0.0210	0.0340	0.0230	0.0910
	铁件	kg	9.49					0.6400
	镀锌钢丝 $D4.0$	kg	7.08	2.3700	1.7900			0.8000
	铁钉	kg	6.68	0.1800	0.1400	0.2200	0.1500	2.2000
	零星材料费	元		37.87	28.55	42.82	28.67	20.52
机械	载货汽车 6t	台班	461.82	0.0540	0.0410	0.0490	0.0330	0.0250
	汽车式起重机 8t	台班	767.15	0.0310	0.0230	0.0290	0.0190	
	木工圆锯机 $D500$	台班	26.53	0.0050	0.0040	0.0010	0.0090	0.1370

工作内容：组合钢模板安装、清理、刷润滑剂、拆除、集中堆放，木模板制作、安装、拆除，模板场外运输。 **单位：**m^3

编号				26-120	26-121	26-122	26-123
项目				无椽望板		椽望板	翼角板
				板厚(cm)			
				6以内	6以外		
预算基价	总价(元)			**2544.72**	**1631.94**	**3317.58**	**3723.29**
	人工费(元)			1792.80	1140.75	2338.20	2455.65
	材料费(元)			706.18	461.06	919.69	1189.89
	机械费(元)			45.74	30.13	59.69	77.75
组成内容		**单位**	**单价**	**数量**			
人工	综合工 二类	工日	135.00	13.2800	8.4500	17.3200	18.1900
材料	木模板	m^3	1982.88	0.3210	0.2100	0.4180	0.5490
	铁钉	kg	6.68	7.6500	4.8700	9.9800	10.4800
	零星材料费	元		18.57	12.12	24.18	31.28
机械	载货汽车 6t	台班	461.82	0.0620	0.0410	0.0810	0.1050
	木工圆锯机 *D*500	台班	26.53	0.6450	0.4220	0.8400	1.1030

工作内容：组合钢模板安装、清理、刷润滑剂、拆除、集中堆放，木模板制作、安装、拆除，模板场外运输。

编号				26-124	26-125	26-126	26-127	26-128	26-129
项目				整体楼梯		古式		鹅颈靠背	
				直形（$10m^2$）	弧形（$10m^2$）	栏板（10m）	栏杆（10m）	简式（10m）	繁式（10m）
预算基价	总价(元)			**2677.00**	**3416.46**	**1777.45**	**3216.34**	**2615.75**	**3080.15**
	人工费(元)			1794.15	2411.10	1001.70	2848.50	2323.35	2787.75
	材料费(元)			839.22	954.28	754.35	357.79	285.24	285.24
	机械费(元)			43.63	51.08	21.40	10.05	7.16	7.16
组成内容		**单位**	**单价**	**数量**					
人工	综合工 二类	工日	135.00	13.2900	17.8600	7.4200	21.1000	17.2100	20.6500
材料	木模板	m^3	1982.88	0.3460	0.4050	0.3440	0.1590	0.1160	0.1160
	铁钉	kg	6.68	10.6800	12.9800	7.9000	4.8800	3.5400	3.5400
	零星材料费	元		81.80	64.51	19.47	9.91	31.58	31.58
机械	载货汽车 6t	台班	461.82	0.0600	0.0720	0.0360	0.0170	0.0120	0.0120
	木工圆锯机 *D*500	台班	26.53	0.6000	0.6720	0.1800	0.0830	0.0610	0.0610

工作内容：组合钢模板安装、清理、刷润滑剂、拆除、集中堆放，木模板制作、安装、拆除，模板场外运输。 **单位：**m^3

编号				26-130	26-131	26-132	26-133	26-134
项目				压顶	零星构件	栏板	挑檐、天沟	桁、檩垫板
预算基价	总价(元)			**1183.38**	**3337.27**	**2667.32**	**2944.23**	**2948.12**
	人工费(元)			839.70	1869.75	1124.55	2081.70	1405.35
	材料费(元)			333.00	1412.16	1509.45	816.27	1509.45
	机械费(元)			10.68	55.36	33.32	46.26	33.32
组成内容		**单位**	**单价**	**数量**				
人工	综合工 二类	工日	135.00	6.2200	13.8500	8.3300	15.4200	10.4100
材料	木模板	m^3	1982.88	0.1290	0.5910	0.7360	0.3220	0.7360
	铁钉	kg	6.68	4.9800	20.1300	6.4800	11.0000	6.4800
	零星材料费	元		43.94	105.81	6.76	104.30	6.76
机械	载货汽车 6t	台班	461.82	0.0190	0.1020	0.0560	0.0630	0.0560
	木工圆锯机 *D*500	台班	26.53	0.0720	0.3110	0.2810	0.6470	0.2810

工作内容：组合钢模板安装、清理、刷润滑剂、拆除、集中堆放，木模板制作、安装、拆除，模板场外运输。

编号				26-135	26-136	26-137	26-138	26-139
项目				斗拱 (m^3)	古式零件 (m^3)	预留部位浇捣 (m^3)	明沟 (m^3)	台阶 ($10m^2$)
预算基价	总价(元)			**6473.86**	**6071.30**	**3398.54**	**644.13**	**542.05**
	人工费(元)			4365.90	3951.45	2443.50	332.10	398.25
	材料费(元)			2024.42	2035.77	920.45	303.65	132.33
	机械费(元)			83.54	84.08	34.59	8.38	11.47
组成内容		单位	单价	数量				
人工	综合工 二类	工日	135.00	32.3400	29.2700	18.1000	2.4600	2.9500
材料	木模板	m^3	1982.88	0.8890	0.8940	0.3910	0.1420	0.0600
	铁钉	kg	6.68	31.2000	31.3700	8.6400	1.1000	2.0000
	镀锌钢丝 *D*4.0	kg	7.08			8.9300		
	零星材料费	元		53.22	53.52	24.20	14.73	
机械	载货汽车 6t	台班	461.82	0.1540	0.1550	0.0580	0.0130	0.0180
	木工圆锯机 *D*500	台班	26.53	0.4680	0.4710	0.2940	0.0330	0.1190
	木工压刨床 单面600	台班	32.70				0.0460	

工作内容：组合钢模板安装、清理、刷润滑剂、拆除、集中堆放，木模板制作、安装、拆除，模板场外运输。 **单位：**m^3

编号				26-140	26-141	26-142	26-143	26-144
项目				水池、喷泉池			花池、花坛壁	
				池底	壁厚(cm)			
					15以内	15以外	10以内	10以外
预算基价	总价(元)			**190.23**	**1620.63**	**1350.34**	**1287.18**	**1072.24**
	人工费(元)			124.20	1111.05	926.10	777.60	648.00
	材料费(元)			64.25	484.77	403.60	484.77	403.60
	机械费(元)			1.78	24.81	20.64	24.81	20.64
组成内容		**单位**	**单价**	**数量**				
人工	综合工 二类	工日	135.00	0.9200	8.2300	6.8600	5.7600	4.8000
材料	木模板	m^3	1982.88	0.0310	0.2330	0.1940	0.2330	0.1940
	铁钉	kg	6.68	0.3200	2.2600	1.8800	2.2600	1.8800
	镀锌钢丝 $D4.0$	kg	7.08		0.6400	0.5300	0.6400	0.5300
	零星材料费	元		0.64	3.13	2.61	3.13	2.61
机械	载货汽车 6t	台班	461.82	0.0030	0.0370	0.0290	0.0370	0.0290
	木工圆锯机 $D500$	台班	26.53	0.0150	0.2910	0.2730	0.2910	0.2730

工作内容：场内运输，模板制作、安装、拆除、堆放、清理膜内杂物、刷隔离剂等。 **单位**：$10m^2$

编号				26-145
项目				现浇混凝土面层模板
预算基价	总价(元)			**467.78**
	人工费(元)			166.83
	材料费(元)			300.80
	机械费(元)			0.15
组成内容		单位	单价	数量
人工	综合工 二类	工日	135.00	1.2358
材料	复合模板	m^2	48.50	2.4675
	板枋材	m^3	2001.17	0.0722
	钢筋（综合）	kg	3.55	8.6518
	圆钉（综合）	kg	6.68	0.1837
	隔离剂	kg	4.20	1.0000
	镀锌钢丝 8#～12#	kg	6.04	0.0180
	水	m^3	7.62	0.0004
	水泥	kg	0.39	0.5859
	砂子	t	87.03	0.0018
	水泥砂浆 1:2.5	m^3		(0.0012)
机械	木工圆锯机 *D*500	台班	26.53	0.0037
	干混砂浆罐式搅拌机	台班	254.19	0.0002

2.预制混凝土模板措施费

工作内容：组合钢模板安装、清理、刷润滑剂、拆除、集中堆放，木模板制作、安装、拆除，模板场外运输。 **单位：**m^3

编号				26-146	26-147	26-148	26-149	26-150	26-151
项目				矩形柱			圆形柱、多边形柱		
				断面周长(cm)			直径(cm)		
				70以内	100以内	100以外	20以内	30以内	30以外
预算基价	总价(元)			**1886.49**	**1560.03**	**1235.85**	**1190.98**	**895.46**	**628.80**
	人工费(元)			564.30	410.40	259.20	660.15	502.20	353.70
	材料费(元)			1294.13	1125.25	956.36	498.97	369.71	258.40
	机械费(元)			28.06	24.38	20.29	31.86	23.55	16.70
组成内容		**单位**	**单价**	**数量**					
人工	综合工 二类	工日	135.00	4.1800	3.0400	1.9200	4.8900	3.7200	2.6200
材料	组合钢模板	kg	10.97	1.8300	1.5900	1.3500			
	零星卡具	kg	7.57	2.8500	2.4800	2.1100			
	木模板	m^3	1982.88	0.0290	0.0250	0.0210	0.1430	0.1060	0.0740
	砖地模	m^2	96.02	9.5300	8.2900	7.0500			
	铁件	kg	9.49	20.4700	17.8000	15.1300	21.2000	15.7000	10.9900
	铁钉	kg	6.68	3.4500	3.0000	2.5500	0.8200	0.6100	0.4300
	电焊条（综合）	kg	7.59	0.7200	0.6300	0.5400	0.7600	0.5600	0.3900
	镀锌钢丝 *D*4.0	kg	7.08	6.6200	5.7600	4.9000			
	零星材料费	元		10.27	8.93	7.59	2.98	2.21	1.54
机械	载货汽车 6t	台班	461.82	0.0180	0.0160	0.0130	0.0380	0.0280	0.0200
	汽车式起重机 8t	台班	767.15	0.0140	0.0120	0.0100			
	木工圆锯机 *D*500	台班	26.53	0.0040	0.0030	0.0030	0.0890	0.0660	0.0460
	木工压刨床 单面600	台班	32.70	0.0040	0.0030	0.0030	0.0890	0.0660	0.0460
	电焊机（综合）	台班	89.46	0.0980	0.0850	0.0720	0.1010	0.0750	0.0530

工作内容：组合钢模板安装、清理、刷润滑剂、拆除、集中堆放，木模板制作、安装、拆除，模板场外运输。 **单位：**m^3

编号				26-152	26-153	26-154	26-155	26-156	26-157
项目				矩形梁			拱形梁	过梁	老角梁、仔角梁
				梁高(cm)					
				20以内	30以内	30以外			
预算基价	总价(元)			**1220.77**	**946.69**	**803.63**	**1368.86**	**583.46**	**1506.31**
	人工费(元)			681.75	477.90	382.05	799.20	367.20	804.60
	材料费(元)			498.14	433.36	389.46	534.70	202.86	677.70
	机械费(元)			40.88	35.43	32.12	34.96	13.40	24.01
组成内容		**单位**	**单价**	**数量**					
人工	综合工 二类	工日	135.00	5.0500	3.5400	2.8300	5.9200	2.7200	5.9600
材料	组合钢模板	kg	10.97	3.3200	2.8900	2.6000			
	零星卡具	kg	7.57	3.3800	2.9400	2.6500			
	木模板	m^3	1982.88	0.1460	0.1270	0.1140	0.1690	0.0640	0.2730
	混凝土地模	m^2	260.09				0.6300	0.2400	
	铁件	kg	9.49	7.1300	6.2000	5.5800			6.4200
	铁钉	kg	6.68	4.8500	4.2200	3.8000	2.8300	1.0700	10.8900
	镀锌钢丝 $D4.0$	kg	7.08	4.9300	4.2900	3.8600			
	电焊条（综合）	kg	7.59	0.2500	0.2200	0.2000			
	零星材料费	元		9.77	8.50	7.64	16.83	6.39	2.70
机械	载货汽车 6t	台班	461.82	0.0340	0.0300	0.0270	0.0730	0.0280	0.0420
	汽车式起重机 8t	台班	767.15	0.0270	0.0230	0.0210			
	木工圆锯机 $D500$	台班	26.53	0.0240	0.0210	0.0190	0.0210	0.0080	0.0310
	木工压刨床 单面600	台班	32.70	0.0240	0.0210	0.0190	0.0210	0.0080	0.0310
	电焊机（综合）	台班	89.46	0.0340	0.0300	0.0270			0.0310

工作内容：组合钢模板安装、清理、刷润滑剂、拆除、集中堆放，木模板制作、安装、拆除，模板场外运输。 **单位：**m^3

编号				26-158	26-159	26-160	26-161	26-162	26-163
项目				矩形檩		圆形檩		方形直椽	
				高度(cm)		直径(cm)			
				20以内	20外	15以内	15以外	8以内	8以外
预算基价	总价(元)			**576.22**	**412.45**	**1693.30**	**1212.25**	**1392.59**	**995.54**
	人工费(元)			469.80	336.15	900.45	645.30	1090.80	780.30
	材料费(元)			104.51	74.86	744.55	532.51	299.77	213.74
	机械费(元)			1.91	1.44	48.30	34.44	2.02	1.50
组成内容		**单位**	**单价**	**数量**					
人工	综合工 二类	工日	135.00	3.4800	2.4900	6.6700	4.7800	8.0800	5.7800
材料	木模板	m^3	1982.88	0.0360	0.0260	0.2350	0.1680	0.0840	0.0600
	混凝土地模	m^2	260.09	0.1000	0.0700	0.8800	0.6300	0.2400	0.1700
	铁钉	kg	6.68	0.4200	0.3000	3.9300	2.8100	9.7400	6.9600
	镀锌钢丝 *D*4.0	kg	7.08					0.0600	0.0400
	零星材料费	元		4.31	3.09	23.44	16.76	5.30	3.78
机械	载货汽车 6t	台班	461.82	0.0040	0.0030	0.1010	0.0720	0.0040	0.0030
	木工圆锯机 *D*500	台班	26.53	0.0010	0.0010	0.0280	0.0200	0.0030	0.0020
	木工压刨床 单面600	台班	32.70	0.0010	0.0010	0.0280	0.0200	0.0030	0.0020

工作内容：组合钢模板安装、清理、刷润滑剂、拆除、集中堆放，木模板制作、安装、拆除，模板场外运输。　　**单位：**m^3

编号				26-164	26-165	26-166	26-167	26-168	26-169
项目				圆形直椽直径(cm) 8以内	圆形直椽直径(cm) 8以外	弯形椽	屋面板	椽望板	翼角板
预算基价	总价(元)			**1859.51**	**1154.41**	**2108.04**	**238.34**	**1292.04**	**1996.46**
	人工费(元)			1479.60	984.15	1725.30	137.70	884.25	930.15
	材料费(元)			377.36	169.22	380.19	100.40	388.19	1014.90
	机械费(元)			2.55	1.04	2.55	0.24	19.60	51.41
组成内容		**单位**	**单价**	**数量**					
人工	综合工 二类	工日	135.00	10.9600	7.2900	12.7800	1.0200	6.5500	6.8900
材料	木模板	m^3	1982.88	0.1050	0.0470	0.1060	0.0210	0.1340	0.3500
	混凝土地模	m^2	260.09	0.3100	0.1400	0.3100	0.1900	0.3700	0.9700
	铁钉	kg	6.68	12.1800	5.4500	12.3000	0.3700	0.3400	0.8900
	镀锌钢丝 *D*4.0	kg	7.08	0.0700	0.0300	0.0700			
	铁件	kg	9.49					1.5400	4.0200
	电焊条（综合）	kg	7.59					0.0600	0.1600
	零星材料费	元		6.67	2.99	6.72	6.87	8.91	23.30
机械	载货汽车 6t	台班	461.82	0.0050	0.0020	0.0050		0.0350	0.0920
	木工圆锯机 *D*500	台班	26.53	0.0040	0.0020	0.0040	0.0040	0.0460	0.1190
	木工压刨床 单面600	台班	32.70	0.0040	0.0020	0.0040	0.0040	0.0460	0.1190
	电焊机（综合）	台班	89.46					0.0080	0.0210

工作内容：组合钢模板安装、清理、刷润滑剂、拆除、集中堆放，木模板制作、安装、拆除，模板场外运输。

单位：10m²

编号				26-170	26-171	26-172	26-173	26-174	26-175
项目				花窗		门框	窗框	栏杆件	鹅颈靠背
				简单	复杂				
预算基价	总价(元)			**479.37**	**1998.76**	**337.57**	**280.00**	**1733.58**	**1454.59**
	人工费(元)			379.35	1756.35	276.75	195.75	1570.05	1314.90
	材料费(元)			84.12	203.72	50.93	70.83	137.28	117.37
	机械费(元)			15.90	38.69	9.89	13.42	26.25	22.32
组成内容		**单位**	**单价**	**数量**					
人工	综合工 二类	工日	135.00	2.8100	13.0100	2.0500	1.4500	11.6300	9.7400
材料	木模板	m³	1982.88	0.0380	0.0920	0.0230	0.0320	0.0620	0.0530
	铁钉	kg	6.68	0.6900	1.6800	0.4200	0.5800	1.1300	0.9700
	零星材料费	元		4.16	10.07	2.52	3.50	6.79	5.80
机械	载货汽车 6t	台班	461.82	0.0320	0.0780	0.0200	0.0270	0.0530	0.0450
	木工圆锯机 *D*500	台班	26.53	0.0190	0.0450	0.0110	0.0160	0.0300	0.0260
	木工压刨床 单面600	台班	32.70	0.0190	0.0450	0.0110	0.0160	0.0300	0.0260

工作内容：组合钢模板安装、清理、刷润滑剂、拆除、集中堆放，木模板制作、安装、拆除，模板场外运输。 **单位：**m^3

编号				26-176	26-177	26-178
项目				斗拱	古式零件	零星构件
预算基价	总价(元)			**2727.85**	**2679.33**	**794.47**
	人工费(元)			2119.50	1918.35	450.90
	材料费(元)			578.77	724.12	326.78
	机械费(元)			29.58	36.86	16.79
组成内容		**单位**	**单价**	**数量**		
人工	综合工 二类	工日	135.00	15.7000	14.2100	3.3400
材料	木模板	m^3	1982.88	0.2000	0.2500	0.1130
	混凝土地模	m^2	260.09	0.5500	0.6900	0.3100
	铁钉	kg	6.68	0.5000	0.6200	0.2800
	铁件	kg	9.49	2.3000	2.8800	1.3000
	电焊条（综合）	kg	7.59	0.0900	0.1100	0.0500
	零星材料费	元		13.29	16.63	7.50
机械	载货汽车 6t	台班	461.82	0.0530	0.0660	0.0300
	木工圆锯机 *D*500	台班	26.53	0.0680	0.0850	0.0390
	木工压刨床 单面600	台班	32.70	0.0680	0.0850	0.0390
	电焊机（综合）	台班	89.46	0.0120	0.0150	0.0070

3.浇筑混凝土高度超过3.3m增价

工作内容：支撑安装、拆除、整理堆放及场内外运输。 **单位：**$10m^3$

编号				26-179	26-180	26-181	26-182
项目				浇筑混凝土高度超过3.3m增价(每超高1m)			
				柱	梁	墙	板
预算基价	总价(元)			**114.62**	**1599.39**	**78.25**	**867.04**
	人工费(元)			97.20	1370.25	68.85	770.85
	材料费(元)			15.73	66.24	5.71	66.99
	机械费(元)			1.69	162.90	3.69	29.20
组成内容		**单位**	**单价**	**数量**			
人工	综合工 二类	工日	135.00	0.7200	10.1500	0.5100	5.7100
材料	钢支撑	kg	7.46	0.7800	8.8800	0.5000	8.9800
	木模板	m^3	1982.88	0.0050		0.0010	
机械	载货汽车 6t	台班	461.82	0.0020	0.1700	0.0030	0.0300
	汽车式起重机 8t	台班	767.15	0.0010	0.1100	0.0030	0.0200

四、混凝土泵送费

工作内容：将混凝土输送至浇灌点。 **单位：**m^3

				26-183	26-184
编号				26-183	26-184
项目				混凝土泵送费	
				固定泵	
				±0.00以下	±0.00以上
预算基价	总价(元)			**19.41**	**21.62**
	人工费(元)			2.57	3.38
	材料费(元)			4.83	6.23
	机械费(元)			12.01	12.01
组成内容		单位	单价	数量	
人工	综合工 二类	工日	135.00	0.0190	0.0250
材料	泵管	m	60.57	0.0128	0.0128
	卡箍	个	76.15	0.0060	0.0060
	密封圈	个	4.33	0.0270	0.0270
	橡胶压力管	m	90.86	0.0090	0.0090
	水	m^3	7.62	0.0546	0.0550
	预拌混凝土 AC30	m^3	472.89	0.0015	0.0018
	铁件	kg	9.49		0.0644
	方木	m^3	3266.74		0.0003
	钢丝绳 *D*7.5	kg	6.66		0.0051
	热轧槽钢 20#	kg	3.57		0.0109
	水泥	kg	0.39	1.2120	1.2120
	砂子	t	87.03	0.0059	0.0059
	零星材料费	元		0.55	0.14
	水泥砂浆 M10	m^3		(0.0040)	(0.0040)
机械	综合机械	元		12.01	12.01

五、绿化工程措施费

1.排　　盐

工作内容：塑料淋水管铺设项目包括检查及清扫管材，切管、对口、粘结、管道安装、调直及管件安装。

单位：10m

编号				26-185	26-186	26-187	26-188	26-189	26-190
项目				塑料淋水管铺设(公称直径mm以内)					
				50	75	110	125	140	160
预算基价	总价(元)			**80.32**	**107.73**	**142.01**	**162.57**	**177.66**	**204.83**
	人工费(元)			79.65	106.65	140.40	160.65	175.50	202.50
	材料费(元)			0.67	1.00	1.53	1.84	2.08	2.22
	机械费(元)				0.08	0.08	0.08	0.08	0.11
组成内容		**单位**	**单价**	**数量**					
人工	综合工　二类	工日	135.00	0.5900	0.7900	1.0400	1.1900	1.3000	1.5000
材料	塑料淋水管	m		(10.0000)	(10.0000)	(10.0000)	(10.0000)	(10.0000)	(10.0000)
	锯条	根	0.42	0.0240					
	丙酮	kg	9.89	0.0150	0.0230	0.0470	0.0540	0.0650	0.0700
	胶粘剂	kg	18.17	0.0100	0.0160	0.0320	0.0360	0.0430	0.0480
	砂布	张	0.93	0.3500	0.5200	0.5200	0.7000	0.7000	0.7000
机械	木工圆锯机 *D*500	台班	26.53		0.0030	0.0030	0.0030	0.0030	0.0040

工作内容：塑料淋水管铺设项目包括检查及清扫管材，切管、对口、粘结、管道安装、调直及管件安装。 **单位：**个

编号					26-191	26-192	26-193	26-194	26-195	26-196
项目					塑料管件安装（公称直径mm以内）					
					50	75	110	125	140	160
预算基价	总价（元）				**11.45**	**17.23**	**25.77**	**30.13**	**35.64**	**38.52**
	人工费（元）				10.80	16.20	24.30	28.35	33.75	36.45
	材料费（元）				0.65	0.95	1.39	1.70	1.81	1.96
	机械费（元）					0.08	0.08	0.08	0.08	0.11
组成内容		**单位**	**单价**		**数量**					
人工	综合工 二类	工日	135.00		0.0800	0.1200	0.1800	0.2100	0.2500	0.2700
材料	塑料管件	个			(1.0000)	(1.0000)	(1.0000)	(1.0000)	(1.0000)	(1.0000)
	锯条	根	0.42		0.0300					
	丙酮	kg	9.89		0.0120	0.0180	0.0380	0.0430	0.0470	0.0550
	胶粘剂	kg	18.17		0.0080	0.0120	0.0250	0.0290	0.0330	0.0370
	砂布	张	0.93		0.4000	0.6000	0.6000	0.8000	0.8000	0.8000
机械	木工圆锯机 *D*500	台班	26.53			0.0030	0.0030	0.0030	0.0030	0.0040

工作内容：1.铺设混凝土淋水管项目包括找泛水、清理、铺管、调制砂浆、接口、养护。2.铺淋水层项目包括分层均匀铺平。

编号				26-197	26-198	26-199	26-200	26-201
项目				铺设混凝土淋水管（公称直径mm以内）		铺淋水层		
				200 （10m）	300 （10m）	石屑 （m^3）	碎石 （m^3）	炉渣 （m^3）
预算基价	总价（元）			**1056.28**	**1155.74**	**224.34**	**217.67**	**176.20**
	人工费（元）			170.10	175.50	65.54	75.71	44.07
	材料费（元）			886.18	980.24	158.80	141.96	132.13
组成内容		**单位**	**单价**	**数量**				
人工	综合工 二类	工日	135.00	1.2600	1.3000			
	综合工 三类	工日	113.00			0.5800	0.6700	0.3900
材料	混凝土淋水管 *D*200	m	85.16	10.1500				
	混凝土淋水管 *D*300	m	93.68		10.1500			
	页岩标砖 240×115×53	100块	51.36	0.2000	0.2000			
	水泥	kg	0.39	8.3000	12.2100			
	砂子	t	87.03	0.0260	0.0380		0.0410	
	石屑	t	82.88			1.9160		
	碴石 19～25	t	87.81				1.5760	
	炉渣	m^3	108.30					1.2200
	草袋 840×760	m^2	3.34	0.7200	0.8700			
	水	m^3	7.62	0.4760	1.0680			
	水泥砂浆 1∶2.5	m^3		（0.0170）	（0.0250）			

2.树 木 支 撑

工作内容：场内运输、制桩、运桩、打桩、绑桩、维护等。 **单位：**株

编号				26-202	26-203	26-204	26-205	26-206
项目				树棍桩				
				四脚桩	三脚桩	长单桩	短单桩	铅丝吊桩
预算基价	总价(元)			**38.32**	**28.75**	**14.42**	**9.58**	**5490.02**
	人工费(元)			10.31	7.74	5.16	2.58	9.02
	材料费(元)			28.01	21.01	9.26	7.00	5481.00
组成内容		**单位**	**单价**	**数量**				
人工	综合工 二类	工日	135.00	0.0764	0.0573	0.0382	0.0191	0.0668
材料	树(竹)棍长 ≤2.2m	根	6.90	4.0000	3.0000		1.0000	
	树(竹)棍长 >2.2m	根	9.12			1.0000		
	木桩	m^3	1800.00					3.0000
	零星材料费	元		0.41	0.31	0.14	0.10	81.00

3.草 绳 缠 干

工作内容：场内运输、绕干、余料清理、养护后期清理等。 **单位：**株

编号				26-207	26-208	26-209	26-210	26-211	26-212	26-213
项目				草绳缠干						
				胸径≤6cm/干径≤8cm		胸径≤10cm/干径≤12cm		胸径≤20cm/干径≤24cm		
				缠干高度(m)						
				1.5以内	1.5以外	1.5以内	1.5以外	1.5以内	3以内	3以外
预算基价	总价(元)			**18.23**	**22.87**	**28.63**	**33.24**	**56.89**	**100.59**	**125.75**
	人工费(元)			5.79	6.70	7.74	8.88	13.53	17.66	17.91
	材料费(元)			12.44	16.17	20.89	24.36	43.36	82.93	107.84
组成内容		**单位**	**单价**	**数量**						
人工	综合工 二类	工日	135.00	0.0429	0.0496	0.0573	0.0658	0.1002	0.1308	0.1327
材料	草绳	kg	7.12	1.7220	2.2380	2.8900	3.3710	6.0000	11.4750	14.9230
	零星材料费	元		0.18	0.24	0.31	0.36	0.64	1.23	1.59

工作内容：场内运输、绕干、余料清理、养护后期清理等。　　**单位：**株

编号					26-214	26-215	26-216	26-217	26-218	26-219
项目					草绳缠干					
					胸径≤32cm/干径≤35cm			胸径≤40cm/干径≤45cm		
					缠干高度(m)					
					1.5以内	3以内	3以外	1.5以内	3以内	3以外
预算基价	总价(元)				**79.61**	**144.35**	**168.24**	**121.12**	**190.92**	**305.28**
	人工费(元)				17.39	19.97	23.07	21.78	25.02	28.74
	材料费(元)				62.22	124.38	145.17	99.34	165.90	276.54
组成内容			**单位**	**单价**	**数量**					
人工	综合工 二类		工日	135.00	0.1288	0.1479	0.1709	0.1613	0.1853	0.2129
材料	草绳		kg	7.12	8.6100	17.2100	20.0870	13.7460	22.9570	38.2650
	零星材料费		元		0.92	1.84	2.15	1.47	2.45	4.09

工作内容：场内运输、绕干、余料清理、养护后期清理等。　　　　**单位：**株

编号					26-220	26-221	26-222	26-223	26-224	26-225
项目					草绳缠干					
					胸径≤45cm/干径≤50cm			胸径≤50cm/干径≤55cm		
					缠干高度(m)					
					1.5以内	3以内	3以外	1.5以内	3以内	3以外
预算基价	总价(元)				**133.25**	**210.08**	**335.91**	**146.51**	**231.02**	**369.40**
	人工费(元)				23.98	27.59	31.71	26.30	30.28	34.80
	材料费(元)				109.27	182.49	304.20	120.21	200.74	334.60
组成内容			**单位**	**单价**	**数量**					
人工	综合工 二类		工日	135.00	0.1776	0.2044	0.2349	0.1948	0.2243	0.2578
材料	草绳		kg	7.12	15.1210	25.2520	42.0920	16.6330	27.7770	46.3010
	零星材料费		元		1.61	2.70	4.50	1.78	2.97	4.94

4.搭设遮阴棚

工作内容：制作、场内运输、搭设、维护、养护后清理等。

单位：株

编号					26-226	26-227	26-228	26-229
项目					无支撑			
					乔木高度(cm)			
					150以内	300以内	500以内	500以外
预算基价	总价(元)				**12.91**	**29.71**	**76.79**	**122.45**
	人工费(元)				3.86	7.74	24.49	37.38
	材料费(元)				9.05	21.97	52.30	85.07
组成内容		**单位**	**单价**		**数量**			
人工	综合工 二类	工日	135.00		0.0286	0.0573	0.1814	0.2769
材料	遮阴网	m^2	1.36		3.1000	12.6000	34.9000	59.0000
	镀锌钢丝 $8^{\#}\sim12^{\#}$	kg	6.04		0.8000	0.8000	0.8000	0.8000

工作内容：制作、场内运输、搭设、维护、养护后清理等。 **单位：**$10m^2$

编号				26-230	26-231	26-232
项目				无支撑		
				露地花卉、地被、片植灌木高度(cm)		
				100以内	300以内	500以内
预算基价	总价(元)			**89.54**	**146.10**	**183.51**
	人工费(元)			51.56	64.45	68.32
	材料费(元)			37.98	81.65	115.19
组成内容		**单位**	**单价**	**数量**		
人工	综合工 二类	工日	135.00	0.3819	0.4774	0.5061
材料	遮阴网	m^2	1.36	10.5000	10.5000	10.5000
	竹梢	根	5.33	3.2000	8.9000	12.7000
	镀锌钢丝 $8^{\#}\sim12^{\#}$	kg	6.04	1.1000	3.3000	5.5000

工作内容：制作、场内运输、搭设、维护、养护后清理等。

单位：10m²

编号				26-233	26-234	26-235
项目				钢管支撑		
				遮阴棚搭设高度(cm)		
				300以内	500以内	500以外
预算基价	总价(元)			**122.37**	**172.30**	**224.46**
	人工费(元)			92.81	140.51	192.08
	材料费(元)			29.56	31.79	32.38
组成内容		**单位**	**单价**	**数量**		
人工	综合工 二类	工日	135.00	0.6875	1.0408	1.4228
材料	遮阴网	m^2	1.36	12.0000	12.0000	12.0000
	钢管	kg	3.81	1.4000	1.8000	2.1000
	扣件（综合）	套	2.20	0.5210	0.8410	0.9070
	镀锌钢丝 8#～12#	kg	6.04	1.1190	1.1190	1.0040

5.搭设防寒棚

工作内容：制作、场内运输、搭设、维护、养护后清理等。 **单位：**10m²

编号				26-236	26-237	26-238	26-239	26-240
项目				乔木高度(cm)				灌木
				200以内	400以内	600以内	800以内	
预算基价	总价(元)			**396.24**	**379.77**	**468.89**	**582.09**	**174.70**
	人工费(元)			169.38	282.31	367.00	477.09	64.45
	材料费(元)			226.86	97.46	101.89	105.00	110.25
组成内容		**单位**	**单价**	**数量**				
人工	综合工 二类	工日	135.00	1.2547	2.0912	2.7185	3.5340	0.4774
材料	防寒膜	m^2	1.55	14.0000	14.0000	14.5000	14.5000	
	无纺布	m^2	2.67	14.0000	14.0000	14.5000	14.5000	12.0000
	松木干	m	3.00	45.4900				6.5000
	木方 40×30	m	2.80	5.8300	6.7700	7.5000	8.3300	14.8000
	细麻绳	kg	16.55	0.1300	0.1300	0.1300	0.1300	
	镀锌钢丝 8#～12#	kg	6.04	1.5700	1.5700	1.5700	1.5700	2.5900
	脚手架钢管	kg	4.16		0.9700	0.9900	1.0000	
	直角扣件	个	6.42		0.3600	0.3800	0.4900	
	零星材料费	元		3.35	1.44	1.51	1.55	1.63

6.树 体 输 液

工作内容：场内运输、打孔、挂输液袋等。 **单位：**组

编号				26-241
项目				树体输液
预算基价	总价(元)			**19.00**
	人工费(元)			0.65
	材料费(元)			18.35
组成内容		**单位**	**单价**	**数量**
人工	综合工 二类	工日	135.00	0.0048
材料	袋装营养液	组	18.08	1.0000
	零星材料费	元		0.27

7.树 干 涂 白

工作内容：场内运输、调制涂白剂、粉刷高度1.2m、清理等。　　　　**单位：**株

编号				26-242	26-243	26-244	26-245
项目				乔木树干涂白(胸径/干径 cm)			
				10/12以内	20/24以内	32/35以内	32/35以外
预算基价	总价(元)			**2.23**	**4.02**	**5.48**	**10.75**
	人工费(元)			1.28	2.07	2.58	3.35
	材料费(元)			0.95	1.95	2.90	7.40
组成内容		**单位**	**单价**	**数量**			
人工	综合工 二类	工日	135.00	0.0095	0.0153	0.0191	0.0248
材料	涂白剂	L	5.92	0.1600	0.3300	0.4900	1.2500

8.栽植基础处理

(1)加 基 施 肥

工作内容：场内运输、拌和、施放、覆土等。

单位：10株

编号				26-246	26-247	26-248	26-249	26-250	26-251
项目				乔木加施基肥(胸径/干径 cm)					
				6/8以内	10/12以内	20/24以内	32/35以内	40/45以内	50/55以内
预算基价	总价(元)			**5.94**	**8.61**	**15.78**	**23.87**	**31.27**	**44.88**
	人工费(元)			5.28	5.82	6.40	8.87	9.67	11.70
	材料费(元)			0.66	2.79	9.38	15.00	21.60	33.18
组成内容		**单位**	**单价**	**数量**					
人工	综合工 二类	工日	135.00	0.0391	0.0431	0.0474	0.0657	0.0716	0.0867
材料	复合肥	kg	4.93	0.1335	0.5660	1.9018	3.0428	4.3817	6.7302

工作内容：场内运输、拌和、施放、覆土等。

单位：10株

编号				26-252	26-253	26-254	26-255	26-256	26-257	26-258	26-259	26-260
项目				单株灌木加施基肥(冠径cm)								
				50以内	100以内	150以内	200以内	250以内	300以内	350以内	400以内	400以外
预算基价	总价(元)			**2.59**	**3.41**	**5.95**	**10.04**	**13.13**	**16.48**	**21.70**	**26.91**	**32.29**
	人工费(元)			2.23	2.69	4.02	4.82	5.79	6.97	8.38	10.06	12.07
	材料费(元)			0.36	0.72	1.93	5.22	7.34	9.51	13.32	16.85	20.22
组成内容		**单位**	**单价**	**数量**								
人工	综合工 二类	工日	135.00	0.0165	0.0199	0.0298	0.0357	0.0429	0.0516	0.0621	0.0745	0.0894
材料	复合肥	kg	4.93	0.0735	0.1470	0.3910	1.0580	1.4890	1.9280	2.7020	3.4180	4.1010

工作内容：场内运输、拌和、施放、覆土等。　　　　　　　　　　**单位：**$10m^2$

编　号				26-261
项　目				成片灌木加施基肥
预算基价	总　价(元)			**7.48**
	人　工　费(元)			4.77
	材　料　费(元)			2.71
组成内容		**单位**	**单价**	**数　量**
人工	综合工 二类	工日	135.00	0.0353
材料	复合肥	kg	4.93	0.5500

工作内容：场内运输、拌和、施放、覆土等。 **单位：**10m

编号				26-262	26-263	26-264
项目				单排绿篱加施基肥（高度cm）		
				50以内	100以内	150以内
预算基价	总价（元）			**0.53**	**2.07**	**2.63**
	人工费（元）			0.46	1.57	1.88
	材料费（元）			0.07	0.50	0.75
组成内容		**单位**	**单价**	**数量**		
人工	综合工 二类	工日	135.00	0.0034	0.0116	0.0139
材料	复合肥	kg	4.93	0.0150	0.1020	0.1520

工作内容：场内运输、拌和、施放、覆土等。 **单位：**10m

编号				26-265	26-266	26-267
项目				双排绿篱加施基肥(高度cm)		
				50以内	100以内	150以内
预算基价	总价(元)			**0.97**	**4.29**	**4.17**
	人工费(元)			0.84	3.38	2.82
	材料费(元)			0.13	0.91	1.35
组成内容		**单位**	**单价**	**数量**		
人工	综合工 二类	工日	135.00	0.0062	0.0250	0.0209
材料	复合肥	kg	4.93	0.0270	0.1836	0.2736

工作内容：场内运输、拌和、施放、覆土等。　　**单位：**10株

编　号				26-268	26-269	26-270	26-271
项　目				散生竹加施基肥(胸径cm)			
				4以内	6以内	8以内	10以内
预算基价	总　价(元)			**3.11**	**4.39**	**4.95**	**5.51**
	人　工　费(元)			2.58	3.09	3.40	3.71
	材　料　费(元)			0.53	1.30	1.55	1.80
组成内容		**单位**	**单价**	**数　量**			
人工	综合工　二类	工日	135.00	0.0191	0.0229	0.0252	0.0275
材料	复合肥	kg	4.93	0.1068	0.2640	0.3144	0.3648

工作内容：场内运输、拌和、施放、覆土等。

单位：10丛

编号				26-272	26-273	26-274	26-275
项目				从生竹加施基肥(根盘丛径cm)			
				40以内	60以内	70以内	80以内
预算基价	总价(元)			**3.19**	**4.91**	**5.35**	**5.80**
	人工费(元)			2.58	3.09	3.40	3.71
	材料费(元)			0.61	1.82	1.95	2.09
组成内容		**单位**	**单价**	**数量**			
人工	综合工 二类	工日	135.00	0.0191	0.0229	0.0252	0.0275
材料	复合肥	kg	4.93	0.1240	0.3690	0.3965	0.4240

工作内容：场内运输、拌和、施放、覆土等。　　　　**单位**：10株

编号					26-276	26-277	26-278	26-279	26-280
项目					棕榈类加施基肥(地径cm)				
					25以内	40以内	50以内	60以内	70以内
预算基价	总价(元)				**3.48**	**5.79**	**7.81**	**10.84**	**16.54**
	人工费(元)				2.69	4.02	4.82	6.83	9.80
	材料费(元)				0.79	1.77	2.99	4.01	6.74
组成内容		**单位**	**单价**		**数量**				
人工	综合工 二类	工日	135.00		0.0199	0.0298	0.0357	0.0506	0.0726
材料	复合肥	kg	4.93		0.1610	0.3600	0.6069	0.8127	1.3672

工作内容：场内运输、拌和、施放、覆土等。　　**单位：**10株

编　号				26-281	26-282	26-283	26-284
项　目				攀缘植物加施基肥(地径cm)			
				2以内	5以内	6以内	6以外
预算基价	总　价(元)			**2.59**	**3.37**	**4.38**	**5.70**
	人　工　费(元)			2.23	2.90	3.77	4.90
	材　料　费(元)			0.36	0.47	0.61	0.80
组成内容		**单位**	**单价**	**数　量**			
人工	综合工　二类	工日	135.00	0.0165	0.0215	0.0279	0.0363
材料	复合肥	kg	4.93	0.0735	0.0956	0.1242	0.1615

工作内容：场内运输、拌和、施放、覆土等。 **单位**：$10m^2$

编号					26-285	26-286	26-287
项目					加施基肥		
					地被、露地花卉、满铺、散铺	草坪	
						植草砖植草	播种
预算基价	总价(元)				**6.68**	**2.22**	**4.68**
	人工费(元)				3.97	1.32	2.78
	材料费(元)				2.71	0.90	1.90
组成内容		**单位**	**单价**		**数量**		
人工	综合工 二类	工日	135.00		0.0294	0.0098	0.0206
材料	复合肥	kg	4.93		0.5500	0.1833	0.3850

(2) 土壤消毒

工作内容： 场内运输、配置消毒剂、种植土拌和等。　　　　**单位：** m^3

	编号			26-288
	项目			土壤消毒
预算基价	总价(元)			**12.05**
	人工费(元)			10.64
	材料费(元)			1.41
	组成内容	**单位**	**单价**	**数量**
人工	综合工 二类	工日	135.00	0.0788
材料	消毒剂	kg	9.00	0.0300
	水	m^3	7.62	0.1500

(3) 根 枝 消 毒

工作内容：场内运输、配置消毒液，根、枝消毒等。　　**单位：**10株

编号					26-289	26-290	26-291	26-292	26-293	26-294
项目					乔木根枝消毒(胸径/干径 cm)					
					6/8以内	10/12以内	20/24以内	32/35以内	40/45以内	50/55以内
预算基价	总价(元)				**0.74**	**1.57**	**2.65**	**4.62**	**6.93**	**16.08**
	人工费(元)				0.59	0.89	1.34	2.00	3.00	5.86
	材料费(元)				0.15	0.68	1.31	2.62	3.93	10.22
组成内容			**单位**	**单价**	**数量**					
人工	综合工 二类		工日	135.00	0.0044	0.0066	0.0099	0.0148	0.0222	0.0434
材料	消毒剂		kg	9.00	0.0165	0.0758	0.1456	0.2912	0.4368	1.1357

工作内容：场内运输、配置消毒液，根、枝消毒等。　　　**单位：**10株

编号				26-295	26-296	26-297	26-298	26-299	26-300	26-301	26-302	26-303
项目				单株灌木根枝消毒(冠径cm)								
				50以内	100以内	150以内	200以内	250以内	300以内	350以内	400以内	400以外
预算基价	总价(元)			**0.40**	**0.47**	**0.60**	**0.85**	**1.04**	**1.38**	**1.75**	**2.24**	**2.85**
	人工费(元)			0.38	0.45	0.54	0.70	0.78	0.95	1.12	1.35	1.61
	材料费(元)			0.02	0.02	0.06	0.15	0.26	0.43	0.63	0.89	1.24
组成内容		**单位**	**单价**	**数量**								
人工	综合工 二类	工日	135.00	0.0028	0.0033	0.0040	0.0052	0.0058	0.0070	0.0083	0.0100	0.0119
材料	消毒剂	kg	9.00	0.0020	0.0025	0.0071	0.0167	0.0288	0.0480	0.0704	0.0988	0.1382

工作内容：场内运输、配置消毒液，根、枝消毒等。

单位：10株

编号				26-304	26-305	26-306	26-307
项目				散生竹根枝消毒(胸径cm)			
				4以内	6以内	8以内	10以内
预算基价	总价(元)			**0.22**	**0.45**	**1.53**	**2.61**
	人工费(元)			0.19	0.39	1.43	2.47
	材料费(元)			0.03	0.06	0.10	0.14
组成内容		**单位**	**单价**	**数量**			
人工	综合工 二类	工日	135.00	0.0014	0.0029	0.0106	0.0183
材料	消毒剂	kg	9.00	0.0032	0.0067	0.0110	0.0154

工作内容： 场内运输、配置消毒液，根、枝消毒等。 **单位：** 10丛

编号					26-308	26-309	26-310
项目					从生竹根枝消毒（根盘丛径cm）		
					40以内	60以内	80以内
预算基价	总价（元）				**0.36**	**0.66**	**1.13**
	人工费（元）				0.32	0.59	1.01
	材料费（元）				0.04	0.07	0.12
组成内容		单位	单价		数量		
人工	综合工 二类	工日	135.00		0.0024	0.0044	0.0075
材料	消毒剂	kg	9.00		0.0044	0.0083	0.0138

工作内容：场内运输、配置消毒液，根、枝消毒等。

单位：10株

编　号				26-311	26-312	26-313	26-314	26-315	26-316
项　目				棕榈类根枝消毒(地径cm)					
				25以内	40以内	50以内	60以内	70以内	80以内
预算基价	总　价(元)			**1.30**	**3.18**	**5.86**	**10.40**	**17.67**	**24.74**
	人　工　费(元)			1.04	2.55	4.70	8.34	14.16	19.83
	材　料　费(元)			0.26	0.63	1.16	2.06	3.51	4.91
组 成 内 容		**单位**	**单价**	**数　量**					
人工	综合工　二类	工日	135.00	0.0077	0.0189	0.0348	0.0618	0.1049	0.1469
材料	消毒剂	kg	9.00	0.0287	0.0701	0.1294	0.2293	0.3898	0.5457

(4)生 根 催 芽

工作内容：场内运输、配置、喷洒生根剂等。　　**单位：**10株

编　号				26-317	26-318	26-319	26-320	26-321	26-322
项　目				乔木生根催芽(胸径/干径 cm)					
				6/8以内	10/12以内	20/24以内	32/35以内	40/45以内	50/55以内
预算基价	总　价(元)			**0.94**	**2.88**	**16.91**	**43.96**	**81.81**	**118.83**
	人　工　费(元)			0.47	0.72	1.07	1.61	2.42	3.62
	材　料　费(元)			0.47	2.16	15.84	42.35	79.39	115.21
组 成 内 容		**单位**	**单价**	**数　量**					
人工	综合工 二类	工日	135.00	0.0035	0.0053	0.0079	0.0119	0.0179	0.0268
材料	生根剂	kg	78.50	0.0060	0.0275	0.2018	0.5395	1.0113	1.4676

工作内容：场内运输、配置、喷洒生根剂等。 **单位：**10株

编号				26-323	26-324	26-325	26-326	26-327	26-328	26-329	26-330	26-331
项目				单株灌木生根催芽（冠径cm）								
				50以内	100以内	150以内	200以内	250以内	300以内	350以内	400以内	400以外
预算基价	总价（元）			**0.71**	**1.48**	**2.96**	**5.87**	**9.52**	**2.96**	**21.97**	**30.44**	**42.15**
	人工费（元）			0.65	0.77	0.93	1.11	1.32	1.59	1.92	2.31	2.77
	材料费（元）			0.06	0.71	2.03	4.76	8.20	1.37	20.05	28.13	39.38
组成内容		**单位**	**单价**	**数量**								
人工	综合工 二类	工日	135.00	0.0048	0.0057	0.0069	0.0082	0.0098	0.0118	0.0142	0.0171	0.0205
材料	生根剂	kg	78.50	0.0008	0.0090	0.0259	0.0607	0.1045	0.0174	0.2554	0.3583	0.5016

工作内容：场内运输、配置、喷洒生根剂等。　　　　**单位：**10 株

编号				26-332	26-333	26-334	26-335
项目				散生竹生根催芽(胸径cm)			
				4以内	6以内	8以内	10以内
预算基价	总价(元)			**0.19**	**0.28**	**0.46**	**0.61**
	人工费(元)			0.14	0.19	0.26	0.31
	材料费(元)			0.05	0.09	0.20	0.30
组成内容		**单位**	**单价**	**数量**			
人工	综合工 二类	工日	135.00	0.0010	0.0014	0.0019	0.0023
材料	生根剂	kg	78.50	0.0006	0.0012	0.0025	0.0038

工作内容： 场内运输、配置、喷洒生根剂等。　　　　**单位：** 10丛

编　　号				26-336	26-337	26-338
项　　目				从生竹生根催芽(根盘丛径cm)		
				40以内	60以内	80以内
预算基价	总　　价(元)			**0.51**	**0.94**	**1.60**
	人　工　费(元)			0.26	0.47	0.81
	材　料　费(元)			0.25	0.47	0.79
组 成 内 容		**单位**	**单价**	**数　　量**		
人工	综合工　二类	工日	135.00	0.0019	0.0035	0.0060
材料	生根剂	kg	78.50	0.0032	0.0060	0.0100

工作内容：场内运输、配置、喷洒生根剂等。 **单位：**10株

编号				26-339	26-340	26-341	26-342	26-343
项目				棕榈类生根催芽(地径cm)				
				25以内	40以内	50以内	60以内	70以内
预算基价	总价(元)			**1.82**	**4.45**	**8.21**	**14.56**	**24.75**
	人工费(元)			0.92	2.25	4.14	7.36	12.51
	材料费(元)			0.90	2.20	4.07	7.20	12.24
组成内容		**单位**	**单价**	**数量**				
人工	综合工 二类	工日	135.00	0.0068	0.0167	0.0307	0.0545	0.0927
材料	生根剂	kg	78.50	0.0115	0.0280	0.0518	0.0917	0.1559

第二十七章　施工组织措施费

说　明

一、本章包括安全文明施工措施费(含环境保护、文明施工、安全施工、临时设施)、冬雨季施工增加费、夜间施工增加费、竣工验收存档资料编制费、二次搬运措施费、建筑垃圾运输费6项。

二、安全文明施工措施费(含环境保护、文明施工、安全施工、临时设施)是指现场文明施工、安全施工所需要的各项费用和为达到环保部门要求所需要的环境保护费用以及施工企业为进行建筑安装工程施工所必须搭设的生活和生产用的临时建筑物、构筑物及其他临时设施等费用。

三、冬雨季施工增加费是指在冬期或雨期施工需增加的临时设施、防滑、排除雨雪,人工及施工机械效率降低等费用。

四、夜间施工增加费是指因夜间施工所发生的夜班补助费、夜间施工降效、夜间施工照明设备摊销及照明用电等费用。

五、竣工验收存档资料编制费是指按城建档案管理规定,在竣工验收后,应提交的档案资料所发生的编制费用。

六、二次搬运措施费是指因施工场地条件限制而发生的材料、构配件、半成品等一次运输不能到达堆放地点,必须进行二次或多次搬运所发生的费用。

七、建筑垃圾运费是根据本市有关规定为实现建筑垃圾无害化、减量化、资源化利用所发生的场外运输费用。

计算规则

一、安全文明施工措施费(含环境保护、文明施工、安全施工、临时设施)按分部分项工程费合计乘以相应费率计算。安全文明施工措施费费率见下表。

安全文明施工措施费费率表

序号	项目名称	取费基数	费率		人工费占比
			一般计税	简易计税	
1	绿化工程	分部分项工程费合计	2.22%	2.26%	16%
2	园林景观工程		2.90%	2.95%	
3	仿古建筑工程		4.07%	4.14%	

二、冬雨季施工增加费按分部分项工程费及可计量的措施项目费中的人工费、机械费合计乘以相应费率计算。冬雨季施工增加费费率见下表。

冬雨季施工费费率表

项目名称	取费基数	费率		人工费占比
		一般计税	简易计税	
冬雨季施工增加费	人工费+机械费 (分部分项工程项目+可计量的措施项目)	2.01%	2.10%	60%

三、夜间施工增加费按分部分项工程费及可计量的措施项目费中的人工费、机械费合计乘以相应费率计算。夜间施工增加费费率见下表。

夜间施工增加费费率表

序号	项目名称	取费基数	费率		人工费占比
			一般计税	简易计税	
1	绿化工程	人工费＋机械费（分部分项工程项目＋可计量的措施项目）	0.26%	0.26%	70%
2	园林景观工程		0.47%	0.47%	
3	仿古建筑工程		0.47%	0.47%	

四、竣工验收存档资料编制费按分部分项工程费及可计量的措施项目费中的人工费、机械费合计乘以相应费率计算。竣工验收存档资料编制费费率见下表。

竣工验收存档资料编制费费率表

项目名称	取费基数	费率	
		一般计税	简易计税
竣工验收存档资料编制费	人工费＋机械费（分部分项工程项目＋可计量的措施项目）	0.20%	0.22%

五、二次搬运措施费按分部分项工程费中的材料费及可计量的措施项目费中的材料费合计乘以相应费率计算。二次搬运措施费费率见下表。

二次搬运措施费费率表

序号	项目名称	取费基数	费率	
			一般计税	简易计税
1	绿化工程	材料费（分部分项工程项目＋可计量的措施项目）	2.09%	2.00%
2	园林景观工程		1.68%	1.60%
3	仿古建筑工程		1.26%	1.20%

六、建筑垃圾运输费：

建筑垃圾运输费费率见下表。

建筑垃圾运输费表

一　般　计　税	简　易　计　税
建筑垃圾运输费＝建筑垃圾量(t)×10.57元/t　(10km以内) 建筑垃圾运输里程超过10km时，增加0.79元/(t·km)	建筑垃圾运输费＝建筑垃圾量(t)×11.60元/t　(10km以内) 建筑垃圾运输里程超过10km时，增加0.87元/(t·km)

建筑垃圾量可按下表计量。

新建项目建筑垃圾计量表

项　　目	计　算　公　式
砖混结构	建筑面积(m^2)×0.05t/m^2
钢筋混凝土结构	建筑面积(m^2)×0.03t/m^2
钢结构	建筑面积(m^2)×0.02t/m^2
工业厂房	建筑面积(m^2)×0.02t/m^2
装配式建筑	建筑面积(m^2)×0.003t/m^2
环梁拆除等项目	实体体积(m^3)×1.90t/m^3

附　　录

附录一　砂浆及特种混凝土配合比

说　　明

一、本附录中各项配合比是预算基价子目中砂浆及特种混凝土配合比的基础数据。

二、各项配合比中均未包括制作、运输所需人工和机械。

三、各项配合比中已包括了各种材料在配制过程中的操作和场内运输损耗。

四、砌筑砂浆为综合取定者,使用时不可换算。

五、非砌筑砂浆的主料品种不同时,可按设计要求换算。

六、特种混凝土的配合比或主料品种不同,可以换算。

1.砌 筑 砂 浆

单位：m^3

编号			1	2	3	4	5	6
材料名称	单位	单价（元）	混合砂浆			水泥砂浆		
			M2.5	M5	M7.5	M5	M7.5	M10
水泥	kg	0.39	131.000	187.000	253.000	213.000	263.000	303.000
白灰	kg	0.30	63.700	63.700	50.400			
白灰膏	m^3		（0.091）	（0.091）	（0.072）			
砂子	t	87.03	1.528	1.460	1.413	1.596	1.534	1.486
水	m^3	7.62	0.600	0.400	0.400	0.220	0.220	0.220
材料合价	元		207.75	222.15	239.81	223.65	237.75	249.17

2.抹灰砂浆

单位：m^3

编号			7	8	9	10	11	12	13	14
材料名称	单位	单价（元）	混合砂浆							
			1∶0.2∶1.5	1∶0.2∶2	1∶0.3∶2.5	1∶0.3∶3	1∶0.5∶1	1∶0.5∶2	1∶0.5∶3	1∶0.5∶4
水泥	kg	0.39	603.820	517.090	436.040	388.930	615.970	458.930	365.690	303.940
白灰	kg	0.30	70.450	60.330	76.310	68.060	179.660	133.850	106.660	88.650
白灰膏	m^3		(0.101)	(0.086)	(0.109)	(0.097)	(0.257)	(0.191)	(0.152)	(0.127)
砂子	t	87.03	1.116	1.275	1.344	1.438	0.759	1.131	1.352	1.498
水	m^3	7.62	0.830	0.740	0.650	0.610	0.810	0.660	0.570	0.510
材料合价	元		360.07	336.37	314.87	301.90	366.35	322.60	296.63	279.39

单位：m^3

编号			15	16	17	18	19	20	21
材料名称	单位	单价（元）	混合砂浆						
			1:1:2	1:1:3	1:1:4	1:1:6	1:2:1	1:2:6	1:3:9
水泥	kg	0.39	386.470	318.160	270.370	207.910	351.010	177.720	123.300
白灰	kg	0.30	225.440	185.590	157.720	121.280	409.510	207.340	215.770
白灰膏	m^3		(0.322)	(0.265)	(0.225)	(0.173)	(0.585)	(0.296)	(0.308)
砂子	t	87.03	0.953	1.176	1.333	1.538	0.433	1.314	1.368
水	m^3	7.62	0.560	0.500	0.450	0.400	0.460	0.340	0.280
材料合价	元		305.56	285.92	272.20	254.37	300.94	248.46	234.01

单位：m^3

编号			22	23	24	25	26	27	28
材料名称	单位	单价（元）	水泥砂浆						
			1:0.5	1:1	1:1.5	1:2	1:2.5	1:3	1:4
水泥	kg	0.39	1067.040	823.080	669.920	564.810	488.210	429.910	361.080
砂子	t	87.03	0.658	1.014	1.239	1.392	1.504	1.590	1.780
水	m^3	7.62	0.490	0.430	0.390	0.360	0.340	0.330	0.180
材料合价	元		477.15	412.53	372.07	344.16	323.89	308.56	297.11

单位：m^3

编号			29	30	31	32	33	34	35
材料名称	单位	单价（元）	水泥细砂浆		素水泥浆	水泥白灰浆	白灰砂浆		白灰麻刀浆
			1:1	1:1.5		1:0.5	1:2.5	1:3	
水泥	kg	0.39	742.000	595.000	1502.000	927.000			
白灰	kg	0.30				273.000	298.000	267.000	685.000
白灰膏	m^3					(0.390)	(0.425)	(0.381)	(0.978)
砂子	t	87.03					1.543	1.659	
细砂	t	87.33	0.838	1.018					
麻刀	kg	3.92							20.000
水	m^3	7.62	0.500	0.480	0.590	0.710	0.680	0.680	0.500
材料合价	元		366.37	324.61	590.28	448.84	228.87	229.66	287.71

单位：m³

编号			36	37	38	39	40	41	42	43
材料名称	单位	单价（元）	白灰麻刀砂浆		水泥白灰麻刀浆	纸筋灰浆	小豆浆	水泥TG胶浆	水泥TG胶砂浆	108胶素水泥砂浆
			1∶2.5	1∶3	1∶5		1∶1.25			
水泥	kg	0.39			245.000		783.000	209.000	242.000	1471.000
108胶	kg	4.45								21.420
白灰	kg	0.30	298.000	267.000	571.000	671.000				
白灰膏	m³		（0.425）	（0.381）	（0.815）	（0.958）				
砂子	t	87.03	1.543	1.659					1.759	
豆粒石	t	139.19					1.247			
麻刀	kg	3.92	16.600	16.600	20.000					
纸筋	kg	3.70				38.000				
TG胶	kg	4.41						156.000	54.000	
水	m³	7.62	0.680	0.680	0.500	0.500	0.350	0.860	0.260	0.580
材料合价	元		293.94	294.74	349.06	345.71	481.61	776.02	487.59	673.43

单位：m^3

编号			44	45	46	47	48	49
材料名称	单位	单价（元）	水泥白石子浆（刷石、磨石用）					水泥石屑浆（剁斧石用）
			1∶1.2	1∶1.25	1∶1.5	1∶2	1∶2.5	1∶2
水泥	kg	0.39	814.000	799.000	731.000	624.000	544.000	610.000
白石子	kg	0.19	1307.000	1335.000	1465.000	1669.000	1819.000	
石屑	t	82.88						1.482
水	m^3	7.62	0.310	0.340	0.280	0.250	0.220	0.250
材料合价	元		568.15	567.85	565.57	562.38	559.45	362.63

单位：m³

编号			50	51	52	53	54	55
材料名称	单位	单价（元）	白水泥浆	白水泥白石子浆	白水泥彩色石子浆			水泥玻璃碴浆
				1:1.5	1:1.5	1:2	1:2.5	1:1.25
水泥	kg	0.39						799.000
白水泥	kg	0.64	1502.000	731.000	731.000	624.000	544.000	
白石子	kg	0.19		1465.000				
彩色石子	kg	0.31			1465.000	1669.000	1819.000	
色粉	kg	4.47		20.000	20.000	20.000	20.000	
玻璃碴	kg	0.65						1335.000
水	m^3	7.62	0.590	0.280	0.280	0.250	0.220	0.340
材料合价	元		965.78	837.72	1013.52	1008.06	1003.13	1181.95

3.其　他

单位：m^3

编号			56	57	58	59	60	61
材料名称	单位	单价（元）	灰土		冷底子油		豆粒石混凝土	石油沥青砂浆
			2:8	3:7	3:7（kg）	1:1（kg）	1:2:3	1:2:7
白　灰	kg	0.30	164.000	246.000				
黄　土	m^3	77.65	1.325	1.164				
石油沥青 10#	kg	4.04			0.315	0.525		240.000
汽　油	kg	7.16			0.770	0.550		
水　泥	kg	0.39					276.000	
砂　子	t	87.03					0.668	1.816
豆粒石	t	139.19					1.108	
滑石粉	kg	0.59						458.000
水	m^3	7.62	0.200	0.200			0.300	
材料合价	元		153.61	165.71	6.79	6.06	322.28	1397.87

4.古建专用灰浆

单位：m^3

编号			62	63	64	65	66	67	68	69
材料名称	单位	单价(元)	白麻刀灰				红麻刀灰			
			大麻刀	中麻刀	小麻刀	护板灰	大麻刀	中麻刀	小麻刀	素灰
白灰	kg	0.30	680.000	680.000	680.000	680.000	680.000	680.000	680.000	680.000
氧化铁红	kg	9.03					42.510	42.510	42.510	42.510
麻刀	kg	3.92	49.540	29.720	23.120	16.510	49.540	29.720	23.130	
水	m^3	7.62	1.500	1.500	1.500	1.500	1.500	1.500	1.500	1.500
材料合价	元		409.63	331.93	306.06	280.15	793.49	715.80	689.96	599.30

单位：m^3

编号			70	71	72	73	74	75
材料名称	单位	单价（元）	浅月白麻刀灰			深月白麻刀灰		
			大麻刀	中麻刀	小麻刀	大麻刀	中麻刀	小麻刀
白灰	kg	0.30	680.000	680.000	680.000	680.000	680.000	680.000
青灰	kg	3.30	85.020	85.020	85.200	98.100	98.100	98.100
麻刀	kg	3.92	49.540	29.720	23.120	49.540	29.720	23.120
水	m^3	7.62	1.500	1.500	1.500	1.500	1.500	1.500
材料合价	元		690.19	612.50	587.22	733.36	655.66	629.79

单位：m^3

编号			76	77	78	79	80	81	82
材料名称	单位	单价（元）	月白灰		白灰浆	老浆灰	桃花浆	掺灰泥	
			深	浅				4:6	5:5
白灰	kg	0.30	680.000	680.000	680.000	680.000	204.000	305.000	382.000
青灰	kg	3.30	98.100	85.020		163.500			
黄土	m^3	77.65					0.910	0.784	0.653
水	m^3	7.62	1.300	1.300	1.300	1.300	1.300	0.300	0.300
材料合价	元		537.64	494.47	213.91	753.46	141.77	154.66	167.59

附录二　现场搅拌混凝土基价

说　　明

一、本附录各项配合比,仅供编制仿古建筑及园林工程计价文件使用。

二、各项基价中已包括制作、运输所需人工和机械。

三、各项基价中已包括各种材料在配制过程中的操作和场内运输损耗。

1.现浇混凝土

单位：m^3

编号				1	2	3	4	5	6	7	8
项目				石子粒径20mm							
				混凝土强度等级							
				C10	C15	C20	C25	C30	C35	C40	C45
预算基价	总价(元)			**353.43**	**361.38**	**371.21**	**376.45**	**381.56**	**387.03**	**398.77**	**410.43**
	人工费(元)			45.77	45.77	45.77	45.77	45.77	45.77	45.77	45.77
	材料费(元)			271.96	279.91	289.74	294.98	300.09	305.56	317.30	328.96
	机械费(元)			35.70	35.70	35.70	35.70	35.70	35.70	35.70	35.70
组成内容		**单位**	**单价**	**数量**							
人工	综合工 二类	工日	135.00	0.339	0.339	0.339	0.339	0.339	0.339	0.339	0.339
材料	水泥 42.5级	kg	0.41	243.27	268.06	298.35	314.87	330.48	347.52	383.58	419.64
	粉煤灰	kg	0.10	27.295	30.076	33.475	35.329	37.080	38.992	43.038	47.084
	砂子	t	87.03	0.798	0.729	0.716	0.653	0.647	0.586	0.573	0.560
	碴石 20	t	85.61	1.149	1.190	1.169	1.213	1.202	1.244	1.217	1.189
	水	m^3	7.62	0.22	0.22	0.22	0.22	0.22	0.22	0.22	0.22
机械	滚筒式混凝土搅拌机 500L	台班	273.53	0.051	0.051	0.051	0.051	0.051	0.051	0.051	0.051
	机动翻斗车 1t	台班	207.17	0.105	0.105	0.105	0.105	0.105	0.105	0.105	0.105

单位：m^3

编号				9	10	11	12	13	14	15	16
项目				石子粒径20mm			石子粒径40mm				
				混凝土强度等级							
				C50	C55	C60	C10	C15	C20	C25	C30
预算基价	总价(元)			**425.69**	**437.18**	**458.60**	**349.97**	**359.21**	**363.70**	**368.49**	**373.10**
	人工费(元)			45.77	45.77	45.77	45.77	45.77	45.77	45.77	45.77
	材料费(元)			344.22	355.71	377.13	268.50	277.74	282.23	287.02	291.63
	机械费(元)			35.70	35.70	35.70	35.70	35.70	35.70	35.70	35.70
组成内容		**单位**	**单价**	**数量**							
人工	综合工 二类	工日	135.00	0.339	0.339	0.339	0.339	0.339	0.339	0.339	0.339
材料	水泥 42.5级	kg	0.41				229.53	257.43	271.42	285.42	299.44
	水泥 52.5级	kg	0.46	404.38	435.17	491.04					
	粉煤灰	kg	0.10	45.372	48.826		25.753	28.884	30.453	32.024	33.597
	砂子	t	87.03	0.565	0.554	0.556	0.773	0.704	0.640	0.636	0.631
	碴石 20	t	85.61	1.201	1.177	1.181					
	碴石 40	t	85.14				1.210	1.251	1.300	1.291	1.281
	水	m^3	7.62	0.22	0.22	0.23	0.20	0.20	0.20	0.20	0.20
机械	滚筒式混凝土搅拌机 500L	台班	273.53	0.051	0.051	0.051	0.051	0.051	0.051	0.051	0.051
	机动翻斗车 1t	台班	207.17	0.105	0.105	0.105	0.105	0.105	0.105	0.105	0.105

2.预制混凝土

单位：m^3

编号				17	18	19	20	21	22	23	24	25
项目				石子粒径20mm						石子粒径40mm		
				混凝土强度等级								
				C20	C25	C30	C35	C40	C45	C20	C25	C30
预算基价	总价(元)			**359.94**	**364.59**	**370.02**	**374.81**	**385.82**	**396.96**	**359.32**	**364.14**	**369.74**
	人工费(元)			45.77	45.77	45.77	45.77	45.77	45.77	45.77	45.77	45.77
	材料费(元)			282.02	286.67	292.10	296.89	307.90	319.04	281.40	286.22	291.82
	机械费(元)			32.15	32.15	32.15	32.15	32.15	32.15	32.15	32.15	32.15
组成内容		单位	单价	数量								
人工	综合工 二类	工日	135.00	0.339	0.339	0.339	0.339	0.339	0.339	0.339	0.339	0.339
材料	水泥 42.5级	kg	0.41	268.31	282.63	298.57	313.23	346.30	379.49	259.84	273.95	290.91
	粉煤灰	kg	0.10	30.104	31.711	33.500	35.145	38.856	42.579	29.154	30.737	32.641
	砂子	t	87.03	0.739	0.675	0.670	0.664	0.597	0.586	0.656	0.652	0.646
	碴石 20	t	85.61	1.205	1.254	1.244	1.234	1.268	1.246			
	碴石 40	t	85.14							1.332	1.323	1.311
	水	m^3	7.62	0.20	0.20	0.20	0.20	0.20	0.20	0.19	0.19	0.19
机械	滚筒式混凝土搅拌机 500L	台班	273.53	0.038	0.038	0.038	0.038	0.038	0.038	0.038	0.038	0.038
	机动翻斗车 1t	台班	207.17	0.105	0.105	0.105	0.105	0.105	0.105	0.105	0.105	0.105

3.细石混凝土

单位：m^3

编号				26	27	28
项目				石子粒径10mm		
				混凝土强度等级		
				C20	C25	C30
预算基价	总价(元)			**377.12**	**382.51**	**388.54**
	人工费(元)			45.77	45.77	45.77
	材料费(元)			295.65	301.04	307.07
	机械费(元)			35.70	35.70	35.70
组成内容		**单位**	**单价**	**数量**		
人工	综合工 二类	工日	135.00	0.339	0.339	0.339
材料	水泥 42.5级	kg	0.41	321.30	338.21	357.00
	粉煤灰	kg	0.10	36.050	37.947	40.056
	砂子	t	87.03	0.719	0.657	0.649
	碴石 10	t	85.25	1.125	1.168	1.154
	水	m^3	7.62	0.24	0.24	0.24
机械	滚筒式混凝土搅拌机 500L	台班	273.53	0.051	0.051	0.051
	机动翻斗车 1t	台班	207.17	0.105	0.105	0.105

4.抗渗混凝土

单位：m^3

编号				29	30	31	32	33
项目				石子粒径20mm				
				混凝土强度等级				
				C20P6	C25P8	C30P8	C35P8	C40P8
预算基价	总价(元)			**375.02**	**379.88**	**386.07**	**390.49**	**403.46**
	人工费(元)			45.77	45.77	45.77	45.77	45.77
	材料费(元)			293.55	298.41	304.60	309.02	321.99
	机械费(元)			35.70	35.70	35.70	35.70	35.70
组成内容		**单位**	**单价**	**数量**				
人工	综合工 二类	工日	135.00	0.339	0.339	0.339	0.339	0.339
材料	水泥 42.5级	kg	0.41	310.24	325.47	344.25	358.02	397.80
	粉煤灰	kg	0.10	34.809	36.518	38.625	40.170	44.633
	砂子	t	87.03	0.655	0.649	0.642	0.636	0.621
	碴石 20	t	85.61	1.217	1.205	1.192	1.182	1.153
	水	m^3	7.62	0.22	0.22	0.22	0.22	0.22
机械	滚筒式混凝土搅拌机 500L	台班	273.53	0.051	0.051	0.051	0.051	0.051
	机动翻斗车 1t	台班	207.17	0.105	0.105	0.105	0.105	0.105

5.泵送混凝土

单位：m^3

编号				34	35	36	37	38	39	40	41	42	43	44
项目				石子粒径20mm										
				混凝土强度等级										
				C10	C15	C20	C25	C30	C35	C40	C45	C50	C55	C60
预算基价	总价(元)			**340.89**	**348.23**	**355.75**	**361.16**	**367.18**	**372.81**	**385.38**	**398.03**	**414.43**	**426.78**	**447.52**
	人工费(元)			45.77	45.77	45.77	45.77	45.77	45.77	45.77	45.77	45.77	45.77	45.77
	材料费(元)			281.17	288.51	296.03	301.44	307.46	313.09	325.66	338.31	354.71	367.06	387.80
	机械费(元)			13.95	13.95	13.95	13.95	13.95	13.95	13.95	13.95	13.95	13.95	13.95
组成内容		**单位**	**单价**	**数量**										
人工	综合工 二类	工日	135.00	0.339	0.339	0.339	0.339	0.339	0.339	0.339	0.339	0.339	0.339	0.339
材料	水泥 42.5级	kg	0.41	275.40	298.35	321.30	338.21	357.00	374.26	413.09	451.92			
	水泥 52.5级	kg	0.46									435.49	468.64	525.72
	粉煤灰	kg	0.10	30.900	33.475	36.050	37.947	40.056	41.992	46.349	50.705	48.862	52.582	
	砂子	t	87.03	0.777	0.710	0.701	0.639	0.631	0.624	0.609	0.594	0.600	0.587	0.586
	碴石 20	t	85.61	1.118	1.159	1.143	1.186	1.172	1.160	1.131	1.103	1.115	1.090	1.088
	水	m^3	7.62	0.24	0.24	0.24	0.24	0.24	0.24	0.24	0.24	0.24	0.24	0.24
机械	滚筒式混凝土搅拌机 500L	台班	273.53	0.051	0.051	0.051	0.051	0.051	0.051	0.051	0.051	0.051	0.051	0.051

6.水下混凝土

单位：m^3

编号				45	46	47
项目				混凝土强度等级		
				C20	C25	C30
预算基价	总价(元)			**374.92**	**380.24**	**385.35**
	人工费(元)			45.77	45.77	45.77
	材料费(元)			293.45	298.77	303.88
	机械费(元)			35.70	35.70	35.70
组成内容		**单位**	**单价**	**数量**		
人工	综合工 二类	工日	135.00	0.339	0.339	0.339
材料	水泥 42.5级	kg	0.41	307.53	324.05	339.66
	粉煤灰	kg	0.10	34.505	36.359	38.110
	砂子	t	87.03	0.660	0.653	0.647
	碴石 20	t	85.61	1.225	1.213	1.202
	水	m^3	7.62	0.21	0.21	0.21
机械	滚筒式混凝土搅拌机 500L	台班	273.53	0.051	0.051	0.051
	机动翻斗车 1t	台班	207.17	0.105	0.105	0.105

附录三　材 料 价 格

说　　明

一、本附录材料价格为不含税价格，是确定预算基价子目中材料费的基期价格。

二、材料价格由材料采购价、运杂费、运输损耗费和采购及保管费组成。计算公式如下：

采购价为供货地点交货价格：

材料价格 =（采购价 + 运杂费）×（1+ 运输损耗率）×（1+ 采购及保管费费率）

采购价为施工现场交货价格：

材料价格 = 采购价 ×（1+ 采购及保管费费率）

三、运杂费指材料由供货地点运至工地仓库（或现场指定堆放地点）所发生的全部费用。运输损耗指材料在运输装卸过程中不可避免的损耗，材料损耗率如下表：

材料损耗率表

材 料 类 别	损 耗 率
页岩标砖、空心砖、砂、水泥、陶粒、耐火土、水泥地面砖、白瓷砖、卫生洁具、玻璃灯罩	1.0%
机制瓦、脊瓦、水泥瓦	3.0%
石棉瓦、石子、黄土、耐火砖、玻璃、色石子、大理石板、水磨石板、混凝土管、缸瓦管	0.5%
砌块、白灰	1.5%

注：表中未列的材料类别，不计损耗。

四、采购及保管费是指为组织采购、供应和保管材料、工程设备的过程中所需要的各项费用。采购及保管费费率按0.42％计取。

五、附录中材料价格是编制期天津市建筑材料市场综合取定的施工现场交货价格，并考虑了采购及保管费。

六、采用简易计税方法计取增值税时，材料的含税价格按照税务部门有关规定计算，以“元”为单位的材料费按系数1.1086调整。

材料价格表

序号	材料名称	规格	单位	单位质量(kg)	单价(元)	附注
1	水泥		kg		0.39	
2	水泥	42.5级	kg		0.41	
3	水泥	52.5级	kg		0.46	
4	白色硅酸盐水泥	P•W 32.5	kg		0.72	
5	普通硅酸盐水泥	P•O 42.5	kg		2.75	
6	白水泥		kg		0.64	
7	建筑胶素白水泥浆		m^3		725.00	
8	机砖		块		0.51	
9	碎砖		m^3		190.67	
10	嵌草砖	厚度60～80	m^2		41.67	
11	标准砖	240×115×53	千块		513.60	
12	透水砖	200×100×60	m^2		40.00	
13	水泥花砖	200×200	m^2		32.90	
14	页岩标砖		100块		51.36	
15	小青瓦	200×130	千块		2539.23	
16	页岩标砖	240×115×53	100块		51.36	
17	蝴蝶瓦(盖)	180×180×13	100块		216.67	
18	小青瓦盖瓦	160×160×11	千块		1250.00	
19	多彩油毡瓦	1000×333	块		8.25	
20	彩钢脊瓦		m		32.42	
21	页岩空心砖	240×240×115	100块		109.34	
22	黏土脊瓦	一级(455×195)	块		1.33	
23	页岩多孔砖	240×115×90	100块		68.25	
24	黏土平瓦	385×235	块		1.16	
25	水泥平瓦	一级(385×235)	块		1.38	
26	水泥脊瓦	455×195	块		1.46	

序号	材料名称	规格	单位	单位质量(kg)	单价(元)	附注
27	白灰		kg		0.30	
28	青灰		kg		3.30	
29	砖灰	(综合)	kg		1.00	
30	粉煤灰		kg		0.10	
31	黄土		m^3	1250.00	77.65	
32	砂子		t		87.03	
33	砂子		m^3		135.60	
34	细砂		t		87.33	
35	中砂		m^3		89.44	
36	粗砂		m^3		163.25	
37	砂砾	5～80	m^3		158.00	
38	白水泥膏		m^3		852.50	
39	混碴	2～80	t		83.93	
40	炉渣		m^3		108.30	
41	石屑		t		82.88	
42	天然石屑		t		91.05	
43	毛石		t		89.21	
44	毛石		m^3		55.00	
45	料石		m^3		1133.33	
46	料石	厚150mm	m^2		445.00	
47	条石		m^3		1439.00	
48	条石		m		59.00	
49	砾石	15	m^3		75.39	
50	碎石		m^3		74.53	
51	碎石	10	kg		1.15	
52	块石		m^3		4203.33	

序号	材料名称	规格	单位	单位质量(kg)	单价(元)	附注
53	豆粒石		t		139.19	
54	白石子	大、中、小八厘	kg		0.19	
55	彩色石子	山东绿	kg		0.31	
56	卵石	20～40	t		400.00	
57	卵石		t		221.67	
58	本色卵石	粒径40～60	t		480.00	
59	本色卵石	粒径40～60	kg		0.48	
60	彩色卵石	粒径40～60	t		780.00	
61	彩色卵石	粒径40～60	kg		0.78	
62	湖石		t		800.00	
63	山石		t		335.00	
64	碴石	10	t		85.25	
65	碴石	20	t		85.61	
66	碴石	40	t		85.14	
67	碴石	6～13	t		85.25	
68	碴石	19～25	t		87.81	
69	冰片石		m^3		86.21	
70	洗米石	3～5	kg		1.08	
71	小方料石		m^2		43.00	
72	券脸石		m^3		10616.00	
73	自然石		t		3500.00	
74	山石(自然石)	厚150mm	m^2		595.00	
75	陶粒		m^3		144.35	
76	石质缘石	300×150	m		35.00	
77	石质立缘石	350×150	m		110.71	
78	混凝土缘石		m		18.07	

续表

序号	材料名称	规格	单位	单位质量(kg)	单价(元)	附注
79	混凝土立缘石		m		42.50	
80	混凝土连接型侧平石		m		25.00	
81	混凝土分离型侧平石		m		32.20	
82	炉渣砌块	400×200×200	m^3		259.20	
83	加气混凝土块	300×600×(125～300)	m^3		318.48	
84	泡沫混凝土块		m^3		224.36	
85	混凝土空心砌块	390×140×190	100块		276.46	
86	大理石板	(综合)	m^2		299.93	
87	大理石板	400×150	m^2		299.93	
88	大理石板	500×500	m^2		299.93	
89	大理石板	1000×1000	m^2		299.93	
90	碎大理石板		m^2		86.85	
91	大理石踢脚线	宽15cm	m		28.96	
92	大理石弧形踢脚线		m^2		290.51	
93	大理石圆弧腰线	80mm	m		130.92	
94	大理石圆弧阴角线	180mm	m		244.39	
95	大理石板拼花	成品	m^2		633.85	
96	大理石板弧形	成品	m^2		728.48	
97	大理石柱墩	高度400mm	m		381.86	
98	大理石柱帽	高度250mm	m		416.77	
99	人造大理石板	500×500	m^2		206.88	
100	花岗岩板	(综合)	m^2		355.92	
101	花岗岩板	400×150	m^2		306.34	
102	花岗岩板	500×500	m^2		300.57	
103	花岗岩板	1000×1000	m^2		318.63	
104	碎花岗岩板		m^2		44.22	

序号	材料名称	规格	单位	单位质量(kg)	单价(元)	附注
105	花岗岩踢脚线	宽15cm	m		39.91	
106	花岗岩弧形踢脚线		m^2		86.70	
107	花岗岩板拼花	成品	m^2		801.98	
108	花岗岩板弧形	成品	m^2		867.01	
109	预制水磨石踏步板		m^2		73.48	
110	凹凸假麻石块	197×76	m^2		80.41	
111	预制钢筋混凝土板		m^3		1157.50	
112	玻璃	3.0	m^2		19.91	
113	玻璃	4.0	m^2		24.50	
114	玻璃	5.0	m^2		28.62	
115	玻璃	6.0	m^2		33.40	
116	磨砂玻璃	5.0	m^2		46.68	
117	压花玻璃	5.0	m^2		48.67	
118	钢化玻璃	5.0	m^2		56.33	
119	钢化玻璃	6.0	m^2		106.12	
120	钢化玻璃	10.0	m^2		110.66	
121	有机玻璃	10.0	m^2		136.63	
122	镜面玻璃	6.0	m^2		67.98	
123	中空玻璃	16.0	m^2		125.28	
124	中空玻璃		m^2		120.00	
125	夹丝玻璃		m^2		87.95	
126	夹层玻璃		m^2		119.56	
127	镭射玻璃	成品	m^2		248.08	
128	玻璃碴		kg		0.65	
129	全玻塑钢隔断		m^2		248.21	
130	半玻塑钢隔断		m^2		292.55	

序号	材料名称	规格	单位	单位质量(kg)	单价(元)	附注
131	全塑钢板隔断		m^2		355.70	
132	缸砖	150×150	m^2		29.77	
133	面砖	194×94	m^2		52.97	
134	面砖	240×60	m^2		48.47	
135	墙面砖	150×75	m^2		39.03	
136	陶瓷锦砖		m^2		39.71	
137	玻璃陶瓷锦砖		m^2		44.92	
138	陶瓷地砖	(综合)	m^2		59.77	
139	陶瓷地面砖	200×200	m^2		59.34	
140	陶瓷地面砖	300×300	m^2		62.81	
141	陶瓷地面砖	400×400	m^2		68.47	
142	陶瓷地面砖	500×500	m^2		74.12	
143	陶瓷地面砖	600×600	m^2		83.25	
144	陶瓷地面砖	800×800	m^2		93.46	
145	凹凸假麻石墙面砖		m^2		80.41	
146	瓷板	152×152	m^2		38.54	
147	陶瓷片		m^2		121.93	
148	青白石	(综合)	m^3		1590.00	
149	文化石		m^2		114.52	
150	汉白玉	(综合)	m^3		3020.00	
151	汉白玉	400×400	m^2		286.14	
152	石膏板		m^2		10.58	
153	六角板		m^2		34.25	
154	整石板	100.0	m^2		131.22	
155	碎石板		m^2		43.74	
156	铝塑板		m^2		143.67	

序号	材料名称	规格	单位	单位质量(kg)	单价(元)	附注
157	钙塑板	6.0	m^2		16.08	
158	宝丽板		m^2		42.84	
159	防火胶板	12.0	m^2		25.23	
160	镜面玲珑胶板	1mm	m^2		122.04	
161	电化铝装饰板	宽100	m^2		51.99	
162	石膏龙骨	50×70	m		12.98	
163	石膏粉		kg		0.94	
164	油毡		m^2		3.83	
165	玻璃纤维油毡	80g	m^2		6.37	
166	C-NK-M-3卷材		m^2		28.74	
167	三元乙丙橡胶卷材	1.0	m^2		41.22	
168	SBS改性沥青防水卷材	3mm	m^2		34.20	
169	石油沥青	$10^{\#}$	kg		4.04	
170	乳化沥青		kg		4.81	
171	云母粉		kg		0.97	
172	玻璃布	0.2	m^2		3.95	
173	橡胶止水带	宽400～500mm	m		202.95	
174	塑料止水带	651型	m		62.30	
175	JG-1防水涂料		kg		22.41	
176	土工布		m^2		6.90	
177	嵌缝膏		kg		1.57	
178	无纺布		m^2		2.67	
179	PG道路嵌缝胶		kg		12.67	
180	土工布	$250g/m^2$	m^2		6.67	
181	建筑油膏		kg		5.07	
182	CSPE嵌缝油膏	(330mL)	支		8.52	

序号	材料名称	规格	单位	单位质量(kg)	单价(元)	附注
183	臭油水		kg		0.86	
184	沥青冷胶		kg		7.08	
185	氯丁橡胶片	2mm	m^2		24.43	
186	氯丁橡胶浆		kg		21.90	
187	SBS弹性沥青防水胶		kg		30.29	
188	蛭石		m^3		119.61	
189	水泥蛭石块		m^3		442.15	
190	金刚砂		kg		2.53	
191	金刚石	200×75×50	块		12.54	
192	金刚石	三角形	块		8.31	
193	防腐油		kg		0.52	煤焦油
194	岩棉		m^2		7.96	
195	矿棉板		m^2		31.15	
196	石膏吸声板		m^2		15.88	
197	矿棉吸声板		m^2		34.73	
198	玻璃棉毡		m^2		30.42	
199	小波石棉瓦	1800×720×6	块		20.21	
200	石棉脊瓦小波	700×180×5	块		22.36	
201	珍珠岩		m^3		98.63	
202	埃特板		m^2		32.28	
203	玻璃纤维板	600×600×15	m^2		27.26	
204	沥青珍珠岩板	1000×500×50	m^3		318.43	
205	混凝土淋水管	*D*200	m		85.16	
206	混凝土淋水管	*D*300	m		93.68	
207	胶粘剂DTA砂浆		m^3		980.00	
208	预拌混凝土	AC10	m^3		430.17	

续表

序号	材料名称	规格	单位	单位质量(kg)	单价(元)	附注
209	预拌混凝土	AC15	m^3		439.88	
210	预拌混凝土	AC20	m^3		450.56	
211	预拌混凝土	AC25	m^3		461.24	
212	预拌混凝土	AC30	m^3		472.89	
213	预拌混凝土	AC35	m^3		487.45	
214	预拌混凝土	AC40	m^3		504.93	
215	预拌混凝土	AC45	m^3		533.08	
216	预拌混凝土	AC50	m^3		565.12	
217	预拌混凝土	BC55	m^3		600.07	
218	预拌混凝土	BC60	m^3		640.85	
219	预拌混凝土	BC20 P6	m^3		466.09	
220	预拌混凝土	BC25 P8	m^3		477.74	
221	预拌混凝土	BC30 P8	m^3		490.36	
222	预拌混凝土	BC35 P8	m^3		504.93	
223	预拌混凝土	BC40 P8	m^3		519.49	
224	预制混凝土块		m^3		353.33	
225	混凝土预制块		m		52.50	
226	预制混凝土方形块料		m^2		46.00	
227	预制混凝土异型块料		m^2		48.00	
228	预制混凝土大块块料		m^2		42.00	
229	预制混凝土假冰片		m^2		80.00	
230	预制混凝土框格		m^2		85.35	
231	红白松锯材	一类	m^3		4069.17	
232	红白松锯材	一类烘干	m^3		4650.86	
233	红白松锯材	二类	m^3	600.00	3266.74	
234	黄花松锯材	二类	m^3		2778.72	

序号	材料名称	规格	单位	单位质量(kg)	单价(元)	附注
235	木方	40×30	m		2.80	
236	松木锯材	三类	m^3		1661.90	
237	杉木锯材		m^3		2596.26	
238	硬木锯材		m^3		6977.77	
239	硬杂木锯材	一类	m^3	1000.00	5987.71	
240	硬杂木锯材	二类	m^3		4015.45	
241	杉原木		m^3		1488.59	
242	防腐木		m^3		2430.67	
243	木纤维		kg		3.70	
244	松木干		m		3.00	
245	红白松原木	一类	m^3		2837.00	
246	木模板		m^3		1982.88	
247	木脚手板		m^3		1930.95	
248	锯木屑		m^3		70.70	
249	样板料	(综合)	m^3		3810.00	
250	板条	1000×30×8	100根		401.68	
251	板条	1200×38×6	100根		58.69	
252	方木		m^3		3266.74	
253	木桩		m^3		1800.00	
254	原木桩		m^3		2202.00	
255	板枋材		m^3		2001.17	
256	松杂板枋材		m^3		1922.17	
257	胶压刨花木屑板		m^2		28.60	
258	水泥压木丝板		m^2		49.42	
259	大芯板	(细木工板)	m^2		122.10	
260	木脚手杆	*D*100	m^3		1125.00	
261	硬木扶手	直形60×60	m		64.92	

续表

序号	材料名称	规格	单位	单位质量(kg)	单价(元)	附注
262	硬木扶手	直形100×60	m		111.29	
263	硬木扶手	直形150×60	m		184.25	
264	硬木扶手	弧形60×60	m		241.13	
265	硬木扶手	弧形100×60	m		380.25	
266	硬木扶手	弧形150×60	m		677.03	
267	硬木弯头	100×60	个		118.71	
268	硬木弯头	150×60	个		178.07	
269	硬木弯头	60×65	个		69.25	
270	车花木栏杆	$D40$	m		22.56	
271	不车花木栏杆	$D40$	m		16.39	
272	预制混凝土栏杆		m		78.00	
273	松木压条	12×34	m		3.52	
274	松木压条	12×12	m		1.32	
275	榉木夹板	3.0	m^2		28.70	
276	橡木夹板	3.0	m^2		49.16	
277	胶合板	厚3mm	m^2		20.88	
278	胶合板	厚5mm	m^2		30.54	
279	胶合板	厚9mm	m^2		55.18	
280	胶合板	厚12mm	m^2		71.97	
281	硬木地板	企口(成品)	m^2		279.86	
282	硬木地板	平口(成品)	m^2		299.55	
283	硬木地板砖	平口(成品)	m^2		279.86	
284	硬木地板砖	企口(成品)	m^2		279.86	
285	硬木拼花地板	平口(成品)	m^2		283.38	
286	硬木拼花地板	企口(成品)	m^2		309.53	
287	复合地板	(成品)	m^2		180.77	
288	杉木地板	平口	m^2		142.17	

序号	材料名称	规格	单位	单位质量(kg)	单价(元)	附注
289	杉木地板	企口	m^2		145.26	
290	松木地板	平口	m^2		145.97	
291	松木地板	企口	m^2		146.44	
292	柚木皮		m^2		46.03	
293	竹	胸径5～8cm	m		10.24	
294	竹	胸径8～10cm	m		13.92	
295	竹	胸径10cm以上	m		25.04	
296	毛竹		根		17.00	
297	竹箅		kg		85.00	
298	竹梢		根		5.33	
299	楠竹樘	ϕ80～100	根		43.75	
300	半圆竹片	*D*24	m^2		9.27	
301	树(竹)棍长	≤2.2m	根		6.90	
302	树(竹)棍长	>2.2m	根		9.12	
303	木踢脚线	(成品)	m		19.64	
304	杉木踢脚线	直形	m^2		150.74	
305	榉木实木踢脚线	直形	m^2		273.84	
306	铸铁落水口	*D*100×300	套		49.08	
307	铁花带铁框		m^2		327.78	
308	铸铁弯头	336×200	个		41.42	
309	铸铁银锭		个		13.88	
310	铸铁树池盖	(综合)	套		462.83	
311	复合材料树池盖	(综合)	套		168.67	
312	钢筋	*D*10以内	kg		3.97	
313	钢筋	*D*10以内	t		3970.73	
314	钢筋	*D*10以外	t		3799.94	
315	钢筋	*D*10以外	kg		4.19	

序号	材料名称	规格	单位	单位质量(kg)	单价(元)	附注
316	钢筋	(综合)	kg		3.55	
317	螺纹钢筋	ϕ10以内	t		4096.02	
318	螺纹钢筋	*D*20以内	t		3741.46	
319	螺纹钢筋	*D*20以外	t		3725.86	
320	冷拔钢丝	*D*4.0	t		3907.95	
321	吊筋		kg		3.84	
322	钢丝绳	*D*7.5	kg		6.66	
323	角钢	50×5	t		4193.33	
324	角钢	(综合)	kg		4.13	
325	圆钢	*D*18	kg		3.91	
326	圆钢	*D*20	kg		3.89	
327	扁钢	5	kg		3.99	
328	扁钢	100×10	kg		4.05	
329	热轧扁钢		t		3671.86	
330	热轧扁钢	20×3	t		3676.67	
331	镀锌扁钢	16×0.5	m		4.31	
332	热轧等边角钢		t		3685.48	
333	热轧等边角钢	40×4	t		3752.49	
334	热轧等边角钢	45×4	t		3751.83	
335	热轧型钢		kg		3.70	
336	槽钢	63×40×4.8	kg		4.10	
337	热轧槽钢	60	t		3689.01	
338	热轧槽钢	$20^{\#}$	kg		3.57	
339	热轧圆盘条	ϕ10以内	kg		3.83	
340	方钢	20×20	t		3901.87	
341	T型钢	25×25	kg		4.34	
342	型钢铁镉		个		15.53	

续表

序号	材料名称	规格	单位	单位质量(kg)	单价(元)	附注
343	方钢弯头	100×60	个		85.28	
344	普碳钢板		t		3696.76	
345	镀锌薄钢板	0.552	m^2		20.08	
346	镀锌薄钢板	0.56	m^2		20.08	
347	镀锌薄钢板	1.2	m^2		43.75	
348	镀锌瓦楞铁	0.56	m^2		28.51	
349	镀锌铁皮脊瓦	26	m^2		44.66	
350	钢管		kg		3.81	
351	方钢管	25×25×2.5	m		9.79	
352	方钢管	100×60	m		12.60	
353	焊接钢管	*DN*50	m		18.68	
354	镀锌钢管	*DN*25	m		12.56	
355	镀锌钢管	*DN*32	m		16.11	
356	镀锌钢管	*DN*40	m		22.98	
357	镀锌钢管	*DN*50	m		24.59	
358	镀锌钢管	*DN*65	m		35.17	
359	钢管弯头	*DN*50	个		12.64	
360	钢钎		kg		16.00	
361	钢骨架	含制作费	t		7293.05	
362	镀锌扁钢钩	3×12×300	个		1.85	
363	镀锌扁钢钩	3×12×400	个		2.06	
364	铜丝		kg		73.55	
365	铜条		m		46.37	
366	铜条	4×6	m		45.86	
367	铜条	4×10	m		52.45	
368	铜条	T形5×10	m		23.98	
369	青铜板		m		104.01	

续表

序号	材料名称	规格	单位	单位质量(kg)	单价(元)	附注
370	铸铜条板	6×110	m		235.89	
371	铝收口条压条		m		11.00	
372	槽铝		m		19.47	
373	铝单板		m^2		584.06	
374	铝骨架		kg		42.02	
375	电化角铝	25.4×2	m		10.30	
376	电化角铝		m		10.30	
377	38吊件		件		0.97	
378	铅板	5.0	kg		21.08	
379	不锈钢方管	37×37	m		143.01	
380	不锈钢钢管	D32×1.5	m		42.12	
381	不锈钢钢管	DN50	m		52.26	
382	钢板	δ0.7～0.9	kg		3.97	
383	镜面不锈钢板	8K成型	m^2		324.10	
384	镜面不锈钢板	0.8	m^2		202.62	
385	压型彩钢板	δ0.5	m^2		32.62	
386	彩钢夹芯板	δ100	m^2		103.72	
387	不锈钢扶手	直形DN60	m		35.31	
388	不锈钢扶手	直形DN75	m		41.48	
389	不锈钢扶手	弧形DN60	m		41.48	
390	不锈钢扶手	弧形DN75	m		51.00	
391	不锈钢管扶手	直形DN50	m		35.31	
392	不锈钢管扶手	直形DN75	m		41.48	
393	不锈钢型材骨架		t		16318.46	
394	不锈钢索	ϕ6	m		8.17	
395	不锈钢拉索组件		套		281.08	
396	不锈钢弯头	DN60	个		11.09	

序号	材料名称	规格	单位	单位质量(kg)	单价(元)	附注
397	不锈钢弯头	*DN*75	个		11.09	
398	不锈钢卡口槽		m		19.16	
399	不锈钢干挂件		套		3.74	
400	不锈钢压条	6.5×15	m		11.77	
401	不锈钢连接件		个		2.36	
402	铝合金型材		kg		24.90	
403	铝合金型材	104系列	kg		41.76	
404	铝合金型材	L形30×12×1	m		11.05	
405	铝合金型材	U形80×13×1.2	m		20.00	
406	铝合金扁管	100×44×1.8	m		33.36	
407	铝合金方管	20×20	m		12.04	
408	铝合金方管	25×25×1.2	m		13.31	
409	铝合金条板	宽100	m^2		70.34	
410	铝合金龙骨	60×30	m		11.68	
411	彩色压型钢板	YX35×115×677	m^2		271.43	
412	彩钢屋脊板	厚2mm	m		32.01	
413	彩钢板外天沟	B600	m		63.37	
414	彩钢板内天沟	B600	m		64.89	
415	彩钢板天沟专用挡板		块		5.37	
416	彩钢板檐口塑料堵头	WD-1	m		13.04	
417	垫铁		kg		8.61	
418	铁钩		kg		8.18	
419	铁钉		kg		6.68	
420	自制倒刺钉		kg		7.69	
421	自制铁钉		kg		7.69	
422	钢钉		kg		10.51	
423	不锈钢钉		kg		30.55	

序号	材料名称	规格	单位	单位质量(kg)	单价(元)	附注
424	射钉(枪钉)		个		0.36	
425	扒钉		kg		8.58	
426	扣钉		kg		5.24	
427	圆钉	(综合)	kg		6.68	
428	半圆图钉		kg		8.70	
429	镀锌钢丝	*D*0.7	kg		7.42	
430	镀锌钢丝	*D*0.9	kg		7.31	
431	镀锌钢丝	*D*1.2	kg		7.20	
432	镀锌钢丝	*D*1.8	kg		7.09	
433	镀锌钢丝	*D*2.8	kg		6.91	
434	镀锌钢丝	*D*3.5	kg		6.99	
435	镀锌钢丝	*D*4.0	kg		7.08	
436	镀锌钢丝	$8^{\#}$～$12^{\#}$	kg		6.04	
437	镀锌钢丝	$18^{\#}$	kg		4.57	
438	镀锌钢丝	$18^{\#}$～$22^{\#}$	kg		6.30	
439	钢丝网	(综合)	m^2		7.90	
440	镀锌钢丝	$22^{\#}$	kg		5.14	
441	镀锌钢丝网		m^2		11.40	
442	镀塑钢丝围栏		m^2		37.00	
443	钢板网	0.8	m^2		24.95	
444	镀锌拧花铅丝网	914×900×13	m^2		7.30	
445	铁窗纱		m^2		7.46	
446	铝板网		m^2		20.27	
447	电焊条	(综合)	kg		7.59	
448	铝焊条		kg		37.42	
449	合金钢焊条		kg		19.67	
450	不锈钢焊丝		kg		67.28	

序号	材料名称	规格	单位	单位质量(kg)	单价(元)	附注
451	焊锡		kg		59.85	
452	铝焊粉		kg		41.32	
453	木螺钉		个		0.16	
454	木螺钉	M3.5×25	个		0.07	
455	木螺钉	M4×40	个		0.07	
456	木螺钉	M5	100个		8.00	
457	自攻螺钉		个		0.06	
458	自攻螺钉	20mm	个		0.03	
459	自攻螺钉	30mm	个		0.05	
460	自攻螺钉	M4×25	100个		6.00	
461	自攻螺钉	M4×35	个		0.06	
462	镀锌螺钉	M7.5带垫	套		1.10	
463	镀锌螺钉		个		0.16	
464	镀锌机螺钉	(6～12)×(12～200)	个		1.20	
465	镀锌自攻螺钉	ST3×10	个		0.31	
466	不锈钢螺钉	4×12	个		3.71	
467	螺栓	M12	kg		10.69	
468	螺栓	(综合)	套		2.85	
469	高强螺栓		kg		15.92	
470	穿墙螺栓	M16	套		4.33	
471	预埋螺栓		t		7766.06	
472	自制螺栓		kg		7.69	
473	镀锌螺栓		套		2.27	
474	膨胀螺栓		套		0.82	
475	膨胀螺栓	M6×22	套		0.50	
476	膨胀螺栓	M8×75	套		1.51	
477	膨胀螺栓	M8×80	套		1.16	

续表

序号	材料名称	规格	单位	单位质量(kg)	单价(元)	附注
478	膨胀螺栓	钢制M12	套		1.75	
479	膨胀螺栓	M12×80	套		0.72	
480	卡箍膨胀螺栓	160	套		2.60	
481	带帽六角螺栓	M12以外	kg		3.60	
482	不锈钢螺栓	M12×110	套		4.33	
483	不锈钢带帽螺栓	M6×25	个		3.98	
484	不锈钢带帽螺栓	M12×450	套		10.47	
485	镀锌螺栓钩	M4.6×600	个		1.46	
486	镀锌螺栓钩	M4.6×800	个		1.86	
487	螺母		个		0.09	
488	螺母		100个		9.00	
489	镀锌六角螺栓带螺母、垫圈	M16×(85～140)	套		4.21	
490	镀锌六角螺栓带螺母、垫圈	M20×(85～100)	套		4.71	
491	垫圈		个		0.06	
492	铆钉		个		0.44	
493	铝拉铆钉	4×10	个		0.03	
494	铝拉铆钉	(综合)	10个		2.97	
495	油毡钉		kg		6.43	
496	轻钢龙骨	75×40×0.63	m		5.56	
497	轻钢龙骨	75×50×0.63	m		6.82	
498	轻钢竖向龙骨	30×30	m		13.96	
499	轻钢竖向龙骨	50×75	m		12.78	
500	轻钢沿边龙骨	QU75	m		4.33	
501	轻钢龙骨角托		个		0.79	
502	轻钢龙骨卡托		个		0.73	
503	轻钢龙骨上人型	(圆弧形)	m^2		62.51	
504	轻钢龙骨不上人型	(圆弧形)	m^2		51.15	

续表

序号	材料名称	规格	单位	单位质量(kg)	单价(元)	附注
505	轻钢龙骨上人型(平面)	300×300	m^2		93.91	
506	轻钢龙骨上人型(跌面)	300×300	m^2		98.40	
507	轻钢龙骨上人型(平面)	450×450	m^2		85.25	
508	轻钢龙骨上人型(跌面)	450×450	m^2		90.39	
509	轻钢龙骨上人型(平面)	600×600	m^2		76.59	
510	轻钢龙骨上人型(跌面)	600×600	m^2		81.73	
511	轻钢龙骨上人型(平面)	600×600以上	m^2		76.59	
512	轻钢龙骨上人型(跌面)	600×600以上	m^2		81.73	
513	轻钢龙骨不上人型(平面)	300×300	m^2		65.49	
514	轻钢龙骨不上人型(跌面)	300×300	m^2		71.17	
515	轻钢龙骨不上人型(平面)	450×450	m^2		61.16	
516	轻钢龙骨不上人型(跌面)	450×450	m^2		66.84	
517	轻钢龙骨不上人型(平面)	600×600	m^2		49.79	
518	轻钢龙骨不上人型(跌面)	600×600	m^2		55.48	
519	轻钢龙骨不上人型(平面)	600×600以上	m^2		49.79	
520	轻钢龙骨不上人型(跌面)	600×600以上	m^2		55.48	
521	铝合金龙骨上人型(平面)	300×300	m^2		88.22	
522	铝合金龙骨上人型(跌面)	300×300	m^2		93.91	
523	铝合金龙骨上人型(平面)	450×450	m^2		83.89	
524	铝合金龙骨上人型(跌面)	450×450	m^2		88.22	
525	铝合金龙骨上人型(平面)	600×600	m^2		72.53	
526	铝合金龙骨上人型(跌面)	600×600	m^2		78.21	
527	铝合金龙骨上人型(平面)	600×600以上	m^2		78.21	
528	铝合金龙骨上人型(跌面)	600×600以上	m^2		78.21	
529	铝合金龙骨不上人型(平面)	300×300	m^2		61.59	
530	铝合金龙骨不上人型(跌面)	300×300	m^2		72.53	
531	铝合金龙骨不上人型(平面)	450×450	m^2		83.89	

序号	材料名称	规格	单位	单位质量(kg)	单价(元)	附注
532	铝合金龙骨不上人型(跌面)	450×450	m^2		88.22	
533	铝合金龙骨不上人型(平面)	600×600	m^2		49.79	
534	铝合金龙骨不上人型(跌面)	600×600	m^2		54.12	
535	铝合金龙骨不上人型(平面)	600×600以上	m^2		49.79	
536	铝合金龙骨不上人型(跌面)	600×600以上	m^2		54.12	
537	组合钢模板		kg		10.97	
538	复合模板		m^2		48.50	
539	砖地模		m^2		96.02	
540	钢支撑		kg		7.46	
541	混凝土地模		m^2		260.09	
542	底座		个		6.71	
543	脚手架钢管		kg		4.16	
544	模板铁件		kg		9.49	
545	铁件	含制作费	kg		9.49	
546	铁件	(综合)	kg		9.49	
547	铁件支架		kg		9.49	
548	镀锌连接铁件		kg		9.49	
549	铁件(U形钉)		kg		9.49	
550	零星卡具		kg		7.57	
551	扣件	(综合)	个		6.45	
552	扣件	(综合)	套		2.20	
553	直角扣件		个		6.42	
554	对接扣件		个		6.58	
555	回转扣件		个		6.34	
556	镀锌瓦钉带垫	60	套		0.45	
557	不锈钢管U形卡	3mm	只		1.74	
558	锯条		根		0.42	

续表

序号	材料名称	规格	单位	单位质量(kg)	单价(元)	附注
559	支撑杆		个		4.50	
560	自制小五金		kg		7.69	
561	合金钢钻头		个		25.96	
562	合金钢钻头	*D*10	个		8.21	
563	合金钢钻头	*D*20	个		35.69	
564	排水管检查口	160	个		58.10	
565	排水管伸缩节	160	个		47.90	
566	铅丝网球出气罩	*D*100	个		8.14	
567	调和漆		kg		14.11	
568	色调和漆		kg		19.26	
569	黄调和漆		kg		14.11	黄色及付色
570	无光调和漆		kg		16.79	
571	过氯乙烯磁漆		kg		18.22	
572	醇酸磁漆		kg		16.86	
573	乳胶漆		kg		8.85	
574	白乳胶漆		kg		11.13	白色
575	丙烯酸有光外墙乳胶漆		kg		16.74	
576	丙烯酸无光外墙乳胶漆		kg		17.22	
577	地板漆		kg		18.30	
578	酚醛清漆		kg		14.12	
579	醇酸清漆		kg		13.59	
580	硝基清漆		kg		16.09	外用
581	丙烯酸清漆		kg		27.19	
582	过氯乙烯清漆		kg		15.56	
583	漆片		kg		42.65	
584	清油		kg		15.06	
585	松节油		kg		7.93	

序号	材料名称	规格	单位	单位质量(kg)	单价(元)	附注
586	二甲苯稀释剂		kg		10.87	
587	硝基漆稀释剂		kg		13.67	
588	醇酸漆稀释剂		kg		8.29	
589	灌木护坡添加剂		kg		18.00	
590	过氯乙烯漆稀释剂		kg		13.66	
591	熟桐油		kg		14.96	
592	生桐油		kg		20.00	
593	面层高光面油		kg		31.67	
594	稀料		kg		10.88	
595	防水粉		kg		4.21	
596	水性水泥漆		kg		17.22	
597	防水漆(配套罩面漆)		kg		54.51	
598	防锈漆		kg		15.51	
599	腻子		kg		2.20	
600	腻子膏		kg		1.33	
601	过氯乙烯腻子		kg		8.65	
602	过氯乙烯底漆		kg		13.87	
603	透明底漆		kg		53.00	
604	水性绒面涂料面漆		kg		33.18	
605	光油		kg		49.56	
606	地板蜡		kg		20.69	
607	上光蜡		kg		20.40	
608	硬白蜡		kg		18.46	
609	砂蜡		kg		14.42	
610	软蜡		kg		9.23	
611	底层巩固剂		kg		11.38	
612	色粉		kg		4.47	

序号	材料名称	规格	单位	单位质量(kg)	单价(元)	附注
613	大白粉		kg		0.91	
614	红土粉		kg		5.93	
615	双(白)灰粉		kg		0.68	
616	黑烟子		kg		14.19	
617	可赛银		kg		2.51	
618	107氯偏乳液		kg		6.36	
619	颜料		kg		9.09	
620	无机颜料		kg		13.12	
621	106涂料		kg		3.90	
622	803涂料		kg		1.90	
623	777乳液涂料		kg		17.30	
624	177乳液涂料		kg		16.82	
625	中层涂料		kg		21.49	
626	钙塑涂料		kg		13.63	
627	抗碱底涂料		kg		8.18	
628	苯乙烯涂料		kg		10.76	
629	丙烯酸彩砂涂料		kg		10.95	
630	多彩花纹涂料		kg		20.94	
631	封闭乳胶底涂料		kg		9.09	
632	罩光乳胶涂料		kg		18.60	
633	水性绒面涂料中涂层		kg		9.09	
634	凹凸复层涂料		kg		8.18	
635	外墙银光涂料		kg		18.17	
636	AC-97弹性外墙涂料		kg		47.33	
637	氟碳保护剂		kg		78.00	
638	JH801涂料		kg		6.36	
639	多彩外墙乳胶涂料		kg		18.17	

序号	材料名称	规格	单位	单位质量(kg)	单价(元)	附注
640	H型真石涂料		kg		23.36	
641	复层罩面涂料		kg		11.25	
642	彩色强化剂		kg		3.15	
643	土壤改良剂		kg		33.08	
644	氩气		m^3		18.60	
645	氧气	$6m^3$	m^3		2.88	
646	乙炔气	5.5～6.5kg	m^3		16.13	
647	乙醇		kg		9.69	酒精
648	丙酮		kg		9.89	
649	二甲苯		kg		5.21	
650	甲苯		kg		10.17	
651	草酸		kg		10.93	
652	工业盐		kg		0.91	
653	氯化钠		kg		0.91	
654	氟化钠		kg		9.23	
655	食盐		kg		0.91	工业盐
656	白矾		kg		7.30	
657	药剂		kg		7.80	
658	乙二胺		kg		21.96	
659	滑石粉		kg		0.59	
660	黄丹粉		kg		21.00	
661	环氧树脂	E44	kg		28.33	
662	环氧树脂	6101	kg		28.33	
663	催干剂		kg		12.76	
664	聚氨酯甲料		kg		15.28	
665	聚氨酯乙料		kg		14.85	
666	乙酸乙酯		kg		17.26	

续表

序号	材料名称	规格	单位	单位质量(kg)	单价(元)	附注
667	羧甲基纤维素		kg		11.25	
668	石材养护液		kg		83.65	
669	石材保护液		kg		28.27	
670	金胶油		kg		63.27	
671	灰油		kg		39.82	
672	聚醋酸乙烯乳液		kg		9.51	
673	隔离剂		kg		4.20	
674	防水剂		kg		2.17	
675	黏结剂		kg		13.03	
676	保水剂		kg		16.39	
677	涂白剂		L		5.92	
678	消毒剂		kg		9.00	
679	生根剂		kg		78.50	
680	三异氰酸酯		kg		10.38	
681	增强剂(LDA)		kg		10.93	
682	聚氨酯固化剂		kg		45.86	
683	油灰		kg		2.94	
684	107胶		kg		2.97	
685	108胶		kg		4.45	
686	117胶		kg		8.44	
687	903胶		kg		9.73	
688	骨胶		kg		4.93	
689	乳胶		kg		8.22	
690	密封胶		kg		31.90	
691	密封胶		支		6.71	
692	玻璃胶	350g	支		24.44	
693	大理石胶		kg		20.33	

序号	材料名称	规格	单位	单位质量(kg)	单价(元)	附注
694	TG胶		kg		4.41	
695	万能胶		kg		17.95	
696	结构胶		kg		43.70	
697	结构胶	DC995	L		63.82	
698	耐候胶	DC79HN	L		58.84	
699	SY-19粘胶		kg		17.74	
700	XY-401胶		kg		23.94	
701	XY-518胶		kg		17.89	
702	石材(云石)胶		kg		19.69	
703	聚氯乙烯胶泥		kg		2.29	
704	水胶粉		kg		18.17	
705	砂胶料		kg		4.82	
706	胶泥带		m		1.53	
707	尼龙扎带	$L=100$cm	根		0.13	
708	聚四氟乙烯生料带	宽20	m		0.50	
709	双面强力弹性胶带		m		5.52	
710	双面强力弹性胶带	7.0	m		2.08	
711	胶粘剂		kg		18.17	(排水管)
712	胶粘剂		kg		3.12	
713	791胶粘剂		kg		6.49	
714	792胶粘剂		kg		15.79	
715	丁基胶粘剂		kg		14.45	
716	塑料胶粘剂		kg		9.73	
717	YJ-Ⅲ胶粘剂		kg		18.17	
718	YJ-302胶粘剂		kg		26.39	
719	干粉型胶粘剂		kg		5.75	
720	煤		kg		0.53	

续表

序号	材料名称	规格	单位	单位质量(kg)	单价(元)	附注
721	木炭		kg		4.76	
722	木柴		kg		1.03	
723	汽油		kg		7.16	
724	汽油		L		7.07	
725	煤油		kg		7.49	
726	油漆溶剂油	200#	kg		6.90	
727	机油	(综合)	kg		15.02	
728	熟机油		kg		7.21	
729	冷底子油	30∶70	kg		6.41	
730	液化石油气		kg		4.36	
731	草袋	840×760	m^2		3.34	
732	草袋		条		2.13	
733	草绳		kg		7.12	
734	纸筋		kg		3.70	
735	苇席		m^2		9.24	
736	席		片		23.89	
737	滑秸		kg		1.30	
738	麻绳		kg		9.28	
739	连绳		kg		15.82	
740	绑扎绳		kg		9.27	
741	精梳麻		kg		38.00	
742	麻丝		kg		14.54	丝麻
743	麻刀		kg		3.92	
744	麻袋		m^2		8.15	
745	砂纸		张		0.87	
746	水砂纸		张		1.12	
747	铁砂布		张		1.56	

续表

序号	材料名称	规格	单位	单位质量(kg)	单价(元)	附注
748	砂布		张		0.93	
749	破布		kg		5.07	
750	棉花		kg		28.34	
751	棉纱		kg		16.11	
752	棉纱头		kg		5.67	
753	白布		m^2		10.34	
754	汤布		kg		12.33	
755	豆包布	宽0.9m	m		3.88	
756	安全网	3m×6m	m^2		10.64	
757	平织尼龙网		m^2		14.91	
758	塑料薄膜		m^2		1.90	
759	橡胶条(大)		m		4.00	
760	橡胶条(小)		m		2.20	
761	橡胶垫条		m		3.63	
762	耐热胶垫		m		17.74	
763	尼龙布		m^2		4.41	
764	硬塑料板		m^2		31.95	
765	塑料板		m^2		31.95	
766	塑料地板	企口	m^2		31.95	
767	泡沫塑料密封条		m		0.91	
768	塑料压条		m		3.23	
769	塑料地板卷材	厚1.5mm	m^2		75.51	
770	聚苯乙烯泡沫塑料板		m^3		387.94	
771	泡沫条		m		0.50	
772	泡沫条	$\phi 8$	m		0.25	
773	橡胶板	3.0	m^2		32.88	
774	石棉橡胶板		kg		15.95	

序号	材料名称	规格	单位	单位质量(kg)	单价(元)	附注
775	花纹硬橡胶板	厚20mm	m^2		69.44	
776	橡胶管	δ1～3	kg		15.50	
777	橡胶软管	ϕ20	m		13.21	
778	橡胶压力管		m		90.86	
779	橡胶垫片		m		7.27	
780	橡胶垫片	25	m		12.00	
781	橡胶垫片	宽250	m		12.00	
782	皮条		m		4.09	
783	水		m^3		7.62	
784	电		kW•h		0.73	
785	卡箍		个		76.15	
786	密封圈		个		4.33	
787	钨棒		kg		31.44	
788	锯末		m^3		61.68	
789	锡纸		kg		61.00	
790	墨块	50g	块		8.25	
791	血料		kg		5.25	
792	面粉		kg		1.90	
793	牛皮纸		张		1.12	
794	粉笔		盒		4.50	
795	铅笔		支		1.00	
796	橡皮		块		1.00	
797	石料切割锯片		片		28.55	
798	尼龙砂轮片	ϕ100	片		8.77	
799	防滑条		m^3		1196.07	
800	肥料		kg		4.50	
801	种植土		m^3		77.65	

续表

序号	材料名称	规格	单位	单位质量(kg)	单价(元)	附注
802	种植基质		m^3		299.23	
803	成品种植槽	650×289×250	只		25.00	
804	轻质种植土壤		m^3		80.00	
805	成品种植模块	330×190×140	只		31.50	
806	硅酸钙板	$\delta 8$	m^2		19.00	
807	PVC防腐蚀板		m^2		19.34	
808	泄水阀		个		149.25	
809	软式透水管		m		5.50	
810	块料式排水板		m^2		47.40	
811	卷材式排水板		m^2		16.26	
812	锁扣式排水板		m^2		18.96	
813	T形植生板		m^3		39.84	
814	法兰	*DN*50	片		71.63	
815	平焊法兰	1.6MPa以下	片		53.47	
816	法兰闸阀	*DN*50	个		265.00	
817	镀锌法兰盘	*DN*50	个		45.88	
818	不锈钢法兰盘	*DN*60	个		41.72	
819	不锈钢法兰盘	*DN*75	个		91.09	
820	管件		个		5.38	
821	PE管		m		81.50	
822	泵管		m		60.57	
823	UPVC雨水斗	160带罩	个		71.10	
824	PE管件		个		4.75	
825	UPVC弯头	90°	个		41.53	
826	UPVC管件		个		6.00	
827	UPVC短管		个		37.93	
828	UPVC管箍		个		3.75	

序号	材料名称	规格	单位	单位质量(kg)	单价(元)	附注
829	UPVC软管	$\phi 4$	m		77.30	
830	UPVC雨水管	$D160$	m		46.73	
831	可调喷头		套		41.17	
832	法兰喷头		套		20.00	
833	蒲公英喷头		套		725.00	
834	弹簧弯管	$DN15$	个		7.19	
835	弹簧压力表	Y-100～1.6MPa	块		68.67	
836	快速接头		个		23.33	
837	镀锌活接头		个		11.00	
838	镀锌活接头	$DN20$	个		8.38	
839	镀锌活接头	$DN40$	个		16.50	
840	镀锌活接头	$DN50$	个		18.85	
841	镀锌活接头	$DN80$	个		56.40	
842	斧刃砖	240×120×40	块		6.28	
843	地趴砖	470×210×85	块		15.65	
844	三连砖	六样 390×230×80	件		209.56	
845	三连砖	七样 370×210×75	件		182.32	
846	三连砖	八样 330×200×70	件		164.19	
847	三连砖	九样 315×190×65	件		132.47	
848	大城样砖	480×240×130	块		35.44	
849	大停泥砖	410×210×80	块		8.74	
850	小停泥砖	295×145×70	块		6.85	
851	蓝四丁砖	240×115×53	块		6.28	
852	尺二方砖	384×384×60	块		111.51	
853	尺四方砖	448×448×60	块		46.18	
854	尺七方砖	554×554×80	块		112.95	
855	大开条砖	260×130×50	块		5.39	

序号	材料名称	规格	单位	单位质量(kg)	单价(元)	附注
856	八五小青砖	220×105×42	100块		206.57	
857	承奉连砖	六样 390×250×135	件		129.36	
858	承奉连砖	七样 370×215×115	件		117.72	
859	承奉连砖	八样 330×200×90	件		111.39	
860	承奉连砖	九样 315×175×80	件		106.87	
861	八样罗锅承奉连砖		件		129.62	
862	八样续罗锅承奉连砖		件		129.62	
863	九样罗锅三连砖		件		132.98	
864	九样续罗锅三连砖		件		132.98	
865	板瓦	头号 225×225	块		3.96	
866	板瓦	1号 200×200(180)	块		2.80	
867	板瓦	2号 180×180(160)	块		2.60	
868	板瓦	3号 160×160(140)	块		2.29	
869	板瓦	10号 110×110(90)	块		1.63	
870	筒瓦	头号 305×160	块		4.76	
871	筒瓦	1号 210×130(100)	块		3.31	
872	筒瓦	2号 190×110(80)	块		2.80	
873	筒瓦	3号 170×90(60)	块		2.58	
874	筒瓦	10号 90×70(50)	块		1.83	
875	滴子	头号 规格参照板瓦	块		8.45	
876	滴子	1号 规格参照板瓦	块		6.01	
877	滴子	2号 规格参照板瓦	块		5.49	
878	滴子	3号 规格参照板瓦	块		4.55	
879	滴子	10号 规格参照板瓦	块		3.17	
880	勾头	头号 规格参照筒瓦	块		8.45	
881	勾头	1号 规格参照筒瓦	块		6.01	
882	勾头	2号 规格参照筒瓦	块		5.49	

序号	材料名称	规格	单位	单位质量(kg)	单价(元)	附注
883	勾头	3号 规格参照筒瓦	块		4.55	
884	勾头	10号 规格参照筒瓦	块		3.17	
885	花边瓦	1号 规格参照板瓦	块		6.01	
886	花边瓦	2号 规格参照板瓦	块		5.49	
887	花边瓦	3号 规格参照板瓦	块		4.55	
888	折腰瓦	1号 规格参照板瓦	块		5.90	
889	折腰瓦	2号 规格参照板瓦	块		5.42	
890	折腰瓦	3号 规格参照板瓦	块		4.50	
891	折腰瓦	10号 规格参照板瓦	块		3.14	
892	续折腰瓦	1号 规格参照板瓦	块		5.90	
893	续折腰瓦	2号 规格参照板瓦	块		5.42	
894	续折腰瓦	3号 规格参照板瓦	块		4.50	
895	续折腰瓦	10号 规格参照板瓦	块		3.14	
896	罗锅瓦	1号 规格参照筒瓦	块		5.96	
897	罗锅瓦	2号 规格参照筒瓦	块		5.45	
898	罗锅瓦	3号 规格参照筒瓦	块		4.52	
899	罗锅瓦	10号 规格参照筒瓦	块		3.16	
900	续罗锅瓦	1号 规格参照筒瓦	块		5.96	
901	续罗锅瓦	2号 规格参照筒瓦	块		5.45	
902	续罗锅瓦	3号 规格参照筒瓦	块		4.52	
903	续罗锅瓦	10号 规格参照筒瓦	块		3.16	
904	垂兽	1号 同琉璃六样	份		1324.66	
905	垂兽	3号 同琉璃八样	份		913.14	
906	抱头狮子	1号 同琉璃六样	件		108.23	
907	抱头狮子	3号 同琉璃八样	件		56.21	
908	套兽	1号 同琉璃六样	件		166.72	
909	套兽	3号 同琉璃八样	件		112.31	

序号	材料名称	规格	单位	单位质量(kg)	单价(元)	附注
910	岔兽	1号 同琉璃六样	份		1324.66	
911	岔兽	3号 同琉璃八样	份		913.14	
912	正吻	高70cm以下	份		1063.95	
913	正吻	高100cm以下	份		2172.12	
914	正吻	高100cm以上	份		5076.69	
915	合角吻	高60cm以下	份		1280.49	
916	合角吻	高60cm以上	份		2667.16	
917	吻锯		kg		7.69	
918	板瓦	六样 330×252	件		25.79	
919	板瓦	七样 315×220	件		22.38	
920	板瓦	八样 293×205	件		20.02	
921	板瓦	九样 284×189	件		17.16	
922	筒瓦	六样 300×142×71	件		27.98	
923	筒瓦	七样 284×126×63	件		24.46	
924	筒瓦	八样 268×110×56	件		22.00	
925	筒瓦	九样 252×96×48	件		19.22	
926	滴子	六样 规格参照板瓦	件		53.86	
927	滴子	七样 规格参照板瓦	件		44.37	
928	滴子	八样 规格参照板瓦	件		37.49	
929	滴子	九样 规格参照板瓦	件		35.04	
930	勾头	六样 规格参照筒瓦	件		52.86	
931	勾头	七样 规格参照筒瓦	件		44.37	
932	勾头	八样 规格参照筒瓦	件		37.49	
933	勾头	九样 规格参照筒瓦	件		35.04	
934	钉帽	六样 高50	件		7.80	
935	钉帽	七样 高45	件		7.80	
936	钉帽	八样 高40	件		6.48	

续表

序号	材料名称	规格	单位	单位质量(kg)	单价(元)	附注
937	钉帽	九样 高35	件		6.48	
938	正脊筒子	六样 680×250×284	件		797.63	
939	正脊筒子	七样 620×230×250	件		656.43	
940	正脊筒子	八样 560×210×200	件		546.82	
941	正脊筒子	九样 500×185×170	件		481.92	
942	正当沟	六样 267×150	件		37.00	
943	正当沟	七样 235×145	件		35.94	
944	正当沟	八样 220×135	件		33.96	
945	正当沟	九样 204×130	件		30.86	
946	压当条	六样 267×64×22	件		22.76	
947	压当条	七样 235×60×18	件		18.24	
948	压当条	八样 220×58×17	件		15.54	
949	压当条	九样 200×50×17	件		13.73	
950	群色条	六样 390×120×80	件		155.58	
951	群色条	七样 370×100×65	件		146.36	
952	群色条	八样 340×100×65	件		110.12	
953	群色条	九样 315×80×60	件		100.81	
954	扣脊瓦	六样 规格参照筒瓦	件		27.98	
955	扣脊瓦	七样 规格参照筒瓦	件		24.46	
956	扣脊瓦	八样 规格参照筒瓦	件		22.00	
957	扣脊瓦	九样 规格参照筒瓦	件		19.22	
958	正吻	六样 1440×928×272	份		11292.84	
959	正吻	七样 1080×864×208	份		8393.74	
960	正吻	八样 704×531×160	份		5716.96	
961	正吻	九样 704×531×160	份		4575.07	
962	吻下当沟	六样	件		446.15	
963	吻下当沟	七样	件		436.38	

序号	材料名称	规格	单位	单位质量(kg)	单价(元)	附注
964	吻下当沟	八样	件		410.61	
965	吻下当沟	九样	件		392.05	
966	折腰瓦	六样 规格参照板瓦	件		41.01	
967	折腰瓦	七样 规格参照板瓦	件		36.45	
968	折腰瓦	八样 规格参照板瓦	件		32.77	
969	折腰瓦	九样 规格参照板瓦	件		27.34	
970	续折腰瓦	六样 规格参照板瓦	件		41.01	
971	续折腰瓦	七样 规格参照板瓦	件		36.45	
972	续折腰瓦	八样 规格参照板瓦	件		32.77	
973	续折腰瓦	九样 规格参照板瓦	件		27.34	
974	罗锅瓦	六样 规格参照筒瓦	件		51.05	
975	罗锅瓦	七样 规格参照筒瓦	件		45.60	
976	罗锅瓦	八样 规格参照筒瓦	件		40.12	
977	罗锅瓦	九样 规格参照筒瓦	件		36.43	
978	续罗锅瓦	六样 规格参照筒瓦	件		51.05	
979	续罗锅瓦	七样 规格参照筒瓦	件		45.60	
980	续罗锅瓦	八样 规格参照筒瓦	件		40.12	
981	续罗锅瓦	九样 规格参照筒瓦	件		36.43	
982	斜当沟	六样 373×150	件		66.74	
983	斜当沟	七样 329×145	件		59.24	
984	斜当沟	八样 308×135	件		54.32	
985	斜当沟	九样 283×130	件		47.23	
986	垂脊筒子	六样 540×230×230	件		591.92	
987	垂脊筒子	七样 520×210×210	件		546.16	
988	垂脊筒子	八样 480×200×200	件		455.22	
989	垂脊筒子	九样 450×190×190	件		391.36	
990	擶头	六样 390×230×80	件		391.03	

续表

序号	材料名称	规格	单位	单位质量(kg)	单价(元)	附注
991	撺头	七样 370×210×75	件		309.51	
992	撺头	八样 330×200×70	件		276.59	
993	撺头	九样 315×190×65	件		267.46	
994	淌头	六样 311×200×63	件		309.51	
995	淌头	七样 307×176×59	件		264.15	
996	淌头	八样 267×170×55	件		218.68	
997	淌头	九样 252×170×50	件		185.92	
998	垂兽	六样 378×378	份		1969.57	
999	垂兽	七样 315×315	份		1759.62	
1000	垂兽	八样 252×252	份		1439.21	
1001	垂兽	九样 189×189	份		1396.91	
1002	仙人	六样 高238	份		345.61	
1003	仙人	七样 高204	份		291.15	
1004	仙人	八样 高173	份		241.28	
1005	仙人	九样 高141	份		218.42	
1006	方眼勾头	六样 规格参照勾头	件		83.67	
1007	方眼勾头	七样 规格参照勾头	件		78.38	
1008	方眼勾头	八样 规格参照勾头	件		69.99	
1009	方眼勾头	九样 规格参照勾头	件		64.89	
1010	套兽	六样	件		563.52	
1011	套兽	七样	件		391.36	
1012	套兽	八样	件		349.51	
1013	套兽	九样	件		316.55	
1014	遮朽瓦	六样 217×142×71	件		53.98	
1015	遮朽瓦	七样 189×126×63	件		44.57	
1016	遮朽瓦	八样 165×110×56	件		37.64	
1017	遮朽瓦	九样 143×95×48	件		35.25	

续表

序号	材料名称	规格	单位	单位质量(kg)	单价(元)	附注
1018	割角滴子	六样 规格参照滴子	件		86.94	
1019	割角滴子	七样 规格参照滴子	件		78.38	
1020	割角滴子	八样 规格参照滴子	件		67.95	
1021	割角滴子	九样 规格参照滴子	件		60.82	
1022	螳螂勾头	六样 规格参照勾头	件		83.67	
1023	螳螂勾头	七样 规格参照勾头	件		78.38	
1024	螳螂勾头	八样 规格参照勾头	件		69.99	
1025	螳螂勾头	九样 规格参照勾头	件		64.89	
1026	补戗尖脊筒差价	六样	件		22.80	
1027	补戗尖脊筒差价	七样	件		16.80	
1028	补戗尖脊筒差价	八样	件		10.80	
1029	补戗尖脊筒差价	九样	件		10.80	
1030	补搭头脊筒差价	六样	件		22.80	
1031	补搭头脊筒差价	七样	件		16.80	
1032	补搭头脊筒差价	八样	件		10.80	
1033	补搭头脊筒差价	九样	件		10.80	
1034	平口条	六样 267×64×22	件		22.76	
1035	平口条	七样 235×60×18	件		18.24	
1036	平口条	八样 220×58×17	件		15.54	
1037	平口条	九样 200×50×17	件		13.73	
1038	托泥当沟	六样 267×237	件		262.97	
1039	托泥当沟	七样 237×205	件		217.70	
1040	托泥当沟	八样	件		208.65	
1041	托泥当沟	九样	件		199.58	
1042	列角撺头	六样	件		585.65	
1043	列角撺头	七样	件		463.61	
1044	列角撺头	八样	件		417.02	

序号	材料名称	规格	单位	单位质量(kg)	单价(元)	附注
1045	列角撺头	九样	件		401.26	
1046	列角淌头	六样	件		463.49	
1047	列角淌头	七样	件		395.52	
1048	列角淌头	八样	件		327.56	
1049	列角淌头	九样	件		283.75	
1050	罗锅脊筒子	六样 规格参照垂脊筒子	件		1180.19	
1051	罗锅脊筒子	七样 规格参照垂脊筒子	件		1088.87	
1052	罗锅脊筒子	八样 规格参照垂脊筒子	件		907.26	
1053	罗锅脊筒子	九样 规格参照垂脊筒子	件		780.22	
1054	续罗锅脊筒子	六样 规格参照垂脊筒子	件		1180.19	
1055	续罗锅脊筒子	七样 规格参照垂脊筒子	件		1088.87	
1056	续罗锅脊筒子	八样 规格参照垂脊筒子	件		907.26	
1057	续罗锅脊筒子	九样 规格参照垂脊筒子	件		780.22	
1058	罗锅当沟	六样 规格参照正当沟	件		37.20	
1059	罗锅当沟	七样 规格参照正当沟	件		36.14	
1060	罗锅当沟	八样 规格参照正当沟	件		34.13	
1061	罗锅当沟	九样 规格参照正当沟	件		31.03	
1062	续罗锅当沟	六样 规格参照正当沟	件		37.20	
1063	续罗锅当沟	七样 规格参照正当沟	件		36.14	
1064	续罗锅当沟	八样 规格参照正当沟	件		34.13	
1065	续罗锅当沟	九样 规格参照正当沟	件		31.03	
1066	罗锅扣脊瓦	六样 规格参照筒瓦	件		51.05	
1067	罗锅扣脊瓦	七样 规格参照筒瓦	件		45.60	
1068	罗锅扣脊瓦	八样 规格参照筒瓦	件		40.12	
1069	罗锅扣脊瓦	九样 规格参照筒瓦	件		36.43	
1070	续罗锅扣脊瓦	六样 规格参照筒瓦	件		51.05	
1071	续罗锅扣脊瓦	七样 规格参照筒瓦	件		45.60	

序号	材料名称	规格	单位	单位质量（kg）	单价（元）	附注
1072	续罗锅扣脊瓦	八样 规格参照筒瓦	件		40.12	
1073	续罗锅扣脊瓦	九样 规格参照筒瓦	件		36.43	
1074	罗锅压当条	六样 规格参照压当条	件		26.24	
1075	罗锅压当条	七样 规格参照压当条	件		23.05	
1076	罗锅压当条	八样 规格参照压当条	件		19.34	
1077	罗锅压当条	九样 规格参照压当条	件		16.41	
1078	续罗锅压当条	六样 规格参照压当条	件		26.24	
1079	续罗锅压当条	七样 规格参照压当条	件		23.05	
1080	续罗锅压当条	八样 规格参照压当条	件		19.34	
1081	续罗锅压当条	九样 规格参照压当条	件		16.41	
1082	罗锅平口条	六样 规格参照平口条	件		26.24	
1083	罗锅平口条	七样 规格参照平口条	件		23.05	
1084	罗锅平口条	八样 规格参照平口条	件		19.34	
1085	罗锅平口条	九样 规格参照平口条	件		16.41	
1086	续罗锅平口条	六样 规格参照平口条	件		26.24	
1087	续罗锅平口条	七样 规格参照平口条	件		23.05	
1088	续罗锅平口条	八样 规格参照平口条	件		19.34	
1089	续罗锅平口条	九样 规格参照平口条	件		16.41	
1090	披水	六样	件		45.67	
1091	披水	七样	件		41.12	
1092	披水	八样	件		36.58	
1093	披水	九样	件		31.13	
1094	披水头	六样	件		68.42	
1095	披水头	七样	件		61.61	
1096	披水头	八样	件		54.59	
1097	披水头	九样	件		46.56	
1098	罗锅披水	六样	件		91.05	

序号	材　料　名　称	规　格	单　位	单位质量(kg)	单　价(元)	附　注
1099	罗锅披水	七样	件		81.96	
1100	罗锅披水	八样	件		72.87	
1101	罗锅披水	九样	件		61.97	
1102	续罗锅披水	六样	件		91.05	
1103	续罗锅披水	七样	件		81.96	
1104	续罗锅披水	八样	件		72.87	
1105	续罗锅披水	九样	件		61.97	
1106	岔脊筒子	六样	件		528.72	
1107	岔脊筒子	七样	件		437.86	
1108	岔脊筒子	八样	件		392.02	
1109	岔脊筒子	九样	件		345.76	
1110	岔兽	六样	份		1702.66	
1111	岔兽	七样	份		1427.77	
1112	岔兽	八样	份		1195.63	
1113	岔兽	九样	份		1060.95	
1114	蹬脚瓦	六样	件		38.38	
1115	蹬脚瓦	七样	件		34.24	
1116	蹬脚瓦	八样	件		30.11	
1117	蹬脚瓦	九样	件		27.34	
1118	满面砖	六样	件		174.24	
1119	满面砖	七样	件		138.01	
1120	满面砖	八样	件		110.78	
1121	满面砖	九样	件		88.16	
1122	合角吻	六样	份		18860.03	
1123	合角吻	七样	份		15179.67	
1124	合角吻	八样	份		9734.56	
1125	合角吻	九样	份		6567.23	

序号	材料名称	规格	单位	单位质量(kg)	单价(元)	附注
1126	博脊连砖	六样	件		197.42	
1127	博脊连砖	七样	件		183.99	
1128	博脊连砖	八样	件		148.47	
1129	博脊连砖	九样	件		139.42	
1130	博脊瓦	六样	件		273.28	
1131	博脊瓦	七样	件		237.05	
1132	博脊瓦	八样	件		218.82	
1133	博脊瓦	九样	件		182.58	
1134	挂尖	六样	件		363.79	
1135	挂尖	七样	件		327.30	
1136	挂尖	八样	件		281.76	
1137	挂尖	九样	件		236.64	
1138	宝顶座	八样 宽600以内	份		5408.55	
1139	宝顶座	七样 宽1000以内	份		7403.69	
1140	宝顶座	六样 宽1000以内	份		11053.84	
1141	宝顶珠	八样 高600以内	件		4636.97	
1142	宝顶珠	七样 高1000以内	件		7364.55	
1143	宝顶珠	六样 高1000以内	件		10995.12	
1144	马	1号（小兽）同琉璃六样	件		78.27	
1145	马	3号（小兽）同琉璃八样	件		39.62	
1146	小跑	六样	件		345.35	
1147	小跑	七样	件		290.88	
1148	小跑	八样	件		241.02	
1149	小跑	九样	件		218.17	
1150	九样列角盘子		件		119.65	
1151	九样三仙盘子		件		154.60	
1152	六样围脊筒子		件		293.36	

序号	材料名称	规格	单位	单位质量(kg)	单价(元)	附注
1153	银朱		kg		96.46	
1154	石黄		kg		29.20	
1155	章丹		kg		30.00	
1156	松烟		kg		25.00	
1157	图画色		支		10.00	
1158	广告色		支		13.00	
1159	巴黎绿		kg		486.00	
1160	群青		kg		18.50	
1161	土粉子		kg		2.65	
1162	氧化铁红		kg		9.03	
1163	浮石粉		kg		10.00	
1164	淋浆灰		kg		8.00	
1165	瓦钉		kg		7.69	
1166	铁兽桩		kg		7.69	
1167	吻(兽)桩、铁锯子		kg		7.69	
1168	香糊	400g	瓶		3.88	
1169	浆糊		kg		18.00	
1170	高丽纸		张		1.46	
1171	铜箔		张		2.00	
1172	库金箔	98% 93.3×93.3	张		6.69	
1173	赤金箔	74% 83.3×83.3	张		3.66	
1174	麦草		kg		20.00	
1175	山草		kg		30.00	
1176	丝茅草		kg		35.00	
1177	树皮		m^2		20.00	
1178	块状树皮		m^3		72.00	
1179	生态袋	33×60×15	条		2.23	

序号	材料名称	规格	单位	单位质量(kg)	单价(元)	附注
1180	生态袋(成品)	810×430	条		2.43	
1181	保湿毯	500g	m^2		13.13	
1182	种子	(综合)	kg		73.66	
1183	炭泥土		kg		0.95	
1184	有机质料		kg		1.00	
1185	复合肥		kg		4.93	
1186	棚箅		kg		115.00	
1187	草泥炭		kg		0.87	
1188	三维网		m^2		2.80	
1189	植生格		m^2		39.84	
1190	遮阳网		m^2		1.36	
1191	植物屑		kg		1.19	
1192	锚固件		kg		4.50	
1193	链接扣		个		4.57	
1194	遮阴网		m^2		1.36	
1195	防寒膜		m^2		1.55	
1196	细麻绳		kg		16.55	
1197	袋装营养液		组		18.08	
1198	渗灌管		m		2.24	
1199	千秋架		套		9.53	
1200	直通	$\phi 4$	个		5.38	
1201	5通滴箭组		套		5.00	
1202	集速式16通滴箭组		套		17.00	
1203	根部灌水器	$\phi 100mm \times L915mm$	套		150.00	
1204	丝接件		个		7.24	
1205	手孔井		座		73.56	
1206	云石胶		kg		19.69	

附录四　施工机械台班价格

说　　明

一、本附录机械不含税价格是确定预算基价中机械费的基期价格，也可作为确定施工机械台班租赁价格的参考。

二、台班单价按每台班8小时工作制计算。

三、台班单价由折旧费、检修费、维护费、安拆费及场外运费、人工费、燃料动力费和其他费组成。

四、安拆费及场外运费根据施工机械不同分为计入台班单价、单独计算和不计算三种类型。

1.工地间移动较为频繁的小型机械及部分中型机械，其安拆费及场外运费计入台班单价。

2.移动有一定难度的特、大型（包括少数中型）机械，其安拆费及场外运费单独计算。单独计算的安拆费及场外运费除应计算安拆费、场外运费外，还应计算辅助设施（包括基础、底座、固定锚桩、行走轨道枕木等）的折旧、搭设和拆除等费用。

3.不需安装、拆卸且自身能开行的机械和固定在车间不需安装、拆卸及运输的机械，其安拆费及场外运费不计算。

五、采用简易计税方法计取增值税时，机械台班价格应为含税价格，以“元”为单位的机械台班费按系数1.0902调整。

施工机械台班价格表

序号	机械名称	规格型号	台班不含税单价（元）	台班含税单价（元）	附注
1	推土机		835.04	891.44	
2	履带式推土机	105kW	1027.82	1112.14	
3	挖掘机		1059.67	1151.32	
4	履带式反铲单斗挖掘机(液压)	斗容量0.6m^3	825.77	889.13	
5	履带式反铲单斗挖掘机(液压)	斗容量1.0m^3	1159.91	1263.69	
6	拖式铲运机	7m^3	1007.24	1071.48	
7	电动夯实机	20～62N•m	27.11	29.55	
8	光轮压路机(内燃)	12t	527.82	566.99	
9	风动凿岩机	手持式	12.25	12.90	
10	汽车式起重机	8t	767.15	816.68	
11	汽车式起重机	12t	864.36	924.77	
12	汽车式起重机	16t	971.12	1043.79	
13	汽车式起重机	20t	1043.80	1124.97	
14	汽车式起重机	25t	1098.98	1186.51	
15	装卸吊车		641.08	698.91	
16	载货汽车	4t	417.41	447.36	
17	载货汽车	5t	443.55	476.28	
18	载货汽车	6t	461.82	496.16	
19	载货汽车	8t	521.59	561.99	
20	自卸汽车		588.65	635.22	
21	机动翻斗车	1t	207.17	214.39	
22	平板拖车组	12t	984.00	1072.76	

续表

序号	机械名称	规格型号	台班不含税单价（元）	台班含税单价（元）	附注
23	洒水车	8000L	520.35	562.38	
24	滚筒式混凝土搅拌机	500L	273.53	282.55	
25	灰浆搅拌机	200L	208.76	210.10	
26	灰浆搅拌机	400L	215.11	217.22	
27	干混砂浆罐式搅拌机		254.19	260.56	
28	双锥反转出料混凝土搅拌机	出料容量500L	273.53	282.55	
29	灰浆输送泵	$3m^3/h$	222.95	227.59	
30	混凝土切缝机		31.10	34.61	
31	钢筋调直机	D14	37.25	40.36	
32	钢筋弯曲机	D40	26.22	28.29	
33	钢筋切断机	D40	42.81	47.01	
34	型钢剪断机	剪断宽500	283.72	294.67	
35	木工圆锯机	D500	26.53	29.21	
36	木工压刨床	单面600	32.70	36.69	
37	木工压刨床	双面600	51.28	57.52	
38	平面水磨石机	3kW	20.86	22.65	
39	砂轮切割机	D400	36.00	39.25	
40	抛光机		3.51	3.83	
41	管子切断机	DN60	16.87	18.09	
42	管子切断机	DN150	33.97	37.00	
43	电动单级离心清水泵	DN100	34.80	38.22	
44	泥浆泵	DN100	204.13	230.13	

序号	机械名称	规格型号	台班不含税单价（元）	台班含税单价（元）	附注
45	潜水泵	*DN*100	29.10	32.11	
46	试压泵	3MPa	18.08	19.56	
47	对焊机	75kV•A	113.07	126.32	
48	交流电焊机	30kV•A	87.97	98.06	
49	直流电焊机	32kV•A	92.43	102.77	
50	交流弧焊机	32kV•A	87.97	98.06	
51	直流弧焊机	32kV•A	92.43	102.77	
52	电焊机	（综合）	74.17	82.36	安装
53	电焊机	（综合）	89.46	99.63	制作
54	电焊条烘干箱	450×350×450	17.33	18.59	
55	电焊条烘干箱	600×500×750	27.16	29.58	
56	电焊条恒温箱		55.04	60.00	
57	电动空气压缩机	排气量0.3m^3/min	31.50	33.38	
58	电动空气压缩机	排气量0.6m^3/min	38.51	41.30	
59	电动空气压缩机	排气量1m^3/min	52.31	56.92	
60	绿化高空修剪车	12m	511.69	557.84	
61	绿化高空修剪车	20m	744.67	811.84	
62	杀虫车	1.5t	298.36	325.27	
63	绿篱修剪机		83.33	90.85	
64	剪草机		111.77	121.85	
65	喷播机	扬程30m	309.90	337.85	
66	碎土机		160.00	174.43	
67	载货汽车	12t	695.42	759.44	

附录五　企业管理费、规费、利润和税金

一、企业管理费:

企业管理费是指施工企业组织施工生产和经营管理所需的费用,包括:

1.管理人员工资:是指按工资总额构成规定,支付给管理人员和后勤人员的各项费用。

2.办公费:是指企业管理办公用的文具、纸张、账表、印刷、邮电、书报、办公软件、现场监控、会议、水电、烧水和集体取暖降温(包括现场临时宿舍取暖降温)、建筑工人实名制管理等费用。

3.差旅交通费:是指职工因公出差、调动工作的差旅费、住勤补助费,市内交通费和误餐补助费,职工探亲路费,劳动力招募费,职工退休、退职一次性路费,工伤人员就医路费,工地转移费以及管理部门使用的交通工具的油料、燃料及牌照费。

4.固定资产使用费:是指管理和试验部门及附属生产单位使用的属于固定资产的房屋、设备、仪器等的折旧、大修、维修或租赁费。

5.工具用具使用费:是指企业施工生产和管理使用的不属于固定资产的工具、器具、家具、交通工具和检验、试验、测绘、消防用具等的购置、维修和摊销费。

6.劳动保险和职工福利费:是指由企业支付的职工退职金、按规定支付给离休干部的经费,集体福利费、夏季防暑降温、冬季取暖补贴、上下班交通补贴等。

7.劳动保护费:是企业按规定发放的劳动保护用品的支出,如工作服、手套、防暑降温饮料以及在有碍身体健康的环境中施工的保健费用等。

8.检验试验费:是指施工企业按照有关标准规定,对建筑以及材料、构件和建筑安装物进行一般鉴定、检查所发生的费用,包括自设试验室进行试验所耗用的材料等费用,不包括新结构、新材料的试验费,对构件做破坏性试验及其他特殊要求检验试验的费用和建设单位委托检测机构进行检测的费用,对此类检测发生的费用,由建设单位在工程建设其他费用中列支。但对施工企业提供的具有合格证明的材料进行检测不合格的,该检测费用由施工企业支付。

9.工会经费:是指企业按《工会法》规定的全部职工工资总额比例计提的工会经费。

10.职工教育经费:是指按职工工资总额的规定比例计提,企业为职工进行专业技术和职业技能培训,专业技术人员继续教育、职工职业技能鉴定、职业资格认定、安全教育培训以及根据需要对职工进行各类文化教育所发生的费用。

11.财产保险费:是指施工管理用财产、车辆等的保险费用。

12.财务费:是指企业为施工生产筹集资金或提供预付款担保、履约担保、职工工资支付担保等所发生的各种费用。

13.税金:是指企业按规定缴纳的城市维护建设税、教育附加、地方教育附加、房产税、车船使用税、土地使用税、印花税等。

14.其他:包括技术转让费、技术开发费、工程定位复测费、投标费、业务招待费、绿化费、广告费、公证费、法律顾问费、审计费、咨询费、保险费等。

企业管理费按分部分项工程费及可计量措施项目费中的人工费、机械费合计乘以相应费率计算，其中人工费、机械费为基期价格。企业管理费费率、企业管理费各项费用组成划分比例见下列两表。

企业管理费费率表

序号	工程类别	取费基数	费率	
			一般计税	简易计税
1	绿化工程	基期人工费＋基期机械费 （分部分项工程项目＋可计量的措施项目）	10.14%	10.37%
2	园林景观工程		11.06%	11.58%
3	仿古建筑工程		12.17%	12.74%

企业管理费各项费用组成划分比例表

序号	项目	比例	序号	项目	比例
1	管理人员工资	24.74%	9	工会经费	9.88%
2	办公费	10.78%	10	职工教育经费	10.88%
3	差旅交通费	2.95%	11	财产保险费	0.38%
4	固定资产使用费	4.26%	12	财务费	8.85%
5	工具用具使用费	0.88%	13	税金	8.52%
6	劳动保险和职工福利费	10.10%	14	其他	4.34%
7	劳动保护费	2.16%			
8	检验试验费	1.28%		合计	100.00%

二、规费：

规费是指按国家法律、法规规定，由政府和有关部门规定必须缴纳或计取的费用，包括：

1.社会保险费：

(1)养老保险费：是指企业按照规定标准为职工缴纳的基本养老保险费。

(2)失业保险费：是指企业按照规定标准为职工缴纳的失业保险费。

(3)医疗保险费：是指企业按照规定标准为职工缴纳的基本医疗保险费。

(4)工伤保险费：是指企业按照规定标准为职工缴纳的工伤保险费。

(5)生育保险费：是指企业按照规定标准为职工缴纳的生育保险费。

2.住房公积金：是指企业按照规定标准为职工缴纳的住房公积金。

$$规费 = 人工费合计 \times 37.64\%$$

规费各项费用组成比例见下表。

规费各项费用组成划分比例表

序号	项目		比例
1	社会保险费	养老保险	40.92%
		失业保险	1.28%
		医疗保险	25.58%
		工伤保险	2.81%
		生育保险	1.28%
2	住房公积金		28.13%
	合计		100.00%

三、利润：

利润是指施工企业完成所承包工程获得的盈利。

$$利润 =（分部分项工程费合计 + 措施项目费合计 + 企业管理费 + 规费）\times 利润率$$

仿古建筑及园林工程利润率见下表。

仿古建筑及园林工程利润率表

项目名称	计算基数	费率	
		一般计税	简易计税
利润率	分部分项工程费+措施项目费+管理费+规费	7.24%	7.00%

四、税金：

税金是指国家税法规定的应计入建筑工程造价内的增值税销项税额。税金按税前总价乘以相应的税率或征收率计算。税率或征收率见下表。

税率或征收率表

项目名称	计算基数	税率或征收率	
		一般计税	简易计税
增值税销项税额	税前工程造价	9.00%	3.00%

附录六　工程价格计算程序

一、仿古建筑及园林工程施工图预算计算程序：

仿古建筑及园林工程施工图预算，应按下表计算各项费用。

施工图预算计算程序表

序　号	费　用　项　目　名　称	计　算　方　法
1	分部分项工程费合计	Σ(工程量×编制期预算基价)
2	其中：人工费	Σ(工程量×编制期预算基价中人工费)
3	措施项目费合计	Σ措施项目计价
4	其中：人工费	Σ措施项目计价中人工费
5	小　计	(1)+(3)
6	其中：人工费小计	(2)+(4)
7	企业管理费	(基期人工费+基期机械费)×管理费费率
8	规　费	(6)×37.64%
9	利　润	[(5)+(7)+(8)]×相应利润率
10	税　金	[(5)+(7)+(8)+(9)]×税率或征收率
11	含税造价	(5)+(7)+(8)+(9)+(10)

注：基期人工费=Σ(工程量×基期预算基价中人工费)。
　　基期机械费=Σ(工程量×基期预算基价中机械费)。

二、建筑安装工程费用项目组成（见下图）：

- 建筑安装工程费
  - 人工费
    - 1.计时工资或计件工资
    - 2.奖金
    - 3.津贴、补贴
    - 4.加班加点工资
    - 5.特殊情况下支付的工资
    - 6.生产工具用具使用费
  - 材料费
    - 1.材料原价
    - 2.运杂费
    - 3.运输损耗费
    - 4.采购及保管费
  - 施工机具使用费
    - 1.施工机械使用费
      - ①折旧费
      - ②检修费
      - ③维护费
      - ④安拆费及场外运费
      - ⑤人工费
      - ⑥燃料动力费
      - ⑦税费
    - 2.仪器仪表使用费
  - 企业管理费
    - 1.管理人员工资
    - 2.办公费
    - 3.差旅交通费
    - 4.固定资产使用费
    - 5.工具用具使用费
    - 6.劳动保险和职工福利费
    - 7.劳动保护费
    - 8.检验试验费
    - 9.工会经费
    - 10.职工教育经费
    - 11.财产保险费
    - 12.财务费
    - 13.税金
    - 14.其他
  - 利润
  - 规费
    - 1.社会保险费
      - ①养老保险费
      - ②失业保险费
      - ③医疗保险费
      - ④工伤保险费
      - ⑤生育保险费
    - 2.住房公积金
  - 税金（增值税销项税额）

建筑安装工程费用项目组成图